DEUTSCHE AKADEMIE DER WISSENSCHAFTEN ZU BERLIN

FORSCHUNGSSTELLE FÜR LIMNOLOGIE

LIMNOLOGICA

HERAUSGEGEBEN VON THEODOR SCHRÄDER
UNTER MITWIRKUNG VON GOTTFRIED BREITIG,
S. JOST CASPER, ALFRED RIETH
UND DIETRICH UHLMANN

BAND 8
2. Heft

Festheft
ARNO WETZEL
80 Jahre
1890 · 24. April · 1970

AKADEMIE-VERLAG · BERLIN

1971

LIMNOLOGICA

INHALTSVERZEICHNIS
Band 8 · Heft 2
(Ausgegeben Oktober 1971)

Limnologica (Berlin)	8	2	1971	251–252

Arno Wetzel zum 80. Geburtstag am 24. April 1970

Innerhalb der letzten 20 Jahre hat die Hydrobiologie eine große Bedeutung für die Wasserwirtschaft der Deutschen Demokratischen Republik erlangt. Die Nutzung der Stoffwechselleistung von Mikroorganismen (biologische Selbstreinigung und Abwasserreinigung), die Verhinderung schädlicher Massenentfaltungen von Pflanzen und Tieren in Gewässern und wasserwirtschaftlichen Anlagen sowie die Nutzung des Indikatorwertes von Organismengemeinschaften für die Beurteilung des Gütezustandes von Gewässern und der Funktionssicherheit von wasserwirtschaftlichen Anlagen sind Aufgaben, an deren erfolgreicher Lösung bei uns vor allem jene Biologen arbeiten, die in den letzten zwei Jahrzehnten aus der Schule von Professor Dr. Arno Wetzel hervorgegangen sind.

Es ist ein großes und bleibendes Verdienst des Jubilars, schon vor mehr als 40 Jahren erkannt zu haben, daß die Protozoen auf Grund ihrer hohen Aktivität gleichermaßen Indikatoren und Akteure intensiver Abbauprozesse in Gewässern und Kläranlagen sind. Unter Anleitung von Arno Wetzel begann sich Hans Liebmann dem

Studium der Ciliaten in der biologischen Selbstreinigung zuzuwenden. In seiner klassischen Arbeit über die Faulschlamm-Ciliaten (1928) zeigte ARNO WETZEL, daß der Abbau von organischem Material als ein ökologisches Phänomen gedeutet werden muß, nicht als Spezialproblem einer besonderen „Gewässerpathologie“. Erst nach dem zweiten Weltkrieg erhielt der Jubilar die Möglichkeit, auf dem von ihm mitbegründeten neuen Gebiet der Abwasserbiologie eine Lehr- und Forschungsstätte zu errichten. Nach seiner Berufung zum Direktor des Zoologischen Institutes der Karl-Marx-Universität Leipzig rief er eine Arbeitsgruppe „Trink-, Brauch- und Abwasserbiologie“ ins Leben, aus der 1956 eine eigene Abteilung wurde. ARNO WETZEL gelang es bald, dank der Ausstrahlungskraft seiner Persönlichkeit und seinen hervorragenden pädagogischen Fähigkeiten, eine große Zahl von Studenten für seine Aufgabenstellung zu begeistern, die das Wasser als Nutzstoff des Menschen zum Gegenstand hat. In den letzten beiden Jahrzehnten sind mehr als 60 Absolventen aus der WETZEL-Schule hervorgegangen, die zum großen Teil an maßgeblicher Stelle in der Wasserwirtschaft der Deutschen Demokratischen Republik tätig sind.

Die Arbeit der Abteilung Trink-, Brauch- und Abwasserbiologie wird heute durch den jetzigen Bereich Hydrobiologie an der Technischen Universität Dresden im Sinne von ARNO WETZEL fortgeführt. Der Jubilar ist bis in die jüngste Zeit selbst noch in der Lehre mit tätig. In den letzten Jahren arbeitete er jedoch vorwiegend an der Fertigstellung seines Lehrbuches „Technische Hydrobiologie“ (Leipzig 1969). ARNO WETZEL ist einer der drei Herausgeber der „Internationalen Revue der gesamten Hydrobiologie“.

Der Herausgeber der „Limnologica“ und die Schüler ARNO WETZELS freuen sich, daß der Jubilar seinen 80. Geburtstag in geistiger und körperlicher Frische begehen konnte, und wünschen ihm noch viele gute Jahre. Die WETZEL-Schüler überreichten ihrem verehrten akademischen Lehrer zu seinem 80. Geburtstag eine Reihe ihm gewidmeter Arbeiten, die im vorliegenden Heft im Druck erscheinen. Sie kennen seine übergroße Bescheidenheit und die daraus entstehende Antipathie gegen offizielle Ehrungen, hoffen aber trotzdem, daß sie ARNO WETZEL mit ihren Beiträgen eine kleine Freude bereiten konnten.

THEODOR SCHRÄDER DIETRICH UHLMANN

Limnologica (Berlin)	8	2	1971	253–263

Naturwissenschaftliches Museum der Stadt Leipzig

WOLF-DIETRICH BEER

Über Möglichkeiten der Ermittlung des ursprünglichen Trophiezustandes in Fließgewässern[1])

Anhand von Untersuchungen der Werra wirft VON TÜMPLING (1960) die Frage nach dem eutrophierenden Einfluß von Abwasser-Einleitungen in ein Fließgewässer auf, die er mit Hilfe seiner „reduzierten PANTLE-Linie" zu lösen versucht. Er geht dabei auch auf die natürliche Zunahme des Trophiegrades in einem Fließgewässer durch Akkumulation der allochthon zugeführten Nährstoffe ein, die dem offenen Produktionssystem Fließgewässer eigen ist und mit zur Ausbildung der verschiedenen Fließgewässerzonen führt, deren bekannteste Einteilung die der Fischregionen nach STEINMANN (1915) und SMOLIAN (1920) ist. SCHMITZ (1955) hat diese Nährstoffbeziehungen deutlich herausgearbeitet und ebenso auf die Rolle der überwiegenden Allotrophie durch Abwässer hingewiesen.

Diese Problematik ist für die Gewässergütebeurteilung in zweifacher Hinsicht interessant. Zunächst herrschte bisher die Ansicht, eine zugeführte Abwasserlast würde auf dem Wege der Selbstreinigung über alle Stufen des Saprobiensystems hinweg bis zu oligosaproben Verhältnissen abgebaut. Dies würde voraussetzen, daß alle Vorfluter bei nur genügend langer Selbstreinigungszeit oligosaproben Charakter trügen und daß dieser ihr Naturzustand sei. Diese These wird schon dadurch verdächtig, daß zum Beispiel LIEBMANN (1951 und 1962) oligosaprob und oligotroph praktisch gleichsetzt. Wie es aber natürlich eutrophe Seen gibt, so muß es sicher auch natürlich eutrophe Fließgewässer geben und gegeben haben. Auch setzt die Definition der Bleiregion solche praktisch voraus. Es bleibt also zu untersuchen, welcher Grenzpunkt der Selbstreinigung heute erreicht würde und welcher Trophie- und Saprobiegrad dann vorliegen würde. Die Kenntnis dieser Verhältnisse würde, wie dies auch VON TÜMPLING (1960) will, die genauere Abschätzung der Bedeutung eines lokalen Abwassereinflusses ermöglichen und zu konkreteren Vorstellungen von der Selbstreinigungskraft und -grenze eines Gewässerabschnittes führen.

Zum anderen tritt durch jede Zufuhr allochthoner Substanz zu einem Fließgewässer eine irreversible Erhöhung des Trophiegrades ein. Selbst in dem Falle, daß eine einmalige Verunreinigung im Oberlauf einträte, müßte im Unterlauf eine, wenn auch nur geringe Erhöhung der Trophie spürbar sein. Zum Verständnis der Lage unserer Fließgewässer wäre es daher nötig, Anhaltspunkte über die Lage des Trophiepegels unter natürlichen Verhältnissen zu gewinnen, unter denen lediglich die allochthone Nähr-

[1]) Herrn Professor Dr. ARNO WETZEL zum 80. Geburtstag gewidmet.

stoffzufuhr aus dem Erosionsgeschehen unter Klimaxbedingungen und die Einschwemmung organischer Substanz aus den Biozönosen der Flußumgebung das Bild der Trophie des Flusses prägt. Dieses ist unter keinen Umständen aus Laboratoriumsexperimenten zu erschließen. Selbst Felduntersuchungen können hier wenig weiterhelfen, da sie immer nur den heutigen Trophiegrad zu erfassen vermögen. Eine Rekonstruktion des Naturzustandes erscheint heute überhaupt nur noch durch sehr komplizierte Komplexuntersuchungen annäherungsweise oder modellmäßig möglich, da der Wandel in der Vegetation und die Nutzung für menschliche Zwecke auch ohne jede Abwasserbildung zu grundlegenden Veränderungen in der Nährstoffzufuhr führte. Möglich erscheint aber die Abschätzung der Einflüsse, die durch die rasant zunehmende Abwasserbelastung hervorgerufen wurde. Diese historische Untersuchung muß mit historischen Methoden betrieben werden, vermag aber auch etwas über den Verlauf der Prozesse auszusagen.

Als Beispielsraum für eine solche Untersuchung wurde das Flußgebiet der Weißen Elster gewählt, das zu den Brennpunkten des Abwassergeschehens gehört. Ein hoher und relativ frühzeitig einsetzender Industrialisierungsgrad führte zur Bildung von Ballungsräumen und bedingte eine weit über dem Normalen liegende Bevölkerungsanhäufung. Verschiedene Industriezweige nutzen Wasser und geben Abwasser ab. Hinzu kommt, daß das Flußgebiet im Regenschattengebiet des Thüringer Waldes liegt, so daß ohnehin zu geringe Wassermengen zur Verfügung stehen. Die Verhältnisse spitzten sich daher frühzeitig zu und führten bereits im Jahre 1935 zur Bildung eines Wasserwirtschaftsverbandes. So liegen über das Gebiet seit jener Zeit relativ genaue Unterlagen vor. Biologische Güteuntersuchungen wurden erstmals 1955 durchgeführt (Beer 1958). Seither sind mehrfach zusammenfassende Bearbeitungen durchgeführt worden (Meissner 1960, Beer 1961).

Die Unterlagen zur Rekonstruktion des Flußzustandes in früherer Zeit

Die heutige biologische Gewässeranalyse stützt sich in starkem Maße auf Mikroorganismen des Auf- und Bewuchses, der Schlamm–Wasser-Kontaktzone und in geringerem Maße auch des Planktons. Für die Rekonstruktion der Verhältnisse in einem Flußgebiet eignen sich dagegen die Mikroorganismen kaum, da die Untersuchung ihrer Gruppen mangels sicherer Kenntnisse erst sehr spät einsetzt. Noch heute gibt es kaum Gebietsübersichten. Selbst für viele Makroorganismen trifft dies zu. So sind die für die biologische Gewässerbeurteilung wichtigen Plecopteren erst durch die Bearbeitung von Illies (1955) in hinreichendem Maße für den Nichtspezialisten bestimmbar geworden. Faunistische Untersuchungen stehen bis heute für die meisten Gebiete Deutschlands aus. Für das Gebiet der Weißen Elster gibt es nur wenige, meist viel zu allgemeine Angaben (Rostock 1878). Die beiden einzigen, für die meisten Gebiete hinreichend bekannten Insektengruppen, Käfer und Schmetterlinge, nützen für unseren Zweck gar nichts. Von den niederen Tieren bleibt meist nur die Gruppe der Mollusken übrig, da diese leicht zu sammelnden Vertreter frühzeitig Beachtung gefunden haben. Allerdings ist die hier interessanteste Gruppe der Muscheln meist weniger untersucht worden. Für das Gebiet der Weißen Elster sind wir jedoch aufgrund der Untersuchungen von Israel (1910, 1920a, 1920b, 1926) recht gut unterrichtet. Außerdem tangiert hier auch das reiche Schrifttum über die Flußperlmuschel, die als wirtschaftlich wichtige Art im sächsischen Teil 1621 zum Regal erhoben wurde und als Oligosaprobier wichtige Aufschlüsse zu geben vermag. Allerdings sind verwertbare Angaben meist erst ab Mitte des 19. Jahrhunderts zu gewinnen. Unter günstigen Umständen ist auch in faunistischen Angaben über Planarien Material zur Rekonstruktion des Flußbildes zu gewinnen, da diese empfindliche Gruppe bereits in der zweiten Hälfte des vorigen Jahrhunderts ökologisches Interesse gefunden hat. In erster Linie bleiben aber zwei Gruppen für solche Auswertungen übrig. Es sind dies die höheren Pflanzen und die Fische.

Die floristische Tradition reicht in Deutschland bis in das 16. Jahrhundert zurück. Aus dem engeren Untersuchungsraum liegen die ersten literarischen Belege aus dem 18. Jahrhundert vor. Hinzu kommt, daß das 19. Jahrhundert, in dem sich die hauptsächlichen der hier zu untersuchenden Erscheinungen abgespielt haben, durch intensive floristische Arbeit gekennzeichnet ist.

Für die Fische fehlen solche literarischen Belege weitgehend. In den meisten Gebieten hat die Fischfauna bis heute noch keine zusammenfassende Bearbeitung erfahren. Allerdings sind in landeskundlichen Veröffentlichungen häufiger Hinweise auf die Fische enthalten. Diese gehen in Chroniken auch recht weit zurück (Albinus 1589).

Dafür fließt eine andere Quelle reichlich, wenn auch oft mit naturwissenschaftlich recht geringem Gehalt. Die Tatsache, daß die Fischerei einen früher recht einträglichen Erwerbszweig darstellte, hat frühzeitig zur Bildung von Innungen geführt, die streng auf die Wahrung ihrer Gerechtsame achteten. So hat sich in den meisten Archiven ein reiches Material über die Fischerei angesammelt, das in dieser Hinsicht einer Auswertung harrt. Zu einem erheblichen Teil besteht es aus Prozeßakten. Aber gerade diese vermögen in diesem Zusammenhang viel auszusagen, da sich hier die ersten Beeinträchtigungen der Fischgewässer durch Abwässer recht genau nachweisen lassen, wobei häufig auch noch Angaben über Fischmengen und Fischarten, aber auch über Abwasserarten anfallen.

In beschränktem Maße vermögen auch andere Wassergerechtsame in ihrem Aktenmaterial Hinweise auf den Gang der Gewässerverunreinigung zu geben. Bei größeren Städten ist dies meist im Zusammenhang mit der Entwicklung der Kanalisation der Fall.

Dieses historische Material muß allerdings von der biologischen Seite her durch Untersuchungen über die Ökologie der einzelnen Arten aussagefähig gemacht werden. Hierfür hat sich besonders die statistische Methode bewährt.

Fischfauna und Fischregionen der Weißen Elster

Über die Fischfauna des Gebietes liegen verhältnismäßig viele Unterlagen vor, die sich auf den Zeitraum von 1589 (Albinus) bis 1930 (Langer 1956) verteilen. Insgesamt lassen sich im Weißelstergebiet 37 Arten nachweisen, von denen drei allerdings als ungenügend belegt bezeichnet werden müssen.

Die Angaben über die Zuordnung der Fischarten zu Regionen sind häufig widersprüchlich und liefern ein nur unklares Bild. Am besten bewährt hat sich die unter Verwendung weitverbreiteter europäischer Arten in der Zusammenfassung ökologischer Gruppen gipfelnde Darstellung von HUËT (1962). Sie gibt die relativ lose Bindung der meisten Arten am ehesten wieder.

Nach dieser Methode dargestellt erstreckt sich die Forellenregion der Weißen Elster von der Landesgrenze oberhalb von Bad Elster bis Hundsgrün oberhalb von Oelsnitz. Sie ist nach STEGLICH (1888) neben der Bachforelle (*Trutta fario*) durch Vertreter der Begleitfischfauna gekennzeichnet (Hecht: *Esox lucius*, Barsch: *Perca fluviatilis*), die vielleicht bereits auf die leichten Veränderungen infolge Belastung hinweisen können. Die Elritze (*Phoxinus phoxinus*) ist nach LIEBMANN (1962) Begleitform dieser Region. Gleiches trifft auch für Gründling (*Gobio fluviatilis*) und Schmerle (*Nemachilus barbatula*) zu. Begleitfische, die nach SCHWEITZER (1926) auch diese Region besiedeln, sind ferner Steinbeißer (*Cobitis taenia*), Bachneunauge (*Petromyzon planeri*), Regenbogenforelle (*Trutta irideus*) und Groppe (*Cottus gobio*). Die meisten weisen auf die Zuordnung zur unteren Forellenregion hin. Nur die Groppe ist eine Art der oberen Forellenregion.

Die Äschenregion ist bereits schwieriger abzugrenzen, da hier die Abwassereinflüsse zu den Zeiten, aus denen vollständige Bestandesaufnahmen vorliegen, bereits zu erheblich waren. So besitzt der Leitfisch nur noch eine streckenweise Verbreitung und ist in dauerndem Rückgang. Die Äschenregion hat ehedem etwa von Oelsnitz bis in die Gegend von Gera gereicht. Gera ist noch durch das Fehlen der Stillwasserzonenfische gekennzeichnet (Brassen: *Abramis brama*, Karpfen: *Cyprinus carpio*, Schleie: *Tinca tinca*). Von den Begleitfischen weisen Quappe (*Lota vulgaris*) und Gründling in diesen Bereich. Die vollständigen Angaben über die Fischfauna von Greiz weisen auch die Teichflüchter unter den Stillwasserformen (Karpfen und Schleie) als selten aus. Von den Begleitfischarten sind neben den obengenannten Formen der Forellenregion die Quappe als Äschen- und Hasel (*Leuciscus leuciscus*) und Kaulbarsch (*Acerina cernua*) als Barbenbegleiter vorhanden.

Auch die Göltzsch dürfte früher zur Äschenregion gehört haben. Der Barbenregion ist der Flußabschnitt bis Leipzig zuzurechnen, in dem auch die typischen Arten des Stillwassers und ihre Begleiter (Blei: *Abramis brama*, Zährte: *Abramis vimba*, Karpfen) auftreten. Die Forelle fehlt dieser Zone größtenteils.

Die Auengewässer Leipzigs sind typische Flüsse der Bleiregion mit Güster (*Blicca björcna*), Zährte, Zope (*Abramis ballerus*) und Karausche (*Carassius vulgaris*). Zur Bleiregion gehören auch der Unterlauf der Pleiße bis Rötha sowie die Unterläufe von Parthe und Schnauder.

Möglichkeiten der Gütebeurteilung mit Hilfe des Fischbesatzes

LIEBMANN (1962) parallelisiert die Fischregionen mit Wassergütestufen. Nach ihm entspricht die Forellenregion der Stufe 1 (oligosaprob), die Äschenregion der Stufe 1 bis 2 (oligo- bis beta-mesosaprob), die Barbenregion der Stufe 2—3 (beta- bis alpha-mesosaprob), die Bleiregion der Stufe 3 (alpha-mesosaprob) und die Kaulbarsch–Flunder-Region (Brackwassergebiet) der Stufe 3—4 (alpha-meso- gegen polysaprob). Wir hätten hier ein Maß für den natürlichen Eutrophierungsprozeß des Fließgewässers. Das würde aber bedeuten, daß Eutrophierung auf allotropher Grundlage einen Wechsel des Fischbestandes in Richtung der Bergwärtsverschiebung der Zonen nach sich ziehen müßte. Auch hier erlaubt das Material eine Prüfung.

In dem am besten bekannten Raum Greiz würde bei Auswertung der Angaben von Ludwig (1895) an sich die Barbenregion ausgewiesen. Er gehört aber zur Äschenregion. Allerdings fehlt die Äsche seit 1870, und Bachforelle und Steinbeißer sind fast ausgestorben, während die übrigen Forellenbegleiter Groppe, Elritze, Schmerle und Gründling seltener geworden sind. Andererseits ist der Hasel, der zu den Barbenbegleitern zählt, neu eingewandert und zunehmend häufiger geworden. Auch die Stillwasserfische Karpfen und Schleie vermögen sich in der Elster zu halten. Hier hat eine Verschiebung um eine ganze Stufe stattgefunden. Häufigste Fische sind Plötze (*Leuciscus rutilus*), Döbel (*Squalius cephalus*) und Aal (*Anguilla vulgaris*), die zu den abwasserresistenten Arten zählen.

Diese Verschiebung geht natürlich nicht unbegrenzt weit, da vor allem auch Strömungsfaktoren maßgeblich sind. Bei steigender Belastung tritt eine zunehmende Verarmung des Bestandes ein, die zuletzt Döbel, Plötze, Karpfen und Schleie als einzige überleben läßt. Diesen Zustand weist die Weiße Elster heute in jenem Raum auf, wenn sie nicht völlig fischleer ist. Der Hasel scheint in diesem Prozeß nicht allzulange auszuhalten. Er ist offenbar ein ausgesprochener Eutrophierungsanzeiger, der bei Rückgang des Sauerstoffgehaltes oder anderen Einflüssen wieder ausbleibt. Interessant ist in diesem Zusammenhang auch das Auftreten des Großen Stichlings (*Gasterosteus aculeatus*). Er wird als Begleitform der Kaulbarsch–Flunder-Region genannt, die durch geringe Sauerstoffgehalte gekennzeichnet ist, bewohnt also hochsaprobe Gewässer, was auch seinem natürlichen Vorkommen in Auwaldtümpeln usw. entspricht. Sein Eindringen in die Mittelgebirgsregion ist offenbar nicht allein durch Aussetzen von Aquarienfischen (als der er um 1930 kaum noch gehalten wurde) bedingt, sondern wird durch die herrschenden Verhältnisse im Vorfluter begünstigt.

Durch die zunehmende Verschlammung finden Karpfen, Schleie und Karausche Daseinsmöglichkeiten bei höheren Strömungsgeschwindigkeiten.

Empfindliche Arten gibt es aber auch in der Bleiregion. An erster Stelle ist hier die Zährte zu nennen, die zu Steglichs Zeiten (1888) bereits im gesamten Auenbereich fehlt. Auch der Rapfen (*Aspius rapax*) gehört zu den rasch ausbleibenden Arten. Es ist anzunehmen, daß sie durch Abwassergifte negativ beeinflußt werden.

Die Weiße Elster müßte nach den Angaben Liebmanns (1962) bis Hundsgrün oligo-, bis Gera oligo- bis beta-mesosaprob, bis Leipzig beta- bis alpha-mesosaprob und unterhalb Leipzigs alpha-mesosaprob gewesen sein.

Hierfür sprechen die Angaben über die Einstufung der Fische in das Saprobiensystem nur zum Teil, sofern sie nicht wie bei Liebmann (1951) als völlig ungeeignet bezeichnet werden. Die Forelle wird von Kolkwitz (1935) und Sládeček (1956) als oligo-, von Šramek-Husek (1956) als oligo- bis wenig beta-mesosaprob bezeichnet. Auch die Begleitfische (Elritze, Groppe, Regenbogenforelle) werden von Šramek-Husek (1956) als oligo- bis beta-mesosaprob bezeichnet. Die Äsche nennt er wie Sládeček (1956) oligosaprob.

Die meisten anderen Fische werden von Kolkwitz (1935) beta-mesosaprob eingestuft, nur Karpfen und Schleie bezeichnet er als alpha-mesosaprob. Die Karausche soll vorübergehend auch im polysaproben Bereich vorkommen können.

Šramek-Husek (1956) führt die Cypriniden als beta- bis weniger alpha-mesosaprob. Sládeček (1956) differenziert stärker. Er bezeichnet den Hecht als oligo- bis beta-mesosaprob, Barbe und Blei als beta-mesosaprob und den Karpfen als beta- bis höchstens alpha-mesosaprob.

Die gesamten Regionen stuft Hanuška (1956) ein. Er bezeichnet die Forellenregion als oligo- bis höchstens beta-mesosaprob, die Äschenregion als beta-meso- bis oligosaprob, die Barbenregion als typisch eutroph und beta-mesosaprob und die Bleiregion schließlich als beta- bis alpha-mesosaprob.

Diese Einstufungen stimmen recht gut mit der ersten Gesamtcharakteristik der Zonen überein, widersprechen in vielem aber Liebmann (1962).

Zusammenfassend läßt sich sagen, daß die Analyse der Fischbestände recht gute Rückschlüsse auf die herrschenden Güteverhältnisse im Fluß erlaubt.

Das Vorkommen der Flußperlmuschel

Mit diesen Befunden seien die Angaben über die Flußperlmuschel (*Margaritifera margaritifera*) verglichen. Diese wird von allen Saprobiesystemen als oligosaprob bezeichnet (Kolkwitz 1935, Liebmann 1951, Hanuška 1956), kommt nach eigenen Befunden aber auch noch im beta-mesosaproben Bereich vor. Sie ist ehedem von den Quellgebieten (Rössig 1782), nach Jahn (1854) von der Mündung des Raunerbaches bis gegen Liebschwitz vorgekommen. Die meisten Arbeiten führen sie nur bis Elsterberg auf, da dort die sächsische Landesgrenze und damit die Grenze des Regals lag. Bereits Jahn (1854) schrieb aber, daß sie nach neueren Nachrichten weit über Greiz hinauskomme. Ludwig (1895) gibt sie für Greiz aus Elster und Göltzsch an. Bereits Büchner (1743) erwähnt den Fund einer erbsengroßen Perle bei Greiz. Weiter abwärts hat Ludwig sie um 1890 bei Neumühle entdeckt, wo Israel (1920) noch 1908 ein lebendes Exemplar finden konnte. Der gleiche Autor fand auch subrezente Schalen im Elsterkies bei Wünschendorf (Israel o. J.) und Doppelschalen in natürlicher Lage unterhalb des Liebschwitzer Doppelwehres (Israel 1920).

Sie hat damit in historischer Zeit die gesamte Forellen- und Äschenregion besiedelt und unterstützt die Feststellung, daß dieses Gebiet einst oligo- bis höchstens beta-mesosaproben Charakter getragen hat.

Ob sie in prähistorischer Zeit einmal ähnlich der Äsche bis in die Gegend von Pegau vorgekommen ist, wie nach den Funden als Hausgerätschaft geschlossen werden könnte (Hertel 1956), bleibt bis zu einem glücklichen Zufallsfund sehr fraglich.

Die Pflanzenwelt und die Verunreinigung der Weißen Elster

Die Pflanzenbestände in der Weißen Elster sind mengenmäßig auch heute noch recht reich entwickelt. Nur in Zonen stärkster Verunreinigung fehlen Submersen-Gesellschaften. Diese können in erster Linie zur Beurteilung von Abwassereinwirkungen herangezogen werden.

Die typische Fließgewässer-Gesellschaft ist das Ranunculetum fluitantis Allg. 1922, die Fluthahnenfußgesellschaft. Aus dem benachbarten Muldegebiet hat Uhlig (1956) eine sehr artenarme Ausprägung beschrieben, die im wesentlichen aus *Ranunculus fluitans, Potamogeton pectinatus* und *Myriophyllum spicatum* besteht, wobei in ganzen Teilgebieten nur zwei dieser Arten an der Gesellschaftsbildung beteiligt sind. Solche bruchstückhaften Ausbildungen bestimmen auch das Bild in der Elster, wobei Hauptpflanze in zunehmendem Maße *Potamogeton pectinatus* neben *P. crispus*, *P. natans* und *Callitriche* spec. wird. Dagegen treten die beiden obengenannten Arten weitgehend zurück.

Diese Verarmung läßt sich mit Sicherheit als Folge der Abwassereinflüsse deuten. Ein Überblick über die ältere floristische Literatur zeigt nämlich bei aller hinsichtlich des genauen Standortes gebotenen Vorsicht, daß sämtliche zur normalen Ausprägung des Ranunculetum fluitantis gehörenden Arten einst im Gebiet verbreitet waren.

PASSARGE (1964) nennt folgende Arten:

Ranunculus fluitans: ehemals im gesamten Gebiet.
Nuphar luteum submersum: kaum genau auszumachen, aber die Art auch in Flüssen angegeben.
Potamogeton praelongus: In der Elster bei Wahren und der Parthe bei Schönefeld (KUNTZE 1867, WÜNSCHE-SCHORLER 1912 und 1919).
Potamogeton nodosus: bei Leipzig (PETERMANN 1838, 1846, WÜNSCHE 1887, 1899, WÜNSCHE-SCHORLER 1912, 1956).
Potamogeton natans: häufig im gesamten Gebiet, auch heute noch verbreitet.
Potamogeton crispus: wie voriges.
Potamogeton lucens: offenbar ehemals im gesamten Gebiet: Leipzig (PETERMANN 1838 bis REICHE 1886), Zeitz (HÜTTIG 1886), Gera (MÜLLER 1863), Greiz (ARTZT 1876), Plauen (ARTZT 1875).
Potamogeton perfoliatus: im Leipziger Gebiet ehemals gemein (PETERMANN 1846), bis Gera (MÜLLER 1863) nachgewiesen. Durch Abwassereinflüsse 1896 bereits nur noch oberhalb Leipzigs (SCHORLER 1896).
Potamogeton pectinatus: seit etwa 1830 in dauernder Ausbreitung im Weißelstergebiet.
Ceratophyllum demersum: ehemals offenbar im gesamten Gebiet.
Potamogeton alpinus: nach den wenigen Angaben offenbar ehemals im gesamten Gebiet (PETERMANN 1838, HOLL-HEYNHOLD 1842, ARTZT 1885).
Hydrocharis morsus-ranae: nicht mit Sicherheit zu ermitteln.
Callitriche spec.: noch heute häufig.
Elodea canadensis: seit 1862 (Leipzig) fortlaufend im gesamten Gebiet eingebürgert.
Potamogeton pusillus: offenbar im gesamten Gebiet, z. T. auch heute noch (WEBER 1962).

Die drei übrigen Arten sind nicht mit genügender Sicherheit zu lokalisieren. Es ließ sich aber auch *Potamogeton densus* bei Leipzig nachweisen (PETERMANN 1846. KUNTZE 1867, WÜNSCHE 1887), das nach PASSARGE (1964) eine süd-mitteleuropäische Rasse charakterisiert. Die Art konnte von GRIMM 1940 in Elster und Luppe nicht mehr gefunden werden (SCHÖNE 1942).

Ferner waren ehemals die Arten des Potametum lucentis HUECK 1931 vertreten:

Myriophyllum spicatum: gesamtes Gebiet.
Potamogeton compressus: Unterlauf bei Leipzig (PETERMANN 1838, HOLL-HEYNHOLD 1842, REICHE 1896).

Auch Arten des weitere Wasserberuhigung und Verlandung anzeigenden Nupharetum lutei W. KOCH 1926 fanden sich:

Potamogeton obtusifolius: Leipzig und Greiz (KUNTZE 1876, REICHE 1886, ARTZT 1896, WÜNSCHE-SCHORLER 1912 und 1919).
Utricularia vulgaris: Von ARTZT (1867) ausdrücklich für die Elster bei Greiz und von LUDWIG (1880) für das Steinicht bei Barthmühle angegeben.

Es zeigt sich also, daß die Fließgewässer-Pflanzengesellschaften durchaus nicht immer so bruchstückhaft vertreten waren, wie dies heute der Fall ist. Auch hier hat, neben der Begradigung, die Abwasserbelastung selektiv eingegriffen. Leider können hier die Angaben der Saprobiensysteme kaum herangezogen werden, da die Bewertungen gerade hier sehr summarisch vorgenommen wurden und viele Fehleinstufungen vorliegen.

Immerhin bezeichnet Kolkwitz (1935) *Potamogeton perfoliatus* als einziges als beta-meso- bis oligosaprob. Gerade von diesem wissen wir aber, daß es um 1896 bereits nur noch oberhalb Leipzigs vorzukommen vermochte (Schorler 1896). Das offenbar frühzeitig verschwundene *Potamogeton lucens* wird von Hanuška (1956) (allerdings neben *Potamogeton pectinatus* und *P. crispus*!) als oligo- bis beta-mesosaprob bezeichnet.

Nach diesem Befund mußte aufgrund des Pflanzenbestandes die gesamte Elster ehemals oligo- bis beta-mesosaproben Charakter getragen haben. Dies stimmt mit den Befunden der Untersuchung über die Fische dann überein, wenn man nicht die von Liebmann (1962) etwas schematisch eingestuften Regionen, sondern etwa die Hanuškas (1956) vergleicht. Die Befunde entsprechen dagegen recht gut denen der Reduktionskurven nach von Tümpling (1960).

Es gibt aber daneben auch Arten, die offenbar durch Abwasser begünstigt werden. Die typischste ist wohl *Potamogeton pectinatus*.

Das Einsetzen der rasanten Verunreinigungszunahme in der Weißen Elster

Aufgrund des Materials läßt sich der Zeitpunkt des Beginns starker Verunreinigung recht gut bestimmen. Er liegt, örtlich natürlich sehr unterschiedlich, generell in der zweiten Hälfte des 19. Jahrhunderts. Im Oberlauf beweisen die Akten über die Perlenfischerei, daß Klagen über Abwassereinflüsse bis auf wenige Ausnahmen bis gegen 1850 fehlen. Lediglich die Anlage eines Pochwerkes oberhalb Bösenbrunn führt in den Jahren 1705 bis 1735 zu Muschelsterben im Triebelbach (Meschke 1925, Jahn 1854). Ferner treten Streitigkeiten mit den Lohgerbern zu Adorf wegen des Einschüttens der Lohe auf (1694, 1714) (Jahn 1854). Die Klagen wegen Beschädigungen der Muscheln richten sich vielmehr gegen die Flößerei, Raub, Vernichtung durch Krähen und Hochwässer.

Durch Abwässer stark beeinträchtigt war der Muschelbestand offenbar innerhalb Plauens, da nach Jahn (1854) die Elster hier 1825 von Muscheln geräumt wurde. Oertel (1888) erwähnt, daß die Elster bei Plauen völlig muschelleer sei. Von großem Einfluß auf die Gesamtfauna war ferner das Messingwerk in Niederauerbach, durch dessen Abwässer fast alle Lebewesen aus der Göltzsch vertrieben wurden (Jahn 1854). Die stärkere Beeinflussung durch Industrieabwässer beginnt in den siebziger Jahren des 19. Jahrhunderts (Israel o. J.). Um 1890 klagen die Perlenfischer schon stark über Abwasserschäden. Auch weisen dies die Perlenerträge aus (Döhler 1898). Um 1910 sind die Muschelbestände in der Weißen Elster bis auf die Quellregion fast vernichtet (Israel 1910).

In den neunziger Jahren des 19. Jahrhunderts wird auch im Greizer Raum die Abwassereinwirkung gravierend (Ludwig 1895). Die ersten Massenentwicklungen des Abwasserpilzes *Sphaerotilus natans* traten 1873 nach dem Bau der Brauerei in Greiz auf, verschwanden aber etwa 1877 durch Änderung der Wasserbehandlung wieder. Infolge häuslicher Abwässer kam es im Stadtgraben auch zu Massenentfaltungen von

Apodya lactea (LUDWIG 1877 und 1878). Später kam es zu regelmäßigen Pilztreiben in der Elster, an denen beide Arten beteiligt waren. In trockenen Jahren verursachten sie große Fischsterben (1887, 1892) (LUDWIG 1893). Auch in Gera hatte der Bau der Tinzer Brauerei bereits um 1850 zur Massenentwicklung von *Apodya* geführt (LUDWIG 1877).

Im Unterlauf geben die Akten der Leipziger Fischerinnung Aufschluß (Stadtarchiv Leipzig). Trotz der Prozeßfreudigkeit dieser Innung (meist wegen der Eisnutzung oder Fischgerechtsamen) spielen Bemerkungen über Beeinträchtigungen durch Abwässer kaum eine Rolle. Die erste Erwähnung finden sie am 28. 12. 1877 (Fi B2, p. 3) wegen der Einleitung schädlicher Substanzen durch die Kammgarnspinnerei in die Parthe, die bis in die Pleiße hinein zu Fischsterben führte. Auch für Lindenau werden „unreine Wässer" erwähnt.

Am 5. 8. 1878 findet wegen der Flußverunreinigung eine Besichtigung in Möckern statt (Fi C2). Ein weiterer Vorgang findet sich unter dem 26. 2. 1881 wegen der Abwässer einer Seifenfabrik in das Kuhburgwasser (Fi B2, p. 29).

Eine Änderung brachte die Entwicklung des Leipziger Schleusennetzes. Am 19. 10. 1883 wird ein Gesuch um Aufhebung der Schongesetze eingereicht, da die Schleusen die Fische unterhalb der Stadt vergiften (Fi B2, p. 53). Dieses wird am 21. 4. 1887 wiederholt (Fi B2, p. 106).

Immerhin werden wegen der Verringerung der „Meile" infolge Regulierung von Elster und Pleiße unterhalb Leipzigs 1883 noch 2500.– M. Ablösung gezahlt (Fi B2, p. 53).

Weitere Klagen über Verunreinigung finden sich 1894 und 1897; doch tragen sie nur lokalen Charakter (Fi B2, p. 223 und 272).

Bereits 1888 bezeichnet aber STEGLICH (1888) die Elster unterhalb Leipzigs bis Wahren als fischleer. Und SCHORLER (1896) bemerkt, daß unterhalb der Siele sich eine *Beggiatoa*-Gesellschaft fände, in deren Bereich häufig sogar Uferpflanzen fehlen. Als erste Wiederbesiedler finden sich 50 m unterhalb *Sparganium ramosum* und *Potamogeton pectinatus*. Es nimmt Wunder, daß die Fischer nicht stärker auf diese Beeinträchtigung reagierten. Maßgeblich war hierfür sicher die zunehmende Umstellung auf andere Erwerbsrichtungen (Eisbahn, Gondelfahrten, zeitweise auch das Fischerbad). Außerdem standen oberhalb der Stadt genügend brauchbare Fischgewässer zur Verfügung. Selbst die Pleiße war damals noch sauber (SCHORLER 1896).

Übereinstimmend läßt sich also nachweisen, daß eine nennenswerte Beeinträchtigung des Gewässers in unmittelbarem Zusammenhang mit dem wirtschaftlichen Aufschwung nach 1870/71 stattfindet.

Zusammenfassung

Anhand von Literatur- und Aktenstudien ließ sich nachweisen, daß unter Zuhilfenahme historischer Methoden eine Rekonstruktion des ehemaligen Gewässerzustandes vor Einsetzen der Abwasserkalamitäten sowie die Aufzeichnung der Entwicklung möglich ist.

Durch Verbindung historischer und ökologischer Forschung gelingt es, Aussagen über die landschaftsökologische Situation zurückliegender Zeiten zu machen und die Entwicklung bestimmter Abwässer genauer zu erfassen.

Literatur

Albinus, P., 1589: Meißnische Land-Chronika. Dresden.

Artzt, A., 1875: Vorarbeiten zur Phanerogamenflora des sächsischen Vogtlandes. Jb. Ver. f. Naturkde. Zwickau, p. 61–111.

– 1876: Nachtrag zur Phanerogamenflora des Sächsischen Vogtlandes. Jb. Ver. f. Naturkde. Zwickau, p. 35–38.

Beer, W.-D., 1958: Zur Problematik des biologischen Gütelängsschnittes von Fließgewässern dargestellt am Beispiel der Weißen Elster. WWT 8 (5), 195–199.

– 1961: Methodik der Gütebeurteilung von Fließgewässern. Abschlußbericht des Forschungsauftrages, Mskr. 34 S.

Büchner, J. G., 1737: De rarioribus quibusdam animalibus in Vogtlandia ... Acta physicomedica acad. Caes. Leopoldina-Carolinae nat. cur. 4, 261–271.

– 1743: Dissertationes epistolicae de memorabilibus Vogtlandiae subterraneus. Greitz.

Doehler, G., 1898: Bei den Perlfischern im Vogtland. Unser Vogtland 4, 400–411.

Hanuška, L., 1956: Biologické metódy skůmania hodnotenia vód. Bratislava.

Holl, F. & G. Heynhold, 1842: Flora von Sachsen. Dresden.

Huët, M., 1962: Influence du courant sur la distribution des poissons dans les eaux courantes. Schweiz. Z. Hydrol. 24, 412–432.

Hüttig, 1886: Aufzählung der um Zeitz vorkommenden Phanorogamen und Gefäßkryptogamen. Progr. d. königl. Stiftsgymn. f. 1885–86.

Illies, J., 1955: Steinfliegen oder Plecopteren. Die Tierwelt Deutschlands, 43. Teil, Jena.

Israel, W., 1910: Beiträge zur Kenntnis der Weißen Elster. Nachrichtsblatt d. Deutschen Malakozool. Ges. 42, 173–181.

– 1911: Biologie der europäischen Süßwassermuschel. Stuttgart.

– 1920a: Die Perlmuschel im Görnitzbache ausgestorben August 1919. Arch. Moll. 52, 94.

– 1920b: Plaudereien und Vorträge über Vertreter aus der heimatlichen Tierwelt. Weida.

Jahn, J. G., 1854: Die Perlenfischer im Vogtland. Ölsnitz, 208 S.

Kolkwitz, R., 1950: Ökologie der Saprobien. Schriftenreihe d. Ver. f. Wasser-, Boden- und Lufthygiene 4.

Kolkwitz, R. & M. Marsson, 1908: Ökologie der pflanzlichen Saprobien. Ber. d. Deutsch. Bot. Ges. 26a.

– – 1909: Ökologie der tierischen Saprobien. Internat. Revue ges. Hydrobiol. 2.

Kuntze, O., 1867: Taschenflora von Leipzig.

Langer, W., 1956: Von der Tierwelt. In: Die Natur unserer Heimat. Karl-Marx-Stadt, p. 39–55.

Liebmann, H., 1951: Handbuch der Frischwasser- und Abwasser-Biologie, Band 1, München (2. Aufl. 1962 Jena), Band 2, Jena 1959.

Ludwig, F., 1877/1878: Ein plötzliches und massenhaftes durch Brauereiabflüsse hervorgerufenes Auftreten von *Sphaerotilus natans* Kütz. bei Greiz. Zeitschr. ges. Naturwiss. 50, 269–274 und 51, 137.

– 1893: Vorarbeiten zu einer Kryptogamenflora des Fürstentums Reuß ä. L. I. Pilze. Mitt. Thür. Bot. Ver. NF 3/4, 86–95 und 5, 21.

– 1895: Notizen zur Landeskunde von Greiz und Umgebung. Unser Vogtland 1, 28–32 und 82–89.

Meissner, B., 1960: Über den quantitativen und qualitativen Status der Gewässer im mitteldeutschen Raum, ihre gegenwärtige und künftige Nutzungsmöglichkeiten durch die Chemieindustrie. Chemische Technik 12 (11), 636–644.

Meschke, A., 1925: Die Gewässer der oberen Weißen Elster und ihre Bedeutung für den Menschen. Phil. Diss. Leipzig.

Müller, W. O., 1863: Flora der Reußischen Länder und deren nächster Umgebungen. Gera und Leipzig.

Oertel, G., 1888: Zur Geschichte der Perlenfischer in Sachsen. Wiss. Beil. d. Leipziger Zeitung 114, 533–535.

Passarge, H., 1964: Pflanzengesellschaften des nordostdeutschen Flachlandes I. Jena.

PETERMANN, W. L., 1838: Flora Lipsiensis excursoria. Lipsiae.
— 1846: Analytischer Pflanzenschlüssel für botanische Exkursionen in der Umgebung von Leipzig. Leipzig.
REICHE, K., 1887: Die Flora von Leipzig. Isis Dresden 1886, 43—52.
SCHMITZ, W., 1955: Arch. Hydrobiol./Suppl. 22, 510—523.
SCHORLER, B., 1896: Die Bedeutung der Vegetation für die Selbstreinigung der Flüsse. Isis Dresden 1895.
SCHÖNE, R., 1942: Veränderungen in der Pflanzenwelt Sachsens in den Jahren 1920 bis 1941. Jahresbericht d. Arbeitsgem. sächsischer Botaniker 1, 32—49.
SCHWEITZER, K., 1926: Die Fischfauna des Vogtlandes. Mitt. d. Vogtl. Ges. f. Naturforsch. 3, 21—29.
SLÁDEČEK, V., 1956: Hydrobiologie I. Vodny organismy. Ucebani Texty Vysokych Skol. Praha, 360 S.
SMOLIAN, K., 1920: Merkbuch der Binnenfischerei. Berlin.
STEGLICH, B., 1888: Untersuchungen über den gegenwärtigen Stand der Fischereiverhältnisse im Flußgebiet der Weißen Elster. Schriften d. Sächs. Fischereivereins 8. Wiss. Beil. d. Leipziger Zeitung 93, 449—452.
STEINMANN, P., 1915: Praktikum der Süßwasserbiologie. Berlin.
VON TÜMPLING, W., 1960: Probleme, Methoden und Ergebnisse biologischer Güteuntersuchungen an Vorflutern, dargestellt am Beispiel der Werra. Int. Rev. ges. Hydrobiol. 45 (4), 513—534.
UHLIG, J., 1956: Verlandungsgesellschaften an Teichen und Flüssen Mittelsachsens. Sächs. Heimatbl. 1/2, 14/15, 25—42 und 16/17, 70—87.
WEBER, R., 1962: Über das Vorkommen von *Potamogeton pectinatus* L. in der mittleren Weißen Elster. Ber. d. Arbeitsgem. sächs. Botaniker NF 4, 255—257.
WÜNSCHE, O., 1887: Exkursionsflora für das Königreich Sachsen und die angrenzenden Gegenden, 5. Aufl.
— 1899: 8. Aufl.
— 1912: 10. Aufl. zus. mit B. SCHORLER.
— 1919: 11. Aufl.
— 1956: 12. Auflage, Neubearbeitung von FLÖSSNER, MILITZER, SCHÖNE, STOPP & UHLIG.

Anschrift des Verfassers:
Dr. WOLF-DIETRICH BEER
DDR — 701 Leipzig, Funkenburgstraße 12

Limnologica (Berlin)	8	2	1971	265–294

Wasserwirtschaftsdirektion Spree – Oder – Neiße, Cottbus
und Naturkundemuseum Gotha

DIETRICH BRAASCH und WOLFGANG JOOST

Zur Plecopterenfauna Bulgariens[1])

Mit 11 Abbildungen und 2 Tabellen

Inhaltsverzeichnis

1. Einleitung

Auf die historische Entwicklung der Plecopterenforschung in Bulgarien ging vor einiger Zeit RAUŠER (1962a) ein.

In neuerer Zeit widmeten sich neben RAUŠER (1962, 1963, 1965, 1966) vor allem BURESCH (1953) und RUSSEV (1959, 1961, 1962, 1963, 1966) der taxonomischen und faunistischen Erforschung dieser Gruppe. Während RAUŠER 11 für die Wissenschaft neue Arten aus Bulgarien beschrieb, erbrachte der bulgarische Hydrobiologe RUSSEV bei saprobiologischen Untersuchungen an Fließgewässern eine Reihe von Erstnachweisen für die Landesfauna.

Im Juli/August (17. 7.–1. 8.) 1968 führte BRAASCH (1969) eine Sammelreise in die Gebirge Vitoscha, Rila und Pirin durch, wobei einige der Wissenschaft unbekannte Chloroperliden entdeckt wurden. Die plecopterologische Erkundung des Landes wurde nun 1969 (10. 5.–8. 6.) von den Verfassern fortgesetzt. Von insgesamt 10 Stationen aus wurden folgende Gebirge bereist: Vitoscha (11.–12. 5. u. 7. 6.), Stara Planina = Balkangebirge (13.–24. 5.), Rhodopen (25.–28. 5.), Pirin (29. 5.–3. 6.), Rila (4. bis 5. 6.). Über die bei dieser Gelegenheit gefundenen neuen Arten wurde schon an anderer Stelle berichtet (BRAASCH & JOOST, im Druck.)

Vorliegende Arbeit enthält eine Auswertung der gesamten Sammelausbeute der oben erwähnten Reisen. In die Auswertung mit einbezogen wurde der „Beifang" einiger Entomologen-Kollegen, die zu Studienzwecken in Bulgarien weilten.

Für das uns zur Bearbeitung überlassene Plecopterenmaterial danken wir recht herzlich: Frau Dr. H. BRAASCH, Leipzig, Herrn Dr. MESSNER, Greifswald, Herrn Dipl.-Biol. RICHTER, Cottbus, und Herrn W. WITSACK, Jena.

---

[1]) Herrn Professor Dr. ARNO WETZEL zum 80. Geburtstag gewidmet.

Herrn Dr. GUENTHER vom Berliner Naturkundemuseum möchten wir für die freundliche Erlaubnis danken, *Capnia nigra* (aus der Kollektion des Museums) als Erstnachweis für Bulgarien veröffentlichen zu dürfen.

2. Fundorte

Um Wiederholungen bei den Fundortangaben in der Artenliste zu vermeiden, haben wir die Fundorte in der folgenden Übersicht zusammengefaßt. Die einzelnen Fundpunkte sind laufend numeriert worden, so daß sie leicht auf der Kartenskizze von Bulgarien lokalisiert werden können (Abb. 1).

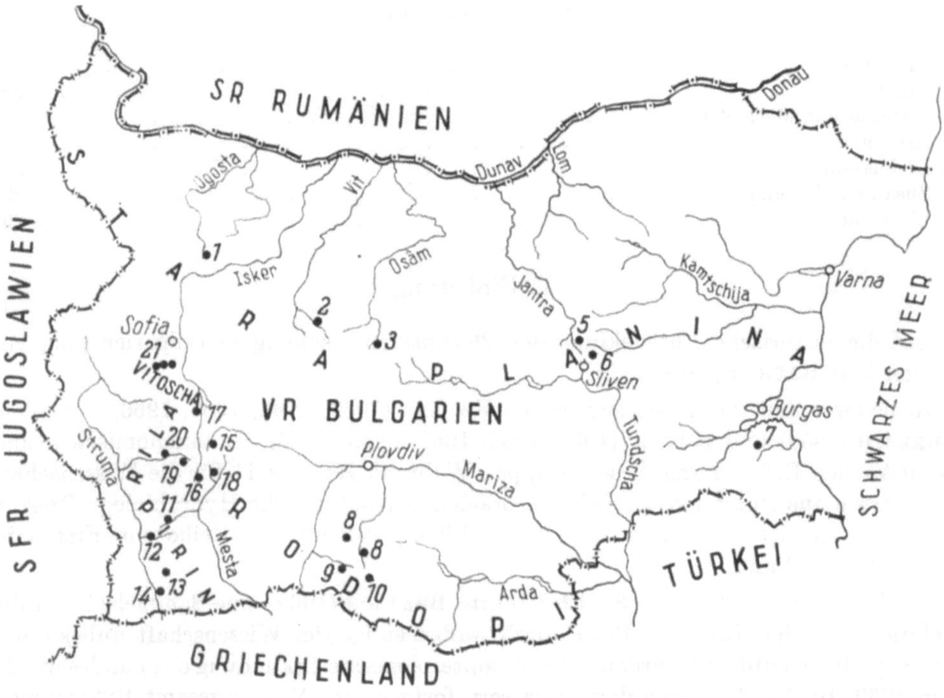

Abb. 1. Bulgarien, Maßstab 1:5000000; eingezeichnet sind die wichtigsten Flußsysteme und Gebirge. Die Fundorte (schwarze Punkte) wurden entsprechend der Übersicht fortlaufend numeriert.

Übersicht der Fundorte

Stara Planina:

1. Vraza, Hütte „Ledenika", Einzugsgebiet der Botunja Reka, 500–1000 m ü. NN; Ogosta-System, Zufluß der Donau
2. Teteven, Beli Vit, ca. 600 m ü. NN und Ribariza b. Teteven, Einzugsgebiet der Kostina Reka, linker Nebenfluß des Beli Vit, 600–1600 m ü. NN; Vit-System, Zufluß der Donau
3. Trojan, Trojan-Paß, Einzugsgebiet des Tscherni Osâm, 1400–1600 m ü. NN, und Tscherni Osâm oberhalb des Trojan-Klosters, Osâm-System, Zufluß der Donau
4. Kalofer, Oberlauf der Tundscha, 500–1500 m ü. NN; Tundscha-System, Zufluß der Aegaeis

5. Sliven, Oberlauf der Stara Reka, 500–800 m ü. NN; Jantra-System, Zufluß der Donau
6. Sliven, Asenovska und Novoselska Reka, Tadscha = linke Nebenflüsse der Tundscha, 300 bis 600 m ü. NN; Tundscha-System, Zufluß der Aegaeis

Strandscha Planina:

7. Burgas, Djavolska Reka, ca. 250 m ü. NN; Zufluß des Schwarzen Meeres

Rhodopen:

8. Tschepelare, Hütte „Ekuprija“, Einzugsgebiet der Sabârdska Reka, 1300–1700 m ü. NN; Tschepelarska Reka unterhalb Sabârdo; Tschepelarska Reka, Quellbach bei Pamporovo, 1600 m ü. NN; Mariza-System, Zufluß der Aegaeis
9. Pamporovo, Oberlauf der Schirokolischka Reka, rechter Nebenfluß der Vatscha, 1200–1600 m ü. NN; Mariza-System, Zufluß der Aegaeis
10. Pamporovo, Oberlauf der Bjala Reka, 1200–1500 m ü. NN; Arda-System, Zufluß der Aegaeis

Pirin:

11. Bansko, Hütte „Vichren“, Einzugsgebiet der Banderiza und der Demyaniza, 900–1900 m ü. NN; Mesta-System, Zufluß der Aegaeis
12. Gara Pirin, Oberlauf der Georgiza, 1800–2200 m ü. NN; Struma-System, Zufluß der Aegaeis
13. Sandanski, Sandanska Bistriza mit Nebenbächen. Begoviza und Arnautdere, 800–1700 m ü. NN; Struma-System, Zufluß der Aegaeis
14. Melnik, Melnischka Reka, ca. 800 m ü. NN; Struma-System, Zufluß der Aegaeis

Rila:

15. Borovez, Mariza, 1200–1800 m ü. NN; Mariza-System, Zufluß der Aegaeis
16. Hütte „Mussala“, Oberlauf des Beli Isker, 1900–2400 m ü. NN; Isker-System, Zufluß der Donau
17. Samokov, Isker; Zufluß der Donau
18. Hütte „Boris Chadschisotirov“, Einzugsgebiet der Ropaliza, 1600–2000 m ü. NN; Mesta-System, Zufluß der Aegaeis
19. Hütte „Ribnite Esera“, Oberlauf der Rilska Reka, 2100–2300 m ü. NN; Struma-System, Zufluß der Aegaeis
20. Rilakloster, Rilska Reka und Nebenbäche, 1100–1600 m ü. NN; Struma-System, Zufluß der Aegaeis
    Maljoviza, ca. 2100 m ü. NN; Isker-System, Zufluß der Donau

Vitoscha:

21. Sofia (Umgebung), Bojanska, Dragalevska Reka, Vladaiska Reka, 800–1500 m ü. NN; Isker-System, Zufluß der Donau

3. Material und Methoden

Insgesamt wurden 4900 Tiere (4800 Imagines, 100 Larven) untersucht: 550 Expl. (Juli/August 1968), 4300 Expl. (Mai/Juni 1969) und 50 Expl. („Beifang“). Das Material bestand aus folgenden Artenzahlen: 21 Arten (Juli/August 1968), 53 Arten (Mai/Juni 1969) und 16 Arten („Beifang“).

Im allgemeinen wurden die Imagines der Steinfliegen durch Streifen mit dem Käscher von der Ufervegetation gefangen. Bei Fehlen von Vegetation wurde unter am Ufer liegenden Steinen nach Imagines und Exuvien gesucht.

In höheren Gebirgslagen konnten gelegentlich einzelne Tiere als „Schneeplankton“ gesammelt werden.

Larven wurden durch Umwälzen von Steinen und Auffangen mit dem Käscher in fließendem Wasser erbeutet.

4. Artenliste

In der Artenliste folgen wir dem von Illies (1967) in der Limnofauna Europaea verwendeten System der Plecopteren.

Sofern das Material nicht von den Verfassern gemeinsam gesammelt wurde, ist bei den einzelnen Funden der Sammler genannt worden.

Fam. Taeniopterygidae

1. *Brachyptera bulgarica* RAUŠER 1962

Stara Planina:

2. Kostina Reka, 600–1700 m, 2 ♂♂, 16. 5. 1969
3. Tscherni Osâm, Quellbach, ca. 1600 m, 1 ♂, 20. 5. 1969
4. Tundscha, Oberlauf, 500–1500 m, 2 ♀♀, 19. 5. 1969

Rhodopen:

8. Sabârdska Reka, Einzugsgebiet, 1300–1700 m, 3 ♂♂, 2 ♀♀, 26. 5. 1969

Rila:

20. Rilska Reka, Nebenbach, 1600 m, 2 ♂♂, 4. 6. 1969

Vitoscha:

21. Vladaiska Reka, 800–1400 m, 1 ♀, 7. 6. 1969

Die Art war bislang nur aus der Umgebung von Sofia bekannt. Nachstehend geben wir eine Beschreibung des noch unbekannten Weibchens:

♀: Körperlänge 7–10,5 mm, Vorderflügellänge 11,5–12 mm; Kopf-, Meso- und Metanotum dunkelbraun glänzend. Pronotum rechteckig, braun, mit dunkelbraunen bis schwarzen Makeln. Sternit VII stark chitinisiert, beiderseits caudat zipflig ausgezogen und blasig aufgetrieben (Abb. 2).

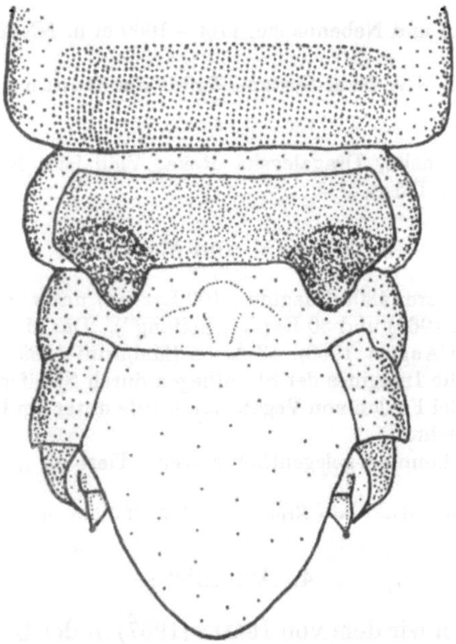

Abb. 2. *Brachyptera bulgarica* RAUŠER, ♀, Abdominalende, ventral.

Allotypus ♀, Vitoscha, Vladaiska Reka, 800–1400 m, 7. 6. 1969, 5 weitere ♀♀ von den Fundorten 4. und 8. (s. oben!). Die Tiere sind in der Sammlung des Naturkundemuseums Gotha (in 70%igen Alkohol) aufbewahrt.

2. *Brachyptera seticornis* (KLAPALEK) 1902

Stara Planina:

2. Kostina Reka, 600–1700 m, 23 ♂♂, 19 ♀♀, 16. 5. 1969
3. Tscherni Osâm, 1400–1600 m, 18 ♂♂, 12 ♀♀, 20. 5. 1969
4. Tundscha, Oberlauf, 500–1500 m, 29 ♂♂, 21 ♀♀, 29. 5. 1969

Rhodopen:

8. Sabârdska Reka, 1300–1700 m, 11 ♂♂, 16 ♀♀, 26. 5. 1969
9. Schirokolischka Reka, 1200–1600 m, 25 ♂♂, 14 ♀♀, 28. 5. 1969

Pirin:

11. Banderiza, Einzugsgebiet, 900–1200, 7 ♂♂, 6 ♀♀, 30. 5. 1969
13. Arnautdere, 1100–1700 m, 3 ♂♂, 2 ♀♀, 1. 6. 1969

Rila:

20. Rilska Reka und Nebenbäche, 1100–1600 m, 10 ♂♂, 7 ♀♀, 5. 6. 1969

Vitoscha:

21. Bojanska Reka, Quellbach, ca. 1000 m, 3 ♂♂, 4 ♀♀, 11. 5. 1969; Dragalevska Reka, 800 bis 1200 m, 21 ♂♂, 17 ♀♀, 11. 5. 1969; Vladaiska Reka, 800–1200 m, 11 ♂♂, 12. 5. 1969; 8 ♂♂, 7 ♀♀, 7. 6. 1969

3. *Brachyptera thracica* RAUŠER 1965

Rhodopen:

8. Tschepelarska Reka, Quellbach, 1600 m, 1 ♂, 2 ♀♀, 27. 5. 1969
9. Schirokolischka Reka, 1400–1500 m, 6 ♂♂, 5 ♀♀, 28. 5. 1969

Eine bisher nur aus Bulgarien bekannte Art. Nicht häufig.

4. *Rhabdiopteryx alpina* KÜHTREIBER 1934

Stara Planina:

2. Kostina Reka, ca. 1400 m, 2 ♀♀, 16. 5. 1969

Die Art ist über die Alpen und zentraleuropäischen Mittelgebirge verbreitet.
Neu für Bulgarien!

5. *Rhabdiopteryx neglecta* (ALBARDA) 1889

Stara Planina:

1. Botunja Reka, Quellbach, 500–800 m, 5 ♀♀, 13. 5. 1969

Die Art war bisher aus dem Vorland der Alpen und den zentraleuropäischen Mittelgebirgen bekannt.
Neu für Bulgarien!

6. *Taeniopteryx auberti* KIS & SOWA 1964

Vitoscha:

21. Vladaiska Reka, 1000 m, 1 ♀, 12. 5. 1969

Diese erst vor kurzem beschriebene Art wurde früher vermutlich mit *Taeniopteryx hubaulti* verwechselt. Ihre gegenwärtig bekannte Verbreitung umfaßt Rumänien, Polen und die DDR (JOOST 1965).
Neu für Bulgarien!

Fam. Nemouridae

7. *Amphinemura standfussi* RIS 1902

Stara Planina:

6. Tadscha, rechter Nebenbach, 400 m, 1 ♂, 1 ♀, 24. 5. 1969

Eine in Europa weit verbreitete Art. Auf der Balkanhalbinsel scheint die südliche Verbreitungsgrenze durch die Stara Planina zu verlaufen. In Griechenland von AUBERT (1956, 1963) nicht nachgewiesen.
Neu für Bulgarien!

8. *Amphinemura triangularis* RIS 1902

Stara Planina:

1. Botunja Reka, 500–1000 m, 10 ♂♂, 22 ♀♀, 14. 5. 1969
2. Kostina Reka, 600–1600 m, 41 ♂♂, 21 ♀♀, 16. 5. 1969
3. Tscherni Osâm, Oberlauf, 1400–1600 m, 19 ♂♂, 20 ♀♀, 20. 5. 1969
4. Tundscha, 500–1500 m, 9 ♂♂, 4 ♀♀, 11. 5. 1969
6. Tadscha, Nebenbäche, 300–500 m, 7 ♀♀, 24. 5. 1969

Rhodopen:

8. Sabârdska Reka, 1300–1700 m, 19 ♂♂, 9 ♀♀, 26. 5. 1969
9. Schirokolischka Reka, Oberlauf, 1200–1600 m, 1 ♂, 2 ♀♀, 28. 5. 1969
10. Bjala Reka, 1200–1500 m, 4 ♂♂, 6 ♀♀, 28. 5. 1969

Pirin

11. Banderiza, 1000 m, 2 ♀♀, 24. 7. 1968, lgt. BRAASCH
13. Sandanska Bistriza, ca. 800 m, 1 ♂, 4 ♀♀, 31. 5. 1969; Arnautdere, 1100–1700 m, 22 ♂♂, 12 ♀♀, 1. 6. 1969

Rila:

20. Rilska Reka, Nebenbäche, 1100–1600 m, 2 ♂♂, 3 ♀♀, 5. 6. 1969

Vitoscha:

21. Bojanska Reka, Nebenbach, 1500 m, 1 ♂, 1 ♀, 11. 5. 1969; 1 ♂, 13. 7. 1969, lgt. Dr. H. BRAASCH; Vladaiska Reka, 800–1400 m, 23 ♂♂, 12 ♀♀, 7. 6. 1969

Eine der häufigsten Arten in Bulgarien, die kaum in einem Gebirgsteil fehlen dürfte. Außer in Großbritannien und Fennoskandien in ganz Europa weit verbreitet.

9. *Nemoura braaschi* JOOST 1970

Stara Planina:

1. Botunja Reka, kleinere Nebenbäche, 500–1000 m, 1 ♂, 1 ♀, 14. 5. 1969
2. Kostina Reka, 600–1600 m, 5 ♂♂, 18 ♀♀, 16. 5. 1969
3. Tscherni Osâm, Quellbäche, 1400–1600 m, 10 ♂♂, 7 ♀♀, 20. 5. 1969
4. Tundscha, 500–1500 m, 3 ♂♂, 28 ♀♀, 19. 5. 1969

Rhodopen:

8. Sabârdska Reka, 1300–1700 m, 1 ♂, 4 ♀♀, 26. 5. 1969
9. Schirokolischka Reka, 1200–1600 m, 3 ♂♂, 9 ♀♀, 28. 5. 1969

Pirin:

11. Banderiza, 900–1700 m, 2 ♂♂, 1 ♀, 30. 5. 1969
13. Arnautdere, 1100–1700 m, 1 ♂, 3 ♀♀, 1. 6. 1969

Rila:

20. Rilska Reka, Nebenbäche, 1100–1600 m, 11 ♂♂, 8 ♀♀, 5. 6. 1969

Vitoscha:

21. Dragalevska Reka, ca. 800 m, 2 ♂♂, 2 ♀♀, 11. 5. 1969

Die kürzlich von JOOST (im Druck) beschriebene Art scheint in den untersuchten Gebirgen Bulgariens nicht eben selten zu sein. An dieser Stelle ist nur das von BRAASCH gesammelte Material angeführt.

10. *Nemoura cinerea* (RETZIUS) 1783

Stara Planina:

1. Botunja Reka, 500–1000 m, 56 ♂♂, 42 ♀♀, 13.–14. 5. 1969
2. Beli Vit, 1 ♂, 16. 5. 1969; Kostina Reka, 600–1600 m, 5 ♂♂, 6 ♀♀, 16. 5. 1969
4. Tundscha, 500–1500 m, 3 ♂♂, 1 ♀♀, 19. 5. 1969
5. Stara Reka, 500–1000 m, 9 ♂♂, 17 ♀♀, 22. 5. 1969
6. Tadscha, 300–500 m, 6 ♂♂, 4 ♀♀, 24. 5. 1969

Rhodopen:

8. Sabârdska Reka, 1300–1700m, 4 ♂♂, 4 ♀♀, 26. 5. 1969; Tschepelarska Reka, Quellbach, 1500 m, 5 ♂♂, 6 ♀♀, 27. 5. 1969
10. Bjala Reka, 1200–1500 m, 1 ♂, 28. 5. 1969

Pirin:

13. Begoviza, Nebenbach, 1300 m, 1 ♀, 23. 7. 1968, lgt. BRAASCH; Sandanska Bistriza, ca. 800 m, 2 ♂♂, 31. 5. 1969

Rila:

18. Ropaliza, Oberlauf, 1 ♀, 9. 8. 1960, lgt. Dr. MESSNER
19. Hütte „Ribni Esera“, 2300 m, 1 ♂, 13. 8. 1960, lgt. Dr. MESSNER
20. Rilska Reka, Oberlauf, 1900 m, 1 ♀, 23. 7. 1968, lgt. BRAASCH; Nebenbäche des Rilska Reka, 1500–1600 m, 9 ♂♂, 5 ♀♀, 5. 6. 1969

Eine in ganz Europa häufige Art. Als Ubiquist in allen Gewässertypen.

11. *Nemoura flexuosa* AUBERT 1949

Stara Planina:

5. Stara Reka, 500–1000 m, 1 ♂, 1 ♀, 22. 5. 1969

Eine in den europäischen Mittelgebirgen sowie in der Ebene verbreitete Art. Die Südgrenze ihres Areals könnte durch die Stara Planina verlaufen.
Neu für Bulgarien!

12. *Nemoura fulviceps* KLAPALEK 1902

Stara Planina:

1. Botunja Reka, 500–1000 m, 1 ♂, 1 ♀, 14. 5. 1969
2. Kostina Reka, 600–1600 m, 1 ♂, 4 ♀♀, 16. 5. 1969
4. Tundscha, 500–1500 m, 1 ♂, 19. 5. 1969

Rhodopen:

8. Sabârdska Reka, 1300–1700 m, 1 ♂, 1 ♀, 26. 5. 1969
9. Schirokolischka Reka, 1200–1600, 1 ♂, 28. 5. 1969

Pirin:

11. Banderiza, 1500–1800 m, 3 ♂♂, 4 ♀♀, 30. 5. 1969

Vitoscha:

21. Bojanska Reka, 1400–1500 m, 7 ♂♂, 10 ♀♀, 11. 5. 1969; Vladaiska Reka, 800–1400 m, 13 ♂♂, 21 ♀♀, 12. 5. 1969

Von der westlichen Mediterranea über die Alpen und zentralen Mittelgebirge in Europa verbreitet. Vermutlich in allen bulgarischen Gebirgen anzutreffen.

13. *Nemoura marginata* (PICTET) RIS 1902

Vitoscha:

21. Dragalevska Reka, ca. 800 m, 2 ♂♂, 11. 5. 1969

Eine Art der Alpen und zentralen Mittelgebirge in Europa. Alte Angaben zum Vorkommen von *N. marginata* in Bulgarien stellte RAUŠER (1962a) aufgrund der früher taxonomisch ungenügend geklärten *Nemoura*-Arten in Zweifel.
Neu für Bulgarien!

14. *Nemoura pirinensis* RAUŠER 1962

Stara Planina:

2. Beli Vit, Bulovanski Reka, 1200 m, 1 ♂, 16. 5. 1969
4. Tundscha, 500–1500 m, 1 ♂, 19. 5. 1969

Rhodopen:

8. Sabârdska Reka, 1300–1700 m, 4 ♂♂, 2 ♀♀, 26. 5. 1969
9. Schirokolischka Reka, 1200–1600 m, 3 ♂♂, 2 ♀♀, 28. 5. 1969; Tschepelarska Reka, Quellbach, 1400–1500 m, 10 ♂♂, 6 ♀♀, 27. 5. 1969

Pirin:

11. Banderiza, 2000 m, 2 ♂♂, 24. 7. 1968, lgt. BRAASCH
13. Begoviza, Nebenbäche, 1200–1500 m, 6 ♂♂, 2 ♀♀, 27. 7. 1968, lgt. BRAASCH

Rila:

15. Mariza, Oberlauf (Bistriza), 1200–1800 m, 1 ♂, 18. 7. 1968, lgt. BRAASCH
18. Ropaliza, Einzugsgebiet, 1600–2000 m, 1 ♂, 1 ♀, 10. 8. 1960, lgt. Dr. MESSNER; 8 ♂♂, 7 ♀♀, 20. 7. 1968, lgt. BRAASCH
20. Rilska Reka, Nebenbäche, 1500–1600 m, 8 ♂♂, 4 ♀♀, 5. 6. 1969; Maljoviza, ca. 2100 m, 4 ♂♂, 1 ♀, 10. 6. 1969, lgt. WITSACK

Vitoscha:

21. Dragalevska Reka, 800–1000 m, 1 ♂, 11. 5. 1969

Bulgarische Art, die bisher nur von einer Stelle im Pirin von RAUŠER (1962a) angegeben wird.

Da das Weibchen noch nicht bekannt ist, geben wir eine kurze Beschreibung:

♀: Körperlänge 7–8,2 mm, Vorderflügellänge 9,1–10 mm; die Subgenitalklappe ist groß und reicht über die Sternite VI und VII (Abb. 3). Die Cerci sind relativ kurz und an ihren Enden abgestutzt.

Allotypus ♀, Rila, Ropaliza, Einzugsgebiet, 1600–2000 m, 20. 7. 1968, weitere 6 ♀♀ vom gleichen Fundort. Die Tiere sind in der Sammlung des Naturkundemuseums in Gotha (in 70%-igem Alkohol) aufbewahrt.

15. *Nemoura subtilis* KLAPALEK

Stara Planina:

1. Botunja Reka, 500–1000 m, 17 ♂♂, 12 ♀♀, 13. 5. 1969
2. Kostina Reka, 600–1600 m, 19 ♂♂, 11 ♀♀, 16. 5. 1969
3. Tscherni Osâm, 1400–1600 m, 7 ♂♂, 8 ♀♀, 20. 5. 1969
4. Tundscha, 500–1500 m, 21 ♂♂, 26 ♀♀, 19. 5. 1969

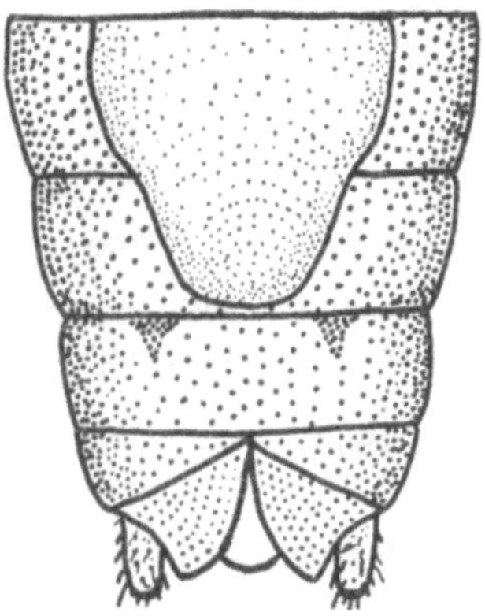

Abb. 3. *Nemoura pirinensis* RAUŠER, ♀, Abdominalende, ventral, Subgenitalplatte.

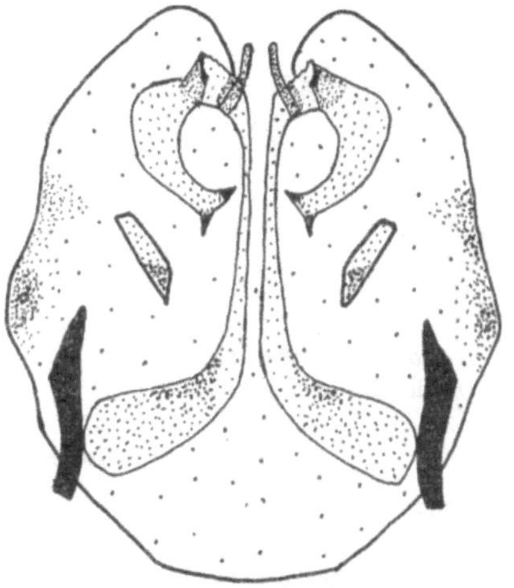

Abb. 4. *Nemoura subtilis* KLAPALEK, ♂, Supraanallobus.

Rhodopen:

8. Sabârdska Reka, 1300–1700 m, 13 ♂♂, 21 ♀♀, 26. 5. 1969; Tschepelarska Reka, Quellbach, 1600 m; 5 ♂♂, 4 ♀♀, 27. 5. 1969
9. Schirokolischka Reka, 1200–1600 m, 18 ♂♂, 6 ♀♀, 28. 5. 1969
10. Bjala Reka, 1200–1500 m, 3 ♂♂, 23 ♀♀, 28. 5. 1969

Pirin:

13. Begoviza, Oberlauf, 1800 m, 1 ♂, 27. 7. 1968, lgt. BRAASCH; Arnautdere, 1100–1700 m, 2 ♂♂, 5 ♀♀, 1. 6. 1969
18. Ropaliza, Quellbach, 1600–1800 m, 1 ♂, 27. 7. 1968, lgt. BRAASCH
20. Rilska Reka, Nebenbach, 1500–1600 m, 6 ♂♂, 6 ♀♀, 5. 6. 1969

Vitoscha:

21. Dragalevska Reka, 800–900 m, 4 ♂♂, 5 ♀♀, 11. 5. 1969; Bojanska Reka, 1100–1400 m, 11 ♂♂, 3 ♀♀, 11. 5. 1969; 6 ♂♂, 2 ♀♀, 13. 7. 1969, lgt. Dr. H. BRAASCH; Vladaiska Reka, 800–1400 m, 26 ♂♂, 15 ♀♀, 12. 5. 1969

In Bulgarien offenbar die häufigste *Nemoura*-Art mit ausgedehnter Flugzeit. Sonst nur von Rumänien noch bekannt.

Der Artbeschreibung KLAPALEKS (1895) fehlt eine Darstellung des artcharakteristischen Supraanallobus vom Männchen (Abb. 4). Des weiteren geben wir vom Männchen das Abdominalende dorsal (Abb. 5) und ventral (Abb. 6) wieder.

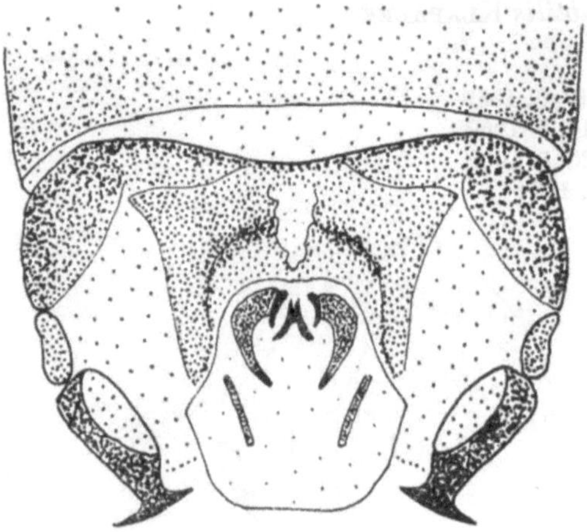

Abb. 5. *Nemoura subtilis* KLAPALEK, ♂, Abdominalende, dorsal.

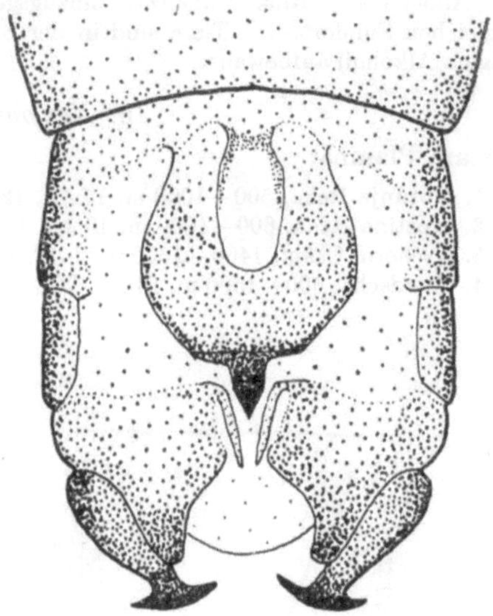

Abb. 6. *Nemoura subtilis* KLAPALEK, ♂, Abdominalende, ventral.

16. *Nemurella picteti* KLAPALEK 1900

Stara Planina:

2. Kostina Reka, Nebenbäche, 600–1600 m, 20 ♂♂, 10 ♀♀, 16. 5. 1969
3. Tscherni Osâm, Oberlauf, 1400–1600 m, 1 ♀, 20. 5. 1969

Pirin:

11. Banderiza, 1000 m, 1 ♀, 24. 7. 1968, lgt. BRAASCH

Rila:

18. Ropaliza, Oberlauf, ca. 2000 m, 1 ♀, 11. 8. 1960, lgt. Dr. MESSNER
20. Rilska Reka, Nebenbach, 1200 m, 2 ♂♂, 1 ♀, 5. 6. 1969

Vitoscha:

21. Vladaiska Reka, 800–1400 m, 1 ♂, 26. 5. 1963, lgt. Dr. MESSNER; 4 ♂♂, 1 ♀, 7. 6. 1969

Der Ubiquist *Nemurella* ist in ganz Europa verbreitet.

17. *Protonemura hrabei* RAUŠER 1957

Pirin:

11. Banderiza, 1800 m, 1 ♂, 3 ♀♀, Anfang Oktober 1968, lgt. RICHTER

Eine Herbstart der zentraleuropäischen Gebirge, die vermutlich in allen bulgarischen Gebirgen vorkommt. Bisher aus dem Vitoscha nachgewiesen.

18. *Protonemura illiesi* KIS 1963

Stara Planina:

2. Kostina Reka, 600–1600 m, 1 ♂, 16. 5. 1969
3. Tscherni Osâm, Oberlauf, 1400–1600 m, 2 ♂♂, 20. 5. 1969
4. Tundscha, 500–1500 m, 3 ♂♂, 19. 5. 1969

Eine nur aus Rumänien bekannte Art.
Neu für Bulgarien!

19. *Protonemura intricata* Ris 1902

Stara Planina:

1. Botunja Reka, 500–1000 m, 9 ♂♂, 5 ♀♀, 14. 5. 1969
2. Beli Vit, 1 ♂, 5 ♀♀, 16. 5. 1969; Kostina Reka, 600–1600 m, 17 ♂♂, 9 ♀♀, 16. 5. 1969
3. Tscherni Osâm, Oberlauf, 1400–1600 m, 7 ♂♂, 1 ♀, 20. 5. 1969
4. Tundscha, 500–1500 m, 11 ♂♂, 2 ♀♀, 19. 5. 1969
5. Stara Reka, 500–800 m, 7 ♂♂, 17 ♀♀, 22. 5. 1969
6. Tadscha, kleinere Nebenbäche, 500–700 m, 10 ♂♂, 13 ♀♀, 24. 5. 1969

Rhodopen:

8. Sabârdska Reka, 1300–1700 m, 3 ♂♂, 1 ♀, 26. 5. 1969
9. Schirokolischka Reka, 1200–1600 m, 2 ♂♂, 1 ♀, 28. 5. 1969
10. Bjala Reka, 1200–1500 m, 1 ♀, 28. 5. 1969

Pirin:

11. Banderiza, ca. 1000 m, 1 ♂, 3 ♀♀, 24. 7. 1968, lgt. Braasch; 900–1500 m, 9 ♂♂, 3 ♀♀, 30. 5. 1969
13. Sandanska Bistriza, 500–800 m, 5 ♂♂, 6 ♀♀, 30. 5. 1969; Arnautdere, 1100–1700 m, 3 ♂♂, 3 ♀♀, 1. 6. 1969

Rila:

20. Rilska Reka, Nebenbach, 1600 m, 2 ♂♂, 4. 6. 1969

Vitoscha:

21. Vladaiska Reka, Nebenbach, ca. 800 m, 8 ♂♂, 6 ♀♀, 7. 6. 1969

Außer in Großbritannien, Fennoskandien und dem Kaukasus überall in Europa. Die häufigste *Protonemura* Bulgariens.

20. *Protonemura meyeri* (Pictet) 1841

Stara Planina:

2. Kostina Reka, 600–1400 m, 1 ♀, 16. 5. 1969

Fast überall in Europa.
Neu für Bulgarien!

21. *Protonemura montana* Kimmins 1941

Pirin:

11. Banderiza, ca. 1800 m, 1 ♂, Anfang Oktober 1968, lgt. Richter

Aus Bulgarien bisher nur von Raušer (1962b) ohne nähere Fundortangabe aus dem Rila gemeldet.

22. *Protonemura nitida* Ris 1902

Pirin:

11. Banderiza, ca. 1800 m, 2 ♂♂, Anfang Oktober 1968, lgt. Richter

Von Raušer (1962b) aus dem Vitoscha ohne nähere Fundortangabe erwähnt. Diese Herbstart ist in den Alpen und zentralen Mittelgebirgen Europas verbreitet.

23. *Protonemura praecox* (MORTON) 1894

Stara Planina:

1. Botunja Reka, 500–1000 m, 1 ♀, 13. 5. 1969
2. Kostina Reka, 600–1600 m, 1 ♀, 16. 5. 1969

Pirin:

11. Banderiza, 1800 m, 3 ♂♂, 30. 5. 1969

Rila:

20. Rilska Reka, 1700 m, 1 ♀, 5. 6. 1969

Verbreitete Frühlingsart in den europäischen Mittelgebirgen, Alpen, Großbritannien und der westlichen Mediterranea.
Neu für Bulgarien!

Fam. Leuctridae

24. *Leuctra balcanica* RAUŠER 1965

Stara Planina:

1. Botunja Reka, 500–1000 m, 12 ♂♂, 7 ♀♀, 13. 5. 1969
4. Tundscha, 500–1500 m, 1 ♂, 19. 5. 1969

Vitoscha:

21. Vladaiska Reka, 800–1400 m, 4 ♂♂, 6. 6. 1969; 2 ♀♀, 13. 7. 1969, lgt. Dr. H. BRAASCH

Bulgarische Art, die von RAUŠER (1965) nur im Vitoscha aufgefunden wurde.

25. *Leuctra hippopus* KEMPNY 1899

Stara Planina:

1. Botunja Reka, 500–1000 m, 4 ♀♀, 14. 5. 1969
2. Kostina Reka, Nebenbäche, 600–1700 m, 5 ♂♂, 15 ♀♀, 16. 5. 1969
3. Tscherni Osâm, 1400–1600 m, 2 ♀♀, 20. 5. 1969
4. Tundscha, 500–1500 m, 5 ♂♂, 15 ♀♀, 19. 5. 1969

Rhodopen:

8. Sabârdska Reka, 1300–1700 m, 10 ♂♂, 9 ♀♀, 26. 5. 1969

Pirin:

11. Banderiza, 900–1500 m, 1 ♀, 30. 5. 1969
13. Arnautdere, 1100–1700 m, 3 ♂♂, 5 ♀♀, 1. 6. 1969

Rila:

20. Maljoviza, ca. 2100 m, 1 ♀, 13. 6. 1969, lgt. WITSACK

Vitoscha:

21. Bojanska Reka, 1000–1400 m, 7 ♂♂, 7 ♀♀, 11. 5. 1969; Vladaiska Reka. 800–1400 m, 9 ♂♂, 6 ♀♀, 7. 6. 1969

Eine in ganz Europa häufige Art. In allen bulgarischen Gebirgen.

26. *Leuctra inermis* KEMPNY 1899

Stara Planina:

1. Botunja Reka, 500–1000 m, 2 ♂♂, 1 ♀, 14. 5. 1969

2. Kostina Reka, 600–1600 m, 2 ♂♂, 11 ♀♀, 16. 5. 1969
3. Tscherni Osâm, 1400–1600 m, 1 ♀, 20. 5. 1969

Rhodopen:

8. Sabârdska Reka, 1300–1700 m, 5 ♂♂, 4 ♀♀, 26. 5. 1969
9. Schirokolischka Reka, 1200–1600 m, 26 ♂♂, 15 ♀♀, 28. 5. 1969

Pirin:

11. Banderiza, 900–1900 m, 22 ♂♂, 27 ♀♀, 30. 5. 1969
12. Georgiza, 1800–2200 m, 2 ♂♂, 26. 7. 1968, lgt. BRAASCH
13. Arnautdere, 1100–1700 m, 1 ♀, 1. 6. 1969

Rila:

15. Bistriza, 1350 m, 2 ♀♀, 18. 7. 1968, lgt. BRAASCH
20. Rilska Reka, Nebenbäche, 1200–1600 m, 40 ♂♂, 40 ♀♀, 4.–5. 6. 1969

Vitoscha:

21. Bojanska Reka, 1000–1400 m, 3 ♂♂, 5 ♀♀, 11. 5. 1969; Vladaiska Reka, 800–1400 m, 27 ♂♂, 15 ♀♀, 12. 5. 1969; 1 ♂, 6 ♀♀, 7. 6. 1969

In Europa weit verbreitet. In allen bulgarischen Gebirgen.

27. *Leuctra joosti* BRAASCH 1970

Die Art wurde im Mai 1968 in den Gebirgen Vitoscha und Pirin aufgefunden. Nähere Angaben zu dieser Art finden sich in der Beschreibung, die unlängst erfolgte (BRAASCH, im Druck).

28. *Leuctra marani* RAUŠER 1965

Rhodopen:

8. Sabârdska Reka, 1300–1700 m, 48 ♂♂, 51 ♀♀, 26. 5. 1969
9. Schirokolischka Reka, 1200–1600 m, 52 ♂♂, 45 ♀♀, 28. 5. 1969
10. Bjala Reka, 1200–1500 m, 1 ♂, 28. 5. 1969

Pirin:

11. Banderiza, Nebenbäche, 1100–1800 m, 1 ♂, 24. 7. 1968, lgt. BRAASCH; 9 ♂♂, 7 ♀♀, 30. 5. 1969
13. Arnautdere, 1100–1700 m, 23 ♂♂, 20 ♀♀, 1. 6. 1969

Rila:

18. Ropaliza, ca. 2000 m, 1 ♀, 11. 8. 1960, lgt. Dr. MESSNER; Nebenbach der Ropaliza, 1600 bis 1800 m, 1 ♂, 2 ♀♀, 20. 7. 1968, lgt. BRAASCH
20. Rilska Reka, Nebenbäche, 1200–1600 m, 18 ♂♂, 30 ♀♀, 5. 6. 1969

Vitoscha:

21. Vladaiska Reka, 800–1400 m, 1 ♂, 1 ♀, 11. 5. 1969

Leuctra marani wurde von RAUŠER (1965) nur in den Zentralrhodopen festgestellt. Die tatsächliche Verbreitung der Art ist offenbar ausgedehnter, jedoch scheint sie im Balkangebirge zu fehlen. Eine der häufigsten Leuctriden. Nur aus Bulgarien bekannt.

29. *Leuctra nigra* KEMPNY 1898

Stara Planina:

2. Kostina Reka, 600–1600 m, 47 ♂♂, 33 ♀♀, 16. 5. 1969
3. Tscherni Osâm, 1400–1600 m, 21 ♂♂, 9 ♀♀, 20. 5. 1969
4. Tundscha, 500–1500 m, 61 ♂♂, 25 ♀♀, 19. 5. 1969

Rhodopen:

8. Sabârdska Reka, 1300–1700 m, 19 ♂♂, 16 ♀♀, 26. 5. 1969
9. Schirokolischka Reka, 1200–1600 m, 83 ♂♂, 40 ♀♀, 28. 5. 1969

Pirin:

11. Banderiza, 1000–1800 m, 36 ♂♂, 20 ♀♀, 30. 5. 1969
13. Arnautdere, 1100–1700 m, 11 ♂♂, 3 ♀♀, 1. 6. 1969

Rila:

15. Bistriza, 1350 m, 2 ♂♂, 8 ♀♀, 18. 7. 1968, lgt. Braasch
18. Ropaliza, Nebenbach, 1600–1800 m, 1 ♀, 20. 7. 1968, lgt. Braasch
20. Rilska Reka, Nebenbäche, 39 ♂♂, 46 ♀♀, 5. 6. 1969

Vitoscha:

21. Bojanska Reka, 1000–1500 m, 16 ♂♂, 9 ♀♀, 11. 5. 1969; Dragalevska Reka, ca. 800 m, 7 ♂♂, 6 ♀♀, 11. 5. 1969; Vladaiska Reka, 800–1400 m, 74 ♂♂, 38 ♀♀, 7. 6. 1969

In ganz Europa. Eine der häufigsten Arten überhaupt.

30. *Leuctra pseudosignifera* Aubert 1954

Stara Planina:

2. Bulowanski Reka (linker Nebenfluß des Beli Vit), 1200 m, 1 ♂, 5 ♀♀, 16. 5. 1969

Rhodopen:

8. Tschepelarska Reka, Quellbach, 1400–1500 m, 1 ♀, 27. 5. 1969
10. Bjala Reka, 1400–1500 m, 1 ♀, 28. 5. 1969

Pirin:

11. Banderiza, 1600–1800 m, 4 ♀♀, 30. 5. 1969

Frühjahrsart der zentralen Mittelgebirge und der Alpen.
Neu für Bulgarien!

31. *Leuctra pseudohippopus* Raušer 1965

Stara Planina:

2. Bulowanski Reka, 1000–1200 m, 3 ♂♂, 11 ♀♀, 16. 5. 1969
3. Tscherni Osâm, 1400–1600 m, 3 ♂♂, 11 ♀♀, 20. 5. 1969

Rhodopen:

8. Sabârdska Reka, 1300–1700 m, 3 ♂♂, 5 ♀♀, 26. 5. 1969; Tschepelarska Reka, Quellbach, 1 ♂, 1 ♀, 27. 5. 1969
9. Schirokolischka Reka, 1200–1600 m, 11 ♂♂, 6 ♀♀, 28. 5. 1969

Pirin:

13. Begoviza, 1600–1700 m, 2 ♂♂, 2 ♀♀, 27. 7. 1968, lgt. Braasch; Arnautdere, 1100–1700 m, 11 ♂♂, 2 ♀♀, 1. 6. 1969

Rila:

15. Bistriza, 1350 m, 4 ♀♀, 18. 7. 1968, lgt. Braasch
18. Ropaliza, Nebenbach, 1600–1800 m, 1 ♀, 20. 7. 1968, lgt. Braasch
20. Rilska Reka, Nebenbäche, 1200–1600 m, 2 ♂♂, 6 ♀♀, 5. 6. 1969

Vitoscha:

21. Dragalevska Reka, ca. 800 m, 3 ♀♀, 11. 5. 1969; Vladaiska Reka, 800–1400 m, 1 ♀, 26. 5. 1963, lgt. Dr. Messner; 3 ♂♂, 2 ♀♀, 12. 5. 1969

Bisher nur aus Bulgarien bekannte Art.

32. *Leuctra quadrimaculata* KIS 1963

Stara Planina:

2. Bulowanski Reka, 1000–1200 m, 1 ♂, 16. 5. 1969
4. Tundscha, 500–1500 m, 1 ♂, 19. 5. 1969
5. Stara Reka, 500–1000 m, 8 ♂♂, 24 ♀♀, 22. 5. 1969

Eine erst kürzlich aus Rumänien beschriebene Art, deren Verbreitung in Bulgarien sich auf das Balkangebirge zu beschränken scheint.
Neu für Bulgarien!

33. *Leuctra rosinae* KEMPNY 1900

Pirin:

11. Banderiza, ca. 2000 m, 10 ♂♂, 10 ♀♀, 30. 5. 1969
13. Arnautdere, 1100–1700 m, 1 ♀, 1. 6. 1969

In den zentralen Mittelgebirgen und in den Alpen.
Neu für Bulgarien!

Fam. Capniidae

34. *Capnia nigra* (PICTET) 1833

Rila:

17. Isker, 1 ♀, IV 1917, lgt. VON BOETTICHER

Verbreitet in den zentralen Mittelgebirgen, Fennoskandien, im Kaukasus und in der Mediterranea.
Neu für Bulgarien!

35. *Capnopsis schilleri* (ROSTOCK) 1892

Stara Planina:

1. Botunja Reka, Nebenbach, 900–1000 m, 1 ♀, 14. 5. 1969

Das Hauptverbreitungsgebiet der Art liegt in Fennoskandien sowie in der nordwestlichen Sowjetunion. Weitere, mehr vereinzelte Vorkommen befinden sich im Kaukasus, in der westlichen Mediterranea, in den zentralen Mittelgebirgen. Aus den Nachbarländern Bulgariens nicht nachgewiesen.
Neu für Bulgarien!

Fam. Perlodidae

36. *Arcynopteryx compacta* (MACLACHLAN) 1872

Stara Planina:

3. Tscherni Osâm, 1600 m, 1 ♀, brachypter, 20. 5. 1969

Pirin:

11. Banderiza, 1900 m, 1 ♀; Nebenbach, 1800 m, 1 ♀, 2 Larven, 24. 7. 1968, lgt. BRAASCH
12. Georgiza, Oberlauf, 2200 m, 1 ♀, 26. 7. 1968, lgt. BRAASCH

Rila:

15. Mariza, Oberlauf, 2000 m, 1 ♂, 8. 8. 1960, lgt. Dr. MESSNER
18. Ropaliza, Oberlauf, 1700–1800 m, 1 Larve, 20. 7. 1968, lgt. BRAASCH

Hauptverbreitung von *Arcynopteryx* in Nordeuropa. Die Art gilt als boreo-alpiner Verbreitungstyp. Sie kommt in Bulgarien vermutlich in allen höheren Gebirgslagen verstreut vor.

37. *Bulgaroperla mirabilis* Raušer 1966

Stara Planina:

6. Novoselska Reka (Sinite Kameni), 5 ♂♂, 7 ♀♀, 3 Larven, 23. 5. 1969

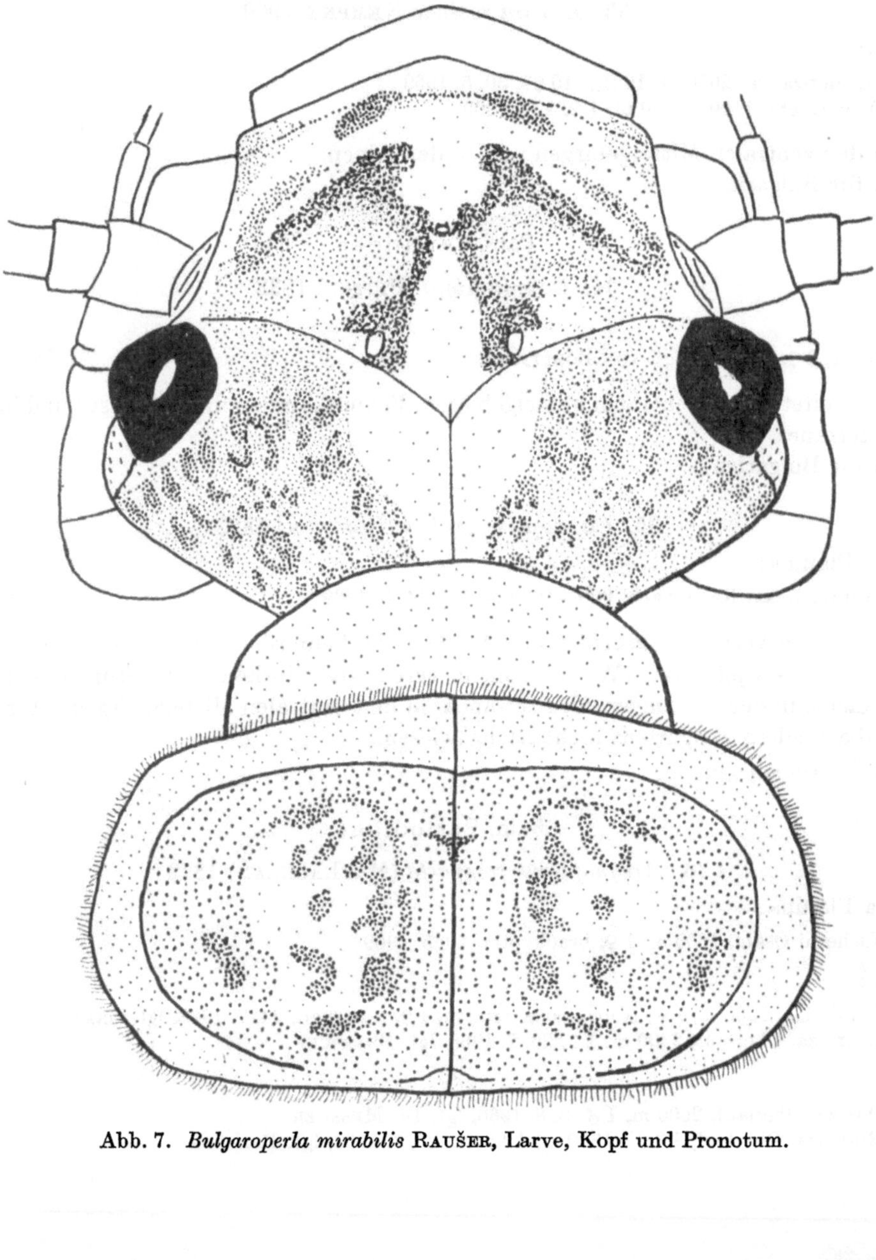

Abb. 7. *Bulgaroperla mirabilis* Raušer, Larve, Kopf und Pronotum.

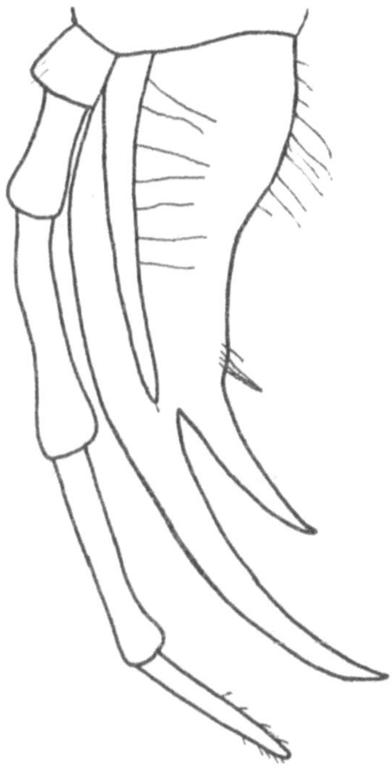

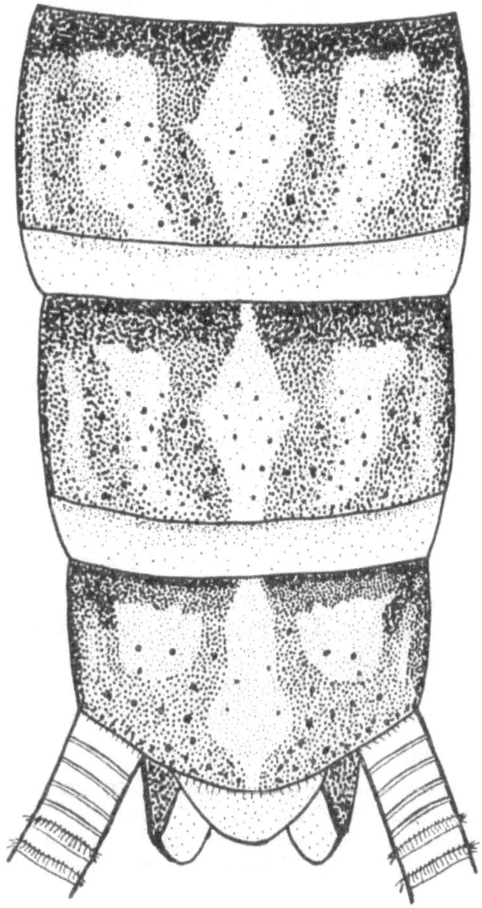

Abb. 9. *Bulgaroperla mirabilis* RAUŠER, Larve, Maxille.

Abb. 8. *Bulgaroperla mirabilis* RAUŠER, Larve, Abdominalende, dorsal.

Für dieses interessante Faunenelement darf eine mehr östlich bzw. südöstliche Verbreitung angenommen werden.

Nachfolgend geben wir eine Beschreibung der noch unbekannten Larve:

Larve: Körperlänge 18—23,2 mm. Körper von gelblicher Grundfärbung mit brauner Zeichnung.

Kopf (Abb. 7) so breit wie das Pronotum mit charakteristischer Zeichnung auf hellem Grunde. Das Hinterhaupt weist neben und unterhalb der Augen eine starke braune Fleckung auf, die an der Occipitalnaht unterbrochen ist. Maxillen (Abb. 9) an der Innenseite der Lacinia unterhalb des Subapicalzahnes auf schwacher Vorwölbung mit 2—4 dicht zusammenstehenden Marginalzähnen. Innenrand der Lacinia konkav.

Pronotum doppelt so breit wie lang; seine Ränder breit hell, nach außen mit schmaler dunkler Begrenzung und niedrigem Borstensaum. Die Flächen des Pronotums mit braunen Tuberkeln.

Abdomen mit hellem Mittelstreifen und hellen Seitenfeldern, die ziemlich deutlich dunkelbraun umgrenzt sind (Abb. 8), Abdomen unterseits hell, die letzten Sternite dunkler. Vorderrand schmal braun abgesetzt, in der Mediane unterbrochen. Hinterränder der Sternite fein gepunktet, mit winzigen Borsten versehen.

Beine hellgelb, ohne Fleckung; die Schienen am Außenrand lang behaart.

Basalglieder der Cerci borstenfrei, die nachfolgenden mit Kranz von kurzen Borsten.

1 Larve (♀), weitere 2 Larven. Fundortangaben s. oben! Die Tiere (in 70%igem Alkohol) befinden sich in der Sammlung des Naturkundemuseums in Gotha.

38. *Perlodes intricata* (PICTET) 1842

Rhodopen:

8. Sabârdska Reka, 1300–1700 m, 1 ♂, 26. 5. 1969

Perlodes intricata kennt man von der westlichen Mediterranea, den Alpen, den zentraleuropäischen Mittelgebirgen und aus Jugoslavien.
Neu für Bulgarien!

39. *Perlodes microcephala* (PICTET) 1842

Stara Planina:

1. Botunja Reka, 500–1000 m, 1 ♀, 14. 5. 1969
2. Kostina Reka, 600–1600 m, 2 ♀♀, 16. 5. 1969; Beli Vit, oberhalb Teteven, 1 ♀, 16. 5. 1969
3. Tscherni Osâm, 1400–1600 m, 4 ♀♀, 19. 5. 1969
4. Tundscha, 500–1500 m, 7 ♂♂, 7 ♀♀, 19. 5. 1969

Rhodopen:

8. Sabârdska Reka, 1300–1700 m, 3 ♀♀, 26. 5. 1969; Tschepelarska Reka an der Einmündung der Sabârdska Reka, 1 ♀, 27. 5. 1969
9. Schirokolischka Reka, 1200–1600 m, 1 ♂, 4 ♀♀, 28. 5. 1969
10. Bjala Reka, 1200–1500 m, 1 ♀, 28. 5. 1969

Pirin:

11. Demyaniza, 1000 m, 5 Exuvien, 30. 5. 1969

Rila:

15. Bistriza, 1300 m, 1 ♀, 18. 7. 1968, lgt. BRAASCH
20. Rilska Reka, Nebenbach, 1500 m, 1 ♀, 22. 7. 1968, lgt. BRAASCH; Rilska Reka, 1300–1600 m, 3 ♀♀, 5. 6. 1969

Vitoscha:

21. Vladaiska Reka, ca. 1000 m, 2 ♀♀, 7. 6. 1969

In ganz Europa und im Kaukasus.

40. *Isoperla auberti* RAUŠER 1965

Stara Planina:

6. Novoselska Reka (Sinite Kameni), ca. 400–500 m, 3 ♂♂, 2 ♀♀, 23. 5. 1969

Die Art wurde am locus typicus gesammelt. Es handelt sich wie bei *Bulgaroperla* um ein östliches bis südöstliches bulgarisches Faunenelement.

41. *Isoperla belai* Illies 1963

Stara Planina:

1. Botunja Reka, 500–800 m, 6 ♂♂, 15 ♀♀, 14. 5. 1969
2. Kostina Reka, 600–1600 m, 2 ♂♂, 16. 5. 1969
4. Tundscha, 500–1500 m, 4 ♂♂, 5 ♀♀, 19. 5. 1969
5. Stara Reka, 1 ♂, 500–800 m, 22. 5. 1969

Pirin:

13. Sandanska Bistriza, ca. 800 m, 1 ♂, 30.5.1969
14. Melnischka Reka, ca. 800 m, 2 ♂♂, 1 ♀, 3.6.1969

Bei *Isoperla belai* scheint es sich um eine progressiv balkanische Art zu handeln, die bis nach Rumänien vorgedrungen ist.
Neu für Bulgarien!

42. *Isoperla bureschi* Raušer 1962

Stara Planina:

1. Botunja Reka, 500–1000 m, 4 ♂♂, 6 ♀♀, 13. 5. 1969
2. Kostina Reka, 600–1600 m, 3 ♂♂, 1 ♀, 16. 5. 1969
3. Tscherni Osâm, 1400–1600 m, 9 ♂♂, 3 ♀♀, 20. 5. 1969

Pirin:

13. Fundorte: Banderiza, Georgiza, Sandanska Bistriza, Begoviza, 1500–2400 m, 69 ♂♂, 52 ♀♀, 23.–28. 7. 1968, lgt. Braasch

Rila:

19. Fundorte: Mariza, Beli Isker, Ropaliza, Rilska Reka, 1300–2500 m, 55 ♂♂, 29 ♀♀, 18. bis 22. 7. 1968, lgt. Braasch
20. Rilska Reka, Nebenbach, 1200 m, 12 ♂♂, 2 ♀♀, 5. 6. 1969

Vitoscha:

21. Vladaiska Reka, 1200–1300 m, 3 ♂♂, 7 ♀♀, 1. 8. 1968, lgt. Braasch

Eine progressiv balkanische Art, die nach Norden bis zur ČSSR vordringt. Die Art ist ungemein häufig. Sie wird noch in den am höchsten gelegenen Fließgewässern angetroffen.

43. *Isoperla grammatica* (Poda) 1761

Stara Planina:

2. Beli Vit b. Teteven, ca. 500 m, 3 ♂♂, 3 ♀♀, 16. 5. 1969

In tieferen Lagen der Gebirge sowie in der Ebene in den meisten Ländern Europas In den südbulgarischen Flüssen (Tschepelarska Reka) scheint *Isoperla tripartita* die *I. grammatica* zu ersetzen.
Neu für Bulgarien!

44. *Isoperla submontana* Raušer 1965

Stara Planina :

2. Beli Vit b. Teteven, 3 ♂♂, 6 ♀♀, 16. 5. 1969; Kostina Reka, 600–1600 m, 14 ♂♂, 20 ♀♀, 16. 5. 1969

Rhodopen:

8. Sabârdska Reka, 1300–1700 m, 3 ♂♂, 5 ♀♀, 26. 5. 1969
9. Schirokolischka Reka, 1200–1600 m, 3 ♂♂, 2 ♀♀, 30. 5. 1969

Pirin:

11. Banderiza, 1000–1800 m, 3 ♂♂, 2 ♀♀, 30. 5. 1969
13. Sandanska Bistriza, 500–800 m, 1 ♂, 1 ♀, 31. 5. 1969

Rila:

20. Rilska Reka, Nebenbach, 1500 m, 2 ♂♂, 22. 7. 1968, lgt. BRAASCH; Rilska Reka, oberhalb 1200 m, 8 ♂♂, 6 ♀♀, 5. 6. 1969

Die Art ist bislang nur aus Bulgarien bekannt. Sie steht der bei uns vorkommenden *Isoperla oxylepis* recht nahe.

45. *Isoperla tripartita* ILLIES 1954

Stara Planina:

1. Botunja Reka, Nebenbach, ca. 800–1000 m, 4 ♂♂, 4 ♀♀, 13. 5. 1969
2. Beli Vit, Nebenbach, ca. 700 m, 2 ♂♂, 15. 5. 1969
3. Tscherni Osâm, 1400–1600 m, 2 ♂♂, 20. 5. 1969
4. Tundscha, 500–1500 m, 3 ♂♂, 19. 5. 1969
5. Stara Reka, 500–1000 m, 28 ♂♂, 14 ♀♀, 22. 5. 1969
6. Asenovska Reka, oberhalb Sliven, 1 ♂, 3 ♀♀, 24. 5. 1969; Tadscha, 800 m, 2 ♀♀, 24. 5. 1969

Rhodopen:

8. Sabârdska Reka, 1300–1700 m, 4 ♂♂, 3 ♀♀, 26. 5. 1969; Tschepelarska Reka, oberhalb Mündung der Sabardska Reka, 2 ♂♂, 7 ♀♀, 27. 5. 1969
9. Schirokolischka Reka, 1200–1600 m, 2 ♂♂, 1 ♀, 28. 5. 1969

Pirin:

11. Banderiza, Quellbach, 1950 m, 1 ♂, 3 ♀♀, 24. 7. 1968, lgt. BRAASCH
12. Georgiza, 2200 m, 2 ♂♂, 27. 7. 1968, lgt. BRAASCH
13. Begoviza, 1600 m, 1 ♂, 27. 7. 1968, lgt. BRAASCH; Arnautdere, 1100–1700 m, 6 ♂♂, 4 ♀♀, 1. 6. 1969

Rila:

16. Beli Isker, 2300 m, 5 ♂♂, 4 ♀♀, 21. 7. 1968, lgt. BRAASCH
18. Ropaliza, Nebenbäche, 1600–1800 m, 3 ♂♂, 20. 7. 1968, lgt. BRAASCH
20. Rilska Reka, Nebenbach, 1600 m, 4 ♂♂, 8 ♀♀, 22. 7. 1969, lgt. BRAASCH; Rilska Reka, 1400 bis 1600 m, 1 ♂, 1 ♀, 5. 6. 1969

Vitoscha:

21. Vladaiska Reka, 800–1400 m, 12 ♂♂, 11 ♀♀, 7. 6. 1969

Eine progressiv balkanische Art, die nach Norden bis Österreich gelangt ist. *Isoperla tripartita* in Bulgarien ist von großer morphologischer Variabilität. Die einzelnen Populationen zeigen größenmäßig Unterschiede zwischen 7 und 16 mm. Eine ähnliche Variabilität findet man bei den Zahnfeldern des Kopulationssacks (aber auch bei den Einzelzähnen). Es ist an der Zeit, das gesamte balkanische *tripartita*-Material gründlich zu durchforschen, um Fragen der geographischen Subspeziesbildung endgültig beantworten zu können. Ein Ansatz dazu findet sich bei RAUŠER (1963).

Fam. Perlidae

46. *Dinocras cephalotes* (CURTIS) 1827

Rhodopen:

8. Sabârdska Reka, vor Einmündung in die Tschepelarska Reka, 3 Larven, 27. 5. 1969
13. Sandanska Bistriza, 1 ♀, 28. 6. 1966, lgt. Dr. MESSNER

In ganz Europa. Aus Bulgarien war die Art nur vom Balkangebirge her bekannt (RUSSEV 1966).

47. *Dinocras megacephala* KLAPALEK 1907

Pirin:

13. Arnautdere, 1100—1700 m, 3 Larven, 28. 7. 1968, lgt. BRAASCH

RUSSEV (1967) stellte die Art bei Belovo und Kritschim an der Mariza fest. Im übrigen kennt man sie vom ganzen Balkan, den Alpen und von den zentraleuropäischen Mittelgebirgen.

48. *Perla burmeisteriana* CLASSEN 1936

Stara Planina:

1. Botunja Reka, 500—800 m, 8 ♂♂, 1 ♀, ca. 20 Larven, 14. 5. 1969
2. Beli Vit bei Teteven, 17 ♂♂, 5 ♀♀, 10 Larven, 16. 5. 1969
3. Tscherni Osâm, 1500 m, 1 ♀, 20. 5. 1969

Strandscha Planina:

7. Djavolska Reka, 200—300 m, 4 Larven, 2. 7. 1968, lgt. Dr. H. BRAASCH

In Europa weit verbreitet. Die Art fehlt aber in Fennoskandien, auf den englischen Inseln und in der Ebene.
Neu für Bulgarien!

49. *Perla illiesi* BRAASCH & JOOST

Diese Art wurde an der Stara Reka, im Balkangebirge nordwestlich von Sliven in 500—800 m ü. NN am 22. 5. 1969 gefunden.

Eine Besprechung der Art erfolgte vor einiger Zeit an anderer Stelle (BRAASCH & JOOST, im Druck).

Zur Ergänzung der Angaben über *Perla illiesi* geben wir eine Abbildung (11) des Eies wieder. Da *Perla illiesi* in mancher Hinsicht der *Perla burmeisteriana* verwandtschaftlich nahe steht, haben wir die Eier der Weibchen beider Arten miteinander verglichen und kamen dabei zu folgendem Schluß: die Eier von *Perla burmeisteriana* (Abb. 10) sind auf ihrer Oberfläche deutlich grob gekörnt. Der Zwischenraum der körnigen Erhebungen ist ohne erkennbare Felderung. Die Eier der *Perla illiesi* zeigen dagegen (in einzelnen Fällen) anstelle der groben Körnelung leicht erhabene Felder, die nur bei schwächeren Mikroskopeinstellungen sichtbar sind. Die gesamte Eioberfläche ist bei *Perla illiesi* (Abb. 11) netzartig aufgegliedert. Die Eier von *Perla burmeisteriana* sind hellbraun, die von *Perla illiesi* sind dunkelbraun.

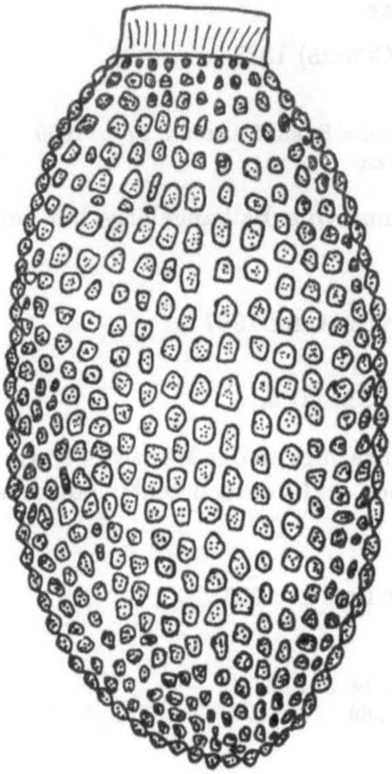

Abb. 10. *Perla burmeisteriana* Classen, Ei. Vergr. 48×.

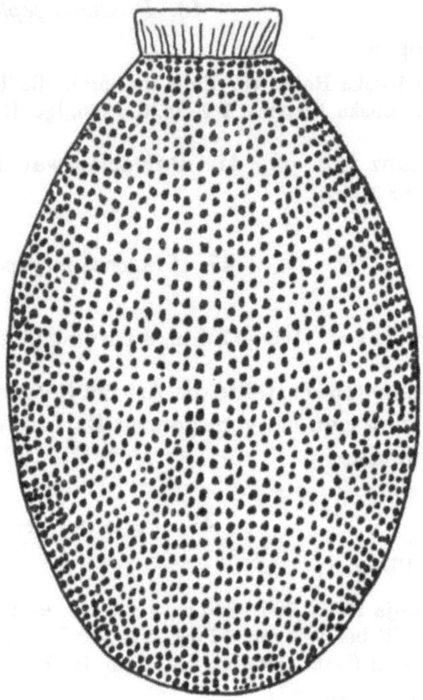

Abb. 11. *Perla illiesi* Braasch & Joost, Ei. Vergr. 48×.

50. *Perla marginata* (Panzer) 1799

Stara Planina:

1. Botunja Reka, Haupt- und Nebenbäche, 500–800 m, ca. 10 Larven, 13. 5. 1969
2. Beli Vit, 3 Larven, 15. 5. 1969
3. Tscherni Osâm, 1100 m, 2 ♀♀, 2 Exuvien, 14. 7. 1969, lgt. Dr. H. Braasch
5. Stara Reka, 500–600 m, 1 Larve, 22. 5. 1969

Pirin:

13. Sandanska Bistriza, 800 m, 1 ♂, 1 ♀, 28. 6. 1966, lgt. Dr. Messner; 1 Larve, 30. 5. 1969

Man war bisher der Ansicht, daß in Bulgarien nur eine kurzflüglige Subspezies der *Perla marginata* vorkommt: *Perla marginata bureschi*.

Nach Durchsicht unseres Materials stellten wir fest, daß die Nominatform *Perla marginata marginata* in Bulgarien ebenfalls existiert. Offenbar ist das auch in Griechenland der Fall (Aubert 1956).

Da wir vor einem zoogeographischen Problem standen, nämlich der Existenz zweier geographischer Subspezies (Aubert 1956; Raušer 1962a) in einem Gebiet und sogar in einem Gewässer, waren wir gezwungen, nach einer Erklärung zu suchen: wir ließen uns von Kis (Rumänien) Material von *Perla pallida dacica* schicken. Der Vergleich der (im männlichen Geschlecht) langflügligen *Perla pallida dacica* mit unseren bulgarischen (im männlichen Geschlecht) kurzflügligen Tieren der *Perla marginata bureschi* ergab, daß wir beide als zu einer Art gehörig erachten: *Perla pallida* GUERIN. Als markantester Unterschied von *Perla pallida* und *P. marginata* (in Bulgarien) ist neben der Kurzflügligkeit eine Abweichung in der Ausformung der hakenförmig gekrümmten Fortsätze bei den Männchen von *pallida* zu sehen. Die Fortsätze von *Perla marginata* sind terminal knollig verdickt, die von *pallida* (auch die rumänischen Tiere) zeigen einen schlanken Spitzenteil der Fortsätze.

Über weitere Einzelheiten zur Unterscheidung beider Arten findet man vorzügliche Angaben bei KIS (1964, 1966).

51. *Perla pallida* GUERIN s. lat.

Stara Planina:

1. Botunja Reka, 500–800 m, 5 Larven, 14. 5. 1969
2. Kostina Reka, 600–1600 m, 1 Larve, 16. 5. 1969
3. Tscherni Osâm, 1400–1600 m, 2 Larven, 20. 5. 1969
5. Stara Reka, 500–800 m, 2 ♂♂, 1 Larve, 26. 5. 1969

Rhodopen:

8. Sabârdska Reka, 1300–1700 m, 1 Larve, 26. 5. 1969; Tschepelarska Reka, oberhalb Einmündung des Sabârdska Reka, 1 ♂, 1 ♀, 27. 5. 1969
9. Schirokolischka Reka, 1200–1600 m, 2 Larven, 28. 5. 1969

Pirin:

11.–13. Fundorte: Banderiza, Georgiza, Sandanska Gistriza, Begoviza, Arnautdere, 1500 bis 2400 m, 6 ♂♂, 7 ♀♀, zahlreiche Larven, 23.–28. 7. 1968, lgt. BRAASCH
14. Melnischka Reka, ca. 800 m, 1 ♂, 1 ♀, 2 Larven, 3. 6. 1969

Rila:

15.–20. Fundorte: Mariza, Beli Isker, Ropaliza, Oberlauf der Rilska Reka, Rilska Reka, 1500 bis 2300 m, 17 ♂♂, 9 ♀♀, zahlreiche Larven, 19.–22. 7. 1968, lgt. BRAASCH

Vitoscha:

21. Bojanska, Dragalevska und Vladaiska Reka, 1000–2000 m, zahlreiche Larven, 1. 8. 1968, lgt. BRAASCH; Bojanska Reka, 1500 m, 1 ♂, 13. 7. 1969, lgt. Dr. H. BRAASCH

Perla pallida GUERIN ist eine kaukasische Art, die in der Subspezies *Perla pallida dacica* in Rumänien sehr häufig vorkommt. Eine Fassung der balkanischen Form der *Perla pallida* als besondere Subspezies gegenüber der *P. pallida dacica* erscheint uns berechtigt: die Männchen der *Perla pallida* in Bulgarien sind kurzflüglig. Auf die Herausstellung weiterer Merkmale läßt sich erst nach Durchsicht eines größeren Materials eingehen.

Neu für Bulgarien!

Fam. Chloroperlidae

52. *Chloroperla brachyptera* SCHOENEMUND 1926

Pirin:

11. Banderiza, Nebenbach, 1900 m, 15 ♂♂, 9 ♀♀, 24. 7. 1968, lgt. BRAASCH
12. Georgiza, Nebenbäche, 1600–2000 m, 8 ♂♂, 6 ♀♀, 25. 7. 1968, lgt. BRAASCH
13. Begoviza, 1200–1600 m, 6 ♂♂, 10 ♀♀, 27. 7. 1968, lgt. BRAASCH

Rila:

15. Bistriza, 1200–1800 m, 8 ♂♂, 10 ♀♀, 18. 7. 1968, lgt. BRAASCH

18. Ropaliza, Einzugsgebiet, 1500–1800 m, 14 ♂♂, 21 ♀♀, 20. 7. 1968, lgt. Braasch
20. Rilska Reka, Einzugsgebiet, 1600–1800 m, 2 ♂♂, 2 ♀♀, 22. 7. 1968, lgt. Braasch

Eine recht spät fliegende *Chloroperla*-Art, die man bisher nur vom Vitoscha kannte. Ein Vorkommen im angrenzenden Jugoslavien und Griechenland erscheint nicht ausgeschlossen.

53. *Chloroperla kosarovi* Braasch 1969

Die Art wurde im August 1968 im Vitoscha entdeckt.

Stara Planina:

4. Tundscha, 500–1500 m, 1 ♂, 19. 5. 1969

Das tatsächliche Verbreitungsgebiet in Bulgarien läßt sich von dieser Art noch kaum umreißen. Sie ist vermutlich wie die vorige eine Sommerart.

54. *Chloroperla neglecta* (Rostock) 1881

Stara Planina:

1.–5. Fundorte: Botunja Reka, Beli Vit, Zuflüsse; Tscherni Osâm, Tundscha, Stara Reka, 500 bis 1800 m, 76 ♂♂, 118 ♀♀, 14.–22. 5. 1969

Rhodopen:

8. Sabardska Reka, 1300–1700 m, 34 ♂♂, 11 ♀♀, 26. 5. 1969; Tschepelarska Reka, Quellbach, 1 ♂, 27. 5. 1969
9. Schirokolischka Reka, 1200–1600 m, 25 ♂♂, 22 ♀♀, 28. 5. 1969
10. Bjala Reka, 1300–1500 m, 5 ♂♂, 17 ♀♀, 28. 5. 1969

Pirin:

11.–13. Fundorte: Banderiza, Georgiza, Begoviza, 1500–2400 m, 18 ♂♂, 15 ♀♀, 24.–28. 7. 1968, lgt. Braasch
11. Banderiza, 1000–1600 m, 10 ♂♂, 4 ♀♀, 30. 5. 1969
13. Arnautdere, 1100–1700 m, 22 ♂♂, 10 ♀♀, 1. 6. 1969

Rila:

15., 16., 18., 20. Fundorte: Mariza, Beli Isker, Ropaliza, Oberlauf der Rilska Reka, Rilska Reka, 1200–2400 m, 4 ♂♂, 23 ♀♀, 19.–22. 7. 1968, lgt. Braasch
20. Rilska Reka, Nebenbach, 1100 m, 13 ♂♂, 16 ♀♀, 4. 6. 1969

Vitoscha:

21. Bojanska Reka, 1400 m, 3 ♂♂, 1 ♀, 11. 5. 1969; Vladaiska Reka, 1300–1500 m, 9 ♀♀, 1. 8. 1968, lgt. Braasch; 800–1300 m, 18 ♂♂, 12 ♀♀, 7. 6. 1969

Eine Art von weiter Verbreitung in Europa. In Bulgarien eine der häufigsten Arten.

55. *Chloroperla russevi* Braasch 1969

Die Art wurde im Juli 1968 an verschiedenen Stellen in den Gebirgen Rila und Pirin gefunden. Nachstehend sind die neuen Funde in Bulgarien aufgeführt.

Stara Planina:

2. Kostina Reka, Nebenbach, 1400 m, 23 ♂♂, 20 ♀♀, 16. 5. 1969
3. Tscherni Osâm, 1400–1600 m, 12 ♂♂, 11 ♀♀, 20. 5. 1969

Rhodopen:

8. Sabardska Reka, 1700 m, Nebenbach, 12 ♂♂, 3 ♀♀, 26. 5. 1969

Rila:

20. Rilska Reka, Nebenbach, 1100 m, 2 ♂♂, 4 ♀♀, 5. 6. 1969

Chloroperla russevi kommt offenbar in allen bulgarischen Gebirgszügen vor. Kürzlich wurde sie uns auch aus Jugoslavien (ZWICK, briefl.) gemeldet.

56. *Chloroperla transsylvanica* KIS 1963

Stara Planina:

1. Botunja Reka, ca. 800 m, 2 ♂♂, 2 ♀♀, 14. 5. 1969
4. Tundscha, 500–1500 m, 1 ♂, 19. 5. 1969

Eine bisher nur aus Rumänien bekannte Art.
Neu für Bulgarien!

57. *Chloroperla tripunctata* (SCOPOLI) 1763

Stara Planina:

2. Beli Vit, 4 ♂♂, 3 ♀♀, 16. 5. 1969
3. Tscherni Osâm, 1400–1600 m, 1 ♀, 20. 5. 1969
5. Stara Reka, 500–800 m, 1 ♂, 5 ♀♀, 22. 5. 1969

Mit Ausnahme von Fennoskandien und der Ebene überall in Europa. Eine taxonomische Bereinigung der *tripunctata*-Gruppe erfolgte durch ZWICK (1968), so daß frühere Angaben zu dieser Art unklar bleiben.
Neu für Bulgarien!

5. Diskussion der Arten

Aus der Tabelle 1 ist ersichtlich, daß die Erforschung der bulgarischen Plecopterenfauna noch nicht als abgeschlossen angesehen werden kann. Obwohl sich für viele Arten bereits ein gutes Verbreitungsbild ergibt, sind doch Kenntnislücken bei den Frühjahrs- und Herbstarten nicht zu übersehen. Außerdem muß bemerkt werden, daß wir von einigen Landesteilen (Sredna Gora, Strandscha Planina, Flußgebiete der bulgarischen Ebenen) so gut wie gar keine Kenntnisse besitzen. Dessen ungeachtet darf man aus dem Vergleich mit Nachbarfaunen schließen, daß gegenwärtig etwa 70% des Artenbestandes erfaßt sein dürften.

In der Tabelle 1, die 73 Arten enthält, haben wir den Versuch unternommen, den zur Zeit in Bulgarien bekannten Artenbestand für die untersuchten Gebiete darzustellen. Bei den nicht von den Verfassern gesammelten Arten wurden Autor und Jahreszahl (gegebenenfalls der Fundort) der Veröffentlichung angegeben.

Das Problem des Endemismus der nur in Bulgarien vorkommenden Plecopterenarten (15 Spezies) läßt sich vorläufig nicht klären, da komplette Artenlisten aus den Nachbarländern mit Ausnahme Rumäniens fehlen. Es lassen sich also gegenwärtig nur nach Norden relativ sicher die Artareale abgrenzen: In der breiten Donauebene zwischen Südkarpaten und Stara Planina besteht eine für viele montane Arten wirksame Ausbreitungsschranke. Eine Reihe von Arten findet demgemäß in der Stara Planina ihre nördliche balkanische Verbreitungsgrenze.

In die Tabelle 2 haben wir alle diejenigen Arten gestellt, die balkanischer Herkunft bzw. Verbreitung sind. Wir haben sie in fünf Verbreitungsgruppen eingeteilt, die einen

TABELLE 1

Übersicht über die aus den Untersuchungsgebieten in Bulgarien bisher bekannten Plecopteren

Zeichenerklärung:

Bal = Balkangebirge	+ = Art wurde nachgewiesen
Vit = Vitoscha	(+) = Art wurde nicht nachgewiesen, Vorkommen ist aber wahrscheinlich
Ril = Rila	– = Art wurde nicht nachgewiesen, ihr Vorkommen ist nicht sehr wahrscheinlich
Pir = Pirin	? = Vorkommen der Art ist noch fraglich
Rho = Rhodopen	

Ein Stern * vor der laufenden Nummer kennzeichnet die für Bulgarien neu nachgewiesenen Arten

	Bal	Vit	Ril	Pir	Rho	
1. *Brachyptera braueri*						KLAPALEK 1907, 1923
2. *Brachyptera bulgarica*	+	+	+	+	+	
3. *Brachyptera seticornis*	+	+	+	+	+	
4. *Brachyptera thracica*	–	–	–	–	+	
5. *Oemopteryx loewii*	+	–	–	–	–	RUSSEV 1962, Donau
*6. *Rhabdiopteryx alpina*	+	–	–	–	–	
*7. *Rhabdiopteryx neglecta*	+	–	–	–	–	
*8. *Taeniopteryx auberti*	(+)	+	?	?	?	
9. *Taeniopteryx nebulosa*	+	–	–	–	+	RUSSEV 1962, Donau
10. *Taeniopteryx schoenemundi*	(+)	–	?	?	+	RUSSEV (vidi!)
*11. *Amphinemura standfussi*	+	–	–	–	–	
12. *Amphinemura triangularis*	+	+	+	+	+	
13. *Nemoura avicularis*						KLAPALEK 1907
14. *Nemoura braaschi*	+	+	+	+	+	
15. *Nemoura bulgarica*	–	–	–	–	+	
16. *Nemoura cambrica*						KLAPALEK 1907, 1923
17. *Nemoura cinerea*	+	+	+	+	+	
*18. *Nemoura flexuosa*	+	–	–	–	–	
19. *Nemoura fulviceps*	+	+	(+)	+	+	
*20. *Nemoura marginata*	(+)	+	–	–	–	
21. *Nemoura pirinensis*	+	+	+	+	+	
22. *Nemoura subtilis*	+	+	+	+	+	
23. *Nemurella picteti*	+	+	+	+	+	
24. *Protonemura beaumonti*	–	–	–	+	(+)	RAUŠER, zit. 1962b
25. *Protonemura hrabei*	(+)	+	(+)	+	(+)	
*26. *Protonemura illiesi*	+	–	–	–	–	
27. *Protonemura intricata*	+	+	+	+	+	
28. *Protonemura mattheji*	–	–	–	+	(+)	RAUŠER 1962b
*29. *Protonemura meyeri*	+	–	–	–	–	
30. *Protonemura montana*	(+)	(+)	+	+	(+)	
31. *Protonemura nitida*	(+)	+	(+)	+	(+)	
*32. *Protonemura praecox*	+	+	+	+	(+)	
33. *Leuctra balcanica*	+	+	–	–	–	
34. *Leuctra fusca*						SCHOENEMUND 1928
35. *Leuctra hippopus*	+	+	+	+	+	
36. *Leuctra hirsuta*	(+)	+	?	?	?	RAUŠER 1962a
37. *Leuctra inermis*	+	+	+	+	+	
38. *Leuctra joosti*	?	+	(+)	+	(+)	
39. *Leuctra marani*	–	+	+	+	+	
40. *Leuctra nigra*	+	+	+	+	+	

TABELLE 1 (Fortsetzung)

	Bal	Vit	Ril	Pir	Rho	
41. *Leuctra pseudohippopus*	+	+	+	+	+	
*42. *Leuctra pseudosignifera*	+	(+)	(+)	+	+	
*43. *Leuctra quadrimaculata*	+	–	–	–	–	
*44. *Leuctra rosinae*	(+)	(+)	(+)	+	(+)	
45. *Capnia bifrons*	(+)	(+)	+	?	?	RUSSEV 1966, Mariza
*46. *Capnia nigra*	(+)	(+)	+	(+)	(+)	v. BOTTICHER lgt.
47. *Capnia vidua rilensis*	(+)	(+)	+	(+)	(+)	RAUŠER 1962a
*48. *Capnopsis schilleri*	+	–	–	–	–	
49. *Arcynopteryx compacta*	+	+	+	+	(+)	
50. *Bulgaroperla mirabilis*	+	–	–	–	–	
*51. *Perlodes intricata*	(+)	(+)	(+)	(+)	+	
52. *Perlodes microcephala*	+	+	+	+	+	
53. *Isoperla auberti*	+	–	–	–	–	
*54. *Isoperla belai*	+	(+)	(+)	+	+	
55. *Isoperla bureschi*	+	+	+	+	(+)	
*56. *Isoperla grammatica*	+	–	–	–	?	
57. *Isoperla oxylepis balcanica*	?	?	+	?	?	RAUŠER 1962a
58. *Isoperla obscura*	(+)	–	–	–	+	RUSSEV 1966, Mariza
59. *Isoperla submontana*	+	+	+	+	(+)	
60. *Isoperla tripartita graeca*	+	+	+	+	+	
*61. *Perla burmeisteriana*	+	–	–	–	(+)	
62. *Perla illiesi*	+	–	–	–	–	
63. *Perla marginata*	+	?	(+)	+	(+)	
*64. *Perla pallida* s. lat.	+	+	+	+	+	
65. *Dinocras cephalotes*	+	–	?	+	(+)	
66. *Dinocras megacephala*	(+)	–	(+)	+	+	
67. *Marthamea vitripennis*	+	–	–	–	+	RUSSEV 1959, Donau RUSSEV 1966, Mariza
68. *Chloroperla brachyptera*	–	+	+	+	(+)	
69. *Chloroperla kosarovi*	+	+	–	–	–	
70. *Chloroperla neglecta graeca*	+	+	+	+	+	
71. *Chloroperla russevi*	+	–	+	+	+	
*72. *Chloroperla transsylvanica*	+	–	–	–	–	
*73. *Chloroperla tripunctata*	+	–	–	–	?	

verschiedenen Grad von Endemismus audrücken: Das Areal einer Art liegt nur in Bulgarien oder außerdem in einem oder mehreren Nachbarländern.

In der Gruppe I stehen Arten, die in Bulgarien von östlicher (oder südöstlicher ?) Verbreitung sind. Ihre Areale könnten noch die Türkei mit erfassen. Es sind ostbalkanische (wenn nicht gar bulgarische) Endemiten.

Die Arten der Gruppe II sind zur Zeit ebenfalls nur aus Bulgarien bekannt. Sie fehlen in Rumänien, könnten aber aufgrund ihrer teils weiten Verbreitung in Bulgarien noch in einem oder mehreren der übrigen Nachbarländer vorkommen. Es sind vermutlich die west- und zentralbalkanischen Arten. Es ist aber nicht ausgeschlossen, daß sich unter ihnen noch einige bulgarische Endemiten finden könnten.

Die Arten der Gruppe III (nordbalkanische Arten) sind zumindest in Bulgarien und Rumänien beheimatet, kommen vermutlich aber auch noch in manchen Nachbarländern vor.

TABELLE 2

Verbreitungsgruppen balkanischer Plecopterenarten

	Bulgarien	Rumänien	Jugoslawien	Griechenland	Türkei
Gruppe I					
Bulgaroperla mirabilis	+	–	–	–	?
Isoperla auberti	+	–	–	–	?
Perla illiesi	+	–	–	–	?
Gruppe II					
Brachyptera bulgarica	+	–	(+)	(+)	?
Brachyptera thracica	+	–	(+)	(+)	?
Nemoura braaschi	+	–	(+)	(+)	?
Nemoura bulgarica	+	–	(+)	(+)	?
Nemoura pirinensis	+	–	(+)	(+)	?
Leuctra joosti	+	–	(+)	(+)	?
Leuctra marani	+	–	(+)	(+)	?
Leuctra pseudohippopus	+	–	(+)	(+)	?
Leuctra balcanica	+	–	(+)	?	?
Isoperla submontana	+	–	(+)	(+)	?
Chloroperla brachyptera	+	–	(+)	(+)	?
Chloroperla kosarovi	+	–	(+)	?	?
Gruppe III					
Nemoura subtilis	+	+	(+)	(+)	?
Protonemura illiesi	+	+	(+)	?	?
Leuctra hirsuta	+	+	(+)	?	?
Leuctra quadrimaculata	+	+	(+)	?	?
Isoperla belai	+	+	(+)	(+)	?
Isoperla bureschi	+	+	(+)	(+)	(+)
Chloroperla transsylvanica	+	+	?	?	?
Gruppe IV					
Protonemura beaumonti	+	–	(+)	+	?
Protonemura mattheji	+	–	(+)	+	?
Chloroperla russevi	+	–	+	(+)	?
Gruppe V					
Capnia vidua rilensis	+	–	?	?	?
Isoperla oxylepis balcanica	+	–	?	?	?
Isoperla tripartita graeca	+	–	+	+	(+)
Perla pallida subsp.	+	–	(+)	+	(+)

Die Gruppe IV enthält einige Arten, die Rumänien fehlen, aber inzwischen aus einem Nachbarland Bulgariens bekannt geworden sind. Während *Chloroperla russevi* mit weiter Verbreitung in Bulgarien zu den zentralbalkanischen Arten gerechnet werden könnte, haben die beiden *Protonemura*-Arten ihre Arealschwerpunkte in Griechenland (südbalkanische Arten). Sie erreichen gerade noch Bulgarien.

In der Gruppe V haben wir schließlich Arten vereinigt, die in Bulgarien oder seinen Nachbarländern als Subspezies sonst weiter verbreiteter Arten auftreten.

In der Gruppe III und IV gibt es einige Arten (*Isoperla bureschi* und *I. tripartita*), die man als progressiv balkanische Arten bezeichnen kann, da sie von ihren balkanischen Ursprungsgebieten sehr weit nach Norden vorgestoßen sind (*I. bureschi*: ČSSR, *I. tripartita*: Österreich).

Es bedarf noch intensiver Nachforschungen, um die oben gezeigten Verbreitungsbilder bulgarischer Arten entsprechend den tatsächlichen Arealen vervollständigen bzw. berichtigen zu können. Vor allem aus der europäischen Türkei fehlen bis jetzt jegliche Angaben.

6. Zusammenfassung

In der vorliegenden Arbeit kommen etwa 5000 Plecopteren in 57 Arten zur Auswertung.

Gegenwärtig sind aus Bulgarien 73 Arten von Plecopteren bekannt. Davon sind 21 Arten neu für die Fauna Bulgariens.

Es wird eine Beschreibung der noch unbekannten Weibchen von *Brachyptera bulgarica* und *Nemoura pirinensis* sowie der Larve von *Bulgaroperla mirabilis* gegeben.

Von der nur unvollständig beschriebenen *Nemoura subtilis* werden die genital-morphologischen Verhältnisse des Männchens dargestellt.

Zur Unterscheidung von *Perla burmeisteriana* und der kürzlich beschriebenen *Perla illiesi* im weiblichen Geschlecht wird die Morphologie der Eier berücksichtigt.

In Bulgarien kommt eine im männlichen Geschlecht kurzflüglige Form der *Perla pallida* s. lat. (sub nom. *Perla marginata bureschi* Schönemund) vor.

Die balkanischen Arten werden in fünf Verbreitungsgruppen eingeteilt. Die Zuordnung erfolgt nach dem Gesichtspunkt der Zugehörigkeit zu den Nachbarfaunen Bulgariens (Grad des Endemismus). Von 25 Arten (außer Subspezies) sind 15 bis jetzt nur aus Bulgarien bekannt.

Es wird angenommen, daß sich eigentliche bulgarische Endemiten noch am ehesten unter den ostbalkanischen Arten finden werden. Die Mehrzahl der Arten sind west-, nord-, süd- und zentralbalkanische Endemiten, deren Areale noch die Nachbarländer berühren.

7. Literatur

Aubert, J., 1956: Contribution à l'étude des Plécoptères de Grèce. Mitt. Schweiz. Ent. Ges. **XXIX** (2), 187–213.

— 1963: Quelques Plécoptères de Grèce. Bonn. Zool. Beitr. **14** (3/4), 224–227.

Braasch, D., 1969: *Chloroperla russevi* n. sp. und *Chloroperla kosarovi* n. sp. aus Bulgarien. Mitt. Dtsch. Ent. Ges. **28** (5/6), 51–54.

— 1970: *Leuctra joosti* n. sp. (Plecoptera) aus Bulgarien. Im Druck: Ent. Nachr.

Braasch, D. & W. Joost, 1971: *Perla illiesi* nov. spec. aus Bulgarien (Ins., Plecoptera). Im Druck: Reichenbachia.

Buresch, I., 1953: Bibliografija po faunata na Vitoscha Planina. BAN, Sofia, 83–84.

Illies, J., 1955: Steinfliegen oder Plecoptera. Tierwelt Deutschlands **43**, 150 S.

— 1963: Neue Plecopteren aus den Karpathen. Mitt. Schweiz. Ent. Ges. **XXXV**, 288–295.

— 1967: Limnofauna Europaea. Fischer-Verlag Jena, 220–229.

Joost, W., 1965: *Taeniopteryx auberti* Kis und Sowa 1964 neu für Deutschland. Abh. Ber. Naturk.-Mus. Gotha **2**, 73–74.

— 1970: *Nemoura braaschi* n. sp. aus Bulgarien. Im Druck: Beitr. Entomol.

Kis, B., 1963: Zwei neue Plecopterenarten aus Rumänien. Reichenbachia **1** (34), 299–302.

— 1964: Beiträge zur Kenntnis der Plecopterenfauna Rumäniens. Mitt. Schweiz. Ent. Ges. **37**, 164–172.

— 1966: Die Larve von *Perla pallida dacica* Klap. (Plecoptera). Fol. Ent. Hung. **XIX** (4), 135 bis 141.

KLAPALEK, F., 1895: *Nemura subtilis* n. sp. Eine neue südeuropäische Perlide. Sitz. Ber. königl. böhm. Ges. Wissensch. mat.-naturw. Cl. (Prag) **11**, 1–3.

MIRON, I., 1964: Beiträge zum Studium der Steinfliegen (Plecoptera) der Ostkarpathen. Gewässer und Abwässer **34/35**, 81–92.

RAUŠER, J., 1962a: Plecoptera bulgarica I. Acta faun. ent. mus. nat. Pragae **8**, 67–82.

— 1962b: Zur Verbreitungsgeschichte einer Insektendauergruppe (Plecoptera) in Europa. Prace brn. z-kl. ČSAV, **8** (34), 281–382,

— 1963: Ergebnisse der Albanien-Expedition 1961 des Deutschen Entomologischen Instituts. 11. Beitrag, Plecoptera. Beitr. Entomol. **13** (7/8), 797–813.

— 1965: Plecoptera bulgarica II. Acta faun. ent. mus. nat. Pragae **10** (92), 125–138.

— 1966: *Bulgaroperla mirabilis* gen. n., sp. n.: Eine neue Steinfliegengattung von der Balkanhalbinsel. Beitr. Entomol. **16** (1/2), 151–159.

RUSSEV, B., 1959: Beitrag zur Erforschung des Makrobenthos der Donau am bulgarischen Ufer. Dokladi Bolgarskoi Akad. Nauk **12** (4), 345–348.

— 1961: Hydrobiologische Untersuchungen an einigen Bächen des Vitoscha-Gebirges. Iswestija zool. Inst. Mus. (Sofia) **X**, 211–265.

— 1962: Die Insektenfauna der Donau am bulgarischen Ufer. Iswestija na opitnata Stanzija po ssladkowodno ribarstwo (Plovdiv) **1**, 115–128.

— 1963: Der Schutz von *Acipenser ruthenus* L. in der Donau vor dem bulgarischen Ufer. Mitteilungen der Versuchsstation für Süßwasserfischzucht (Plovdiv) **2**, 49–72.

— 1966a: Ephemeropteren und Plecopteren aus bulgarischen Höhlen. Int. Journ. Speleology **II**, 191–195.

— 1966b: Die Fauna Thrakiens **III**, 231–291. Sofia.

— 1967: Chidrobiologitschni Isledwanija na Reka Mariza. Bull. Inst. Zool. Mus. (Sofia) **XXV**, 87–99.

ZWICK, P., 1967: Revision der Gattung *Chloroperla* NEWMAN (Plecoptera). Mitt. Schweiz. Ent. Ges. **XL** (1/2), 1–26.

Anschriften der Verfasser:
Dipl.-Biol. DIETRICH BRAASCH
DDR — 7031 Leipzig, Ph.-Müller-Straße 39
WOLFGANG JOOST
DDR — 56 Gotha, Schöne Allee 17

Limnologica (Berlin)	8	2	1971	295–303

Bereich Hydrobiologie der Sektion Wasserwesen der Technischen Universität Dresden

REINER HOFMANN

Die räumliche und zeitliche Verteilung der Phosphate in der Talsperre Saidenbach[1])

Mit 3 Abbildungen auf 3 Ausschlagtafeln

Inhaltsverzeichnis

1. Einleitung

Seit nunmehr 15 Jahren werden an der Talsperre Saidenbach die verschiedenen Aspekte des Eutrophierungsgeschehens bearbeitet. Bereits in den grundlegenden Arbeiten von BEUSCHOLD (1957) und KLAPPER (1957/58) wurde gezeigt, daß die Struktur des Einzugsgebiets dieser Talsperre die Gefahr einer solchen Qualitätsminderung in sich trägt, die eine Nutzung dieser Talsperre für die Trinkwasserversorgung stark beeinträchtigen kann. In späteren Arbeiten [BENNDORF (1968), HEDLICH (1968), KOSCHEL (1968), UHLMANN & ALBRECHT (1968)] wurde dargelegt, daß dem Phosphat eine überragende Bedeutung bei der Eutrophierung dieser Talsperre zukommt, wie dies auch von vielen anderen Seen, sowohl künstlichen als auch natürlichen, berichtet wird. Nachfolgend wird über die von 1967 bis 1969 durchgeführten Untersuchungen berichtet. Sie sind ein Teil von umfassenderen Arbeiten über den Phosphathaushalt dieser Talsperre, die z. Z. noch nicht abgeschlossen sind. Sie sollen der Vertiefung unserer Kenntnisse über die Eutrophierungs-Mechanismen dienen und Hinweise für eine wirksame Sanierung des Einzugsgebiets geben, um nicht nur einen weiteren Anstieg der Biomasse-Produktion zu verhindern, sondern auch die gegenwärtigen Phytoplankton-Massenentwicklungen zurückzudrängen.

2. Physiographie der Talsperre

Ausführliche Angaben hierzu bringen BEUSCHOLD (1957), KLAPPER (1957/58) und SCHMIDT (1968). Hier seien die wichtigsten Daten zusammengefaßt:

[1]) Herrn Professor Dr. ARNO WETZEL zum 80. Geburtstag gewidmet.

Die Talsperre Saidenbach liegt im mittleren Erzgebirge und dient der Trinkwasserversorgung des Karl-Marx-Städter Raumes. Sie besitzt bei einem Volumen von 22,4 Mill. m^3 und einer Fläche von 146 ha eine Maximaltiefe von 45 m und eine mittlere Tiefe von 15 m. Der Seespiegel liegt bei Vollstau 438,80 m über NN. Das eigentliche Einzugsgebiet ist 61 km^2 groß, vorwiegend landwirtschaftlich genutzt, mit einem Waldanteil von nur 27%. Im Einzugsgebiet liegen sieben Dörfer mit insgesamt 5200 Einwohnern und es werden etwa 10000 Großvieheinheiten gehalten. Eine zentrale Abwasserbeseitigung ist in diesen Orten nicht vorhanden; gewerbliche und industrielle Abwässer fallen faktisch nicht an. In Trockenzeiten wird der Talsperre Wasser aus benachbarten Einzugsgebieten zugeführt. Die Struktur dieser Gebiete ähnelt dem eigenen Einzugsgebiet.

Die Zuleiter passieren vor ihrer Mündung in die Talsperre kleinere Vorbecken mit einer theoretischen Verweilzeit bei MQ zwischen 0,5 und 1,5 Tagen und die zwei größten Zuflüsse außerdem Unterwasservorsperren – hier liegt die Mauerkrone bei Vollstau mehrere Meter unter dem Wasserspiegel –, die eine Verweilzeit von etwa 6 Tagen bewirken.

Das Hauptbecken selbst bietet einem mittleren Zufluß eine Verweilzeit von 300 Tagen.

3. Methodik

Die Probenahme erfolgte etwa 200 m vor der Staumauer in der Mediane des Sees, wo die Entnahmestelle durch eine Boje markiert wurde. Die Proben wurden mit einem Fallschöpfer nach HERBST (1957) gewonnen. Um eine Verfälschung der Werte durch eine mögliche Tagesrhythmik der Phosphataufnahme durch das Plankton auszuschalten, fand die Probenahme stets in der zweiten Vormittagshälfte statt. Die Proben wurden innerhalb von max. 4 Std. im Labor durch Membranfilter der Porenweite 0,3–0,5 µm filtriert und anschließend sofort die Bestimmung des gelösten Orthophosphats (OP) durchgeführt. Nach Aufschluß wurden dann das gelöste Gesamtphosphat (GGP) und das Gesamtphosphat der unfiltrierten Probe (GP) bestimmt. Alle Analysen erfolgten nach VOGLER (1965b, 1966) unter Berücksichtigung der von AMBÜHL & SCHMID (1965) gegebenen Empfehlungen.

Eine weitere Aufgliederung der neben dem Orthophosphat in gelöster Form vorliegenden Phosphate wurde nicht durchgeführt. Diese Fraktion wird hier als Nichtorthophosphat (NOP) bezeichnet. Die in der Probe in ungelöster Form enthaltenen Phosphate wurden durch Differenzbildung aus Gesamtphosphat und gelöstem Gesamtphosphat errechnet und als partikuläres Phosphat (PP) bezeichnet. Alle Konzentrationsangaben erfolgen in µg P/l. Die Phytoplanktonzählungen wurden mit dem UTERMÖHL-Mikroskop durchgeführt. Lebende und tote Algen wurden nicht unterschieden und nur Arten mit Zellzahlen >10000 /l erfaßt. Die koloniebildenden Kieselalgen wurden als Einzelzellen gezählt.

4. Ergebnisse

a) Orthophosphat (OP)

In Abbildung 1 sind die Werte in Form eines Isoplethendiagramms dargestellt. Die eingezeichneten Punkte geben Ort und Zeit der Probenahme an. Es kann somit abgeschätzt werden, wie gut die eingezeichneten Kurven gesichert sind. Im unteren Teil dieser Abbildung sind die epilimnischen Phytoplanktonkonzentrationen eingetragen. Um den Jahresgang in einfacher Weise darzustellen, wurde der Mittelwert aller im Epilimnion geschöpften Proben gebildet. Neben der Gesamtzellzahl wurden die Konzentrationen der Diatomeen *Asterionella formosa* und *Fragilaria crotonensis*, die in der Talsperre Saidenbach oft Massenentwicklungen zeigen, gesondert dargestellt. Die Vertikalkurven der OP-Konzentrationen des Jahres 1968 sind in Abbildung 2 enthalten.

Wenn auch die OP-Bilder der einzelnen Jahre starke Unterschiede zeigen, so lassen sich doch deutliche Parallelen erkennen. Die OP-Konzentration während der Frühjahrsvollzirkulation ist eine Funktion von Höhe und Dauer des Frühjahrsmaximums der Phytoplankter sowie der Stärke der OP-Anreicherung während der Winterstagnation. Wie aus den Planktonwerten zu ersehen ist, war im Frühjahr 1967 ein langanhaltendes *Asterionella*-Maximum zu verzeichnen. Seit Beginn der Untersuchungen lagen die OP-Konzentrationen unter 1 µg/l. Schon während des Winters — die Talsperre war nur kurze Zeit mit Eis bedeckt — waren hohe Zellzahlen und folglich geringe OP-Konzentrationen vorhanden (Benndorf 1968).

1968 setzte die *Asterionella*-Entwicklung erst Anfang April ein und erreichte auch nur geringe Zellzahlen. Trotzdem tritt ein hoher zeitlicher Gradient der OP-Konzentration auf. Außer dem Phosphatverbrauch der neben *Asterionella* vorhandenen Cryptomonadinen dürfte vor allem das OP-Speichervermögen der Diatomeen für diese plötzliche Konzentrationserniedrigung verantwortlich sein. Das OP erreicht am Ende der Vollzirkulation freilich nicht so geringe Konzentrationen wie 1967.

Noch beachtlicher ist die Geschwindigkeit der OP-Abnahme während der Frühjahrsvollzirkulation 1969. Innerhalb von 2 Wochen sinken die Konzentrationen von 7 µg/l auf weniger als 4 µg ab. Ursache ist wohl das noch später als im Vorjahr einsetzende *Asterionella*-Maximum. Deshalb liegt die OP-Konzentration am Ende der Vollzirkulation auch noch höher als 1968.

Mit Beginn der Sommerstagnation ist die OP-Zehrung nicht beendet. Sie läuft im Epilimnion weiter ab. Es werden schließlich auch bei geringer Phytoplanktonentwicklung die gleichen Minimalkonzentrationen erreicht wie bei hohen Planktonzahlen. Geringer Import und trotz niedriger Zellzahlen vergleichsweise hohe Sedimentationsverluste sind hierbei als Ursache zu sehen.

Im Hypolimnion steigen die OP-Konzentrationen mit Beginn der Schichtung wieder an, und es können während des Höhepunkts in den bodennahen Schichten die gleichen Werte erreicht werden wie wähernd der Winterstagnation. Als Quelle für diese OP-Akkumulation könnten in Frage kommen: 1. sich ins Hypolimnion einschichtende Zuflüsse, 2. Freisetzung von OP aus dem Sediment, 3. Remineralisierung der Biomasse im Freiwasser des Hypolimnions. Durch kontinuierliche Temperaturmessungen am Hauptzufluß zeigte sich, daß sich das Zuflußwasser fast ausschließlich oberhalb der Sprungschicht einschichtet, wenn die Temperatur hierfür als Kriterium gewählt wird. Nach Mahringer (1963) liegt die Einschichtungstiefe sogar noch höher als die Temperatur erwarten läßt. Lediglich zu Beginn der Sommerstagnation könnte diese OP-Quelle eine gewisse Bedeutung haben.

Der Anteil der OP-Rückführung aus dem Sediment kann heute noch nicht genannt werden. Sehr wahrscheinlich wird aber die Hauptmenge des im Hypolimnion akkumulierten OP der noch im Freiwasser erfolgenden Remineralisierung der Biomasse entstammen. Ein Beweis hierfür ist auch die bereits unmittelbar unter der Sprungschicht einsetzende OP-Anreicherung. Das zeigt besonders das Jahr 1969 (Abb. 1). OP-Freisetzung aus dem Sediment dürfte sich zunächst nur in den tieferen Schichten auswirken.

Wenn sich das Frühjahrsmaximum der Diatomeen auch noch im epilimnischen Bereich der geschichteten Talsperre fortsetzt, wie dies 1967 und in geringem Maße auch 1968 zu verzeichnen war, erfolgt die OP-Akkumulation im Hypolimnion mit Verzögerung, da diese Algen noch beim Absinken Phosphat aufnehmen, selbst wenn sie sich bereits in der aphotischen Region befinden. Diese prämortale OP-Aufnahme ist auch während des spätsommerlichen *Fragilaria*-Maximums zu beobachten, wie dies z. B. beim Vergleich der Schichtungsbilder vom 22. 7. und 5. 8. 1968 (Abb. 2) ins Auge fällt. Die in die Tiefe strebenden Isoplethen im August/September 1969 sind auch z. T. Ausdruck dieses Verhaltens. Auch für die anderen Jahre gilt, daß der Abbau der erhöhten OP-Konzentrationen im Hypolimnion mit Beginn der Herbstzirkulation kaum als Zirkulationseffekt zu werten ist, sondern neben dem vorgenannten Grund auf der Abgabe des phosphatreichen Tiefenwassers beruht.

Ebenso wird die nun folgende Aufstockung des OP-Gehalts im gesamten Wasserkörper nur zu einem kleinen Teil durch die Herbstzirkulation hervorgerufen, also durch die Verteilung der vormals im Tiefenwasser angereicherten Mengen. Rechnet man nämlich diesen Betrag auf den gesamten Wasserkörper um, so ergeben sich viel geringere Konzentrationen als die beobachteten. Die Konzentrationserhöhung ist erklärbar durch die verstärkte OP-Zufuhr, da die Eliminationswirkung der Vorbecken und des Stauwurzelbereichs in dieser Zeit meist sehr gering ist, wie noch unveröffentlichte Untersuchungen gezeigt haben. Außerdem ist der OP-Verbrauch im Hauptbecken selbst gering, da Phytoplankton kaum vorhanden ist.

Diese Konzentrationserhöhung setzt sich während der Eisbedeckung fort. Ein besonders hoher Import erfolgt zur Schneeschmelze.

Eine Phytoplanktonmassenentwicklung zur Zeit der Eisbedeckung kann sich auch im Schichtungsbild des OP ausdrücken, wie dies in Abbildung 2 der 27. 2. zeigt. Eine Massenentwicklung von *Mallomonas acrocomos* und *Chrysococcus rufescens* dicht unter der Eisdecke bewirkt eine markante Orthophosphatabnahme.

Daß sich extrem starke Zuflüsse selbst bis ins Zentrum des Hauptbeckens unmittelbar auswirken können, zeigten die Untersuchungen am 24. 6. 1968. Durch wolkenbruchartige Niederschläge entstand eine Kurzschlußströmung, die die OP-Konzentration in der Einschichtungstiefe schlagartig ansteigen ließ.

b) Partikuläres Phosphat (PP)

Zur Darstellung des Jahreszyklus des PP soll die Abbildung 2 dienen. Auf ihr sind die Vertikalkurven des Jahres 1968 dargestellt.

Dieses Jahr kann als Durchschnittsjahr von den drei untersuchten gelten. Neben den drei Phosphatkomponenten ist auch das Phytoplanktonvolumen eingetragen. Dabei wurde der Maßstab so gewählt, daß die Kurve zugleich das Zellphosphat angibt, unter der Annahme, daß es 0,5% des Frischgewichts (= Volumen) entspricht (Ambühl 1966, zit. nach Gächter 1968).

In einem so stark allochthon beeinflußten Gewässer, wie es eine Talsperre darstellt, kann neben dem Plankton auch der allochthone Detritus Träger des PP sein. Eine analytische Trennung zwischen beiden Komponenten ist nicht durchführbar. Im Planktonmikroskop kann man beobachten, daß zeitweise der Detritusgehalt nicht unbedeutend ist.

Ein paralleler Kurvenverlauf von PP und Planktonvolumen ist nur in wenigen Fällen zu bemerken; doch ist ein funktioneller Zusammenhang meist sichtbar. Während der Sommerstagnation verläuft die Schichtung des PP wie die des Phytoplanktons invers zur OP-Schichtung. Da sich aber, wie oben bereits erwähnt, das Zuflußwasser ins Epilimnion einschichtet, könnte dies auch Ursache der erhöhten PP-Konzentration im Epilimnion sein. Die Korrelationsanalyse ergab aber stets eine stärker gesicherte

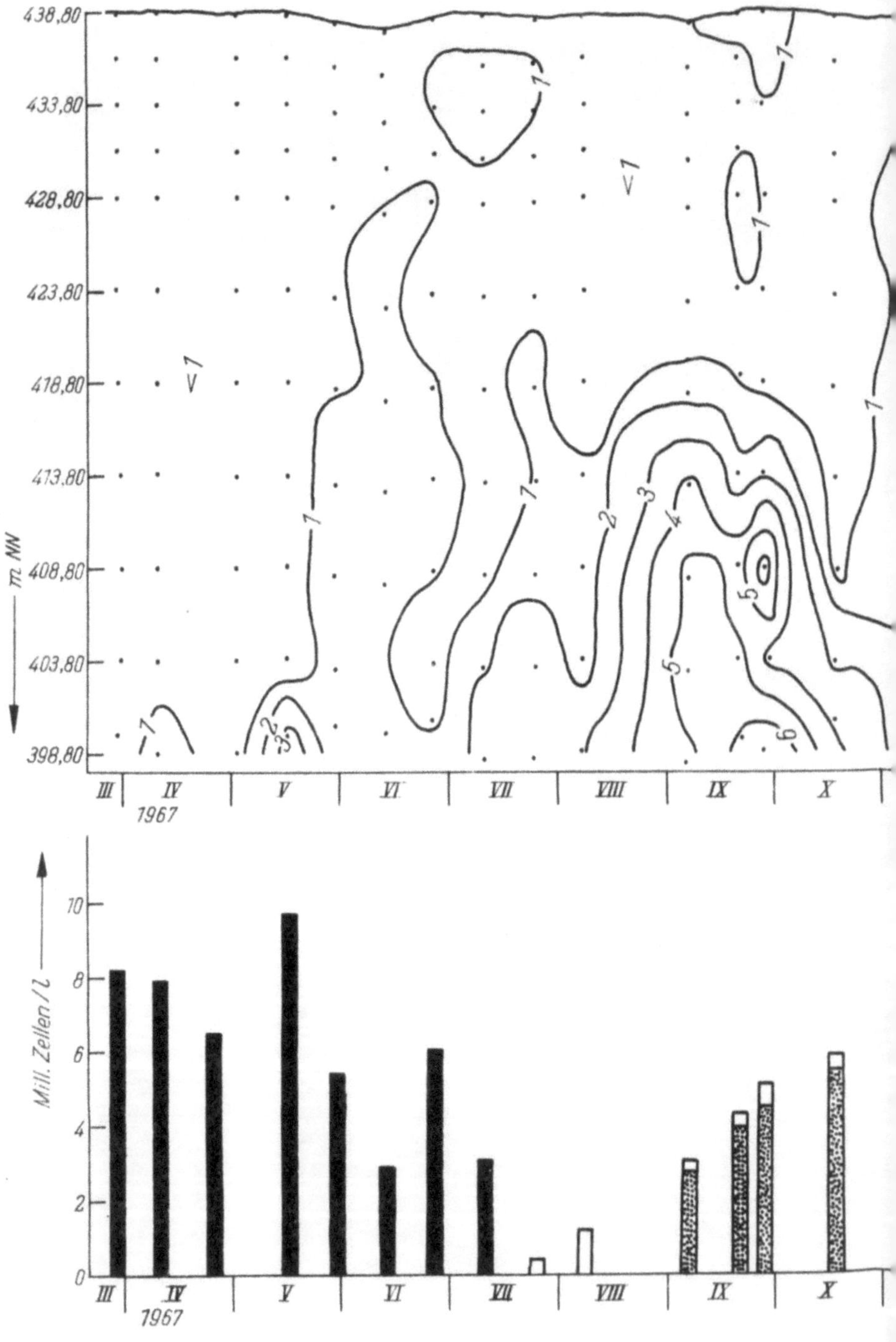

Abb. 1. Oben: Orthophosphat-Isoplethen in der Talsperre Saidenbach. Angaben in µg P/

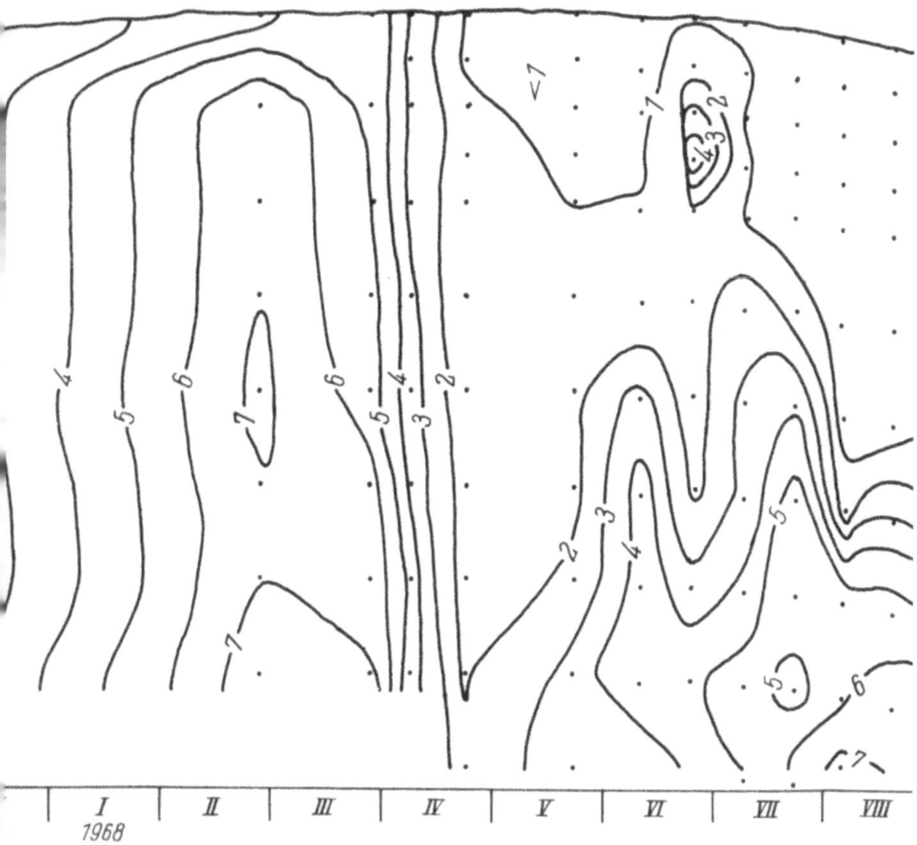

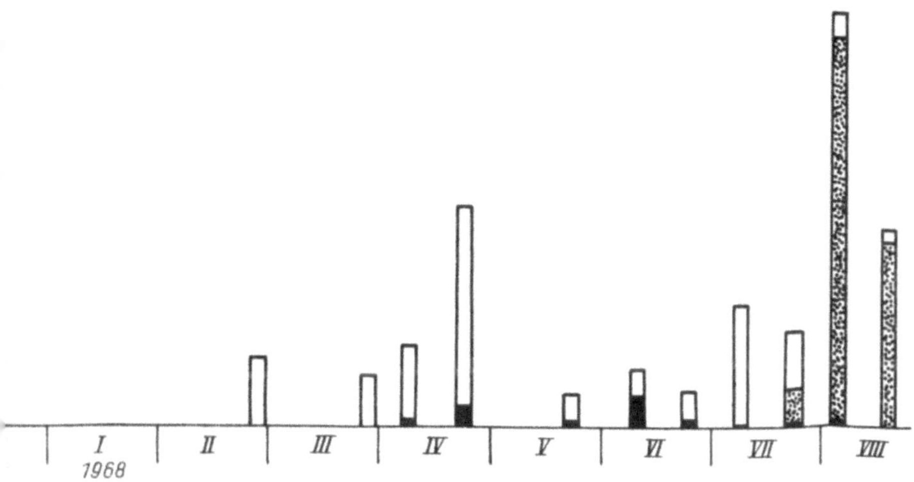

sche Phytoplankton-Werte. Arithmetisches Mittel aller im Epilimnion geschöpften Proben.

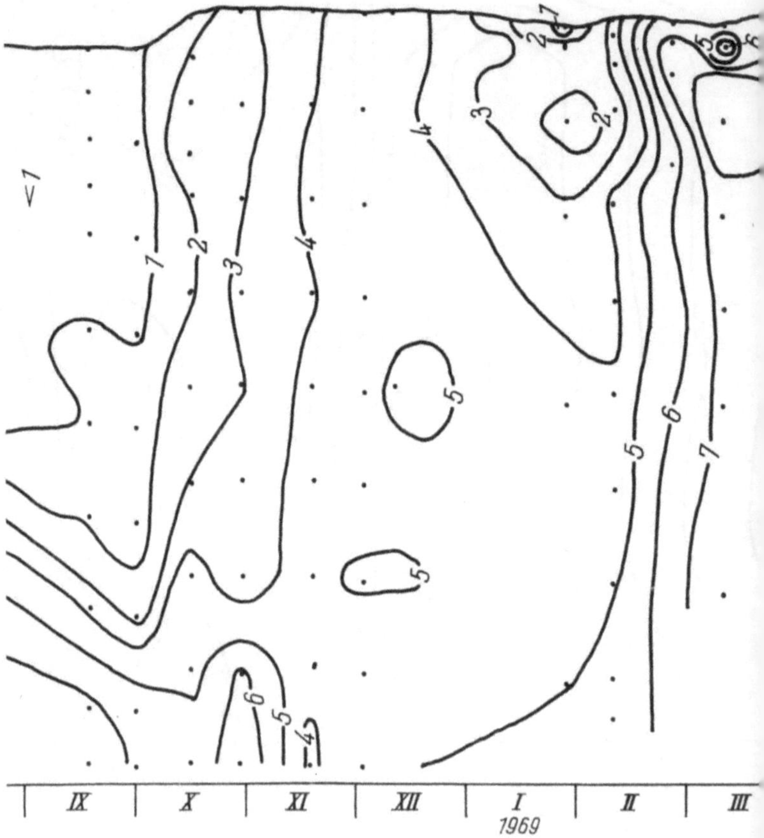

<1
1
2
3
4
5
6
7
IX
X
XI
XII
I
II
III
1969

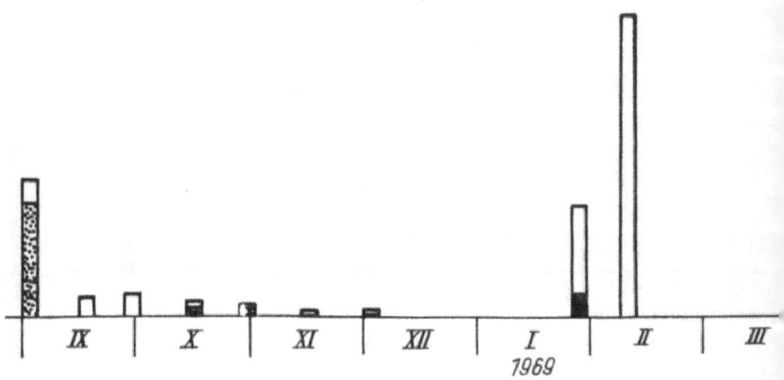

IX
X
XI
XII
I
II
III
1969

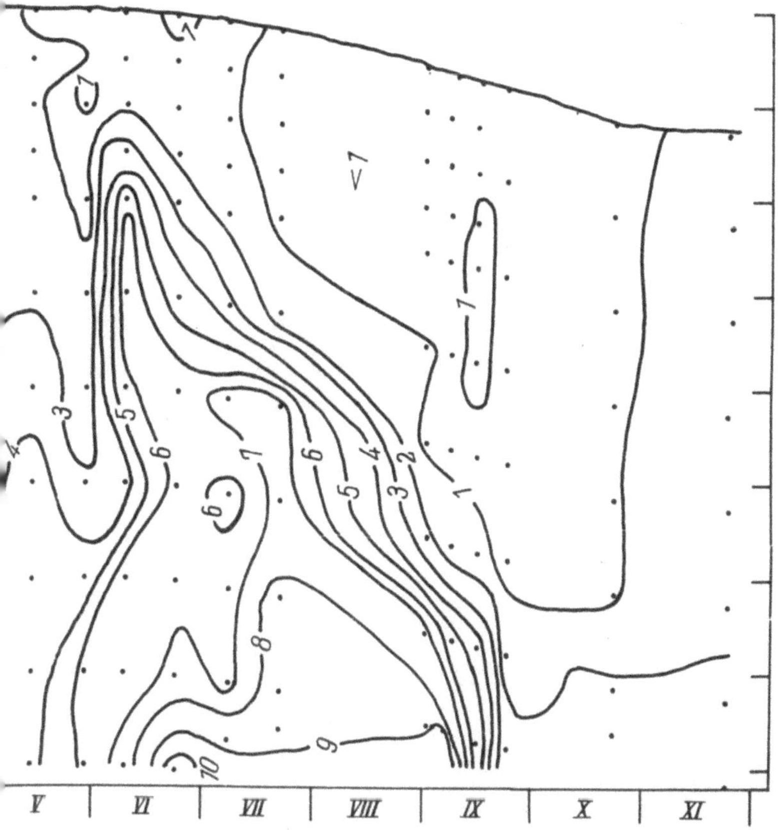

<1
1
2
3
4
5
6
7
8
9
10
V
VI
VII
VIII
IX
X
XI

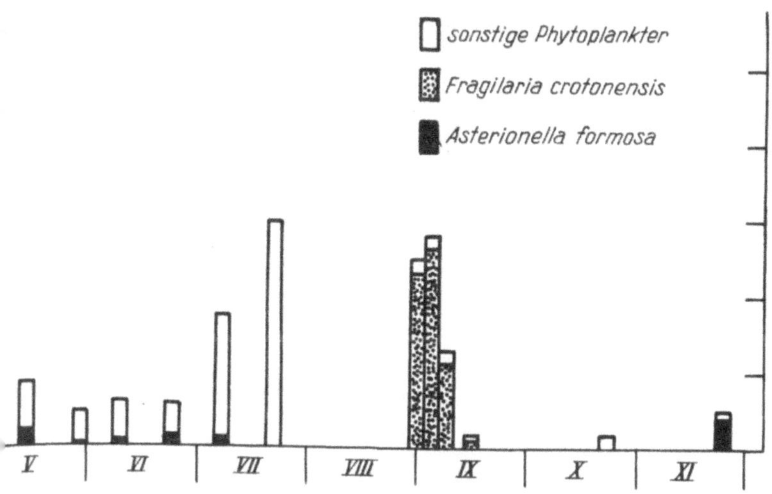

sonstige Phytoplankter
Fragilaria crotonensis
Asterionella formosa
V
VI
VII
VIII
IX
X
XI

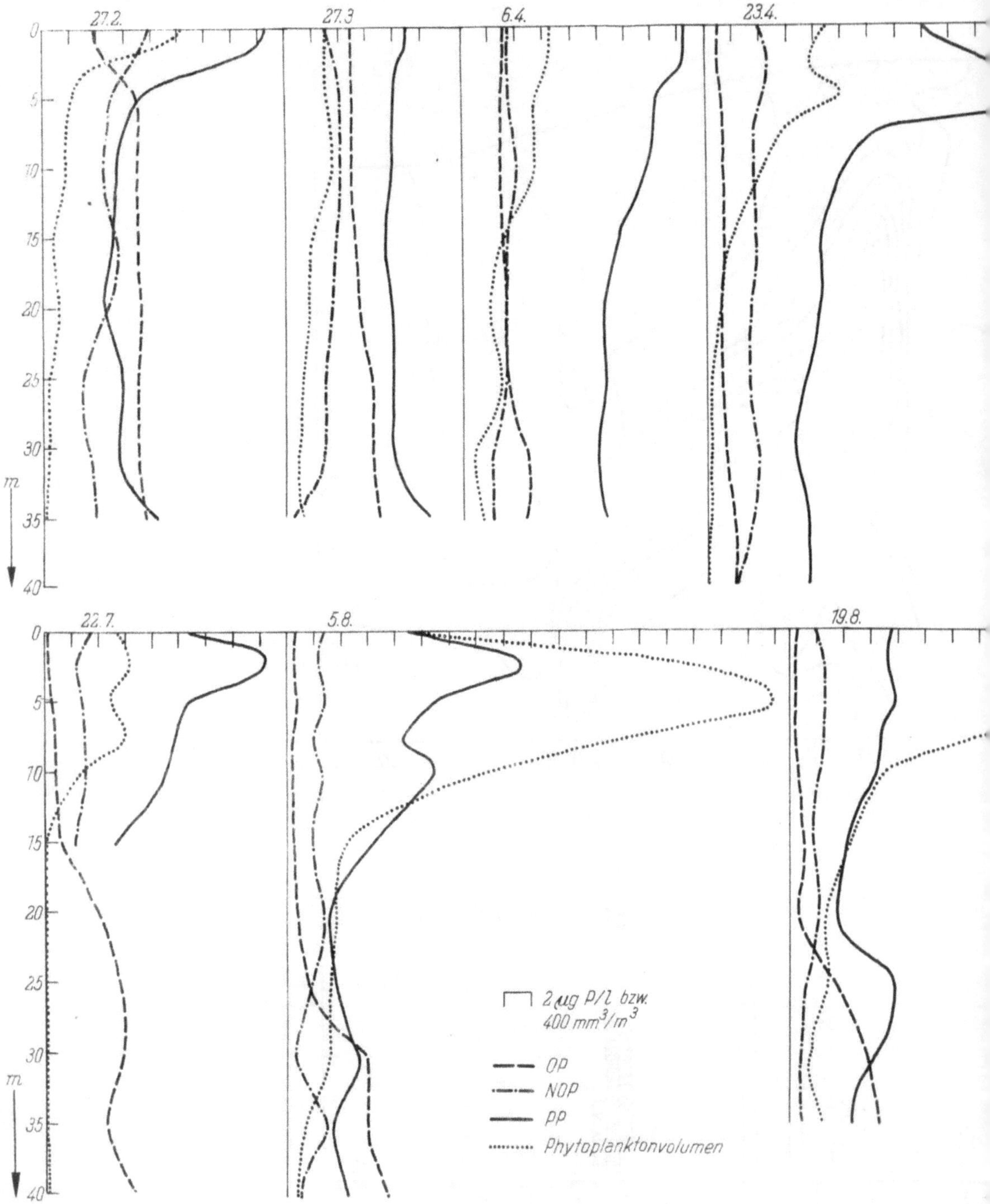

Abb. 2. Schichtungsbilder von **Orthophosphat (OP)**, Nichtorthophosphat (NOP) und **partikulärem Phosphat (PP)** sowie Phytoplankton

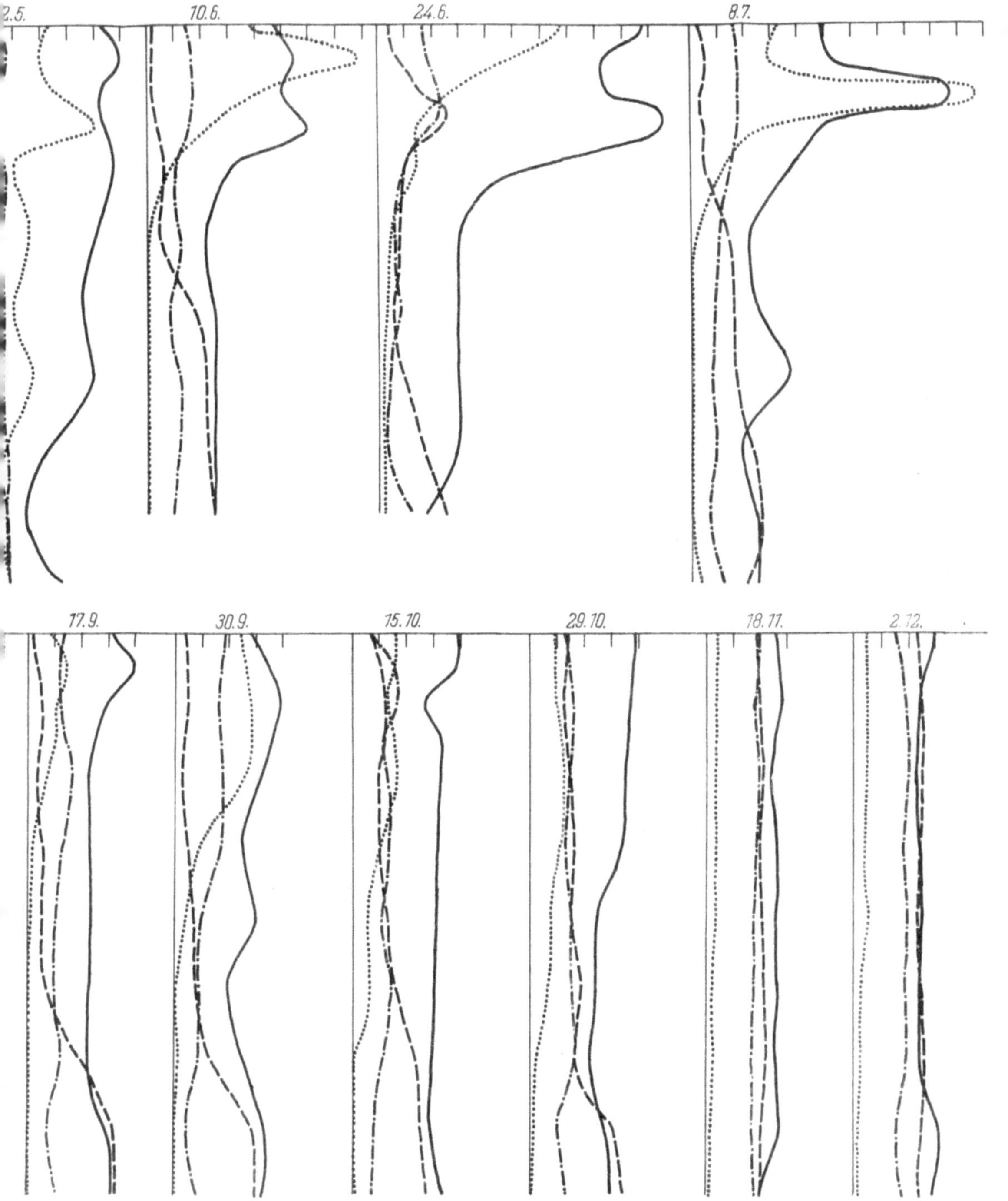

berre Saidenbach im Jahre 1968.

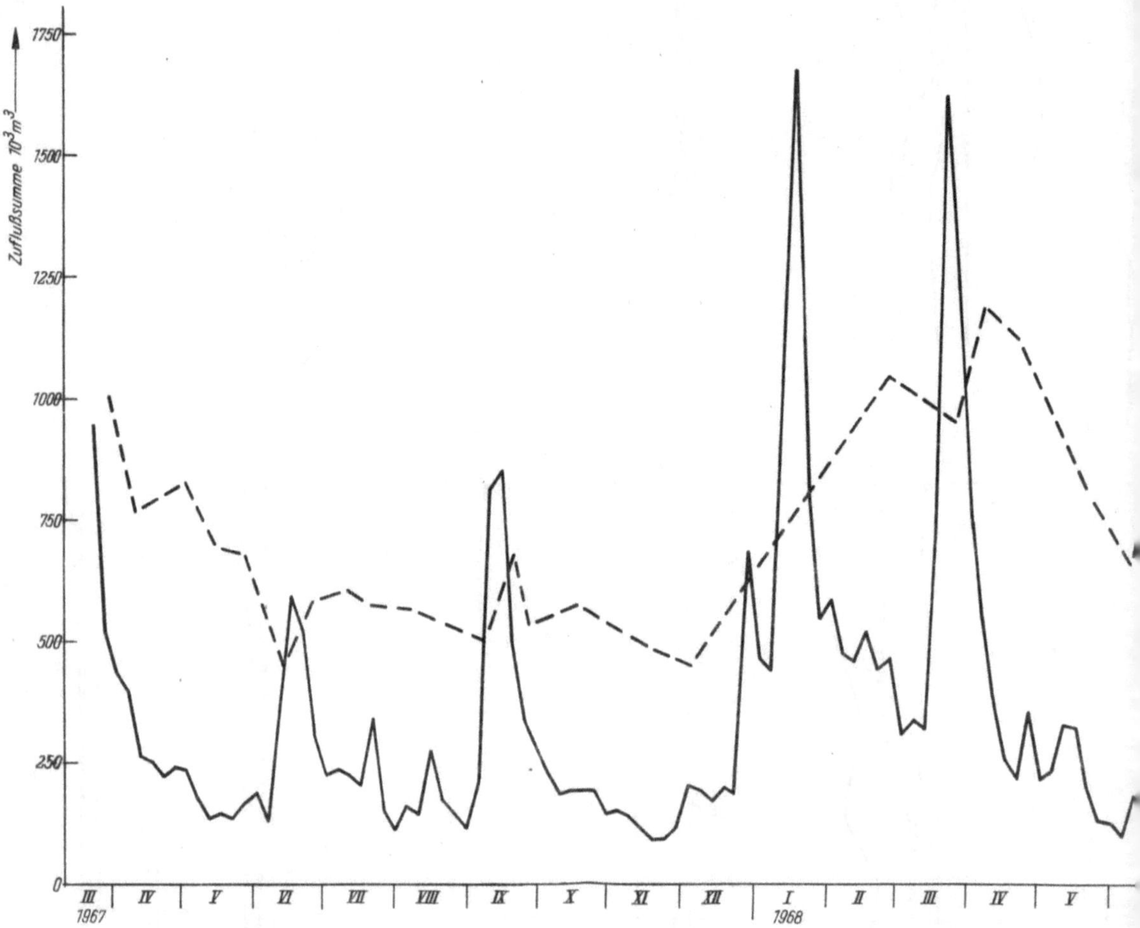

Abb. 3. Gesamtphosphat und fünftägige Zuflußsumme der Talsperre Saidenbach.

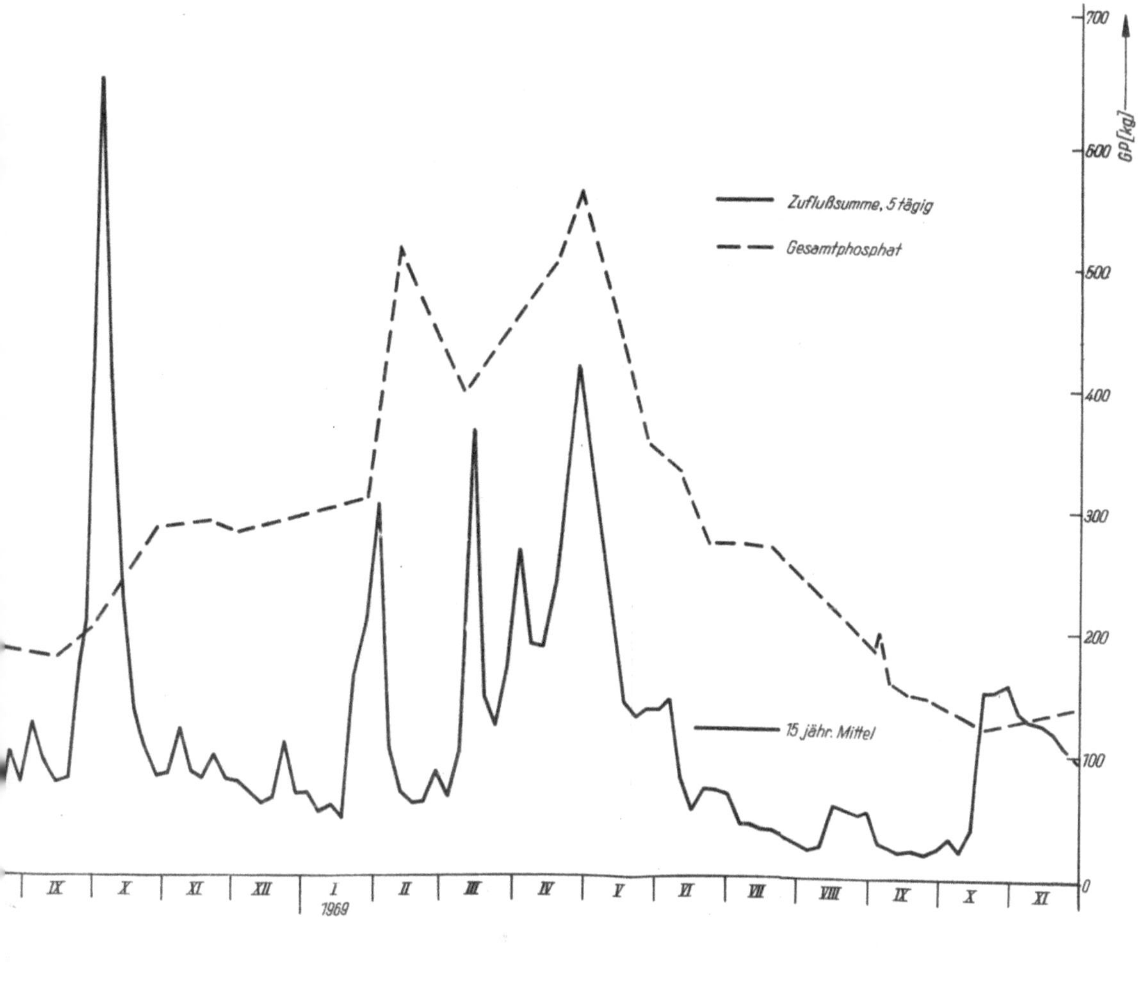

Zuflußsumme, 5 tägig
Gesamtphosphat
15 jähr. Mittel
GP [kg]
700
600
500
400
300
200
100
0
IX
X
XI
XII
I
1969
II
III
IV
V
VI
VII
VIII
IX
X
XI

Beziehung der PP-Konzentration zum Phytoplanktonvolumen als zum Gesamtsestongehalt (Höhne 1970). Dies zeigt, daß das gefundene PP vornehmlich im Phytoplankton lokalisiert ist. (Dabei wird allerdings gleicher prozentualer Phosphatgehalt des Phytoplanktons in allen Tiefen vorausgesetzt.)

Die Beziehung Phosphatgehalt des Phytoplanktons $\triangleq$ 0,5% des Frischgewichts trifft, wie die Schichtungsbilder zeigen, nur in wenigen Fällen zu. Meist ist das Planktonvolumen im Epilimnion kleiner, oft aber auch größer als dieser Beziehung entsprechend. Im erstgenannten Fall könnte ein phosphatreicheres Plankton vorliegen. Da dies aber meist für die Zeiten geringer Phytoplanktonentwicklung gilt, ist sicher auch ein großer Teil des gefundenen PP an Detritus gebunden.

Wenn sich anhand der Gegenüberstellung ein geringerer Phosphatgehalt als 0,5% ergibt, so handelt es sich dabei ausschließlich um Diatomeen-Massenentwicklungen. Den geringsten Phosphatgehalt dieses Diatomeenplanktons erhält man mit 0,15% des Frischgewichts. Möglicherweise liegt auch hier noch an Detritus gebundenes Phosphat vor, da von diesen Diatomeen noch geringere Phosphatgehalte bekannt sind. Vollenweider (1968) nennt Werte von $<0{,}2-0{,}35\ \mu g/mm^3$ Zellvolumen (= 0,02–0,035%) für Kulturmaterial, ergänzt aber, daß die Analysen von natürlichem Plankton meist höhere Werte ergeben. Otto (1968) findet Minimalwerte von 0,04%, selbst wenn die Zellen schon abgestorben sind.

Bei Entwicklungsspitzen von Cryptomonadinen ergibt sich mit überraschender Genauigkeit der angenommene Phosphatgehalt von 0,5%.

c) Nichtorthophosphat (NOP)

Diese Fraktion kann sowohl organische Phosphorverbindungen als auch kondensierte Phosphate enthalten (Vogler 1965a).

Die Beurteilung der Herkunft des NOP ist schwierig. Neben dem autochthonen Ursprung aus Autolyse und bakteriellem Abbau der Biomasse muß auch ein allochthoner Einfluß durch die zugeführten Abwässer in Betracht gezogen werden. Die in Waschmitteln vorhandenen Phosphatmengen, wie sie auch von Mädler (1961) festgestellt wurden, dürften zum größten Teil Polyphosphate sein, die allerdings leicht hydrolisiert werden können (Voss 1957).

Die gefundenen NOP-Werte geben kaum Auskunft über die Einbeziehung dieser Fraktion in den Phosphatumsatz. Betrachtet man den Jahreszyklus, so zeigen sich allgemein geringere Amplituden als beim OP. Die Anreicherung während der Wintermonate ist nicht so hoch wie beim OP und die Abnahme während Sommerstagnation geringer als bei diesem, so daß die Konzentrationen des NOP im Winter niedriger sind als beim OP, im Sommer finden wir dagegen in der Produktionszone allgemein höhere Werte als für OP.

Die Vertikalkurven der NOP-Konzentration zeigen keine markanten Unterschiede zwischen trophogenem und tropholytischem Bereich. Das NOP wird also durch lichtabhängige Prozesse (Photosynthese) nicht beeinflußt. Bei Massenentwicklungen von Cryptomonadinen wurde mehrmals eine bedeutende Erhöhung der NOP-Konzentration in der betreffenden Schicht gefunden. Offenbar wurde hier das in den Zellen lokalisierte NOP durch das Platzen der Zellen bei der Filtration freigesetzt.

Die Werte des Jahres 1968 sind in Abbildung 2 enthalten.

5. Diskussion

Die verwendete Phosphatbestimmungsmethode wurde wegen ihrer Einfachheit und Störungsunanfälligkeit gewählt. Freilich liegt die mit Ascorbinsäure erreichbare Extinktion und somit die Nachweisgrenze der Methode etwas ungünstiger als bei denen, die Zinn als Reduktionsmittel verwenden (Vogler 1965b). Jene Methoden sind aber allgemein störungsanfälliger und in Gewässern mit Abwasserbelastung nicht anwendbar (Ambühl & Schmid 1965). Die gleichzeitig untersuchten Zuflüsse sind aber z. T. abwasserführend.

Extraktionsverfahren besitzen eine wesentlich höhere Empfindlichkeit (Stephens 1963). Neben den mitunter geäußerten Bedenken der Überführung von anderen Phosphatkomponenten in OP bei dieser Reaktion kam eine solche Methode vor allem wegen des bedeutend höheren Zeitaufwands nicht in Betracht.

Rigler (1966) gibt an, daß alle mit den konventionellen Methoden bestimmten OP-Werte zu hoch liegen. Von anderen Autoren werden dieser Feststellung aber noch Zweifel entgegengebracht (Gächter 1968, Olsen 1967, Vollenweider 1968).

Der Jahresgang der OP-Konzentration in der Talsperre Saidenbach gibt nur unvollkommen über die produktionsbiologische Rolle des Phosphats Auskunft. In manchen Zeiten ist eine rasante Abnahme beachtlicher OP-Konzentrationen trotz relativ geringer Phytoplanktonwerte feststellbar, während andererseits langanhaltende Massenentwicklungen bei OP-Konzentrationen um 1 µg/l zu verzeichnen sind.

Wie bereits oben bemerkt, ist diese beachtliche OP-Abnahme dem Speicherungsvermögen der Diatomeen zuzuschreiben. Bereits Einsele (1941) stellte bei den Phosphatdüngeversuchen im Schleinsee fest, daß zugeführtes Phosphat ohne bemerkbare Produktionssteigerung aufgebraucht werden kann. Grim (1967) bezeichnet aus diesem Grunde die Diatomeen als see-eigene dritte Reinigungsstufe. Die Diatomeen verfrachten bei ihrer Sedimentation einen Großteil des gebundenen Phosphats auf den Seegrund, wodurch das Wasser an Phosphat verarmt.

Bieten sich aber weiterhin günstige Möglichkeiten (Licht, Turbulenz) für eine Diatomeenentwicklung, so kann sie sich über längere Zeit fortsetzen, obwohl die OP-Konzentrationen im Freiwasser sehr niedrig liegen. Ursache hierfür ist einerseits die von Mackereth (1953) beschriebene Eigenschaft von *Asterionella formosa* (was auch für andere planktische Diatomeen gilt), sich unter ständiger Verringerung des Zellphosphats noch längere Zeit vermehren zu können. Das in der Zelle lokalisierte Phosphat geht bei der Zellteilung von der Mutterzelle auf die Tochterzellen über, ohne daß es im Freiwasser auftritt.

Zum anderen wird der Phosphatbedarf zum großen Teil durch das remineralisierte Phosphat gedeckt (Benndorf 1968). Da diese Mengen sofort wieder assimiliert werden, kommt es auch hier zu keiner Anreicherung von OP im Freiwasser. Die Zeiten, die eine Freisetzung des Zellphosphats noch in der trophogenen Zone erlauben, sind bei größeren Durchmischungstiefen des Gewässers ausreichend (Otto 1968). Die auch hier schon auftretenden Sedimentationsverluste werden durch den ständigen OP-Import ausgeglichen. Erst wenn die Durchmischungstiefe des Wasserkörpers so gering ist, daß die Phosphatfreisetzung erst im Hypolimnion stattfindet und die Sedimentationsverluste nicht mehr durch die Zufuhr kompensiert werden können, muß die Kieselalgen-Massenentwicklung zusammenbrechen.

Aus früheren Untersuchungen an der Talsperre Saidenbach (Beuschold 1956, Hannemann 1964) zeigt sich, daß die Diatomeenmaxima im Frühjahr 1968 und 1969 unter dem Durchschnittswert lagen. Es ist zur Zeit noch nicht zu entscheiden, ob allein ungünstige meteorologische Bedingungen (geringe Turbulenzperiode infolge schneller Erwärmung des Wassers) hierfür verantwortlich sind. Auch kann noch nicht begründet werden, wodurch die spätsommerliche *Fragilaria*-Entwicklung stimuliert wird. Die OP-Konzentrationen liegen zu dieser Zeit noch sehr niedrig. Eine starke OP-Speicherung, die dann zu der meist rasant erfolgenden Zellvermehrung ausgenutzt wird, kann also kaum erfolgen. Allgemein werden *Fragilaria crotonensis* höhere Ansprüche bezüglich der OP-Konzentration zugeschrieben als *Asterionella formosa* (RODHE 1948, zit. nach VOLLENWEIDER 1968; SARACENI 1966), so daß dieses Verhalten überrascht. Allerdings hält die Entwicklung von *Fragilaria* meist nur kurze Zeit an.

Es muß hier betont werden, daß das planktische Geschehen in der Talsperre Saidenbach zwar in starkem Maße von den Diatomeen geprägt wird, daneben aber auch produktionsbiologisch bedeutsame Zahlen von anderen Formen, vor allem Cryptophyceen, teils auch Chlorococcales, vorkommen, ja diese öfters auch dominieren. Hier gelten andere Gesetzmäßigkeiten, vor allem da es sich meist um Flagellaten und Nannoplankter handelt. In Zeiten, wo trotz hoher OP-Konzentration die Phytoplanktonproduktion nur gering ist, begrenzen andere Faktoren — in den meisten Fällen wohl die Strahlung — die Algenentwicklung. Das Phosphat ist also nicht immer „Minimumstoff". Gleiches stellte GRIM (1967) am Bodensee fest.

KOSCHEL (1968) fand bei seinen Hell–Dunkel-Flaschen-Versuchen mit Diatomeenpopulationen aus der Saidenbachtalsperre, daß die Produktion von der OP-Konzentration nicht linear abhängig und zu manchen Zeiten eine Phosphatzugabe völlig wirkungslos ist. Ähnliches beobachtete GÄCHTER (1968) am Vierwaldstättersee. Er fand neben einer jahreszeitlichen Abhängigkeit des Phosphatbedarfs auch eine solche der Speicherkapazität für Phosphat.

BENNDORF (1968) konnte bei seinen Untersuchungen an der Saidenbachtalsperre einen ausgesprochen diskontinuierlichen Verlauf einer Diatomeen-Massenentwicklung beobachten, wobei das NOP markante Konzentrationsänderungen zeigte, die der Zellzahl der lebenden Diatomeen entgegengesetzt verliefen. Bei den eigenen Untersuchungen war dies nicht feststellbar. Möglicherweise kommt es bei einem größeren zeitlichen Abstand der Probenahmen nicht zum Ausdruck. Andererseits könnte aber auch zeitweise eine kontinuierliche bakterielle Überführung des freigesetzten NOP in OP erfolgen.

Daß eine direkte Ausnutzung des NOP durch das Phytoplankton, wie es OVERBECK (1962) für *Chlorella* feststellte, in der Talsperre Saidenbach unwahrscheinlich ist, wurde schon oben festgestellt. Die Untersuchungen von KOSCHEL (1968) zeigten, daß geringe OP-Konzentrationen durch erhöhte NOP-Konzentrationen in kurzer Zeit kompensiert werden können; siehe auch BENNDORF (1968).

GRIM (1967) fand im Bodensee starke Schwankungen der NOP-Konzentrationen, die aber auch in 60 m Tiefe festzustellen sind. Im Herbst fällt die Konzentration stark ab. Allgemein ist im Bodensee in den letzten Jahren eine parallel zur OP-Zunahme erfolgende NOP-Abnahme zu verzeichnen. Offenbar erfolgt eine stärkere Überführung von NOP in OP.

VOLLENWEIDER (1968) wertete das Untersuchungsmaterial von THOMAS (1953) aus 43 Schweizer Seen aus, um die kritischen Konzentrationen der Nährstoffe zu erkennen. Er fand, daß beim Überschreiten des Grenzwertes von 10 μg GP/l und 300 μg mineralischem Stickstoff/l (in der Saidenbachtalsperre liegen die N-Werte viel höher) in 94%

aller Fälle ein mesotropher Zustand, in 75% ein Übergang mesotroph-eutroph und in 44% der Fälle ein eutropher Zustand erreicht oder überschritten wird.

Wie die GP-Werte in der Talsperre Saidenbach liegen, zeigt Abbildung 3. Hier ist der GP-Gehalt des gesamten Wasserkörpers zu den einzelnen Probenahmeterminen errechnet worden. Bei Vollstau würde dieser Grenzwert von 10 µg/l einem GP-Gehalt von 224 kg entsprechen. Dieser wird aber fast ständig, oft in beachtlichem Maße, überschritten. Das zeigt, daß die Talsperre der Gefahr der Eutrophierung besonders ausgesetzt ist.

Die GP-Werte zeigen eine starke Abhängigkeit von den Zuflußmengen, deren fünftägige Summe mit in das Diagramm eingetragen wurde. Zuflußspitzen ziehen unmittelbar eine Erhöhung des GP-Gehalts nach sich. Danach setzt wieder eine Abnahme ein. Das vom Phytoplankton inkorporierte zugeführte Phosphat kommt zur Sedimentation, ebenso auch der mitgeführte Detritus, in dem auch Phosphat enthalten ist. Diese „Phosphatverbrauchsaktion" wird vom nachfolgenden Starkzufluß unterbrochen. Die stärkste Erhöhung wird durch die Zuflüsse im Winterhalbjahr bewirkt.

Neben der fortwährenden Nährstoffelimination in den Zuleitern müßte also besonderes Gewicht auf das Abflachen dieser Hochwasserspitzen durch größere Vorsperren bzw. Rückhaltebecken gelegt werden. Chalupa & Čuta (1969) schlagen sogar ein Trinkwassertalsperrensystem vor, in dem die „Vorsperre" ein größeres Volumen besitzt als die nachgeschaltete, aus der die Wasserentnahme erfolgt. Bernhardt & Kremling (1968) wollen dagegen durch eine Schnellsandfiltration des Hauptzuflusses der Wahnbachtalsperre und chemische Phosphatfällung erreichen, daß die GP-Konzentration von 5 µg/l in dieser Talsperre nicht überschritten wird. Diese Autoren messen der Verringerung des Detritusgehalts im Zuflußwasser eine besondere Bedeutung bei, da diese Trübstoffe außer durch die Mobilisierung der in ihnen enthaltenen Phosphate auch durch andere, nicht näher bestimmte Faktoren eutrophierend wirken.

6. Literatur

Ambühl, H., 1966: Der Einfluß chemischer Düngung auf stehende Oberflächengewässer. Gas- und Wasserfach **107** (Wasser), 357–363.

Ambühl, H. & M. Schmid, 1965: Die Bestimmung geringster Mengen von Phosphation im Wasser von Binnenseen. Schweiz. Z. Hydrol. **27**, 172–183.

Benndorf, J., 1968: Untersuchungen über die Remineralisierung des Phosphors in der Freiwasserregion der Saidenbachtalsperre. Int. Revue ges. Hydrobiol. **53**, 635–650.

Bernhardt, H. & K. Kremling, 1968: Versuche zur Verminderung der Phosphatbelastung einer Talsperre durch eine chemische Behandlung des Sperrenhauptzuflusses. Vom Wasser **35**, 160–226.

Beuschold, E., 1957: Biologische Untersuchungen im Hauptbecken der Saidenbach-Talsperre. Dipl. Arb. Zool. Inst. Leipzig.

Chalupa, J. & J. Čuta, 1969: Umfang, Ursachen und andere Probleme der erhöhten Nährstoffzufuhr in Sperrenzuläufen. Städtehygiene **20**, 215–221.

Einsele, W., 1941: Die Umsetzung von zugeführtem anorgan. Phosphat im eutrophen See und ihre Rückwirkung auf seinen Gesamthaushalt. Z. Fischerei **39**, 407–488.

Gächter, R., 1968: Phosphorhaushalt und planktische Primärproduktion im Vierwaldstättersee (Horwer Bucht). Schweiz. Z. Hydrol. **30**, 1–66.

Grim, J., 1967: Der Phosphor und die pflanzliche Primärproduktion im Bodensee. Gas- und Wasserfach **108** (Wasser), 1261–1271.

Hannemann, W., 1964: Untersuchungen zur Diatomeenbekämpfung in der Saidenbachtalsperre. Dipl. Arb. Zool. Inst. Leipzig.

HEDLICH, R., 1968: Die wachstumsbegrenzenden Nährstoffe in den Talsperren auf dem Gebiet der Deutschen Demokratischen Republik. Fortschr. Wasserchem. 8, 99–106.

HERBST, H. V., 1957: Der Fallschöpfer, ein Gerät zum quantitativen Zooplanktonfang. Arch. Hydrobiol. **53**, 598–603.

HÖHNE, E., 1970: Untersuchungen zur Regionallimnologie der Trinkwassersperren des mittleren und westlichen Erzgebirges. Diss. Fak. Bau-, Wasser- und Forstwesen, TU Dresden.

KLAPPER, H., 1967/68: Biologische Untersuchungen an den Einläufen und Vorbecken der Saidenbach-Talsperre (Erzgeb.). Wiss. Z. Univ. Leipzig, Math.-Nat. **7**, 11–47.

KOSCHEL, R., 1968: Chemische Phosphatfällung mit Abfallprodukten der eisenverarbeitenden Industrie und ihre Auswirkung auf die Phytoplanktonproduktion in der Saidenbachtalsperre. Dipl. Arb. Inst. Hydrobiol. Dresden.

MACKERETH, F. J. H., 1953: Phosphorus utilization by *Asterionella formosa* HASS. J. exp. Bot. **4**, 296–313.

MÄDLER, K., 1961: Untersuchungen über den Phosphorgehalt in Bächen. Int. Revue ges. Hydrobiol. **46**, 75–83.

MAHRINGER, W., 1963: Einschichtung und Verteilung des zufließenden Wassers im Millstätter See. Arch. Hydrobiol. **59**, 272–280.

OLSEN, S., 1967: Recent trends in the determination of orthophosphate in water. In: Chemical environment in the aquatic habitat. Amsterdam, London, New York.

OTTO, G., 1968: Einfluß der Kontaktzeit auf den biochemischen Abbau von Phytoplanktonbiomasse. Dipl. Arb. Inst. Hydrobiol. Dresden.

OVERBECK, J., 1962: Untersuchungen zum Phosphathaushalt von Grünalgen. II. Die Verwertung von Pyrophosphat und organisch gebundenen Phosphaten und ihre Beziehung zu den Phosphatasen von *Scenedesmus quadricauda*. Arch. Hydrobiol. **58**, 281–308.

RIGLER, F., 1966: Radiobiological analysis of phosphorus in lake-waters. Verh. Int. Verein. Limnol. **16**, 465–470.

RODHE, W., 1948: Environmental requirements of planktonic algae. Symb. Bot. Upps. **10**, 149.

SARACENI, C., 1966: Il fabbisogno in fosforo e ferro nella cultura di tre specie di diatomee planctoniche del Lago Maggiore (*Tabellaria fenestrata* KÜTZING, *Fragilaria crotonensis* KITTON, *Asterionella formosa* HASALL). Mem. Ist. Ital. Idrobiol. **20**, 117–132.

SCHMIDT, V., 1968: Geobotanische Untersuchungen im Einzugsgebiet der Saidenbachtalsperre im mittleren Erzgebirge. Dipl. Arb. Inst. Spez. Bot. und Pflanzengeogr. Halle.

STEPHENS, K., 1963: Determination of low phosphate concentrations in lake and marine waters. Limnol. Oceanogr. **8**, 361–362.

THOMAS, E. A., 1953: Empirische und experimentelle Untersuchungen zur Kenntnis der Minimumstoffe in 46 Seen der Schweiz und angrenzender Gebiete. Monatsbull. Schweiz. Ver. Gas- und Wasserfachmänn. **5**, 1–8.

UHLMANN, D. & E. ALBRECHT, 1968: Biogeochemische Faktoren der Eutrophierung von Trinkwasser-Talsperren. Limnologica (Berlin) **6**, 225–245.

VOGLER, P., 1965a: Beiträge zur Phosphatanalytik in der Limnologie. I. Probleme der Phosphatanalytik in der limnologischen Forschung. Fortschr. Wasserchem. **2**, 100–108.

— 1965b: Beiträge zur Phosphatanalytik in der Limnologie. II. Die Bestimmung des gelösten Orthophosphats. Fortschr. Wasserchem. **2**, 109–119.

— 1966: Beiträge zur Phosphatanalytik in der Limnologie. III. Die Bestimmung von kondensierten Phosphaten und organischen Phosphorverbindungen. Fortschr. Wasserchem. **4**, 211–225.

VOLLENWEIDER, R. A., 1968: Die wissenschaftlichen Grundlagen der Seen- und Fließgewässereutrophierung, unter besonderer Berücksichtigung des Phosphors und des Stickstoffs als Eutrophierungsfaktoren. Organisation for Economic Co-operation and Development, DAS/CSI/68.27.

VOSS, W., 1963: Der Beitrag des Waschmittelphosphors zur Eutrophierung des Bodensees. Gas- und Wasserfach (Wasser) **104**, 397–399.

Anschrift des Verfassers:

Dipl.-Biol. REINER HOFMANN
Hydrobiologisches Laboratorium
DDR – 9341 Neunzehnhain (Erzgeb.)
Post Wünschendorf

Limnologica (Berlin)	8	2	1971	305–310

Bereich Hydrobiologie der Sektion Wasserwesen der Technischen Universität Dresden

ERHARD HÖHNE

Über die räumliche und zeitliche Verteilung des Siliziums in Trinkwasser-Talsperren und -Teichen des Erzgebirges[1])

Mit 3 Abbildungen

Neben den Nährstoffen Phosphor und Stickstoff kann dem Silizium eine produktionsbegrenzende Bedeutung zukommen. Silizium unterliegt jedoch einer einseitigen Nutzung durch Diatomeen. Deshalb ist die Änderung der Konzentration im Jahresverlauf und in der vertikalen Verteilung in den Gewässern mit einer Diatomeenpopulation von der Dynamik der Diatomeenkonzentration abhängig. Von verschiedenen Autoren wurde nachgewiesen (HUBER-PESTALOZZI 1942; JÖRGENSEN 1952, 1953, 1957; LUND 1949a, 1949b, 1950, 1967; KOMAROVSKY 1953; DUTHIE 1965; u. a.), daß eine solche enge Beziehung besteht und in einigen Fällen der Siliziumgehalt des Wassers die Nutzbarkeit der übrigen Nährstoffe begrenzt (CLOWES 1940; LUND, MACKERETH, MORTIMER 1963). Die Anreicherung der untersuchten Talsperren und Teiche mit Silizium erfolgt kontinuierlich durch die Zuflüsse. Analog dem Kreislauf des Phosphors wirkt das Pelagial bei Anwesenheit von Diatomeen kieselsäurefällend (THOMAS 1955). Durch das Absinken der Diatomeen aus dem Epilimnion in das Hypolimnion und schließlich in das Sediment kommt es zu einer Akkumulation von Kieselsäure im Sediment. Auf Grund der schweren Angreifbarkeit der Kieselsäurepanzer der Diatomeen ist der Kieselsäureaufschluß während des Sedimentationsprozesses von nur relativ geringer Bedeutung. Die Rückführung der Kieselsäure in die lösliche und damit für die Diatomeen verwertbare Phase erfolgt daher in erster Linie durch ständige Herstellung eines Gleichgewichts zwischen fester und gelöster Kieselsäure an der Sedimentoberfläche. Dabei spielt der Austausch des Wassers eine entscheidende Rolle. Durch die ständige Erzeugung eines Konzentrationsgefälles zwischen Sediment und freiem Wasser wird immer wieder neues Silizium in die lösliche Phase überführt. Dieser Austausch wird gefördert durch die Pumpbewegungen der Chironomidenlarven des Sediments (TESSENOW 1964, 1966) und ähnliche Einflüsse. Beim Vergleich der Talsperren Saidenbach, Neunzehnhain und Carlsfeld ist die ausgeprägte Siliziumschichtung in der Saidenbach-Talsperre und die beträchtliche Veränderung des Siliziumgehaltes der trophogenen Zone im Jahresverlauf auffällig (Abb. 1). Das ist eine Auswirkung der Diatomeenperiodizität und der Rückführung des Siliziums in die lösliche Form. Auffällig ist dabei die Verarmung der trophogenen Zone im Frühjahr und Herbst sowie die nachfolgende Akkumulation der Kieselsäure in den Stagnationszeiten (vgl. LEE 1964). Zwischen diesen beiden Extremen, der Verarmung und der Akkumu-

---

[1]) Herrn Professor Dr. ARNO WETZEL zum 80. Geburtstag gewidmet.

lation, besteht eine Phasenverschiebung, die bedingt ist durch den Wechsel von Zirkulation und Stagnation, da die Hauptmasse an Diatomeen (*Asterionella formosa*) in der Zeit der Vollzirkulation produziert wird. Aus der Schichtung der Kieselsäure kann jedoch nicht immer auf die Intensität der Diatomeenentwicklung geschlossen werden. Die Wirkung der Vollzirkulation sowie der ständige Eintrag von siliziumhaltigem Zu-

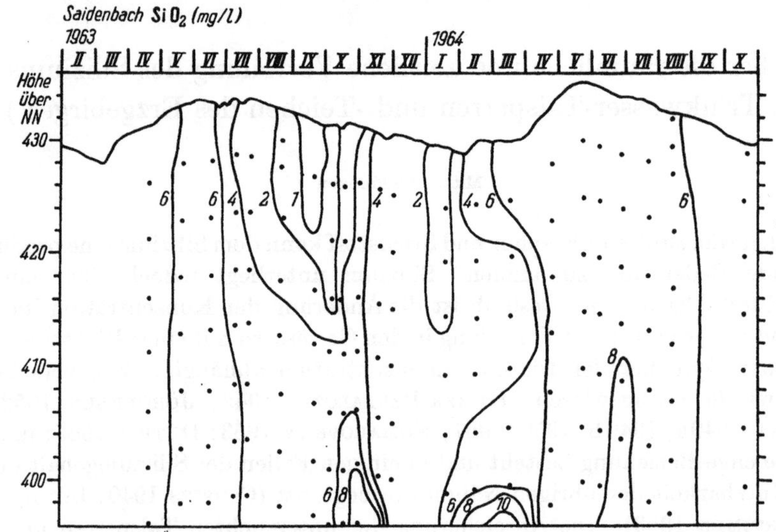

Abb. 1. Räumliche und zeitliche Verteilung des Siliziums in der Talsperre Saidenbach.

flußwasser und die Einbeziehung dieses Wassers in die Zirkulation kann zu einer Verwischung der vertikalen Konzentrationsunterschiede führen. So ist es auch erklärlich, daß während der Frühjahrsvollzirkulation im Gegensatz zur Herbstzirkulation keine Siliziumschichtung zu verzeichnen ist, obwohl die Siliziumaufnahme im Frühjahr in erster Linie in der trophogenen Zone erfolgen dürfte (vgl. Hannemann 1964). Jedoch ist eine Verarmung an Silizium zu dieser Zeit in der gesamten Tiefe festzustellen. Eine kontinuierliche Verarmung in der trophogenen Zone ist in der Herbstperiode bis zu einem Minimalwert von 0,5 mg/l SiO_2 zu beobachten (vgl. Meloche & coll. 1938). An dieser Verarmung sind die Diatomeen *Asterionella formosa* und *Fragilaria crotonensis* mit einem sehr hohen Siliziumbedarf beteiligt. Die Erschöpfung des Siliziumgehaltes im Epilimnion bis auf 0,5 mg/l deckt sich mit dem Minimum der *Fragilaria*-Entwicklung in der gleichen Tiefe. Nach etwa einem Monat wird in Grundnähe ein Maximalwert von 9,2 mg/l erreicht. Die Vollzirkulation führt dann wieder zu einem vertikalen Ausgleich. Mit der Zuführung von Silizium durch die Zuflüsse in der Winterperiode steigt die Konzentration wieder an. Gleichzeitig gehen die Prozesse der Rückführung des Siliziums in den gelösten Zustand aus den im Herbst sedimentierten Diatomeen im Hypolimnion weiter und werden gegen Ende der Winterstagnation (März) mit einer Anreicherung bis 10 mg/l augenscheinlich. Ein erneuter Ausgleich wird dann zur Zeit der Frühjahrsvollzirkulation auf einem allerdings höheren Niveau von etwa 7 mg/l (reichliche siliziumhaltige Schmelzwasserzuführung aus dem überwiegend landwirtschaftlich genutzten Einzugsgebiet) erreicht. In der Talsperre Saidenbach konnte also eine eindeutige Beziehung zwischen der Diatomeenperiodizität und den Konzentrationsschwankungen der Kieselsäure festgestellt werden.

Demgegenüber weisen die Talsperren Neunzehnhain und Carlsfeld im Jahresverlauf und in der vertikalen Verteilung keine nennenswerten Konzentrationsschwankungen auf (Abb. 2 und 3). Die Konzentration bewegt sich in der Talsperre Neunzehnhain zwischen 7,0 und 11,4 mg/l, in der Talsperre Carlsfeld zwischen 5,0 und 10,0 mg/l.

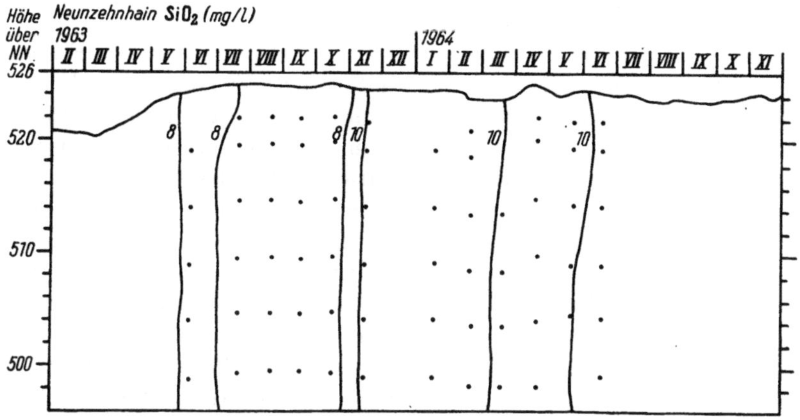

Abb. 2. Räumliche und zeitliche Verteilung des Siliziums in der oberen Talsperre Neunzehnhain.

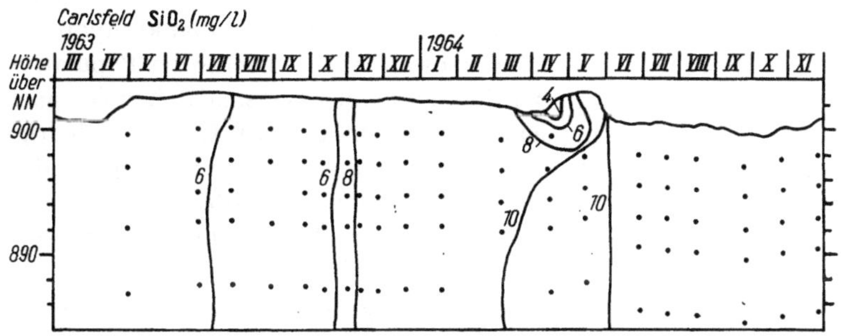

Abb. 3. Räumliche und zeitliche Verteilung des Siliziums in der Talsperre Carlsfeld.

Besonders auffällig ist das Fehlen einer vertikalen Schichtung in der Talsperre Neunzehnhain. Der Anteil der Diatomeen an der Planktonbiomasse (Planktonvolumen) beträgt hier im Durchschnitt nur 4,3%. Das Plankton der Talsperre Carlsfeld weist nur in seltenen Fällen (und das dann in sehr geringer Individuenzahl) Diatomeen auf. Daher hängt auch hier, ähnlich wie bei der Talsperre Neunzehnhain, die Konzentration der Kieselsäure in erster Linie von den meteorologischen und hydrologischen Verhältnissen ab. Eine Konzentrationsabnahme in der oberflächennahen Schicht wurde in dieser Talsperre am Ende der Winterstagnation (April/Mai) unter dem Eis festgestellt. Wahrscheinlich handelt es sich hierbei um einen Verdünnungseffekt beim Abschmelzen der über 70 cm starken Eisdecke und die Einschichtung von siliziumarmem Schneeschmelzwasser aus dem Kranichsee-Hochmoor.

Nach der qualitativen Zusammensetzung ist mit einem Verbrauch von Silizium durch Planktonorganismen in der Talsperre Sosa nicht zu rechnen. Die Untersuchungsergebnisse bestätigen das. So liegen die beiden Extreme in der Vertikalverteilung bei maximal 12,0 und minimal 11,0 mg/l. Die Differenz ist also unbedeutend. Der Mittelwert von den Zuflüssen deckt sich weitgehend mit dem Mittelwert aus allen Tiefen, der bei 11,6 mg/l liegt. In den Talsperren Stollberg und Cranzahl spielt infolge der qualitativen Planktonzusammensetzung die Siliziumkonzentration im Stoffkreislauf des Planktons ebenfalls nur eine untergeordnete Rolle.

Im Gegensatz zu den thermisch geschichteten Talsperren weisen Flachgewässer infolge der häufigen Homothermie durch windbedingte Zirkulation und temperaturbedingte Konvektion Extremwerte der Silizium-Konzentration auf. Dabei sind die Schwankungen der Silizium-Konzentration von der Menge und der Periodizität der Diatomeen abhängig. Die weit höhere Populationsdichte der Planktonorganismen in den untersuchten Flachgewässern führt naturgemäß zu einer viel schnelleren Erschöpfung des im Wasser gelösten Siliziums. Die häufige Zirkulation des Wassers führt dagegen zu einer sehr schnellen Remobilisierung des Siliziums aus dem Sediment. Infolge der häufigen Zirkulationen, also damit der ständigen Rückführung von Nährstoffen aus dem Sediment in die produktive euphotische Schicht und die sofortige Einbeziehung der Nährstoffe aus den Zuflüssen in den Stoffkreislauf des Pelagials verlaufen die Stoffwechselprozesse mit einer viel höheren Intensität als in thermisch geschichteten Talsperren.

So schwanken die Siliziumwerte in der Freiwasserregion der Vorsperre Niedercrinitz (mittlere Tiefe 3,5 m) zwischen 0,4 und 15,5 mg/l. Diese beträchtliche Differenz zwischen den Extremwerten ist in dem starken Wechsel der Planktonpopulationen begründet (HÖHNE 1963). Das bezieht sich sowohl auf die Dichte der Population als auch auf die extremen Schwankungen der dominierenden systematischen Gruppen in stark eutrophierten Flachgewässern (siehe auch UHLMANN 1964). Die Niedrigwerte im August (2,0 mg/l) und September (0,4 mg/l) beruhen auf der vorhergehenden Massenentwicklung von *Fragilaria crotonensis* und *Diatoma elongatum*.

Die Mittelwerte der Zuflüsse liegen bei 13,6 bzw. 12,1 mg/l und schwanken zwischen 8,6 und 17,5 mg/l. Zwischen dem Auftreten von Diatomeen und der Siliziumabnahme im freien Wasser bestehen in Niedercrinitz die gleichen Beziehungen wie bei der Talsperre Saidenbach; allerdings wird im Fall von Niedercrinitz die Siliziumreserve trotz günstigerer Remobilisierungsmöglichkeiten aus dem Sediment und des relativ größeren Nachschubs durch die Zuflüsse weit schneller aufgebraucht. Das läßt auf einen intensiveren Siliziumverbrauch bei den kurzzeitigen Diatomeenmaxima schließen.

Ähnlich liegen die Verhältnisse beim Unteren Teich Großhartmannsdorf, der hier nur als Beispiel für neun untersuchte Teiche der Revierwasserlaufanstalt Freiberg genannt werden soll. Dieser größte aller Trinkwasserteiche der RWA weist bei einer Fläche von 60,9 ha eine mittlere Tiefe von nur 2,8 m auf. Die geringe Tiefe und eine sehr gute Windexposition ermöglichen keine stabile Schichtung. Das hat wie bei der Vorsperre Niedercrinitz wesentliche Konsequenzen für den Kreislauf des Siliziums. So schwankten die Extremwerte innerhalb von zwei Monaten zwischen 1,3 und 14,0 mg/l. Zu einer völligen Erschöpfung der Reserven an gelöstem Silizium kam es in diesem Teich infolge der günstigen Bedingungen zur Remobilisierung aus dem Sediment und dem reichlichen Nachschub durch die Zuflüsse nicht.

Während in der Talsperre Saidenbach im Untersuchungsjahr 1963 der Nährstoff Phosphor mit 1 µg/l $P(PO_4)$ (vgl. auch BENNDORF 1967) vor dem Silizium mit 0,5 mg/l SiO_2 (siehe auch LUND, MACKERETH, MORTIMER 1963) die limitierende Grenze erreichte, wurde das Silizium in der Vorsperre Niedercrinitz mit 0,4 mg/l vor dem Phosphor mit 6 µg/l während des Diatomeenmaximums kurzzeitig zum produktionsbegrenzenden Nährstoff. In allen anderen untersuchten Trinkwasser-Talsperren und -Teichen konnte eine derart weitgehende Ausnutzung der Reserven an gelöstem Silizium nicht beobachtet werden. Neben dem ohnehin ständig limitierend wirkenden Lichtangebot (siehe dazu HÖHNE & KLOSE 1966, HÖHNE 1968; GOLDMAN, GERLETTI, JAVORNICKI u. a. 1968) kommt in diesen Gewässern vorwiegend dem Nährstoff Phosphor eine produktionsbegrenzende Bedeutung zu.

Literatur

DUTHIE, H. C., 1965: Some observations on the algae of Leyn Ogwen, North Wales. J. Ecol. **53**, 361–370.

GOLDMAN, C. R., M. GERLETTI, P. JAVORNICKI, H. MELCHIORRI & E. DE AMEZAGA, 1968: Primary productivity, bacteria, phyto- and zooplankton in Lake Maggiore: Correlations and relationship with ecological factors. Mem. Ist. Ital. Idrobiol. **23**, 49–137.

HANNEMANN, W., 1964: Untersuchungen zur Diatomeenbekämpfung in der Saidenbachtalsperre. Dipl. Arb. Zool. Inst. Univ. Leipzig. 155 S.

HÖHNE, E., 1963: Biologische, chemische und physikalische Untersuchungen an den Trinkwasserteichen der Stadt Freiberg (Sachsen). Wiss. Z. Univ. Leipzig **12** (1), 193–231.

– 1965: Die chemischen und biologischen Verhältnisse in den Trinkwassertalsperren und -teichen des mittleren Erzgebirges. Wiss. Z. Univ. Leipzig **14** (2), 231–237.

– 1968: Beurteilung des Eutrophierungsgrades durch Messung der Strahlungsverteilung. Fortschritte Wasserchemie **8**, 82–98.

HÖHNE, E. & H. KLOSE, 1966: Soziologische Methoden zur Erfassung des Trophiegrades. Limnologica (Berlin) **4** (2), 201–214.

HUBER-PESTALOZZI, G., 1942: Das Phytoplankton des Süßwassers. 2. Teil, 2. Hälfte – Diatomeen. Stuttgart.

JÖRGENSEN, E. G., 1952: Effect of different silicon concentrations on the growth of diatoms. Physiol. Plant. **5**, 161–170.

– 1953: Silicate assimilation by diatoms. Physiol. Plant. **6**, 301.

– 1957: Diatoms periodicity and silicon assimilation. Experimental and ecological investigations. Dansk Bot. Ark. **18**, 1–54.

KOMAROVSKY, B., 1953: A comparative study of the phytoplankton of several fish ponds in relation to some of the essential chemical constituents of the water. Bull. res. Counc. Israel II, **4**, 379 bis 410.

LEE, G. F., 1964: Untersuchungen über Gleichgewichte und die Verteilung von Eisen, Mangan, Sulfat und Silikat im Lake Mentoda, Madison, Wisconsin. Trans. Wisconsin Acad. Sci. Arts Lettr. **51**, 141–155.

LUND, J. W. G., 1949a: Studies on *Asterionella*. I. The origin and nature of the cells producing seasonal maxima. II. Ecology **37** (2), 389–419.

– 1949b: The dynamics of diatom outbursts with special reference to *Asterionella*. Verh. Int. Ver. Limnol. **10**, 275–276.

– 1950: Studies on *Asterionella formosa* HASS. II. Nutrient depletion and the spring maximum. Ecology **38** (1), 1–35.

– 1967: Planktonic algae and the ecology of lakes. Sci. Prog. Oxf. **55**, 401–419.

LUND, J. W. G., F. J. H. MACKERETH & C. H. MORTIMER, 1963: Changes in depth and time of certain chemical and physical conditions and of the standing crop of *Asterionella formosa*. Phil. Trans. B. **246**, 255–290.

Meloche, V. W., G. Leader, L. Safranski & C. Juday, 1938: The silica and diatoms content of Lake Mentala water. Trans. Wisc. Acad. Sci. Arts Lettr. 31, 363–376.

Tessenow, U., 1964: Experimentaluntersuchungen zur Kieselsäurerückführung aus dem Schlamm der Seen durch Chironomidenlarven (*Plumosus*-Gruppe). Arch. Hydrobiol. 60 (4), 497–504.

— 1966: Untersuchungen über den Kieselsäurehaushalt der Binnengewässer. Arch. Hydrobiol. Suppl. 32 (1), 1–136.

Thomas, E. A., 1955: Stoffhaushalt und Sedimentation im oligotrophen Aegerisee und im eutrophen Pfäffiker- und Greifensee. Mem. Ist. Ital. Idrobiol. Suppl. 8, 357–405.

Uhlmann, D., 1964: Beziehungen zwischen Stoffhaushalt und Plankton-Massenwechsel extrem nährstoffreicher Flachgewässer. Habilitationsschr. Math.-Nat. Fak. Univ. Leipzig. 275 S.

Anschrift des Verfassers:
Dr. Erhard Höhne
DDR – 934 Marienberg, Turnvater-Jahn-Weg 605 E

Limnologica (Berlin)	8	2	1971	311–320

Laboratorien der Wasserwirtschaftsdirektion Havel, Potsdam

LOTHAR KALBE

Zur limnologischen Beurteilung von eutrophen Flachseen nach ihrer Biomasse[1])

Mit 4 Abbildungen und 3 Tabellen

Flachseen nehmen unter den stehenden Gewässern hinsichtlich ihres allgemein limnologischen Status in mehrfacher Weise eine Sonderstellung ein. Dies betrifft insbesondere ihre Einordnung in die gebräuchlichen Seentypensysteme. Begriffe wie Oligo-, Meso- und Eutrophie spielen bei Flachseen kaum eine Rolle, weil im allgemeinen alle Flachseen zum eutrophen Typ gezählt werden. Dies wird dadurch unterstrichen, daß viele Einteilungsprinzipien auf Flachseen nicht anwendbar sind. Andere lassen eine Zuordnung zu einem anderen als den eutrophen Typ nicht zu. So würde z. B. das Verhältnis von Uferlinie zu Gesamtwasservolumen (PATALAS 1960) von vornherein einen oligotrophen Status ausschließen.

Dies ist wohl auch der Grund, weshalb in früheren Jahrzehnten den tieferen, geschichteten Seen als den anscheinend interessanteren bei der Untersuchung der Vorrang gegeben wurde (vgl. RUTTNER 1962, SERNOW 1958, GESSNER 1959, RODHE 1958). Erst seit der weiteren Intensivierung der Volkswirtschaft auf vielen Gebieten und unter fischereibiologischen und wasserwirtschaftlichen Aspekten rückten auch Flachseen mehr in den Vordergrund, weil durch unbedachte Eingriffe verschiedentlich Veränderungen des Status eintraten, die nicht vermutet worden waren und weil vielfach das Leistungsvermögen der Flachseen als Reaktoren für primäre und sekundäre Belastungen weit überschätzt wurde.

Die Untersuchungen gerade in den letzten Jahrzehnten haben gezeigt, daß auch Flachseen hinsichtlich ihres Trophiegrades stärker differenziert sind und bei Zuführung organischer und anorganischer Stoffe in rasanter Weise einem kaum reversiblen Trophiestadium zugeführt werden.

Als Beispiel solcher rasanten Veränderungen sollte der bei Friedland gelegene Galenbecker See gelten, der nach Einführung einer Karpfen-Intensivbewirtschaftung in den Jahren 1966/67 von einem Klarwasser-Flachsee mit kräftiger Unterwasserflora zu einem Trübwassersee mit Phytoplankton-Massenentwicklungen umgestimmt wurde.

Im Rahmen von Untersuchungen über die Sauerstoff- und Produktionsverhältnisse in stark belasteten Flachseen des Havel-Einzugsgebietes wurden auch Untersuchungen über die Eignung von Biomasse-Bestimmungen zur Beurteilung des limnologischen Status durchgeführt, die im folgenden näher erörtert werden sollen.

---

[1]) Herrn Professor Dr. ARNO WETZEL zum 80. Geburtstag gewidmet.

Möglichkeiten zur Ermittlung der Biomasse (Methodik)

Zur Ermittlung der Biomasse wurden folgende Methoden angewandt:

1. Feststellung der Zellenzahlen des Phytoplanktons durch Zählung in KOLKWITZ-Kammern,

2. Bestimmung des Chlorophyllanteils nach BOJE (1966), wobei die bei 663 nm gemessene Extinktion als Summenbestimmung einer äquivalenten Menge Chlorophyll „a" in Beziehung gesetzt wurde,

3. Bestimmung des Sestongehaltes unter Benutzung von SARTORIUS-Membranfiltern, Porengröße 0,45 μ, Trocknung bei +60 °C.

Wir sind uns darüber im klaren, daß keine der drei angewandten Methoden einer exakten Biomasse-Bestimmung gleichzusetzen ist; jedoch ergeben sich dadurch Möglichkeiten der Abschätzung des „standing crop", insbesondere dann, wenn sich gute Korrelationen zwischen den unterschiedlichen Werten ablesen lassen. Außerdem sind nach GESSNER (1944, 1959) mit der Chlorophyllbestimmung auch angenäherte Schlüsse auf die Produktivität eines Gewässers möglich.

Die als Vergleich angegebenen Produktionswerte beziehen sich auf Messungen mittels der Hell–Dunkel–Flaschen-Methode (MÜLLER 1966).

Kurzcharakteristik der untersuchten Seen

Untersucht wurden drei Seen im Havelgebiet, die sich hinsichtlich Belastung, Morphologie und Wasserbeschaffenheit ähneln. In zwei Fällen werden die Seen von einem kleineren Fluß durchströmt, in einem Falle ist es nur ein kleines Fließ.

1. Blanken-See bei Trebbin

Größe 186 ha, Maximaltiefe 1,20 m, Durchschnittstiefe 0,5 bis 0,75 m, durchflossen von der Nieplitz mit 4,23 m^3/s bei MQ, starke Phytoplankton-Entwicklung im Sommer, keine Unterwasserpflanzen. Jährlich werden bis zu 32000 Hausenten in 4 Durchgängen gemästet.

2. Grössin-See bei Trebbin (vgl. auch KALBE 1969)

Größe 102 ha, Maximaltiefe 2,5 (—3,0 m), Durchschnittstiefe 1,5 m, im Laufe der Nieplitz 2 km unterhalb des Blanken-Sees, starke Phytoplankton-Massenentwicklung im Sommer, keine Unterwasserpflanzen, etwa 17000 Hausenten werden zur Zucht gehalten.

3. Dreetz-See bei Teschendorf

Größe 225 ha, Maximaltiefe 1,5 m, Durchschnittstiefe 0,7 bis 1,0 m, durchflossen vom Teschendorfer Fließ mit 0,15 m^3/s bei MQ, Phytoplankton-Massenentwicklung, keine oder unbedeutende Unterwasserpflanzen-Bestände, etwa 24000 Hausenten werden in drei Durchgängen pro Jahr gemästet.

Untersuchungsergebnisse

Die im Verlaufe des Untersuchungszeitraumes von Januar 1968 bis Januar 1969 gewonnenen Ergebnisse sind in den Abbildungen 1 bis 3 dargestellt. Bereits eine flüchtige Betrachtung läßt zwischen den drei Seen deutliche Übereinstimmungen in den Werten erkennen. In allen Fällen laufen Zellenzahlen des Phytoplanktons, Chlorophyll- und Sestonwerte von Jahresbeginn an deutlich ansteigend bis in die Sommermonate hinein und fallen erst ab September wieder ab.

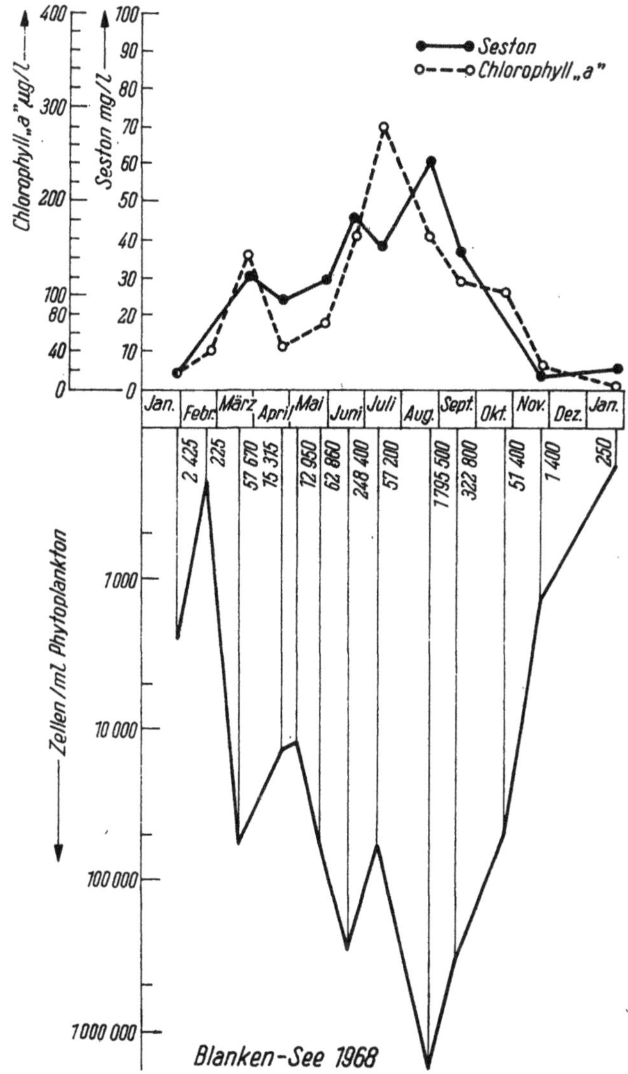

Abb. 1. Chlorophyll „a“, Seston und Zellenzahlen des Phytoplanktons im Blanken-See, 1968.

Diese von vornherein erwartete Tendenz war besonders ausgeprägt beim Blanken- und Grössin-See, während im Dreetz-See vor allem bei den Zellenzahlen bereits im Januar höhere Ausgangswerte beobachtet wurden, so daß der Anstieg und auch nachfolgende Abfall nicht so groß sind.

Das Plankton

Es ist naheliegend, daß sich das Phytoplankton von Blanken- und Grössin-See nur unwesentlich unterscheidet, da beide Seen bei ähnlicher Morphologie durch die Nieplitz auf engerem Raum verbunden sind. In den Sommermonaten dominieren vor allem fädige Formen, wie *Aphanizomenon flos-aquae, Oscillatoria limnetica/redeckei*

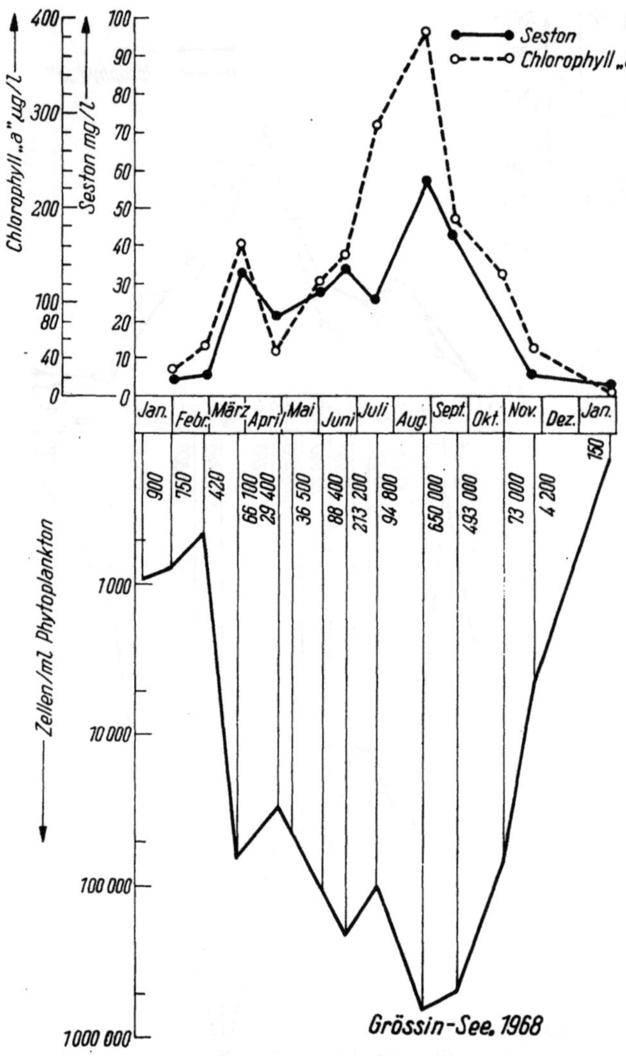

Abb. 2. Chlorophyll „a", Seston und Zellenzahlen des Phytoplanktons im Grössin-See, 1968.

und *Oscillatoria agardhii*, außerdem aber auch *Cryptomonas ovata* und *C. rostratiformis* und *Melosira granulata*. Dagegen zeichnet sich das Plankton des Dreetz-Sees durch die Häufigkeit der koloniebildenden Cyanophyceen aus (Tab. 1).

Das Plankton von Blanken- und Grössin-See ist im Gegensatz zu dem des Dreetz-Sees in den Wintermonaten außerordentlich individuenarm. Die Ursache dafür dürfte in der geringeren Verweilzeit (t_M) des Wassers in den Seen während dieser Zeit zu suchen sein. So betrug im Januar 1968 der Q-Wert in der Nieplitz oberhalb der Seen 5,66 m³/s und im Januar 1969 sogar 6,70 m³/s. Als Verweilzeit errechnet sich daraus für den Blanken-See $t_M = 3{,}1$ d und für den Grössin-See $t_M = 4{,}1$ d. Im Sommer dagegen betrug die Verweilzeit bei Durchflußwerten um 1,0—1,5 m³/s über 10 d in

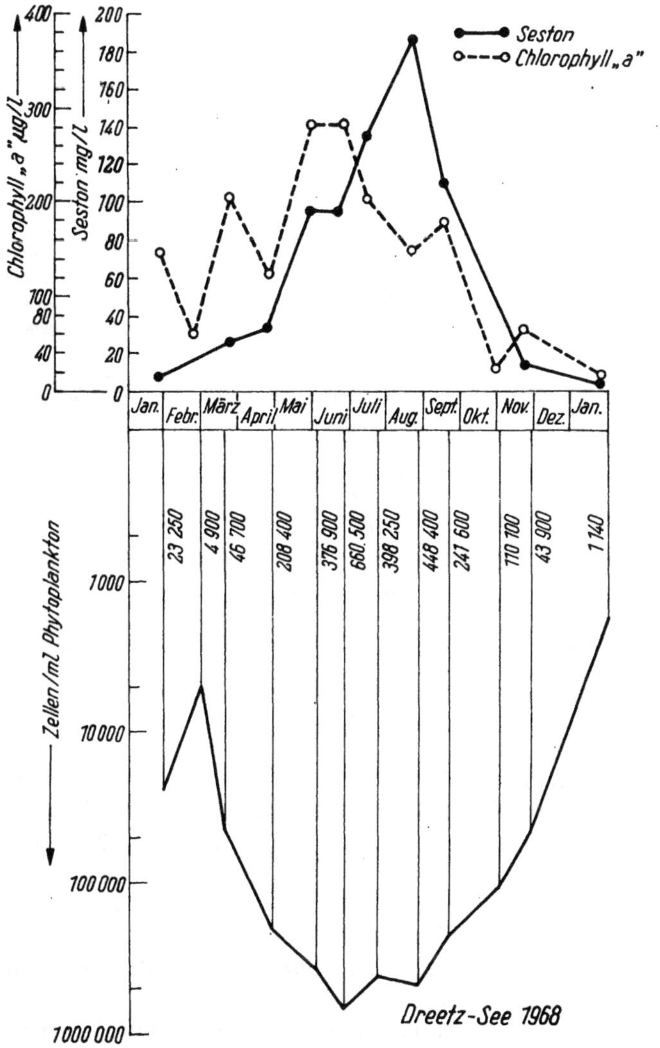

Abb. 3. Chlorophyll „a", Seston und Zellenzahlen des Phytoplanktons im Dreetz-See, 1968.

jedem See. Nun ist zwar bekannt, daß auch bei kleinerem t_M Phytoplankton-Massenentfaltungen möglich sind (Fogg 1965); allerdings gilt dies wohl nur für optimale Verhältnisse, die im Winter sicher nicht erfüllt sind. Uhlmann (1968) ermittelte in Laborversuchen so für einen höheren Biomassezuwachs stets größere Verweilzeiten um 10 d. Die Bedeutung der Verweilzeit für eine Entwicklung von Phytoplankton in den untersuchten Seen wird dadurch unterstrichen, daß im nur wenig durchflossenen Dreetz-See gerade im Winter bei gleichen oder angenäherten meteorologischen Bedingungen höhere Planktondichten zu beobachten waren.

In den Sommermonaten ist die Phytoplanktondichte in allen drei Seen sehr hoch. Es kommt zu Wasserblüten und intensiven Vegetationsfärbungen. Zu dieser Zeit

TABELLE 1

Die bestandbildenden Phytoplanktonarten im Plankton der untersuchten Seen, 1968

	Blanken-See	Grössin-See	Dreetz-See
Winter	*Stephanodiscus* sp. sp. *Cryptomonas ovata* *Cryptomonas rostratiformis*	*Stephanodiscus* sp. sp. *Cryptomonas* sp. sp. *Nitzschia acicularis*	*Synura uvella* *Aphanizomenon flos-aquae* *Oscillatoria limnetica* *Oscillatoria agardhii*
Frühjahr	*Stephanodiscus* sp. sp. *Melosira granulata* *Aphanizomenon flos-aquae*	*Stephanodiscus* sp. sp. *Melosira granulata* *Actinastrum hantzschii* *Aphanizomenon flos-aquae*	*Synedra acus* *Aphanizomenon flos-aquae* *Oscillatoria limnetica* *Scenedesmus quadricauda*
Sommer	*Melosira granulata* *Aphanizomenon flos-aquae* *Oscillatoria limnetica/redeckei* *Anabaena spiroides* *Scenedesmus quadricauda*	*Melosira granulata* *Aphanizomenon flos-aquae* *Oscillatoria limnetica/redeckei* *Anabaena spiroides* *Scenedesmus quadricauda*	*Oscillatoria limnetica/redeckie* *Coelosphaerium* sp. *Microcystris flos-aquae* *Scenedesmus quadricauda* *Dictyosphaerium pulchellum*
Herbst	*Melosira granulata* *Aphanizomenon flos-aquae* *Oscillatoria agardhii* *Oscillatoria limnetica/redeckei*	*Melosira granulata* *Aphanizomenon flos-aquae* *Oscillatoria agardhii* *Oscillatoria limnetica/redeckei*	*Oscillatoria limnetica/redeckei* *Coelosphaerium* sp. *Microcystris flos-aquae* *Scenedesmus quadricauda*

tritt das Zooplankton weit zurück. Nur in wenigen Fällen, nämlich im Jahre 1968 und Juli 1969, wurde nach fast völligem Zusammenbruch der Phytoplankton-Population im Grössin-See und Blanken-See kurzzeitig eine höhere Zooplankton-Abundanz beobachtet.

Die Planktondichte bleibt demgegenüber im Dreetz-See die gesamte Vegetationsperiode über recht konstant und hoch (über 200000 Zellen/ml). Damit repräsentiert sich der Dreetz-See als der ausgeglichenste unter den drei untersuchten Seen hinsichtlich der Phytoplankton-Besiedlung.

Alle Seen werden jedoch durch ihre große Planktondichte in den Sommermonaten als hocheutrophe Systeme ausgewiesen; werden doch bereits Zellenzahlen bis zu 10 Mill./l als recht hoch und für stark eutrophe Gewässer geltend anzusehen sein (VOLLENWEIDER 1968).

Selbst wenn man berücksichtigt, daß je nach der Größe der Zellen dieser Wert um eine Zehnerpotenz variieren kann, sind die im Sommermaximum erreichten Werte über 600000 Zellen/ml recht eindrucksvoll. Im Blanken-See wurden im August 1968 sogar ca. 1,8 Mill. Zellen/ml gezählt, wobei dieser Wert fast ausnahmslos durch das Mikro- und Mesoplankton geprägt war (Tab. 1).

Chlorophyll „a“

Der Kurvenverlauf für Chlorophyll „a“ folgt auffällig der parallel gemessenen Phytoplanktondichte, wenngleich aus verschiedenen Gründen eine völlig lineare Abhängigkeit nicht erwartet werden kann (Abb. 4). So dürften vor allem Differenzierungen in Zellengröße, Chlorophyllgehalt der Zellen und Artenspektrum Abweichungen hervorrufen. In ganz ähnlicher Weise wie bei der Planktondichte läßt sich aus den Werten der hocheutrophe Charakter der untersuchten Gewässer ablesen.

Nach SAKAMOTO (1966) gilt für eutrophe Seen ein Chlorophyll „a"-Bereich von 5 bis 140 mg/m³, wobei diese Näherung durch Untersuchungen anderer Autoren weitgehend bestätigt wird (GESSNER 1959, VOLLENWEIDER 1968).

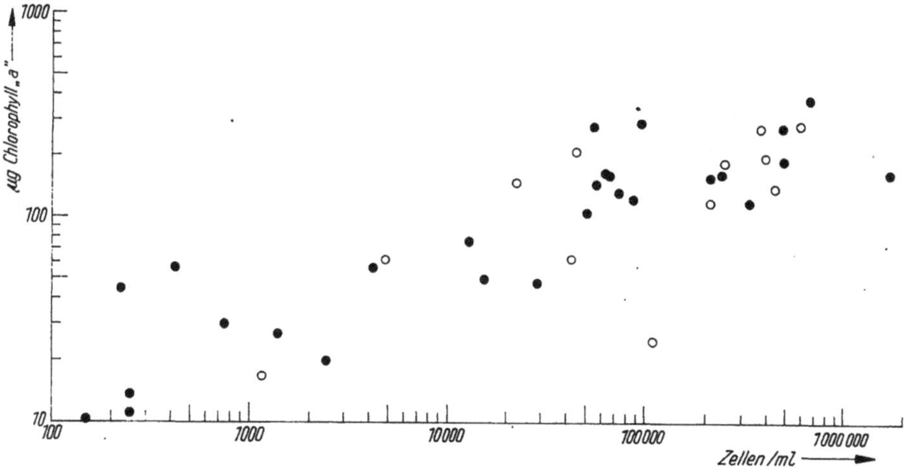

Abb. 4. Korrelation zwischen Chlorophyll „a" und Zellenzahlen des Phytoplanktons, ● Blanken- und Grössin-See, ○ Dreetz-See.

Der höchste Chlorophyllwert wurde 1968 im Grössin-See gemessen, als zusammenfallend mit der für diesen See höchsten Planktondichte 390 μg/l ermittelt wurden. Werte um 300 μg/l sind aber auch für die beiden anderen Gewässer in den Sommermonaten charakteristisch.

Nicht immer sind jedoch die Zusammenhänge zwischen Chlorophyll und Zellenzahlen des Phytoplanktons so klar; so wurde z. B. im Blanken-See bei geringerer Zellenzahl im Juli 1968 gerade der höchste Chlorophyllwert ermittelt. Vielleicht läßt sich dieser Umstand dadurch erklären, daß nach dem bereits erwähnten Zusammenbruch der Phytoplankton-Population zunächst besonders chlorophyllreiche Zellen mit hoher biologischer Aktivität aufwuchsen. Das wurde dadurch bestätigt, daß auch im Grössin-See zu dieser Zeit ein deutlicher Chlorophyllanstieg zu verzeichnen war.

Seston

Die Sestonbestimmung, bei der ja das Trockengewicht aller im Wasser schwebenden Teile ermittelt wird, scheint gerade für Seen ein geeignetes alternatives Maß zur Biomasse-Ermittlung zu sein, da für gewöhnlich nur das lebende Plankton im Schweben erhalten bleibt. In Flachseen allerdings können die Sestonwerte einen mehr oder minder hohen Anteil unbelebten Materials enthalten, da insbesondere bei größeren Windstärken Sedimente wieder aufgewirbelt werden.

Daraus erklären sich vielleicht auch die beobachteten Abweichungen zu den Chlorophyllwerten und den Zellenzahlen des Phytoplanktons. In diesem Zusammenhang fällt auf, daß die Sestonwerte im Dreetz-See generell deutlich höher als im Blanken-

See und Grössin-See lagen, obwohl hinsichtlich des Chlorophyllgehaltes und der Zellenzahlen vergleichbare Resultate erzielt wurden. Für dieses Phänomen gibt es zunächst nur drei Erklärungsmöglichkeiten:

1. Der unbelebte Anteil im Seston des Dreetz-Sees ist höher als im Blanken- und Grössin-See,

2. Der Anteil des Zooplanktons im Dreetz-See ist vergleichsweise hoch,

3. Der Anteil dickwandiger, chlorophyllarmer Zellen im Dreetz-See ist höher als in den Vergleichsgewässern.

Die beiden zuerst genannten Möglichkeiten verlieren sehr an Wahrscheinlichkeit, weil sich dafür sowohl morphologisch (Sedimentaufwühlung) als auch bei den Untersuchungen (Zooplankton) keine Anzeichen ergeben. Die dritte Erklärung hat dagegen viel für sich, weil der Anteil inaktiver Zellen und an Ballastmaterial (Hüllen, Gallerten) gerade bei den großflockige Kolonien bildenden Planktonformen im Dreetz-See denkbar ist.

Im übrigen sind die Sestonwerte in den drei untersuchten Seen recht hoch (Tab. 2).

TABELLE 2

Sestonwerte einiger Gewässer im Havel-Einzugsgebiet

Gewässer	Zeitraum	Seston (mg/l)	
Havel bei Potsdam	1969	1 – 50	
Wumm-See, oligotroph	1968	0,4 – 3,0	
Twern-See, mesotroph	1968	1 – 5	
südmecklenburgische Seen mesotroph – eutroph	Sommer 1968	2 – 16	(KLOSE 1969)
Petznick-See, hocheutroph mit Entenmast	Sommer 1968	55	(KLOSE 1969)
Blanken-See, hocheutroph	1968	4,5 – 61	
Grössin-See, hocheutroph	1968	2,5 – 58	
Dreetz-See, hocheutroph	1968	5,8 – 186	

Die für eutrophe und mesotrophe südmecklenburgische Seen angegebenen Werte stimmen recht gut mit solchen von der Kieler Außenförde (1 bis 11 mg/l) überein (KREY 1950).

O_2-Produktion

Der möglichen Fehler wohl bewußt, auf die in der Literatur bei der Bestimmung der Produktion mittels der Hell–Dunkel-Flaschen-Methode wiederholt hingewiesen wurde (z. B. ODUM 1962, UHLMANN 1966, MÜLLER 1966, VOLLENWEIDER 1968), soll im folgenden zu Vergleichszwecken mit den Biomasseangaben nur auf die aus dieser Methode gewonnenen Ergebnisse hingewiesen werden. Die ab Mai 1968 parallel ermittelten Ergebnisse sind in Tabelle 3 zusammengestellt.

Die in Blanken- und Grössin-See gemessenen Produktionswerte sind gut vergleichbar mit solchen in P-gedüngten Karpfenteichen (MÜLLER 1966) oder hypertrophen Teichen (UHLMANN 1966), wobei besonders der etwas tiefere Grössin-See mit Brutto-Produktionswerten bis zu 8,5 $g/m^2 \cdot d$ recht hohe Leistungen vollbringt.

TABELLE 3

Werte der O_2-Bruttoproduktion in den drei untersuchten Seen

Datum	Blanken-See	Grössin-See	Dreetz-See
29. 5. 1968	5,0 g/m² · d	8,5 g/m² · d	4,2 g/m² · d
17. 6. 1968	4,2 g/m² · d	7,6 g/m² · d	3,7 g/m ²· d
15. 7. 1968	3,1 g/m² · d	5,4 g/m² · d	1,7 g/m² · d
28. 8. 1968	6,2 g/m² · d	8,0 g/m² · g	3,0 g/m² · d
16. 9. 1968	3,3 g/m² · d	4,8 g/m² · d	1,8 g/m² · d
30. 10. 1968	3,0 g/m² · d	4,6 g/m² · d	1,7 g/m² · d
27. 11. 1968	0,6 g/m² · d	1,5 g/m² · d	1,1 g/m² · d
27. 1. 1968	0,2 g/m² · d	0,8 g/m² · d	0,4 g/m² · d

Demgegenüber fällt auf, daß der Dreetz-See trotz großer Biomasse recht niedrige Produktionen besitzt. Hier wird unterstrichen, was bereits bei Abhandlung der Biomasse-Parameter vermutet wurde, nämlich, daß gerade in den Sommermonaten hier die Bioaktivität des Phytoplanktons mit den großen Cyanophyceen-Kolonien gegenüber der in Blanken- und Grössin-See kleiner ist. Die höhere Aktivität kleinerer Zellen oder Zellen mit geringeren Wandstärken, wie sie in Blanken- und Grössin-See vorkommen, wird dadurch bestätigt (Findenegg 1965).

Zusammenfassung

In drei durch Hausentenhaltungen stärker belasteten Flach-Seen des Havelgebietes wurden auffällig hohe Biomassewerte des Phytoplanktons durch Bestimmung des Chlorophyll „a", des Sestons und der Zellenzahlen ermittelt.

Teilweise waren die Werte wesentlich höher als in den vergleichbaren Gewässern, wodurch die Seen als hocheutrophe Systeme ausgewiesen werden und Parallelen zu hypertrophen Teichen zeigen.

Innerhalb der untersuchten Seen ergaben sich Abstufungen, die Rückschlüsse auf die Bioaktivität zulassen.

Literatur

Boje, R., 1966: Chlorophyll. Limnologica (Berlin) 4, 397–401.

Findenegg, I., 1965: Relationship between Standing Crop and Primary Productivity. Mem. Ist. Ital. Idrobiol. 18 Suppl., 271–289.

Fogg, G. E., 1965: Algal cultures and phytoplancton ecology. Madison & Milwaukee. Univ. of Madison Press.

Gessner, F., 1944: Der Chlorophyllgehalt der Seen als Ausdruck ihrer Produktivität. Arch. Hydrobiol. 40, 687–732.

– 1969: Hydrobotanik, Bd. II. Berlin.

Kalbe, L., 1969: Die Auswirkungen von Entenhaltungen auf die Beschaffenheit des Grössin-Sees – eines durchflossenen Flachsees bei Trebbin. Z. Fischerei NF 17, 445–455.

Klose, H., 1969: Zur Wassergüte im Raum Lychen–Templin. Wiss. Z. Univ. Rostock, Math.-Nat. R. 18, 755–761.

Krey, J. ,1950: Eine neue Methode zur quantitativen Bestimmung des Planktons. Kieler Meeresforsch. 7, 58–75.

Müller, H., 1966: Helldunkelflaschen-Sauerstoffmethode. Limnologica (Berlin) 4, 281–290.

Odum, H. T., 1962: Primary Production in Flowing Waters. Limnol. Oceanogr. 9, 102–117.

Patalas, K., 1960: Punktowa acena pierwotnej produkty wnosci jezior okolic Wegorzewa. Roczniki Nauk Polniczych 77, 299–326.

RODHE, W., 1958: Primärproduktion und Seetypen. Verh. Intern. Verein. Limnol. **13**, 121–141.

RUTTNER, F., 1962: Grundriß der Limnologie.

SAKAMOTO, M., 1966: The Chlorophyll Amount in the Eutrophic Zone in some Japanese Lakes and its Significance in the Photosynthetic Production of Phytoplankton Communities. Bot. Magazine (Tokyo) **79**, 77–88.

SERNOW, S. A., 1958: Allgemeine Hydrobiologie. Berlin.

UHLMANN, D., 1966: Produktion und Atmung im hypertrophen Teich. Verh. Intern. Verein. Limnol. **16**, 934–941.

— 1968: Modellversuche über die Abhängigkeit der planktischen Bioaktivität von der Verweilzeit des Wassers. Int. Revue ges. Hydrobiol. **53**, 101–139.

VOLLENWEIDER, R. A., 1968: Die wissenschaftlichen Grundlagen der Seen- und Fließgewässereutrophierung, unter besonderer Berücksichtigung des Phosphors und des Stickstoffs als Eutrophierungsfaktoren. Techn. Bericht des OECD, Paris.

Anschrift des Verfassers:
Dr. LOTHAR KALBE
DDR – 1502 Potsdam-Babelsberg
Neuendorfer Anger 5

Limnologica (Berlin)	8	2	1971	321–336

Wasserwirtschaftsdirektion Mittlere Elbe – Sude – Elde, Magdeburg

HELMUT KLAPPER und GUDRUN RUDOLF

Zur Rolle der Bakterien und Sedimente im Stoffhaushalt von Seen[1])

Mit 6 Abbildungen und 9 Tabellen

Für die Aufklärung der Eutrophierungs-Erscheinungen gebührt neben den hydrographischen Primärfaktoren unsere Aufmerksamkeit dem Nährstoffregime. Da der Nährstoff-Import und -Export bei gering durchflossenen Seen in seiner Bedeutung gegenüber dem intrabiozönotischen Kreislauf zurücktritt, lohnte es sich, die Mechanismen der Nährstoffbindung am Sediment und der Wiederfreisetzung aus den Ablagerungen zu untersuchen. Die Bakterien als Hauptakteure dieser Umsetzungen konnten dabei nur mit unzulänglichen Mitteln untersucht bzw. ihr Wirken an Hand des Sauerstoffverbrauches und durch Aktivitätsbestimmungen als Stoffwechselleistung erfaßt werden.

Die hier behandelten Beispielseen stellen drei unterschiedliche Typen dar; der Durchfluß beträgt für die Müritz rund 15 Jahre, für den Drewitzer See nach Schätzungen 20 bis 25 Jahre, wobei die wesentlicheren Zu- und Abflüsse unterirdisch erfolgen. Der als Binnenmüritz bezeichnete Nordzipfel der Müritz ist 31 m tief und kann als selbständiger See betrachtet werden. Die Binnenmüritz ist im Sommer geschichtet; ihr Hypolimnion ist anaerob, sie ist eutroph und durch Abwässer der Stadt Waren belastet. Die windbedingt ungeschichtete, ebenfalls eutrophe Außenmüritz mit einer Maximaltiefe von 30 m ist ein rein epilimnischer See ohne Zehrungsvorgänge über dem Sediment.

Der 32 m tiefe Drewitzer See zeigt im Hypolimnion deutlichen Sauerstoffrückgang, aber auch am Ende der Sommerstagnation noch Spuren von Sauerstoff über dem Schlamm. Er ist ein typischer Übergangssee vom oligotrophen zum eutrophen Zustand.

Die Bakterienbesiedlung des Pelagials, die neben ihrer Bedeutung für die Stoffumsetzungen auch ein wesentliches hygienisches Kriterium ist, wurde durch die Keim- und die Gesamtbakterienzahlen (mikroskopische Direktzählung auf Membranfiltern) erfaßt. Die auf Agarplatten ermittelten Keimzahlen berücksichtigen nur saprotrophe Keime, die aber für eine Betrachtung unter hygienischen Aspekten von Bedeutung sind.

Während eines Jahreszyklus ist keine deutliche Schichtung der Keimzahlen im Vertikalprofil zu erkennen, wie es an Hand der chemischen Untersuchungsergebnisse zu erwarten wäre. Im Drewitzer See wurden Keimzahlen von 2 bis 100 je ml erreicht,

[1]) Herrn Professor Dr. ARNO WETZEL zum 80. Geburtstag gewidmet.

die den guten bakteriologischen Zustand dieses Sees charakterisieren. Aus allen Untersuchungsergebnissen errechnet sich ein Durchschnittswert von 31 Keimen/ml. Die Außenmüritz hat im Durchschnitt 44 Keime/ml und liegt damit bakteriologisch in gleicher Größenordnung wie der Drewitzer See. Dabei spielt es offenbar keine Rolle, daß in der Außenmüritz (mittlere Sichttiefe 2,60 m) wesentlich mehr Plankton als im Drewitzer See (mittlere Sichttiefe 4,50 m) vorhanden ist. Die bis Anfang 1969 stark mit Abwässern belastete, eutrophe Binnenmüritz weist meist Keimzahlen zwischen Hundert und einigen Tausend je ml auf, wodurch sie sich auch in bakteriologischer Sicht von den beiden anderen Seen unterscheidet. Dabei liegt die mittlere Sichttiefe mit 2,70 m sogar noch über derjenigen der Außenmüritz. Nicht das Plankton ist für die hohen Keimzahlen der Binnenmüritz verantwortlich, sondern der Einfluß der ungeklärten kommunalen Abwässer. Der Nachweis von *Escherichia coli* in allen Wasserschichten ist eine deutliche Bestätigung dafür. Bei längerer Eisbedeckung und damit verringerter Durchmischung wird in den oberen Zonen (0—10 m) keimarmes Wasser gefunden. Das schwerere Abwasser belastet dann vorwiegend die tieferen Wasserschichten. Während die Agarkeimzahl Saprophyten und damit nur ein bestimmtes Spektrum der Bakterienflora umfaßt, erzielt die direkte mikroskopische Zählung auf Membranfiltern wesentlich höhere Zahlen, die etwa der Menge der am Stoffumsatz beteiligten Bakterien entspricht. Die kleinsten Gesamtbakterienzahlen werden wieder im Drewitzer See gefunden. Die Durchschnittswerte sind in Tabelle 1 gegenübergestellt.

TABELLE 1
Durchschnittswerte von Keim- und Gesamtbakterienzahlen aller Untersuchungen

	Drewitzer See	Außenmüritz	Binnenmüritz
Keimzahl/ml	31	44	1600
Gesamtbakterienzahl/ml	621000	1007000	1057000

Binnen- und Außenmüritz unterscheiden sich in der Gesamtzahl nur unwesentlich. In der Binnenmüritz hat sich lediglich das Bakterienspektrum zugunsten saprophytärer Keime verändert. Mit zunehmender Verschmutzung wird der Unterschied zwischen Keim- und Direktzahlen geringer.

Jahreszeitliche und lokale Unterschiede sind bei der Gesamtbakterienzahl der Binnenmüritz wesentlich ausgeprägter als bei den Keimzahlen. Während der Sommer- und Winterstagnation nehmen die Gesamtzahlen bei anaerobem Hypolimnion mit der Tiefe zu. In Tabelle 2 sind einige vertikale Schichtungsbilder der Binnenmüritz gegenübergestellt.

Einhergehend mit der Gesamtbakterienzunahme in den Stagnationsperioden (10. 7. 68/23. 9. 68/3. 2. 69/10. 3. 69) ist ein steigender Schwefelwasserstoffgehalt des anaeroben Tiefenwassers zu verzeichnen. Im mikroskopischen Bild werden bei den Tiefenproben große Bakterienformen (wahrscheinlich Schwefelbakterien) beobachtet. Trotz anaerober Verhältnisse wurden zu dieser Zeit auch hohe Keimzahlen erreicht, da die meisten Aerobier auch fakultativ anaerob leben können.

TABELLE 2

Gesamtbakterienzahlen ($\times 10^3$/ml) der Binnenmüritz in vertikaler Schichtung und H_2S-Gehalt (mg/l)

Tiefe m	15. 2. 68	25. 3. 68	10. 7. 68	H_2S	23. 9. 68	H_2S	2. 12. 68	3. 2. 69 (Eis!)	H_2S	10. 3. 69 (Eis!)	H_2S
0	1210	860	1910		720		1310	780		760	
2	1000	880	1660		870		1290	510		560	
5	900	860	2060		880		1770	630		470	
10	1340	770	1390		860		1680	580		320	
15	960	770	1260		850		—	840		740	0,05
20	1130	1020	1540	×	1290	35,0	1390	920	0,10	910	3,0
25	960	960	1700	×	1370	34,0	1310	940	1,20	950	6,0
30	1430	830	1660	×	1680	30,0	1406	1760	12,0	1090	14,0

Die während der Sommerstagnation in den drei Beispielseen erreichten Bakterienzahlen sind in Tabelle 3 zusammengestellt.

Die ungeschichtete Außenmüritz hat in diesem Fall abweichend vom Jahresmittel höhere Werte als die Binnenmüritz. Im Gegensatz zur geringen Keimzahl der Außenmüritz weist die Gesamtbakterienzahl die eutrophen Verhältnisse deutlich aus. Hier fehlt die Abwasserbelastung, die den schlechten bakteriologischen Zustand der Binnenmüritz verursacht.

Eine Parallelität der Verteilung von Phytoplankton und Bakterien, wie sie von Overbeck (1968) in den ostholsteinischen Seen beobachtet wurde, konnte an den drei Untersuchungsobjekten nicht festgestellt werden.

TABELLE 3

Gesamtbakterienzahlen während der Sommerstagnation (23. 9. 68) in Binnenmüritz, Außenmüritz und Drewitzer See

Tiefe m	Binnenmüritz $\times 10^3$/ml	Außenmüritz $\times 10^3$/ml	Drewitzer See $\times 10^3$/ml
0	720	1040	470
2	870	1090	530
5	880	1070	570
10	860	1110	420
15	850	1110	490
20	1290	1150	480
25	1370	1000	580
30	1680	—	1150

Einmal fehlen synchron ermittelte Planktonzahlen, zum anderen spiegelt sich aber auch die gesetzmäßig zu erwartende Verteilung nicht eindeutig an der Bakterienverteilung wider. Besonders in der Binnenmüritz sind es zu viele Faktoren, die die Bakterienbesiedlung beeinflussen. Die Abwasserbelastung fördert die saprophytären Bakterien. Die Planktonorganismen können im lebenden Zustand eine parallele Bakterienentwicklung auf der Basis von Stoffwechsel-Ausscheidungsprodukten, im abgestorbenen auf der Basis der Zellzerfallsprodukte nach sich ziehen. Der hypolimnische Schwefelwasserstoff stammt aus dem Eiweißabbau oder verdankt seine Entstehung der Sulfatreduktion. Beide Prozesse sind bakterieller Natur und daher auch in jedem Falle von hohen Bakteriendichten begleitet. Schließlich genügen Spuren von Detritus in der bodennahen Wasserschicht, um die Keim- und Gesamtbakterien-Zahlen sprunghaft ansteigen zu lassen. Nach KUSNETZOW (1959) enthalten die oberen Schichten der Bodenablagerungen vieler Seen mehrere 100 Millionen Bakterien je Gramm Schlamm. Die Bakterien spielen in dieser Zone die Hauptrolle bei der Mineralisierung der abgelagerten organischen Substanz.

Die Austauschvorgänge zwischen Sediment und Wasser hängen neben der Bakterientätigkeit im Sediment entscheidend von den Sauerstoffverhältnissen, der Turbulenz, der Temperatur und dem Konzentrationsgefälle ab. Die Schlämme aus den tiefsten Teilen der Beispielseen ähneln sich in der Konsistenz und können als Feindetritusgyttja bezeichnet werden. Lediglich in der Außenmüritz werden auch in dieser Tiefe mitunter sandige, tonige bzw. mit Muschelschalen durchsetzte Schlämme angetroffen. Während der organische Anteil bei den Schlämmen vom Typ Gyttja etwa 20 bis 50% der Trockensubstanz beträgt, liegt er bei den vorwiegend mineralischen Sedimenten weit unter 10%.

Der Einfluß der Sedimente auf den Sauerstoffhaushalt des Sees wurde durch die Sedimentzehrung (Sedimentaktivität nach CASPERS 1962) festgestellt. Überraschend liegen alle Zehrungen in etwa der gleichen Größenordnung von 200 mg O_2 je l Schlamm (Tab. 4).

TABELLE 4

Sedimentzehrung von Tiefenschlämmen

Entnahmestelle Tiefe	Proben-zahl	Sedimentzehrung mg O_2 in 24 h je l Schlamm	Glühverlust % TS	Temperatur-amplitude des Tiefenwassers
Binnenmüritz 30 m	23	192	29,0	1,6 bis 10,4
Außenmüritz 15 bis 25 m	22	206	20,7	1,0 bis 18,9
Drewitzer See 30 m	21	207	33,8	1,9 bis 7,6

Der Sauerstoffbedarf von 1 l Schlamm ist so hoch, daß bei Durchmischung binnen 24 Stunden 20 l sauerstoffgesättigtes Wasser ausgezehrt würden. Die Zehrung wird im Labor bei 20 °C bestimmt; deshalb kann der Wert in situ nur in Flachgewässern in dieser Höhe auftreten. Im Tiefenwasser der Binnenmüritz werden im Spätsommer selten 10 °C überschritten; im Drewitzer See werden nicht einmal 8 °C erreicht. Außerdem wird bei dieser Bestimmung neben dem biologischen auch der chemische Sauerstoffbedarf auf Grund reduzierender Inhaltsstoffe erfaßt. Die Sedimentzehrung ist also kein Maß für rein biologische Aktivitäten. Die Bestimmung der Dehydrogenaseaktivität mittels Triphenyltetrazoliumchlorid (TTC) soll ein Maß für die Bioaktivität der Schlammablagerungen liefern. Dehydrogenasen sind wasserstoffübertragende Fermente, die in jeder lebenden Zelle vorkommen (Tab. 5).

TABELLE 5

Dehydrogenaseaktivität von Tiefenschlämmen

Entnahmestelle Tiefe	Probenzahl[1]	Dehydrogenaseaktivität (μg gebildetes Formazan/mg TS)	Glühverlust % TS
Binnenmüritz 30 m	6	0,47	22,9
Außenmüritz 15 bis 25 m	6	0,85	27,1
Drewitzer See 30 m	6	0,71	39,4

Die TTC-Bestimmung zeigt die höchsten Aktivitäten in der Außenmüritz. Bezogen auf organische Substanz würden die höheren Aktivitäten dieses Schlammes noch stärker hervorstechen. Die Erklärung dafür dürfte in der hohen Planktonproduktion der Außenmüritz bei völlig aerobem Tiefenwasser und einer sehr weitgehenden Erwärmung auch der Sedimente zu suchen sein.

Der Belebungsgrad ist also im epilimnischen See am höchsten, es folgt der weitgehend oligotrophe See und erst dann der eutrophe, geschichtete. Entsprechend ist die Wiederfreisetzung von den durch Algen aufgenommenen Pflanzennährstoffen bei der Außenmüritz am höchsten, womit die ständig starke Algenproduktion bei relativ niedrigen Nährstoffgehalten der Freiwasserzone verständlich wird.

Den hohen Anteil der chemischen Sedimentzehrung erfahren wir durch Differenzmessungen der O_2-Zehrung an unbehandelten und mit Sublimat abgetöteten Proben (Rühle 1966).

Die Zehrungswerte der vergifteten Proben sind bei den Müritzschlämmen nur wenig von der Normalzehrung unterschieden; beim Drewitzer See dagegen verminderte sich die Sedimentzehrung beim Vergiften z. B. von 132 auf 37 mg O_2.

Die sehr hohen Zehrungen der Sedimente in der Nähe von Abwassereinleitungen sind durch ihren H_2S- und NH_4-Gehalt bedingt, also vorwiegend chemischer Natur (Tab. 6).

TABELLE 6

Sedimentzehrung von abwasserbeeinflußten Schlämmen

Datum	Entnahmenstelle Binnenmüritz	Abwassereinfluß	Sedimentzehrung mg O_2/1000 ml Schlamm
13. 2. 1967	Stadthafen	Stadtkanalisation	290
10. 4. 1967	Stadthafen	Stadtkanalisation	343
12. 2. 1968	Stadthafen	Stadtkanalisation	226
3. 12. 1968	Stadthafen	Stadtkanalisation	208
10. 3. 1969	Stadthafen	Stadtkanalisation	159
23. 5. 1966	Steinhafen	Molkerei	433
23. 5. 1966	Gelegeschlamm	Schlachthof	454
3. 12. 1968	am Gaswerk	Gaswerk	318

Schlammschichtungs-Untersuchungen zeigen in der Regel die höchsten Zehrungswerte in Oberflächennähe.

Bei der bakteriellen Destruktion des Planktons werden die Nährstoffe wieder freigesetzt, soweit sie nicht von den Bakterien selbst assimiliert werden. Dabei liegen die N-Verbindungen vorwiegend in gelöster Form vor und können durch Konvektion und Diffusion in den limnischen Stoffkreislauf zurückkehren. Die P-Verbindungen gehen bekanntlich unter anaeroben Bedingungen in Lösung, während sie von aeroben Schlämmen gebunden werden. Die Rolle der Sedimente, speziell der Interstitiallösungen, für den Stoffhaushalt der Seen wurde von OHLE (1964) hervorgehoben. Die von ihm gefundenen Gesetzmäßigkeiten, vor allem der Anstieg der Konzentration mit der Tiefenlage der Sedimente im See, können bestätigt werden. Hier sollen die unterschiedlichen Seetypen an Hand der Schlämme bei vergleichbarer Tiefenlage charakterisiert werden.

In Abbildung 1 sind die P-Verbindungen des bodennahen Tiefenwassers über der Abszisse und die der entsprechenden Interstitiallösungen darunter eingezeichnet. Das anaerobe Tiefenwasser der Binnenmüritz zeigt im Jahresgang regelmäßig ansteigende Phosphatkonzentrationen während der Sommer- und Winterstagnation, wobei außerordentlich hohe Werte von ganzen Milligrammen je Liter gefunden werden. Dennoch ist im Interstitialwasser die Konzentration noch 10 bis 100 mal höher. Auch der eutrophe geschichtete See hält einen beachtlichen Teil der Phosphorverbindungen im Sediment fest, wenngleich in sehr mobiler Form, da durch aufsteigende Faulgase stets auch konzentriertes Schlammwasser in die Freiwasserregion zurücktransportiert wird. Wenn der Binnenmüritz-Schlamm vor Abtrennung des Wassers belüftet wird, sinkt die Phosphatkonzentration des Schlammwassers auf den dritten Teil ab (KLAPPER 1968).

Phosphorbilanzen für die drei Seen zeigen charakteristische Unterschiede entsprechend den Schichtungs- und Trophieverhältnissen (Abb. 2).

Die rein epilimnische Außenmüritz zeigt Orthophosphat-Minima etwa zeitgleich mit den Algenmaxima im Frühjahr und Sommer. Unmittelbar darauf treten oft wieder hohe P-Gehalte auf, ein Ausdruck für schnelle Planktondestruktion und Phosphatfreisetzung im ungeschichteten See.

In der Binnenmüritz steigen die in Lösung befindlichen Phosphate während der Stagnationen unter anaeroben Bedingungen wesentlich stärker an, als nach der entsprechenden epilimnischen Abnahme angenommen werden könnte. Die höchsten Sommerwerte im gesamten Seekörper treten während der Herbst-Teilzirkulation auf, wenn das konzentrierte Tiefenwasser in zunehmendem Maße auch in das Epilimnion gelangt. Sehr hohe PO_4-Werte werden schließlich unter Eis (Februar und März 1969) bei gleichzeitig hohen epilimnischen Werten gefunden, da die Phytoplankton-Entwicklung durch den Lichtabschluß gehemmt ist, die Nährstoffe deshalb nicht verwertet werden. Die Bilanz weist ferner aus, daß mit einsetzender Zirkulation keine gleichmäßige Verteilung im gesamten Wasserkörper erfolgt, sondern ein Teil des Phosphates offenbar ausfällt und somit wenigstens während der Zirkulation an das Sediment gebunden bleibt.

Der Drewitzer See weist trotz des größeren Volumens absolut kleinere PO_4-Werte gegenüber der Binnenmüritz auf. Nach der Konzentration erreichen die PO_4-Werte im Tiefenwasser nur den fünften Teil, im Interstitialwasser sogar nur den zehnten Teil

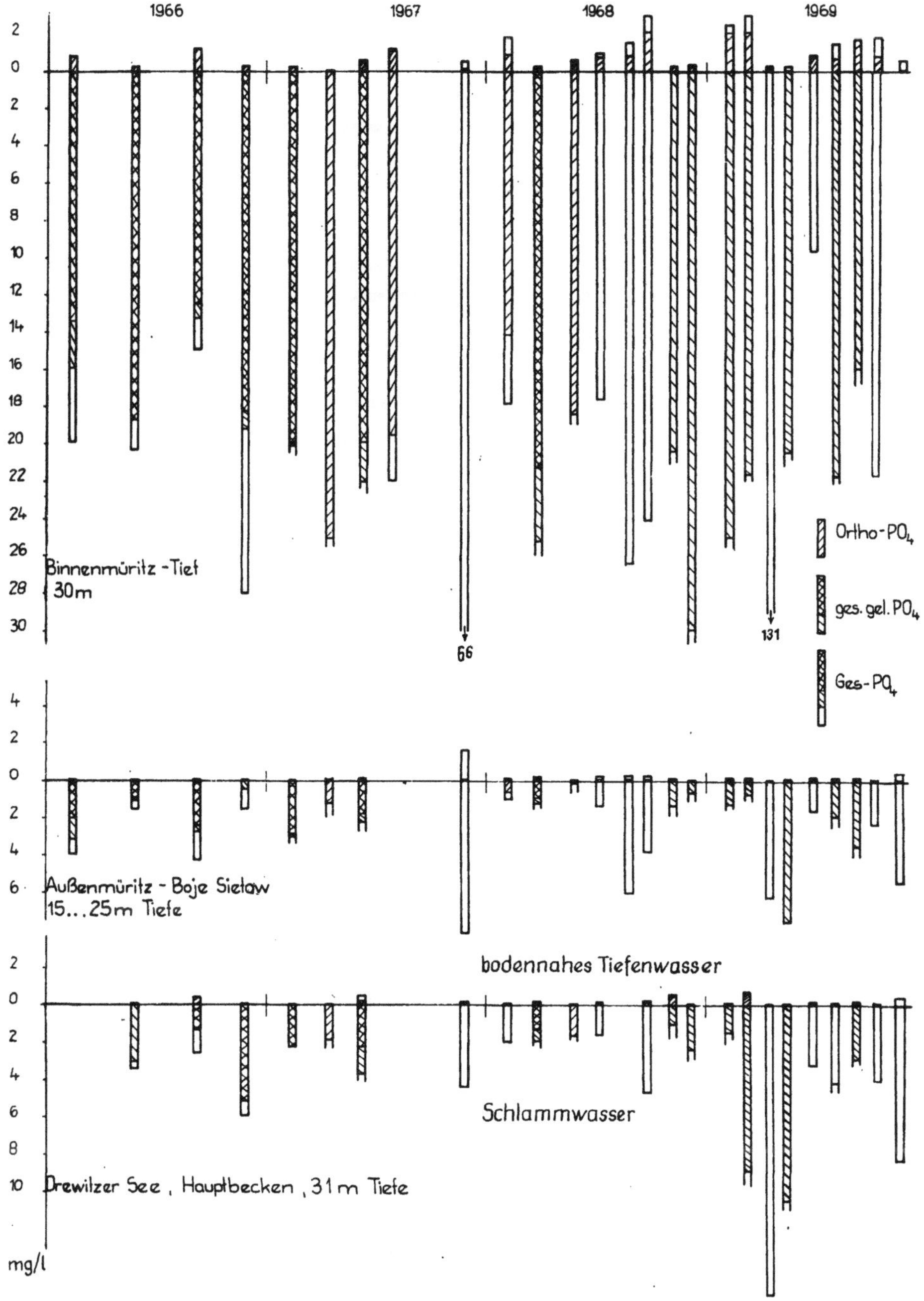

Abb. 1. Phosphorverbindungen (als PO_4 angegeben) im bodennahen Tiefenwasser und im Schlammwasser von Binnenmüritz, Außenmüritz und Drewitzer See.

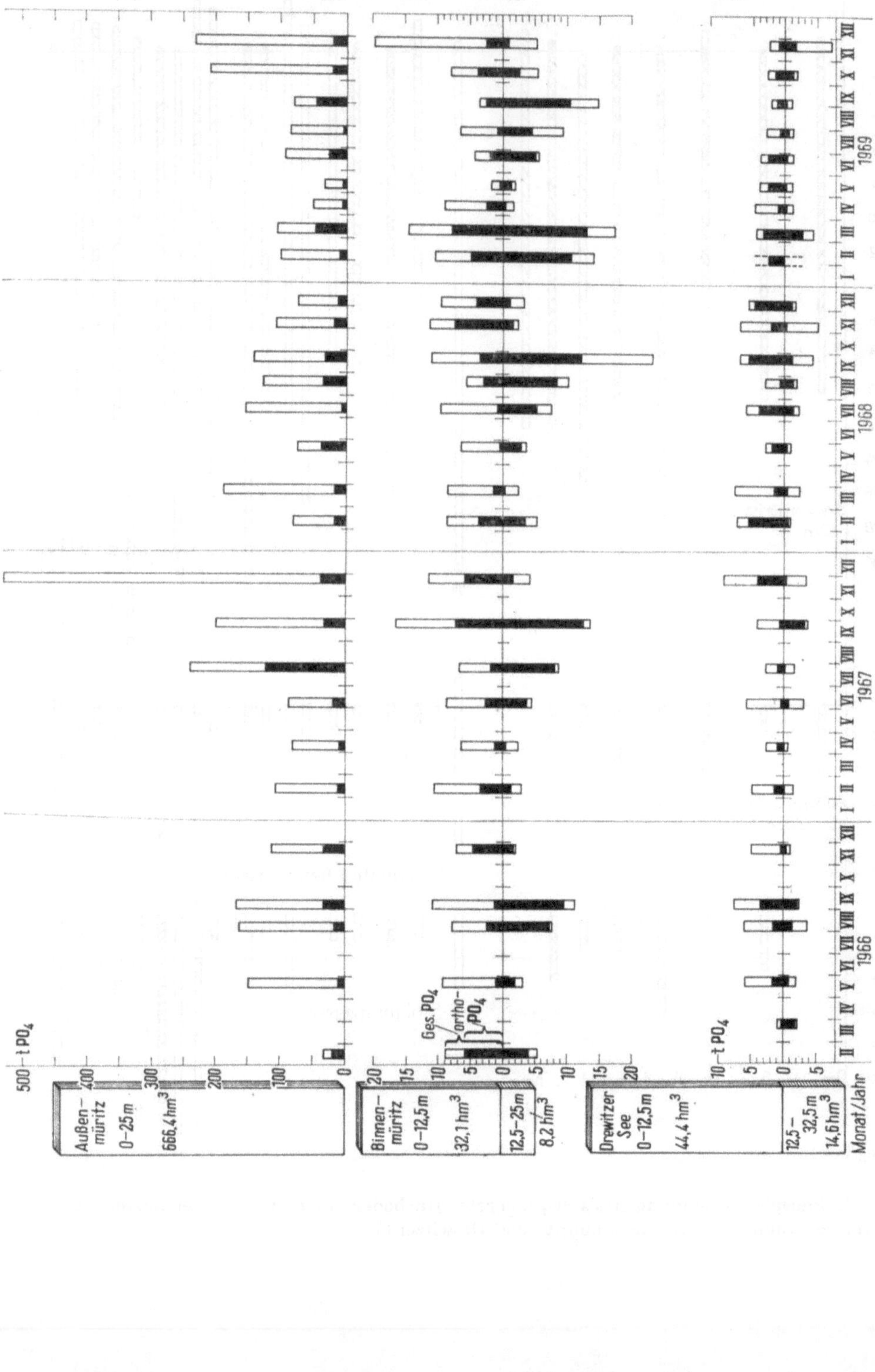

Abb. 2. Gesamtgehalt an Orthophosphat und Gesamtphosphat (absolut) in der Außenmüritz, Binnenmüritz und im Drewitzer See.

der Binnenmüritzwerte (Tab. 7). Der Trend einer hypolimnischen PO_4-Akkumulation während der Stagnation ist nur undeutlich ausgeprägt; auch für eine Remobilisierung aus dem Sediment gibt es wenig Anhaltspunkte. Im Winter steigen bei geringer Algenproduktion die Orthophosphatwerte etwas an und gehen im Frühjahrsmaximum des Phytoplanktons auf Minimalwerte zurück. Als Zeichen von Oligotrophie ist nicht nur ein niedriger PO_4-Gehalt, sondern vor allem die geringe Schwankung der Absolutwerte im Laufe des Jahres anzusehen.

TABELLE 7

Nährstoffkonzentrationen von bodennahem Tiefenwasser und Schlammwasser (Mittelwerte in mg/l)

	O–PO_4	Ges.-PO_4	NH_4–N	org. N
Binnenmüritz, Tiefenwasser	0,76	1,21	1,01	2,1
Binnenmüritz, Schlammwasser	20,18	33,1	31,4	8,0
Konzentration des Tiefenwassers in % vom Schlammwasser	3,8	3,7	3,2	26
Außenmüritz, Tiefenwasser	0,04	0,26	0,15	2,1
Außenmüritz, Schlammwasser	1,34	3,18	5,81	4,6
Konzentration des Tiefenwassers in % vom Schlammwasser	2,9	8,1	2,6	46
Drewitzer See, Tiefenwasser	0,15	0,25	0,14	1,8
Drewitzer See, Schlammwasser	2,25	4,53	13,3	5,1
Konzentration des Tiefenwassers in % vom Schlammwasser	6,7	5,6	1,1	35

Beim Versuch einer Stickstoffbilanz für die drei Seen mußte der größenmäßig überwiegende organische Stickstoff wegen der analytischen Unsicherheiten des Aufschlusses außer Betracht gelassen werden (Abb. 3). Weiterhin wurden die gleichbleibend sehr niedrigen NO_2–N-Werte zu den NO_3–N-Werten addiert.

Die sauerstoffhaltigen N-Verbindungen weisen Höchstwerte in der kalten Jahreszeit auf und sinken bei höherer Planktonproduktion bereits im Frühjahr oft unter die Nachweisgrenze ab. Beim Drewitzer See wird das im Epilimnion verbrauchte NO_3 in etwa der gleichen Größenordnung im Hypolimnion wiedergefunden. Das anaerobe Tiefenwasser der Binnenmüritz ist dagegen während der Stagnation meist frei von NO_2 und NO_3 und weist beachtliche Mengen an NH_4–N auf. Die Gesamtmengen der anorganischen N-Verbindungen zeigen während der Stagnationen ihre Maxima. Die Schwankungen der Maximal- und Minimalwerte sind wiederum im eutrophen See weit höher als im oligotrophen.

Die Rolle der Sedimente für den N-Haushalt im See ist jedoch wesentlich schwerer überschaubar als die für den P-Haushalt. Sicher ist, daß die N-Verbindungen wegen ihrer guten Wasserlöslichkeit leicht in den limnischen Stoffkreislauf zurückkehren. Neben den Vorgängen am Seeboden spielen unter bestimmten Bedingungen die N-Abgasung in die Atmosphäre, die N-Fixierung durch Cyanophyceen sowie bakterielle Umwandlungen der verschiedenen anorganischen und organischen N-Verbindungen in andere eine Rolle.

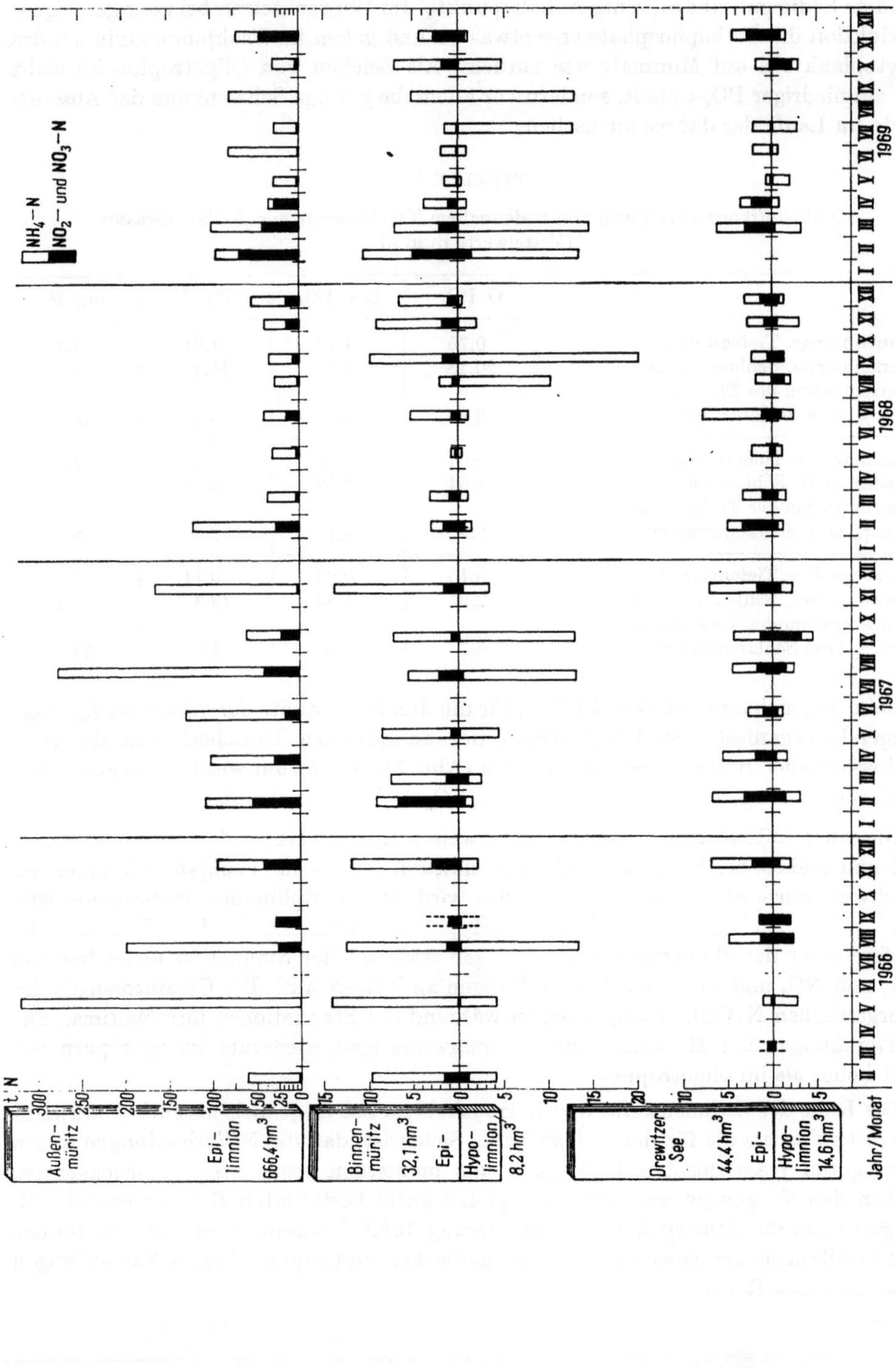

Abb. 3. Absolutwerte der anorganischen N-Verbindungen in der Außenmüritz, Binnenmüritz und im Drewitzer See.

In Abbildung 4 werden NH_4–N und org. N des bodennahen Tiefenwassers den entsprechenden Werten im Schlammwasser gegenübergestellt. Die NO_3–N- und NO_2–N-Werte können hierbei vernachlässigt werden, da sie nur in Spuren vorliegen.

Die Ammonium-Konzentrationen gehen in der Binnenmüritz etwa denen der Phosphate parallel, d. h., wie erwähnt, kommt es zu beträchtlichen Anreicherungen im anaeroben Hypolimnion. Die Interstitiallösungen zeigen keine signifikante Abhängigkeit von der Jahreszeit. Sie liegen wiederum in der abwasserbeeinflußten Binnenmüritz am höchsten, gefolgt vom Drewitzer See und schließlich der Außenmüritz, für die als sicher gilt, daß die Stickstoffverbindungen oft limitierender Faktor der Planktonentwicklung sind.

Die Nähe von Abwassereinleitungen hat bei den Schlammwässern einen beachtlichen NH_4-Anstieg zur Folge. Die Konzentrationen übersteigen selbst bei Litoralschlämmen diejenige des Tiefenschlammes. Lagen die NH_4–N-Konzentrationen im Profundal (30 m) der Binnenmüritz zwischen 25 und 45 mg/l, so liegen sie im Stadthafen (10 m) bei 29 bis 87, vor dem Gaswerk (2 m) bei 87 und vor dem Schlachthof (1 m Entnahmetiefe) bei 46 mg/l. Da aus diesen Schlämmen ständig N-Verbindungen an das Pelagial abgegeben werden, kann die Binnenmüritz trotz stabiler Schichtung ganzjährig viel Plankton produzieren, selbst wenn zeitweise ein großer Teil der Nährstoffe im Hypolimnion festgehalten wird.

Für die Phosphate hatten wir festgestellt, daß die Binnenmüritz etwa 10 mal konzentrierter, der Anreicherungsgrad Schlammwasser:Tiefenwasser doppelt so hoch sind wie im Drewitzer See. Ganz anders liegen die Verhältnisse beim Schlamm selbst (Tab. 8).

Die Trockensubstanz enthält bei der Binnenmüritz 0,42, beim Drewitzer See dagegen 1,36% Ges.-PO_4! Der Drewitzer See besitzt noch jenen selbstregulatorischen Mechanismus der PO_4-Bindung an das Sediment, wodurch er seiner Eutrophierung selbst entgegenwirkt. Daß das Phosphat in erster Linie an Eisen gebunden vorliegt, lassen die in gleichem Sinne höheren Fe-Gehalte von 5,16% im Drewitzer See gegenüber 1,16% in der Binnenmüritz erkennen (vgl. EINSELE 1938).

Die Rolle hydrographischer Faktoren für die Sedimentation kann an Hand von Baugrundbohrungen im Tiefwarensee demonstriert werden. Die bis auf den praeglazialen Untergrund vorgetriebenen Bohrungen zeigen, daß die heutige Maximaltiefe

TABELLE 8

Chemische Zusammensetzung von Tiefenschlämmen
(Mittelwerte in % der Trockensubstanz)

Entnahmestelle Tiefe	Binnenmüritz 30 m	Außenmüritz 15 bis 25 m	Drewitzer See 30 m	Probenzahl je See
org. Substanz	29,0	20,7	33,8	18
anorgan. Substanz	71,0	79,3	66,2	18
HCl-Unlösliches	49,0	52,5	45,7	18
Ges.-PO_4	0,41	0,24	1,36	18
Fe	1,16	1,97	5,26	4
Ca	13,1	6,8	5,8	4

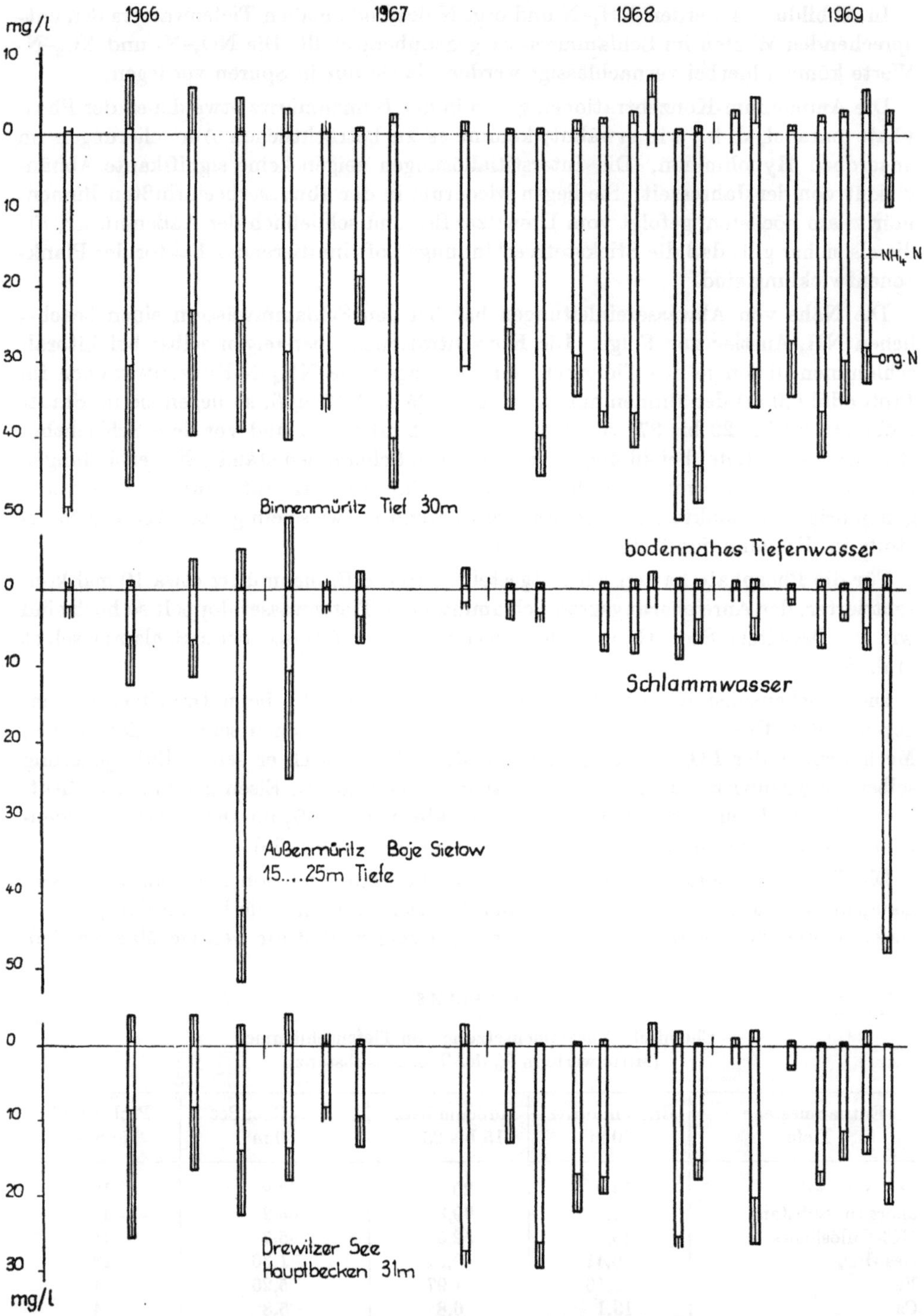

Abb. 4. Ammonium- und organischer Stickstoff im bodennahen Tiefenwasser und im Schlammwasser von Binnenmüritz, Außenmüritz und Drewitzer See.

kaum mehr die Hälfte der ursprünglichen beträgt (Abb. 5 und 6). Die Schlammablagerungen füllen zuerst die tiefsten Seeteile aus und wirken ebnend auf den Gewässergrund. Ein bewegter Seeboden spricht also für ein geringes, ein ausgeglichener Seegrund für ein hohes geologisches Alter. Erhebungen im Seegrund unterliegen auch heute noch der Abtragung. In tieferen Seen wird vorwiegend im Hypolimnion sedimentiert, während die epilimnischen Bereiche mineralischen Seegrund aufweisen.

In Tiefenschlämmen bleibt ein wesentlicher Teil der durch das Plankton aufgenommenen Energie erhalten; sie besitzen einen hohen Kaloriengehalt, der nach Verbrennung im Sauerstoffstrom einer direkten Messung im Kalorimeter zugänglich ist. Dabei ergeben sich zunächst Parallelen zum Glühverlust, wobei aber keine Proportionalität gegeben ist. Offenbar sind die Kohlenstoffverbindungen im Tiefenschlamm des Drewitzer Sees energiereicher (Tab. 9). Ob hier vielleicht ein höheres geologisches Alter infolge wesentlich geringerer jährlicher Sedimentation eine Rolle spielt, ist noch ungeklärt.

TABELLE 9

Energiegehalt von Tiefenschlämmen (Mittelwerte)

Entnahmestelle	Glühverlust %	kcal/kg	Probenzahl
Binnenmüritz	25,7	1006	3
Außenmüritz	32,2	1088	4
Drewitzer See	37,3	2016	5

Die Nährstoffe werden am besten in den Sedimenten geschichteter Seen mit aerobem Hypolimnion festgehalten; es folgt der geschichtete See mit anaerobem Hypolimnion und schließlich der ungeschichtete See, bei dem die remineralisierten Nährstoffe unmittelbar zu neuer Planktonentwicklung führen können. Beim ungeschichteten See ist derjenige am produktivsten, bei dem das gesamte Areal mit Gyttja bedeckt, eingeebnet und die Wassertiefe nur noch gering ist.

Unter der vereinfachenden Annahme, daß die Sedimentation vorwiegend unterhalb der 12,5 m-Isobathe erfolgt, ergeben sich relativ zum Gesamtareal für die Binnenmüritz 42%, den Drewitzer See 25% und die Außenmüritz nur 11% Depositionsareal.

Bei der stark windexponierten Außenmüritz bleiben jedoch auch diese 11% dem Konvektionsaustausch zugänglich. Nach dem Anteil von Muschelschalen bis in Tiefen von 25 m kann sogar hier noch mit merklichen Wasser- und Sedimentbewegungen gerechnet werden. Obgleich bei der Binnenmüritz das größte Sedimentationsareal während der Stagnation vom limnischen Stoffkreislauf abgeschnitten ist, haben sich die Verhältnisse gegenüber dem Drewitzer See durch Abwassereinleitungen soweit verschlechtert, daß unter anaeroben Bedingungen eine ständige Rücklieferung von Pflanzennährstoffen erfolgt. Die in der Binnenmüritz höhere Temperatur im sommerlichen Tiefenwasser spricht zudem für einen verhältnismäßig starken Austausch zwischen den Wasserschichten. Der Austausch zwischen den Strata oder aber die gute Isolation voneinander sind bekanntlich produktionsfördernde bzw. -hemmende Eigenschaften.

Das Wissen um die Vorgänge im Sediment zeigt die möglichen Anhaltspunkte für eine technische Nutzung natürlicher Ressourcen bzw. auch die Möglichkeiten der ge-

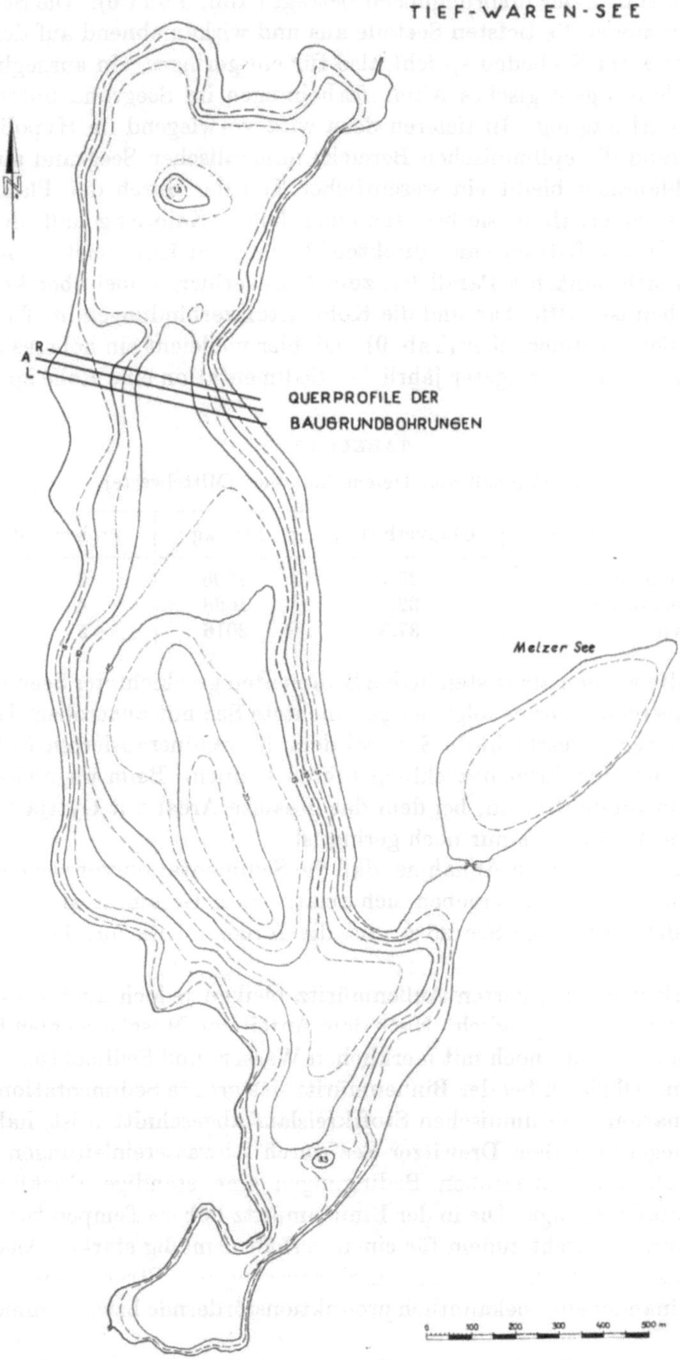

Abb. 5. Tiefwarensee. Lage der Querprofile der Baugrundbohrungen. Tiefenkartierung: EDWARD SEYLER 1967.

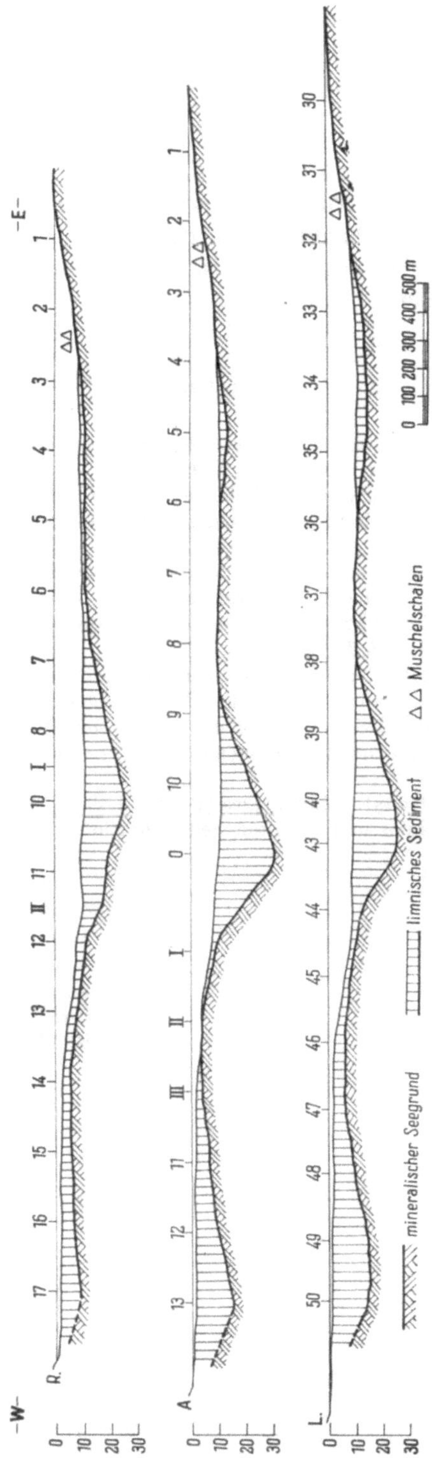

Abb. 6. Querprofile der Baugrundbohrungen im Tiefwarensee (Nach SEYLER 1967).

zielten Einflußnahme auf die natürlichen Prozesse. Ein See mit aerobem Hypolimnion eignet sich von Natur aus zur Trinkwassergewinnung, da er sich seiner Eutrophierung widersetzt. Er kann aber darüber hinaus auch als Reaktor zur Oligotrophierung von zugeführtem Fremdwasser genutzt werden (KLAPPER 1969). Bei Sauerstoffmangel im Hypolimnion läßt sich eine künstliche Belüftung einrichten, die aber nur das Hypolimnion erfassen soll (BERNHARDT 1968).

Eine Belüftung des gesamten Wasserkörpers hat ganzjährige Zirkulation und damit gute Nährstoffversorgung der Planktonalgen zur Folge. Derartige Belüftungen würden im See ähnlich starke Planktonproduktion hervorrufen, wie wir sie bei der Außenmüritz kennengelernt haben.

Literatur

BERNHARDT, H., 1968: Belüftung stehender Gewässer, aufgezeigt am Beispiel der Wahnbachtalsperre. Gewässerschutz, Wasser, Abwasser 1, 129–160.

EINSELE, W., 1938: Über chemische und kolloidchemische Vorgänge im Fe–Phosphat-System unter limnochemischen und limnogeologischen Gesichtspunkten. Arch. Hydrobiol. 33, 361–387.

KLAPPER, H., 1968: Die wachstumsbegrenzenden Nährstoffe in Seen auf dem Gebiet der Deutschen Demokratischen Republik. Fortschr. Wasserchemie 8, 66–81.

– 1969: Über die Wirkung einiger Primärfaktoren auf die Wasserbeschaffenheit von Seen. Wiss. Z. Univ. Rostock, Math.-Nat. R. 18, 751–754.

KUSNEZOW, S. J., 1959: Die Rolle der Mikroorganismen im Stoffkreislauf der Seen. Berlin. 301 S.

OHLE, W., 1964: Interstitiallösungen der Sedimente, Nährstoffgehalt des Wassers und Primärproduktion des Phytoplanktons in Seen. Helgoländer Wiss. Meeresunters. 10, 411–429.

OVERBECK, J., 1968: Prinzipielles zum Vorkommen der Bakterien im See. Mitt. Internat. Verein. Limnol. 14, 134–144.

RÜHLE, E., 1966: Sedimentaktivität. Limnologica (Berlin) 4, 323–332.

SEYLER, E., 1968: Die holozänen und rezenten Sedimentationen im Tiefwarensee. Dipl.-Arb. Humboldt-Univ. Berlin.

Anschrift der Verfasser:
Dr. HELMUT KLAPPER,
Dipl.-Biol. GUDRUN RUDOLF,
Wasserwirtschaftsdirektion
Mittlere Elbe–Sude–Elde
DDR – 301 Magdeburg, Domplatz 8/9

Limnologica (Berlin)	8	2	1971	337–345

Zentrallabor der Wasserwirtschaftsdirektion Havel, Potsdam

HELMUT KLOSE und DIETER SCHÄCKE[1])

Die jahres- und tageszeitlichen Änderungen des Sauerstoffgehaltes im Sacrow-Paretzer Kanal bei Potsdam und ihre Beziehungen zu den Änderungen anderer Faktoren

Mit 6 Abbildungen

1. Einleitung

Der aktuelle Sauerstoffgehalt eines Gewässers ergibt sich aus dem Zusammenwirken von photosynthetischer Produktion, Respiration und Austausch mit der Atmosphäre. Er wird damit weitgehend durch die Bioaktivität im Gewässer bestimmt und deshalb seit langem als wichtiger Indikator bei der Beurteilung der Gewässerbeschaffenheit angesehen. In stark abwasserbelasteten Fließgewässern beeinflußt die Respirationsrate in hohem Maße das Ergebnis, das dann direkt als Sauerstoffdefizit zum Sättigungsgehalt oder indirekt durch die Analyse der Lebensgemeinschaften von großer Bedeutung für die Beurteilung des Zustandes ist. In weniger belasteten Gewässern kann diese klare Abhängigkeit durch die lichtabhängige und deshalb tageszeitlich unterschiedliche photosynthetische Sauerstoffproduktion und die Respiration der Phytoplankter überlagert werden (KNÖPP 1959a, 1959b), und es entsteht in der Regel ein mehr oder weniger ausgeprägter Tag–Nacht-Gang. In diesen Gewässern ist die Deutung von Einzelbefunden erschwert. Es eröffnen sich aber bei Kenntnis der tageszeitlichen Schwankungen neue Möglichkeiten für eine Beurteilung der Gewässerbeschaffenheit (z. B. SCHMASSMANN 1951) und für die Abschätzung der Höhe der Primärproduktion, wie sie von einer Reihe von Autoren (s. VINBERG 1960 und UHLMANN 1966) für Gewässer der verschiedensten Ausdehnung vorgenommen wurde.

Auch für Fließgewässer ist eine Methode für eine entsprechende Auswertung vorgeschlagen worden (ODUM 1956). Dem großen Aufwand und den methodischen Schwierigkeiten (OWENS 1965) steht ein nicht zu unterschätzender Vorzug gegenüber: die Ermittlung geschieht ohne Eingriff in die natürliche Umwelt der Organismen. In Fließgewässern, in denen jede Zeitveränderung mit einer Ortsveränderung verbunden ist und die Strömungsgeschwindigkeit als ökologischer Faktor wirksam wird, ist das von besonderer Bedeutung. Aus diesem Grunde wird auch bei den Untersuchungen über den Stoffhaushalt der Gewässer im Havelgebiet den tageszeitlichen Schwankungen des Sauerstoffgehaltes besondere Beachtung geschenkt. Gegenwärtig liegen von einem Gewässerabschnitt, dem oberen Teil des Sacrow–Paretzer-Kanals, die Ergebnisse eines gesamten Jahres vor, aus denen hier jene Daten ausgewählt werden, die den zeitlichen Verlauf der Änderungen des Sauerstoffgehaltes erkennen lassen und damit einen ersten Einblick in den Stoffwechsel dieses Gewässerabschnittes gewähren.

---

[1]) Herrn Professor Dr. ARNO WETZEL zum 80. Geburtstag gewidmet.

2. Untersuchungsobjekt und Methodik

Der untersuchte Gewässerabschnitt ist die 5 km lange Fließstrecke des Sacrow-Paretzer Kanals von Neufahrland (unterhalb Weißer See) bis Marquardt (oberhalb Schlänitz-See). Der Kanal ist 50 m breit, durchschnittlich 3—3,5 m tief und — wie die gesamte Havel — gestaut. So treten trotz großer Unterschiede im Durchfluß (Abb. 1) relativ geringe Änderungen des Wasserstandes auf. Eine Einschätzung der

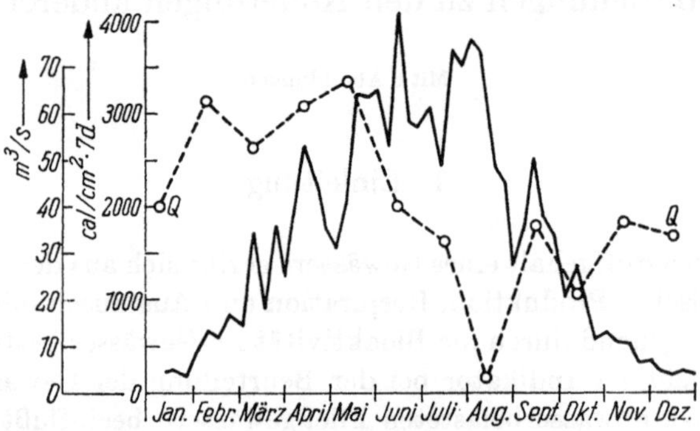

Abb. 1. Durchfluß (Q) im Sacrow–Paretzer Kanal und Wochensummen der Globalstrahlung in Potsdam im Jahre 1969.

hydrobiologischen und -chemischen Beschaffenheit der Havel wurde an anderer Stelle (KLOSE 1968) vorgenommen, so daß hier nur die speziellen Angaben anzuführen sind. Dazu gehört vorrangig die Einleitung von biologisch gereinigtem Abwasser der Stadt Potsdam in den oberen Teil des untersuchten Abschnittes. Sie geschieht nicht direkt in die fließende Welle, sondern in eine etwa 7,5 ha große Bucht gegenüber dem Fahrlander See. In dieser ist bereits ein nicht unerheblicher Abbau nachzuweisen. Dadurch wird zwar die Abschätzung der aktuellen Belastung in der Fließstrecke erschwert; andererseits werden aber auch die zeitlichen Unterschiede der Konzentration und Menge der eingeleiteten Abwässer vermindert. In der Fließstrecke unterhalb der Bucht ist auch bei stärkstem Schiffsverkehr eine Abwasserfahne nachzuweisen, die eine quantitative Abschätzung der Einflußgrößen behindert.

Ein weiterer Störfaktor ist die Sedimentaufwirbelung durch die Schiffahrt, durch die die Ergebnisse einiger chemischer Untersuchungen und im besonderen Maße die Vergleiche von Tag- und Nachtwerten einiger Faktoren beeinflußt werden.

Günstig für die Auswahl des Gewässers ist, daß ein einheitliches, nahezu rechteckiges Querschnittsprofil vorhanden ist, nur an einer einzigen Stelle innerhalb des Abschnittes nennenswerte Abwassermengen eingeleitet werden, keine starken Wasserstandsschwankungen auftreten und daß in geringer Entfernung das Meteorologische Hauptobservatorium Potsdam jene meteorologischen Faktoren registriert, die für eine Auswertung der Befunde benötigt werden.

Im Jahre 1969 wurden u. a. von zwei Stationen (Neufahrland = km 0 des untersuchten Abschnittes und km 21,7 der Wasserstraße, sowie Marquardt = km 4,2 der untersuchten Strecke und km 25,9 der Wasserstraße) über das ganze Jahr verteilt in den Morgenstunden Proben entnommen. Monatlich wurden im Abstand von jeweils zwei Stunden an der Station Marquardt drei aufeinander folgende Tag–Nacht-Gänge und an der Station Neufahrland ein Tag–Nacht-Gang des Sauerstoffgehaltes ermittelt. Die Bestimmung des gelösten Sauerstoffes erfolgte nach der WINKLER-Methode (Ausgewählte Methoden der Wasseruntersuchung, Berlin 1965). Der Chlorophyllgehalt wurde nach BOJE (1966) ermittelt, wobei hier der bei 663 nm gemessene und mit der Eichkurve für Chlorophyll „a" verglichene Wert als Chlorophyll „a" angegeben wird. Die Messung der hydrologischen Werte wurde durch Mitarbeiter des Sektors Hydrologie der Oberflußmeisterei Untere Havel ausgeführt, und die Angaben über die Globalstrahlung wurden aus dem monatlichen Witterungsbericht des Meteorologischen Dienstes der DDR entnommen.

3. Ergebnisse und Diskussion

Der Jahresgang des Sauerstoffgehaltes an der nicht durch die Abwassereinleitung beeinflußten Station Neufahrland (Abb. 2, oben) weist in den Zeiträumen mit relativ niedrigen Wassertemperaturen einen ausgeglichenen Verlauf um 70—80% des Sättigungsgehaltes auf, erreicht von Mai bis August häufig Werte über 100% und zeigt in den Monaten September und Oktober einen deutlichen Rückgang bis zu einem Minimum im Oktober.

Auch in diesem Zeitraum treten jedoch keine Werte unter 50% des Sättigungsgehaltes auf. Da bei dieser Betrachtung nur die Werte in den Morgenstunden berücksichtigt werden, ist ein Vergleich mit den täglichen Schwankungen des Sauerstoffgehaltes an dieser Station (Abb. 4) von Interesse. Er verdeutlicht in gleicher Weise den Jahresgang.

Betrachtet man hierzu die jahreszeitliche Verteilung der Chlorophyllgehalte als Ausdruck für die Biomasse des Phytoplanktons (Abb. 2, unten), so sind Gleichsinnigkeiten augenscheinlich. Die Maxima der Planktonentwicklung liegen im Bereich häufiger Sauerstoffübersättigungen, und der starke Rückgang des Chlorophyllgehaltes von Mitte bis Ende September fällt mit dem Abfall des aktuellen Sauerstoffgehaltes zusammen. Beim Zusammenbruch der sommerlichen Phytoplankton-Population tritt eine Sekundärbelastung des Gewässers mit biologisch abbaubaren Substanzen ein, die Respirationsraten erhöhen sich, und das Sauerstoffdefizit wird größer. Das aus anderen Gewässern bekannte Anwachsen der Anzahl der Bakterien in solchen Situationen konnte auch für das Havelgebiet nachgewiesen werden (KLOSE & WECKEND 1970). Die Phytoplanktondichte ist in einem nährstoffreichen Gewässer, wie dem untersuchten, in starkem Maße von den Lichtverhältnissen abhängig. Ein Vergleich des Chlorophyllgehaltes mit den Werten für die Globalstrahlung (Abb. 1) zeigt das deutlich[1]). Für die 3,7 km unterhalb der Abwassereinleitung gelegene Station Marquardt ergibt sich ein prinzipiell ähnlicher Verlauf der Jahresgänge des Chlorophyll- und des Sauerstoffgehaltes (Abb. 3), die aber dennoch einige Besonderheiten aufweisen. So ist der aktuelle Sauerstoffgehalt erwartungsgemäß in der Mehrzahl der Untersuchungen geringer; und im September werden Werte um 50% des Sättigungsgehaltes erreicht. Im Juli und August treten hier nicht wie an der Station Neufahrland Übersättigungen auf.

[1]) Auf die Änderungen im Nährstoffangebot wird in dieser Arbeit nicht eingegangen, da sie sich ebenfalls nur über die Phytoplankter auf den Sauerstoffgehalt auswirken und dieser Zusammenhang nach dem Vorliegen weiterer Ergebnisse gesondert diskutiert werden soll. Der Aspektwechsel des Planktons wird hier gleichfalls nicht behandelt, da er von dem für andere Fließstrekken der Havel mitgeteilten (KLOSE 1968) nicht grundsätzlich abweicht.

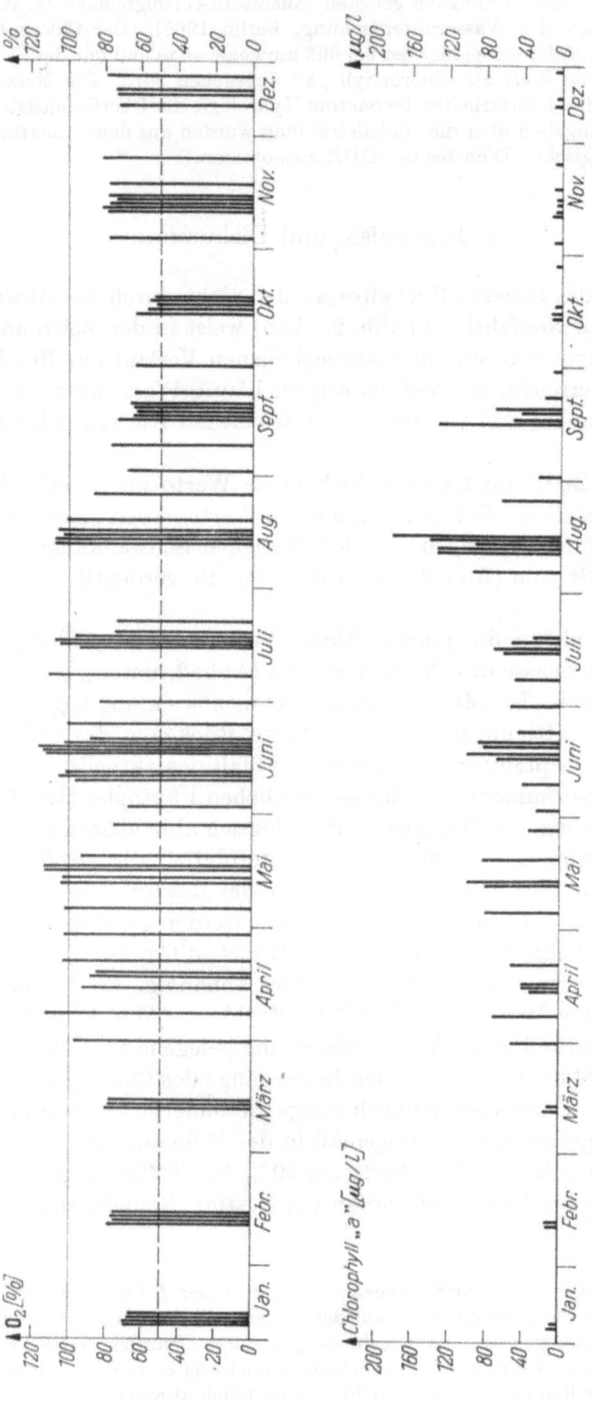

Abb. 2. Verteilung des Sauerstoffgehaltes in den Morgenstunden (in % des Sättigungsgehaltes) und des Chlorophyll „a"-Gehaltes im Sacrow–Paretzer Kanal bei Neufahrland im Jahre 1969

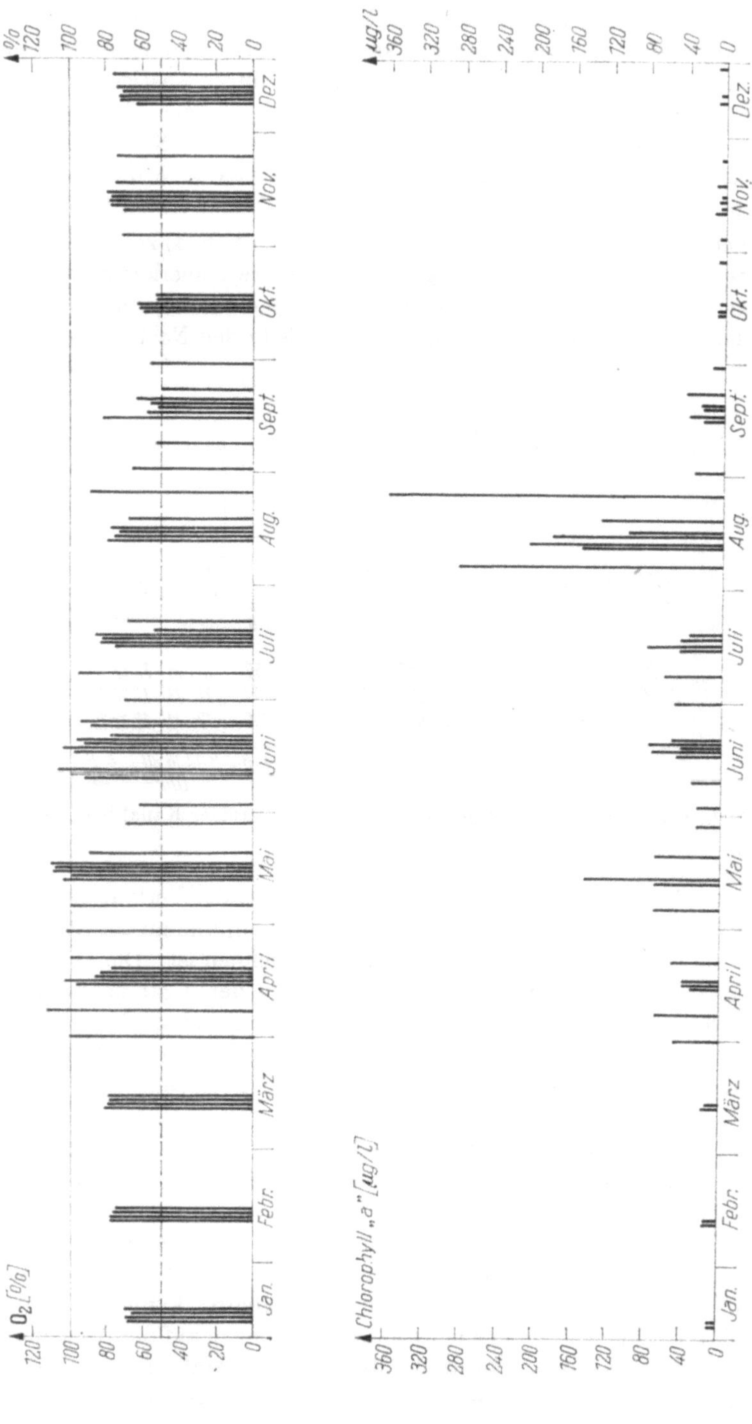

Abb. 3. Verteilung des Sauerstoffgehaltes in den Morgenstunden (in % des Sättigungsgehaltes) und des Chlorophyll „a"-Gehaltes im Sacrow–Paretzer Kanal bei Marquardt im Jahre 1969

Bei der extremen Witterungslage im August mit außergewöhnlich niedrigen Wasserführungen (Abb. 1) geht die Fließgeschwindigkeit im Kanal bis auf unter 10 cm/s zurück, und es entwickelt sich eine starke Wasserblüte. Es kommt infolge geringerer Verdünnung zu einem Anstieg der relativen Belastung, durch Anstieg der Temperatur zu einer erhöhten Intensität des Abbaus und damit auch zu einer erhöhten Sauerstoffzehrung in der Fließstrecke. So ist in diesem Monat der Tag–Nacht-Gang an dieser Station sowohl durch eine verstärkte Produktionsrate als auch durch eine erhöhte Respirationsrate geprägt, wobei insgesamt ein großes Defizit erreicht wird.

Die Tag–Nacht-Gänge an der unbeeinflußten Station (Abb. 4) zeigen neben den bereits erläuterten jahreszeitlichen Abhängigkeiten weitere bemerkenswerte Besonderheiten. Während die Mehrzahl der Tag–Nacht-Gänge eine Regelmäßigkeit des Anstiegs bis zu den Nachmittagsstunden und des Abfalls in den Nachtstunden aufweist,

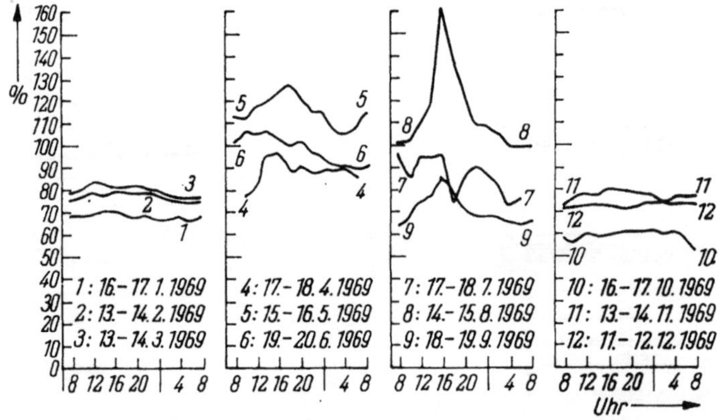

Abb. 4. Tag–Nacht-Gänge des Sauerstoffgehaltes im Sacrow–Paretzer Kanal bei Neufahrland im Jahre 1969.

tritt am 19.—20. Juni und am 17.—18. Juli ein abweichender Verlauf auf, der an den gleichen Terminen auch an der Station Marquardt (Abb. 5) und an der Station Paretz, deren Befunde hier nicht dargestellt werden, zu verzeichnen ist. Die Ursache hierfür dürfte der Witterungsumschwung sein, der sich an beiden Untersuchungsterminen vollzog. Gewitterregen (am 17. Juli), Windeinwirkungen und starker Rückgang der Lichtintensität (am 19. Juni), verbunden mit einem Temperaturrückgang gestalteten den tageszeitlichen Verlauf der Änderungen einzelner Witterungselemente wechselhaft.

Wie erwähnt, wird der Tag–Nacht-Gang des Sauerstoffgehaltes an der Station unterhalb der Abwassereinleitung sowohl durch die unterschiedlich hohe photosynthetische Produktionsrate als auch durch die mit der Abwasserlast schwankende Respirationsrate gebildet. So dürften mitunter beachtliche relative Anstiege des Sauerstoffgehaltes vor Sonnenaufgang auf die in den Nachtstunden verminderte Abwasserlast zurückzuführen sein. Aus den Änderungen des Sauerstoffgehaltes kann demnach nur bei Kenntnis der durch andere Vorgänge bewirkten Änderungen auf die Höhe der Primärproduktion geschlossen werden. ODUM (1956) teilt ein Verfahren mit, das unter Berücksichtigung dieser Einflußgrößen eine Berechnung der Brutto-Primärproduktion aus den tageszeitlichen Änderungen des Sauerstoffgehaltes gestattet. Diese Berechnung ist aus den zeitlichen Differenzen zwischen zwei Stationen und — bei einer stark eingeschränkten Anzahl von Fällen — auch aus den Werten einer einzigen Station möglich. Da im untersuchten Abschnitt für die untere Station die Voraussetzungen zur Berechnung nach der 1-Station-Methode nicht erfüllt sind und für die obere Station

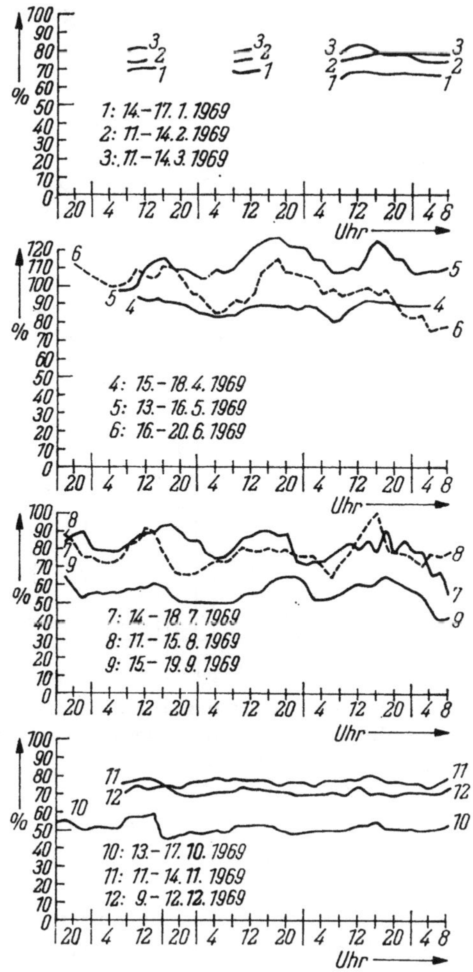

Abb. 5. Tag–Nacht-Gänge des Sauerstoffgehaltes im Sacrow–Paretzer Kanal bei Marquardt im Jahre 1969.

erst wenige Tag–Nacht-Gänge ermittelt wurden, muß hier auf eine solche Berechnung vorerst verzichtet werden. Eine Berechnung nach der 2-Stationen-Methode kann ebenfalls noch nicht erfolgen, weil zur Zeit kein ausreichendes Material über die tageszeitlichen Schwankungen an einer unmittelbar unterhalb der Abwassereinleitung gelegenen Station vorliegt, das auch die Herausbildung der Abwasserfahne berücksichtigt.

Zwischen aufeinander folgenden Tagen sind der Austausch mit der Atmosphäre und die Verteilung der Abwasserlast bei stabiler Wetterlage nahezu konstant. Es wird deshalb untersucht, ob sich beim Vergleich von charakteristischen Werten dreier aufeinander folgender Tag–Nacht-Gänge eine Beziehung zu den Änderungen der Globalstrahlung ergibt. Als charakteristische Werte werden die Maxima in den Nachmittagsstunden und die Minima in den Nachtstunden ausgewählt. Sie werden mit den Tagessummen der Globalstrahlung verglichen (Abb. 6) und zeigen einen offenkundigen Zusammenhang.

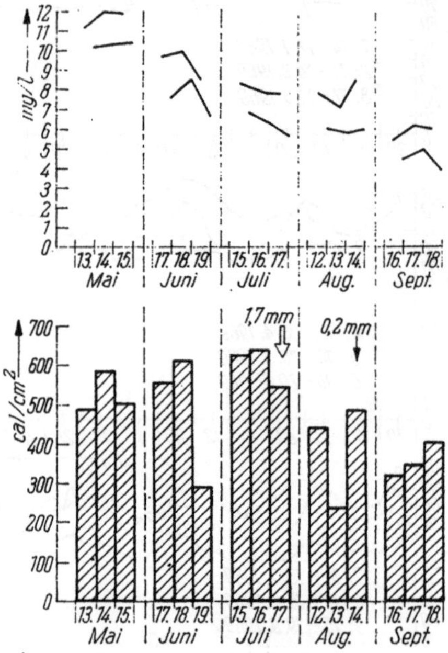

Abb. 6. Vergleich von charakteristischen Werten zusammenhängender Tag–Nacht-Gänge des Sauerstoffgehaltes (Maxima und Minima, oben) mit den Tagessummen der Globalstrahlung (unten). Pfeile: Niederschläge.

Da sich die aufeinander folgenden Tage, wie erwähnt, in bezug auf die eingeleiteten Abwassermengen und -konzentrationen, deren tageszeitliche Verteilung, die Abbaugeschwindigkeit im Gewässer und den Austausch mit der Atmosphäre untereinander nicht wesentlich unterscheiden (Ausnahmen: 19. 6. und 17. 7.), muß diese Beziehung als Nachweis für die Abhängigkeit der Produktionsrate in diesem Abschnitt des Gewässers von den Witterungsverhältnissen, vornehmlich der Intensität der Lichteinwirkung, gewertet werden.

Für die obere Station kann eine ähnliche Betrachtung nicht angestellt werden, da ein entsprechendes Wertematerial fehlt. Aus den im August im Vergleich zur Station Marquardt geringeren Chlorophyllwerten kann nicht darauf geschlossen werden, daß hier das Nährstoffangebot die Produktionshöhe beeinflußt, weil die Einzelwerte bei der stark entwickelten Wasserblüte auf kleinem Raum sehr stark schwanken und die Differenz zwischen beiden Befunden in diesem Fall nicht statistisch gesichert werden kann.

4. Zusammenfassung

Der aktuelle Sauerstoffgehalt zeigt in einem Fließgewässer im Havellauf, dem Sacrow–Paretzer Kanal, ausgeprägte jahres- und tageszeitliche Änderungen. Für eine Station im abwasserbeeinflußten Teil kann nachgewiesen werden, daß die Produktionsrate von den Unterschieden der Lichtintensität abhängt.

5. Literatur

Boje, R., 1966: Chlorophyll. Limnologica (Berlin) **4**, 397–401.

Klose, H., 1968: Untersuchungen über den Indikationswert des Potamoplanktons. Int. Revue ges. Hydrobiol. **53**, 781–805.

Klose, H. & H. Weckend, 1970: Zeitliche und örtliche Verteilung der Keimzahlen in einem β-mesosaproben gestauten Fluß (Havel). Z. ges. Hygiene **16** (1), 57–60.

Knöpp, H., 1959a: Über den Einfluß des Planktons auf die Sauerstoffzehrung von Flußwasser. Dtsch. gewässerkdl. Mitt. **3**, 65–70.

— 1959b: Über die Rolle des Phytoplanktons im Sauerstoffhaushalt von Flüssen. Dtsch. gewässerkdl. Mitt. **3**, 139–147.

Odum, H. T., 1956: Primary production in flowing waters. Limnol. Oceanogr. **1**, 102–117.

Owens, M., 1965: Some factors involved in the use of dissolved-oxygen distribution in streams to determine productivity. Mem. Ist. Ital. Idrobiol. **18** Suppl., 209–224.

Schmassmann, H. v., 1951: Untersuchungen über den Stoffhaushalt fließender Gewässer. Schweiz. Z. Hydrol. **13**, 300–335.

Uhlmann, D., 1966: Produktion und Atmung im hypertrophen Teich. Verh. Intern. Verein. Limnol. **16**, 934–941.

Vinberg, G. G., 1960: Pervičnaja produkcija vodoemov. Izd. Akad. Nauk BSSR, Minsk.

Anschrift der Verfasser:
Dr. Helmut Klose,
Dipl.-Chem. Dieter Schäcke
Wasserwirtschaftsdirektion Havel
DDR – 15 Potsdam, Berliner Str. 21–25

Limnologica (Berlin)	8	2	1971	347–355

Bereich Hydrobiologie der Sektion Wasserwesen der Technischen Universität Dresden

RAINER KOSCHEL und KONRAD MÄDLER

Untersuchungen über die Phosphat-Elimination in Fließgewässern mit Abfallprodukten der eisenverarbeitenden Industrie[1])

Mit 2 Abbildungen und 2 Tabellen

1. Einleitung

Die Verhinderung der Eutrophierung von Seen und Talsperren, die der Trinkwasserversorgung dienen, ist nach wie vor eine äußerst aktuelle und dringende Aufgabe. Für das Gebiet der Deutschen Demokratischen Republik wird sich nach Angaben von ROCHLITZER (1965) der gesamte Talsperren-Speicherraum in den nächsten 30 Jahren etwa verdoppeln; im gleichen Verhältnis wird der Speicherraum für Trinkwasserzwecke zunehmen. Zur Gewährleistung einer guten Wasserqualität muß neben anderen Schutzmaßnahmen dafür Sorge getragen werden, daß in den Trinkwassertalsperren keine Massenentwicklungen von Planktonalgen auftreten (WETZEL 1962, 1969). Als günstigste Möglichkeit für die Verhinderung solcher Massenentwicklungen bietet sich die Elimination von Pflanzennährstoffen, vor allem von Phosphat an (UHLMANN 1961, 1965; BERNHARDT & KREMLING 1969). Während in norddeutschen Seen neben Phosphat oft auch Stickstoff als produktionsbegrenzender Faktor wirkt (KLAPPER 1968), konnte HEDLICH (1968) zeigen, daß in den Talsperren der DDR in den meisten Fällen Phosphat als Minimumstoff auftritt. BENNDORF (1968) wies das für die Saidenbachtalsperre nach. BERNHARDT & KREMLING (1969) erhielten einen entsprechenden Befund bei Untersuchungen der Wahnbachtalsperre. THOMAS (1968) führt eine Vielzahl von Gründen dafür an, daß gerade die Drosselung der Phosphatzufuhr zur Eindämmung von Algen-Massenentwicklungen günstig und nötig ist. Er weist eindringlich darauf hin, daß — unter den Verhältnissen des Zürichsees, die aber in ähnlicher Weise auch für belastete Mittelgebirgs-Talsperren gelten — dem ständigen Neuimport von Phosphat eine wesentlich größere Bedeutung zukommt als den im See bereits vorhandenen Phosphatmengen.

UHLMANN (1961, 1965) zeigt eine Reihe von Möglichkeiten für die Verminderung der Phosphatzufuhr bei Talsperren auf. Eine davon ist die chemische Fällung. Bei kleinen Landgemeinden ohne Kanalisation, wie sie im Einzugsgebiet von Trinkwassertalsperren oft vorkommen, schlägt er Fällmittelzugabe direkt in die Dorfbäche vor (RUDOLF & UHLMANN 1968).

In der vorliegenden Arbeit sollten einige Versuche zur Anwendungsmöglichkeit und zum Wirkungsgrad dieses Verfahrens im Talsperren-Einzugsgebiet durchgeführt werden; dabei sollten vorwiegend Abfallprodukte der eisenverarbeitenden Industrie (Abfallbeize, Eisendrehspäne) zur Anwendung kommen.

---

[1]) Herrn Professor Dr. ARNO WETZEL zum 80. Geburtstag gewidmet.

2. Methodik

Chemische und physikalische Bestimmungen:

Phosphorverbindungen (Orthophosphat, Summe der gelösten Phosphate, Gesamtphosphor) nach VOGLER (1965, 1966). Verwendung fand ein HAVEMANN-Kolorimeter mit Interferenzfilter 665 nm und Küvettenlänge 40 mm. Die Proben für die Bestimmung des Orthophosphats und der gelösten Phosphate wurden nach der Probeentnahme durch Membranfilter (mittl. Porenweite 0,3 – 0,5 μm) filtriert und sogleich weiterverarbeitet. Die durchschnittliche Abweichung der Werte aus zwei Parallelbestimmungen betrug 0,25 μg P/l.

Eisen: Kolorimetrische Bestimmung mit o-Phenanthrolin (Methode nach STUMM & LEE). Die angeführten Werte stellen den Mittelwert zweier Proben dar.

pH-Wert: pH-Meßgerät MV 11 der Firma Clamann & Grahnert, Dresden, mit Einstab-Glaselektrode.

Die experimentellen Arbeiten wurden im Hydrobiologischen Laboratorium Neunzehnhain (Außenstelle des Bereiches Hydrobiologie, Sektion Wasserwesen der Technischen Universität Dresden) bei Wünschendorf/Erzgebirge sowie in Fließgewässern der Umgebung (Flöha, Lippersdorfer Bach) durchgeführt.

3. Ergebnisse

a) *Wirkung eisenhaltiger Spülwässer auf den Vorfluter*

In der eisenverarbeitenden Industrie entstehen Abfallprodukte, die auf Grund ihres hohen Eisengehaltes gut zur Phosphatbindung geeignet sind. In einem Blechwalzwerk an der oberen Flöha fallen täglich etwa 1200 Liter konzentrierte Abfallbeize mit einem Eisengehalt von 10 bis 200 g Fe/l und einem pH-Wert von 1,5 bis 2,5 an, weiterhin Spülwässer (etwa 1 l/sec) mit 4 – 6 g Fe/l. Die letzteren werden unmittelbar in den Vorfluter eingeleitet und binden dort einen großen Teil des gelösten Orthophosphats (Tab. 1).

TABELLE 1

Wirkung eisenhaltiger Spülwässer auf den Gehalt an gelöstem Orthophosphat in der Flöha

	Fließstrecke m	PO_4–P μg P/l	Elimination %
Oktober 1967	0	12,0	–
(mittlerer Abfluß)	200	2,8	77
	2000	2,7	78
Dezember 1967	0	11,0	–
(mittlerer Abfluß)	200	2,0	82
	2000	3,0	73
Februar 1968	0	9,0	–
(mittlerer Abfluß)	200	1,6	82
	2000	1,8	80
März 1968	0	16,5	–
(Hochwasser)	200	7,0	58
	2000	8,0	52

Bei mittlerer Wasserführung sind bereits 200 m unterhalb der Spülwassereinleitung etwa 80% der Orthophosphate eliminiert. Auf der anschließenden Fließstrecke gelangen häusliche Abwässer mit hohen Phosphatgehalten in den Vorfluter. Diese

Phosphatmengen werden ebenfalls gebunden, so daß auch noch 2 km unterhalb der Spülwassereinleitung die gleiche niedrige Orthophosphatkonzentration vorliegt.

Während des Frühjahrshochwassers und bei Starkregen ist die Eliminationswirkung geringer; sie beträgt dann etwa 50%.

b) Die Wirkung konzentrierter Beizbäder im Modellgewässer

Die geschilderte P-Elimination durch eisenhaltige Beiz- und Spülwässer sollte unter Modellbedingungen (Abflußmenge, Phosphat- und Eisengehalt regulierbar, laufende Kontrolle) weiter untersucht werden. Dazu dienten Versuche in einem kleinen Bach in unmittelbarer Nähe des Hydrobiologischen Laboratoriums Neunzehnhain. In einem 150 m langen Bachabschnitt konnte die Wasserführung zwischen 0 und 5 l/sec eingestellt werden. Das nährstoffarme Bachwasser wurde mit Orthophosphat bis zu einer Konzentration von 100 bis 160 (im Mittel 135) µg P/l angereichert. Zur P-Elimination wurde Abfallbeize (16,6 g Fe/l) so zudosiert, daß sich Konzentrationen von 2,5, 8,3 und 11,6 mg Fe/l bei einer Abflußmenge von 1 l/sec sowie 8,0 mg Fe/l bei 2 l/sec ergaben. Phosphat- und Eisenzugabe erfolgten kontinuierlich. Die Probeentnahme erfolgte jeweils 3, 10, 20, 40, 70 und 100 m unterhalb der Phosphat- und Eisenzugabe. Die Ergebnisse sind in Abbildung 1 dargestellt.

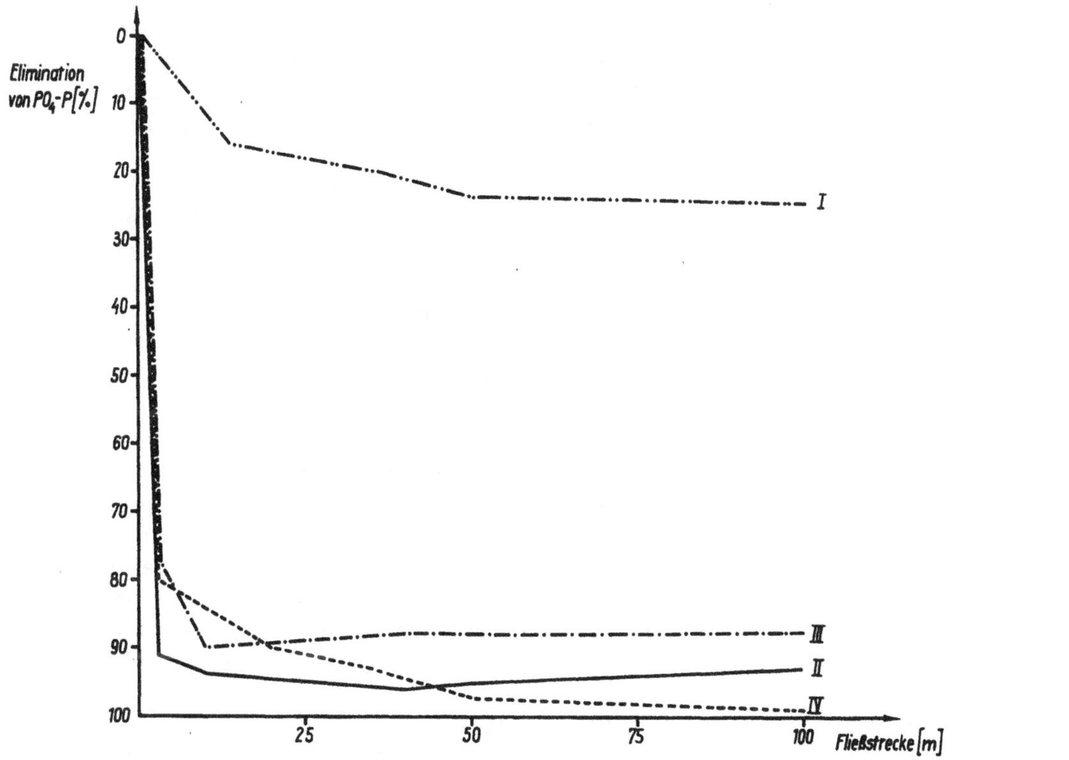

Abb. 1. Orthophosphat-Elimination mit konzentrierter Abfallbeize im Modellgewässer. Anfangskonzentration 100–160 µg P/l.

I Zugabe von 2,5 mg Fe/l; Durchflußmenge 1 l/sec. II Zugabe von 8,3 mg Fe/l; Durchflußmenge 1 l/sec. III Zugabe von 8,0 mg Fe/l; Durchflußmenge 2 l/sec. IV Zugabe von 11,6 mg Fe/l; Durchflußmenge 1 l/sec.

Ein großer Teil des Orthophosphates ist bereits nach sehr kurzer Zeit gebunden. Bei einer Fließgeschwindigkeit von 0,5 m/sec und einer Zugabe von 8,3 mg Fe/l sind nach einer Reaktionszeit von 1,5 Sekunden bzw. einer Reaktionsstrecke von 3 m 80—90% des Orthophosphates eliminiert.

Im Gegensatz dazu erfolgt in der anschließenden Fließstrecke nur bei der Konzentration IV (11,6 mg Fe/l) eine merkliche weitere Phosphatbindung.

Durch die kontinuierliche Zugabe der sauren Abfallbeize zu dem wenig gepufferten Bachwasser ergaben sich zeitweise niedrige, um 4 liegende pH-Werte. Die Phosphatbindung wurde dadurch nicht gestört. Eine gute Eliminationswirkung zeigte sich bei Zugabe von etwa 8 mg Fe/l. Wurde diese Menge erhöht, ergab sich vor allem in der zweiten Hälfte der Fließstrecke eine weitere Phosphatabnahme.

Bei einer großen Zahl von Versuchen mit konstanter Phosphat- und Abfallbeize-Zugabe und unterschiedlicher Versuchsdauer (12 bis 240 h) wurden immer wieder ähnliche Eliminationswerte gefunden.

c) *Wirkung konzentrierter Beizbäder in einem Talsperrenzuleiter*

Die im Modellgewässer gewonnenen Ergebnisse dienten als Grundlage für einen Versuch in größerem Maßstab. Im Lippersdorfer Bach, einem kleinen, mit häuslichen und landwirtschaftlichen Abwässern belasteten Zuleiter der Saidenbach-Talsperre mit einer Wasserführung von etwa 70 l/sec erfolgte über einen Zeitraum von 5 Tagen eine kontinuierliche Zugabe von 8 mg Fe/l. Die Dosierung erfolgte mit Hilfe einer Schlauchpumpe; insgesamt wurde etwa 5000 l Abfallbeize verwendet. Die Ergebnisse sind in Abbildung 2 dargestellt.

Der Orthophosphatgehalt des Bachwassers variierte während des Versuchs auf Grund der zeitlichen Schwankungen der Abwasserbelastung zwischen 45 und 440 μg P/l; der Mittelwert der untersuchten Proben betrug 95 μg P/l. 24 Stunden nach Versuchsbeginn wurde 1 km unterhalb der Eisenzugabe ein Rückgang der Orthophosphat-Konzentration von etwa 80% festgestellt. Im weiteren Verlauf des Versuchs blieb der Orthophosphatgehalt an dieser Stelle weiterhin gering (10 bis 20 μg P/l); das entspricht einer Eliminationswirkung von 75 bis 85%. Bemerkenswert ist die Tatsache, daß auch hohe Phosphatstöße gut abgefangen werden (Messung 58 h nach Versuchsbeginn: Rückgang von 440 auf 20,5 μg P/l).

Neben der beträchtlichen Elimination des Orthophosphates wird durch die Eisenzugabe auch die Konzentration der übrigen gelösten Phosphate (Polyphosphate, gelöste organische P-Verbindungen) vermindert. Im unbehandelten Bachwasser liegen im Mittel etwa 50% der gelösten Phosphate als Orthophosphat vor (Ausnahme: Phosphatstoß 58 h nach Versuchsbeginn mit 85%). Die restlichen 50% werden von den übrigen gelösten Phosphorverbindungen gebildet; dabei dürften Polyphosphate aus detergentienhaltigen Wasch- und Spülwässern einen wesentlichen Anteil stellen (MÄDLER 1961).

Die Abnahme der gelösten P-Verbindungen bei Eisenzugabe erfolgt zu etwa gleichen Teilen durch Elimination von Orthophosphat und Elimination der übrigen gelösten P-Verbindungen.

Die Konzentration der partikulären P-Verbindungen liegt bei den untersuchten Proben — mit größeren Schwankungen — in der gleichen Größenordnung wie die der gelösten Phosphate. Durch die Eisenzugabe werden die partikelgebundenen Phos-

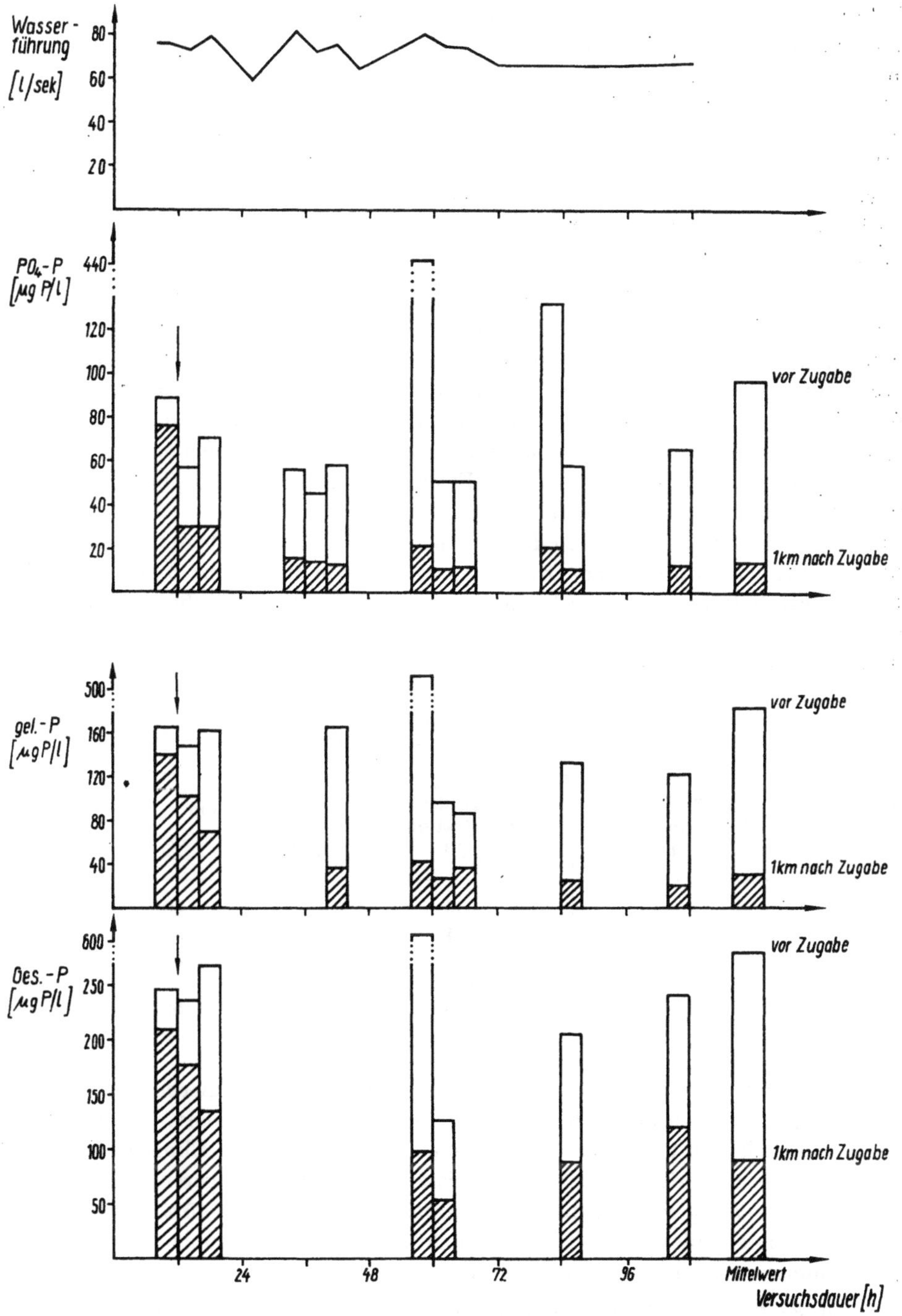

Abb. 2. Elimination von Orthophosphat, gelösten Phosphaten und Gesamtphosphor im Lippersdorfer Bach während eines fünftägigen Versuchs; Zugabe von 8 mg Fe/l in Form konzentrierter Abfallbeize.

phate nicht wesentlich vermindert. Der Rückgang der Gesamtphosphor-Konzentration wird fast ausschließlich durch Elimination der gelösten P-Verbindungen bewirkt. Andererseits erfolgt aber auch keine Zunahme des partikelgebundenen Anteils; die mit Phosphaten beladenen $Fe(OH)_3$-Flocken sedimentieren; die so gebundenen Phosphate werden bei der Probeentnahme aus der fließenden Welle nicht mit erfaßt.

Eine natürliche Phosphatrückhaltung (MÄDLER 1968) konnte auf Grund der unterschiedlichen Ausgangswerte nicht berücksichtigt werden. Sie könnte vor allem bei den höheren Phosphat-Konzentrationen bis zu etwa 20% an der Gesamtelimination beteiligt sein.

d) *Elimination mit Hilfe von Eisendrehspänen*

RUDOLF & UHLMANN (1968) führten Untersuchungen über den Einsatz von Eisenspan-Füllkörpern zur Phosphatbindung im Ablauf von Oxydationsteichen durch. Dabei traten Konzentrationen von 2—3 mg PO_4-P/l auf; die Eliminationsrate betrug 74—88%. In den Fließgewässern, die den Gegenstand der vorliegenden Arbeit bilden, liegt der durchschnittliche Phosphatgehalt um ein bis zwei Größenordnungen niedriger. Es sollte deshalb der Einsatz von Eisendrehspänen zur Phosphatelimination in diesen Fließgewässern untersucht werden.

Die Untersuchungen wurden in dem in Abschnitt 3b) beschriebenen Modellgewässer durchgeführt. Es wurde eine Drehspanpackung von insgesamt 5 m Länge eingebracht, unterteilt in mehrere Abschnitte, um eventuelle Kurzschlußströmungen zu verhindern. Die Fließgeschwindigkeit betrug 0,35 m/sec bei einer Wasserführung von 1 l/sec. In Tabelle 2 sind die Ergebnisse eines Versuchs angeführt.

TABELLE 2
Phosphatbindung durch Eisendrehspäne

Zeit nach Versuchsbeginn h	Ausgangs-konzentration μg P/l	Elimination μg P/l	Elimination %
1	152	91	40
2	164	74	55
4	160	77	52
6	158	76	52
10	158	76	52
12	164	77	53

Das nährstoffarme Bachwasser wurde mit Hilfe von kontinuierlichem Orthophosphatzusatz bis zu den angegebenen Konzentrationen angereichert. Bei einer Fließgeschwindigkeit von 0,35 m/sec erfolgte eine mehr als 50%ige Elimination. In weiteren Versuchen wurden ähnliche Ergebnisse erzielt. Bei geringeren Anfangskonzentrationen (60—70 μg P/l) lag die Eliminationsleistung mit 35—45% etwas niedriger. Über 36 Stunden blieb die Wirkung der Anlage gleich. Versuche über diese Zeitspanne hinaus wurden nicht durchgeführt.

e) *Einfluß der Phosphat-Eliminierung auf die Phytoplankton-Produktion*

In weiteren Versuchen wurde die Auswirkung der Phosphatelimination auf die Bioproduktion geprüft. Wasser des Lippersdorfer Baches, dem etwa 90% der gelösten

Phosphorverbindungen entzogen wurden, diente — z. T. in Mischung mit Wasser der Saidenbachtalsperre — als Kulturlösung für die Testalge *Haematococcus pluvialis* Flot., für *Asterionella formosa* Hass. als dominante Form des Talsperrenplanktons sowie für Produktionsversuche mit angereichertem Talsperrenplankton nach der Sauerstoffmethode (Hell–Dunkel-Flaschen).

Das Bachwasser mit vermindertem Phosphatgehalt ergab erwartungsgemäß niedrigere Zellzahlen und Produktionswerte als das unbehandelte Bachwasser, aber — auf Grund der noch vorhandenen Phosphorverbindungen (etwa 10% der gelösten und nahezu 100% der partikulär gebundenen Phosphate) — wesentlich höhere Werte als das Talsperrenwasser.

Über diese Versuche wird an anderer Stelle ausführlich berichtet (Koschel & Küchler).

4. Diskussion

Bernhardt & Kremling (1969) gelangen bei ihren umfangreichen Untersuchungen am Wahnbach unter Anwendung der von Pöpel (1966) ermittelten Beziehung zwischen relativer Phosphatentnahme E, relativer Fällmittelmenge β, Orthophosphatkonzentration P und pH-Wert

$$E = k_1 + k_2 \log \beta + k_3 \log \mathrm{P} - k_4 \,\mathrm{pH}$$

zu folgendem Ergebnis:

Im Wahnbach mit mittleren Orthophosphat-Gehalten von 30 µg P/l ist für eine 90%ige Elimination die Anwendung von 3 mg Fe/l erforderlich; der pH-Wert sollte dabei zwischen 6 und 7,5 liegen.

In dem von uns untersuchten Lippersdorfer Bach liegen vergleichbare Verhältnisse vor. Gegenüber dem Wahnbach sind die mittlere Orthophosphat-Konzentration (95 µg P/l) um das 3,2fache, die Fällmittelmenge (8 mg Fe/l) um das 2,7fache erhöht. Die durchschnittliche relative Fällmittelmenge β (Verhältnis von zugesetzter zu stöchiometrisch erforderlicher Eisenmenge) ist dadurch im Wahnbach ($\beta = 56$) etwas größer als im Lippersdorfer Bach ($\beta = 47$); dementsprechend liegt die Eliminationsrate E im Wahnbach höher ($E = 90-95\%$) als im Lippersdorfer Bach ($E = 75$ bis 85%).

Die „ungelösten" Phosphate liegen im Wahnbach in Form der Bachtrübstoffe vor. Ihre Elimination ist weitgehend eine Flockungsreaktion mit Hilfe von Eisenoxidhydraten im alkalischen Bereich (pH 9—10). Im Lippersdorfer Bach lagen die pH-Werte im Neutralbereich; eine Ausflockung partikulär gebundener Phosphorverbindungen war demzufolge nicht nachweisbar, die Abnahme der Gesamtphosphorkonzentration war nur durch die Abnahme der gelösten Anteile bedingt.

Die im Lippersdorfer Bach vorhandenen gelösten „Nicht-Orthophosphate" machten etwa 25% der Gesamt-Phosphorfracht aus. Sie werden durch Eisenzugabe nahezu im gleichen Verhältnis eliminiert wie das Orthophosphat. Die gleichen Ergebnisse erhielt Schuster (1968) bei Laboruntersuchungen über die Elimination dieser Verbindungen.

Sollte für die Zuflüsse zur Saidenbachtalsperre eine chemische Phosphatfällung vorgesehen werden, hätte die beschriebene einfache Methode der Zugabe von Abfallbeize in die Bäche folgende Vorteile:

1. Das Verfahren benötigt keine aufwendigen und wartungsintensiven Anlagen.

2. Der in den Talsperrenzuleitern anfallende phosphatreiche Eisenschlamm wird in die Vorbecken der Talsperre verfrachtet und sedimentiert dort. Das Wasser dieser Becken weist keine Schichtung auf; es ist demzufolge auch am Grunde sauerstoffreich. Eine Remobilisierung des Phosphats ist nicht zu erwarten. Die durch Eisenzugabe entstehende zusätzliche Schlammenge würde die jetzige Sedimentbildung in den Vorbecken um nicht mehr als 10% erhöhen.

3. Nach Berechnung von HEINE (1970) ist die Verwendung von Abfallbeize als Fällungsmittel wirtschaftlich, wenn der Transportweg weniger als 50–100 km beträgt. Diese Bedingung wäre im Falle der Saidenbachtalsperre erfüllt (mittlerer Transportweg der Abfallbeize 15 km).

Bedenklich erscheint der relativ geringe Wirkungsgrad der Methode. Durch Erhöhung der Eisenzugabe könnte die Elimination der gelösten Phosphorverbindungen gesteigert werden. Die partikulären Phosphorverbindungen werden durch das angegebene Verfahren kaum beeinflußt. Die Auswirkungen dieser Verbindungen auf die Phytoplankton-Produktion in der Talsperre bedürfen noch weiterer Untersuchungen; erst dann kann die Frage entschieden werden, in welchem Maße eine Elimination auch dieser Verbindungen erforderlich ist.

5. Zusammenfassung

Es werden Versuche zur Phosphatelimination in einem kleinen Fließgewässer sowie in einem Modellgewässer beschrieben. Zur Phosphatbindung wurden Abfallbeizen eines Blechwalzwerkes (17 mg Fe/l) sowie Eisendrehspäne direkt in die Gewässer gegeben. Bei einem Zusatz von 8 mg Fe/l und einem pH-Wert des Bachwassers von 7 erfolgte im Mittel eine Verminderung des Orthophosphats von 95 auf 14 µg P/l, aller gelösten Phosphate von 180 auf 32 µg P/l (mittlere Elimination 85 bzw. 82%). Die Konzentration der partikulären Phosphorverbindungen blieb nahezu unverändert. Durch eine Drehspanpackung von 5 m Länge erfolgte im Modellgewässer eine Verringerung des Orthophosphatgehaltes um 50%.

Vor- und Nachteile des angewendeten Verfahrens zur Phosphatelimination werden beschrieben.

Die Verfasser danken Herrn Prof. Dr. D. UHLMANN für die Anregung zu den vorliegenden Untersuchungen und zahlreiche wertvolle Hinweise, den Mitarbeitern des Hydrobiologischen Laboratoriums Neunzehnhain für vielfältige Hilfe.

6. Literatur

BENNDORF, J., 1968: Untersuchungen über die Remineralisierung des Phosphors in der Freiwasserregion der Saidenbachtalsperre. Int. Revue ges. Hydrobiol. **53**, 635–650.

BERNHARDT, H. & K. KREMLING, 1969: Versuche zur Verminderung der Phosphatbelastung einer Talsperre durch eine chemische Behandlung des Sperrenhauptzuflusses. Vom Wasser **35**, 160–226.

HEDLICH, R., 1968: Die wachstumsbegrenzenden Nährstoffe in Talsperren auf dem Gebiet der Deutschen Demokratischen Republik. Fortschr. Wasserchemie **8**, 99–106.

HEINE, A., 1970: persönliche Mitteilung.

KLAPPER, H., 1968: Die wachstumsbegrenzenden Nährstoffe in Seen auf dem Gebiet der Deutschen Demokratischen Republik. Fortschr. Wasserchemie **8**, 66–81.

MÄDLER, K., 1961: Untersuchungen über den Phosphorgehalt in Bächen. Int. Revue ges. Hydrobiol. **46**, 75–83.

— 1968: Phosphatelimination in Bächen. Fortschr. Wasserchemie **8**, 245–256.

PÖPEL, J., 1966: Die Elimination von Phosphaten. Stuttg. Ber. Siedlungswasserwirtschaft **16**, 1–196.

ROCHLITZER, J., 1965: Gegenwärtige Bedeutung und Perspektiven der Speicherwirtschaft für die Trinkwasserversorgung der Deutschen Demokratischen Republik. Wiss. Z. Univ. Leipzig, Math.-Nat. R. **14**, 297–306.

RUDOLF, G. & D. UHLMANN, 1968: Fällmittelzugabe in Gewässer. Fortschr. Wasserchemie **8**, 268–279.

SCHUSTER, G., 1968: Grundlagen der Phosphatelimination durch chemische Fällung. Fortschr. Wasserchemie **8**, 188–203.

THOMAS, E. A., 1968: Eutrophierung und Wasserqualität in einigen Schweizer Seen. Fortschr. Wasserchemie **8**, 10–20.

UHLMANN, D., 1961: Möglichkeiten der Nährstoffrückhaltung in Zuleitern von Trinkwassertalsperren. Wiss. Z. Univ. Leipzig, Math.-Nat. R. **10**, 107–113.

– 1965: Abwasserreinigung im Einzugsgebiet von Trinkwassertalsperren. Wiss. Z. Univ. Leipzig, Math.-Nat. R. **14**, 329–334.

VOGLER, P., 1965: Beiträge zur Phosphatanalytik in der Limnologie. II. Die Bestimmung des gelösten Orthophosphates. Fortschr. Wasserchemie **2**, 109–119.

– 1966: Beiträge zur Phosphatanalytik in der Limnologie. III. Die Bestimmung von kondensierten Phosphaten und organischen Phosphorverbindungen. Fortschr. Wasserchemie **4**, 211–225.

WETZEL, A., 1962: Biologische Beschaffenheit und Gütezustand von Trinkwasser-Talsperren. Wasserwirtschaft–Wassertechnik **12**, 55–61.

– 1969: Technische Hydrobiologie. Leipzig.

Anschriften der Verfasser:

Dipl. Biol. R. KOSCHEL
Forschungsstelle für Limnologie
der Deutschen Akademie der Wissenschaften
Außenstelle Stechlinsee
DDR – 1431 Neuglobsow, Kreis Gransee

Dr. K. MÄDLER
Technische Universität Dresden
Sektion Wasserwesen
Bereich Hydrobiologie
DDR – 8027 Dresden, George-Bähr-Str. 1

Limnologica (Berlin)	8	2	1971	357–363

Sektion Chemie/Biologie
der Pädagogischen Hochschule „Dr. Theodor Neubauer", Erfurt – Mühlhausen

WILLY MARTIN

Zur Frage des ökologischen Hauptfaktors bei Testaceen-Vergemeinschaftungen[1])

SCHWENKE (1953) und ihm folgend BALOGH (1958) haben auf der Grundlage der inneren Ordnung der mit den Organismen-Vergemeinschaftungen verbundenen Probleme eine für die Praxis brauchbare Gliederung der Synbiologie in Strukturforschung, Sukzessionsforschung und Ordnungslehre vorgenommen. In der Zoozönologie bildet z. Zt. verständlicherweise die Strukturforschung das Hauptarbeitsfeld. Während in der Regel mit der statischen Strukturforschung (insbesondere mit der Inventar- und Raumstrukturforschung) begonnen werden muß, die die beiden Konstituenten der Biozönosen — die Organismen und die abiotischen Faktoren — als „Merkmalsträger" (SCHWENKE) erfaßt, war der Verfasser bei seinen Testaceenstudien und den Analysen ihrer Vergemeinschaftungen in der vorteilhaften Lage, die statische laufend mit der dynamischen Strukturforschung oder der Korrelationsforschung zu verbinden, welche die Konstituenten als Träger bestimmter Wirkungen („Korrelationsträger") in den Mittelpunkt der Betrachtungen stellt (MARTIN 1963, 1967a, 1967b, 1970). Das war nur möglich, weil die faunistischen, autökologischen und auch die synbiologischen Vorarbeiten der Autoren in ausreichendem Maße e i n e Korrelation bereits herausgearbeitet hatten: die Beziehungen des Faktors Feuchtigkeit zu Testaceen-Zönosen.

Die Korrelationsforschung versucht, jeweils alle auf eine Art oder auf eine Artengruppe innerhalb einer bestimmten Zeitdauer einwirkenden Faktoren bzw. Faktorengruppen qualitativ und quantitativ zu erfassen (SCHWENKE 1953, S. 151). Diese Wirkungen manifestieren sich in den Populationsdichten der Arten an bestimmten Stellen der Biotope. Korrelationsforschung ist also Kausalforschung und zugleich stets Populationsanalyse und stellt als solche das „Kernstück der Biozönotik" dar (SCHWENKE l. c., S. 116). Kausalanalytische Untersuchungen sind darum von bedeutenden Zoozönologen immer wieder gefordert worden, so von RENKONEN (1938), REMANE (1940), STRENZKE (1949), BALOGH (1958), KÜHNELT (1965) und anderen.

Kausale Konnexe zeigen sich in der Regel durch eine Parallelität zwischen der Änderung der Faktorenintensität und dem Wandel der Artendichten an. Es muß jedoch ausdrücklich darauf hingewiesen werden, daß solche Parallelität nicht in jedem Falle kausal zu sein braucht und — worauf KÜHNELT (1965) aufmerksam macht — durch Korrelierung mit einem zweiten Faktor zustandegekommen sein kann. Daraus ergibt sich für die Korrelationsanalysen an Testaceen-Zönosen die zentrale Frage: Hat

[1]) Herrn Professor Dr. ARNO WETZEL zum 80. Geburtstag gewidmet.

der Wechsel zwischen Perioden der Feuchtigkeit und Vernässung und solchen der Austrocknung tatsächlich den seit fast einem Jahrhundert postulierten primären Einfluß auf die Verbreitung der Testaceen? Zu ihrer Klärung sind folgende Sachverhalte und Überlegungen von Wichtigkeit:

1. Testaceen sind aquatische Organismen. Daran ändert auch die Tatsache nichts, daß sie als dominierende Tiergruppe in den Laub- und Torfmoosen auftreten und neuerdings auch das Edaphon als weiterer Biotop ihres ständigen und arten- und individuenreichen Auftretens erkannt wurde. Sie kommen hier mit den spärlichen Mengen des Kapillar- und Adhäsionswassers zwischen den Moosblättchen und -stengeln, in den Blattachseln, und in den Spalten und Kapillaren des Bodens aus. Trotz des terrestrischen Charakters vieler ihrer Lebensräume bleiben die Thekamöben ein hydrobiologisches Objekt.

2. Der primäre Biotop der Testaceen, den wir sicher bestimmen können, ist das Profundal der großen oligotrophen Seen des Postglazials (SCHÖNBORN 1962a, 1962b). Hier wurde mit großer Wahrscheinlichkeit die Artenentfaltung der im Tertiär (SCHÖNBORN 1966) bereits entwickelten Gattungen fortgesetzt. Oligotrophe Seen enthalten darum noch heute eine artenreiche Testaceenfauna (vgl. Genfer See, PENARD 1902, Großer Stechlinsee, SCHÖNBORN 1962a). Seenalterung und Eutrophierung führen zur Verarmung des Thekamöben-Bestandes. Vom Profundal aus erfolgte mit ziemlicher Sicherheit die Besiedelung des Phytals und schließlich der Unterwasserförna durch neue Speziationen. Erst im und nach dem Atlantikum ging die Ausbreitung in die Sekundärbiotope: Alneta, Bryales, Moore und endlich in das Edaphon vor sich, abermals mit Speziationen verbunden, die nach SCHÖNBORNS Schätzungen 30% der modernen Testaceenfauna in den Sekundärbiotopen ausmachen sollen (SCHÖNBORN 1962a).

3. Dieser Übergang vom Primär- in die Sekundär-Biotope muß sich durch eine Anpassung an die wechselnden Vernässungszustände oder Feuchtigkeitsverhältnisse, an die mehr oder weniger häufigen und mehr oder weniger langen Perioden der Austrocknung des Milieus, vollzogen haben, in deren kurze Zwischenphasen Wachstum und Vermehrung zusammengedrängt werden.[1])

4. Diese Anpassung wird durch zwei Tatsachenkomplexe belegt:

a) Die einzelnen Testaceenarten zeigen unterschiedliche Valenzamplituden in bezug auf den Faktor Feuchtigkeit, wobei allerdings zu bemerken ist, daß die meisten von ihnen eine relativ breite Amplitude erkennen lassen, was ihrer rein aquatischen Herkunft und ihrer Evolution aus den Nacktamöben (DE SAEDELEER 1934) entspricht. Die Testaceen der Sekundärbiotope sind also gegenüber dem Faktor Feuchtigkeit noch weitgehend euryplastische Organismen (THIENEMANN 1939, S. 267–268).

b) Innerhalb dieser Toleranz besitzen die Arten zumeist einen ziemlich eng begrenzten Bereich, innerhalb dessen ihre Entfaltung optimal bis maximal sein kann. Er stellt das eigentliche Erscheinungsbild der Anpassung an den Faktor „Feuchtigkeitswechsel" dar und bedeutet, daß die Testaceen mit dem aufgezeigten Biotopwech-

---

[1]) Worin sich diese Anpassungen morphologisch und physiologisch manifestieren und auf welchem Wege sie zustandegekommen sein können, darüber hat SCHÖNBORN interessante Hypothesen entwickelt (1962b).

sel zugleich eine Einschränkung ihrer ursprünglichen Euryhydrovalenz auf eine je nach der Art verschiedengradige Stenohydrovalenz, Hygrovalenz oder Stenohygrovalenz vollzogen haben. Das betrifft nicht nur die autochthonen Arten der Sekundärbiotope, sondern vor allem auch die aus den Primärbiotopen übergewechselten, hier allochthonen Arten. Der Verfasser kann also der Ansicht SCHÖNBORNS (1962b) nicht beipflichten, daß die Stenovalenz in den Sekundärbiotopen „nur scheinbar" sei. Es wird an diesem Beispiel deutlich, daß man sich in der Praxis der biozönologischen Forschung weniger vom Begriff der allgemeinen ökologischen Valenz im Sinne HESSES (1924) leiten lassen darf, sondern dem Vorschlag von LENZ (1931) folgen muß, sich auf die „speziellen ökologischen Valenzen" zu orientieren.

Es liegt also nach unserer Meinung bei den Testaceen mit hoher Wahrscheinlichkeit ein Fall der „Anpassungsstärke" im Sinne THIENEMANNS (1926) vor, d. h. eine Anpassung an die quantitativ verschiedene Ausbildung einer Lebensbedingung. Den exakten Beweis können freilich nur Umsiedlungsexperimente an autochthonen Arten aus den Primär- in die Sekundärbiotope und umgekehrt mit allochthonen, aber auch autochthonen Arten aus den Sekundär- in die Primärbiotope erbringen. Solche Versuche stehen aber z. Zt. vor der noch ungelösten Schwierigkeit, Testaceen unter kontrollierten Bedingungen in einer Kultur zu halten.

5. Auf dem Anpassungsprozeß beruht die Existenzmöglichkeit der Testaceen in den Sekundärbiotopen. Sie besiedeln heute xerophytische Moose und das Edaphon und alle Stufen der hygrophytischen bis hydrophytischen bzw. submersen Bryete und Sphagnete in den verschiedensten Vegetationseinheiten. In diesem Sinne kann man SCHÖNBORN (1962b) zustimmen, wenn er vom „entscheidenden Selektionswert" der Austrocknung spricht. Anpassung an die Austrocknung ist ein Fall „der Synchronisierung des Lebensablaufes mit den Veränderungen des Lebensraumes" (KÜHNELT 1965).

6. Auf den differenten Anpassungsgraden der Testaceen wiederum beruhen die verschiedenen Erscheinungsbilder der sich repetierenden Artenkombinationen bei gleicher Faktorenintensität. Damit wird offenbar die Feuchtigkeit bzw. die Vernässung zum verbreitungsregelnden, zum limitierenden Faktor in den Sekundärbiotopen. Das ist die Ansicht nahezu aller Autoren, und SCHÖNBORN faßt sie zusammen mit den Worten: „Das ist die gesichertste Erkenntnis in der Testaceenökologie" (1962a, S. 162).

7. Mit der Bestimmung des Minimums eines Umweltfaktors ist die ökologische und synbiologische Problematik jedoch nicht gelöst. LENZ hat durchaus recht, wenn er rät, sich davor zu hüten, sich zu schnell auf die Gültigkeit des Minimumgesetzes zu verlassen und eine Korrelationsanalyse als beendet zu betrachten, wenn für einen Faktor ein solches Wirkungsminimum erkannt werden konnte (1954, S. 334). „In der Praxis zeigt sich indessen, wie schwierig es ist, im Einzelfalle exakt nachzuweisen, welche Faktoren entscheidend sind für das Vorkommen und die Entwicklungsmöglichkeiten eines Organismus in einem bestimmten Biotop." „Die einzelnen Faktoren ... sind ... in ihrer Bedeutung für die Lebewesen so außerordentlich verschieden, daß sich für ihre Erfassung und Deutung keine allgemeine Regel aufstellen läßt" (1954, S. 334). Damit aber wird die Frage nach der Bewertung ökologischer Faktoren gestellt.

Das Erkennen eines Faktors für die ökologische Gesamtvalenz eines Organismus und im besonderen die Bestimmung des entscheidenden und beherrschenden Faktors, des

„master factor" in der angloamerikanischen Literatur, sind oft sehr schwer. Es besteht leicht die Gefahr einer Überbetonung und Überbewertung eines einzelnen Faktors. Limitierende Faktoren brauchen nicht unbedingt zugleich die wichtigsten und entscheidenden Faktoren im Leben einer Art zu sein. Innerhalb der durch einen limitierenden Faktor festgesetzten Grenzen der Existenzmöglichkeit eines Organismus kann vielmehr seine Entfaltung durch andere Faktoren beherrscht werden. Und KÜHNELT (1965, S. 15) ergänzt hierzu, daß jede Veränderung der Faktorenkombination zu einer Bedeutungsverlagerung jedes einzelnen Faktors führt, wodurch ein anderer Faktor die Rolle des entscheidenden Faktors übernehmen kann. Diese oft sehr schwer erfaßbaren Korrelationen bildeten ja den Ausgangspunkt unserer Erörterungen. Wir stehen also erneut vor der aufgeworfenen zentralen Frage, ob tatsächlich die Minima der Feuchtigkeitsamplituden ausschlaggebend sind für die Verbreitung der Testaceen in den *Sphagnum*- und Bryales-haltigen Vegetationen sowie im Edaphon. Ist der Faktor Feuchtigkeit limtierender und entscheidender oder nur limitierender Faktor?

8. Eine der Voraussetzungen zur Bewertung eines ökologischen Faktors ist seine exakte qualitative und quantitative Bestimmung. Unter den Milieufaktoren lassen sich einige mit gewissen Standardmethoden zahlenmäßig recht leicht bestimmen. Andere dagegen sind so komplexer Natur, daß ihre Erfassung große Schwierigkeiten bereitet. Nun ist der Faktor Feuchtigkeit und vor allem die jahresdurchschnittliche Zeitdauer seiner Wirksamkeit keineswegs so exakt bestimmbar wie etwa die Temperatur in bestimmten Tiefen eines stehenden Gewässers oder die Lichtintensität daselbst. Intensität und Zeitdauer seiner Wirksamkeit sind z. Z. nur mit Schätzungsmethoden und weder mit Instrumenten noch mit irgendwelchen Indikatoren erfaßbar.

Außerdem hat die Ökologie an vielen Beispielen nachweisen können, daß auch ein relativ gut meßbarer und in seiner ökologischen Bedeutung erkennbarer Umweltfaktor einer Organismenart sich dennoch oft als nicht so einfach zu beurteilen erweist. So kann der O_2-Gehalt des Wassers „nur im Zusammenhang mit der Temperatur und der etwaigen Bewegung des Wassers beurteilt werden" (LENZ 1954, S. 335). Solche Sachverhalte zwingen dazu, der Frage nachzugehen: Bestehen eventuell Korrelationen zwischen dem Faktor Feuchtigkeit und einem anderen Milieufaktor, dessen entscheidende Wirksamkeit bei der Verteilung der Testaceen in den Sphagnales, Bryales und im Edaphon deshalb nicht erkannt wird, weil er infolge seiner komplexen Natur qualitativ und quantitativ nur sehr schwer erfaßbar ist?

9. Da ist nun an die Nahrungsstoffe als nächstliegenden Faktor zu denken, die ja neben Feuchtigkeit, Wärme und Licht zu den allgemeinen und notwendigen Lebensbedingungen aller Tiere gehören (THIENEMANN 1939, S. 272 Pkt. 22).

Ihre Bedeutung im Leben der Testaceen wird sehr plastisch demonstriert durch die Ergebnisse unserer Untersuchungen der Materialien aus Travertin absetzenden Gewässern bei Weimar und aus der Unstrut bei Mühlhausen. Die ersteren Proben waren überwiegend außerordentlich gesteinssplitterreich und algen- und detritusarm. Das spiegelt das Bild des Testaceenbesatzes sehr klar wider. So waren von 200 durchsuchten Präparaten allein 40 absolut testaceenleer; in den restlichen 160 Präparaten wurden nur 27 Arten — teils lebend, teils enzystiert, zumeist aber als leere Gehäuse — mit 259 Individuen gefunden. Die Artenzahl je Probe (= 10 Präparate!) schwankte zwischen 1 und 9 mit einem Durchschnitt von 4 Arten, und die Individuenzahl in 10 Präparaten lag bei 20—25 Exemplaren; das ist eine unvergleichliche Testaceenarmut! Es kann aber angenommen werden, daß die Arten autochthon sind. Ihre Frequenzwerte bewegten sich zwischen 1 und 12; die Konstanzwerte lagen fast sämtlich unter 20—25%. Nur zwei Arten (*Euglypha laevis* und *Trinema lineare*) konnten als konstante Formen angesprochen werden. Sehr typisch war die im Vergleich zu Moos- und Moormaterialien hohe Zahl der anwesenden *Difflugia*-Arten, was auf das hier reichlich vorhandene Xenosomenmaterial zurückzuführen ist.

Ähnliche Verhältnisse lagen in den Unstrut-Materialien vor, die sich durch einen überraschenden Reichtum an Diatomeen auszeichneten. Beide Fälle weisen auf den Einfluß des Nahrungsmangels bei völliger Erfüllung der Feuchtigkeitsansprüche der Arten hin.

Auch Schönborns Untersuchungen über die Testaceen-Stratifikation in Hochmoor-Sphagnen (1963) belegen die Nahrungsabhängigkeit sehr überzeugend.

10. Die Ernährung ist zweifellos der komplexeste ökologische Faktor bei Tieren. Neuere Untersuchungen haben sichergestellt, daß sogar Fälle ausgesprochener Monophagie, wie sie z. B. zwischen einem Tier und einer ganz bestimmten Nährpflanze vorliegt, sich oft gar nicht so einfach erweisen wie sie auf den ersten Blick erscheinen. Die Testaceen liefern nun ein geradezu typisches Beispiel dafür, wie der Klärung der qualitativen und quantitativen Verhältnisse und der Bedeutung des Nahrungsfaktors meist ungeheure Schwierigkeiten entgegenstehen.

Über die Ernährung der Testaceen ist noch immer relativ wenig bekannt. Man weiß, daß viele Arten Algenfresser (bes. Chlorophyceen, Diatomeen), andere Bakterienfresser sind, daß einige wenige Arten aus den Gattungen *Nebela*, *Arcella* und *Heleopera* carnivor von Protozoen (einige sogar kannibalisch von Artgenossen) leben, daß *Amphitrema flavum* und *A. stenostoma*, *Hyalosphenia papilio*, *Placocista spinosa*, *Heleopera sphagni* und andere in Symbiose mit Zoochlorellen und *Paulinella chromatophora* mit Cyanophyceen gedeihen, eine Fähigkeit, die schon Harnisch (1925) als Anpassung an die Moor-Oligotrophie deutete, und daß schließlich viele Arten den Detritus aufzuschließen vermögen. Schönborn (1965a) sah *Trinema complanatum* Pilzsporen verdauen und brachte (1965b) etwas Licht in die bereits von Volz (1929) beobachtete, dem Ansteigen des Rohhumusgehaltes parallel laufende Zunahme der Artendichte der Testaceen. Er wies nach, daß es aquatische und edaphische Humusfresser unter ihnen gibt, ohne daß sie damit zu Ernährungsspezialisten geworden seien. Solche Arten sind also in der Lage, den sauren, schwer zersetzbaren, kohlenstoffreichen Humus der Dy-Sedimente und des Bodens ernährungsphysiologisch zu nutzen, der vielen Tieren unzugänglich bleibt. Damit schließen sie sich an die Bodentiere an, die an der zoogenen Humifizierung beteiligt sind. Schönborn (1966, S. 68) weist mit Recht darauf hin, daß die Testaceen durch diese Fähigkeit in der Protozoenfauna eine Sonderstellung einnehmen. Jedoch ist nicht allen Testaceenarten der Humusaufschluß in gleichem Maße möglich.

11. Unter den Nahrungsstoffen der Testaceen steht nun im Leben der Moos- und Moorbewohner der Detritus an erster Stelle. Aber gerade er stellt wie der Humus einen ganz komplizierten ökologischen, aus den verschiedensten Komponenten zusammen-

gesetzten Faktor dar. Der Laub- und Torfmoos-Detritus ist ein stark zellulosehaltiges, im Zerfallszustand befindliches organisches Material, dessen Analyse bis heute noch nicht ausgeführt werden konnte und die nur im Zusammenhang mit langwierigen Studien über die mit diesen Prozessen verbundene bakterielle Tätigkeit bewältigt werden kann. Es ist zu erwarten, daß diese Vorgänge in submersen und laufend nassen Pflanzenmaterialien anders ablaufen werden als in solchen, die sich abwechselungsweise unter ungehindertem Zutritt der Luft vollziehen. So werden unter dem Begriff Detritus die mannigfaltigsten Substanzgemische je nach Herkunft, Alter und örtlicher Bedingung zu verstehen sein. Für ihn gilt, was LENZ (1954, S. 335) für den Detritus überhaupt angibt: er variiert seiner Qualität nach „außerordentlich stark" und ist im Anfangsstadium des Zerfalls „qualitativ am wertvollsten für die Tiere, die von ihm leben". KÜHNELT betont im Hinblick auf die Detritusfresser im allgemeinen, daß nicht jeder sich von jedem Detritus ernähren könne (1965, S. 102). Es liegt also durchaus im Bereich der Möglichkeit, daß die Testaceenarten an diese unterschiedlichen Substanzgemische viel diffiziler angepaßt sind als an die Stufen der Feuchtigkeit und daß infolgedessen ihre Artenkombinationen in Moosen und Sphagnen auf dem Faktor „Nahrungsgrundlage" zustandekommen. Da der Chemismus — wie wir oben vermuteten — wesentlich mit dem Wechselspiel zwischen Vernässung und Austrocknung korreliert sein kann, die Feuchtigkeitsverhältnisse in einem Biotop z. Z. jedoch immer noch leichter zu ermitteln sind als ein örtlich gegebener chemischer Gesamtzustand, könnte es sein, daß die Feuchtigkeit nur den limitierenden ökologischen Faktor darstellt, innerhalb dessen Wirkungsbereich der Faktor Nahrung die Entscheidung über Anwesenheit oder Fehlen einer Testaceenart in einer Synusie trifft. Wir benutzen jenen gewissermaßen als synbiologischen Indikator für diesen.

Mit den vorstehenden Erwägungen sollte lediglich vor der heute gängigen einseitigen Bewertung des Faktors Feuchtigkeit in der Forschung auf dem Gebiete der Testaceenökologie gewarnt und auf die möglichen Verzahnungen mit anderen Faktoren hingewiesen werden. Solche örtlich und zeitlich im Wandel begriffene Beziehungen, wie wir sie soeben andeuteten, machen es schwer, objektive Zusammenhänge im synbiologischen Bereich aufzudecken und zu begründen. Sie fordern mit großem Nachdruck, biozönologische Untersuchungen auf möglichst breiter Basis durchzuführen, um zu verallgemeinerungsfähigen Mittelwerten zu kommen. Sie legen aber auch erneut eindringlich nahe, wie vorsichtig man mit Zahlenangaben umgehen muß. LENZ hat aus seinem großen Erfahrungsschatz heraus diese Gefahr mit folgenden Worten umrissen: „. . . die gewonnenen Zahlen, seien es die Individuen einer Art in einem Biotop, seien es die Arten selbst, oder seien es die Wachstumsgrößen einer Organismenart in bestimmten Zeiträumen, seien es Messungen, die den Ausbildungsgrad eines Milieufaktors bezeichnen, täuschen uns eine Genauigkeit vor, die zwar für den Einzelfall gelten mag, deren gesetzmäßiger Wert indes durch zahlreiche Zufallsfaktoren illusorisch gemacht werden kann" (1954, S. 337).

CHRISTIAN GOTTFRIED EHRENBERG, ein Meister in der Beobachtung der „Infusorien", hat einmal bekannt: Es ist schwer, genau und exakt zu beobachten, aber viel schwerer, aus dem Beobachteten nicht mehr zu folgern, als es enthält (zitiert nach HOOGENRAAD & DE GROOT 1955).

Literatur

BALOGH, J., 1958: Lebensgemeinschaften der Landtiere. Ihre Erforschung unter besonderer Berücksichtigung der zoozönologischen Arbeitsmethoden. 2. Aufl. Berlin (Akad. Verl.) und Budapest (Verl. Ung. Akad. Wiss.), 560 S.

HARNISCH, O., 1925: Studien zur Ökologie und Tiergeographie der Moore. Zool. Jb. Syst. **51**, 1–166.

HESSE, R., 1924: Tiergeographie auf ökologischer Grundlage. Jena (Fischer) 613 S.

HOOGENRAAD, H. R. & A. A. DE GROOT, 1955: Rhizopoden uit het mos van de Trilvenen in het hol bij Kortenhoef, in: Een veldbiologische studie van een Hollands verlandingsgebiet. Amsterdam (De Volharding), 8 S.

KÜHNELT, W., 1965: Grundriß der Ökologie. Mit besonderer Berücksichtigung der Tierwelt. Jena (VEB G. Fischer), 402 S.

LENZ, FR., 1931: Lebensraum und Lebensgemeinschaft. Math.-natw. techn. Bücherei **27**, Frankfurt a. M. (Salle), 183 S.

— 1954: Gedanken zur Wertung ökologischer Faktoren. Naturw. Rdsch. **7**, 334–338.

MARTIN, W., 1963: Zoozönologische Analyse eines Waldsphagnetums. Wiss. Beitr. Päd. Inst. Mühlhausen **1**, 77–96, 7 Tab., 1 Taf.

— 1967a: Kritische Bemerkungen über die Bedeutung der KYLIN- und ARRHENIUS-Kurve für Homogenitätsanalysen zoozönologischer Bestände. Wiss. Beitr. Päd. Inst. Mühlhausen **4**, 49–58, 2 Abb.

— 1967b: Beiträge zur statischen Strukturforschung der Testaceenzönosen in den Sphagnales und Bryales. I: Strukturuntersuchungen an Testaceenzönosen thüringer Hochmoore. Diss. Math.-Natw. Fak. Univ. Leipzig, 160 S., 9 Abb., 8 Taf., 42 Tab. (ungedr.).

— 1970: Autoreferat der Dissertation. Wiss. Z. Päd. Hochschule „Dr. Theodor Neubauer" Erfurt–Mühlhausen **6**, H. 2.

PENARD, E., 1902: Faune rhizopodique du bassin du Léman. Génève (Kündig), 714 S.

REMANE, A., 1943: Die Bedeutung der Lebensformtypen für die Ökologie. Biol. Gener. **17**, 164–182.

RENKONEN, O., 1938: Statistisch-ökologische Untersuchungen über die terrestrische Käferwelt der finnischen Bruchmoore. Ann. Zool. Soc. Zool.-Bot. Fennicae Vanamo **6** (1), 1–231.

SAEDELEER, H. DE, 1934: Beitrag zur Kenntnis der Rhizopoden: Morphologische und systematische Untersuchungen und ein Klassifizierungsversuch. Mém. Mus. Roy. Hist. Nat. Belgique **60**, 1–112.

SCHÖNBORN, W., 1962a: Die Ökologie der Testaceen im oligotrophen See, dargestellt am Beispiel des Großen Stechlinsees. Limnologica (Berlin) **1**, 11–182.

— 1962b: Zur Ökologie der sphagnikolen, bryokolen und terrikolen Testaceen. Limnologica (Berlin) **1**, 231–254.

— 1963: Die Stratigraphie lebender Testaceen im Sphagnetum der Hochmoore. Limnologica (Berlin) **1**, 315–321.

— 1964: Lebensformtypen und Lebensraumwechsel der Testaceen. Limnologica (Berlin) **2**, 321–335.

— 1965a: Untersuchungen über die Ernährung bodenbewohnender Testaceen. Pedobiologia (Jena) **5**, 205–210.

— 1965b: Die limnologische Charakterisierung des Profundals einiger norddeutscher Seen mit Hilfe von Testaceen-Gemeinschaften. Limnologica (Berlin) **3**, 371–381.

— 1966: Beschalte Amöben (Testaceae). Die neue Brehm-Bücherei, H. 357. Wittenberg Lutherstadt (Ziemsen), 112 S.

SCHWENKE, W., 1953: Biozönotik und angewandte Entomologie. Ein Beitrag zur Klärung der Situation der Biozönotik und zur Schaffung einer biozönotischen Entomologie. Beitr. Entomol. **3**, Sonderh., 86–162.

STRENZKE, K., 1949: Die biozönotischen Grundlagen der Bodenzoologie. Z. Pflanzenernährung, Düngung, Bodenkde. **45**, 245–262.

THIENEMANN, A., 1926: Die Binnengewässer Mitteleuropas. Eine limnologische Einführung. Die Binnengewässer Bd. I, Stuttgart (Schweitzerbart).

VOLZ, P., 1929: Studien zur Biologie der bodenbewohnenden Thekamöben. Arch. Protistenkde. **68**, 349–408.

Anschrift des Verfassers:
Dr. WILLY MARTIN
DDR — 57 Mühlhausen, Frohnestraße 8

Limnologica (Berlin)	8	2	1971	365–370

Bereich Hydrobiologie der Sektion Wasserwesen der Technischen Universität Dresden

GUNTER OTTO und JÜRGEN BENNDORF

Über den Einfluß des physiologischen Zustandes sedimentierender Phytoplankter auf die Abbauvorgänge während der Sedimentation[1])

Mit 5 Abbildungen und 1 Tabelle

1. Einleitung

Bei der Bewirtschaftung von Staugewässern wird einerseits die Forderung nach einer einwandfreien Qualität des Rohwassers erhoben, andererseits muß aber angestrebt werden, diese Gewässer als Reaktoren in den Prozeß der Abwasserbehandlung einzubeziehen. Soll beiden Forderungen stattgegeben werden — und das ist aus ökonomischen Gründen unbedingt anzustreben — ist es unerläßlich, das Selbstreinigungspotential solcher Gewässer genau zu kennen. Nur dann können Bemessung und Betrieb optimiert werden.

Eine wesentliche Seite des Selbstreinigungs-Geschehens ist die Sedimentation des im Gewässer produzierten Phytoplanktons. Bei diesem Prozeß interessiert besonders die Frage, welcher Anteil der Biomasse durch Sedimentation vorerst aus dem Kreislauf ausscheidet — und damit zu einer Entlastung des Stoffhaushaltes führt — und wie groß andererseits die während des Absinkens mineralisierte Stoffmenge ist. Viele Autoren stellten fest, daß die bei der Sedimentation freigesetzten Stoffe eine große Bedeutung für die Neuproduktion von Biomasse im Freiwasser haben können (COOPER 1935, GARDINER 1937, KLEEREKOPER 1953, POMEROY, MATHEWS & SHIK MIN 1963, WATT & HAYES 1963, GRILL & RICHARDS 1964, OHLE 1964, KRAUSE 1964, BROENKOW 1965, UHLMANN 1965, BENNDORF 1968). Es fehlen jedoch noch Angaben über das Verhältnis von mineralisierter zu sedimentierter Substanz. Einige Ergebnisse liegen vor (z. B. OHLE 1962, ODRICH 1965, UHLMANN 1968); es kann aber nur sehr wenig ausgesagt werden über die Abhängigkeit des genannten Verhältnisses von den endogenen Faktoren, die zu einer Verschiebung des Mengenverhältnisses führen können. Besonders der physiologische Zustand des absinkenden Plankters spielt eine hervorragende Rolle (FRITZ 1935, SMAYDA & BOLEYN 1966a, 1966b).

Die vorliegende Untersuchung verfolgt das Ziel, die Unterschiede im biochemischen Abbau von Planktondiatomeen aus verschiedenen Wachstumsphasen der Population zu erfassen.

2. Material und Methoden

a. *Versuchsaufbau*

Es wurde die Sedimentation von *Fragilaria crotonensis* (KITTON 1869) in einem abgegrenzten Wasserkörper in der Saidenbachtalsperre untersucht. Die Abgrenzung erfolgte mit einem Polyäthylenschlauch (Durchmesser 1 m, Länge 30 m), wie er schon von GOLDMAN (1962) und BENNDORF

[1]) Herrn Professor Dr. ARNO WETZEL zum 80. Geburtstag gewidmet.

(1968) zur Klärung einer ähnlichen Fragestellung benutzt worden war. Die Diatomeen wurden in der Saidenbachtalsperre gefangen und unmittelbar danach in den Schlauch überführt (10—15 g Trockengewicht). Nach dem Absinken fingen 2 Sedimentsammler (GRIM 1950, ODRICH 1965) einen Teil der Algen in 20 m Tiefe auf. Die Expositionsdauer der Sammler betrug 8 Tage. Nach dieser Zeit sind etwa 80% der Algen in 20 m Tiefe angelangt. Infolge der kurzen Expositionsdauer konnten die Veränderungen durch Abbauvorgänge im Sedimentsammler sehr niedrig gehalten werden.

b. *Chemische Methoden*

CSV_{Cr}: „Ausgewählte Methoden der Wasseruntersuchung"
partikelgebundene Phosphate: VOGLER (1966)
Trockengewicht: Trocknen bei 105 °C
Alle Werte wurden auf die Zellzahl bezogen.

c. *Mikroskopische Methoden*

Bestimmung der Algenzahl: UTERMÖHL 1958
Unterscheidung lebender und toter Algen: fluoreszenzoptisch (Primärfluoreszenz)

3. Ergebnisse

Die *Fragilaria*-Population in der Saidenbachtalsperre befand sich vom 4. 9. 1967 bis zum 20. 9. 1967 in einer Phase der starken Vermehrung (Versuche I und II). Vom 20. 9. 1967 bis zum 28. 9. 1967 ging die Population zurück (Versuch III). Anschließend war bis zum 19. 10. 1967 wieder eine schwache Vermehrung zu beobachten. (Versuche IV und V), an die sich eine Niedergangsphase bis zum 30. 10. 1967 anschloß (Versuch VI, Abb. 1). Trockengewicht, CSV_{Cr} und Phosphatgehalt der Diatomeen in den einzelnen Phasen des Untersuchungszeitraumes sind in Abbildung 1 dargestellt. Diese Werte stellen die Ausgangsmengen des Planktons zum Zeitpunkt des Einbringens in den Versuchsschlauch dar. Es lag also ein physiologisch sehr unterschiedliches Ausgangsmaterial vor. Die Veränderungen während des Absinkens ergeben sich aus

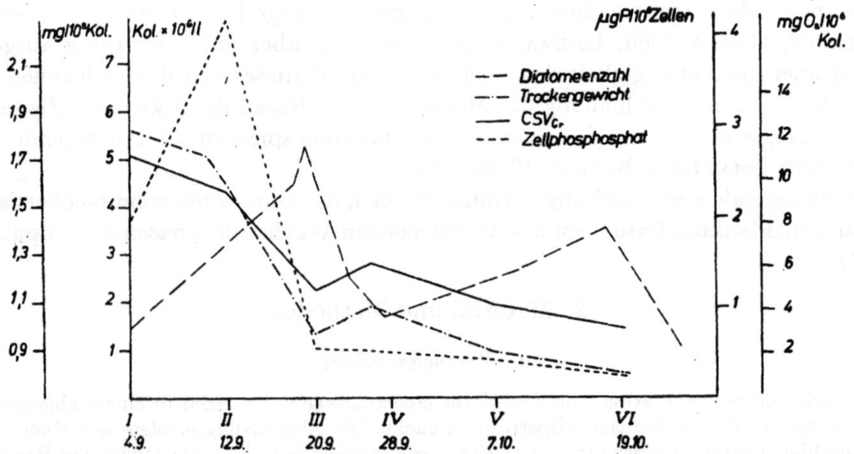

Abb. 1. Populationsdichte, Trockengewicht, CSV_{Cr} und Phosphatgehalt des Ausgangsmaterials aus der Saidenbachtalsperre.

der Differenz zwischen den Ausgangswerten und den Werten des Materials aus den Sedimentsammlern. Diese Differenzen sind übereinstimmend für Phosphat (Abb. 2), CSV_{Cr} (Abb. 3) und besonders für das Trockengewicht (Abb. 4) bei Ausgangsmaterial aus den Wachstumsphasen (Versuche I, II, IV und V) größer als bei Material, das

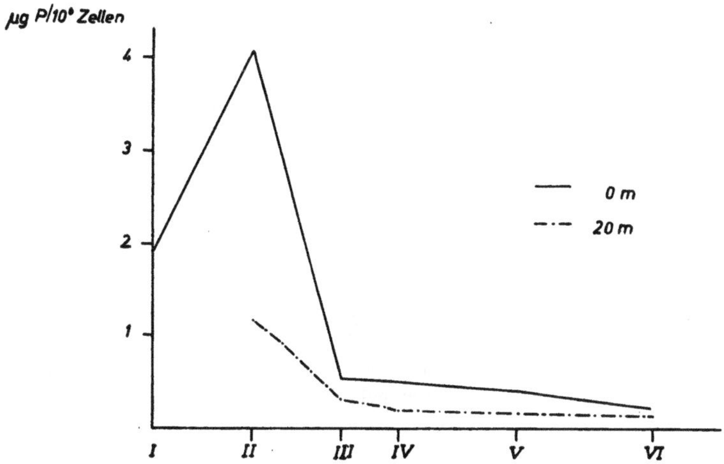

Abb. 2. Der Phosphatgehalt der Zellen zu Beginn (0 m) und nach 8 Tagen (20 m) der Versuche I bis VI.

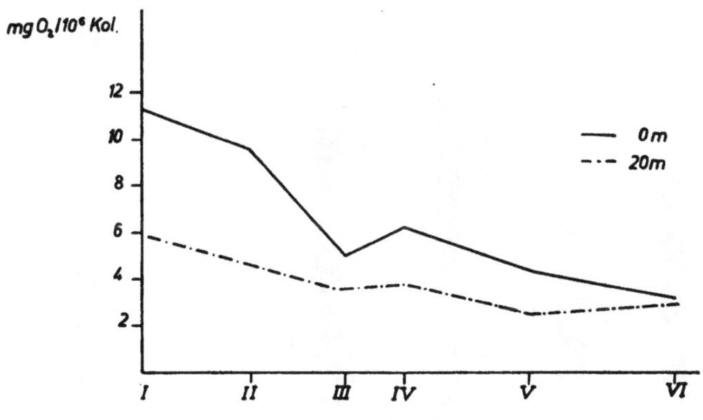

Abb. 3. Der CSV_{Cr} der Zellen zu Beginn (0 m) und nach 8 Tagen (20 m) der Versuche I bis VI.

aus der stationären Phase oder der Absterbephase stammt (Versuche III und VI). Die Substanzverluste während des Sedimentationsprozesses sind bei Diatomeen aus der Phase starker Vermehrung vom 4. bis 20. 9. 1967 (Versuche I und II) wiederum größer als bei solchen aus der Phase schwächerer Vermehrung vom 28. 9. bis 19. 10. 1967 (Versuch IV und V, Abb. 5).

Die Algen sterben beim Absinken in den Versuchen I und II nur zu einem sehr geringen Teil ab, während in den folgenden Versuchen ein starker Anstieg der Zahl toter Zellen zu beobachten ist (Tab. 1).

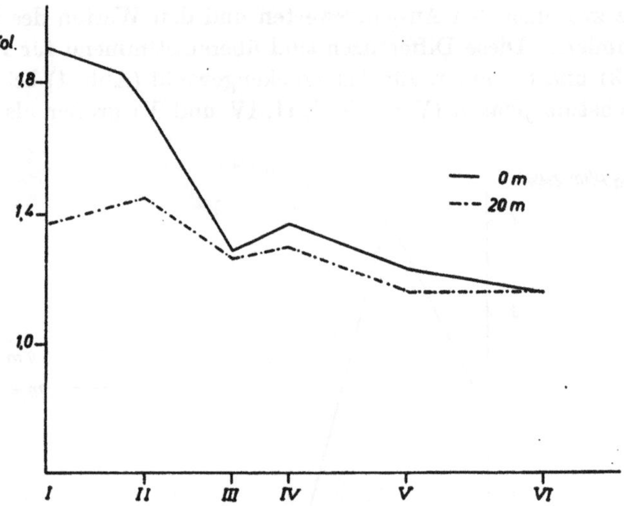

Abb. 4. Das Trockengewicht der Zellen zu Beginn (0 m) und nach 8 Tagen (20 m) der Versuche I bis IV.

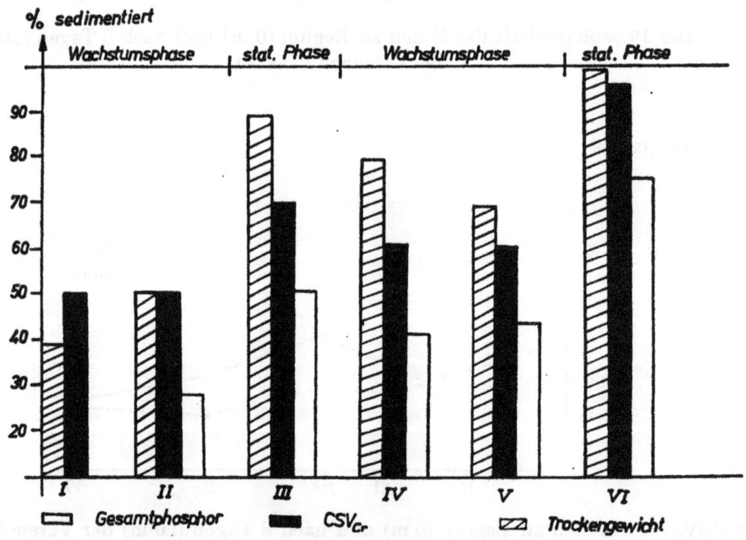

Abb. 5. Die sedimentierten Stoffmengen (20 m) in den Versuchen I bis VI.

TABELLE 1

Der Anteil lebender *Fragilaria*-Kolonien zu Beginn (0 m) und Ende (20 m) der Versuche

Versuch	I	II	III	IV	V	VI
0 m	100%	100%	100%	64%	74%	70%
20 m	95%	95%	50%	22%	21%	15%

4. Diskussion

Zellen von *Fragilaria crotonensis*, die sich stark vermehren und einen guten Ernährungszustand aufweisen, verlieren einen großen Teil ihrer organischen Substanz auf einer Sinkstrecke von 20 m innerhalb von 8 Tagen. Zellen mit wesentlich geringeren Mengen an Kohlenstoff- und Phosphorverbindungen — die aber doch noch in der Lage sind, sich zu vermehren — haben bei gleicher Sinkstrecke geringere Substanzverluste. Die geringsten Verluste findet man jedoch bei Zellen aus der stationären Phase und der Absterbephase.

Auf Grund dieser Befunde scheint es unmöglich, daß die Abbauvorgänge bakterieller Natur sein könnten; denn intakte Zellen würden einem Abbau durch Bakterien größeren Widerstand entgegensetzen als absterbende Zellen. Aus dem gleichen Grund können auch autolytische Vorgänge nicht zur Erklärung herangezogen werden.

Es ist sehr wahrscheinlich, daß die Verluste an organischen Kohlenstoffverbindungen während der ersten acht Tage des Absinkens fast ausschließlich auf der Atmung der Diatomeen selbst beruhen. Diese Annahme wird von der Tatsache gestützt, daß immer dann ein hoher Anteil lebender Zellen nach 20 m Sinkstrecke angetroffen wird, wenn eine starke Reduzierung des Trockengewichtes und des CSV_{Cr} der Diatomeen erfolgte (vgl. Tab. 1 und Abb. 5). Wenn eine Veratmung endogenen Materials nicht oder nur in geringem Umfang möglich ist, wird der größte Teil der Biomasse sedimentiert (Abb. 5, III und VI).

Die Erklärung der Veränderungen des Phosphatgehaltes der Diatomeenzellen ist schwierig. Die gegenüber der Kohlenstoff-Mineralisierung immer höhere Freisetzung der Phosphate ist in den Versuchen III bis VI gut zu erklären; denn die vielen toten Zellen werden durch Auto-Dephosphorylierung erhebliche Phosphatmengen abgeben (Krause 1964; Golterman 1960, 1964). Der enorme Verlust an zellgebundenem Phosphat im Versuch II kann dagegen nicht gedeutet werden.

5. Zusammenfassung

1. In einem durch einen Polyäthylenschlauch abgegrenzten Wasserkörper (Durchmesser 1 m, 0–30 m Tiefe) werden die Abnahme des Trockengewichtes, des CSV_{Cr} und des Phosphatgehaltes von *Fragilaria crotonensis* nach 20 m Sinkstrecke untersucht. Die Diatomeen weisen zu Beginn der sechs Versuche unterschiedliche Trockengewichte, CSV_{Cr} und Phosphatgehalte pro 10^6 Zellen bzw. Kolonien auf und stammen aus unterschiedlichen Wachstumsphasen.

2a. Zellen aus der Vermehrungsphase mit hohem Trockengewicht, CSV_{Cr} und Phosphatgehalt haben die größten Substanzverluste (55% TG, 50% CSV_{Cr}).

2b. Zellen aus der Vermehrungsphase mit niedrigem Trockengewicht, CSV_{Cr} und Phosphatgehalt weisen geringere Verluste auf (26% TG, 40% CSV_{Cr}).

2c. Zellen aus der stationären Phase und der Absterbephase zeigen die geringsten Verluste nach 20 m Sinkstrecke (6% TG, 17% CSV_{Cr}).

3. Der Verlust der Kohlenstoffverbindungen wird auf endogene Atmung zurückgeführt. Autolytischer und bakterieller Abbau der Kohlenstoffverbindungen scheint während des Sedimentationsprozesses nur eine sehr geringe Rolle zu spielen.

6. Literatur

Amt für Wasserwirtschaft beim Ministerrat der DDR, 1965: Ausgewählte Methoden der Wasseruntersuchung. 173–177.

BENNDORF, J., 1968: Untersuchungen über die Remineralisierung des Phosphors in der Freiwasserregion der Saidenbachtalsperre. Int. Revue ges. Hydrobiol. 53, 635–650.

BROENKOW, W. W., 1965: The distribution of nutrients in the Costa Rica Dome. Limnol. Oceanogr. 10, 40–52.

COOPER, L. H. N., 1935: The rate of liberation of phosphate in sea water by the breakdown of plankton organisms. J. Mar. biol. Ass. U. K. 20, 197–200.

FRITZ, F., 1935: Die Sinkgeschwindigkeit einiger Phytoplanktonorganismen. Int. Revue ges. Hydrobiol. 32, 424–431.

GARDINER, A. C., 1937: Phosphate production by planktonic animals. J. Cons. Comm. int. Explor. Mer 12, 144–146.

GOLDMAN, C. R., 1962: A method of studying nutrient limiting factors in situ in water columns isolated by polyethylene film. Limnol. Oceanogr. 7, 99–101.

GOLTERMAN, H. L., 1960: Studies on the cycle of elements in fresh water. Acta Bot. Neerl. 9, 1–58.

— 1964: Mineralization of algae under sterile conditions or by bacterial breakdown. Verh. Int. Ver. Limnol. 15, 544–548.

GRILL, E. V. & F. A. RICHARDS, 1964: Nutrient regeneration from phytoplankton decomposing in seawater. J. Marine Res. 22, 51–69.

GRIM, J., 1950: Versuche zur Ermittlung der Produktionskoeffizienten einiger Planktophyten in einem flachen See. Biol. Zentralbl. 69, 147–174.

KLEEREKOPER, H., 1953: The mineralization of plankton. J. Fish. Res. Bd. Canada 10, 283–291.

KRAUSE, H. R., 1964: Zur Chemie und Biochemie der Zersetzung von Süßwasserorganismen unter besonderer Berücksichtigung des Abbaus der organischen P-Komponenten. Verh. Int. Ver. Limnol. 15, 549–561.

ODRICH, E., 1965: Untersuchung über die Sedimentation in Trinkwassertalsperren unterschiedlichen Trophiegrades. Dipl. Arbeit, Math.-Nat. Fak. Univ. Leipzig.

OHLE, W. 1962: Der Stoffhaushalt der Seen als Grundlage einer allgemeinen Stoffwechseldynamik der Gewässer. Kieler Meeresforsch. 18, 107–121.

— 1964: Primärproduktion des Phytoplanktons und Bioaktivität holsteinischer Seen, Methoden und Ergebnisse. Limnolog. Sympos. Helsinki 1964, 24–43.

POMEROY, L. R., H. M. MATHEWS & H. SHIK MIN, 1963: Exkretion of phosphate and soluble organic phosphorus compounds by zooplankton. Limnol. Oceanogr. 8, 50–55.

SMAYDA, T. J. & B. J. BOLEYN, 1966a: Experimental observations on the flotation of marine diatoms. II. *Skeletonema costatum* and *Rhizosolenia setigera*. Limnol. Oceanogr. 11, 18–34.

— — 1966b: Experimental observations on the flotation of marine diatoms. III. *Bacteriastrum hyalinum* and *Chaetoceros landeri*. Limnol. Ozeanogr. 11, 35–43.

UHLMANN, D., 1965: Beitrag zur Limnologie extrem nährstoffreicher Flachgewässer. I. Sauerstoff, Nährstoffe. Wiss. Z. Univ. Leipzig Math.-Nat. R. 14 (2), 359–411.

— 1968: Modellversuche über die Abhängigkeit der planktischen Bioaktivität von der Verweilzeit des Wassers. Int. Revue ges. Hydrobiol. 53, 101–139.

UTERMÖHL, H., 1958: Zur Vervollkommnung der quantitativen Phytoplankton-Methodik. Mitt. Int. Ver. Limnol. 9, 1–38.

VOGLER, P., 1966: Beiträge zur Phosphatanalytik in der Limnologie. III. Bestimmung von kondensierten Phosphaten und organischen P-Verbindungen. Fortschr. Wasserchemie 4, 211–225.

Anschrift der Verfasser:
Dipl.-Biol. GUNTER OTTO
Dipl.-Biol. JÜRGEN BENNDORF,
Sektion Wasserwesen, Bereich Hydrobiologie
der Technischen Universität
DDR — 8027 Dresden, George-Bähr-Straße 1

Limnologica (Berlin)	8	2	1971	371–380

Wasserwirtschaftsdirektion Obere Elbe – Mulde, Dresden

VOLKMAR PEUKERT

Über automatische Sauerstoff- und Temperaturmessungen in Fließgewässern[1])

Mit 7 Abbildungen

1. Einleitung

In der Forschung und der Praxis der Wassergütewirtschaft nimmt die Messung des Sauerstoffs eine zentrale Stellung ein, da der gelöste Sauerstoff im Wasser ein aussagekräftiger Gradmesser der Belastung und der Selbstreinigungskapazität eines Gewässers ist. Aus der Kenntnis des Sauerstoffhaushaltes kann man weitgehende Prognosen über die zu erwartende Wassergüte bei geplanten neuen Abwassereinleitungen erarbeiten.

Doch mit den herkömmlichen Methoden läßt sich der Sauerstoffhaushalt eines Gewässers nur mit erheblichem Zeit- und Kostenaufwand erfassen. Einzelproben geben zwar Anhaltspunkte; doch für eine genaue Bilanzierung sind sie nicht ausreichend, da die Anzahl der Faktoren, die den Sauerstoffhaushalt positiv oder negativ beeinflussen, groß ist. Vor allem die organische Belastung, die Bioaktivität autotropher und heterotropher Organismen, die Temperatur, der Wind und die hydrologischen Verhältnisse wirken sich in unterschiedlichem Maße aus. Es kommt daher je nach dem Überwiegen des einen oder anderen Faktors zu mehr oder weniger ausgeprägten Schwankungen des Gehaltes an gelöstem Sauerstoff. Besonders in Gewässern mit einem reichlichen Gehalt an autotrophen Organismen kommt es in Abhängigkeit von der Globalstrahlung und dem Lichtklima im Gewässer zu charakteristischen Tag–Nacht-Schwankungen. Der Gehalt an gelöstem Sauerstoff erreicht sein Minimum kurz vor Sonnenaufgang. Danach wird durch die Assimilation der Pflanzen in zunehmendem Maße Sauerstoff an das freie Wasser abgegeben. In den frühen Nachmittagsstunden wird der höchste Wert erreicht; dann erfolgt in der Regel bereits eine Abnahme der Assimilationsintensität. Nach dem Sonnenuntergang setzt mit dem Ausfall der Assimilation ein rapider Sauerstoffschwund im Gewässer ein.

Die Tagesschwankungen können erhebliche Werte erreichen. In der Elbe bei Dresden betrug die Differenz zwischen dem niedrigsten und dem höchsten Wert in den Sommermonaten 1969 nicht selten 4–5 mg/l. In den ausreichend belichteten Oberflächenschichten wurden mit der Hell–Dunkel-Flaschenmethode Bruttoproduktionswerte bis über 10 mg/l pro Tag gemessen. Noch höhere Werte kann man in eutrophen Staugewässern und Oxydationsteichen erfassen.

Daraus ist zu erkennen, daß die Entnahme von Einzelproben aus derartigen Gewässern leicht zu falschen Schlußfolgerungen führen kann. In den Mittagsstunden wird man häufig sauerstoffgesättigtes Wasser vorfinden; dagegen kann in den frühen Mor-

[1]) Herrn Professor Dr. ARNO WETZEL zum 80. Geburtstag gewidmet.

genstunden, wenn die routinemäßige Probeentnahme in der Regel nicht erfolgt, ein starkes Sauerstoffdefizit beobachtet werden. Will man aussagekräftige Werte haben, dann ist der Verlauf der Sauerstoffkurve an charakteristischen Tagen über einen Zeitraum von 24 Stunden zu verfolgen. Die Messungen werden jedoch sehr aufwendig, wenn dies durch die Entnahme von einzelnen Proben erfolgt. Man greift daher bei der Untersuchung von Gewässern, Kläranlagen und Modellanlagen in zunehmendem Maße auf kontinuierlich messende und registrierende Anlagen zurück.

2. Sauerstoffmessung

In den letzten Jahren wurde eine Reihe von Meßverfahren zur kontinuierlichen Sauerstoffmessung entwickelt (vgl. STANKIEWICZ, SZCZEPANIAK, RYBINSKI 1968). Den sog. „CLARK-Elektroden" gibt man jedoch in zunehmendem Maße den Vorzug [vgl. CEGLARSKI & RYBINSKI (1968), DOJLIDO & METLER (1968), EYE & RITCHIE (1966), FASTABEND & HANDLOSER (1966), LEGLER (1964, 1966), SZCEPANIAK & RYBINSKI (1968), TÜMMLER & REITNAUER (1964)].

Diese reduzierenden Elektroden liefern selbst unter komplizierten Bedingungen optimale Meßergebnisse. Man kann damit Sauerstoffkonzentrationen im Wasser im Bereich von 0—24 mg/l mit einer Meßgenauigkeit von 1% messen (DOJLIDO & METLER 1968).

Der besondere Vorteil der Sonden besteht darin, daß die elektrolytische Kammer durch eine dünne Polyäthylen-, Polypropylen- oder Teflonfolie vor dem Eindringen von Wasser, Ionen und Schmutzstoffen geschützt ist. Für Gase ist die Folie dagegen durchlässig.

Bei Messungen, die von uns in der Elbe durchgeführt wurden, kamen ebenfalls membranbedeckte Elektroden zum Einsatz. Diese Sonden wurden im „Forschungsinstitut MANFRED VON ARDENNE" hergestellt. Der Aufbau und die Wirkungsweise werden von TÜMMLER & REITNAUER (1964) näher beschrieben. Im selben Forschungsinstitut wurde das Sauerstoffmeßgerät entwickelt. Das Meßgerät arbeitet mit einem geregelten Verstärker, der gute Linearität und Nullpunkt-Konstanz gewährleistet (vgl. TÜMMLER & REITNAUER 1964). Außerdem wurde mit einem von der Firma Metra Radebeul speziell für Sauerstoffmessungen entwickelten Meßverstärker (M 65) gearbeitet. Die Registrierung der Daten erfolgte mit einem Motor-Kompensations-Bandschreiber (Typ eKN), dessen Schreibbreite 250 mm betrug.

Beide Sauerstoffmeßgeräte waren ohne automatische Temperaturkompensation. Da die Messung mit CLARK-Elektroden stark temperaturabhängig ist, mußten vor Beginn der Untersuchungen für den zu erwartenden Temperaturbereich von den einzelnen Temperaturen Eichkurven aufgestellt werden. Als Eichlösung diente unterschiedlich temperiertes, luftgesättigtes Elbewasser. Bei der Eichung wurde die Sonde zuerst in Wasser getaucht, das eine Temperatur von 20 °C hatte, sauerstoffgesättigt war und außerdem stark gerührt wurde. Nach der Einstellzeit der Elektrode wurde auf dem Schreiber mittels eines regelbaren Widerstandes der volle Ausschlag (100 Skalenteile) eingestellt. Dann wurde das Wasser mit der Elektrode im Kühlschrank unter ständigem Rühren und Belüften allmählich bis auf 1 °C abgekühlt. Bei den einzelnen vollen Temperaturen wurde der Zeigerausschlag am Schreiber abgelesen. Die Sättigungswerte des Wassers bei den einzelnen Temperaturen wurden unter Berücksichtigung des Luftdruckes entsprechenden Tabellen entnommen. Zur Kontrolle wurden in Abständen Wasserproben zur Ermittlung des Sauerstoffes nach der WINKLER-Methode abgehebert. Die Bestimmung des Reststromes im sauerstofffreien Wasser erfolgte durch Eintauchen der Elektrode in eine Natriumsulfit-Lösung. Der Eichvorgang wurde mehrmals wiederholt.

Die beiden Punkte — Reststrom im sauerstofffreien Wasser und Stromstärke bei gesättigtem Wasser — sind für die Darstellung der einzelnen Eichgeraden ausreichend.

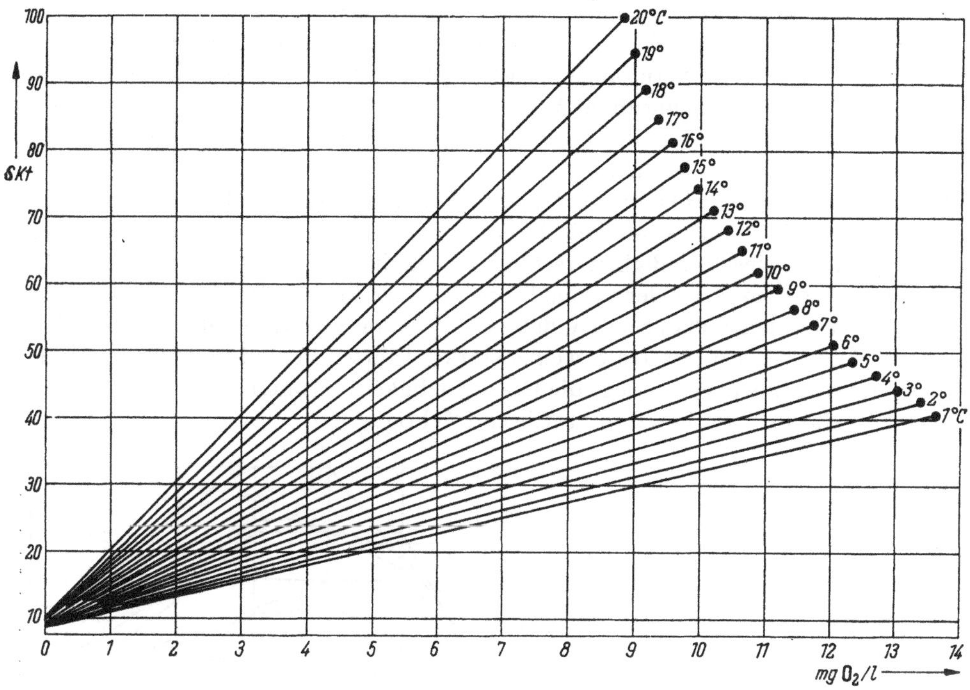

Abb. 1. Eichgeraden für Sauerstoffmessung.

Bei den Messungen in der Elbe hing die Elektrode von einem Ausleger, der an der Ufermauer befestigt war, ohne besondere Schutzvorrichtungen in das Wasser. Dadurch war die Sonde den mechanischen Einwirkungen fester Wasserinhaltsstoffe direkt ausgesetzt. Die Zerstörung der Membran war daher auch die mit Abstand häufigste Ursache des Versagens der Meßeinrichtung. Im ungünstigsten Falle betrug die Funktionsdauer nur einige Stunden. Andererseits arbeitete die Anlage auch mehrere Monate ohne Störungen.

Eine beschädigte Membran erkennt man an groben, ruckartigen Ausschlägen des Zeigers. Der durch die Membran ausfließende Elektrolyt ist mit pH-Papier nachzuweisen.

Ist ein Membranwechsel erforderlich geworden, dann muß die neue Folie sorgfältig auf gegebenenfalls vorhandene Mängel geprüft werden. Nach Möglichkeit sollte man darauf achten, daß die Stärke der neuen Membran nicht wesentlich von der der alten abweicht, denn gleichstarke Folien haben — auch wenn sie von verschiedenen Herstellern produziert wurden — einen ähnlichen Diffusionskoeffizienten (TÜMMLER 1964). Man erspart sich dadurch einen Teil des relativ umständlichen Eichvorganges. Bei ähnlichem Folienmaterial genügt es, wenn man einige Eichgeraden (z. B. bei 20°, 15°, 10°, 5 °C) durch direkte Messungen aufstellt und die übrigen graphisch oder rechnerisch ermittelt. In der Regel kann man die alte Eichkurve wieder verwenden.

War die Elektrode vor der Beschädigung mehrere Wochen in Betrieb, dann empfiehlt es sich, gleichzeitig auch die Anode mit einem Elektrolyser neu zu oxydieren (2—4 V, 10—15 Min.). Vorher wird der Meßstab kurzzeitig in verdünnte Salpetersäure getaucht und anschließend reichlich mit Wasser abgespült.

Beim Zusammenbau der Sonde ist auf Sauberkeit zu achten. Die Kathodenoberfläche ist gründlich zu säubern; auch der Elektrolyt (25% KOH) sollte frisch angesetzt sein. Meßfehler bzw. eine unruhige Anzeige stellen sich ein, wenn die Membran nicht genügend straff gespannt ist oder wenn Luftblasen zwischen Kathodenoberfläche und Membran nicht beseitigt wurden.

Beim Meßvorgang ist unbedingt darauf zu achten, daß an der Elektrodenoberfläche eine bestimmte Fließgeschwindigkeit des Wassers aufrecht erhalten wird. Mit zunehmender Strömungsgeschwindigkeit verkleinert sich die Diffusionsschicht an der Oberfläche. Dadurch erhöht sich der Strom, bis er einen bestimmten Grenzwert erreicht hat. Versuche von LEGLER (1966) zeigten, daß bei Strömungsgeschwindigkeiten >0,25 m/s die Abweichungen der Meßwerte von einer stark gerührten Probe innerhalb der Fehlergrenzen des Systems liegen. Liegt die Geschwindigkeit darunter, dann wird die Meßgenauigkeit stark durch diesen Faktor beeinträchtigt.

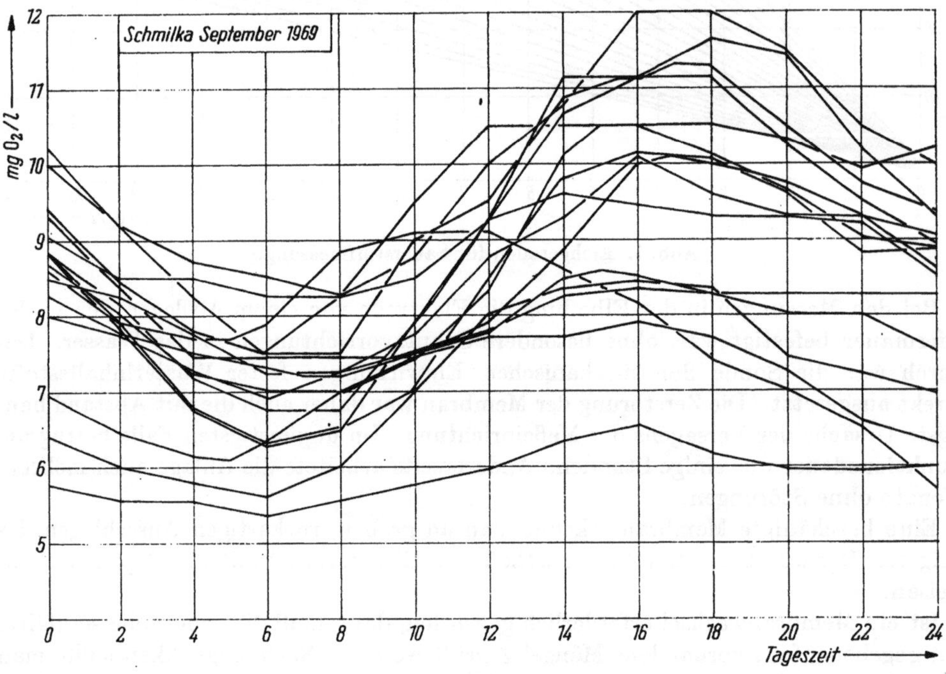

Abb. 2a

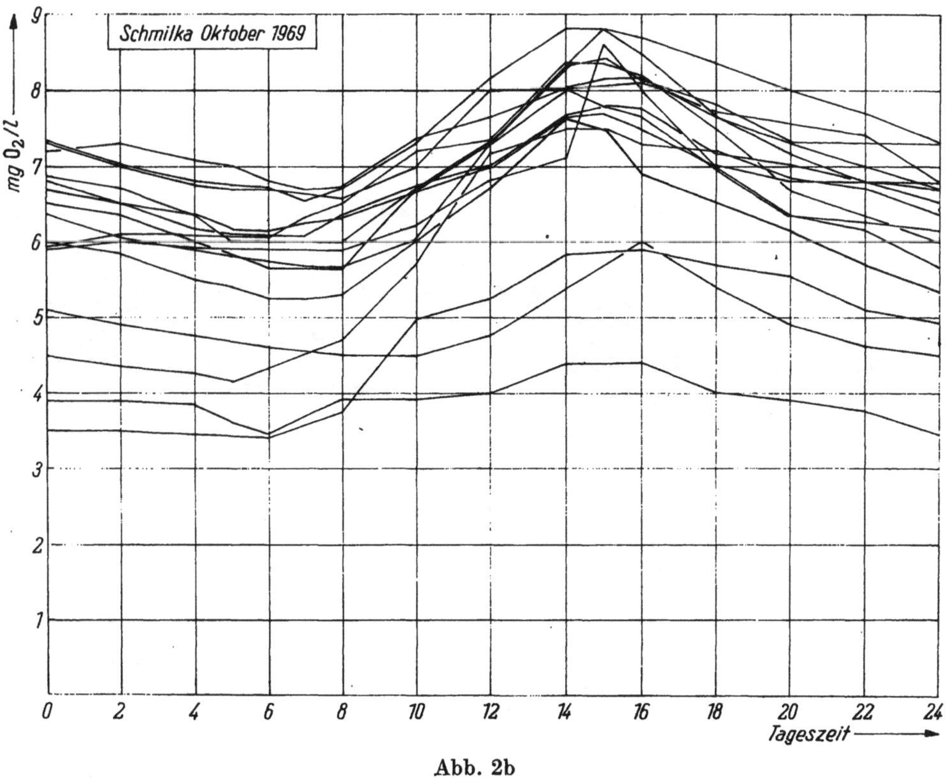

Abb. 2b

Abb. 2. Sauerstoffkurven der Elbe in Schmilka, September/Oktober 1969 (Meßgerät M 65).

In der Elbe reicht die Strömungsgeschwindigkeit für derartige Messungen aus. Doch bei länger andauernden Untersuchungen wird sich besonders in abwasserbelasteten Gewässern nach einer bestimmten Zeit ein Bewuchs von Bakterien und Algen auf der Elektrodenoberfläche einstellen. Die Folge ist ein deutlicher Stromabfall infolge der vergrößerten Diffusionsschicht. Auch Gegenstände, die sich an der Elektrode verankern, können durch Verminderung der Strömungsgeschwindigkeit Meßfehler auslösen. Die Sonde mußte daher alle 2—3 Tage mit einem weichen Tuch gesäubert werden.

Bei Messungen über einen Zeitraum von mehreren Wochen kann es zu einem gewissen Abfall des Meßstromes bzw. zu einem leichten Anstieg des Reststromes kommen. Im Interesse der Meßgenauigkeit muß man daher in 1—2-wöchentlichen Abständen Kontrolleichungen durchführen. Vorher ist die Elektrode zur Reinigung kurz in halbkonzentrierte Salzsäure zu tauchen.

Die Abbildungen 2 bis 4 zeigen eine Reihe von Tag–Nacht-Kurven des Sauerstoffes, die mit Meßanlagen an der Elbe in Dresden und Schmilka gemessen wurden. Zur Darstellung der Kurven wurden den kontinuierlich aufgeschriebenen Meßreihen nur jeweils Meßpunkte in Abständen von zwei Stunden entnommen.

Die Interpretation des vorliegenden Materials soll gemeinsam mit weiteren Untersuchungsergebnissen über den biologischen Sauerstoffeintrag in einer späteren Ver-

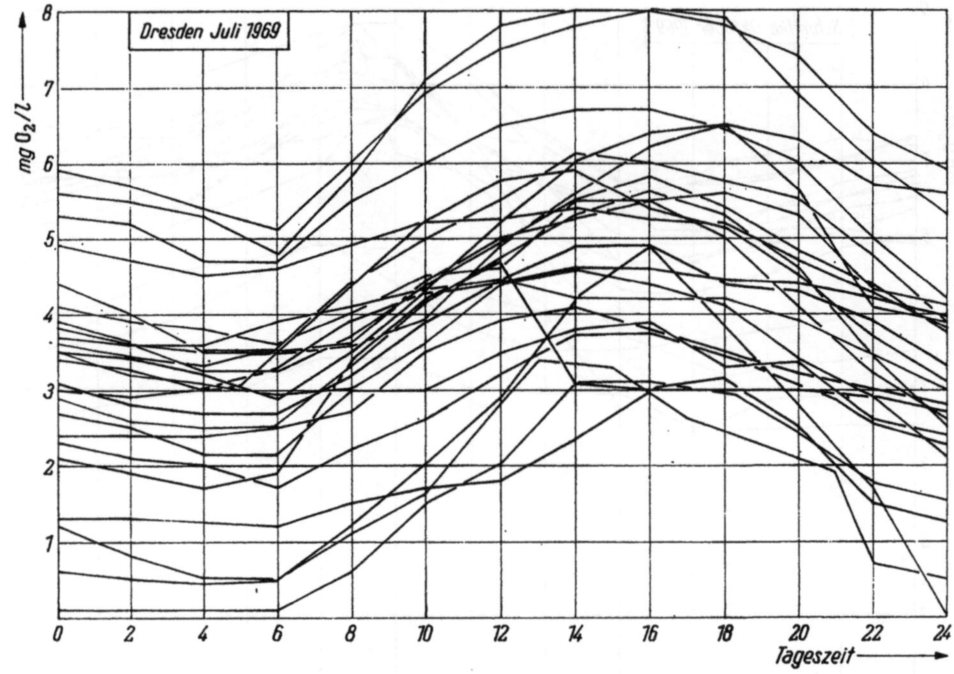

Abb. 3a

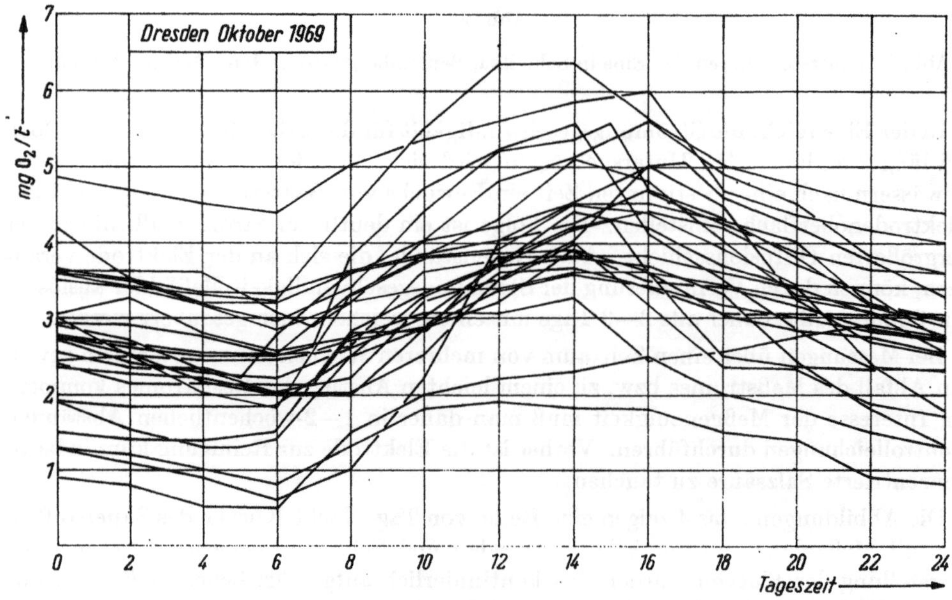

Abb. 3b

Abb. 3. Sauerstoffkurven der Elbe in Dresden, Juli, Oktober 1969 (Meßgerät des Institutes M. v. ARDENNE).

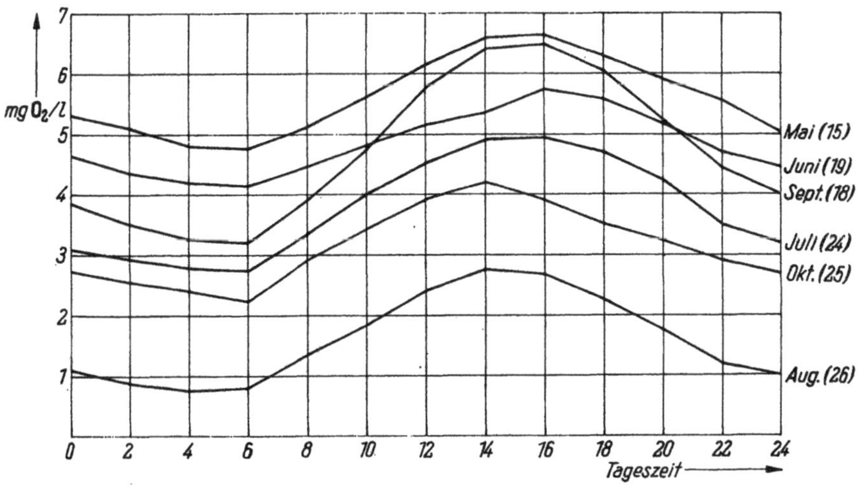

Abb. 4. Mittelwertskurven des Sauerstoffs der einzelnen Monate (Die Zahlen in Klammern bedeuten Anzahl der Einzelmessungen).

öffentlichung erfolgen. Es soll nur so viel angedeutet werden, daß in der warmen Jahreszeit trotz der flachen trophogenen Schicht der biologische Sauerstoffeintrag nicht selten höher ist als der tägliche Sauerstoffbedarf der Elbe.

3. Temperaturmessung

Die Diffusion des Sauerstoffes durch die Membran der Sauerstoffelektrode ist stark von der jeweiligen Wassertemperatur abhängig. Da die verwendeten Meßgeräte ohne automatische Temperaturkompensation waren, mußte parallel zum Sauerstoff die Wassertemperatur kontinuierlich gemessen und registriert werden.

Die automatische Messung der Temperatur bereitet relativ wenig Schwierigkeiten, wenn man dazu Halbleiter-Widerstandsthermometer verwendet (Hersteller: VEB Keramische Werke Hermsdorf/Thüringen).

Die aus einer Oxidkeramikmasse bestehenden Halbleiter gestatten Temperaturmessungen im Bereich von -50 bis $+450$ °C. Der Widerstand nimmt mit steigender Temperatur ab. Im Vergleich zu Metall-Widerstandsthermometern zeichnen sie sich durch eine wesentlich größere Empfindlichkeit aus. Ein weiterer Vorteil besteht darin, daß sich durch den hohen Widerstandswert Übergangswiderstände kaum bemerkbar machen. Dies erlaubt eine größere Trennung zwischen Meßstelle und Beobachtungspunkt. Außerdem ist die erforderliche Stromstärke so gering, daß ein Einfluß durch Eigenerwärmung nicht zu erwarten ist [vgl. dazu Liebers (1967) und Rink (1961)]. Allerdings ist die Widerstandsänderung im Gegensatz zum Platin-Thermometer nicht linear (vgl. Abb. 5). Dies ist bei der Eichung zu beachten.

Die einfachste Methode der Temperaturmessungen mit Halbleitern ist, den Spannungsabfall einer angelegten Gleichstromquelle (6 V sind ausreichend) in Abhängigkeit von der Temperatur zu ermitteln. Wesentlich genauere Werte erhält man, wenn hierzu eine Wheatstonesche Brückenschaltung verwandt wird (vgl. Abb. 6).

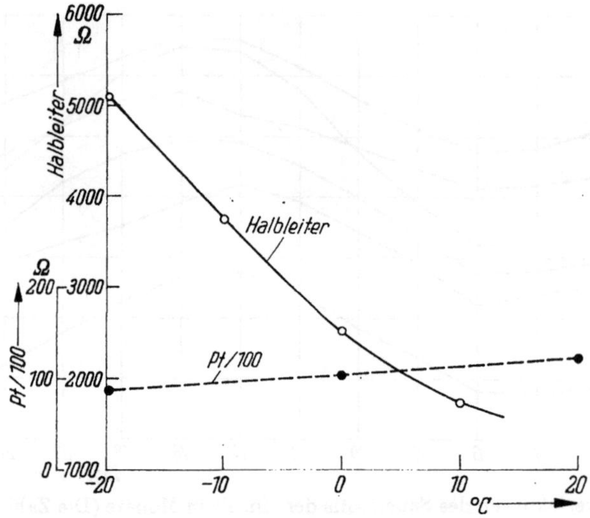

Abb. 5. Vergleich des Widerstandsverlaufes eines Halbleiter- und eines Platin-100 Ohm-Widerstandsthermometers (Aus LIEBERS 1967).

Voraussetzung für eine genaue Temperaturmessung ist eine konstant gehaltene Gleichstromquelle. Bei automatisierten Anlagen sollte daher — ebenso wie bei der Sauerstoffmessung — eine Konstantspannungsquelle in Form eines automatischen Netzspannungsreglers vorgeschaltet werden. Die Meßgenauigkeit beträgt dann etwa 0,1—0,2 °C.

Bei der Eichung wurde die Brücke so abgeglichen, daß der Ausschlag auf dem angeschlossenen Fallbügel-Punktschreiber bei 0 °C ebenfalls Null war. Bei 20 °C wurde mit einem regelbaren Widerstand am Schreiber voller Ausschlag eingestellt. Die Zwi-

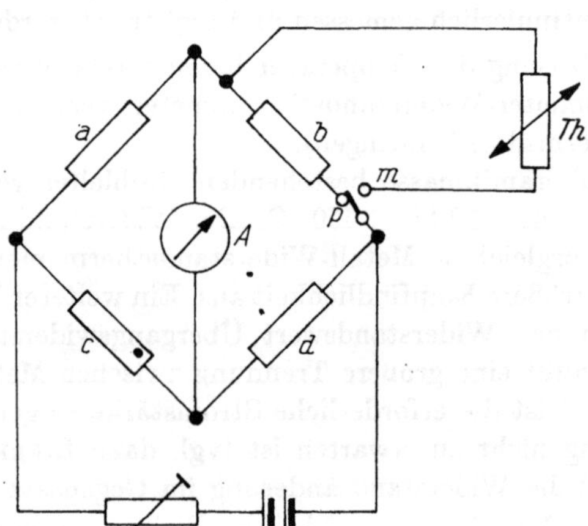

Abb. 6. Meßschaltung für Widerstandsthermometer in WHEATSTONEscher Brückenschaltung (Aus LIEBERS 1967).

a, c, d konstante Widerstände; b Prüfwiderstand; Th Widerstandsthermometer; Rg Einstellwiderstand; A Anzeigeinstrument mit Drehspulmeßwerk; B Stromquelle; p prüfen; m messen.

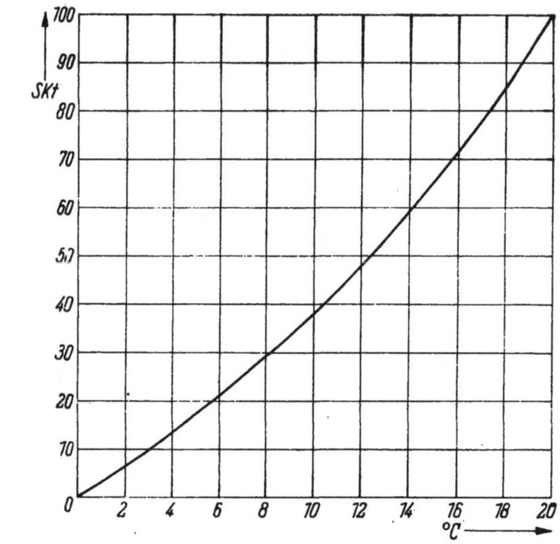

Abb. 7. Eichkurve für Temperaturmessungen.

schentemperaturen wurden dann durch Erwärmung bzw. Abkühlung des Halbleiters ermittelt. Die erhaltenen Werte kann man in Form einer Eichkurve darstellen (vgl. Abb. 7). Auch bei den Temperaturmessungen müssen in größeren Zeitabständen Kontrolleichungen durchgeführt werden.

Halbleiter-Widerstandsthermometer kann man sich ohne Schwierigkeiten selbst herstellen, indem man den an ein entsprechend langes Kabel gelöteten Halbleiter in Epoxydharz eingießt. Derartige Thermometer sind ausreichend isoliert. Außerdem sind sie sehr lange einsatzfähig.

4. Zusammenfassung

Der Gehalt an gelöstem Sauerstoff unterliegt in den Gewässern gewissen Schwankungen. Besonders in eutrophen, pflanzenreichen Gewässern treten charakteristische Tag–Nacht-Kurven des Sauerstoffes mit z. T. beträchtlichen Amplituden auf. Bei diesen Gewässern erhält man ökonomisch vertretbare und aussagekräftige Werte über den Sauerstoffhaushalt nur mittels kontinuierlich messender und registrierender Anlagen.

In der Arbeit wird über Erfahrungen mit automatischen Sauerstoffmeßanlagen in der Elbe berichtet. Es wurden zwei Gerätetypen eingesetzt. Die Registrierung erfolgte mit Motorkompensatoren. Mit den verwendeten membranbedeckten Elektroden konnten gute Ergebnisse erzielt werden.

Da die Meßgeräte ohne automatische Temperaturkompensation waren, wurde parallel dazu die Wassertemperatur kontinuierlich gemessen und registriert. Hierbei wurden mit Halbleiter-Widerstandsthermometern in Brückenschaltung sowie mit einem Fallbügel-Punktschreiber ausreichend genaue Meßergebnisse erzielt.

5. Literatur

Ceglarski, R. & J. Rybinski, 1968: Eigene Erfahrungen hinsichtlich des Anwendungsbereiches einiger Sauerstoff-Sonden bei der Bestimmung des BSB und der Atmung des Belebtschlammes (Polnisch). Material der XI. Abwasserkonferenz in Kattowice, 389–410.

Dojlido, J. & M. Metler, 1968: Automatische Vorrichtungen für kontinuierliche Messungen der Wasserqualität (Polnisch). Gaz, Woda, Techn. Sanit. 7, 227–232.

EYE & RITCHIE, 1966: Measurement BOD with a membrans electrode system. JWPCF **38**, 143.

FASTABEND & HANDLOSER, 1966: Elektrochemische Sauerstoffmessungen mit membranbedeckten Elektroden in Gewässern sowie in Kläranlagen- und Laborbetrieb. Vom Wasser **33**, 142–153.

LEGLER, CH., 1964: Erfahrungen über Sauerstoffmessungen in Oberflächenwasser und Abwasser mit einer membranbedeckten Elektrode. Fortschr. Wasserchemie **1**, 55–62.

– 1966: Beitrag zur Bestimmung des im Wasser gelösten Sauerstoffes. Limnologica (Berlin) **4** (2), 291–301.

LIEBERS, A., 1967: Temperaturmessungen (Reihe Automatisierungstechnik). Berlin.

RINK, J., 1961: Thermistore und ihre Anwendung in der Meteorologie. Abh. meteorol. hydrol. Dienst DDR **63**, Bd. VIII.

STANKIEWICZ, A., J. SZCZEPANIAK & J. RYBINSKI, 1968: Methoden zur Bestimmung des Sauerstoffgehaltes im Wasser und Abwasser mit Hilfe von Meßgeräten (Polnisch). Material der XI. Abwasserkonferenz in Kattowice, 367–388.

TÜMMLER, R. & P. REITNAUER, 1964: Ein Gerät zur elektro-chemischen Sauerstoffmessung in Flüssigkeiten und Gasen mit membranbedeckten Elektroden. Fortschr. Wasserchemie **1**, 45–55.

Anschrift des Verfassers:
Dipl.-Biol. VOLKMAR PEUKERT
Wasserwirtschaftsdirektion Obere Elbe–Mulde
DDR – 801 Dresden, J.-Grimau-Allee 23

Limnologica (Berlin)	8	2	1971	381–391

VEB Wasserversorgung und Abwasserbehandlung Magdeburg

KURT RUDOLF

Ein Beitrag zu den Problemen wasserwirtschaftlicher Verhältnisse unter tropischen Bedingungen[1])

Mit Tafeln II–V

Inhaltsverzeichnis

Auf der Grundlage der „Charta der Weltföderation der Partnerstädte" bestehen seit 1966 freundschaftliche Partnerschaftsbeziehungen zwischen den Städten Kayes (Republik Mali) und Magdeburg (Deutsche Demokratische Republik). Im Rahmen des Partnerschaftsvertrages wurde die Erarbeitung einer Studie zur Verbesserung der wasserwirtschaftlichen Verhältnisse der Stadt Kayes vereinbart. Im Auftrage des Rates der Stadt Magdeburg hielten sich in der Zeit von Februar bis April 1968 ein Wasserwirtschafts-Ingenieur und der Autor in Kayes auf und studierten die bestehenden Verhältnisse. In Auswertung der Ergebnisse dieses Studienaufenthaltes wurde von einem Kollektiv des VEB Wasserversorgung und Abwasserbehandlung Magdeburg eine Studie erarbeitet, die teilweise bis zum fertigen Projekt führte.

Im vorliegenden Beitrag wird der Versuch unternommen, die Komplexität der wasserwirtschaftlichen Verhältnisse unter tropischen Bedingungen zu demonstrieren und Lösungswege zu ihrer Verbesserung unter Berücksichtigung der örtlichen Gegebenheiten aufzuzeigen.

[1]) Herrn Professor Dr. ARNO WETZEL zum 80. Geburtstag gewidmet.

I. Analyse der bestehenden Verhältnisse

a) Bedeutung der Stadt Kayes am Senegal (Republik Mali)

In der Region Kayes leben auf einer Fläche von 128772 km² rund 797000 Einwohner. Kayes als Regionshauptstadt beherbergt alle staatlichen Verwaltungen der Region und des Kreises Kayes. Es ist eine an beiden Ufern des Senegals gelegene Stadt mit 32000 Einwohnern und einer Fläche von rund 8 km² (Tafel II, Bild 1). Verkehrstechnisch hat Kayes als Knotenpunkt für den Luft-, Straßen-, Schienen- und Wasserstraßenverkehr eine große Bedeutung. Es besitzt einen Flughafen, einen Bahnhof mit Eisenbahn-Ausbesserungswerk und Hafenanlagen für die Binnenschiffahrt am Senegal.

Wirtschaftlich ist die Stadt Kayes noch in erheblichem Umfang entwicklungsfähig. Handel, Landwirtschaft, Gartenbau, Viehzucht, Handwerk und Binnenfischerei sind die Haupterwerbszweige der Bevölkerung. Industrie ist zur Zeit nicht vorhanden.

Die vorhandene Bausubstanz umfaßt etwa 20% Massivbauten; 80% sind in typisch afrikanischem Baustil errichtete Lehmbauten. Die Massivbauten stammen meist aus der Kolonialzeit und beherbergen überwiegend öffentliche Einrichtungen. 85% der Straßen und Wege sind unbefestigt; nur die Hauptstraßen sind mit einer Asphaltdecke versehen. Eine betonierte Furt über den Senegal verbindet die beiden Stadtteile; sie ist nur während der Trockenzeit passierbar.

Kayes besitzt eine zentrale Wasserversorgung und ein ausgedehntes offenes Grabensystem zur Abführung des Regenwassers. Ein Wasserkraftwerk und ein Dieselkraftwerk versorgen die Stadt mit Elektroenergie (552 KW). Es sind ein Krankenhaus mit Facharztabteilungen und Entbindungsstation, mehrere Ambulanzen und ein Kindergarten vorhanden.

b) Physiographische Faktoren

Die Stadt Kayes liegt in der Region der Dorngrassteppe, die große Teile der Republik Mali bedeckt.

Man unterscheidet 3 Jahreszeiten: eine kalte und trockene Periode von Dezember bis Februar, eine warme und trockene Periode von März bis Juni und eine Regenperiode von unterschiedlicher Dauer. Zwischen Dezember und Februar liegt die mittlere durchschnittliche Monatstemperatur zwischen 24 und 28 °C; sie steigt in der warmen Periode bis auf über 35°C an.

Die niedrigste Temperatur seit 1956 wurde mit 15,2 °C, die höchste mit 46,5 °C gemessen. Die relative Luftfeuchtigkeit geht im Monat März bis auf 6% im Monatsmittel zurück, während sie im August bis auf 98% ansteigt. Die Hauptwindrichtung während der trockenen Periode liegt bei E bzw. NE und schwenkt in der Regenzeit auf W bzw. SW um. Die Regentage des Jahres liegen zwischen 60 und 79 Tagen, die Niederschläge schwanken seit 1956 zwischen 635,3 und 879,5 mm. Die Zusammenballung der Niederschläge auf wenige Monate, sogar auf wenige Tage, bringt Maximalniederschläge von 35,2 mm in der Stunde hervor! Diese Tatsache schlägt sich auch bei den Wasserständen des Senegals nieder, wo Wasserspiegelschwankungen von 2,50 m innerhalb von 24 Stunden keine Seltenheit sind. In der Trockenzeit geht der Wasserstand des Senegals am Pegel Kayes bis auf 0,70 m zurück; er steigt in der Regenzeit bis auf 13,30 m (Hochwasser 1958) an. Im Durchschnitt bewegt sich der Hochwasserstand während der Regenzeit zwischen 8 und 10 m.

c) Situation in der Wasserversorgung

Kayes besitzt eine zentrale Trinkwasserversorgung, die sich im Besitz der Firma „Energie du Mali" befindet. Dieser staatliche Betrieb, dem sowohl die Wasserwirtschaft als auch die Energieversorgung unterstellt sind, hat seinen zentralen Sitz in Bamako. Neben den Fragen des Wasserhaushaltes und des Hochwasserschutzes obliegen dieser Einrichtung auch die Fragen der Projektierung und die Leitung des Baues von Neuanlagen in Zusammenarbeit mit den entsprechenden Gesellschaften.

1. Gewinnung, Förderung, Speicherung und Verteilung des Wassers

In dem am Senegal gelegenen Dieselkraftwerk ist auch die Pumpstation für die zentrale Wasserversorgung von Kayes installiert. Unterhalb der Einmündung des Nebenflusses Paparah, der nur während der Regenzeit Wasser führt, wird das Flußwasser durch einen Entnahmekanal entnommen. Zwei vertikale Tiefbrunnenpumpen mit je 160 m^3/h Förderleistung drücken das Wasser über eine 1130 m lange Leitung aus gußeisernen Muffenrohren NW 250 in einen Hochbehälter. Ein künstlich geschütteter Steindamm etwa 50 m unterhalb des Kraftwerkes staut den Senegal an und garantiert auch bei Niedrigstwasserführung die ausreichende Entnahme während der Trockenzeit.

An einem der höchsten Punkte der Stadt liegt der Hochbehälter mit einem Gesamtinhalt von 380 m^3. Der zylindrische, offene (!) Stahlblechbehälter (8 mm Stärke) hat einen Durchmesser von 8,5 m und ist auf einen Turm aus Backsteinmauerwerk aufgesetzt.

Die Druckrohrleitung von der Pumpstation endet oberhalb der Behälteroberkante mit freiem Auslauf; der Betrieb erfolgte bis April 1968 als Durchlaufbehälter.

Vier unmittelbar an den Behälterboden angeschlossene Auslaufleitungen führen das Wasser in die Stadt ab. Der Wasserspiegel des Hochbehälters schwankt zwischen maximal 56,0 und minimal 51,0 m ü. NN.

Das Wasserrohrnetz hat eine Länge von rund 21 km mit NW zwischen 25 und 250 mm. Das Rohrmaterial besteht überwiegend aus Grauguß; in den letzten Jahren wurden auch verzinkte Stahlrohre verlegt. 800 individuelle Verbraucher und 34 öffentliche Zapfstellen (Tafel III, Bild 2) sind an das Rohrnetz angeschlossen; der Versorgungsdruck liegt in Stunden hohen Wasserbedarfs zwischen 0 und 14 m Wassersäule. Die Rohrleitungen sind überaltert und für das bestehende Rohrsystem zu gering dimensioniert. Sie sind mit geringer Überdeckung verlegt und liegen infolge der Bodenerosion teilweise frei bzw. können sogar in der Luft hängen.

2. Wasserbedarf und Wassergüte

Der Wasserbedarf der Stadt liegt gegenwärtig bei 1800—2800 m^3/d. Auf die am linken Ufer des Senegals wohnenden 25000 Einwohner bezogen, bedeutet das einen Pro-Kopf-Verbrauch von 72—112 Liter/Einwohner und Tag.

Die Einwohner des rechten Ufers werden durch eine eigene kleine Pumpstation versorgt. Der maximale Stundenverbrauch verteilt sich zu 32,5 m^3/h auf 34 öffentliche Zapfstellen, 77,5 m^3/h auf 800 individuelle Verbraucher und 15,0 m^3/h sind Rohrnetzverluste.

Während der Regenzeit geht der Wasserverbrauch durch die eintretende Verschmutzung auf 1200—1800 m³/d zurück. Außerhalb der Regenzeit führt der Senegal ein relativ hochwertiges Wasser. Die Verschmutzungsquellen sind gering und beschränken sich auf den allerdings umfangreichen Wasch- und Badebetrieb, die Viehtränken und gelegentliche kleinere Abwassereinleitungen aus Gebäuden in Flußnähe. Die hohen Sauerstoffwerte, die fast ständig über dem Sättigungswert liegen, werden bei der biologischen Untersuchung des Senegals verständlich.

Auf dem vorwiegend sandig-kiesigen Untergrund, der kaum Schlammablagerungen aufweist, breitet sich ein umfangreiches Unterwasserpflanzenspektrum aus, das sich vorwiegend aus *Potamogeton*-Arten zusammensetzt. Teile des Flußbettes bestehen aus großen Kalk–Sandstein-Blöcken, die den Aufwuchs von fädigen Chlorophyceen und Diatomeen ermöglichen. Im Plankton dominieren Diatomeen (vorwiegend Arten der Gattung *Synedra*), Desmidiaceen und protococcale Chlorophyceen. Hohe Wassertemperaturen und ein gutes Lichtklima begünstigen die Sauerstoffproduktion der pflanzlichen Organismen. Die Mikrofauna rekrutiert sich aus zahlreichen Crustaceen, Mollusken und Insektenlarven, die ein ausreichendes Nahrungsangebot für den großen Fischbestand des Senegals darstellen. Die Artenzahl ist umfangreich und manche Exemplare erreichen durch die guten Ernährungsbedingungen Körperlängen bis zu 1,50 m.

Hohe Wassertemperaturen, die reiche Flora und Fauna und das Sauerstoffangebot schaffen ideale Voraussetzungen für die biologische Selbstreinigung. Die zugeführte Verschmutzung bleibt daher lokal auf das Stadtgebiet begrenzt und ist etwa 2 km unterhalb der Stadt schon wieder bedeutungslos geworden.

Der Chemismus des Senegalwassers ist aus folgender Analyse an der Pumpstation zu ersehen:

t °C	29,1
Geruch	nach Algen, leicht dumpfig
Geschmack	leicht fischig
Aussehen	farblos, klar
Gesamtrückstand	81 mg/l
Glührückstand	61 mg/l
Chlorid	5 mg/l
Sulfat	nicht nachweisbar
Nitrit	nicht nachweisbar
Nitrat	15 mg/l
Eisen	0,1 mg/l
Mangan	0,06 mg/l
Ammonium	0,3 mg/l
Kalzium	4 mg/l
Magnesium	4 mg/l
Gesamthärte	2,2 °dH
Karbonathärte	2,2 °dH
aggressive Kohlensäure	nicht nachweisbar
freie Kohlensäure	3,8 mg/l
Sauerstoff	9,3 mg/l
$KMnO_4$-Verbrauch	34 mg/l

Wir finden ein sehr weiches, elektrolytarmes Flußwasser vor; die gesamte vorliegende geringe Härte stammt aus Karbonaten. Ein großer Teil der Untersuchungen (vor allem veränderliche Kriterien!) wurde an Ort und Stelle durchgeführt; ergänzende Untersuchungen (Gesamt- und Glührückstand, Sulfat, Ca^{++} und Mg^{++}) erfolgten im Zentrallabor des VEB WAB Magdeburg.

Oberhalb der Pumpstation ist der Wasch- und Badebetrieb verboten und die Bevölkerung hält sich streng an die Weisung.

Die organische Belastung des Senegals (ausgedrückt im $KMnO_4$-Verbrauch) liegt an dieser Stelle zwischen 28 und 34 mg/l. In Höhe der betonierten Furt (ungefähr Stadtmitte) ist der $KMnO_4$-Verbrauch bereits auf 72 mg/l gestiegen und erreicht ausgangs des Stadtgebietes Werte bis 115 mg/l. Der lokale, auf das Stadtgebiet beschränkte Charakter der Verschmutzung zeigt sich durch das Absinken des $KMnO_4$-Verbrauchs auf Werte um 40 mg/l bereits etwa 2 km nach Verlassen des Stadtgebietes.

Die Schwierigkeiten bei der Wasserversorgung beginnen während der Regenzeit. In der Zeit von Mai bis Oktober tritt als Folge der hohen Wasserführung des Senegals und der Schleppkraft des überall in großen Mengen abfließenden Regenwassers eine erhebliche Verschmutzung des Flußwassers ein. Besonders der Nebenfluß Paparah, der oberhalb der Pumpstation in den Senegal mündet, hat einen hohen Gehalt an Lehm- und Lateritherdepartikeln. Das Wasser ist während dieser Zeit intensiv gelb bis gelbbraun gefärbt und enthält einen erhöhten Anteil an anorganischer Verschmutzung (vgl. Tafel III, Bild 3). Doch auch die organische Belastung steigt während dieser Periode an (u. a. durch gefallene Tiere). Hierdurch wird besonders der bakteriologische Zustand des Wassers beeinträchtigt. Die Folge ist eine erhöhte Zunahme von Magen- und Darmerkrankungen (besonders Typhusfälle) während der Regenzeit.

Im Stadtgebiet sind mehrere Schachtbrunnen mit Tiefen zwischen 6 und 10 m vorhanden, die zur Untersuchung der Grundwasserqualität herangezogen wurden. Mit wenigen Ausnahmen dienen diese Brunnen ausschließlich Bewässerungszwecken und werden nicht zu Trinkwasserzwecken genutzt. Diese Brunnen mit Uferfiltrat des Senegals weisen beträchtliche qualitative Unterschiede zum Flußwasser auf. Die eingeschwemmte organische Substanz wird während der Bodenpassage zum großen Teil abgebaut und bewegt sich dann in den Grenzen zwischen 30 und 40 mg/l $KMnO_4$-Verbrauch. Die durch den Abbau freiwerdende Kohlensäure steigt bis auf 49 mg/l an. Das Ergebnis sind Löseerscheinungen, die einen Anstieg der Karbonathärte bis auf 36,4 °dH und einen Chloridgehalt bis 82 mg/l bewirken. Auffällig ist der geringe Eisen- und Mangangehalt bei den Brunnenuntersuchungen, was auf eine Armut des Bodens an diesen Kriterien hindeutet. 0,4 mg/l Eisen und 0,55 mg/l Mangan waren Maximalwerte; beim größten Teil der Brunnen lagen Eisen und Mangen unter der Nachweisgrenze.

d) Probleme der Regenwasserableitung, der Abwasserbeseitigung und der Erosionsverhinderung

1. Hydrologische Verhältnisse

Die Fragen der Regenwasserableitung werden für den am linken Ufer des Senegals gelegenen Teil der Stadt durch einige besondere geographische und hydrologische Bedingungen problematisch. Das in Süd–Nord-Richtung zum Senegal abfallende Gelände ist gleichzeitig in West–Ost-Richtung geneigt und entwässert in eine Senke von etwa 60 Hektar im hochwassergefährdeten Stadtgebiet. Bei Wasserständen von 8,20 m im Senegal entsteht für diesen Stadtteil infolge Rückstaus und fehlender Vorflut zum Senegal Hochwassergefahr. In 65 Jahren wurde dieser Wasserstand 48 mal überschritten.

2. Regenwasserableitung

Die Stadteile am linken Senegalufer besitzen ein System offener Gräben zur Aufnahme und Ableitung des Niederschlagswassers, das aus allen Richtungen in die Geländesenke abfließt. Am tiefsten Punkt dieser Senke münden die offenen Kanäle in einen geschlossenen Kanal, der das Regenwasser über ein Auslaßbauwerk zum Senegal abführt (Tafel IV, Bild 4); weitere Auslaßbauwerke im Stadtgebiet schaffen bereits oberhalb dieser Ableitung eine gewisse Entlastung.

Die bestehenden Gräben entwässern ein Einzugsgebiet von etwa 5,2 km²; sie tragen den Charakter von Hauptsammlern (Tafel IV, Bild 5) Die wenigsten Straßen besitzen Regenwasserkanäle; meist wird das Straßenprofil selbst als Ablauf benutzt.

Die freie Vorflut zur Regenwasserableitung ist nur bis zu einem Wasserstand von 7,23 m im Senegal gegeben. Bei höheren Wasserständen müssen die Auslaßbauwerke geschlossen werden, da sonst durch Rückstau bereits bebaute Gebiete gefährdet werden. Mit der Unterbrechung der freien Vorflut übernimmt ein Schöpfwerk die Regenwasserableitung, dessen zwei 500 m^3/h-Pumpen zur schnellen Ableitung des angefallenen Wassers nicht ausreichen. Die Auswertung der Niederschläge weist Spitzen bis zu 94,8 mm innerhalb 24 Stunden auf. Bezogen auf das 5,2 km^2 große Einzugsgebiet können maximal bis zu 490000 m^3 in die Geländesenke abfließen.

Das Schöpfwerk besitzt bei guter Wartung und störungsfreiem Betrieb nur eine maximale Tageskapazität von 24000 m^3. Ohne erneute Regenfälle müßte dieses Schöpfwerk bereits zur Abführung eines Maximalniederschlages 20 Tage in Betrieb sein! Das Speichervermögen der Geländesenke beträgt ohne Gefährdung der bebauten Gebiete etwa 600000 m^3. Der Überstau erstreckt sich praktisch auf den gesamten Zeitraum der Vorflutunterbrechung und schafft neben den mechanischen Schäden ideale Brutplätze für Moskitos.

3. Abwasserbeseitigung

Die Beseitigung häuslicher und gewerblicher Abwässer bereitet zur Zeit noch keine Schwierigkeiten. Es sind kaum Sanitärinstallationen vorhanden; alle Grundstücke besitzen einfache Sickergruben, die die Fäkalien aufnehmen. Die in geringen Mengen anfallenden Haushaltsabwässer werden in die bestehenden Regenwasserkanäle oder auf die Straße abgeleitet. Infolge der hohen Temperaturen und der Trockenheit verdunstet oder versickert das Abwasser sehr schnell. Es fault rasch aus und staut sich nur in Ausnahmefällen in größeren Mengen in den Regenwassergräben. Lediglich das Abwasser des Hospitals wird in einem besonderen Graben gesammelt und auf einem Acker verrieselt.

4. Erosionsverhinderung

Die Regenwasserkanäle zur schnellen Sammlung und schadlosen Abführung der Niederschläge erfüllen ihre Aufgaben noch nicht. In manchen Stadtgebieten existieren noch keine Gräben und die Niederschläge fließen aus höhergelegenen Teilen der Stadt mit hoher Geschwindigkeit in die Geländesenke ab. Da besonders zu Beginn der Regen-

Bild 1. Luftaufnahme der Stadt Kayes am Senegal (Republik Mali).

Bild 2. Öffentliche Wasser-Entnahmestelle im Stadtgebiet Kayes. Durch geringen Versorgungsdruck entstehen lange Wartezeiten.

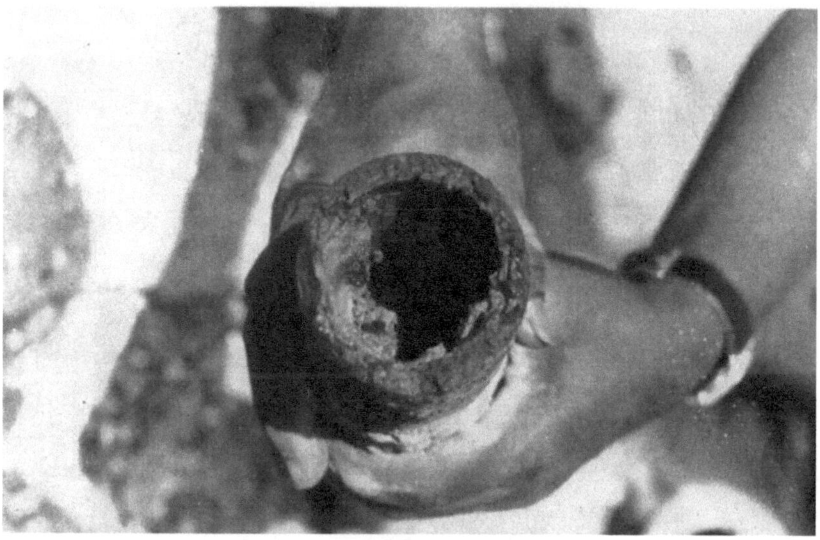

Bild 3. Rohrquerschnitt. Ausgebaute Rohrleitung NW 80 mm eines Endstranges. Der Rohrquerschnitt ist durch Schlammablagerung um etwa 30% reduziert.

Bild 4. Hauptauslaßbauwerk am Senegal in Höhe der Quarantäne-Station. Der Auslauf wird bei Hochwasser geschlossen.

Bild 5. Gutausgebauter Regenwassergraben und freiliegende Hauptversorgungsleitung im Stadtgebiet Kayes.

Bild 6. Bodenerosion durch abfließendes Regenwasser in der Stadt Kayes, Stadtteil Légal-Segou.

zeit eine Vegetation fast völlig fehlt und die Straßen bis auf Ausnahmen unbefestigt sind, werden vom abfließenden Wasser große Bodenmengen mitgerissen. Gebiete mit großem Gefälle verändern sich ständig durch die fortschreitende Erosion (Tafel V, Bild 6). Man findet diese Erosionszonen in fast allen Gebieten der Stadt. Unbefestigte Straßen haben sich durch Ausspülung der Oberfläche in längeren Zeiträumen bis auf 3 m vertieft, während an befestigten Straßen keine Veränderung festzustellen war. Für unterirdisch verlegte Leitungen stellt die Bodenerosion die Gefahr der Freilegung dar.

Durch die Unterbrechung der freien Vorflut zum Senegal und das Sammeln in der Geländesenke kommt es zum Absetzen der Bodenpartikel und zum „Verlanden" der Regenwassergräben und der Senke. Die im Jahre 1928 angelegten Hauptgräben sind im Bereich der Senke bereits in einer Mächtigkeit von 1—2 m mit eingeschwemmtem Boden überlagert; die Gräben selbst sind nach der Regenzeit bis zum Bord mit Schlamm gefüllt und lassen sich nur mit enormem Aufwand reinigen.

Maßnahmen zur Verhütung der Erosion sind bisher nur in wenigen Fällen getroffen worden, obgleich gerade hier eine Veränderung der Situation als sehr dringlich erscheint.

II. Durchgeführte Sofortmaßnahmen

a) Einbau der Chlor-Dosierungsgeräte

Der bakteriologisch bedenkliche Zustand des Flußwassers während der Regenzeit war schon 1967 während des Aufenthaltes der ersten Magdeburger Delegation in Kayes, der auch der Betriebsdirektor des VEB WAB Magdeburg, Herr Obering. Harry Schwarz, angehörte, Gegenstand umfangreicher Erörterungen gewesen. Der Wunsch nach einer ordnungsgemäßen Entkeimung, der vom Gesundheitswesen der Region Kayes an Magdeburg herangetragen wurde, war bereits vor Abreise dieser Delegation bekannt. So konnte während dieses Aufenthaltes bereits ein 25-Liter-Solvay-Gerät installiert werden, das eine vorläufige Absicherung der bakteriologischen Verhältnisse gewährleistete. Während unseres Arbeitsaufenthaltes wurde dieses Gerät durch zwei große 50 l-Geräte ersetzt. Durch Einbau von Magnetventilen konnten die Geräte pumpenlaufabhängig geschaltet werden. Ein Lösebehälter mit Rührwerk gewährleistete die Lösung des verwendeten Entkeimungsmittels und die Abtrennung des Rückstandes, der dadurch von den Vorratsflaschen ferngehalten wurde.

Als Entkeimungsmittel wurde Caporit [$CaCl(OCl)$] verwendet. Laboruntersuchungen ergaben einen wirksamen Chlorgehalt dieses Mittels von 62%.

Das Personal der Pumpstation wurde in die Bedienung der Geräte, die Problematik der Chlorung und in eine einfache Chlorbestimmungsmethode (jodometrische Titration mit $KJ + Na_2S_2O_3$) eingewiesen. Mit diesen Einrichtungen wurde eine vorschriftsmäßige Einkeimung des Trinkwassers möglich.

b) Behebung der bestehenden Druckmängel

Der zweite Komplex der durchgeführten Sofortmaßnahmen befaßte sich mit der Behebung der bestehenden Druckmängel an den öffentlichen Trinkwasserzapfstellen. Rohrnetzerweiterungen mit zu gering dimensionierten Leitungen hatten bei mehreren Zapfstellen erheblichen Druckabfall in den Spitzenbelastungszeiten zur Folge gehabt.

Es entstanden für die Bevölkerung oft Wartezeiten bis zu 6 Stunden an den Entnahmestellen.

Nach Überprüfung der Situation zeichneten sich Möglichkeiten einer konstruktiven Veränderung ab, die Abhilfe schaffen sollte. Zur Überwindung der bestehenden Materialschwierigkeiten wurde der Rat der Stadt Magdeburg um Hilfe gebeten. Die sofortige Übersendung von drei Unterwassermotor-Pumpen, Rückschlagklappen sowie Schaltgeräten für Fernsteuerung ermöglichte die erforderlichen Umbauten in der Pumpstation und am Rohrnetz. Einige erforderliche Materialien konnten aus dem Zentrallager der „Energie du Mali" in Bamako beschafft werden.

Die Druckrohrleitung von der Pumpstation zum Hochbehälter wurde unterbrochen und in zwei der vier Abgangsleitungen vom Hochbehälter eingebunden. In der Pumpstation erfolgte die Installierung der Unterwassermotor-Pumpen. Damit bestand die Möglichkeit, mit dem vollen Versorgungsdruck der Pumpen in das Netz zu fahren, während man vorher von den Druckverhältnissen des Hochbehälters abhängig war. Dieser Behälter konnte nun bei gleichzeitiger Druckerhöhung im Rohrnetz als Gegenbehälter gefahren werden.

Eine Erhöhung des Druckes um 8—10 WS reichte aus, um eine ausreichende und ständige Wasserführung aller Entnahmestellen im gesamten Stadtgebiet zu gewährleisten. Diese Maßnahme behob eine empfindliche Störung in der bedarfsgerechten Versorgung der Bevölkerung, wenn sie auch durch die vorhandenen Materialschwierigkeiten (für den Umbau standen keine Hebezeuge, noch nicht einmal Brechstangen zur Verfügung!) erheblich erschwert wurde.

III. Vorgeschlagene Maßnahmen zur Verbesserung der bestehenden Verhältnisse

a) Verbesserung auf dem Gebiete der Wasserversorgung

Die technische Entwicklung der Wasserversorgung hat mit der Stadtentwicklung und den ständig wachsenden Bedürfnissen der Bevölkerung nicht Schritt gehalten. Die Einwohnerzahl wird sich in den nächsten Jahren auf 40000 erhöhen; Gewerbebetriebe sollen am linken Senegalufer angesiedelt und die Einrichtungen für Volksbildung, Gesundheitswesen und kulturelle Betreuung erweitert werden. Der Wasserbedarf wird sich durch diese Maßnahmen und die Erweiterung des Wasserversorgungsnetzes bis in alle Stadtgebiete auf etwa maximal 6000 m^3/d und im Mittel auf etwa 4000 m^3/d erhöhen. Diese Bedarfsentwicklung erfordert umfassende Veränderungen an den bestehenden Anlagen der Wasserversorgung und mußte bei der Erarbeitung der Studie Berücksichtigung finden.

1. Bau einer Wasseraufbereitungsanlage

Die Gewährleistung einer bedarfsgerechten Versorgung der Bevölkerung mit hygienisch einwandfreiem und qualitativ hochwertigem Wasser erfordert den Bau einer Wasseraufbereitungsanlage. Die Aufbereitung soll unter Einbeziehung der bereits bestehenden Anlagen und der geringen örtlichen Baukapazität erfolgen.

Die Wasserentnahme ist wie bisher über das bestehende Bauwerk geplant. Zwei Vertikal-Kreiselpumpen von je 150—200 m^3/h und einer Förderhöhe von 15 m WS fördern das Rohwasser in eine Absetzanlage. Die feinen Schmutzpartikel sollen in diesen Absetzbecken abgeschieden werden. Der mit $1^1/_2$ Stunde ausgelegte Absetzvorgang wird durch die Zugabe eines Fällmittels (Aluminiumsulfat) unterstützt.

Ein synthetisch hergestelltes „Senegalwasser“, das in seinen wesentlichsten chemischen Eigenschaften dem an Ort und Stelle untersuchten Flußwasser entsprach, wurde mit einer sehr feinen Lehm- und Lateritherde-Aufschwemmung versetzt und für die Fällungsversuche verwendet. Unter Einhaltung der geplanten Aufenthaltszeit im Absetzbecken reichte der Zusatz von 30 mg Aluminiumsulfat pro Liter aus, um 90% aller absetzbaren Stoffe auszufällen.

Höhere Fällmittelzugaben verbessern den Kläreffekt nur noch wenig und werden dadurch unwirtschaftlich. Die Frage der Aufsäuerung durch die Aluminiumsulfat-Zugabe zeigte günstige Ergebnisse. Die Einschwemmung der alkalischen Materialien (Lehm) bewirkte, daß selbst bei einer Zugabe von 80 mg Aluminiumsulfat pro Liter der pH-Wert noch um 7,0 liegt. Eine Korrosion durch aggressive Kohlensäure ist daher nicht zu befürchten, und auf eine pH-Wert-Regulierung kann somit verzichtet werden.

Das Wasser passiert nach dem Absetzbecken rückspülbare, mit Quarzkies gefüllte Schnellfilter und wird danach direkt zum Hochbehälter bzw. in das Wasserrohrnetz gefördert. Die Spülwässer werden in den Paparah abgeleitet. Die Entkeimung des Trinkwassers erfolgt durch Chlorzugabe in die Saugleitungen der Reinwasserpumpen.

2. Rekonstruktion des Rohrnetzes

Die zur Zeit bestehenden Rohrleitungen entsprechen in ihrer Dimension nicht mehr den Erfordernissen. Die ursprünglich vorhandenen fünf öffentlichen Zapfstellen und Versorgungen der Kolonialgebäude sind trotz erfolgter Ringschließung durch weitere 29 Zapfstellen, die individuellen Verbraucher und neue Straßenrohrleitungen für den wachsenden Bedarf zu klein geworden. Ablagerungen in den Endsträngen wirken sich ungünstig auf den Versorgungsdruck aus.

Geplante Erweiterungen von Stadtteilen im Südwesten der Stadt für 8000 Einwohner scheitern an den Aufschlußmöglichkeiten. Ähnlich liegen die Verhältnisse am rechten Senegalufer. Zum geplanten Neubaugebiet und zum Stadtteil am linken Ufer macht sich der Bau von neuen Hauptleitungen NW 400 bzw. 250 mm erforderlich. Alle bereits vorhandenen Rohrleitungen sollten dann in diese neuen Hauptleitungen eingebunden werden. Nach ihrer Verlegung kann dann mit dem Aufschluß aller übrigen Straßen begonnen werden.

3. Errichtung eines neuen Hochbehälters

Eine Erhöhung des gegenwärtigen Hochbehälters und eine damit verbundene Vergrößerung der Speicherreserve ist nicht möglich, da dieser in der Abflugschneise des Flughafens liegt. Dieser Grund und die ungünstige Lage im Versorgungsgebiet lassen den Bau eines neuen Hochbehälters ratsam erscheinen. Am geplanten neuen Standort würde der höchste Wasserspiegel 65 m über NN und der tiefste Wasserspiegel 60 m über NN liegen. Die Steigerung des Versorgungsdruckes um 10—15 m am neuen Standort würde die Versorgungsverhältnisse wesentlich verbessern.

4. Stufenprogramm zur Verbesserung der Verhältnisse auf dem Gebiete der Wasserversorgung

Die endgültige Lösung der Fragen wird viel Kraftaufwand erfordern und nicht in kürzester Zeit zu erreichen sein. Man wird sich zuerst auf Übergangslösungen orientieren müssen, um die vorgeschlagenen Maßnahmen schrittweise einführen zu können. Folgende Stufen sind nach den vorliegenden Untersuchungen anzustreben:

1. Aufbau der Wasseraufbereitungsanlage mit Absicherung der bakteriologischen Verhältnisse und Lieferung eines bedarfsgerechten Trinkwassers,
2. Abdecken des bestehenden Hochbehälters und Sicherung gegen das Eindringen von Tieren und anderen Verschmutzungsquellen,
3. Vermeidung von Wasserverlusten an den Zapfstellen nach Aufbau der Aufbereitungsanlage durch Einbau von Entnahmeventilen, die sich nach Gebrauch selbsttätig schließen (Ventilbrunnen),
4. Verlegung der neuen Hauptleitungen und Einbindung der bestehenden Netzstränge. Voller Versorgungsdruck durch das direkte Einfahren der Reinwasserpumpen in das Stadtnetz; Betrieb des Hochbehälters als Gegenbehälter,
5. Bau eines neuen Hochbehälters zur Stabilisierung der Druckverhältnisse und Schaffung einer größeren Speicherreserve,
6. Verstärkte Orientierung auf den Anschluß individueller Verbraucher zur Lösung der ökonomischen Fragen des Betriebes zentraler Wasserversorgungsanlagen.

b) Verbesserung der Regenwasserableitung

Die Lösung des Problems einer schadlosen Regenwasserabführung ist sehr komplex und stark auf die speziellen örtlichen Gegebenheiten ausgerichtet. Die Probleme des Hochwasserschutzes und der Erosionsverhinderung sind eng damit verknüpft.

Zu einem Hauptproblem wird die Lösung der Hochwassergefahr für das Gebiet der Geländesenke. Hierbei werden verschiedene Mechanismen wirksam. Eine spürbare Entlastung des Stauraums der Senke und der Zuführung der Gräben würde die Abtrennung von Teileinzugsgebieten sein. Hanggräben mit freier Vorflut zum Paparah und Senegal würden das Niederschlagswasser aus den höher gelegenen Stadtgebieten abfangen und so den hochwassergefährdeten Teil der Stadt entlasten. Nebengräben, die entsprechend der Bebauung und Geländestruktur angelegt werden können, würden das Regenwasser schadlos den Hauptgräben zuführen. Die vorhandenen Gräben müssen systematisch in das geplante Grabensystem einbezogen werden und alle Gräben müssen einen profilmäßigen Ausbau erhalten.

Als vordringlich ist die Sicherung der Abflußverhältnisse im geplanten Neubaugebiet zu betrachten, das an die hochwassergefährdete Geländesenke anschließt bzw. Teile davon umfaßt. Durch die erwähnte Entlastung kann ein genau definierter Stauraum des Niederschlagswassers ausgewiesen werden, der durch Ausbau zum Rückhaltebecken gesichert ist. In diesem Bereich können sogar die Gräben entfallen, die sowieso der „Verlandung“ unterliegen. Werden die Vorflutverhältnisse unterbrochen und die Arbeit des Schöpfwerkes erforderlich, muß eine ausreichende Förderkapazität die schnelle Abführung des Niederschlagswassers gewährleisten. Für diesen Fall ist der Ausbau des Pumpwerkes mit vertikalen Propellerpumpen mit einer Leistung von 4000 m^3/h geplant; ihre Förderhöhe soll bei 6 m WS liegen. Ein in Kompaktbauweise errichtetes Entnahmebauwerk ist dem Pumpwerk vorgeschaltet.

IV. Zusammenfassung

Im Rahmen einer detaillierten Analyse wird versucht, die komplexen Zusammenhänge der wasserwirtschaftlichen Probleme unter tropischen Bedingungen am Beispiel der 32000 Einwohner zählenden Stadt Kayes am Senegal (Republik Mali) zu demonstrieren.

Fragen der Wasserversorgung, der Regenwasserableitung, des Erosions- und Hochwasserschutzes sind eng miteinander verknüpft und lassen sich oft gar nicht voneinander trennen. Möglichkeiten zur Behebung der Schwierigkeiten werden aufgezeigt; wobei versucht wird, aus der Lösung im speziellen Fall allgemeine Aussagen zu treffen.

Anschrift des Verfassers:
Dipl.-Biol. Kurt Rudolf
DDR — 301 Magdeburg, Thälmannstraße 18

Limnologica (Berlin)	8	2	1971	393–414

Forschungslaboratorium der Wasserwirtschaftsdirektion Spree – Oder – Neiße, Cottbus

ROLF SCHARF

Nährstoff- und Sauerstoffverhältnisse der Seen Ostbrandenburgs[1])

Mit 7 Abbildungen und 5 Tabellen

Inhaltsverzeichnis

A. Einleitung

„Der Vorgang der Gewässer-Eutrophierung, d. h. die zunehmende Anreicherung der Gewässer mit Pflanzennährstoffen, und der hierdurch verursachte progressive Verfall der Gewässer, insbesondere der Seen, durch üppiges Pflanzenwachstum und dessen Folgen für den Gesamthaushalt der betroffenen Wasserkörper, ist ein Problem, welches in zivilisierten Ländern mit beängstigender Geschwindigkeit voranschreitet. Viele Seen haben schon schwere Schäden erlitten, durch welche ihr landschaftlicher, touristischer und sonstiger ökonomischer Wert (Trink- und Brauchwasserversorgung) beeinträchtigt werden" (VOLLENWEIDER 1968). Deshalb wird diesem Problem auch weltweit große Beachtung geschenkt, was durch ständig steigende und in die Tausende gehende Publikationen deutlich wird.

Auch in der Deutschen Demokratischen Republik wird dem Problem der Gewässereutrophierung und deren Verhinderung in den letzten Jahren in zunehmendem Maße Beachtung geschenkt (ARNOLD 1968, HEDLICH 1968, HOFFMANN 1968, HÖHNE 1968, KEIL 1967, KLAPPER 1964, 1968, LÖWE 1965, 1968, MÄDLER 1968, PEUKERT 1968, RUDOLF 1968, RUDOLF & UHLMANN 1968, SCHARF 1969, SCHUSTER 1968, UHLMANN

[1]) Herrn Professor Dr. ARNO WETZEL zum 80. Geburtstag gewidmet.

1968, UHLMANN & ALBRECHT 1968). Die Erfassung der im Einzelfall vorliegenden Nährstoffsituation und sonstigen Beschaffenheit der Gewässer stellt die Grundlage für jede Einschätzung und gegebenenfalls daraus resultierende Sanierungs-Konzeptionen dar.

In der vorliegenden Arbeit wird ein Überblick über Nährstoff- und Sauerstoffverhältnisse der Seen Ostbrandenburgs anhand von Untersuchungen an 30 ausgewählten Seen aus den Jahren 1965 bis 1969 gegeben. Es ist die erste zusammenfassende Darstellung zur Limnologie ostbrandenburgischer Seen.

B. Geographie, Hydrographie

Das von vielen Seen bedeckte norddeutsche Tiefland ist eine Aufschüttungslandschaft, die durch das Inlandeis und die Schmelzwässer der Eiszeit geformt wurde. Die im Norden der Deutschen Demokratischen Republik verbreiteten Seen verdanken ihre Entstehung hauptsächlich dem Inlandeis der Weichseleiszeit. Bis auf wenige Ausnahmen sind sie also jungglazialen Ursprungs. Sie entstanden nach dem Rückzug der Gletscher in Gletscherrinnen, Toteislöchern und Becken. Eine Häufung von Seen befindet sich im Raum südlich der Pommerschen Eisrandlage sowie in Sanderflächen, was sich besonders deutlich in Mecklenburg und Brandenburg zeigt (MARCINEK 1966). Über die Entstehungsgeschichte der Seen kann man bei LIEDTKE (1958) und MARCINEK (1966) nachlesen.

Die im folgenden näher beschriebenen 30 Seen liegen im östlichen Brandenburg, die überwiegende Zahl im Bezirk Frankfurt/Oder, einige in den Randgebieten der angrenzenden Bezirke Cottbus und Potsdam. Über die geographische Lage der Seen gibt Abbildung 1 Auskunft. Die Namen der 30 Seen sowie Angaben über Fläche und Maximaltiefe sind aus Tabelle 1 zu entnehmen.

C. Literatur über Seen Ostbrandenburgs

Die über ostbrandenburgische Seen erschienene Literatur ist nicht sehr umfangreich. Angaben über Flächengrößen, Maximaltiefen, Fluß- oder Abflußgebiet der Seen, Höhenlage über NN usw. findet man bei SAMTER (1912, 1922) und HALBFASS (1922). Tiefenkarten existieren von den Seen, die an Wasserstraßen angeschlossen sind. Sie wurden 1909 von der Verwaltung märkischer Wasserstraßen herausgegeben.

Intensive hydrographische Untersuchungen liegen nur von den im Schlaubetal gelegenen Seen vor (MACHANDER 1934, 1935, 1937, 1938). Es handelt sich um einige durchweg eutrophe Flachseen.

Hydrobiologische und hydrochemische Untersuchungen wurden fast ausschließlich aus fischereibiologischer Sicht in den Seen der Umgebung Berlins, und zwar im Institut für Fischerei, Berlin-Friedrichshagen, getätigt. Planktonuntersuchungen führten LEMMERMANN (1903/04) und TESCH (1957) durch. Über die Wirkung salzhaltiger Abwässer auf Seen berichtet QUIEL (1928). LEHMANN (1925) befaßte sich mit der Bedeutung der Alkalität im Stoffhaushalt der Gewässer anhand der Seen im Rüdersdorfer Kalkgebiet. Produktionsbiologische Untersuchungen liegen 1937 von SCHWENG über den Dämeritz-, Flaken- und Kalksee und 1952 von MÜLLER über Seen in der Umgebung Storkows vor. Mit Schwefelwasserstoff und Sauerstoff in märkischen Seen befaßte sich STROEDE (1932). PANKNIN (1941) arbeitete über die Vegetation von Seen in der Uckermark, während SCHARF (1969) über Limnologie und Wassergüte einiger Seen dieses Gebietes berichtet. Den interessanten Typ des H_2S-Oscillatorien-Sees beschreibt WUNDSCH (1940). BURSCHE (1955) befaßte sich mit dem „Krautschwund“ in diesen Seen.

Aussagen über Wassergüte und Nährstoffsituation der glazialen Seen baltischen Typs in der Deutschen Demokratischen Republik können wir den Arbeiten von KLAPPER (1964, 1968) entnehmen.

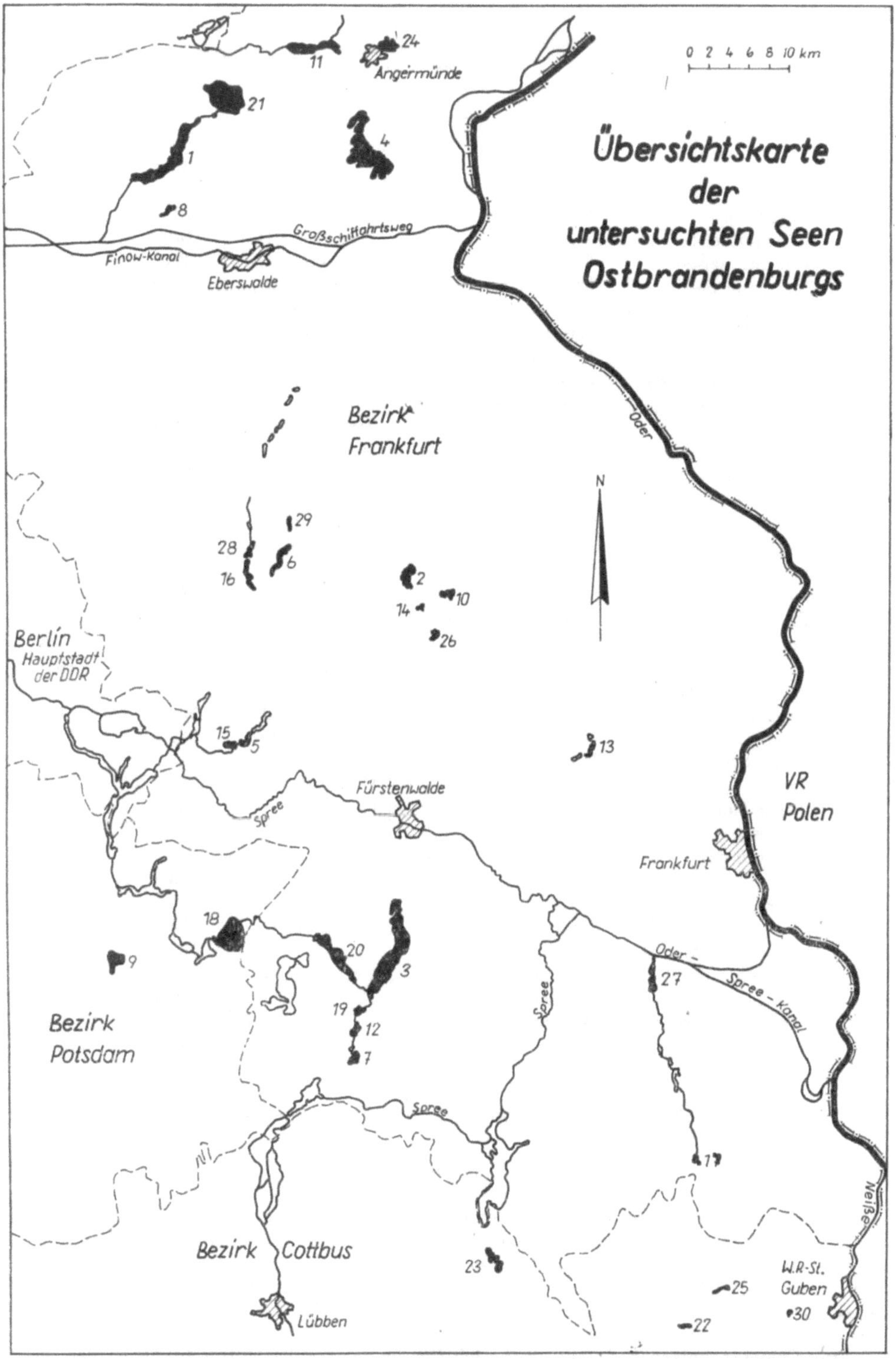

Abb. 1. Übersichtskarte der untersuchten Seen Ostbrandenburgs. Die untersuchten 30 Seen sind nach der Maximaltiefe durchlaufend numeriert. Die zu den entsprechenden Nummern gehörenden Namen der Seen sind aus Tabelle 1 zu entnehmen.

TABELLE 1

Verzeichnis der untersuchten Seen

Lfd. Nr.	Name	Kreis	Bezirk	Fläche in ha	Max. Tiefe in m
1	Werbellinsee	Eberswalde	Frankfurt/O.	785,9	50
2	Schermützelsee	Strausberg	Frankfurt/O.	146,5	37
3	Scharmützelsee	Fürstenwalde	Frankfurt/O.	1377,2	30
4	Parsteiner See	Eberswalde	Frankfurt/O.	1100,2	27
5	Peetzsee	Fürstenwalde	Frankfurt/O.	68,0	25,1
6	Straussee	Strausberg	Frankfurt/O.	140,6	24
7	Tiefer See	Beeskow	Frankfurt/O.	62,7	23
8	Großer Buckowsee	Eberswalde	Frankfurt/O.	54,0	20
9	Vorderer See	Königs Wusterhausen	Potsdam	134,0	18,5
10	Großer Klobichsee	Strausberg	Frankfurt/O.	75,5	18,3
11	Wolletzsee	Angermünde	Frankfurt/O.	332,2	18
12	Springsee	Beeskow	Frankfurt/O.	58,7	18
13	Schwarzer See	Seelow	Frankfurt/O.	35,0	18
14	Großer Däbersee	Strausberg	Frankfurt/O.	12,3	18
15	Werlsee	Fürstenwalde	Frankfurt/O.	71,7	16
16	Bötzsee	Strausberg	Frankfurt/O.	96,3	15
17	Wirchensee	Eisenhüttenstadt	Frankfurt/O.	36,5	15
18	Wolziger See	Königs Wusterhausen	Potsdam	578,5	12
19	Großer Glubigsee	Beeskow	Frankfurt/O.	63,6	12
20	Storkower See	Beeskow	Frankfurt/O.	384,7	11,4
21	Grimnitzsee	Eberswalde	Frankfurt/O.	830,5	11
22	Großer See	Wilhelm-Pieck-Stadt Guben	Cottbus	35,8	10,2
23	Großer Mochowsee	Lübben	Cottbus	130,7	9
24	Mündesee	Angermünde	Frankfurt/O.	147,8	8,7
25	Pinnower See	Wilhelm-Pieck-Stadt Guben	Cottbus	53,8	8
26	Großer Schlagenthinsee	Strausberg	Frankfurt/O.	25,0	8
27	Großer Müllroser See	Eisenhüttenstadt	Frankfurt/O.	132,4	7,3
28	Fängersee	Strausberg	Frankfurt/O.	49,8	7
29	Ihlandsee	Strausberg	Frankfurt/O.	16,3	3,2
30	Schenkendöberner See	Wilhelm-Pieck-Stadt Guben	Cottbus	17,5	2

D. Nährstoff- und Sauerstoffverhältnisse der Seen

1. Methodik

Die Probenahmen erfolgten jeweils in Seemitte vom Kahn oder Schlauchboot aus, im Winter auch vom Eis. Für Tiefenserienentnahmen kam der Wasserschöpfer nach GELBKE zum Einsatz. Die Bearbeitung der Wasserproben erfolgte bereits wenige Stunden nach der Probeentnahme noch am gleichen Tage im Laboratorium nach den „Ausgewählten Methoden der Wasseruntersuchung", herausgegeben vom Amt für Wasserwirtschaft.[1])

[1]) Frau Chemotechniker A. JACOBI danke ich für die gewissenhafte Durchführung der chemischen Untersuchungen.

Dabei wurden von den Phosphorverbindungen im Wasser das gelöste Orthophosphat, die Summe aller gelösten Phosphate (gelöstes Gesamtphosphat) und die Summe aller Phosphate (Gesamtphosphat) ermittelt, davon die beiden ersten Komponenten nach Membranfiltration des Wassers. Von den Stickstoffverbindungen kamen Gesamtstickstoff, organisch gebundener Stickstoff sowie die Nitrit-, Nitrat- und Ammonium-Ionen zur Bestimmung. Die freie Kohlensäure wurde nach den „Deutschen Einheitsverfahren zur Wasser-, Abwasser- und Schlammuntersuchung" bestimmt.

2. *Nährstoffverhältnisse*

Die Trophie, nach ELSTER (1958) „Intensität der organischen Urproduktion", ist abhängig von solchen Faktoren wie Seegröße, Maximal- und Durchschnittstiefe, Ausbildung von Schichtungen, Verhältnis der Größe des Epilimnions zum Hypolimnion, Ausdehnung des Litorals, Größe und Fruchtbarkeit des Einzugsgebietes und Durchflußgröße (KLAPPER 1968). Hinzu kommt das Vorhandensein von Pflanzennährstoffen, die die Urproduktion stimulieren können. Die zusätzliche Versorgung der Gewässer mit Nährstoffen ist weitgehend eine Folge der in den letzten Jahrzehnten erfolgten gewaltigen Steigerung der Humanaktivität. Hierbei scheinen die Pflanzennährstoffe Phosphor und Stickstoff die wichtigsten Faktoren zu sein. Es ist bekannt, daß die Phosphor- und Stickstoffverbindungen nach dem Gesetz des Minimums (JUSTUS VON LIEBIG) am ehesten als Minimumfaktoren für Pflanzenwachstum im Wasser auftreten können. Inwieweit noch andere Stoffe, wie Kalium, Magnesium, Sulfate, die Mikroelemente (Kobalt, Molybdän, Kupfer, Zink, Bor, Eisen, Mangan u. a.) und organische Wachstumsfaktoren eine gewisse Bedeutung haben, ist noch unzureichend bekannt (VOLLENWEIDER 1968). Die hauptsächlichen Quellen des Nährstoffeintrages werden vom obengenannten Verfasser in diffuse und punktförmige unterteilt. Zu den diffusen Quellen werden zuerst alle natürlichen Nährstofflieferanten, wie Abflüsse von Gesteinen, Bodenerosion, Wasservögel, Laub- und Pollenfall gerechnet; hinzu kommen Bodennährstoffe, die infolge Bodendüngung (Stall- und Kunstdünger) durch Auswasch- und Abschwemmvorgänge in die Gewässer eingetragen werden. Siloabflüsse und der Dung aus Kombinaten industrieller Mast haben Bedeutung. Unter den punktförmigen Quellen werden hauptsächlich über Kanalisationssysteme anfallende Nährstoffe verstanden. Neben rein fäkalischen Abwässern ist der Phosphoranfall aus Haushalten (Detergentien) und Industrie nicht zu unterschätzen.

Nach Untersuchungen von THOMAS (1968) sind die oligotrophen Seen der Schweiz dadurch charakterisiert, daß sie während des ganzen Jahres einen Nitratvorrat, der bis zu mehreren mg/l betragen kann, auch im Oberflächenwasser enthalten, während Phosphate nur in verschwindend geringen Mengen vorhanden sind. Damit stellt sich Phosphat als der alleinige Minimumfaktor für den oligotrophen See heraus. Im eutrophen See dagegen kann neben Phosphat auch Nitrat als Minimumfaktor in Erscheinung treten. Bei von KLAPPER (1968) untersuchten 46 Seen in den Einzugsgebieten von Sude und Elde wurden meist niedrige Nitrat- und recht hohe Phosphatgehalte gefunden. Im allgemeinen nimmt man 20—30 μg/l gelöstes Orthophosphat als die Menge an, bei deren Überschreitung Massenentwicklungen zunächst autotropher (Wasserblüten) und anschließend auch heterotropher Organismen zu erwarten sind. OHLE (1953) zeigte, daß die seit etwa 30 Jahren an den ostholsteinischen Seen zu beobachtende „rasante Seealterung" durch eine verstärkte Phosphatzufuhr bedingt ist.

Welche Situation hinsichtlich der Nährstoffgehalte wurde an den Seen Ostbrandenburgs angetroffen?

a. Phosphorverbindungen

Von den Phosphorverbindungen können nicht nur die gelösten Orthophosphate, sondern auch im Wasser gelöste kondensierte Phosphate und wahrscheinlich auch gelöste organische Phosphate durch Bakterien und pflanzliche Wasserorganismen verwertet werden (VOGLER 1965). In Tabelle 2 sind Minima, Maxima und arithmetische Mittel der drei untersuchten Phosphorkomponenten der 30 Seen dargestellt.

TABELLE 2

Gesamtphosphor, gelöster Gesamtphosphor und gelöstes Orthophosphat im Oberflächenwasser der Seen Ostbrandenburgs.
Min. = Minima, Max. = Maxima, Anz.U. = Anzahl der Untersuchungen, n.n. = nicht nachweisbar.

	Gesamtphosphor g P/l				Gelöster Gesamtphosphor g P/l				Gelöstes Orthophosphat g P/l			
	Min.	Max.	Mittel	Anz. U.	Min.	Max.	Mittel	Anz. U.	Min.	Max.	Mittel	Anz. U.
1. Werbellinsee	5	542	103	11	3	78	37	9	2	57	26	11
2. Schermützelsee	13	42	23	8	n.n.	n.n.	n.n.	1	n.n.	42	7	14
3. Scharmützelsee	25	124	52	9	n.n.	85	28	9	n.n.	55	15	10
4. Parsteiner See	2	104	30	7	n.n.	33	15	6	n.n.	16	5	7
5. Peetzsee	49	125	117	8	53	85	74	4	4	114	39	12
6. Straussee	35	110	51	9	22	96	39	8	2	69	20	13
7. Tiefer See (Grubensee)	n.n.	67	20	9	n.n.	65	16	10	n.n.	43	8	13
8. Großer Buckowsee	38	81	60	2	19	35	27	2	2	22	12	2
9. Vorderer See Pätz	85	293	170	7	13	215	112	7	4	194	89	7
10. Großer Klobichsee	10	80	41	3	9	10	9	2	1	6	4	7
11. Wolletzsee	39	149	77	4	17	57	33	4	1	25	12	4
12. Springsee	13	235	71	6	7	222	63	6	n.n.	222	33	9
13. Schwarzer See	11	62	27	5	n.n.	16	8	5	n.n.	30	6	6
14. Großer Däbersee	158	728	372	5	44	644	347	4	5	326	247	10
15. Werlsee	49	209	114	7	91	156	114	3	3	117	48	10
16. Bötzsee	16	94	45	3	12	55	33	4	7	55	18	14
17. Wirchensee	25	64	47	5	12	25	16	5	1	15	6	5
18. Wolziger See	24	99	64	7	12	64	36	7	1	50	22	7
19. Großer Glubigsee	13	70	39	3	7	67	30	3	2	59	17	4
20. Storkower See	—	—	27	1	—	—	18	1	—	—	3	1
21. Grimnitzsee	7	241	127	7	22	86	50	6	7	68	27	7
22. Großer See Tauer	5	52	26	5	3	10	6	2	n.n.	8	3	6
23. Großer Mochowsee	47	76	57	6	6	47	29	5	2	32	15	13
24. Mündesee	509	1206	792	4	270	685	493	4	128	603	422	4
25. Pinnower See	3	32	21	6	1	12	6	2	n.n.	14	6	8
26. Gr. Schlagenthinsee	70	1304	989	3	603	1157	864	3	448	1141	695	4
27. Gr. Müllroser See	20	98	53	7	20	38	27	5	4	21	12	9
28. Fängersee	47	160	81	4	24	48	38	3	5	202	35	12
29. Ihlandsee	33	54	43	7	9	35	24	6	2	153	37	10
30. Schenkendöberner See	104	1858	340	11	n.n.	287	93	11	n.n.	319	78	12

Das uns besonders interessierende gelöste Orthophosphat war, legt man den Mittelwert sämtlicher Einzeluntersuchungen der jeweiligen Seen zugrunde, beim Großen See, Großen Klobichsee, Parsteiner See, Schwarzen See, Wirchensee, Pinnower See und Schermützelsee mit 3—7 μg P/l (9—21 μg PO_4/l) am niedrigsten. Extrem hohe Mittelwerte weisen der Große Schlagenthinsee mit 695 μg P/l (2130 μg PO_4/l), der Mündesee mit 422 μg P/l (1294 μg PO_4/l) und der Große Däbersee mit 247 μg P/l (757 μg PO_4/l) auf. Entsprechend hoch oder niedrig verhalten sich etwa auch die Gehalte an Gesamtphosphor und gelöstem Gesamtphosphor (Tab. 2).

Der spätsommerliche Aspekt wurde als der Zeitraum, in dem die Pflanzennährstoffe des Epilimnions ins Minimum geraten können, ohne daß ein ins Gewicht fallender Nachschub aus dem Hypolimnion erfolgt, herausgegriffen und graphisch ausgewertet. Die Verteilung der drei untersuchten Phosphorverbindungen im Epi- und Hypolimnion (bzw. Tiefenwasser) der 30 Seen zeigen die Abbildungen 2 und 3.

Aus Abbildung 2, in der das gelöste Orthophosphat dargestellt wird, ist ersichtlich, daß die hypolimnischen Werte fast durchweg beträchtlich höher als die epilimnischen sind. Dies trifft insbesondere für Seen mit sauerstoffarmem oder sauerstoffleerem Tiefenwasser zu, weil hier durch Reduktionsvorgänge komplex im Sediment gebundene Phosphate wieder freigesetzt werden. Der Mittelwert der hypolimnischen Orthophosphatgehalte der 30 Seen liegt im Spätsommer bei 296 μg P/l (876 μg PO_4/l) gegenüber 32 μg P/l (98 μg PO_4/l) im Epilimnion. Mehr als 1 mg o-PO_4/l im Tiefenwasser hatten Scharmützelsee, Peetzsee, Straussee, Vorderer See, Springsee, Großer Däbersee und Bötzsee. Extrem hohe Orthophosphatgehalte wurden in Grundnähe des Wirchensees (1,17 mg P/l bzw. 3,58 mg PO_4/l), des Mündesees (1,5 mg P/l bzw. 4,6 mg PO_4/l) und des Großen Schlagenthinsees (1,99 mg P/l bzw. 6,1 mg PO_4/l) gefunden. Untersuchungen von Interstitiallösungen der Sedimente des Scharmützelsees ergaben mit 7,5 bis 8,1 mg/l gelöstes Orthophosphat etwa den zehnfachen Wert gegenüber den Orthophosphat-Gehalten des Hypolimnions; ein Beispiel dafür, welche Reserven an Nährstoffen im Sediment lagern.

Betrachtet man die spätsommerlichen Gehalte an Gesamtphosphat und gelöstem Gesamtphosphat (Abb. 3), so sind auch hier im allgemeinen höhere Werte im Hypolimnion als im Epilimnion feststellbar.

b. Stickstoffverbindungen

Die in den 30 untersuchten Seen angetroffenen Stickstoffverbindungen des Epilimnions sind in Tabelle 3 zusammengestellt.

Den größten Anteil am Gesamtstickstoff nimmt der organisch gebundene Stickstoff ein. Die Mittelwerte aller Seen zusammengefaßt ergaben beim Gesamtstickstoffgehalt 2,26 mg N/l und beim organisch gebundenen Stickstoff 2,05 mg N/l. Mit hohen Maximal- und entsprechend hohen Mittelwerten an Gesamtstickstoff und organisch gebundenem Stickstoff ragen Schenkendöberner See (8,95 bzw. 4,50 mg N/l), Mündesee (6,72 bzw. 5,42 mg N/l), Großer Schlagenthinsee (6,20 bzw. 4,85 mg N/l), Scharmützelsee (6,02 bzw. 3,06 mg N/l) und Großer Däbersee (5,52 bzw. 3,78 mg N/l) heraus.

Inwieweit Unterschiede im Gehalt an Gesamtstickstoff und organisch gebundenem Stickstoff zwischen Epilimnion und Hypolimnion der Seen bestehen, wird in Abbildung 4 anhand des Spätsommeraspektes dargestellt. Die hypolimnischen Werte sind meist etwas höher als die epilimnischen. Die höchsten Gehalte an Gesamtstickstoff erreichen die durch häusliche Abwässer belasteten Gewässer Mündesee (21,3 mg N/l) und Großer Schlagenthinsee (15,8 mg N/l) im Tiefenwasser.

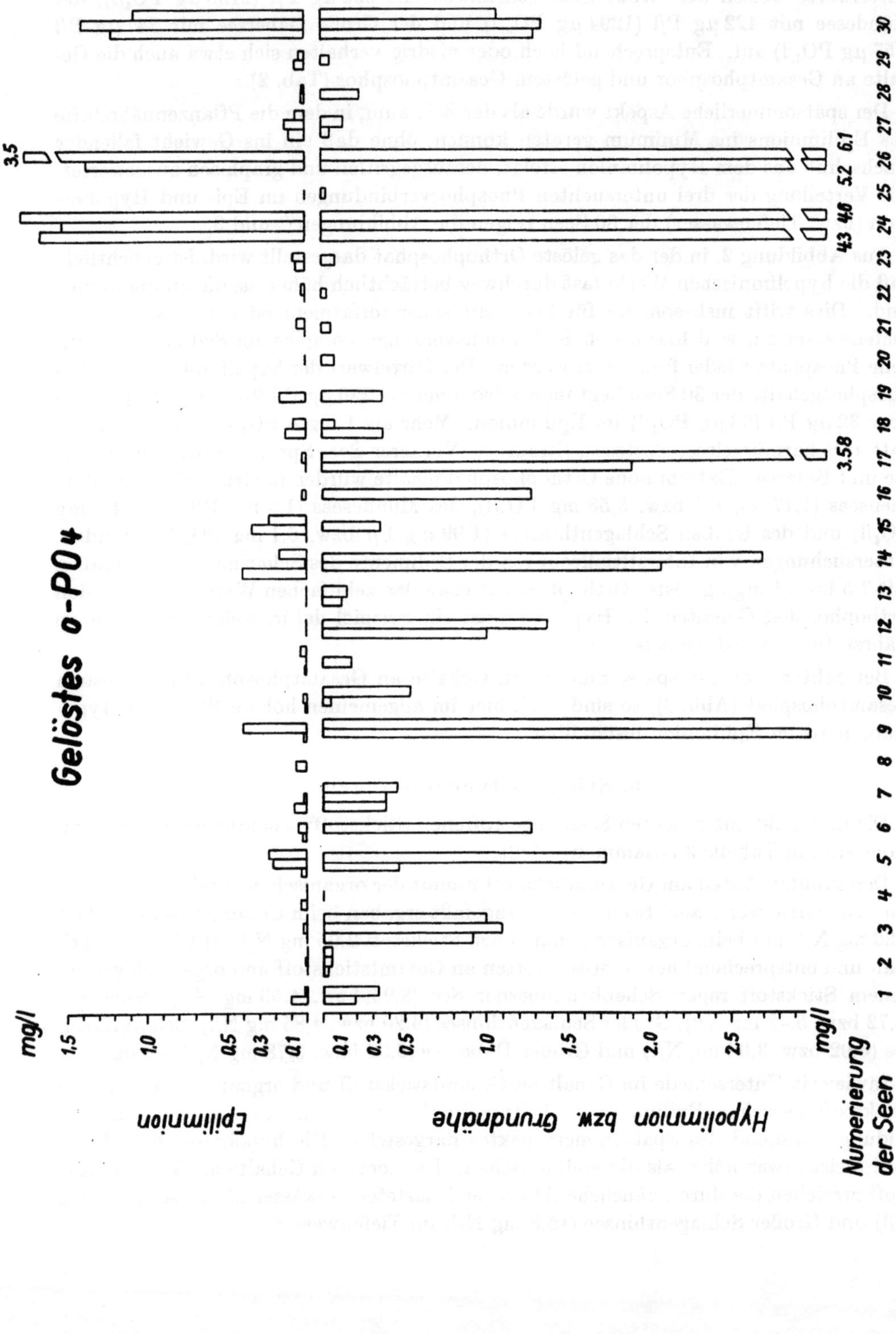

Abb. 2. Gelöstes Orthophosphat (mg/l PO_4) im Epi- und Hypolimnion der Seen Ostbrandenburgs. Spätsommeruntersuchungen. Die zu den entsprechenden Nummern gehörenden Namen der Seen sind aus Tabelle 1 oder Abbildung 4 zu entnehmen.

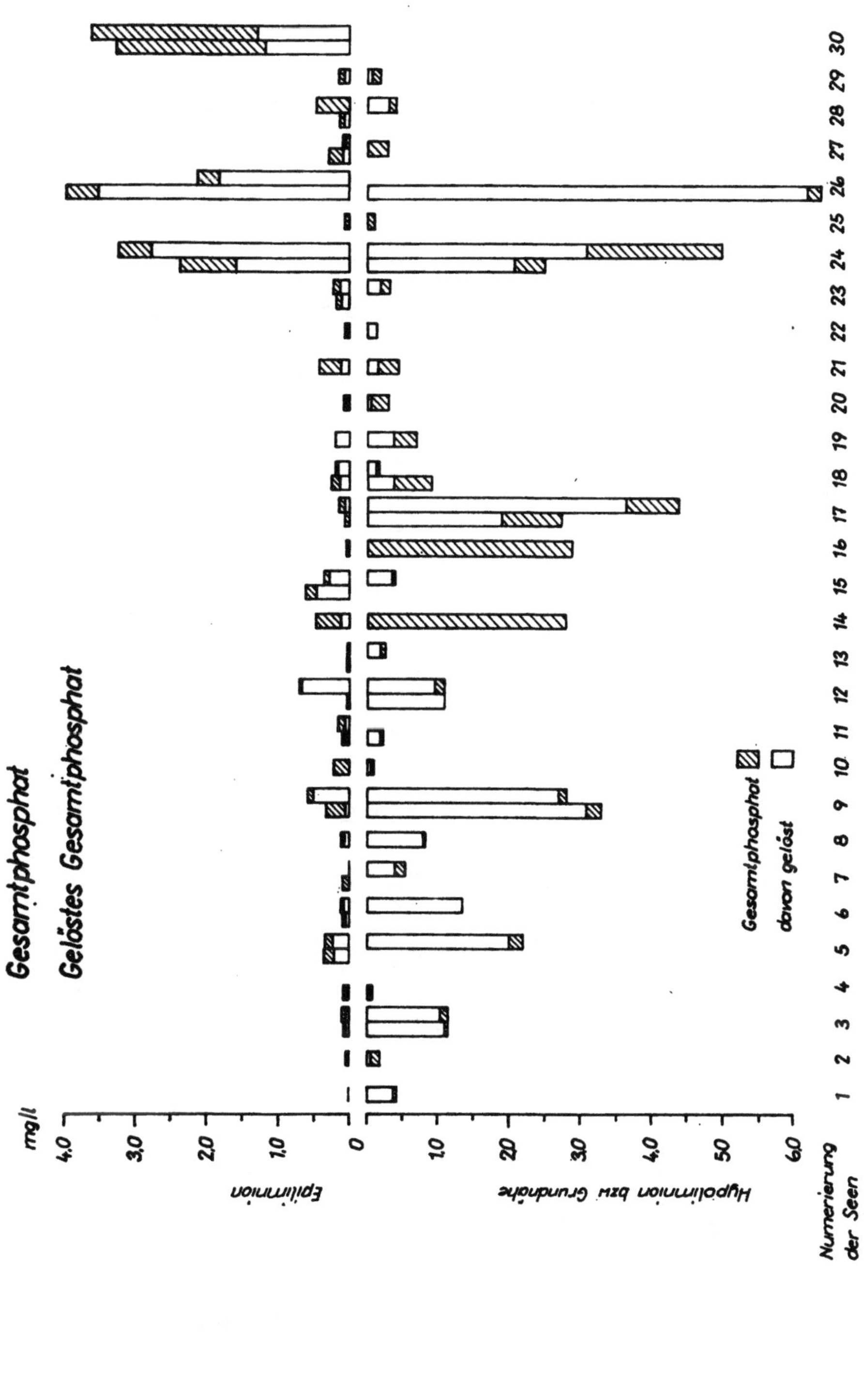

Abb. 3. Gesamtphosphat und gelöstes Gesamtphosphat (mg/l PO_4) im Epi- und Hypolimnion der Seen Ostbrandenburgs. Spätsommeruntersuchungen. Die zu den entsprechenden Nummern gehörenden Namen der Seen sind aus Tabelle 1 oder Abbildung 4 zu entnehmen.

TABELLE 3

Gesamtstickstoff, organisch gebundener Stickstoff, Nitrat und Ammonium im Oberflächenwasser der Seen Ostbrandenburgs.
Min. = Minima, Max. = Maxima, Anz. U. = Anzahl der Untersuchungen, Sp. = Spuren, n.n. = nicht nachweisbar.

	Gesamtstickstoff mg N/l				Organisch geb. Stickstoff mg N/l				Nitrat mg N/l				Ammonium mg N/l			
	Min.	Max.	Mittel	Anz.U.	Min.	Max.	Mittel	Anz.U.	Min.	Max.	Mittel	Anz.U.	Min.	Max.	Mittel	Anz.U.
1. Werbellinsee	1,54	4,60	2,17	8	1,40	4,40	2,21	6	n.n.	0,17	0,03	11	n.n.	0,19	0,06	11
2. Schermützelsee	n.n.	2,02	0,88	13	n.n.	1,34	0,60	6	n.n.	0,69	0,18	14	n.n.	n.n.	n.n.	14
3. Scharmützelsee	1,71	6,02	3,06	10	1,68	6,02	2,90	10	n.n.	0,15	0,03	9	n.n.	0,31	0,11	9
4. Parsteiner See	0,56	3,64	1,81	7	n.n.	3,64	1,56	7	n.n.	0,08	0,12	7	n.n.	0,92	0,13	7
5. Peetzsee	2,10	3,36	2,51	8	2,13	3,24	2,52	4	n.n.	0,16	0,04	12	n.n.	0,32	0,10	12
6. Straussee	0,86	1,96	1,48	11	0,42	1.96	1,27	11	n.n.	0,30	0,07	13	n.n.	0,45	0,18	13
7. Tiefer See (Grubensee)	0,70	4,20	2,00	10	0,42	4,20	1,89	10	n.n.	0,23	0,02	11	n.n.	0,24	0,07	11
8. Großer Buckowsee	1,26	2,33	1,79	2	1,26	2,19	1,72	2	n.n.	0,02	0,01	2	n.n.	0,12	0,06	2
9. Vorderer See Pätz	1,88	3,50	2,53	7	1,19	2,87	2,25	7	0,03	0,69	0,17	7	n.n.	0,62	0,11	7
10. Großer Klobichsee	0,03	1,48	0,88	7	0,03	1,23	0,83	7	n.n.	0,22	0,03	7	n.n.	0,09	0,01	7
11. Wolletzsee	1,03	3,43	2,14	4	0,84	3,43	1,97	4	n.n.	0,21	0,07	4	n.n.	0,16	0,10	4
12. Springsee	0,70	1,96	1,36	6	0,70	1,88	1,34	6	n.n.	n.n.	n.n.	7	n.n.	0,09	0,02	7
13. Schwarzer See	0,88	2,61	1,77	5	0,84	2,47	1,61	5	0,02	0,14	0,06	5	n.n.	0,38	0,10	5
14. Großer Däbersee	1,75	5,52	3,78	10	1,57	5,19	3,24	10	n.n.	0,97	0,23	10	Sp.	0,10	0,03	10
15. Werlsee	1,52	2,60	2,19	7	1,20	2,13	1,81	3	n.n.	0,18	0,07	10	Sp.	0,26	0,06	10
16. Bötzsee	0,54	1,96	1,31	12	0,18	1,96	1,15	12	n.n.	0,19	0,04	14	n.n.	0,35	0,10	14
17. Wirchensee	1,26	2,14	1,76	5	1,24	2,10	1,68	5	n.n.	0,13	0,03	5	n.n.	0,23	0,04	5
18. Wolziger See	1,59	3,74	2,34	7	1,36	3,08	2,08	7	0,04	0,66	0,18	7	n.n.	0,30	0,08	7
19. Großer Glubigsee	1,26	3,36	2,59	3	1,18	3,36	2,49	3	n.n.	0,22	0,05	4	n.n.	0,08	0,02	4
20. Storkower See	—	—	—	—	—	—	—	—	—	—	—	—	—	—	—	—
21. Grimnitzsee	1,20	3,99	2,65	7	1,10	3,99	2,51	6	n.n.	0,75	0,17	7	n.n.	0,51	0,17	7
22. Großer See Tauer	0,77	1,75	1,40	6	0,61	1,49	1,16	6	Sp.	0,11	0,05	6	0,12	0,38	0,20	6
23. Großer Mochowsee	0,97	2,12	1,66	13	0,58	2,10	1,29	13	n.n.	0,27	0,13	13	Sp.	0,58	0,24	13
24. Mündesee	4,74	6,72	5,42	4	3,93	6,72	4,97	4	n.n.	0,52	0,25	4	n.n.	0,49	0,19	4
25. Pinnower See	1,05	2,24	1,43	8	0,85	2,24	1,26	8	Sp.	0,13	0,05	8	n.n.	0,49	0,15	8
26. Gr. Schlagenthinsee	3,81	6,20	4,85	4	2,34	5,50	4,10	4	n.n.	0,14	0,05	4	0,35	1,44	0,68	4
27. Gr. Müllroser See	1,20	3,43	2,10	9	1,18	2,95	1,98	7	n.n.	0,28	0,12	9	n.n.	0,24	0,15	9
28. Fängersee	0,12	2,45	1,39	2	n.n.	2,45	1,14	12	n.n.	0,11	0,02	12	n.n.	0,51	0,17	12
29. Ihlandsee	0,67	2,45	1,85	9	0,23	2,45	1,56	9	n.n.	0,18	0,07	10	Sp.	0,65	0,27	10
30. Schenkendöberner See	2,55	8,95	4,50	11	1,74	8,65	4,22	11	n.n.	0,29	0,05	11	Sp.	0,78	0,22	11

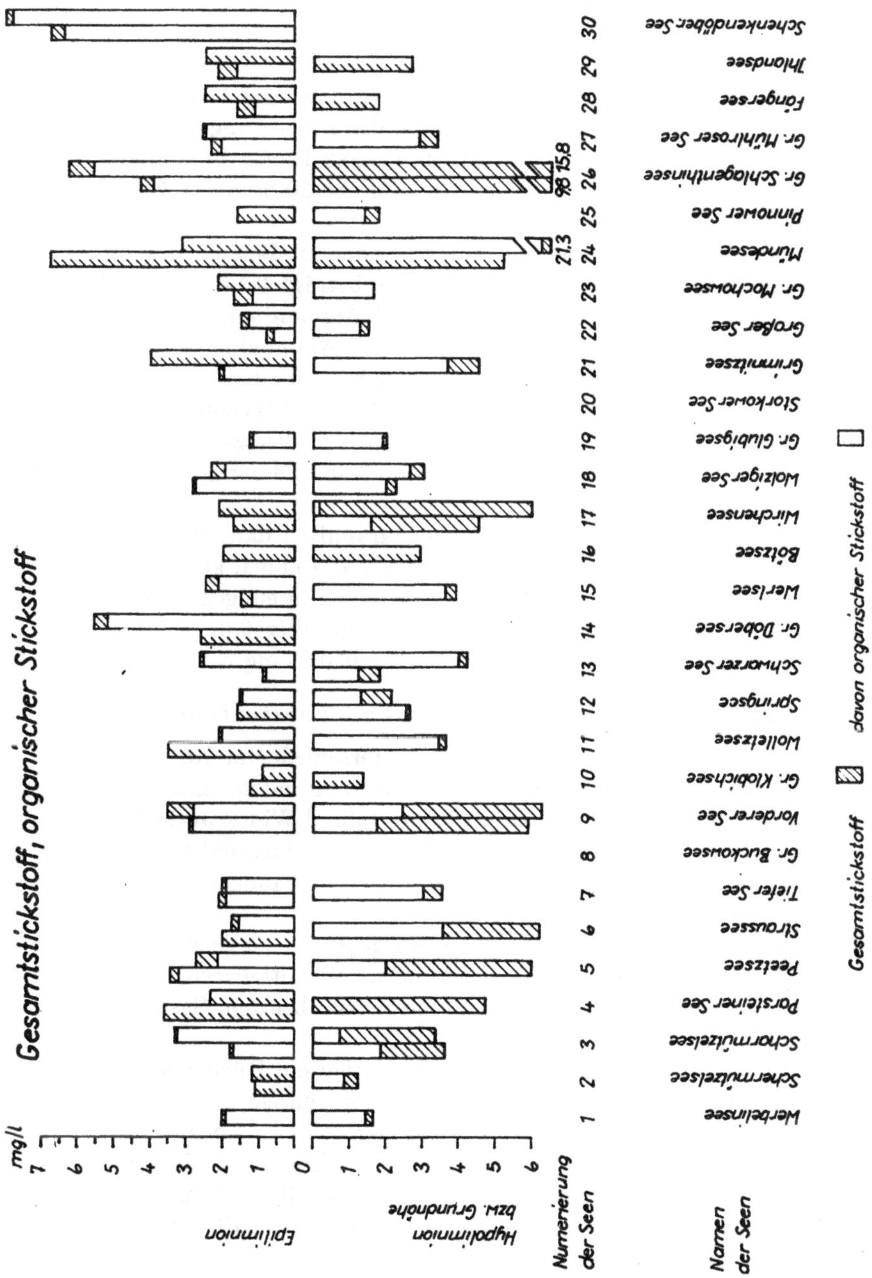

Abb. 4. Gesamtstickstoff und organisch gebundener Stickstoff im Epi- und Hypolimnion der Seen Ostbrandenburgs. Spätsommeruntersuchungen.

Die Nitratgehalte sind dagegen recht niedrig. Bei einem mittleren Nitratgehalt aller Seen von 0,08 mg N/l werden bei den Mittelwerten der einzelnen Seen 0,3 mg N/l nicht erreicht. Einzelne Maxima nähern sich dem Wert von 1 mg/l. Diesem kommen am nächsten der Große Däbersee mit 0,97 mg N/l, der Grimnitzsee mit 0,75 mg N/l, der Vordere See und der Schermützelsee mit 0,69 mg N/l sowie der Wolziger See mit 0,66 mg N/l. Vergleicht man diese Nitratgehalte mit Angaben in der Literatur, so liegen sie niedriger als die am häufigsten in anderen Seen angetroffenen Konzentrationsbereiche von 0,2 bis 0,8 mg N/l (Vollenweider 1968). Von Interesse für die Einschätzung der Trophie der Seen ist, daß bei 20 der 30 Seen der Nitratgehalt im Spätsommer bis auf 0 zurückgeht (siehe Abb. 5).

Die Ammoniumgehalte bewegen sich in etwas höheren Bereichen als die Nitratgehalte. Der aus allen Seen errechnete Mittelwert beträgt 0,14 mg N/l. Doch liegt auch hier nur ein See im Mittel über 0;3 mg N/l Ammonium, nämlich der Große Schlagenthinsee (0,68 mg N/l). Ganz beträchtliche Ammoniumgehalte traten bei einigen Seen im Hypolimnion auf. Dies verdeutlicht Abbildung 5, in der die spätsommerlichen Ammonium- und Nitratgehalte vom Epi- und Hypolimnion aufgetragen wurden. Gehalte von annähernd 5 mg/l $N-NH_4$ erreichen Peetzsee und Vorderer See, von etwa 7 mg/l Großer Däbersee und Wirchensee, während der Große Schlagenthinsee 10 mg/l $N-NH_4$ überschreitet.

Die Nitritgehalte sind nicht tabellarisch oder graphisch dargestellt worden. Von insgesamt 240 Nitritbestimmungen an den 30 Seen war 190 mal kein Nitrit nachweisbar; 23 mal war es nur in Spuren vorhanden. Lediglich in einigen Seen wurde Nitrit mehrfach angetroffen; doch lag der Mittelwert nicht über 0,01 mg N/l NO_2. Der Höchstwert wurde am 13. 6. 1968 im Grimnitzsee mit 0,04 mg N/l NO_2 gemessen.

c. Jahreszeitliche Veränderungen der Nährstoffverhältnisse

Um festzustellen, inwieweit jahreszeitliche Unterschiede im Nährstoffgehalt der 30 ausgewählten Seen auftraten, wurden vom Zahlenmaterial der einzelnen Nährstoffkomponenten die Frühjahrswerte, Spätsommerwerte und Winterwerte herausgezogen und getrennt ausgewertet. In Tabelle 4 sind Minima, Maxima und arithmetische Mittel der zu verschiedenen Jahreszeiten getätigten Untersuchungen im Epilimnion der Seen zusammengestellt.

Gesamtphosphor und gelöster Gesamtphosphor zeigen einen Anstieg vom Frühjahr über den Spätsommer zum Winter hin. Die höchsten Mittelwerte wurden mit 144 bzw. 114 µg P/l jeweils im Winter gefunden. Sie liegen über dem Gesamtjahresdurchschnitt.

Beim gelösten Orthophosphat hingegen zeichnet sich ein Rückgang vom Frühjahr (38 µg P/l) zum Spätsommer (32 µg P/l) hin ab, dem sich ein merklicher Anstieg im Winter (57 µg P/l), d. h. nach Einsetzen der spätherbstlichen Vollzirkulation der Gewässer, anschließt. Der Mittelwert des gesamten Jahres liegt aber mit 66 µg P/l noch über den Werten der drei genannten Jahreszeiten. Dies hat seinen Grund darin, daß von Mitte Oktober bis Anfang Dezember die höchsten Gehalte an gelöstem Orthophosphat im epilimnischen Wasser auftraten.

Bei Gesamtstickstoff und organisch gebundenem Stickstoff lag der höchste Mittelwert im Spätsommer. Die Nitrat- und Ammoniumgehalte waren dagegen im Zeitraum von Anfang Dezember bis Ende Februar am höchsten.

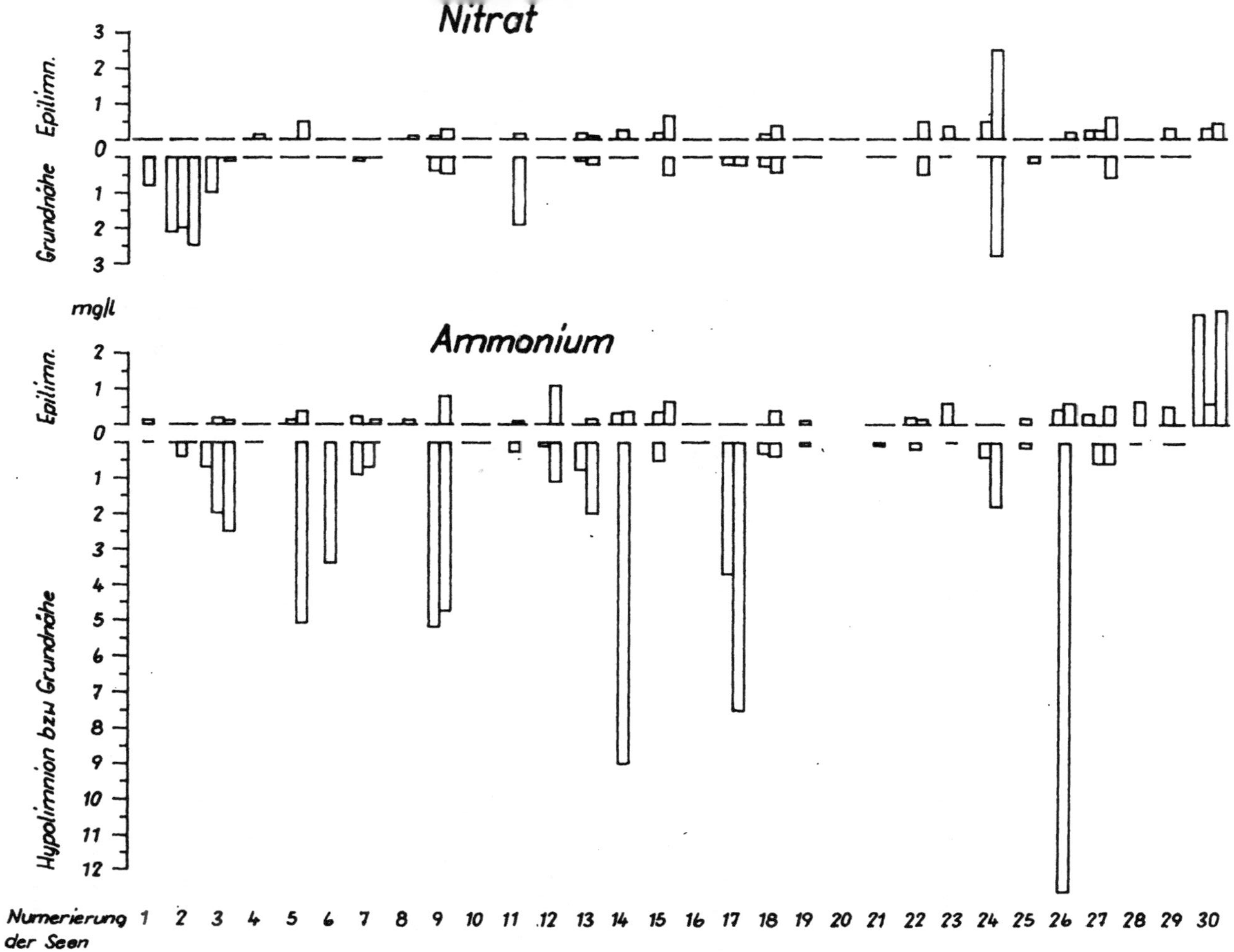

Abb. 5. Nitrat (mg/l NO_3) und Ammonium (mg/l NH_4) im Epi- und Hypolimnion der Seen Ostbrandenburgs. Spätsommeruntersuchungen. Die zu den entsprechenden Nummern gehörenden Namen der Seen sind aus Abbildung 4 oder Tabelle 1 zu entnehmen.

TABELLE 4
Nährstoffgehalte im Epilimnion der Seen Ostbrandenburgs, jahreszeitliche Unterschiede

	Frühjahr Mitte März – Anfang Mai	Spätsommer Anfang Aug. – Mitte Oktober	Winter Anfang Dez. – Ende Febr.	Gesamtes Jahr
Gesamtphosphor in µg P/l				
Minimum – Maximum	2 – 668	n.n. – 1206	13 – 962	n.n. – 1858
arithmetisches Mittel	88	121	144	136
Anzahl der Untersuchungen	36	49	35	178
Gelöster Gesamtphosphor in µg P/l				
Minimum – Maximum	7 – 489	n.n. – 685	9 – 831	n.n. – 1157
arithmetisches Mittel	42	62	114	90
Anzahl der Untersuchungen	31	47	26	147
Gelöstes Orthophosphat in µg P/l				
Minimum – Maximum	n.n. – 469	n.n. – 603	1 – 734	n.n. – 1141
arithmetisches Mittel	38	32	57	66
Anzahl der Untersuchungen	74	59	43	251
Gesamtstickstoff in mg N/l				
Minimum – Maximum	0,54 – 4,94	n.n. – 7,28	0,12 – 5,49	n.n. – 8,95
arithmetisches Mittel	1,86	2,40	1,97	2,26
Anzahl der Untersuchungen	61	58	35	225
Organisch geb. Stickstoff in mg N/l				
Minimum – Maximum	0,42 – 3,93	n.n. – 7,07	n.n. – 4,84	n.n. – 8,65
arithmetisches Mittel	1,69	2,33	1,58	2,05
Anzahl der Untersuchungen	50	62	37	205
Nitrat in mg N/l				
Minimum – Maximum	n.n. – 0,97	n.n. – 0,15	n.n. – 0,69	n.n. – 0,97
arithmetisches Mittel	0,16	0,02	0,18	0,08
Anzahl der Untersuchungen	64	55	35	243
Ammonium in mg N/l				
Minimum – Maximum	n.n. – 0,51	n.n. – 0,62	n.n. – 1,44	n.n. – 1,44
arithmetisches Mittel	0,10	0,08	0,27	0,14
Anzahl der Untersuchungen	62	59	38	243

Nach VOLLENWEIDER (1968) ist es wahrscheinlich, daß für ein Gewässer schon dann eine trophische Gefährdung vorliegt, wenn dessen Frühjahrskonzentration an ausnutzbaren Phosphorverbindungen 10 µg P/l und an anorganischen Stickstoffverbindungen 0,2 bis 0,3 mg N/l überschreitet. Vernachlässigt man, daß auch gelöste Gesamtphosphorverbindungen wahrscheinlich von Organismen ausgenutzt werden können, dann wird durch den Mittelwert von 38 µg P/l Orthophosphat in den Seen Ostbrandenburgs die Konzentrationsschwelle für ausnutzbaren Phosphor schon um ein Mehrfaches überschritten. Addiert man die Frühjahrsmittelwerte von Nitrat und Ammonium, so liegt man mit 0,26 mg N/l auch hinsichtlich der Stickstoffverbindungen im gefährdeten Bereich.

3. *Sauerstoffverhältnisse*

Bei 16 der 30 untersuchten Seen bildet sich im Sommer eine charakteristische thermische Schichtung aus, die mit einer Sauerstoffschichtung verbunden ist. Alle diese

Seen sind holomiktisch. In Abbildung 6 ist der Verlauf der Kurven des Sauerstoffs, der freien Kohlensäure und der Wassertemperatur der 16 geschichteten Seen im Spätsommer dargestellt. Die Sprungschicht liegt zu diesem Zeitpunkt in etwa 10 m bis etwas über 10 m Tiefe. Alle Seen außer Werbellinsee und Parsteiner See zeigen neben

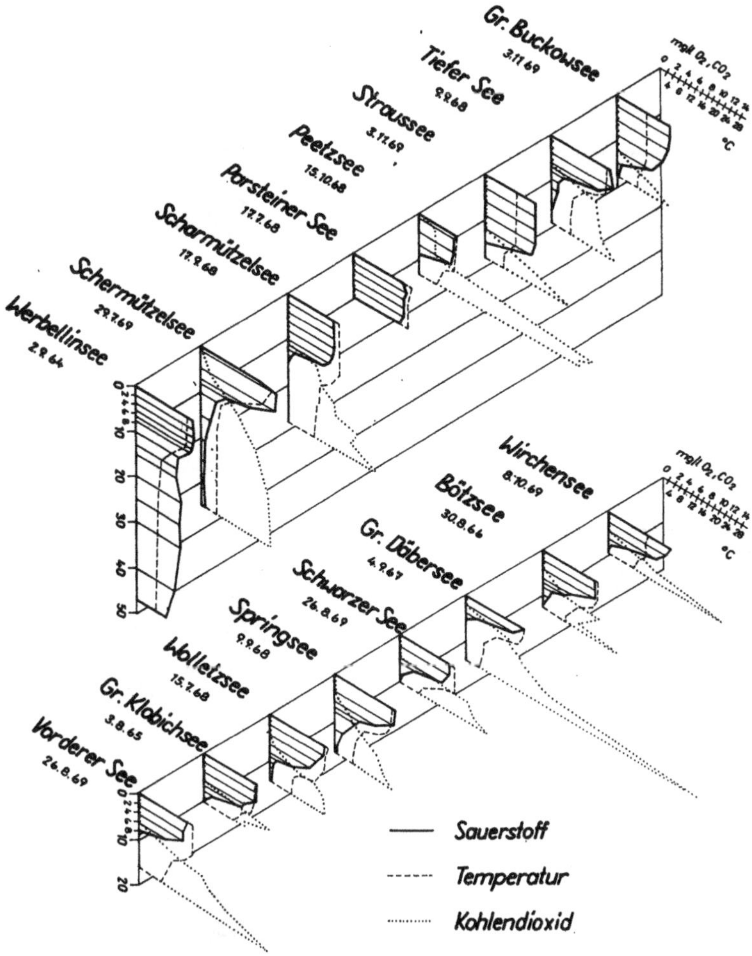

Abb. 6. Schichtungsverhältnisse von Sauerstoff, Temperatur und gelöstem freien Kohlendioxid in ostbrandenburgischen Seen. Spätsommeruntersuchungen.

der thermischen Schichtung eine ausgesprochene Sauerstoffschichtung mit starkem Abfall des gelösten Sauerstoffs im Metalimnion und Sauerstoffmangel bis Sauerstoffschwund im Hypolimnion. Demgegenüber sind im Hypolimnion z. T. beträchtliche Gehalte an freier Kohlensäure zu finden, insbesondere dort, wo der gelöste Sauerstoff aufgebraucht ist. Über die hypolimnische Kohlendioxid-Akkumulation und ihre Bedeutung als produktionsbiologischer Indikator arbeitete Ohle (1952). Es soll hier nicht näher darauf eingegangen werden. Doch ist es bezeichnend, daß die Seen mit den geringsten Sichttiefen (siehe Abb. 7), den höchsten Nährstoffgehalten und völli-

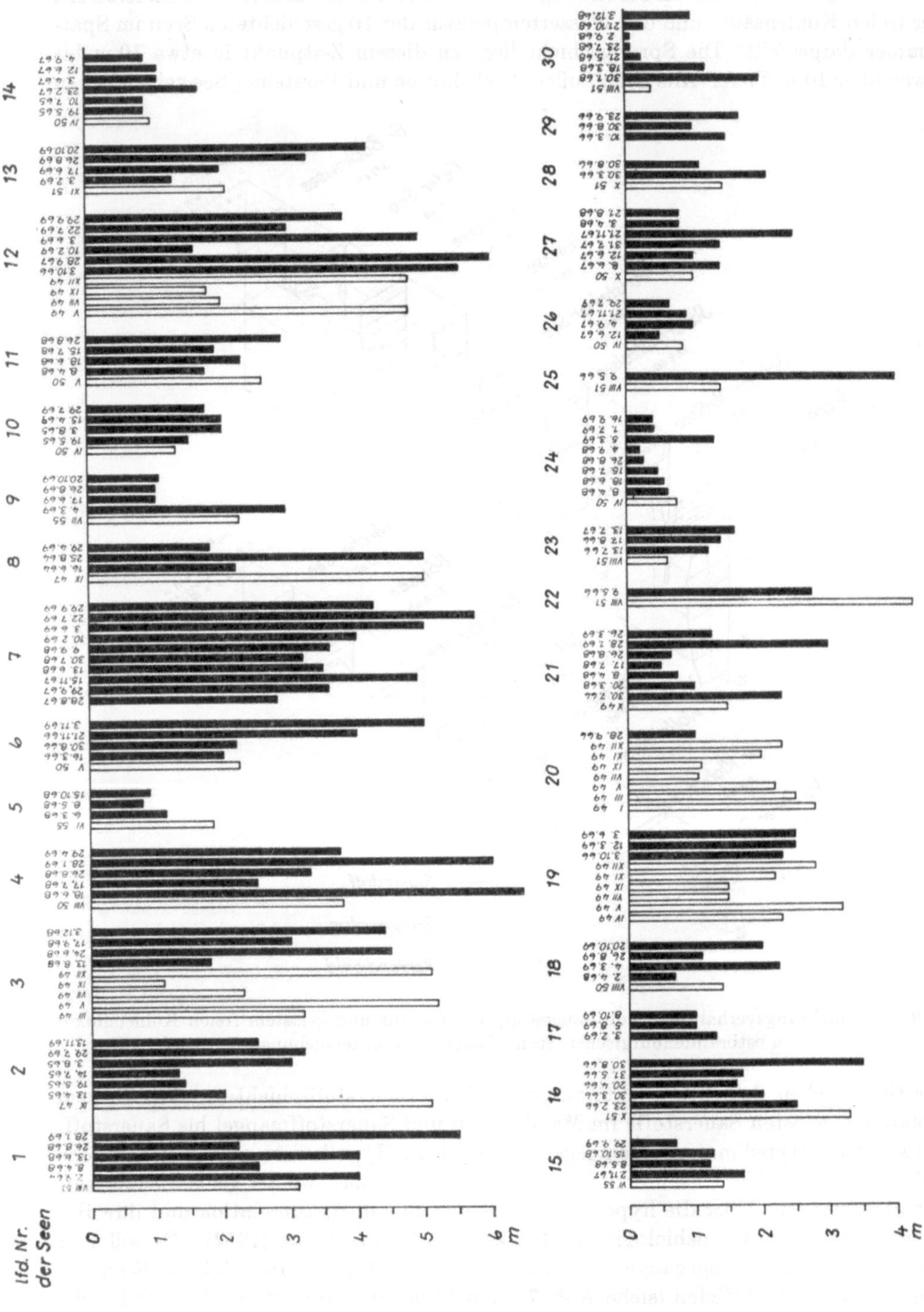

Abb. 7. Sichttiefen der Seen Ostbrandenburgs. Die weißen Säulen stellen Untersuchungsergebnissedes Instituts für Binnenfischerei Berlin (unveröff.) bzw. von MÜLLER (1952) dar. Die zu den entsprechenden Nummern gehörenden Namen der Seen sind aus Abbildung 4 oder Tabelle 1 zu entnehmen.

gem Sauerstoffschwund im Hypolimnion auch mit Abstand die höchste hypolimnische Anreicherung an freier Kohlensäure zeigen. Es handelt sich um Peetzsee, Straussee, Vorderer See, Großer Däbersee und Wirchensee.

Es wurde erwähnt, daß Parsteiner See und Werbellinsee hinsichtlich ihrer Sauerstoffgehalte von den übrigen 14 Seen abweichen. Beim Parsteiner See liegen vermutlich noch günstige Sauerstoffverhältnisse im Hypolimnion vor. Doch ist es uns nicht gelungen, eine tiefere Stelle als 12 m zu finden, so daß es sich bei der Untersuchung vom 17. 7. 1968 ausschließlich um epilimnisches Wasser handelte. Der Werbellinsee besitzt als einziger der untersuchten Seen einen hohen Sauerstoffgehalt von der Oberfläche bis zum Grunde in fast 50 m Tiefe; doch ist die Kurve nicht orthograd. Es tritt ein metalimnisches Sauerstoffminimum auf, welches schwer zu deuten ist. Die Werte der Sauerstoffsättigung des Sees betrugen bei der Messung am 2. 9. 1964 an der Oberfläche 110% (10,3 mg/l), in 9 m Tiefe noch 98,4% (9,7 mg/l), gingen bei 13 bis 15 m auf 63% (7,3 mg/l) zurück und stiegen bei 30 m Tiefe wieder auf 67,1% (8,0 mg/l) an. In 47 m Tiefe betrug die Sättigung noch immer 43,8% (5,3 mg/l).

Als Folge einer hohen Produktivität der Planktonalgen, verbunden mit günstigen Witterungsbedingungen (Sonnenschein, wenig Wind, hohe Wassertemperaturen) und einem guten Nährstoffangebot, traten in den Sommermonaten in weitem Umfang Sauerstoffübersättigungen im Oberflächenwasser der Seen auf. Bei 26 der 30 untersuchten Seen wurden Sauerstoffsättigungen über 110% gemessen, bei 16 Seen noch über 120%, bei 13 Seen über 130%, bei 8 Seen über 140% und bei 6 Seen noch über 150%. Von diesen Seen erreichten der Große Buckowsee 164%, der Grimnitzsee 165%, der Große Däbersee 172%, der Vordere See 174%, der Mündesee 191% und der Schenkendöberner See 215% Sauerstoffsättigung. Ein einmaliger Sättigungswert von 401% wurde am 18. 6. 1968 nachmittags 15,30 Uhr bei aufziehendem Gewitter, 28 °C Lufttemperatur und 28,1 °C Wassertemperatur im bläulich-grünlich trüben Wasser des Mündesees ermittelt. Die Entnahmestelle befand sich unweit der Abwassereinleitungen der Stadt Angermünde am Westufer des Sees. Damit liegt der Wert noch über dem von Uhlmann (1961) in Abwasserteichen gefundenen Wert (bis 300%). Der Mündesee hat auf Grund jahrzehntelanger Abwassereinleitungen der Stadt Angermünde die Aufgaben eines Abwasser-Oxydationsteiches übernommen.

4. Gesamteinschätzung

Die dargelegten Untersuchungsbefunde der Nährstoffverhältnisse, Sauerstoffverhältnisse und Sichttiefen lassen die folgenden Schlußfolgerungen über den Trophiegrad der Seen zu.

Der charakteristische glaziale See baltischen Typs in Ostbrandenburg besitzt schon von der Gestalt des Seebeckens her die Tendenz zum eutrophen See. Die Seen besitzen, wenn sie geschichtet sind, im Spätsommer ein überwiegend anaerobes phosphatreiches Hypolimnion; sie sind eutroph. Auch die ungeschichteten Seen zeichnen sich durch gute Nährstoffversorgung und relativ geringe Sichttiefen aus. Sie sind ebenfalls eutroph. Bei den tiefsten Seen, die Maximaltiefen zwischen 25 und 50 m erreichen, wären am ehesten noch oligotrophe Verhältnisse zu erwarten. Doch Sauerstoffzehrung bis zum Sauerstoffschwund im Hypolimnion, im Sommer bis nahe 1 m zurückgehende Sichttiefen, das fast ganzjährige Vorhandensein von Phosphaten und das praktische Fehlen von Nitraten im Epilimnion läßt auch für Scharmützelsee,

Peetzsee und Straussee nur eine Einstufung als eutrophen See zu. Das ganzjährige Auftreten von Nitrat im Epilimnion ist ein charakteristisches Merkmal für einen oligotrophen See (THOMAS 1968). Der Werbellinsee weist nur im Winter geringe Nitratgehalte auf. Das gesamte Sommerhalbjahr über fehlt Nitrat. Hinzu kommt ein ganzjähriges relativ hohes Angebot von gelöstem Orthophosphat im Epilimnion, und zwar meist mehr als 100 µg/l PO_4. Der Rückgang der Sichttiefe von etwa 5,5 m im Winter auf 2 m im Spätsommer (Abb. 7) und das verstärkte Auftreten von *Melosira varians*, *Fragilaria crotonensis* und planktischen Oscillatorien in den Sommermonaten deutet darauf hin, daß der See mesotroph ist und eine starke Tendenz zur Eutrophie zeigt. Darüber täuscht auch nicht hinweg, daß den ganzen Sommer über noch Sauerstoff im Hypolimnion anzutreffen ist, der selbst am Grunde in 50 m Tiefe im September noch über 5 mg/l beträgt. Auch im Schermützelsee und Parsteiner See sind die Nitrate im Laufe des Mai–Juni im Epilimnion aufgebraucht; doch sind die Gehalte an gelöstem Orthophosphat geringer als im Werbellinsee. Was die Sichttiefen anbelangt, so sind sie im Schermützelsee niedriger und im Parsteiner See höher als im Werbellinsee.

Unter Berücksichtigung sämtlicher, auch der hier nicht diskutierten Gesichtspunkte, käme wohl eine Einstufung der trophisch günstigsten Seen Ostbrandenburgs wie folgt in Frage: Parsteiner See mesotroph; Werbellinsee mesotroph mit klarer Tendenz zur Eutrophie; Schermützelsee schwach eutroph. Alle übrigen Seen sind als eutroph anzusprechen.

Von diesen eutrophen Seen fallen einige sowohl durch ihre geringen Sichttiefen als auch durch ihre sehr hohen Nährstoffgehalte im Epilimnion und im Tiefenwasser auf. Es handelt sich insbesondere um Vorderer See, Großer Däbersee, Wirchensee, Mündesee, Großer Schlagenthinsee und Schenkendöberner See. Für die meisten dieser Seen ist eine seit Jahrzehnten stattfindende intensive anthropogene Beeinflussung charakteristisch. In den Großen Däbersee werden seit Jahrzehnten die Abwässer des Ortes Waldsieversdorf eingeleitet. Der Mündesee muß die Abwässer der Stadt Angermünde aufnehmen; hinzu kommt seit einigen Jahren Entenhaltung. In den Großen Schlagenthinsee werden die Molkereiabwässer der Stadt Müncheberg eingeleitet; außerdem ist er ohnehin stark im Verlanden begriffen. Der Schenkendöberner See, ein Flachsee, erhielt durch die seit etwa 10 Jahren betriebene Entenzucht und Entenmast sowie durch die Futtereinbringung infolge der Nutzung als Karpfen-Intensivgewässer eine starke Erhöhung des Nährstoffpegels. Nur für den Wirchensee scheint sich eine Beeinflussung durch den Menschen praktisch auszuschließen, da nur ein Grundstück am See liegt.

Abschließend soll ein Vergleich der Seen Ostbrandenburgs mit anderen inner- und außereuropäischen Seengebieten hinsichtlich der Phosphorgehalte angestellt werden. Dabei stützt sich der Verfasser hauptsächlich auf die bei VOLLENWEIDER (1968) zitierten Autoren. Vergleicht man die Gesamtphosphorgehalte der ostbrandenburgischen Seen mit einigen Seengebieten Europas und Amerikas, so zeichnet sich für unsere Seen ein recht ungünstiges Bild ab (siehe Tab. 5). Der Mittelwert der Brandenburger Seen überschreitet den Mittelwert nordamerikanischer Seen um das Fünffache und liegt noch über dem Maximalwert der von JUDAY & BIRGE (1931) untersuchten 479 Seen Wisconsins. Auch die Seen Österreichs, der Schweiz sowie Süd- und Mittelschwedens weisen bedeutend geringere Gesamtphosphatgehalte auf. Das Gleiche trifft zu, wenn

TABELLE 5

Vergleich der Gehalte an Gesamtphosphor und gelöstem Orthophosphat verschiedener Seengebiete Europas und Nordamerikas (zit. nach VOLLENWEIDER 1968) mit Seengebieten der Deutschen Demokratischen Republik (Sude-Elde-Gebiet und Ost-Brandenburg)

Autoren	Seengebiet	Gesamtphosphor µg P/l	Orthophosphat µg P/l	Bemerkungen
JUDAY & BIRGE (1931)	Wisconsin 479 Seen	5–118 Mittelwert 23	Mittelwert 3	
BEETON & CHANDLER (1963), KRAMER (1964)	5 große Seen Amerikas	5– 75		
RUTTNER (1937)	holomiktische Seen Österreichs	2– 29		
	meromiktische Seen Österreichs	23– 46		
THOMAS (1953)	Schweiz 46 Seen	5–261		Winter-untersuchungen
VOLLENWEIDER (1965)	Insubrische Seen	10– 20		
OHLE (1962, 1965)	Ostholsteinische Seen		7–18	Sommer untersuchungen
FORSBERG (1965)	Süd- u. Mittelschweden 71 Seen	4–39	1– 2	
KLAPPER (1968)	Nördliche DDR, Sude–Elde–Gebiet 80 Seen		Mittelwert 107	Spätsommer-untersuchungen
SCHARF	Östliche DDR, Ostbrandenburg 30 Seen	21–989 Mittelwert 136	3–695 Mittelwert 66	Ganzjährige Untersuchungen

man die Orthophosphatgehalte betrachtet. Außerordentlich niedrige Mittelwerte haben die Süd- und Mittelschwedischen Seen (1–2 µg P/l) und die Seen Wisconsins (3 µg P/l). Aber auch die Seen Ostholsteins liegen überraschend mit 7–18 µg P/l noch um ein Vielfaches günstiger als die Seen der Deutschen Demokratischen Republik. Mit einem Mittelwert von 107 µg P/l wurden von KLAPPER (1968) bei 80 Seen im Sude- und Eldegebiet (nördliche DDR) die ungünstigsten Verhältnisse angetroffen. Die 30 untersuchten Seen Ostbrandenburgs liegen mit 66 µg P/l im Mittel nicht ganz so hoch.

Die Untersuchungsbefunde beweisen, daß der Zustand unserer Seen zu ernster Besorgnis Anlaß gibt. Es wird höchste Zeit, ausgehend von exakten Untersuchungsbefunden Maßnahmen zu ergreifen, um ein Fortschreiten der zum Teil rasant verlaufenden Eutrophierungsvorgänge zumindest bei den volkswirtschaftlich bedeutenden stehenden Gewässern zu unterbinden oder zumindest merklich zu verlangsamen.

E. Zusammenfassung

Anhand von Untersuchungen aus den Jahren 1965 bis 1969 wird eine Übersicht über die Nährstoff- und Sauerstoffverhältnisse von 30 Seen Ostbrandenburgs gegeben. Die Gehalte an Gesamtphosphor, gelöstem Gesamtphosphor, gelöstem Orthophosphat, Gesamtstickstoff, organisch gebundenem Stickstoff, Nitrat, Nitrit und Ammonium wurden in ihrer Verteilung in den einzelnen

Seen diskutiert. Besondere Beachtung findet die unterschiedliche Verteilung der Nährstoffe im Epi- und Hypolimnion der Seen im Spätsommer. Auch die in den verschiedenen Jahreszeiten auftretenden Veränderungen im Nährstoffgehalt der Seen werden behandelt. Auf die Temperatur- und Sauerstoffverhältnisse der geschichteten Seen im Spätsommer wird eingegangen.

Die Seen Ostbrandenburgs sind bis auf wenige Ausnahmen eutroph. Einem fast ständigen Angebot an von Organismen verwertbaren Phosphorverbindungen steht ein Nitratmangel in vielen Seen während der Sommermonate gegenüber.

Am Schluß der Arbeit wird das Seengebiet Ostbrandenburgs hinsichtlich seiner Phosphorverbindungen mit anderen inner- und außereuropäischen Seengebieten verglichen.

F. Literatur

Amt für Wasserwirtschaft (Herausg.), 1965: Ausgewählte Methoden der Wasseruntersuchung.

ARNOLD, K.-H., 1968: Nährstoffabtrag von landwirtschaftlich genutzten Flächen. Fortschr. Wasserchemie 8, 131–142.

BEETON, A. M. & D. C. CHANDLER, 1963: The St. Lawrence Great Lakes. In: Limnology in North America (ed. D. C. FREY), Madison, The University of Wisconsin Press, 535–558.

BURSCHE, E.-M., 1955: Beitrag zur Frage des „Krautschwundes" in H_2S-*Oscillatoria*-Seen. Z. Fischerei N. F. IV, 53–100.

ELSTER, H. J., 1958: Das limnologische Seentypensystem. Rückblick und Ausblick. Verh. int. Ver. Limnol. 13, 101–120.

Fachgruppe Wasserchemie in der Gesellschaft Deutscher Chemiker (Herausg.), 1954: Deutsche Einheitsverfahren zur Wasser-, Abwasser- und Schlammuntersuchung. Verlag Chemie, Weinheim/Bergstr.

FORSBERG, C., 1965: Environmental Conditions of Swedish Charophytes. Symb. Bot. Uppsal. 18 (4), 1–67.

— 1965: Nutritional Studies of *Chara* in Axenic Cultures. Physiol. Plant. 18, 275–290.

HALBFASS, W., 1922: Die Seen der Erde. Petermanns Mitt., Ergänzungsh. 185.

HEDLICH, R., 1968: Die wachstumsbegrenzenden Nährstoffe in Talsperren auf dem Gebiet der Deutschen Demokratischen Republik. Fortschr. Wasserchemie 8, 99–106.

HOFFMANN, U., 1968: Der Einfluß der Verweilzeit des Wassers auf die Planktonentwicklung in Vorsperren. Limnologica (Berlin) 6, 417–423.

HÖHNE, E., 1968: Beurteilung des Eutrophierungsgrades durch Messung der Strahlungsverteilung. Fortschr. Wasserchemie 8, 82–98.

JUDAY, C. & E. A. BIRGE, 1931: A second Report on the Phosphorus Content of Wisconsin Lake Waters. Trans. Wisc. Acad. Sci. Arts Letters 26, 353–382.

KEIL, R., 1967: Entenzucht und Gewässerzustand. Limnologica (Berlin) 5, 447–460.

KLAPPER, H., 1964: Die „dritte Reinigungsstufe" und das Problem der Eutrophierung von Seen und Trinkwasserspeichern. Wiss. Z. Univ. Leipzig, Math.-Nat. 13, 53–60.

— 1968: Die wachstumsbegrenzenden Nährstoffe in Seen auf dem Gebiet der Deutschen Demokratischen Republik. Fortschr. Wasserchemie 8, 66–81.

KRAMER, J. R., 1964: Theoretical Model for the Chemical Composition of Fresh Water with Application to the Great Lakes. Great Lakes Res. Div., The Univ. of Michigan Publ. 11, 147–160.

LEHMANN, C., 1925: Die Bedeutung der Alkalität im Stoffhaushalt der Gewässer unter besonderer Berücksichtigung ihres fischereibiologischen Wertes. II. Z. Fischerei XXIII, 299–316.

LEMMERMANN, E., 1903/04: Das Phytoplankton des Müggelsees und einiger benachbarter Gewässer. Z. Fischerei XI, 73–123.

LIEDTKE, H., 1958: Jungglaziale Seentypen, dargestellt am Beispiel Norddeutschlands. Geogr. Ber. 7, 1–15.

LÖWE, G., 1965: Landwirtschaftliche Düngung und Trinkwassergewinnung aus Talsperren. Wasserwirtsch.-Wassertechn. 15, 87–89.

— 1968: Maßnahmen zur Verhinderung des Nährstoffeintrages aus landwirtschaftlich genutzten Einzugsgebieten. Fortschr. Wasserchemie 8, 257–267.

MACHANDER, H., 1934: Zur Hydrographie der Schlaubeseen. Z. Fischerei **XXXII**, 219–280.
– 1935: Der Einfluß von Zuflüssen, Zirkulationsströmungen und Bodenwasserpflanzen auf die Sauerstoffverteilung in der Bodenzone eutropher (nährstoffreicher) Seen, insbesondere der Schlaubeseen. Z. Fischerei **XXXIII**, 115–123.
– 1937, 1938: Schichtungs- und Zirkulationsbewegungen in Binnenseen des eutrophen (nährstoffreichen) Typus, insbesondere der Schlaubeseen, unter Berücksichtigung der Meteorologie. Int. Revue ges. Hydrobiol. **36** (5/6) und **37** (1/2).
MÄDLER, K., 1968: Phosphatelimination in Bächen. Fortschr. Wasserchemie 8, 245–256.
MARCINEK, J., 1966: Die Entstehung der Seen im nördlichen Teil der Deutschen Demokratischen Republik. Z. Erdkundeunterricht **10**, 361–369.
MÜLLER, H., 1952: Die produktionsbiologischen Verhältnisse märkischer Seen in der Umgebung Storkows. Z. Fischerei N. F. **1**, 95–246.
OHLE, W., 1952: Die hypolimnische Kohlendioxyd-Akkumulation als produktionsbiologischer Indikator. Arch. Hydrobiol. **46**, 153–285.
– 1953: Der Vorgang der rasanten Seealterung in Holstein. Naturwiss. **40**, 153–162.
– 1962: Der Stoffhaushalt der Seen als Grundlage einer allgemeinen Stoffwechseldynamik der Gewässer. Kieler Meeresforschg. **18**, 107–120.
– 1965: Nährstoffanreicherung der Gewässer durch Düngemittel und Melioration. Münchner Beiträge **12**, 54–83.
PANKNIN, W., 1941: Die Vegetation einiger Seen in der Umgebung von Joachimsthal in der Uckermark. Bibl. Botanica **119**, 1–161.
PEUKERT, V., 1968: Die natürliche Eutrophierung durch Abflüsse aus Hochmooren. Fortschr. Wasserchemie 8, 107–116.
QUIEL, G., 1928: Über die Wirkung salzhaltiger Abwässer in Seen. Z. Fischerei **XXIV**, 1–36.
RUDOLF, G., 1968: Nährstoffelimination in Oxydationsgräben und Oxydationsteichen. Fortschr. Wasserchemie 8, 234–244.
RUDOLF, G. & D. UHLMANN, 1968: Fällmittelzugabe in Gewässer. Fortschr. Wasserchemie 8, 268–278.
RUTTNER, F., 1937: Limnologische Studien an einigen Seen der Ostalpen. Arch. Hydrobiol. **32**, 167–319.
SAMTER, M., 1912: Statistik der märkischen stehenden Gewässer. Mittler & Sohn, Berlin.
– 1922: Zehn märkische Seen. Abh. Preuß. Geol. Landesanst. N. F. **57**, 49–76.
SCHARF, R., 1969: Zur Limnologie und Wassergüte einiger Seen der Uckermark. Wiss. Z. Univ. Rostock, Math.-Nat. R. **18**, 777–781.
SCHUSTER, G., 1968: Grundlagen der Phosphatelimination durch chemische Fällung. Fortschr. Wasserchemie 8, 188–203.
SCHWENG, E., 1937: Beiträge zur Fischereibiologie märkischer Seen. I. Die produktionsbiologischen Verhältnisse märkischer Flußseen, dargestellt auf Grund von fischereibiologischen Untersuchungen des Dämeritz-, Flaken- und Kalksees. Z. Fischerei **XXXV**, 1–148.
STROEDE, W., 1933: Schwefelwasserstoff und Sauerstoff in unseren natürlichen Gewässern. Z. Fischerei **XXXI**, 345–352.
TESCH, FR.-W., 1957: Ein Vergleich von tierischem Schöpf- und Netzplankton aus Seeabflüssen des Oberspreegebietes. Z. Fischerei N. F. **VI**, 273–282.
THOMAS, E. A., 1953: Empirische und experimentelle Untersuchungen zur Kenntnis der Minimumstoffe in 46 Seen der Schweiz und angrenzender Gebiete. Schweiz. Ver. Gas- u. Wasserfachm. **2**, 1–15.
– 1968: Eutrophierung und Wasserqualität in einigen Schweizer Seen. Fortschr. Wasserchemie 8, 10–20.
UHLMANN, D., 1961: Über den Einfluß von Planktonorganismen auf ihr Milieu. Int. Revue ges. Hydrobiol. **46**, 115–129.
– 1968: Der Einfluß der Verweilzeit des Wassers auf die Massenentwicklung von Planktonalgen. Fortschr. Wasserchemie 8, 32–47.
UHLMANN, D. & E. ALBRECHT, 1968: Biogeochemische Faktoren der Eutrophierung von Trinkwasser-Talsperren. Limnologica (Berlin) **6**, 225–245.
Verwaltung der märkischen Wasserstraßen (Herausg.), 1909: Die Tiefenpläne der im Zuge der märkischen Wasserstraßen gelegenen Seen.

VOGLER, P., 1965: Probleme der Phosphatanalytik in der Limnologie und ein neues Verfahren zur Bestimmung von gelöstem Orthophosphat neben kondensierten Phosphaten und organischen Phosphorsäureestern. Int. Revue ges. Hydrobiol. 50, 33–48.

VOLLENWEIDER, R. A., 1965: Materiale et Idee per una Idrochimica delle Acque Insubriche. Mem. Ist. Ital. Idrobiol. 19, 213–286.

— 1968: Die wissenschaftlichen Grundlagen der Seen- und Fließgewässereutrophierung, unter besonderer Berücksichtigung des Phosphors und des Stickstoffs als Eutrophierungsfaktoren. Technischer Bericht, Organisation for Economic Co-operation and Development, Paris.

WUNDSCH, H. H., 1940: Beiträge zur Fischereibiologie märkischer Seen, VI. Die Entwicklung eines besonderen Seentypus (H_2S-Oscillatorien-Seen) im Fluß-Seengebiet der Spree und Havel, und seine Bedeutung für die fischereibiologischen Bedingungen in dieser Region. Z. Fischerei XXXVIII, 443–658.

Anschrift des Verfassers:
Dr. ROLF SCHARF
DDR – 75 Cottbus, Herzberger Str. 14

Limnologica (Berlin)	8	2	1971	415–420

Forschungsinstitut für Mikrobiologie und Hygiene, Bad Elster

EBERHARD SCHULZE

Der Schutz der Trinkwassergewinnung aus Oberflächengewässern in hygienischer Sicht[1])

Wenn man sich mit dem Schutz der Trinkwassergewinnung aus Oberflächengewässern befaßt, wird man zunächst mit der Frage konfrontiert, warum überhaupt ein Schutz der Trinkwassergewinnung notwendig ist, wenn andernorts städtische Abwässer zu Trinkwasser aufbereitet werden, ohne daß das Produkt hygienische Normen verletzt (CILLIE & al. 1966).

Hier muß wohl zunächst erst einmal daran erinnert werden, daß Grenzwerte nur für bekannte und erfaßbare Parameter festgelegt werden können. Es bleibt damit auch bei Erfüllung aller hygienischer Normen noch ein mehr oder weniger breiter Spielraum für unbekannte gesundheitsschädigende Noxen (BORNEFF 1969). Die Breite dieses Spielraums wird dabei von der Herkunft des Rohwassers bestimmt. Weiterhin besteht ein Zusammenhang zwischen Rohwasserqualität und erforderlicher Aufbereitung. Dieser ist vordergründig von ökonomischem Interesse. In ihm ist aber auch ein hygienisches Problem enthalten.

Die natürlichen Selbstreinigungsvorgänge in einem Gewässer bewirken einen Abbau von organischen Schmutzstoffen. Den Verschmutzungsgrad eines Gewässers beurteilt man auf Grund seines Gehaltes an abbaubaren organischen Substanzen. Alle die Selbstreinigung bzw. den Verschmutzungsgrad messenden Parameter beziehen sich darauf, z. B. Sauerstoffzehrung, biochemischer oder chemischer Sauerstoffbedarf, Saprobieindex usw. Zwischen diesen Werten bestehen logischerweise bestimmte Korrelationen. Es wird nun oft stillschweigend die Annahme gemacht, daß die Abnahme der hygienischen Bedenklichkeit eines Wassers in ähnlicher Weise gesetzmäßig mit der natürlichen Selbstreinigung gekoppelt ist, oder gar, daß beide identisch sind, was aber in keiner Weise zutrifft.

Wenn man unter natürlicher Selbstreinigung den Abbau organischer Substanz versteht, so könnte man die Abnahme der hygienischen Bedenklichkeit als natürliche Dekontamination bezeichnen. Die Verunreinigung oder — nach hygienischem Sprachgebrauch — die Kontamination eines Gewässers kann sowohl die Einbringung von Krankheitserregern als auch von gesundheitsschädigenden Substanzen bedeuten. Demgemäß ist Dekontamination das Entfernen von Krankheitserregern (ihre Inaktivierung) und gesundheitsschädigenden Substanzen. Sie vollzieht sich in Gewässern wie die natürliche Selbstreinigung als selbstregulatorischer Prozeß vermöge physikalischer, chemischer und biologischer Kräfte. Während aber die natürliche Selbstreinigung meist als einheitlicher Prozeß aufgefaßt wird, obwohl er in Sukzessionen erfolgt

[1]) Herrn Professor Dr. ARNO WETZEL zum 80. Geburtstag gewidmet.

und leicht oder schwer abbaubare Stoffe betreffen kann, muß man die natürliche Dekontamination von vornherein als komplexen Vorgang begreifen, dessen Teilprozesse nach verschiedenen Gesetzmäßigkeiten ablaufen. Das kann nicht verwundern, wenn man sich vor Augen hält, daß die Dekontamination so verschiedene Prozesse beinhaltet wie das Absterben bakterieller Krankheitserreger, die Inaktivierung pathogener Viren und den Abbau gesundheitsschädigender Substanzen.

Der Hygieniker muß die Leistungsfähigkeit einer Trinkwasseraufbereitungsanlage, die suspektes Rohwasser verwendet, nach ihrer Fähigkeit der Dekontamination beurteilen. Da wir relativ wenig gesichertes Wissen über die Mechanismen und Gesetzmäßigkeiten der natürlichen Dekontamination und der Dekontaminationsleistung von Wasserbehandlungsanlagen besitzen, ist es hygienisch auf jeden Fall der beste Weg, eine Trinkwassergewinnung durch Wasserschutzgebiete zu sichern, die gewährleisten sollen, daß eine ernsthafte Kontamination des Rohwassers gar nicht erst erfolgen kann. Auf die Wasserschutzgebiete könnte nur verzichtet werden, wenn durch zweckgerichtete Forschung eine Beherrschung der Dekontaminationsprozesse im Verlauf der Wasseraufbereitung erreicht worden ist.

Grundsätzlich ist die Wasserentnahme zur Trinkwassergewinnung aus Seen, Teichen und Wasserläufen vom hygienischen Standpunkt eine Behelfslösung. Verhältnisse, wie wir sie noch in manchen Großstädten finden können, sollten Ausnahmen sein, nicht Vorbild. Demgegenüber stellt die Trinkwassergewinnung aus Talsperren, wenn sie sachgemäß erfolgt, eine hygienisch einwandfreie Form der Trinkwassergewinnung dar.

Der Unterschied besteht darin, daß Trinkwassertalsperren als künstliche Anlagen von vornherein an Standorten geplant werden, die eine Verschmutzung des Wassers in engen Grenzen hält. Auch das ist bereits ein Kompromiß gegenüber dem idealen unbesiedelten Einzugsgebiet; doch kann er bei zweckentsprechender Sanierung und Bewirtschaftung des Einzugsgebietes als gangbar angesehen werden.

Natürliche Gewässer sind gewöhnlich primär Vorfluter. Sie werden bezüglich ihrer Wasserqualität von der Siedlungsstruktur, der Industrie, der Landwirtschaft und oft auch vom Verkehr geprägt. Die Nutzung zur Trinkwassergewinnung ist als letzte hinzugekommen und kann an den Gegebenheiten nichts mehr ändern. In diesem Sinne sind Schutzgebiete für Trinkwassertalsperren eine wesentliche Voraussetzung für ihre zweckentsprechende Nutzungsmöglichkeit. Schutzgebiete für natürliche Oberflächengewässer können aber nur den Zweck erfüllen, eine Verschlimmerung bestehender Verhältnisse zu verhindern. Sie besagen nicht, daß mit ihrer Festlegung eine solche Trinkwasserversorgung qualitativ befriedigt.

Die nachfolgenden Ausführungen beziehen sich daher allein auf den Schutz der Trinkwassergewinnung aus Talsperren. Wo eine Wasserversorgung weder aus Grundwasser noch aus Trinkwassertalsperren möglich ist, sollte man eine Grundwasseranreicherung oder wenigstens eine Gewinnung von Uferfiltrat anstreben.

Anordnung und Bemessung von Schutzzonen

Für die Anordnung der Schutzzonen von Trinkwassertalsperren wurden zwei verschiedene Wege beschritten. Ursprünglich ordnete man um die Fassungszone (Stauraum und Uferstreifen) die engere Schutzzone halbkreisförmig an, dahinter die weitere Schutzzone bis zur Einzugsgebietsgrenze. Vorteilhaft ist hier die konzentrische Anordnung der Zonen, die ebenso wie beim Grundwasserschutz davon ausgeht, daß eine Gefährdung mit der Entfernung abnimmt. Vernachlässigt wird hier der Schutz der zufließenden Bäche. Um dem zu begegnen, werden zusätzlich Schutzstreifen entlang der Zuläufe angeordnet, differenziert nach der Entfernung vom Stauraum. Damit kompliziert sich aber eine solche Schutzgebietserklärung.

Ein anderer Vorschlag ging von hydrobiologischen Erwägungen aus. Die natürliche Selbstreinigung bewirkt zwar in den Zuläufen mehr oder weniger eine Mineralisation der Abwassereinleitungen, macht sie damit aber nicht als Planktonnährstoffe unwirksam. Das Ziel wasserwirtschaftlicher Maßnahmen muß jedoch sein, die Primärproduktion in den Talsperren möglichst klein zu halten; folglich muß die Nährstoffzufuhr zum Fließgewässer klein gehalten werden, gleichgültig, ob sie in organischer oder anorganischer Form vorliegt. Dabei ist es auch von untergeordneter Bedeutung, ob die Nährstoffe direkt in die Talsperre oder in einen Zulauf am Rande des Einzugsgebietes eingeleitet werden; denn die fließende Welle befördert doch das meiste in den Stauraum. Es wurde daher vorgeschlagen, das Schutzgebiet zu unterteilen in die Fassungszone (wie oben), in eine engere Schutzzone entlang aller Zuläufe bis zu ihrem Ursprung und in eine weitere Schutzzone, die das übrige Einzugsgebiet umfaßt. Hier ist von Nachteil, daß sich unmittelbar an die Fassungszone die weitere Schutzzone anschließt und kein Pufferstreifen deren Einfluß mindert.

Der TGL-Entwurf 24348 Blatt 3 „Schutz der Trinkwassergewinnung — Wasserschutzgebiete für Oberflächenwässer" (Abschlußentwurf, verbindlich seit 1.1.1971) berücksichtigt beide Auffassungen. Danach gilt als Fassungszone der Stauraum und ein 100—200 m breiter Uferstreifen. Die engere Schutzzone umfaßt die Zuläufe, deren Uferstreifen (beiderseits 5—30 m) und kann auf Flächen ausgedehnt werden, die unmittelbar in die Fassungszone entwässern. Allgemein soll die engere Schutzzone so bemessen sein, daß sie die Fassungszone vor allen Verunreinigungen, die in der weiteren Schutzzone entstehen können, schützt. Praktisch bedeutet das, daß die engere Schutzzone sowohl die Zuflüsse und deren Uferstreifen als auch eine Fläche zwischen Fassungszone und weiterer Schutzzone umfaßt. Über die Breite der letzteren ist zahlenmäßig nichts ausgesagt, da dies weitgehend von den örtlichen Gegebenheiten abhängt.

Diese Regelung kommt hygienischen Belangen weitgehend entgegen, falls die Breite der Zone II so bemessen wird, daß sie ihrer Funktion, Einflüsse der weiteren Schutzzone von der Fassungszone fernzuhalten, erfüllen kann.

Verbote und Beschränkungen

Die Schutzgebietsfestlegungen haben das Ziel, sicherzustellen, daß aus dem Talsperrenwasser mit einem ökonomisch vertretbaren Aufwand Trinkwasser hergestellt werden kann, welches den hygienischen Güteanforderungen entspricht. Das Talsperrenwasser wird so zum Rohstoff eines Lebensmittels. Von ihm sollen ferngehalten werden u. a.:

Krankheitserreger,
Mineralöle und deren Nebenprodukte,
radioaktive Substanzen,
organische und anorganische Stoffe, die sich auf die Gesundheit oder das Wohlbefinden der Menschen nachteilig auswirken.

Diese Forderungen entsprechen den hygienischen Belangen. Es ist nun zu werten, wie weit sie im Detail bei den Festlegungen des Blattes 3 des TGL-Entwurfes berücksichtigt werden.

1. Fassungszone

Sie soll in der Regel in Rechtsträgerschaft des Betreibers der Anlage bzw. des staatlichen Forstwirtschaftsbetriebes sein. Jede Verunreinigung des Wassers und des Ufergeländes ist zu verhindern. Es ist alles untersagt, was eine Verunreinigung des Oberflächenwassers hervorrufen oder begünstigen kann, z. B. Erdaufschlüsse, Verkehrswege, Einsatz von Bioziden, Durchleiten von Abwässern, organische Düngung, Beweiden, Ackernutzung. Bestehende Hochbauten und nicht zur Trinkwassergewinnungsanlage gehörende Einrichtungen sind abzubrechen, wenn eine unbedenkliche Nutzung nicht möglich ist. Aufforstbare Teile der Uferzone sind aufzuforsten.

Unter Beachtung dieser Verbote und Forderungen können jedoch mit bestimmten Einschränkungen gestattet werden:

1. Fischereiliche Nutzung ohne Fütterung und Düngung sowie Sportangeln nach besonderen Vereinbarungen.
2. Jagdliche Nutzung ohne Schutzhütten und Schießplätze.
3. Wanderwege mit Aussichtspunkten.
4. Organisierter Sportbootverkehr ohne Verbrennungsmotore in begrenztem Umfange, wenn ein zentraler Anlegesteg vorhanden ist und die Zustimmungen der Organe der Wasserwirtschaft und der Hygieneinspektion vorliegen. Versorgungseinrichtungen sowie Anlagen mit Abwasseranfall dürfen in den Schutzzonen I und II nicht errichtet werden.
5. Baden in Trinkwassertalsperren, die zur Badezeit wenigstens 25 Mio m^3 Inhalt haben und in denen die theoretische Verweilzeit von 200 d nicht unterschritten wird. Das Baden darf nur in bewachten, abgegrenzten Badeanstalten erfolgen. Über Versorgungseinrichtungen und Anlagen mit Abwasseranfall entscheidet die zuständige Bezirks-Hygieneinspektion.

Hierzu sind wohl einige Bemerkungen aus hygienischer Sicht nötig; denn diese 5 Punkte scheinen zum Teil den anfangs aufgestellten Grundsatzforderungen zu widersprechen, besonders die Punkte Angeln, Bootsverkehr und Baden.

Das Angeln, Rudern und Segeln an sich kann für eine Trinkwassertalsperre nicht gefährlich sein. Was daran stört, sind die Menschen, die diese Tätigkeit durchführen und, das hat sich international immer wieder bestätigt, sich nicht so verhalten, wie man es im Sinne des Schutzes der Trinkwassergewinnung voraussetzen müßte. Wenn es jedoch gelingen sollte, etwa durch entsprechende vertragliche Vereinbarungen, ein hygienegerechtes Verhalten dieser Bürger zu sichern, so kann gegen eine derartige Nutzung für Erholungszwecke nichts eingewendet werden. Die in der Praxis gemachten Erfahrungen lassen hier jedoch eine Skepsis berechtigt erscheinen. So hat man z. B. an einigen nordamerikanischen Trinkwassertalsperren zeitweilig das Angeln erlaubt, mußte es aber nach Jahren wegen der sich einstellenden hygienewidrigen Zustände wieder rückgängig machen. Die in diesen Talsperren durchgeführten bakteriologischen Wasseruntersuchungen beweisen eindeutig den negativen Einfluß des Angelns auf die Wasserqualität (KARALEKAS & LYNCH 1965).

Es gibt hiervon jedoch eine Ausnahme. An der Quabbin-Talsperre ist das Angeln und Bootsfahren mit Außenbordmotoren erlaubt. Die bakteriologischen und chemischen Wasseruntersuchungen konnten keinen negativen Einfluß auf die Wasserqualität feststellen (TOOLE 1965). Die Erklärung hierfür ist einfach. Es handelt sich um die größte Trinkwassertalsperre mit einem Volumen von 1560 Mio m³. Gegenüber dieser Wassermasse wird die von den Anglern verursachte Kontamination unerheblich und gerät unter die Nachweisbarkeitsgrenze.

Der Umfang der Nutzung für Erholungszwecke, den man an einer Trinkwassertalsperre gestatten kann, ist offenbar von ihrer Größe abhängig. Desgleichen ist hier ihre ohnehin schon vorhandene „Grundbelastung" zu beachten. Dabei ist unter Grundbelastung die Kontamination zu verstehen, die als Folge einer Besiedlung und wirtschaftlichen Nutzung des Einzugsgebietes über die Zuflüsse in die Talsperre gelangt. Da sie für jede Talsperre anders ist, müssen Umfang der Erholungsnutzung und durchzuführende Maßnahmen in jedem Fall individuell festgelegt werden.

Auf Grund von Untersuchungen und epidemiologischen Überlegungen wurde die Auffassung vertreten (SCHULZE 1965), daß die „Grundbelastung" einer Trinkwassertalsperre 1000 Einwohner auf 10 Mio m³ Stauraum zuzüglich einer schutzzonengerechten landwirtschaftlichen Nutzung nicht überschreiten sollte. Nur in dem Maße, wie dieser Wert unterschritten wird, kann eine begrenzte Nutzung für Erholungszwecke gestattet werden.

Eine weitere Möglichkeit wäre, daß die Grundbelastung einer Trinkwassertalsperre bereits so groß ist, daß eine zusätzliche Nutzung für Erholungszwecke nichts mehr an der Größenordnung der Kontamination ändern kann. Auch dann würde kein Grund vorliegen, diese Erholungsnutzung zu verbieten. Allerdings würde eine solch stark belastete Talsperre nicht mehr den Charakter einer Trinkwassertalsperre haben, sondern den eines natürlichen Gewässers mit den oben erwähnten Vorbehalten bezüglich deren Eignung für die Trinkwassergewinnung.

Sinngemäß gelten diese Ausführungen auch für das Baden in Trinkwassertalsperren, wobei dieses natürlich die Wasserqualität viel nachhaltiger beeinflußt als die anderen Erholungsarten. Daher sieht der TGL-Entwurf auch vor, von vornherein das Baden nur in Wasservolumen von mehr als 25 Mio m³ zu gestatten. Manchem mag diese Grenze zu niedrig erscheinen. Sie wäre es tatsächlich auch in dem Falle, wenn die durch den Badebetrieb eingebrachte Schmutzmenge die Grundbelastung in ihrer Größenordnung beeinflußt. Limnologische Berechnungen ergeben, daß das bezüglich der Abwasser- und Nährstoffbelastung bei Wasservolumina über 25 Mio m³ nicht zu erwarten ist. Ob das auch bezüglich der hygienisch bedenklichen Kontamination zutrifft, kann man gegenwärtig mangels ausreichender Untersuchungen nicht exakt beweisen. Es kann aber als wahrscheinlich angenommen werden. Wir schätzen, daß als Folge des Badens sich eine durchschnittliche Erhöhung der psychrophilen Keimzahl um 100 pro ml im Epilimnion ergeben wird.

2. Engere Schutzzone

Für diese legt Blatt 1 des TGL-Entwurfes Aufgaben fest, die primär aus dem Blickwinkel des Grundwassers gesehen und für Oberflächenwasser nur bedingt anwendbar sind. Diese Zone soll so ausgedehnt sein, daß Krankheitserreger und mikrobiell leicht abbaubare Substanzen bis zur Fassungszone unschädlich gemacht oder mineralisiert werden. Hierzu nimmt man bei Grundwasser eine Fließzeit von etwa 50 Tagen an. Oberflächenwasser ist aber in weniger als 50 Stunden von einem beliebigen Punkt der engeren Schutzzone bis in die Talsperre geflossen. Bis dahin können entferntere Einleitungen mineralisiert sein; nie aber sind alle Krankheitserreger in dieser Zeit inaktiviert worden.

Es muß daher Aufgabe der engeren Schutzzone von Trinkwassertalsperren sein, unmittelbare Einleitungen oder Einspülungen von Abwässern, Düngemitteln, Mineralölen, Bioziden usw. zu verhindern. Sie stellt einen Landstreifen dar, in dem diese Stoffe, wenn sie in der weiteren Schutzzone anfallen, durch die Aufnahmefähigkeit des Bodens und seiner Reinigungswirkung weitgehend eliminiert werden sollen. Um dem Boden diese Fähigkeit zu erhalten, darf er mit diesen Stoffen nicht belastet werden.

Die Funktion der engeren Schutzzone wird bei Starkregen und Schneeschmelze durch oberflächige Abschwemmung erheblich beeinträchtigt.

3. Weitere Schutzzone

Die weitere Schutzzone wendet sich gegen weitreichende Gefährdungen der Wassergewinnung wie z. B. durch radioaktives Material, Untergrund-Gasspeicher, Mineralöle, auslaugbare Chemikalien, Fäkalienablagerungen, Erdsilos u. ä.

Zusammenfassung

Schutzgebiete für Trinkwassertalsperren haben — hygienisch betrachtet — den Sinn, im Zusammenwirken mit der natürlichen Dekontamination und der Wasseraufbereitung eine einwandfreie Trinkwasserqualität zu gewährleisten. Während eine Trinkwasserversorgung aus Trinkwassertalsperren hygienisch befriedigt, muß die Nutzung von natürlichen Oberflächengewässern als Behelfslösung angesehen werden.

Der Entwurf eines Standards „Schutz der Trinkwassergewinnung — Wasserschutzgebiete für Oberflächenwässer“ (TGL 24348, Bl. 3) berücksichtigt hygienische Belange nach dem gegenwärtigen Wissensstand in ausreichendem Maße.

Literatur

Borneff, J., 1969: Die Wiederverwendung von Abwasser. Arch. Hyg. **153**, 289–297.

Cillie, G. G., R. L. van Vuuren, G. J. Stander & F. F. Kolbe, 1966: The reclamation of sewage effluents for domestic use. 3. Int. Conf. Water Poll. Res. Vol. **2**, 1–19. Port City Press, Baltimore.

Karalekas, P. C. & J. P. Lynch, 1965: Recreational activities of Springfield, Mass. water reservoirs past and present. J. New England Water Wks. Assoc. **79**, 18–31.

Schulze, E., 1965: Forderungen der Hygiene an die Sanierung des Einzugsgebietes von Trinkwassertalsperren. Wiss. Z. Univ. Leipzig, Math.-Nat. R. **14**, 285–289.

Toole, H. J., 1965: Recreational use of the Boston metropolitan water supply reservoirs and watersheds. J. New England Water Wks. Assoc. **79**, 1–9.

Anschrift des Verfassers:
Dr. Eberhard Schulze
Forschungsinstitut für Mikrobiologie und Hygiene
DDR — 9933 Bad Elster

Limnologica (Berlin)	8	2	1971	421–452

Bereich Hydrobiologie der Sektion Wasserwesen der Technischen Universität Dresden

DIETRICH UHLMANN

Abstufungen der Bioaktivität in hintereinandergeschalteten Gewässermodellen[1])

Mit 11 Abbildungen und 4 Tabellen

Inhaltsverzeichnis

1. Problemstellung

Zu den zahlreichen Funktionen, die hintereinandergeschaltete Staustufen in den Flußgebieten der Industrieländer zu erfüllen haben, gehört auch die einer Kläranlage für stark verdünnte organische Abwässer. Vielfach spielte gerade dieser Gesichtspunkt bei der Planung derartiger Anlagen ursprünglich eine untergeordnete Rolle; und allein die Tatsache, daß der Bau neuer Abwasserbehandlungssysteme nicht mit der Wachstumsrate der abwasserproduzierenden Industrie Schritt gehalten hat, verhilft ihnen zur Rolle eines Reaktors zur Nachbehandlung „dünner" Abwässer bzw. zur Voraufbereitung im Interesse einer Wiederverwendung. Der Betrieb solcher Anlagen erfolgt in der Regel auf der Grundlage des Versuchs und Irrtums. Ausnahmen bilden u. a. viele Flußstauseen, die von vornherein auch als schwachbelastete „Flußkläranlagen" geplant wurden, z. B. in den Flußgebieten der Ruhr sowie der Pleiße und Weißen Elster. Mit gleicher Zielstellung dienen hintereinandergeschaltete Teiche der Behandlung konzentrierter organischer Abwässer (z. B. Oxydationsteiche, Stabilisierungsteiche). Die sogenannten Vorsperren der Rappbode-Talsperre im Harz und in anderen Talsperren-Systemen dienen nicht nur der Elimination von gelösten und partikulären organischen Substanzen, sondern auch von Phosphor- und/oder Stickstoffverbindungen im Sinne der „dritten Reinigungsstufe", also einer „Oligotrophierung"

[1]) Herrn Professor Dr. ARNO WETZEL zum 80. Geburtstag gewidmet.

der nachgeschalteten Stufe, des Hauptbeckens. Aber selbst von diesen Systemen sind die Grundlagen des Stoff- und Energiehaushaltes, deren Kenntnis für eine mathematische Erfassung der wichtigsten Prozesse unerläßlich ist, erst in ihren Anfängen erforscht. Dabei bieten solche Systeme gegenüber Seen mit geringem Wasserdurchsatz den Vorteil, daß nicht die Kreislaufnutzung der Nährstoffe, sondern ihr ständiger Nachschub von außen die Grundlage der oft sehr hohen Bioaktivität liefert. Da alle wesentlichen Eingangs- und Ausgangsgrößen relativ genau erfaßt werden können, lassen sich selbst dann schon wesentliche Erkenntnisse gewinnen, wenn die intrabiozönotischen Beziehungen erst ungenügend erfaßt sind. Neben der Anwendung des blackbox-Prinzips auf Staugewässer, die für eine Kausalanalyse einigermaßen übersichtliche Bedingungen bieten, und einer Inventur der im Gewässer selbst ablaufenden Prozesse ist außerdem oft die Notwendigkeit gegeben, die wesentlichsten Systemcharaktere unter stark vereinfachten Bedingungen anhand eines biologischen Modells zu untersuchen. Nur so ist die Prüfung einzelner Prozeßparameter unter Konstanthaltung aller übrigen Bedingungen möglich.

Obwohl hintereinandergeschaltete, im kontinuierlichen oder intermittierenden Durchfluß betriebene Aquarien nur eine geringe strukturelle Ähnlichkeit mit Flußstauen oder Vorsperren aufweisen, gewährleisten sie eine Analogisierung bestimmter Funktionen. Im übrigen kommen derartige Mikro-Ökosysteme, also biologische Modelle, der Natur immerhin noch weit näher als z. B. physikalische Modelle (Analogrechner), deren Brauchbarkeit für die Erfassung von Stoffumwandlungs- und Stofftransportvorgängen jedoch kaum angezweifelt werden kann.

Die bisher vorliegenden Erfahrungen mit hintereinandergeschalteten Staugewässern weisen darauf hin, daß die Zusammensetzung der Organismengemeinschaft oft von Stufe zu Stufe stark wechselt. Beispielsweise dominieren in hintereinandergeschalteten Abwasserteichen (Abb. 1) in der am stärksten und unmittelbar mit Abwässern belasteten Stufe mit hoher Importrate an leicht assimilierbaren organischen Substanzen (anaerobes Vorbecken bzw. anaerober Teich) normalerweise die Bakterien. Dabei bleibt zunächst unklar, ob Algen dort wegen der hohen Konzentration an „Fäulnisgiften", wegen der starken Beschattung durch die Bakterien oder vor allem deshalb

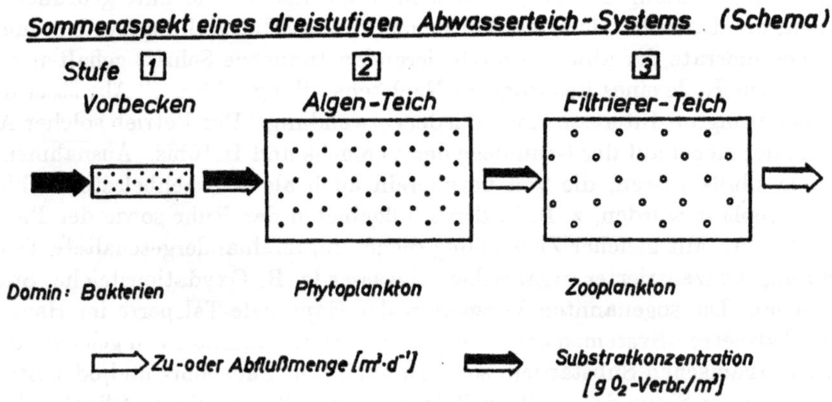

Abb. 1. Dreistufiges System von Abwasserteichen als Beispiel einer Kaskade von Staugewässern. Sukzessive Zunahme der Körpergröße der dominierenden Organismen (Schema).

fehlen, weil sie schneller fortgeschwemmt werden, als sie sich vermehren können. Daß in solchen Fällen bei sehr kurzer Verweilzeit die Bakterien auch den schnellwüchsigsten Algen noch überlegen sind, konnte der Verfasser in Modellversuchen wahrscheinlich machen (UHLMANN 1968). In einer nachgeschalteten zweiten Stufe dominieren, sofern die organische Belastung nicht zu gering (mindestens 5 mg $BSB_5/l \cdot d$) und auch die Verweilzeit nicht zu kurz ist (mindestens 2 Tage), normalerweise die Planktonalgen („Algen-Teich"). Bei hohen Temperaturen können sie aber auch hier schon durch das Überwiegen von Filtrierern (Daphnien oder Rotatorien) eliminiert werden (UHLMANN 1966). In einer nachgeschalteten dritten Stufe („Daphnien-Teich") herrschen in der warmen Jahreszeit überhaupt normalerweise die Filtrierer vor. Die „organische Belastung" resultiert hier kaum noch aus gelösten organischen Inhaltsstoffen des Abwassers, sondern fast ausschließlich aus partikulärem Material, nämlich den Planktonalgen sowie den Bakterien, die sich von deren Assimilaten ernähren. Da die Bemessung sowie die Durchflußrate der aus dem Schrifttum bekannten hintereinandergeschalteten Abwasserteiche in der Regel ganz unterschiedlich ist, sind allgemeingültige Aussagen hinsichtlich solcher ausgeprägten qualitativen Abstufungen der biologischen Strukturen vorerst nur schwer möglich. Deshalb sollte zunächst mit Hilfe von Labormodellen einmal geklärt werden, inwieweit solche Abstufungen des biochemischen Ordnungsgefüges allein durch die sukzessive Abnahme der organischen Raumbelastung bedingt sein können. Die Labormodelle haben gegenüber den großtechnischen Anlagen den Vorteil, daß alle übrigen Faktoren (Volumen, Durchflußrate, Temperatur) konstant gehalten oder (Strahlungsangebot) mit einer konstanten Periode eingesetzt werden können. Durch den (semi)kontinuierlichen Betrieb kommen solche Modelle, zumindestens soweit es sich um die Simulation bestimmter Prozesse in Ökosystemen mit Massenentwicklung weniger anspruchsloser Arten handelt, den natürlichen Verhältnissen recht nahe.

2. Methodik

Da die Abstufungen der Bioaktivität von mehrgliedrigen belichteten autotrophen Systemen mit denen von dunklen, heterotrophen Systemen verglichen werden sollten, wurde der ersten Stufe ein Substrat zugesetzt, das gleichermaßen die Nährstoffansprüche der Bakterien wie der Planktonalgen befriedigt und gleichzeitig noch als „Modellabwasser" angesprochen werden kann. Das atomare Gewichtsverhältnis C:N:P betrug 70:17:1.

Es wurden jeweils 5 Aquarien zu je 4 l hintereinandergeschaltet. Die mittlere Verweilzeit des Wassers betrug pro Aquarium 10 Tage und innerhalb des gesamten Systems 50 Tage; d. h., es wurden in Aquarium Nr. 1 einmal täglich 400 m lModellabwasser zugegeben, nachdem vorher in jedem Aquarium die gleiche Menge entnommen

Bestandteile des Modellabwassers	Versuchsreihe I	II	III	
Pepton	1390	750	375	mg pro l Leitungswasser
Glucose	1040	562	281	(Gesamthärte 14 bis 18° dH)
Kaliumdihydrogenphosphat	65	35	17,5	

und in die nächstfolgende Stufe überführt worden war. Da jeder Versuchsansatz aus je zwei (parallel betriebenen) Reihen von belichteten und dunklen Aquarien bestand, also insgesamt 20 Einheiten umfaßte, die täglich zu kontrollieren waren, mußte der Nachteil des intermittierenden Betriebes (Stoßbelastung) in Kauf genommen werden. Gleichzeitig war dadurch die Möglichkeit eines hydraulischen Kurzschlusses mit Sicherheit auszuschließen. Die Versuche wurden in einem temperaturkonstanten Raum

TABELLE 1

Verzeichnis der im Text verwendeten Symbole

B	= Geschwindigkeitsbeiwert der Akkumulation von Bodensediment, bezogen auf die Biomasse x (d^{-1})
d	= Tag
D	= Erneuerungsrate des Wassers in einem Becken ($= t_M^{-1}$)
K	= Geschwindigkeitsbeiwert der BSB_5-Abnahme zwischen aufeinanderfolgenden Stufen (d^{-1})
K'	= Geschwindigkeitsbeiwert der Abnahme der Gesamtbakterienzahl zwischen aufeinanderfolgenden Stufen (d^{-1})
μ	= Wachstumsrate der Biomasse (d^{-1})
μ_G	= Wachstumsrate der Gesamtbiomasse (Algen + Bakterien; Zooplankton nicht berücksichtigt)
μ_A	= Wachstumsrate des Phytoplanktons
μ_B	= Wachstumsrate der Bakterien
n	= Nummer eines Aquariums innerhalb der 5stufigen Versuchsreihe R
N	= Gesamtbakterienzahl (Mio Zellen/ml)
R	= Versuchsreihe, bestehend aus 5 Stufen (hintereinandergeschaltete Aquarien von je 4 l Inhalt)
s	= Substratkonzentration (Summe aller gelösten organischen Inhaltsstoffe, mg/l)
t	= Verweilzeit (d)
t_M	= theoretische (mittlere) Verweilzeit (d)
Y	= Ausnutzungskoeffizient $= \frac{\text{Gewicht der gebildeten Biomasse}}{\text{Gewicht des verbrauchten Substrates}}$

(20 ± 1 °C) durchgeführt. Das Strahlungsangebot (Leuchtstoffröhren „NARWA“ 9) der belichteten Versuchsansätze betrug 3000 Lux an der Aquarienlängswand, die Beleuchtungsdauer 16 Std. pro Tag. Damit erreichte das Strahlungsangebot die gleiche Größenordnung wie im Inneren des Wasserkörpers polytropher Flachgewässer. Es wurde dafür Sorge getragen, daß jeweils nur Wasser, jedoch kein Bodensediment entnommen wurde, dieses sich also am Ort seiner Entstehung akkumulierte. Der sich bildende Wandbewuchs in den belichteten Aquarien spielte gegenüber dem Phytoplankton quantitativ keine wesentliche Rolle, da er immer wieder schon in den ersten Ansätzen abgekratzt wurde. Die Aquarien wurden zu Beginn mit Phytoplankton, Bodensediment und Daphnien aus einem Oxydationsteich-System angeimpft. Dieses Material war durch Verwendung in vorhergegangenen Versuchen schon lange an Laborbedingungen angepaßt.

Die Erfassung der Inhaltsstoffe erfolgte gemäß den „Ausgewählten Methoden der Wasseruntersuchung“. Beim Ansatz des BSB_5 (Verdünnungsmethode) wurde die Nitrifikation durch Zusatz von Allylthioharnstoff (MONTGOMERY & BORNE 1966) gehemmt. Chlorophyll „a“ wurde direkt, durch Aufhellung der Membranfilter, bestimmt (YENTSCH 1957). Hierfür sowie für die Bestimmung des Seston-Trockengewichtes (bei 70 °C) wurden Membranfilter 0,3 bis 0,5 μ Typ UFS, Fa. Synthesia Prag, verwendet.

Zur Erfassung der Gesamt-Bakterienzahl (direkte Methode, Färbung mit Karbolerythrosin, näheres s. UHLMANN 1958/59, S. 21) dienten aufgehellte Membranfilter Tb 2 der Firma Sartorius Göttingen. Die absolute Trübe wurde mit einem PULFRICH-Nepholometer (VEB Carl Zeiss Jena) erfaßt.[1])

3. Artendichte. Abstufungen des Anteils der Autotrophen und Heterotrophen sowie der Gesamtbakterienzahl (Abb. 2, 3, 4)

Auf Grund der an Oxydationsteichen gesammelten Erfahrungen (s. z. B. UHLMANN & WEGELIN 1966) war zu erwarten, daß in den belichteten Stufen Nr. *1* und/oder *2* nur Bakterien, in den folgenden Planktonalgen, und in Nr. *4* und/oder *5* Daphnien dominieren würden; in den dunklen dagegen nur Bakterien bzw. Daphnien.

In den dunklen Versuchsreihen ist das auch der Fall. Je geringer die organische Belastung der Stufe *1* ist, desto weiter „rücken die Daphnien nach vorn“.

BSB_5-Belastung der Stufe *1* (mg/l · d)		Daphnien vorhanden in den Stufen
Reihe *RI*	185	*5*
RII	100	*4* + *5*
RIII	50	*3* + *4* + *5*

Das ist leicht zu erklären: je geringer die Belastung der ersten Stufe ist, desto eher werden in den folgenden aerobe Verhältnisse erreicht, als wesentlichste Voraussetzung dafür, daß die Daphnien das vorhandene Bakterienangebot auch nutzen können. Die Daphnien fehlen nur dort, wo Schwefelwasserstoff vorhanden ist.

Innerhalb der belichteten Versuchsreihen herrschen mit Ausnahme der am stärksten mit Abwasser belasteten Reihe *RI* die Daphnien ebenfalls in den letzten Stufen vor; jedoch ist hier neben der Anwesenheit von gelöstem Sauerstoff noch ein weiterer Faktor ausschlaggebend. Die Daphnien fehlen nämlich trotz hohen Gehalten an Assimilations)sauerstoff in den Stufen:

RI: *2* + *3* + *4* + *5*
RII: *2*
RIII: *2*

In der Mehrzahl dieser Fälle kommt es nachts durchaus nicht zu einem totalen Sauerstoffschwund; dennoch zeigte es sich aber immer wieder, daß frisch eingesetzte Daphnien sehr bald starben. Hierfür dürfte in erster Linie das Zusammenwirken von hohem Ammoniumgehalt (mindestens 25 mg N/l) und hohem pH (bis 9,2) ausschlaggebend sein. Offensichtlich handelt es sich hierbei um einen Fall von „animal exclusion“, bei dem die Stoffwechseltätigkeit der Algen (pH-Erhöhung durch CO_2-Verbrauch) indirekt wirksam wird. In den belichteten Einheiten der Versuchsreihen *II* und *III* ist interessant, daß in verschiedenen Stufen der gleichen Versuchsanordnung entweder die Vernichtungsrate der Daphnien überwiegt (animal exclusion), oder aber die der Algen und Bakterien (grazing effect, vgl. UHLMANN 1961).

---

[1]) Der Verfasser dankt Fräulein H. DEPARADE, Chemielaborantin, für die Hilfe bei der Versuchsdurchführung und den Analysen, und Frau U. MÜLLER für die Reinzeichnung der Abbildungen.

Überraschenderweise spielen in den ersten Stufen der belichteten Reihen neben den Bakterien auch bereits die Algen quantitativ eine beachtliche Rolle, selbst bei der außerordentlich hohen Raumbelastung von 185 mg BSB_5/l · d in der ersten Stufe der Reihe *RI*. Es handelt sich dabei vor allem um *Chlamydomonas variabilis* und *Ankistrodesmus falcatus*. Der Chlorophyll „a"-Gehalt erreicht in diesem hypersaproben Milieu Werte von mehr als 3 mg/l. Gleichzeitig ist im freien Wasser noch kein gelöster Sauerstoff nachweisbar — einerseits eine Folge des noch sehr hohen mikrobiellen Bedarfs, andererseits wahrscheinlich auch dadurch bedingt, daß die Algen z. T. ihren Stoffwechsel auf heterotrophe Substratassimilation (Glucose oder Fettsäuren) oder auf

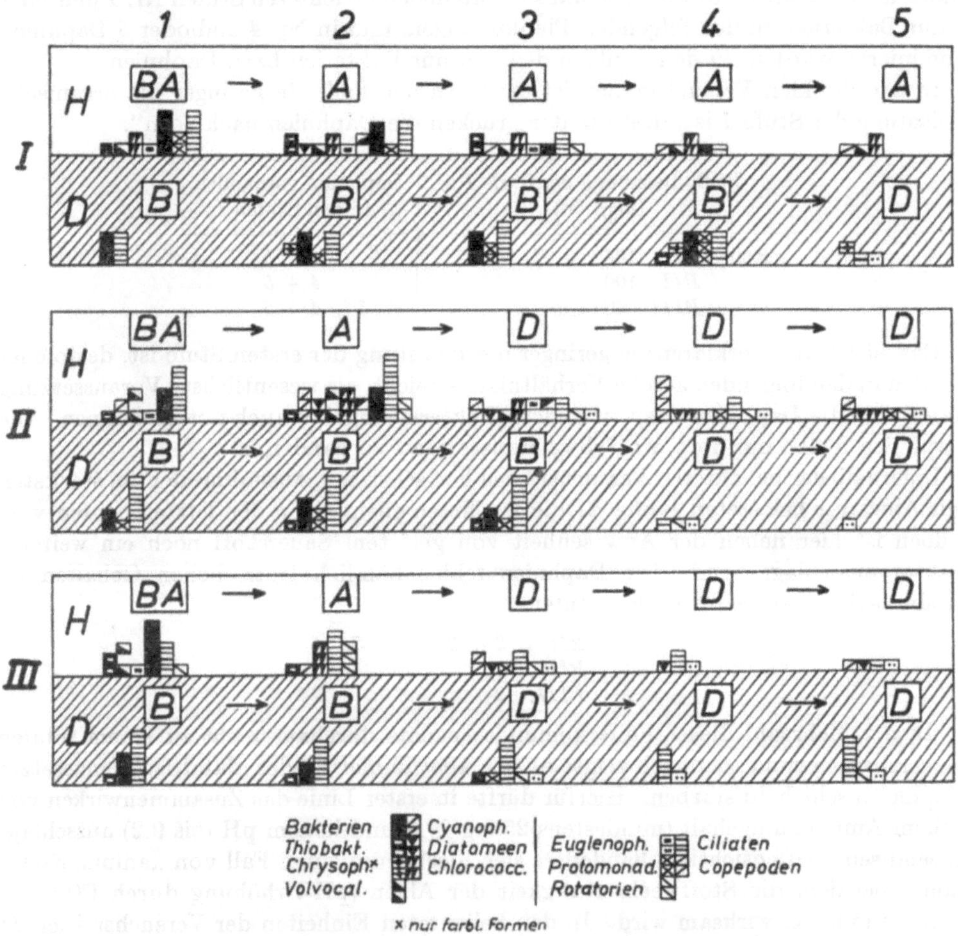

Abb. 2. Gesamt-Artenspektrum in hintereinandergeschalteten 5-stufigen Miko-Ökosystemen mit semikontinuierlicher Zugabe von Modellabwasser in die erste Stufe. Versuchsreihen I, II, III (Belastung siehe Abb. 3)

H = Exposition bei 20 °C und 16-Stunden-Tag
D (schraffiert) = Exposition in Dauerdunkelheit
B = Dominanz der Bakterien
A = Dominanz des Phytoplanktons
D = Dominanz von *Daphnia magna*

anaerobe Photosynthese umstellen können. Immerhin ist bemerkenswert, daß Planktonalgen bei einer Abwasserbelastung, die der einer schwachbelasteten Belebtschlammanlage (Oxydationsgraben) entspricht, überhaupt noch gedeihen können. Jedenfalls konnte selbst bei dieser außerordentlich hohen organischen Belastung noch nicht ein Grenzwert erreicht werden, oberhalb dessen die Algen nicht mehr mit den Bakterien zu konkurrieren vermögen. Es fragt sich, warum dann andererseits in großtechnischen Anlagen, speziell in anaeroben Vorbecken und in Teichen zur Abwasserbehandlung, bei so hoher Belastung normalerweise keine Algen gedeihen, zumindestens nicht in unserem Klima. Der Grund dürfte nicht nur darin zu suchen sein, daß der Modellversuch sehr konstante Milieubedingungen und speziell ein sehr günstiges Strahlungsangebot gewährleistet (Schichtdicke des Wasserkörpers nur 15 cm!), sondern auch in der gegenüber großtechnischen anaeroben Vorbecken sehr langen Verweilzeit (10 Tage), bei der die im Vergleich zu Bakterien langsamwüchsigeren Nannoplankton-Algen ohne weiteres bestehen können. Hingegen ist bei einer Verweilzeit von nur 1 bis 2 Tagen + hoher organischer Belastung unter unseren Klimabedingungen nur noch bei Bakterien die Vermehrungsrate höher als die Verlustrate durch Abschwemmung. Im verhältnismäßig astatischen Milieu der natürlichen abwasserbelasteten Gewässer und großtechnischen Anlagen ist daher die Hyper-Saprobie durch Fehlen von grünen Pflanzen gekennzeichnet (vgl. CASPERS & KARBE 1967). — Die Massenentwicklung von Daphnien in der oder den letzten Stufen aller Versuchsreihen mit Ausnahme von *RI hell* bedingt eine große Klarheit des abfließenden Wassers, das deshalb kaum mehr an „gereinigtes Abwasser" erinnert. Dies ist am eindrucksvollsten in Stufe *5* von *RI dunkel*, wo die durchschnittliche BSB_5-Belastung jedes einzelnen Aquariums immerhin noch 37 mg/l · d beträgt, das 5-fache des in unserem Klima bei großtechnischen Anlagen (d. h. Oxydationsteichen) üblichen Durchschnittswertes. Unbefriedigend ist die Abflußqualität nur in Stufe *5* der Reihe *RI hell.* Obwohl man gerade hier erwarten sollte, daß die biochemische Abbauleistung infolge der photosynthetischen Belüftung stark gefördert wird („algal-bacterial-symbiosis" im Sinne von OSWALD & coll. 1953), ist der CSV (Dichromatverbrauch) des Abflusses um ein Vielfaches höher als der in dem parallel betriebenen dunklen System (Abb. 3) und nicht einmal signifikant niedriger als in der ersten Stufe. Dieser Fall demonstriert sehr deutlich den Sachverhalt einer Sekundärverschmutzung. Natürlich ist der Geschwindigkeitsbeiwert des biochemischen Abbaues in den ersten Stufen sicherlich nicht geringer als in den dunklen Parallelen, nur wird er in den folgenden Stufen durch die starke Neubildung von organischem Material in Form von Algen-Biomasse (vor allem *Golenkinia radiata* und *Ankistrodesmus falcatus*) maskiert. Da eine Zugabe des Modellabwassers jeweils nur in die erste Stufe erfolgt, ist zu erwarten, daß mit fortschreitendem Verbrauch dieses Substratangebotes in den folgenden Stufen die Bakterienzahl zurückgeht. Ebenso wie in hintereinandergeschalteten Oxydationsteichen (vgl. MERON & coll. 1965) ist dabei zunächst an eine exponentielle Abnahme der Gesamtbakterienzahl zu denken. Wenn t die Verweilzeit des Wassers in Tagen ist (10 Tage pro Aquarium und 50 Tage im gesamten System), beträgt die Bakterienzahl N_t nach Ablauf der Zeit t gegenüber der Zahl N_0 am Anfang (bzw. in der Stufe *1*)

$$N_t = N_0 \cdot e^{-K' \cdot t}$$

$$K' = \frac{2{,}3\,(\lg N_0 - \lg N_t)}{t}$$

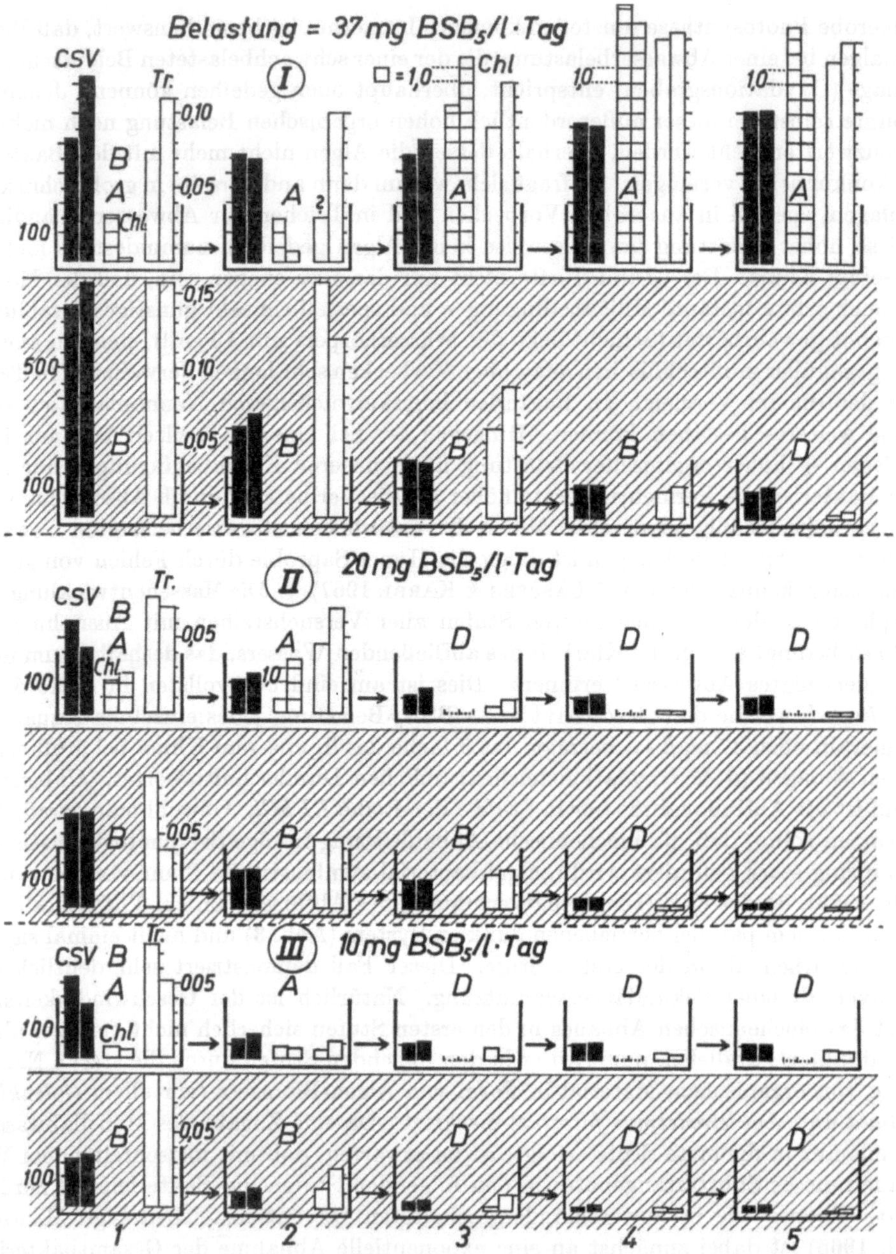

Abb. 3. Abstufung des Dichromatverbrauches (CSV, mg/l), des Chlorophyllgehaltes (Chl, mg/l) sowie der absoluten Trübe (TR) in 5-stufigen Gewässermodellen (1, 2, 3, 4, 5).
Versuchsreihen I, II, III mit unterschiedlicher Belastung (diese bezieht sich auf das Gesamtvolumen der 5 hintereinandergeschalteten Aquarien). Die Säulen kennzeichnen die Werte von jeweils zwei Parallelansätzen.
Hintergrund schraffiert: Exposition bei 20 °C + Dauerdunkelheit.
Hintergrund hell: Exposition bei 20 °C + 16-Stunden-Tag.
Symbole: A, B, D siehe Abb. 2

Wenn diese Beziehung für das gesamte 5-gliedrige System Gültigkeit besitzt, müßte sich bei halblogarithmischer Darstellung (*t* linear auf der Abszisse, *N* logarithmisch auf der Ordinate) eine Gerade ergeben. Wie Abbildung 4 zeigt, ist das nicht der Fall. Vielmehr ändert sich der Beiwert *K'* von Stufe zu Stufe. In Reihe *RIII dunkel* erreicht er zu Beginn (Stufe *1* → *2*, abgekürzt *K' 21*) ein beachtliches Maß, nimmt aber in den folgenden Stufen (*K' 32* und *K' 43*) stark ab. Das dürfte u. a. durch die konservierende Wirkung des Schwefelwasserstoffs bedingt sein. Erst die Massenentwicklung der Daphnien in Stufe *5* bedingt unter den jetzt aeroben Bedingungen wieder einen steilen Gradienten. (*K' 54*). Eine ausgesprochene Verzögerung des Rückganges der Gesamtbakterienzahl in den mittleren Stufen weisen auch die belichteten Parallelen auf: *K' 32* und *K' 43*. Hierfür dürfte allerdings eine ganz andere Ursache maßgebend sein als in den dunklen Versuchsgliedern: durch die starke Photosynthese nimmt das Angebot an organischen Substraten in Form von Algen-Biomasse und vor allem von

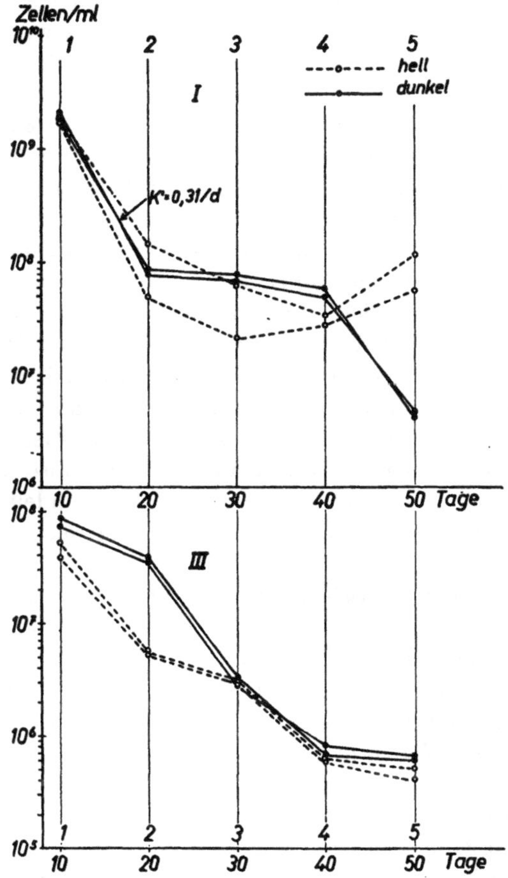

Abb. 4. Abnahme der Gesamtbakterienzahl (direkte Methode) in 5-stufigen Gewässermodellen (nur Versuchsreihen I und III). Die mittlere Verweilzeit des Wassers beträgt pro Aquarium 10 Tage und für das ganze System (= Nr. 1+2+3+4+5) 50 Tage.
Gestrichelte Kurven: Zwei Parallelserien bei 20 °C + 16-Stunden-Tag.
Ausgezogene Kurven: Zwei Parallelserien bei 20 °C + Dauerdunkelheit.

gelösten Assimilaten mit fortschreitendem mikrobiellen Abbau des Modellabwassers wieder zu. Eine derartige Metabiose von Phytoplankton und Bakterien wurde von OVERBECK (1966) im Pelagial von Seen nachgewiesen. Dadurch wäre auch zu erklären, daß *K' 54* sogar einen positiven Wert besitzt. In der Reihe *RIII* (für *RII* liegen keine Bakterienzahlen vor) spielen die Daphnien sowohl in den belichteten als auch in den dunklen Versuchsgliedern *3*, *4* und *5* eine beherrschende Rolle. Deshalb wird der durch Filterwirkung hervorgerufene steile Gradient des Rückganges der Gesamtbakterienzahl weiter nach „vorn" verschoben. Man erkennt, daß bei *K' 54*, also beim Übergang zur letzten Stufe, der Rückgang bereits wieder schwächer wird, höchstwahrscheinlich infolge des nun stark verringerten Nahrungsangebotes für die Daphnien.

Da die Bakterienzahl innerhalb bestimmter Grenzen mit steigender Substratkonzentration zunimmt, überrascht es nicht, daß in Stufe *1* der gegenüber *RIII* rund viermal stärker belasteten Reihe *RI* die Bakterienzahl am Anfang um ein Vielfaches höher ist. Andererseits sind die Endwerte in *RIII*, d. h. des Ablaufs aus Stufe *5*, besonders niedrig. Insgesamt gesehen ist der Rückgang auf weniger als 1% des Ausgangswertes (= Stufe *1*), der sowohl für *RI dunkel* als auch *RIII dunkel* gilt, recht eindrucksvoll.

Aus früheren Untersuchungen an Abwasserteichen (s. UHLMANN 1958/59, 1966) ist bekannt, daß eine Massenentwicklung von Daphnien nur in solchen abwasserbelasteten Systemen zustandekommt, in denen der Sauerstoffbedarf der Bakterien + Daphnien durch einen entsprechend hohen O_2-Eintrag aus der Atmosphäre gedeckt werden kann. Obwohl die Daphnien durch Turbulenz-Erregung diesen Prozeß selbst mit beschleunigen, dürfte ein atmosphärischer O_2-Eintrag von 10 g $O_2/m^3 \cdot d$ bei 100% Defizit den obersten Grenzwert darstellen. In den Modellversuchen liegt die BSB_5-Raumbelastung der Aquarien, die sich durch Massenentwicklung von Daphnien auszeichnen, innerhalb dieser Größenordnung, nämlich zwischen 0,5 und 10,0 mg $BSB_5/l \cdot d$. Dabei ist zu bedenken, daß es sich im Gegensatz zur Stufe *1* nur noch zu einem geringen Teil um den Sauerstoffbedarf von gelösten Abwasser-Inhaltsstoffen, vielmehr hauptsächlich um den von freisuspendierten Bakterien (und Algen), also die endogene Atmung und den Abbau der Nahrungsorganismen der Daphnien handelt. Der spezifische O_2-Verbrauch in der Zeiteinheit ist bei diesen Komponenten wesentlich geringer als z. B. bei Glucose.

In der letzten Stufe liegt die Belastung z. T. nur noch in der Größenordnung von 1 g $BSB_5/l \cdot d$. Dadurch können natürlich auch nicht mehr so viele Daphnien gedeihen wie bei höherem Nahrungsangebot. Das Wasser ist so gut wie sestonfrei, und die wenigen Arten, die im Artenspektrum (Abb. 2) dennoch erscheinen, sind benthischer Herkunft (Wandbewuchs oder Bodensediment). Im Extremfall (Stufe *5* in Reihe *RII dunkel*) ist überhaupt nur *Daphnia magna* nachweisbar. Außer den Daphnien treten in den meisten Fällen auch noch andere Partikelfresser auf, aber nur benthische (vor allem Ciliaten und Rotatorien). Ausnahmslos ist in der am stärksten belasteten Stufe (Nr. *1*), die bei einer organischen Belastung von 185, 100 oder 50 mg/l ·d ausnahmslos als „hypersaprob" zu bezeichnen ist und gar keinen gelösten Sauerstoff enthält, die Gesamt-Artenzahl (Abb. 2) höher als in der Stufe *5*, obwohl dort bereits die beta-mesosaprobe Stufe erreicht ist, die in natürlichen Staugewässern schon in einer kleinen Schöpfprobe eine Gesamt-Artenzahl des Planktons von 50 Arten aufweisen kann (s. UHLMANN 1966). Von den Bakterien wurden im vorliegenden Fall allerdings nur morphologisch leicht unterscheidbare „Typen“ erfaßt, sofern sie in Massen vorkamen, also nicht einmal alle Gattungen (*Sphaerotilus*, Zoogloea, *Spirillum*, *Streptococcus*, große Formen von *Bacterium* bzw. *Pseudomonas*). In welchen Stufen noch Sauerstoffschwund herrschte, ist aus dem Vorkommen von Schwefelbakterien ersichtlich. Diese fehlen allerdings z. T. auch in der ersten, hypersaproben Stufe.

Wie viele systematische Gruppen überhaupt vertreten sind, geht aus der Gesamtbreite der Blockdiagramme hervor. Erwartungsgemäß weisen die belichteten Versuchsglieder durch die Präsenz der Autotrophen eine höhere Gesamt-Artenzahl auf als ihre dunklen Parallelen. Sofern in den letzten Stufen die Daphnien (in Abb. 2 durch „D“ gekennzeichnet) dominieren, ist allerdings der Unterschied gering. Bemerkenswert ist auch der geringe Unterschied zwischen den Gesamt-Artenzahlen der ersten Stufe (hell) der Versuchsreihen *RI*, *RII*, *RIII*. Die in *RI* vierfach höhere organische Belastung führt im Vergleich zu *RIII* zu keiner Verringerung der Gesamt-Artenzahl. Die jeweils dominierenden Arten sind in Tabelle 2 zusammengestellt.

4. Elimination der leicht abbaubaren Substratkomponenten (Abb. 5)

Da innerhalb des 5-stufigen Systems jedes Aquarium die gleiche mittlere Verweilzeit des Wassers (10 Tage) gewährleistet, diese also insgesamt 50 Tage beträgt, ist in Analogie zu den bisher bekannten Abbaukurven für Substratgemische (z. B. Theriault 1927) damit zu rechnen, daß die sukzessive BSB_5-Abnahme in erster Annäherung einer exponentiellen Abklingungskurve entspricht. Bei halblogarithmischer Darstellung (Verweilzeit auf der Abszisse, BSB_5 auf der Ordinate) müßte man in diesem Fall eine Gerade erhalten. Wie Abbildung 5 zeigt, ist dies allenfalls in den ersten Stufen, also in den höheren Konzentrationsbereichen der Fall, und am deutlichsten in der Versuchsreihe *RIII*, wo die BSB_5-Abnahme wenigstens in den ersten beiden Stufen annähernd den theoretisch zu erwartenden Vorlauf zeigt und mit einem Geschwindigkeitsbeiwert K von 0,23/d sogar das gleiche (beachtliche!) Ausmaß erreicht, wie es Fair & Geyer (1961) für die überschlägliche Ermittlung des biochemischen Abbaus in einem großen Fluß in Rechnung setzen. Mit zunehmender Verweilzeit, d. h. aber mit zunehmender Substratverarmung, nimmt jedoch der Gradient sowohl in der hellen als auch in der dunklen Versuchsreihe noch weiter ab. Es ergibt sich also gegenüber der exponentiellen Abnahme eine zusätzliche Verzögerung, die in erster Annäherung ebenso formuliert werden könnte wie bei der Abnahme der leicht assimilierbaren Substratkomponenten im Bodenschlamm der Gewässer (Fair & coll. 1941).

Die Verzögerung ist in der Reihe *RIII* stärker ausgeprägt als in *RI* und *RII*. Die Ursache liegt wahrscheinlich darin, daß bei *RIII* bereits in der Stufe *2* recht niedrige BSB_5-Werte erreicht sind, die der Größenordnung der letzten Stufen von *RII* entsprechen. Im übrigen zeigt *RII* innerhalb der Stufe *4* einen auffällig steileren BSB_5-Abfall als vorher, der höchstwahrscheinlich durch die starke Entfaltung von Daphnien bedingt ist. Auf dieser weit fortgeschrittenen Stufe des biochemischen Abbaus sind nämlich die leicht assimilierbaren Substratkomponenten des Modellabwassers bereits weitgehend eliminiert, und für den Sauerstoffverbrauch ist in erster Linie die vorhandene Algen- und Bakterien-Biomasse verantwortlich zu machen. Die Planktonalgen gedeihen auch bei weit fortgeschrittener Mineralisierung der organischen Abwasser-

TABELLE 2

Die dominierenden Organismen in den 5-stufigen Gewässermodellen

	1	2	3	4	5
Reihe I: durchschnittliche Belastung 37 mg BSB_5/l · d					
hell	*Chlamydomonas variabilis* *Ankistrodesmus falcatus* *Bacterium* sp. *Streptococcus* sp. *Spirillum* sp. *Pseudomonas ariston* *Tetramitus pyriformis* *Colpidium colpoda* *Paramecium caudatum*	*Chlamydomonas variabilis* *Ankistrodesmus falcatus* *Euglena pisciformis* *Chromatium vinosum* *Bacterium* sp. *Streptococcus* sp. *Paramecium caudatum*	*Golenkinia radiata* *Ankistrodesmus falcatus* *Euglena pisciformis* *Thiothrix nivea* *Rotaria rotatoria*	*Golenkinia radiata* *Ankistrodesmus falcatus* *Anabaena* sp.	*Golenkinia radiata* *Ankistrodesmus falcatus* *Anabaena* sp.
dunkel	*Pseudomonas* sp. *Bacterium* sp. *Spirillum* sp. *Uronema marinum*	*Pseudomonas* sp. *Bacterium* sp. *Oicomonas* sp. *Trepomonas rotans* *Uronema marinum*	*Bacterium* sp. *Bodo* sp. *Cercobodo* sp. *Uronema marinum* *Vorticella microstoma*	*Bacterium* sp. *Cercobodo* sp. *Tetramitus pyriformis* *Oicomonas* sp.	*Daphnia magna*
Reihe II: durchschnittliche Belastung 20 mg BSB_5/l · d					
hell	*Chlamydomonas* sp. *Euglena* sp. *Lamprocystis roseo-persicina* *Spirillum* sp. *Streptococcus* sp. *Collodictyon triciliatum*	*Chlamydomonas* sp. *Ankistrodesmus acicularis* *Chlorella* sp. *Thiothrix nivea* *Bacterium* sp.	*Chlamydomonas* sp. *Ankistrodesmus acicularis* *Achnanthes* sp. *Rotaria rotatoria*	*Pseudoanabaena catenata* *Achnanthes* sp. *Rotaria rotatoria*	*Pseudoanabaena catenata* *Achnanthes* sp. *Rotaria rotatoria*

dunkel	*Bacterium* sp. *Streptococcus* sp. *Tetramitus pyriformis* *Uronema marinum*	*Zoogloea ramigera* *Streptococcus* sp. *Thiothrix nivea* *Trepomonas rotans* *Uronema marinum* *Trimyema compressum*	*Thiothrix nivea* *Trepomonas rotans*	*Daphnia magna*	*Daphnia magna*
		Reihe III: durchschnittliche Belastung 10 mg BSB_5/l · d			
hell	*Chlamydomonas* sp. *Collodictyon triciliatum* *Macromonas bipunctata* *Streptococcus* sp. *Bacterium* sp. *Spirillum* sp.	*Ankistrodesmus acicularis* *Micractinium pusillum elegans* *Paramecium caudatum*	*Daphnia magna*	*Daphnia magna*	*Daphnia magna*
dunkel	*Thiothrix tenuis* *Spirillum* sp. *Bacterium* sp. *Paramecium caudatum* *Uronema marinum* *Trimyema compressum*	*Thiothrix tenuis* *Paramecium caudatum* *Oxytricha* sp.	*Daphnia magna*	*Daphnia magna*	*Daphnia magna*

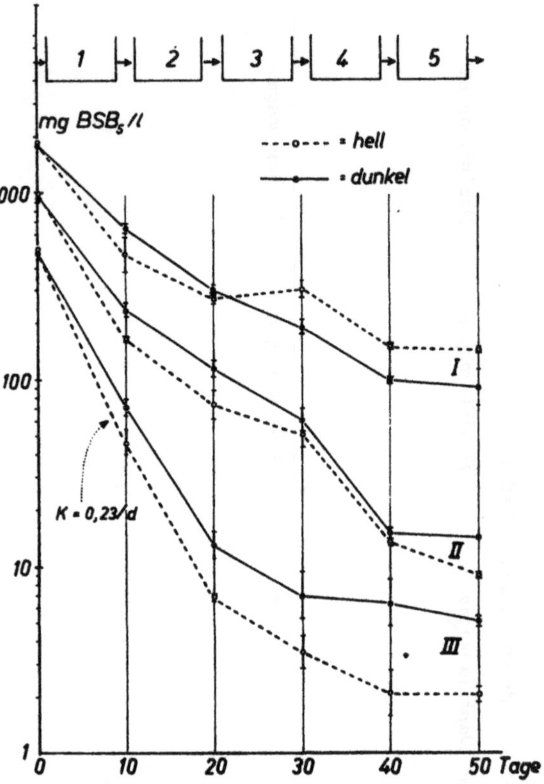

Abb. 5. Abnahme des BSB_5 in 5-stufigen Gewässermodellen. K = Geschwindigkeitsbeiwert bei exponentiellem BSB_5-Rückgang (siehe S. 431). Die Punkte der Kurven kennzeichnen den Mittelwert der zwei Parallelen (die Schwankungsbreite der Einzelwerte ist mit eingezeichnet). Vgl. Erklärung zu Abb. 3.

Inhaltsstoffe ausgezeichnet und sind deshalb nicht so wie die Bakterien auf die hohe (organische) Substratkonzentration der ersten Stufen angewiesen.

In der Versuchsreihe *RI* weist nur die Kurve der dunklen Versuchsglieder annähernd den erwarteten gleichmäßigen Verlauf auf. Auch hier zeigt sich in den letzten Stufen eine Verzögerung des Abbaus, obwohl der Gehalt an oxydierbarem Material noch ziemlich hoch ist. Dies bedeutet jedoch nicht, daß es sich noch um die gleichen Substratkomponenten wie beim Modellabwasser handelt. — Sehr viel unregelmäßiger ist der Kurvenverlauf des belichteten Versuchsansatzes. Die in den letzten Stufen einsetzende Vegetationsfärbung bedingt zwischen Stufe *2* und *4* sogar eine Zunahme des BSB_5 bzw. einen positiven K-Wert, also eine ausgesprochene „Sekundärverschmutzung". Jedoch ist der hauptsächlich durch Atmung der Algen bedingte BSB_5 in einem solchen Falle schwer mit dem Gesamtgehalt an partikulärem organischem Material zu korrelieren: Der Dichromatverbrauch, als Maß für den Gehalt an Substrat + Algen-Biomasse, nimmt von Stufe *3* bis zu Stufe *5* sogar noch zu (Abb. 3), während der BSB_5 nach der letzten Stufe hin deutlich abfällt. Dies stimmt mit den Erfahrungen an Oxydationsteichen überein: Eine 5-tägige Bebrütung im Dunklen führt bei widerstandsfähigen Nannoplanktern durchaus nicht immer zum Absterben bzw. zum mikrobiellen Abbau mit entsprechend hohem O_2-Verbrauch. Überhaupt ist der Geschwindigkeitsbeiwert ihres mikrobiellen Abbaus u. U. recht gering (vgl. UHLMANN 1970). Deshalb sind die Unterschiede im BSB_5 zwischen den belichteten und den dunklen Reihen geringer, als man bei dem z. T. sehr großen Unterschied des Seston-Trockengewichtes und des Dichromatverbrauches (Abb. 7 und 3) erwarten sollte.

Wie Abbildung 5 des weiteren zeigt, bestehen keine eindeutigen Unterschiede in der Geschwindigkeit des biochemischen Abbaus zwischen den belichteten und den dunklen Versuchsreihen. Dies bedeutet, daß in mehrstufigen Systemen das Vorhandensein von Assimilations-Sauerstoff bzw. einer Algen–Bakterien-Symbiose nicht als unerläßliche Voraussetzung eines sehr weitgehenden Abbaues angesehen werden kann: Gerade in der Reihe (*RI*), in der die Planktonalgen auch noch in den letzten Versuchsgliedern dominieren, besitzt das aus der belichteten Serie abfließende Wasser einen höheren BSB_5 als das der dunklen Parallele, während bei weitgehendem Fehlen von Planktonalgen in den letzten Stufen (*RII* und *RIII*) die hellen Versuchsglieder einen etwas niedrigeren BSB_5 aufweisen als die dunklen. In diesen Fällen spielen auch die Algen des Bodensedimentes als O_2-Lieferanten eine Rolle.

Wenn man bedenkt, daß die Konzentration des zufließenden Abwassers in Reihe *RIII* mit einem BSB_5 von rund 500 mg/l, der sehr konzentriertem häuslichen Abwasser entspricht, und die BSB_5-Belastung der ersten Stufe 50 mg/l · d beträgt, ist ein BSB_5 des abfließenden Wassers von 2 bis 3 mg/l, wie er in Stufe *5* erreicht wird, ein beachtlich niedriger Wert, der kaum von einer großtechnischen Teich-Anlage realisiert und auch in sehr vielen Gewässern überschritten wird. Insgesamt gesehen ist der BSB_5-Rückgang mit Werten von mindestens 93% angesichts der hohen Belastung der ersten Stufe in allen Versuchsreihen sehr beachtlich.

5. Umsatzraten des partikulären organischen Materials. Abstufungen in der Menge und Zusammensetzung des Bodensediments (Abb. 3, 7, 8, 9)

Die sehr gute Abbauleistung der untersuchten Systeme geht auch aus der starken Abnahme der absoluten Trübung (Abb. 3) hervor. Gerade in den letzten Stufen, in denen der Sestongehalt bereits durch die vorhergegangene Sedimentation stark verringert ist, nimmt durch die Freßtätigkeit der Filtrierer sein Gehalt weiterhin ab. Nur in Stufe *5* der Reihe *RI hell* ist der Gehalt an Planktonalgen noch extrem hoch, weil die Filtrierer sich hier nicht durchsetzen können. Der Chlorophyllgehalt des abfließenden Wassers erreicht gleichzeitig außerordentlich hohe Werte (mehr als 10 mg/l!). Die Werte der absoluten Trübe entsprechen nur in den O_2-haltigen Versuchsgliedern der vorhandenen (Seston)-Biomasse. Bei hohem H_2S-Gehalt bildet sich noch während der Messung kolloidaler Schwefel, der einen höheren Gehalt an Bakterien vortäuscht.

Träger des mikrobiellen Abbaues in den Gewässermodellen sind die Bakterien und Pilze des Sestons und des Bodensedimentes. Es erscheint deshalb berechtigt, den Umsatz des gelösten organischen Materials auf die Summe des in jeder Stufe exportierten und sedimentierten partikulären Materials, also Seston + Bodensediment, zu be-

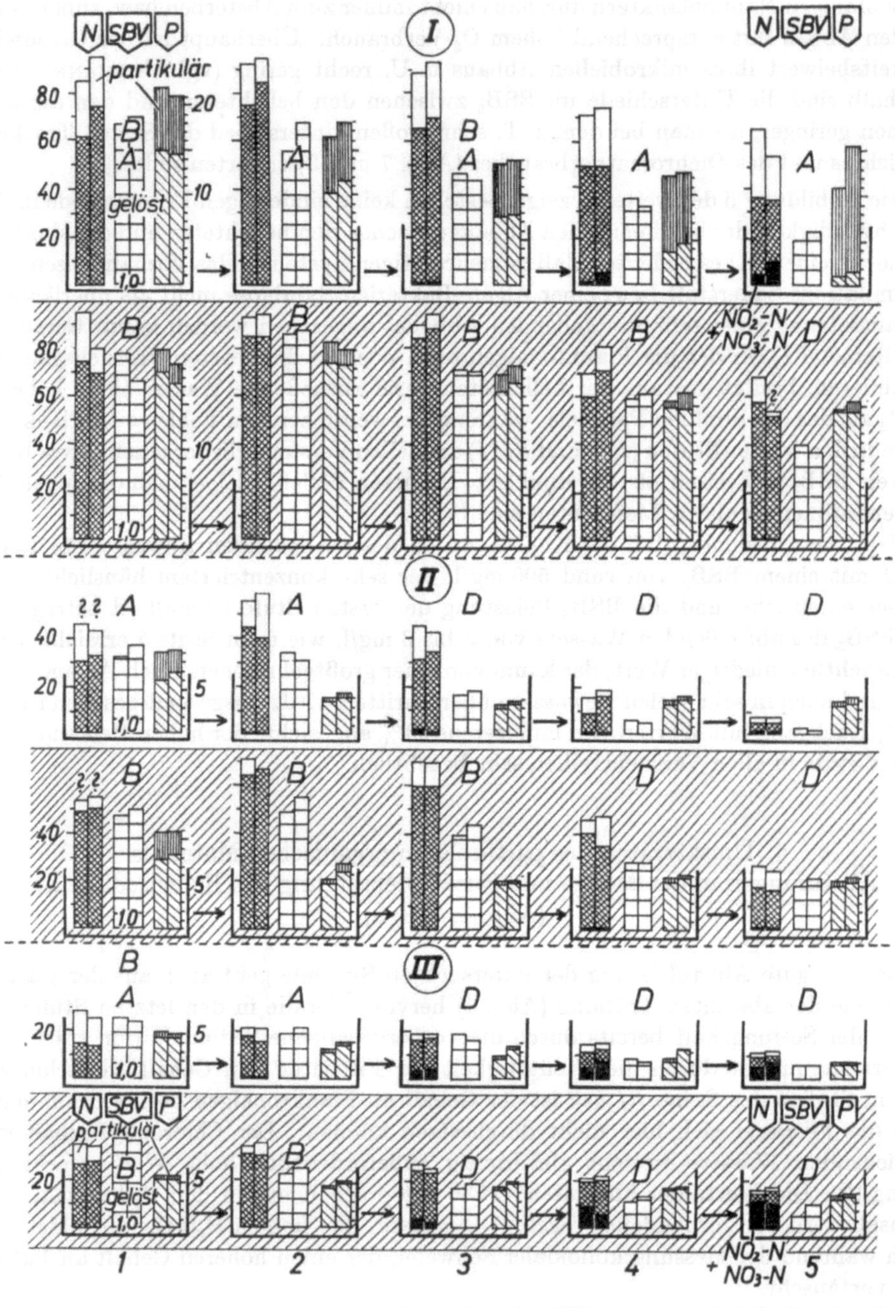

Abb. 6. Abstufung des **Gesamtstickstoffgehaltes** (mg N/l; weiß = partikelgebunden, kreuzschraffiert = gelöst, schwarz = Anteil des Nitrit- und Nitratstickstoffs), des **Salzsäurebindungsvermögens** (SBV, mval/l) sowie des **Gesamtphosphorgehaltes** (mg P/l, schräg schraffiert = Summe der gelösten P-Verbindungen, senkrecht schraffiert = partikelgebundener P). Weitere Erklärungen s. Abb. 3.

ziehen. Wie Abbildung 9 zeigt, ergibt sich für die Abnahme der Biomasse in der Zeit, gemessen am Dichromatverbrauch des partikulären Materials, eine exponentielle Abklingungskurve. Die Kurve für die Abnahme des Trockengewichtes zeigt einen ähnlichen Verlauf, jedoch mit einer schwachen Abnahme des Gradienten, also einer Verzögerung gegenüber der einfachen exponentiellen Abnahme. Dies ist wohl darauf zurückzuführen, daß der Rückgang des anorganischen, also des „Asche"-Anteils, hinter dem des organischen zurückbleibt.

Die sukzessive Abnahme der Biomasse (Dichromatverbrauch, Trockengewicht) ist auch aus den dunklen Einheiten aller drei Versuchsreihen in Abbildung 3 und 7 zu ersehen. In den belichteten Reihen wird dieser einfache Rückgang der in ihrem Wachstum nur von dem importierten Abwasser abhängigen Mikroorganismen maskiert durch die mit zunehmender Mineralisierung geförderte Algenentwicklung. Während in den dunklen Versuchseinheiten von *RI* das Seston-Trockengewicht (Abb. 7) von Stufe zu Stufe abnimmt, zeigt es in den letzten Stufen der hellen Parallelserie eine deutliche Zunahme. Umgekehrt kann auch eine dunkle Versuchseinheit das höhere Seston-Trockengewicht aufweisen (*RII* Nr. *3*), während in der belichteten Parallele infolge der photosynthetischen Belüftung bereits die Daphnien dominieren und durch ihre Filterwirkung den Seston-Gehalt stark verringern. In allen Versuchsreihen außer *RI hell* dient die letzte Stufe (in *RII* und *RIII* auch bereits die Stufe *4* bzw. sogar *3*) der „Nachklärung" im wörtlichen Sinne: Bakterien und Algen werden durch die Filterwirkung der Daphnien nach „getaner Arbeit" weitgehend aus dem System entfernt. Der Wirkungsgrad der biologischen Nachklärung („*Daphnia*-Klarwasserstadium") ist den bisher in der Praxis bekannten mechanischen (Sedimentations- und Mikrosiebverfahren) weit überlegen. Immerhin werden im Abfluß (= Stufe *5*) Niedrigwerte der absoluten Trübe von weniger als 0,01 erreicht (Abb. 3). Das ist die gleiche Größenordnung wie in schwachbesetzten und nicht vegetationsgefärbten b-mesosaproben Fischteichen. Das Rohwasser vieler Wasserwerksanlagen ist stärker getrübt.

In den dunklen Versuchsgliedern ohne Daphnien sind die Verhältnisse insofern übersichtlicher, als sich in der Freiwasserregion eine größere Bakterienmenge hält, die durch ihr Vorhandensein anzeigt, daß sie die Verluste durch Absinken zu kompensieren vermag. Wie Abbildung 10 zeigt, ist die Beziehung zwischen Seston-Trockengewicht und BSB_5-Abnahme innerhalb der dunklen Versuchsglieder der Reihe *RI* nicht linear, sondern die Abnahme ist bei geringer Zelldichte der Biomasse relativ höher. Je größer die Entfernung von der mit dem Substrat versorgten Stufe *1*, desto geringer die Zelldichte (exponentielle Abnahme, s. Abb. 9), und um so höher ist die spezifische Aktivität. Bemerkenswert ist dabei deren steiler Anstieg im Bereich der niedrigsten Substratkonzentration (Stufen *5* und *4*), die der in nichtverschmutzten Gewässern nahekommt. Die exponentielle Abnahme von Stufe zu Stufe (Abb. 9) kann

a) darauf beruhen, daß das Substratangebot sich mit einem ähnlichen Gradienten vermindert wie die Biomasse oder

b) der Großteil der Bakterien des Sestons aus der Stufe *1* stammt, und die Gesamtmenge sich proportional zur Entfernung von Stufe *1* vermindert.

Bei der Akkumulation von Bodensediment (Abb. 7) spielt in den vorliegenden Versuchen nicht nur die entsprechend dem STOKESschen Gesetz zu erwartende Sedimentation von Einzelzellen eine Rolle, die bei Zellen von nur 1—2 μ Durchmesser sehr langsam vor sich geht, sondern auch die Beschleunigung der Sedimentation durch Aus-

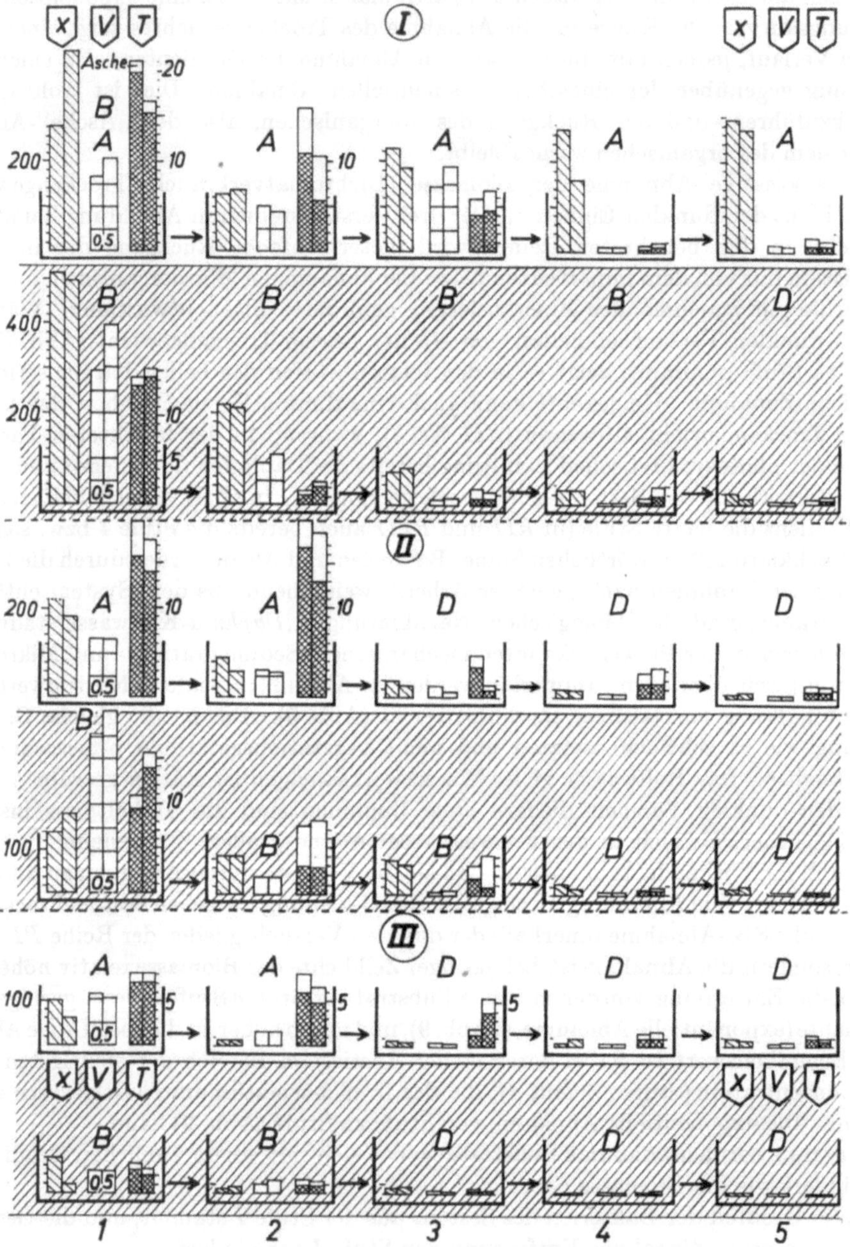

Abb. 7. Abstufung des Sestontrockengewichtes x (mg/l) sowie der mittleren täglichen Zunahme des Sedimentes (V = Absetzvolumen ml/l · d, T = Trockengewicht mg/l · d, kreuzschraffierter Anteil von T = Glühverlust, weißer Anteil von T = Asche). Weitere Erklärungen s. Abb. 3.

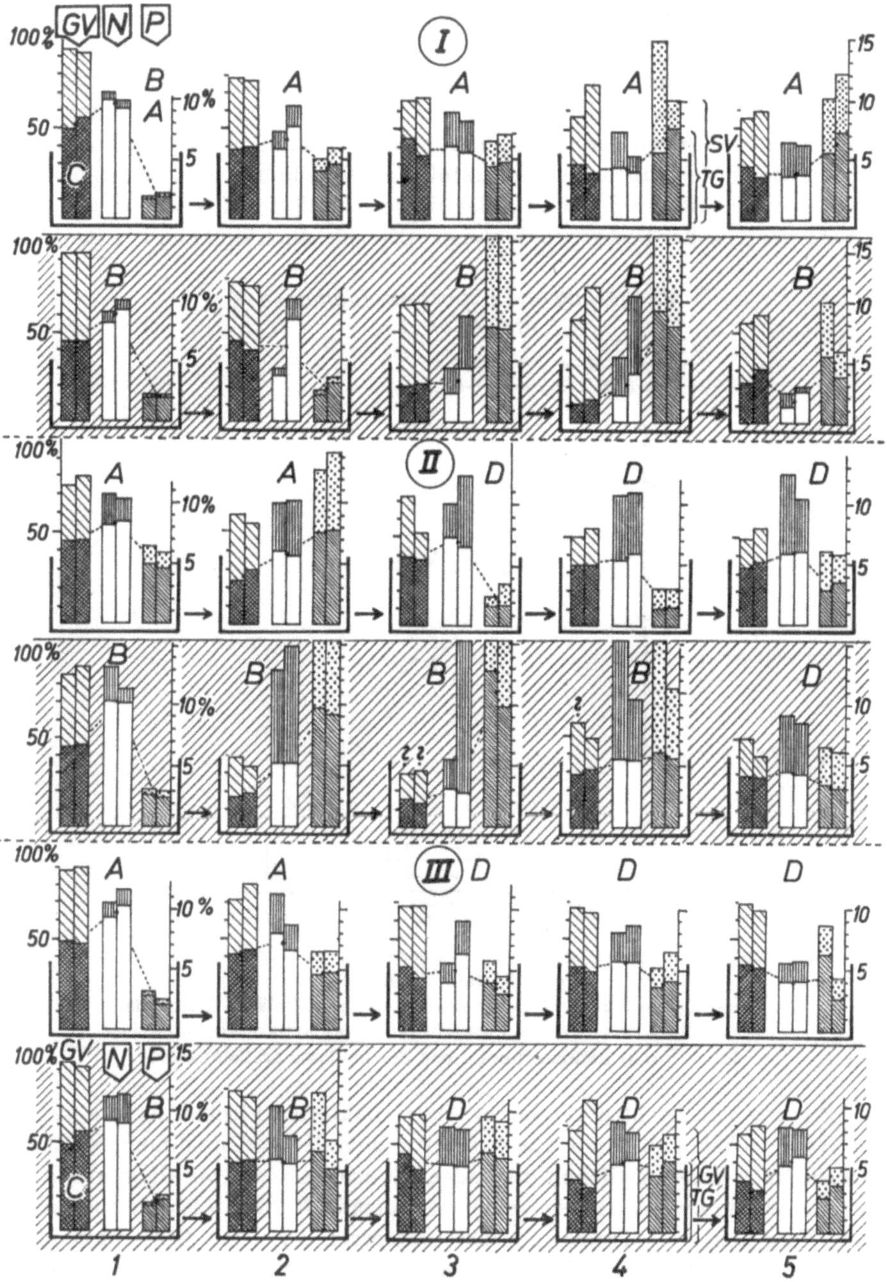

Abb. 8. Abstufung in der Zusammensetzung des Bodensedimentes. GV = Glühverlust (% des Trockengewichtes), C = aus dem Dichromatverbrauch des Sedimentes errechneter Gehalt an organischem Kohlenstoff (Eichung mittels direkter C-Bestimmung), N = Gesamtstickstoffgehalt (%; gesamte Säule: bezogen auf Glühverlust, weißer Anteil der Säule: bezogen auf Trockengewicht), P = Gesamtphosphorgehalt (%; gesamte Säule: bezogen auf Glühverlust, linksschraffierter Anteil: bezogen auf Trockengewicht). Weitere Erklärungen s. Abb. 3.

flockung der Bakterien und Algen zu größeren Komplexen. Die Faktoren, die dafür verantwortlich sind, z. B. Zetapotential, wurden nicht erfaßt. Es fällt auf, daß die Ausflockung von Seston in Stufe *1* der dunklen sowie in Stufe *1* und *2* der belichteten Einheiten ein besonders großes Ausmaß erreicht. Dabei kommt es auch zu einer „Beschwerung“ von Algen durch Bakterien, welche sich auf den Algenzellen ansiedeln. Mit zunehmendem Verbrauch der Inhaltsstoffe des Modellabwassers nimmt bemerkenswerterweise in den Stufen *3*, *4* und *5* der Reihe *RI hell* der Zuwachs des Bodensedimentes ab, während der Sestongehalt steigt. Offensichtlich sind hier die Bedingungen

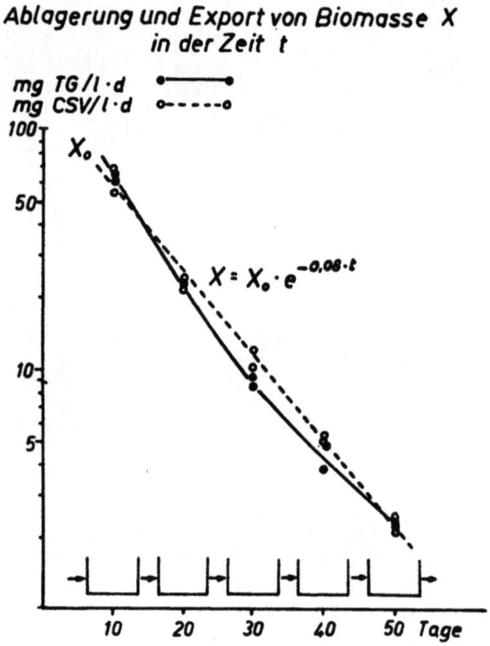

Abb. 9. Ablagerung und Export (mg/l · d) von Biomasse im 5-stufigen Gewässermodell (Versuchsreihe I, Dauerdunkelheit).
Ausgezogene Kurve: Trockengewicht des partikulären Materials.
Gestrichelte Kurve: Dichromatverbrauch des partikulären Materials.
Jeder Punkt kennzeichnet einen der beiden Parallelansätze.

für die Bildung von leicht absetzbaren Algen–Bakterien-Flocken bereits ungünstig. — Der Wassergehalt und damit das Absetzvolumen des Bodensedimentes hängt u. a. in starkem Maße von dem Gehalt an Fadenbakterien ab, die vor allem in *RI dunkel*, Stufe *1* eine sehr große Sperrigkeit bedingen. Auch in *RII* Nr. *1* ist das Schlammvolumen im Vergleich zum Trockengewicht, entsprechend dem „Schlammindex“ der Abwassertechnik, recht hoch. Daß auch ein „autotrophes“ Bodensediment sehr sperrig sein kann, zeigt Nr. *3* der Reihe *RI hell*. Hier ist *Thiothrix* spec. für das große Volumen verantwortlich.

Lediglich in der ersten Stufe mit dem am wenigsten stabilisierten Bodensediment ist der Ascheanteil des Bodensedimentes fast durchweg geringer als in den folgenden Stufen. Eine Zunahme des Ascheanteils im Bodensediment mit fortschreitender Mineralisierung des Modellabwassers zeichnet sich am deutlichsten in der Versuchsreihe *RI* ab. In Stufe *5* sowie in den Stufen *4* und *5* der Reihe *RII dunkel* und *3*, *4* und *5* der Reihe *RIII dunkel* wird dieser Rückgang maskiert durch die Anwesenheit der Daphnien und die damit verbundene starke Anhäufung von Schalenresten im Bodensediment. Ein aerober Abbau des stark chitinhaltigen Materials findet offenbar nur in sehr geringem Umfang statt. In den belichteten Versuchsreihen enthält das Bodensediment auch der letzten Stufen Benthosalgen aus dem (täglich abgekratzten) Wandbewuchs.

6. Sukzessiver Rückgang des Stickstoff- und Phosphorgehaltes (Abb. 6 und 8)

Der sehr hohe Gehalt des Wassers an gelösten Stickstoffverbindungen zeigt bei dessen Passage durch die fünf Aquarienstufen in allen Fällen einen deutlichen Rückgang. Allerdings ist ein Wirkungsgrad der N-Elimination von wesentlich mehr als 50% nur in der Reihe *RII* festzustellen. Da der hohe O_2-Bedarf der nitrifizierenden Bakterien nur dann gedeckt werden kann, wenn die importierten organischen Stoffe bereits weitgehend abgebaut sind, stellen die oxydierten N-Verbindungen nur in den letzten Stufen bzw. bei der geringsten Primärbelastung (*RIII*) einen nennenswerten Anteil des gelösten Gesamtstickstoffes. Im letzteren Fall überwiegen sie in Stufe *5* sogar. Ihre Anwesenheit indiziert ein Redoxpotential E_7 von mindestens 0,35 V (vgl. Mortimer 1940/41). Dieses wird in den belichteten Versuchseinheiten eher, d. h. auf einer früheren Stufe, erreicht als in den dunklen Parallelen, in denen keine photosynthetische, sondern nur eine atmosphärische Belüftung möglich ist. Diese Phasenverschiebung ist in *RI*, deren erste Stufe stärker als *RII* und *RIII* mit Abwasser belastet ist, am größten. Das erstmalige Auftreten von Nitrit bzw. Nitrat in den dunklen Versuchseinheiten kennzeichnet jenen wichtigen Punkt in der Kurve der Sauerstoffbilanz, in dem die atmosphärische Belüftung erstmals den O_2-Verbrauch übertrifft. Die Menge des in den hellen Versuchseinheiten nachweisbaren Nitrits und Nitrats ist geringer, als man auf Grund des N-Importes und der hohen O_2-Spannungen erwarten sollte, weil offenbar ständig ein bestimmter Anteil wieder verbraucht wird. Es ist sehr auffällig, daß ein wesentlicher Rückgang des gelösten Stickstoffs erst in den Stufen auftritt, wo die Nitrifikation bereits in Gang gekommen ist. Offensichtlich handelt es sich dabei um eine Abgasung von Stickstoff aus Nitrat durch Mikroorganismen des Bodensedimentes. Sie ist bei genügendem Vorrat an „Belebtschlamm" auch dann zu erwarten, wenn im überstehenden Wasser Sauerstoff vorhanden ist, z. B. im Bodenschlamm normaler, O_2-reicher Karpfenteiche (vgl. Uhlmann 1965).

Der zu einem wesentlichen Teil durch Mineralisierung gebildete Bikarbonat-Kohlenstoff unterliegt in den hellen Versuchsgliedern einem fortschreitenden Verbrauch, der durch Photosynthese zu erklären ist. Auffälligerweise nimmt das SBV aber auch in den dunklen Versuchsreihen mit fortschreitender Mineralisierung nicht nur nicht zu, sondern sogar ab. Von schwachbelasteten Belebtschlammsystemen ist bekannt, daß die Anhäufung von Salpetersäure infolge der Nitrifikation bis zu einem vollständigen Verbrauch des Bikarbonats führen kann, was einen starken Abfall des pH-Wertes zur Folge hat (Sládeček 1957). Das ist hier nicht der Fall, da die SBV-Werte in keinem Fall bis auf Null zurückgehen. Im übrigen ist jedoch zu bedenken, daß von den Komponenten, die das SBV bedingen, das Ammoniumbikarbonat einen wesentlichen Anteil hat. Es wird auch durch die Nitrifikation verbraucht!

Bei den gelösten Phosphorverbindungen ist eine nennenswerte Abnahme durch Inkorporation vor allem in den hellen Versuchsreihen zu erwarten. Wie Abbildung 6 zeigt, nimmt der Gesamtphosphorgehalt im freien Wasser sowohl in den hellen als auch in den dunklen Versuchsreihen ab. Ausschlaggebend dafür ist u. a. das Ausmaß der Sedimentbildung. Während in den dunklen Einheiten von *RI* der Rückgang des gelösten Phosphors im freien Wasser gering ist, zeigen die belichteten Einheiten einen hohen Eliminationseffekt. Durch die starke Vegetationsfärbung wird zwar ein Großteil des vorhandenen Orthophosphates partikulär gebunden, bleibt aber mit den Algen in Suspension.

In den letzten Stufen von *RII* und *RIII* herrschen sehr günstige Bedingungen für eine Remobilisierung des Phosphors, weil hier der Großteil des Sestons von den Daphnien gefressen und hauptsächlich für den Betriebsstoffwechsel, also unter Abgabe von mineralischem Kohlenstoff und Stickstoff sowie Phosphat, genutzt wird.

In den dunklen Versuchseinheiten muß zumindest die Phosphormenge aus dem Wasser verschwunden sein, die im Bodensediment enthalten ist. Wie Abbildung 8 ausweist, ist der Phosphorgehalt des Sedimentes nicht in der ersten Stufe am höchsten, wo die mikrobielle Aktivität ihr größtes Ausmaß erreicht, sondern in einer der folgenden Stufen. Es handelt sich gerade um solche Stufen, in denen ein Überwiegen der endogenen Atmung über die Synthese, also gerade eine Freisetzung von Phosphat, zu erwarten wäre.

Die Höchstwerte des P-Gehaltes von Biomasse (Trockengewicht) überschreiten allgemein nicht wesentlich die Größenordnung von 5%:

PARKER 1966 (Planktonalgen)	5,2%
WUHRMANN 1957 (Bakterien)	4,0%
LISS & LANGEN 1962 (Hefe)	6,3%
STARKA 1968 (Bakterien)	5,0%
SHAPIRO & coll. 1967 (Belebtschlamm)	4,0%
VACKER & coll. 1967 (Belebtschlamm)	7,0%

Wenn also die Werte in Bodensedimenten von Gewässern und Mikro-Ökosystemen z. T. wesentlich höher liegen als in Biomasse, müssen noch andere Mechanismen als die reine Inkorporation in Bakterien- und Algenzellen mitspielen. Marine Phosphoritvorkommen, für die eine planktogene Herkunft angenommen wird, zeigen einen P-Gehalt von 9–13% (MERO 1965). Diese Größenordnung wird auch in den vorliegenden Versuchen erreicht. Dies zeigt, daß ein niedriges Redoxpotential bzw. das Auftreten von Schwefelwasserstoff im überstehenden Wasser nicht gleichbedeutend sein muß mit extrem niedrigem P-Gehalt des Bodensedimentes.

Bei einem Vergleich der Änderungen im C/N/P-Verhältnis der hellen und dunklen Versuchsreihen (Abb. 6) zeigt es sich, daß die Tendenz im allgemeinen die gleiche ist, folglich für die Phosphorausfällung nicht nur die Aktivität der Algen verantwortlich gemacht werden kann. Die Entstehung von Apatit ist nämlich nicht nur bei der biogenen Entkalkung zu erwarten, sondern z. B. auch von den rein heterotrophen Bakterien-Detritus-Komplexen des künstlichen „Belebtschlammes" bekannt. Nach HARTMANN (1960) enthält der anaerobe, von der O_2-Versorgung aus dem umgebenden Wasser nicht mehr erfaßte „Kern" von Belebtschlammflocken große Mengen an Calciumphosphat, und dementsprechend ist diese Komponente sogar der wichtigste Aschebestandteil. HARTMANN erklärt dies damit, daß die Mikroorganismen im Innern der Belebtschlammflocke nur noch anaerob atmen können und deshalb weit weniger Phosphor für die ATP-Synthese benötigen als vorher bei Substrat-Überschuß und aerober Atmung an der Oberfläche der Flocke. Die Bindung des Phosphors an Kalk ist unter anaeroben Bedingungen stabiler als die Bindung an Eisen.)

7. Versuch einer Anwendung der Theorie der kontinuierlichen Fermentation

Aus der technischen Mikrobiologie sind erfolgreiche Versuche bekannt, die an gleichmäßig durchmischten homo-kontinuierlichen Bakterienkulturen erprobten Theorien auch auf „Kaskaden" von hintereinandergeschalteten Reaktoren anzuwenden (HERBERT 1964). Im vorliegenden Falle handelt es sich dagegen um Gewässermodelle mit Mischpopulationen, bei denen die erste Stufe semi-kontinuierlich mit einem definierten Mischsubstrat beschickt wird. Obwohl eine künstliche Durchmischung fehlt, reicht die natürliche Turbulenz aus, um annähernd homogene Verhältnisse in der Freiwasserregion zu ermöglichen. Da es sich um semi-kontinuierliche Systeme handelt, ist eine Stoffbilanz nach der Aufstrom/Abstrom-Methode leicht möglich, und es erhebt sich die Frage, ob die MONOD-Theorie, die streng genommen nur für homo-kontinuierliche Kulturen Gültigkeit besitzt, geeignet ist, zu einem besseren Verständnis der vorliegenden Resultate beizutragen.

Betrachtet man die vorliegende Versuchsanordnung als eine „eingleisige" Kette von hintereinandergeschalteten Reaktoren im Sinne von HERBERT, so wäre der Gesamtgehalt an gelösten organischen Stoffen als Substrat s der Heterotrophen zu bezeichnen, der Gesamtgehalt an Seston als Biomasse x. Die Erneuerungsrate D des Wasserkörpers ist der Kehrwert der theoretischen Verweilzeit des Wassers t_m. Wie Abbildung 7 zeigt, besteht gegenüber den Kaskaden der Verfahrenstechnik der entscheidende Unterschied, daß sich in den Gewässermodellen ein beachtlicher Anteil der gebildeten Biomasse als Bodensediment akkumuliert. Es ist allerdings ohne weiteres möglich, das sich bildende Bodensediment sowie den Bewuchs auf den Gefäßwandungen täglich zu entfernen und als Bestandteil des Exportes mit in die Bilanzgleichung einzubeziehen. Im vorliegenden Falle wurde jedoch das Bodensediment und der (täglich von den Wandungen entfernte) Bewuchs erst am Ende des Versuches entfernt, und die gebildete Gesamtmenge durch die Anzahl der Versuchstage dividiert. Dieses Verfahren ist genau genommen nur bei linearer Zunahme des Bodensedimentes zulässig. Da jedoch in manchen Fällen deutliche Abweichungen von der Linearität zu beobachten sind (s. a. UHLMANN 1968), liefert dieses Verfahren nur Näherungswerte. Unter der Voraussetzung, daß keine nennenswerten Mengen an organischem Substrat aus dem Bodensediment an die Freiwasserregion zurückgeliefert werden (was im Gegensatz zu den anorganischen N- und P-Komponenten in erster Annäherung zutrifft), und daß sich Substrat und Biomasse in der Freiwasserregion in einem Gleichgewicht befinden, kann deren Änderung von Tag zu Tag gleich Null gesetzt werden. In Erweiterung der von HERBERT vorgeschlagenen Bilanzgleichung (durch Einbeziehung der Akkumulation von Bodensediment als eine Art „Export" aus der Freiwasserregion) kann formuliert werden:

$$\frac{dx_n}{dt} = \underbrace{D \cdot x_{n-1}}_{\text{Import}} + \underbrace{\mu_n \cdot x_n}_{\text{Zuwachs}} - \underbrace{D \cdot x_n}_{\text{Export}} - \underbrace{B_n \cdot x_n}_{\text{Sedimentation}} \quad (1)$$

Dabei ist x das Gewicht der Biomasse im mg/l, ermittelt als Seston-Trockengewicht oder indirekt durch Umrechnung des Dichromatverbrauchs des suspendierten organischen Materials in Biomasse. Weiterhin ist t die Zeit (Tage), n kennzeichnet das jeweils interessierende Becken, $n-1$ das vorhergehende; D ist die Durchflußrate (= Verdünnungsrate, Dimension d^{-1}), μ_n die Wachstumsrate der Biomasse (d^{-1}), B_n ist der Geschwindigkeitsbeiwert der Akkumulation von Bodensediment, bezogen auf die im Fließgleichgewicht in der Freiwasserregion vorhandene Biomasse (d^{-1}). Haben die aufeinanderfolgenden Becken alle den gleichen Inhalt, so ist $D_1 = D_2 = \dots = D_n = D$. Sofern das Fließgleichgewicht erreicht ist, kann $\frac{dx_n}{dt}$ gleich Null gesetzt werden. Streng genommen trifft dies nur auf den Zeitraum vor der „Stoßbelastung", d. h. der täglichen Zugabe des Modellabwassers zu. Wesentlich ist jedoch dabei, daß die mittlere Konzentration von x und von s keinen starken langfristigen Änderungen, z. B. im Laufe von ein bis zwei Wochen unterliegt. Wird Gleichung (1) dann nach μ aufgelöst, so erhält man

$$\mu_n = D\left(1 - \frac{x_{n-1}}{x_n}\right) + B_n \tag{2}$$

Da in die erste Stufe nur gelöstes Substrat importiert wird, jedoch keine Biomasse, ist x_{n-1} hier gleich Null, und Gleichung (2) vereinfacht sich:

$$\mu_1 = D + B_1 . \tag{3}$$

Tabelle 3 zeigt die nach Gleichung (2) ermittelten Werte für μ. Dabei ist zu unterscheiden zwischen μ_B (dunkle Versuchsglieder: nur Bakterien) und μ_G (helle Versuchsglieder: Algen + Bakterien). Nimmt man an, daß in den hellen Versuchseinheiten die gleiche Gesamtmenge an Bakterien vorhanden ist wie in den dunklen (was höchstens in grober Annäherung zutrifft), kann die Differenz zwischen Seston-Trockengewicht

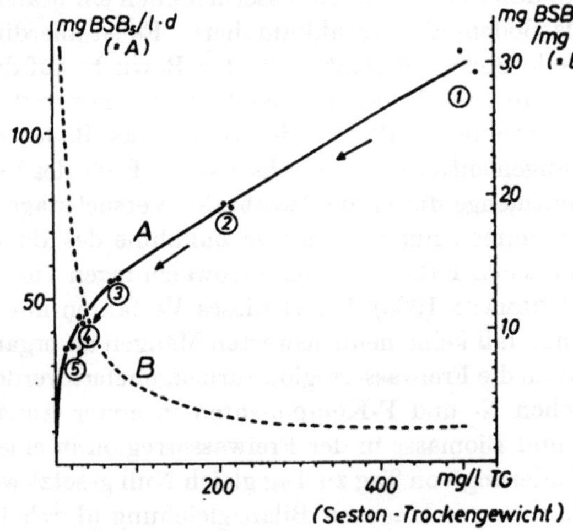

Abb. 10. Gegenüberstellung (Kurve A) von biochemischer Abbauleistung (mg BSB_5/l · d) und Bakterien-Biomasse (mg/l) im 5-stufigen Gewässermodell (Versuchsreihe I, Dauerdunkelheit). Kurve B ist die aus Kurve A errechnete sukzessive Abnahme der spezifischen Leistung (mg BSB_5/mg Biomasse · d) mit zunehmendem Substratangebot (höchste spezifische Leistung in Stufe 5, geringste in Stufe 1!).

„hell“ und Biomasse „dunkel“ als Biomasse der Planktonalgen betrachtet werden. Auch hierfür läßt sich die Wachstumsrate μ berechnen. Sie soll im Unterschied zu μ_G und μ_B als μ_A bezeichnet werden. Wie Tabelle *3a* zeigt, ist μ_B nur in der ersten Stufe positiv; der höchste Wert (Reihe *II*) beträgt 0,16/d. Hierbei ist aber zu bedenken, daß es sich um anaerobe Versuchsglieder handelt, in denen die Zellsubstanzsynthese wesentlich geringer ist als der Substratverbrauch (vgl. Abb. 11). Die negativen μ-Werte in den dunklen Versuchseinheiten *2* bis *5* sind die Geschwindigkeitsbeiwerte des Abbaus von Biomasse unter „tropholytischen“ Bedingungen. Der höchste festgestellte Wert —0,32/d ist offensichtlich Ausdruck einer besonders starken Dekomposition. In den hellen Versuchsgliedern wird das stärkste Wachstum der Gesamtbiomasse mit $\mu_G = 0{,}35/\mathrm{d}$ erreicht (Reihe *III* Nr. *3*). Für die Algen-Biomasse allein erhält man, wenn der gleiche (niedrige) Bakteriengehalt wie in der dunklen Parallele zugrundegelegt wird, fast den gleichen Wert (0,36/d).

Je nachdem, ob μ positiv oder negativ ist, muß Gleichung (1) unterschiedlich interpretiert werden. Sofern μ positiv ist (bei den hellen Versuchseinheiten fast ausnahmslos, bei den dunklen nur in der ersten Stufe) gilt, sofern $\frac{dx}{dt} = 0$ ist:

$$(D + B - \mu)\, x = D \cdot x_{n-1}\,. \tag{4}$$

TABELLE 3 a

Abstufung der Wachstumsrate μ der Gesamt-Biomasse x (pro Tag, bezogen auf den natürlichen Logarithmus) in 5-gliedrigen Gewässermodellen (berechnet nach Gleichung (2), S. 444).

Versuchsreihe		Versuchsglieder				
		1	2	3	4	5
I	H	0,16	0,00	0,04	0,04	0,02
	D	0,13	−0,10	−0,13	−0,09	−0,05
II	H	0,19	0,15	−0,05	0,07	0,08
	D	0,16	−0,05	−0,01	−0,19	−0,08
III	H	0,17	−0,15	0,35	0,19	0,11
	D	0,14	−0,32	−0,05	−0,16	−0,01

H = hell (16 Std.Tag, Algen + Bakterien; zugehörige Wachstumsrate μ_G)
D = dunkel (Dauerdunkelheit, nur Bakterien; zugehörige Wachstumsrate μ_B)
Die Biomasse des Zooplanktons wurde nicht berücksichtigt.

TABELLE 3b

Abstufung der Wachstumsrate μ_A der Algen-Biomasse x_A in 5-gliedrigen Gewässermodellen, berechnet nach Gleichung (2), S. 444, unter der Annahme, daß

$$x_A = x_G - x_B\,.$$

(x_B = Bakterienbiomasse der dunklen Parallelserie).

Versuchsreihe		Versuchsglieder				
		1	2	3	4	5
I	H	0,13	0,15	0,12	0,06	0,03
II	H	0,13	0,33	0,11	0,20	0,17
III	H	0,13	0,20	0,36	0,13	0,10

Erklärung wie in Tab. 3a.

Da $x_n > x_{n-1}$ (in den Versuchseinheiten Nr. 1 ist x_{n-1} gleich Null!) muß $D + B - \mu > D$ sein, bzw. $B - \mu > 0$, also positiv, d. h. $\mu < B$.

Ist hingegen μ negativ, geht es mit negativem Vorzeichen in Gleichung (1) ein.

Da jetzt außerdem $x_n < x_{n-1}$, muß $D + B + \mu < D$ sein.

Demnach ist $B + \mu < 0$, also negativ.

Da aber μ negativ ist, muß auch in diesem Falle $B < \mu$ sein, denn B besitzt in allen Fällen ein positives Vorzeichen. — Die Möglichkeit, daß μ weder positiv noch negativ ist, sondern gerade gleich Null, ist zwar als dritte Variante nicht auszuschließen, aber wenig wahrscheinlich.

Die Bilanzgleichung für die Änderung der Substratkonzentration in hintereinandergeschalteten, gleichmäßig durchmischten Becken lautet (HERBERT 1964)

$$\frac{ds_n}{dt} = \underset{\text{Import}}{D \cdot s_{n-1}} - \underset{\text{Export}}{D \cdot s_n} - \underset{\text{Verbrauch}}{\frac{\mu_n \cdot x_n}{Y}} \tag{5}$$

Dabei ist s_n die Substratkonzentration im jeweiligen Becken (Gesamtgehalt an gelöstem organischen Material, errechnet aus dem Dichromatverbrauch des bakterienfrei filtrierten Wassers), s_{n-1} die Substratkonzentration des zufließenden Wassers, und Y der sog. „Ausnutzungskoeffizient"

$$Y = \frac{\text{Gewicht der gebildeten Biomasse}}{\text{Gewicht des verbrauchten Substrates}} = -\frac{\Delta x}{\Delta s} \tag{6}$$

In einem gleichmäßig durchmischten Reaktor ohne Akkumulation von Bodensediment ist Y sehr einfach zu ermitteln:

$$Y = \frac{x_n - x_{n-1}}{s_{n-1} - s_n} \tag{7}$$

Im vorliegenden Falle jedoch ist zusätzlich die als Bodensediment abgelagerte Biomasse mit zu berücksichtigen. Unter der Voraussetzung, daß die Menge an gelöstem organischem Material, die durch das abgelagerte Bodensediment an das überstehende Wasser abgegeben wird, vernachlässigbar klein ist, besitzt Gleichung (5) auch für die hier vorliegende Versuchsanordnung Gültigkeit. In dem Zeitraum vor der täglichen Zugabe des Substrats wird $\frac{ds}{dt}$ gleich Null, und man erhält für μ_n

$$\mu_n = \frac{Y \cdot D}{x_n}(s_{n-1} - s_n) \tag{8}$$

Durch Kombination der Gleichungen (2) und (8) kann μ_n eliminiert werden, und man erhält für Y in einem System mit Akkumulation von Bodensediment:

$$Y_n = \frac{x_n\left(1 + \frac{D}{B}\right) - x_{n-1}}{s_{n-1} - s_n} \tag{9}$$

Demnach kann auch hier der Ausnutzungskoeffizient Y berechnet werden, sofern Biomassegehalt und Substratkonzentration des Zu- und des Ablaufes sowie die Sedimentationsrate B bekannt sind.

Streng genommen hat Gleichung (9) nur für rein oder überwiegend allotrophe Systeme Gültigkeit, in denen die heterotrophe Zellsubstanzsynthese in einem konstanten

Verhältnis zum Verbrauch eines leicht assimilierbaren Substrates steht. In dem 5-stufigen Gewässermodell ist das nur in der **ersten** Stufe der Fall. In den **folgenden** Stufen ist entweder (im Hellen) die Zunahme der Biomasse infolge Photosynthese der Phytoplankter weitaus größer als die heterotrophe Substratassimilation, oder aber (im Dunkeln) der Rückgang der bereits vorhandenen Biomasse durch Atmung und Abbau z. T. stärker als der (bei den schon stark verringerten Konzentrationen) noch mögliche Substratverbrauch. Außerdem ist mit großer Wahrscheinlichkeit das gelöste organische Material in den Stufen *2* bis *5* nur noch zum geringen Teil von der gleichen Zusammensetzung wie das Primärsubstrat (= Modellabwasser). Zum Groß-

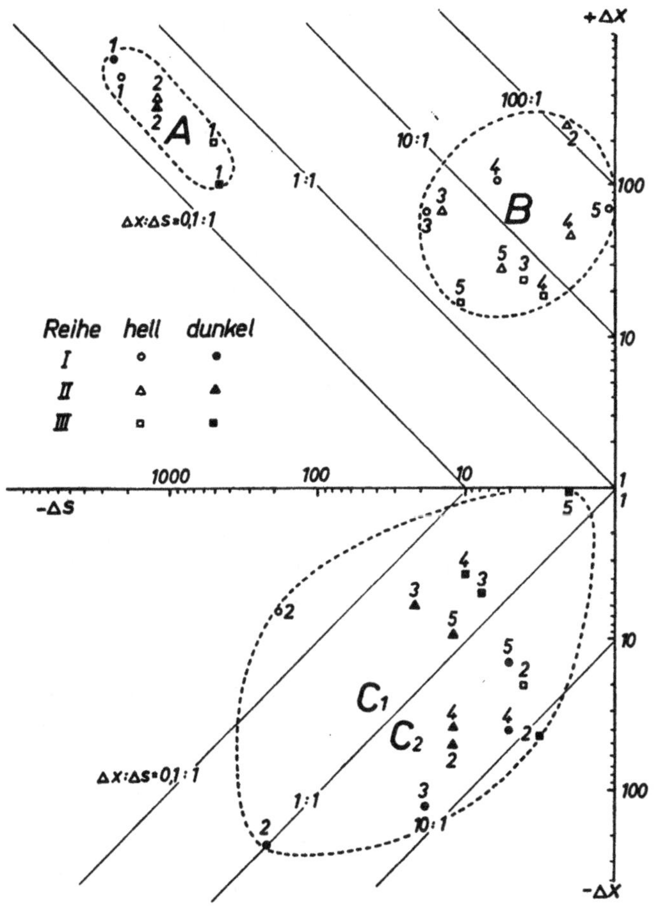

Abb. 11. Gegenüberstellung von Zu- oder Abnahme (mg/l) der Biomasse (Δx) und Verbrauch des organischen Substrates (Δs) in 5-stufigen Gewässermodellen. Versuchsreihen I, II, III (Belastung siehe Abb. 3, Substratkonzentration siehe S. 423). Bilanzierung durch Vergleich der Konzentrationen von Zulauf und Ablauf. A = heterotrophe Substratelimination; Biomasse nimmt zu, C_1 = heterotrophe Substratelimination; Biomasse nimmt ab, C_2 = Abnahme Biomasse stärker als Abnahme Substratkonzentration, B = Zunahme Biomasse stärker als Abnahme Substratkonzentration (Einfluß der Photosynthese). „hell" = Exposition im 16-Stunden-Tag, „dunkel" = Exposition in Dauerdunkelheit. Jeder Punkt kennzeichnet den Mittelwert der zwei Parallelansätze. Berichtigung zur Abbildung: In der Mitte des Bereichs *A* lies zweimal *1* statt *2*.

teil dürfte es sich um Stoffwechselprodukte handeln. Trotz dieser Komplikationen liefert schon die Darstellung der zusammengehörigen Absolutwerte von x und s einige brauchbare Hinweise für die „metabiotischen" Änderungen von Biomasse und Substrat innerhalb des 5-stufigen Systems. Man erkennt (Abb. 11), daß der Ausnutzungskoeffizient in den ersten Stufen aller drei Versuchsreihen in der zu erwartenden Größenordnung liegt. Genaue Werte sind aus Tabelle 4 zu entnehmen. Da in den hellen Versuchs-

TABELLE 4

Ausnutzungskoeffizient Y [siehe Gleichung (9)] in der ersten Stufe der drei Versuchsreihen

Reihe	Y
I hell	0,23
dunkel	0,30
II hell	0,35
dunkel	0,31
III hell	0,36
dunkel	0,18

einheiten auch bereits die Photosynthese eine Rolle spielt, sind nur die Werte der dunklen Serien eindeutig interpretierbar. Man erkennt, daß im Höchstfalle 31% der zugeführten potentiellen Energie in Biomasse umgesetzt werden. Das ist in Anbetracht der in der ersten Stufe herrschenden anaeroben Verhältnisse noch ein recht hoher Wert. Wie Abbildung 11 zeigt, lassen sich insgesamt vier Bezirke abgrenzen:

A heterotrophe Substratassimilation, Biomasse nimmt zu
C_1 heterotrophe Substratassimilation, Biomasse nimmt ab
C_2 Abnahme Biomasse stärker als Abnahme Substratkonzentration
B Zunahme Biomasse stärker als Abnahme Substratkonzentration (Einfluß der Photosynthese!)

Davon ist Fall A charakteristisch für Systeme mit sehr starker organischer Belastung, B kennzeichnet den fortgeschrittenen „Selbstreinigungsprozeß" mit photosynthetischer Belüftung und damit gekoppelter „Sekundärverschmutzung", C_1 den fortgeschrittenen Selbstreinigungsprozeß bei fehlendem oder nur schwachem Einfluß der Autotrophen. Der Fall C_2 schließlich kennzeichnet die Endstufe des Selbstreinigungsprozesses mit überwiegend aerobem Abbau der Bakterien-Biomasse unter starkem Einfluß der Filtrierer (Daphnien, Rotatorien, Ciliaten, Zooflagellaten).

Die Differenz zwischen dem Seston-Gehalt der hellen und der dunklen Versuchsglieder kann als Grundlage für eine orientierende Berechnung der Netto-Primärproduktion des Phytoplanktons dienen. Dazu ein Beispiel. Der Seston-Gehalt beträgt in der Versuchseinheit *3* der Reihe *I hell* im Mittel (Durchschnitt der beiden Parallelen) 206 mg/l. Der entsprechende Wert für die dunklen Parallelansätze beträgt 94 mg/l, die Differenz zwischen x_{hell} und x_{dunkel} $206 - 94 = 112$ mg/l. Da die mittlere Verweilzeit in jedem Becken 10 Tage beträgt und Gleichgewichtsbedingungen herrschen $\left(\text{d. h. } \frac{dx}{dt} = 0\right)$, erhält man für die Netto-Primärproduktion $112:10 = 11{,}2$ mg/l · d. Das entsprechende Sauerstoff-Äquivalent beträgt, wenn man einen Umrechnungsfaktor Seston-Trockengewicht → Sauerstoff von 0,71 zugrunde legt (MACIOLEK 1962), rund 8,0 mg/l · d. In Versuchseinheit *5* der gleichen Reihe beträgt die planktische Netto-Primärproduktion (als Trockengewicht) sogar $\frac{365 - 24}{10} = 34$ mg/l · d. Die zugehörige Wachstumsrate der Gesamt-Biomasse beträgt jedoch nur 0,02/d, der Phytoplankton-Biomasse nur 0,03/d (Tab. 3a und b). Demnach muß ein hoher „Produktionsausstoß" nicht unbedingt Ausdruck einer großen Produktionsrate, sondern kann ebensogut durch Import von Phytoplankton bedingt sein.

8. Praktische Schlußfolgerungen

Wie Abbildung 5 zeigt, ist die biochemische Abbauleistung des belichteten, also mit photosynthetischer Belüftung arbeitenden Systems nicht wesentlich besser als die des dunklen, in dem ein Großteil des Abbaus durch anaerobe Fermentation bestritten wird. Das helle System hat den in hygienisch-ästhetischer Hinsicht schwerwiegenden Vorteil des geruchlosen Betriebes, dafür aber auch den Nachteil der viel stärkeren Schlammbildung. Erwartungsgemäß wird mit Ausnahme des am stärksten belasteten belichteten Systems (*RI hell*) ein relativ energiearmer Endzustand erreicht, sowohl im Hinblick auf den Gehalt an gelöstem als auch an partikulärem organischem Material.

Obwohl auch großtechnische Anlagen (in Reihe geschaltete Stauhaltungen) eine Gesamtverweilzeit des Wassers von 50 Tagen zum Teil erreichen oder überschreiten, ist doch der Wirkungsgrad (BSB_5-Rückgang) meistens geringer. Die vorliegende Versuchsanordnung zeigt, was ein System zu leisten vermag, das keinen „Störungen" in Form von u n r e g e l m ä ß i g e n Schwankungen der Belastung, der Temperatur, des Strahlungsangebotes ausgesetzt ist, und in dem kein hydraulischer Kurzschluß herrscht. Störungen mit einer konstanten Periode, wie sie im Versuch durch die stoßweise Zugabe des Substrates und die Tag–Nacht-Schwankungen der Strahlungsintensität gegeben sind, werden dagegen viel leichter kompensiert. Im großtechnischen Maßstab dürfte ein Abfluß mit einem BSB_5 von weniger als 5 mg/l, wie er hier zum Teil vorliegt, am ehesten unter tropischen Klimabedingungen erreichbar sein.

Die Bakterienstufe wirkt vor allem als Reaktor zur anaeroben Abwasser- und Schlammbehandlung. Die Algenstufe fördert durch photosynthetische Belüftung den aeroben Abbau. Die Daphnienstufe vereinigt in sich die Funktion eines Nachklärbeckens mit der einer hochwirksamen „Mikrosiebfiltration".

Welcher „Aspekt" (Vorherrschen von Bakterien, Planktonalgen, Daphnien) sich an welcher Stelle ausbildet, hängt vor allem von der Belastung ab und ist bei der Projektierung durch eine entsprechende Unterteilung der Gesamtfläche zu planen. Bei Belastungen eines Teilabschnittes von mehr als 100 mg $BSB_5/l \cdot d$ sind bei uns auch im Hochsommer normalerweise nur Bakterien als Dominanten zu erwarten, sofern die Verweilzeit unter 1 Tag liegt. Andererseits treten Daphnien nur bei BSB_5-Belastungen von höchstens 10 $g/m^3 \cdot d$ auf.

Nicht nur in hintereinandergeschalteten Oxydationsteichen, sondern auch bei der Kombination von groß- und kleinräumigen Verfahren der Abwasserbehandlung (z. B. anaerobe Vorbecken → Tropfkörper oder Belebungsbecken → Nachklärteiche) gewinnt eine genaue Kenntnis und die Möglichkeit einer Berechnung der Stoffumsetzungen in den vor- oder nachgeschalteten teichartigen Becken zunehmende praktische Bedeutung. In den am stärksten entwickelten Industrieländern werden die Fließstrecken der großen Flüsse in steigendem Maße durch ganze Kaskaden von Stauhaltungen ersetzt. Die Kenntnis der Stoffwechselphysiologie solcher künstlichen Ökosysteme ist u. a. Voraussetzung für die Berechnung ihres Selbstreinigungs-Potentials im Interesse gegenwärtiger und zukünftiger Nutzungen (z. B. Durchlaufkühlung für Kernkraftwerke). Für solche „Kaskaden" gibt es in der Natur kaum Vorbilder. Ihre Gesetzmäßigkeiten können mit Hilfe kontinuierlich oder semikontinuierlich betriebener Labormodelle untersucht werden, weil hier die wichtigsten Kombinationen der überhaupt zu erwartenden Einflußgrößen systematisch simuliert werden können.

9. Zusammenfassung

Die sukzessive Abstufung der Bioaktivität in hintereinandergeschalteten Staugewässern wurde mit Hilfe semikontinuierlicher Labormodelle simuliert. Jede Versuchsreihe bestand aus 5 Stufen, die eine mittlere Verweilzeit des Wassers von insgesamt 50 Tagen gewährleisteten. Die hellen („mixotrophen") Versuchsreihen wurden im 16-Std.-Tag, die dunklen („heterotrophen") bei Dauerdunkelheit gehalten. Die Versuche wurden bei 20 °C in einem temperaturkonstanten Raum durchgeführt. In die erste Stufe wurde einmal täglich Modellabwasser gegeben. Die BSB_5-Belastung von 185 mg/l · Tag in der ersten Stufe war kein Hindernis für eine Massenentfaltung von Phytoplankton (*Chlamydomonas variabilis* und *Ankistrodesmus falcatus*). In den letzten Stufen war der BSB_5 sehr niedrig, und die Gesamtbakterienzahl betrug in Stufe *5* zum Teil weniger als 1% des Wertes der Stufe *1*. Hierfür war vor allem die Filtriertätigkeit von *Daphnia magna* verantwortlich zu machen.

In den hellen Versuchsreihen nahm jedoch der Gehalt an Biomasse in den letzten Stufen zum Teil wieder zu (Chlorophyll „a"-Gehalt bis etwa 15 mg/l !). Die hellen und dunklen Serien zeigten klare Unterschiede bezüglich der Inkorporation bzw. der abbaubedingten Remobilisierung von gelösten Stickstoff- und Phosphorverbindungen, dagegen keine eindeutigen Unterschiede hinsichtlich der biochemischen Abbauleistung, gemessen am BSB_5. Der Phosphorgehalt des Bodensedimentes betrug auch unter anaeroben Bedingungen im Wasserkörper zum Teil mehr als 10% des Trockengewichtes.

Nicht nur die Biomasse-, sondern auch die Substratkonzentration nahm von Stufe *1* nach Stufe *5* ab. Dagegen nahm die spezifische Leistung der freisuspendierten Bakterien (mg O_2-Verbrauch/mg Trockengewicht · Tag) zu. Es wurde versucht, die von MONOD entwickelten Gleichungssysteme (Berechnung der Wachstumsrate und des Ausnutzungskoeffizienten) auch auf die hier untersuchten Mischpopulationen und Mischsubstrate zu übertragen. Die Gesamtwachstumsrate μ für das Phytoplankton erreichte im Höchstfalle 0,35/d, für die Bakterien im Höchstfalle nur 0,19/d. Von dem in Stufe *1* zugegebenen Substrat (Modellabwasser) wurden bis zu 31% in Bakterien-Biomasse umgesetzt.

10. Summary

Gradation of autotrophic and heterotrophic activity in microecosystems arranged in series

The successive gradation of autotrophic and heterotrophic activity between storage basins arranged in series was investigated by means of semicontinuous laboratory models. Each series consisted of 5 units, providing an overall detention time of 50 days. The clear („mixotrophic") series were illuminated 16 hours per day, the dark („heterotrophic") units were exposed to complete darkness. The experiments were performed at 20 °C in a thermostate chamber and operated on a modified fill-and-draw-basis (addition of synthetic sewage into the first unit). An extremely high BOD-load of the first unit (185 mg/l/day) not prevented massive growths of phytoplankton (*Chlamydomonas variabilis, Ankistrodesmus falcatus*). In the last units the BOD was very low, and the total number of bacteria in some cases not surmounted 1% of the number of the first unit. This mainly was the result of filtering activity of *Daphnia magna*. In the illuminated series, however, the concentration of biomass in some cases increased in the last 3 units, corresponding to a chlorophyll „a" content up to 15 mg/l (!). There were remarkable differences between illuminated and dark series with respect to incorporation or release of dissolved nitrogen and phosphorus compounds. The phosphorus content of the bottom sediment in some cases amounted to more than 10% of the dry weight, in spite of anaerobic conditions in the water layer.

The concentration not only of biomass, but also of substrate decreased from unit *1* to unit *5*, but the specific activity of suspended bacteria (mg O_2 consumed/mg dry weight of biomass/day) increased. The equations for computation of growth rate and of yield developed by Monod were applied to the mixed populations and mixed substrates of the series. The „overall growth rate" μ of the phytoplankton amounted to 0,35/day, the growth rate of bacteria only to 0,19/day. At best 31% of the organic substrate were converted into biomass of bacteria.

11. Literatur

Ausgewählte Methoden der Wasseruntersuchung (1965). Berlin, Amt für Wasserwirtschaft der DDR, 1–207.

Caspers, H. & L. Karbe, 1967: Vorschläge für eine saprobiologische Typisierung der Gewässer. Int. Revue ges. Hydrobiol. **52**, 145–162.

Fair, S. M. & J. C. Geyer, 1961: Wasserversorgung und Abwasserbehandlung (dtsch. Ausgabe). Berlin, VEB Verlag für Bauwesen. 969 S.

Fair, G. & coll., 1941: The natural purification of river muds and pollutional sediments. Sewage Works J. **13**, 270–307, 756–779.

Hartmann, L., 1960: Die Beziehungen zwischen Beschaffenheit, Leistungsfähigkeit und Lebensgemeinschaft der Belebtschlammflocke am Beispiel einer mehrstufigen Versuchsanlage. Vom Wasser **27**, 107–184.

Herbert, D., 1964: Multi-stage continuous culture. In Malek, J., K. Beran & J. Hospodka (Hrsg.): Continuous cultivation of microorganisms, 23–44. Prag, Verlag ČSAV.

Liss, E. & P. Langen, 1962: Versuche zur Polyphosphatüberkompensation in Hefezellen nach Phosphatverarmung. Arch. Mikrobiol. **41**, 383–392.

Maciolek, J. A., 1962: Limnological organic analyses by quantitative dichromate oxidation. Research Report US Fish and Wildlife Serv., Bureau of Sport Fish. and Wildlife (Washington) **60**, 1–61.

Mero, J. L., 1965: The mineral resources in the sea. Amsterdam, Elsevier. 312 S.

Meron, A. & coll., 1965: Quality changes as a function of detention time in wastewater stabilization ponds. J. Wat. Poll. Contr. Fed. **37**, 1657–1670.

Montgomery, H. A. C. & B. J. Borne, 1966: The inhibition of nitrification in the BOD test. J. Proc. Inst. Sew. Purif. **10**, 357–368.

Mortimer, C. H., 1940/41: The exchange of dissolved substances between mud and water in lakes. J. Ecol. **29**, 280–329; **30**, 147–201.

Ohle, W., 1958: Typologische Kennzeichnung der Gewässer auf Grund ihrer Bioaktivität. Verh. Internat. Ver. Limnol. **13**, 196–211.

Oswald, W. J. & coll., 1953: Algae symbiosis in oxidation ponds. III. Photosynthetic oxigenation. Sew. and Ind. Wast. **25**, 692–705.

Overbeck, J., 1966: Neue Ergebnisse der Gewässerbakteriologie. Die Umschau 1966, H. 19, 587–592.

Parker, C. E. T., 1966: Algae sludge disposal in wastewater reclamation. Diss. Abstr. **26**, 7248 bis 7249.

Shapiro, J. & coll., 1967: Anoxically induced release of phosphate in sewage treatment. J. Water Poll. Contr. Fed. **39**, 1810–1818.

Sládeček, V., 1957: A study of the biological treatment of sewage by activated sludge. Sbornik Vys. Skoly Technol. Prag, Technol. Fuel and Water **1**, 165–248 (tschechisch, dtsch. Zus.).

Starka, J., 1968: Physiologie und Biochemie der Mikroorganismen. Jena, VEB Fischer. 607 S.

Theriault, E. J., 1927: The oxygen demand of polluted waters. Publ. Health Bull. **173**, 1–185.

Uhlmann, D., 1958/59: Untersuchungen über die biologische Selbstreinigung häuslichen Abwassers in Teichen. Wiss. Z. Univ. Leipzig, Math.-Nat. R. **8**, 17–66.

— 1961: Über den Einfluß von Planktonorganismen auf ihr Milieu. Int. Revue ges. Hydrobiol. **46**, 115–129.

– 1965/66: Beitrag zur Limnologie extrem nährstoffreicher Flachgewässer. I. Sauerstoff, Nährstoffe. II. Plankton-Massenwechsel. Wiss. Z. Univ. Leipzig, Math.-Nat. R. 14, 359–411; 15, 373–423.

– 1966: Beitrag zur Limnologie saprotropher Flachgewässer. Arch. Hydrobiol. 63, 1–85.

– 1968: Modellversuche über die Abhängigkeit der planktischen Bioaktivität von der Verweilzeit des Wassers. Int. Revue ges. Hydrobiol. 53, 101–139.

– 1970: Hydrobiologische Grundlagen der Schlammstabilisierung. Fortschr. Wasserchemie 12, 94–123.

UHLMANN, D. & R. WEGELIN, 1966: Oxydationsteiche. Theorie, Betriebserfahrungen, Hinweise für Bau und Betrieb. WTZ-Mitteilungen Wiss. Techn. Zentrum Leipzig VVB Wasserversorgung, 1–36.

VACKER, D. & coll., 1967: Phosphate removal through municipal wastewater treatment at San Antonio, Texas. J. Water Poll. Contr. Fed. 39, 750–771.

WUHRMANN, K., 1957: Die dritte Reinigungsstufe: Wege und bisherige Erfolge in der Eliminierung eutrophierender Stoffe. Schweiz. Z. Hydrol. 19, 409–427.

YENTSCH, C. S., 1957: A non-extractive method for the estimation of chlorophyll in algal cultures. Nature 179, 1302–1304.

Anschrift des Verfassers:
Prof. Dr. habil. D. UHLMANN
Sektion Wasserwesen der Technischen Universität
Bereich Hydrobiologie
DDR – 8027 Dresden
George-Bähr-Str. 1

Limnologica (Berlin)	8	2	1971	453–503

Institut für Quartärpaläontologie, Weimar

HILDEGARD ZEISSLER

Die Muschel *Pisidium*

Bestimmungstabelle für die mitteleuropäischen Sphaeriaceae[1])

Mit Tafeln VI–XIV sowie 38 Abbildungen im Text

Inhaltsverzeichnis

1. Vorbemerkung

Eine Bestimmungstabelle der schwierigen Pisidien in deutscher Sprache fehlt seit langem. Die englische von ELLIS (1940, 1962) ist für den Hydrobiologen in der Deutschen Demokratischen Republik so gut wie unerreichbar, und in dem sonst ausgezeichneten Mollusken-Bestimmungsbuch von EHRMANN (1933, Neudruck 1956) ist der *Pisidium*-Teil zur sicheren Bestimmung nicht ausreichend – zu wenig Abbildungen, kaum Merkmale zur Abgrenzung gegen andere Arten. S. H. JAECKEL hat im Molluskenteil der STRESEMANNschen Exkursionsfauna (1957 bzw. 1961) bewußt auf eine Pisidientabelle verzichtet, da Bestimmung im Gelände mit der Lupe nicht möglich ist.

Darum haben sich die Hydrobiologen oft damit begnügt, in ihren Faunenlisten „die Muschel *Pisidium*" anzugeben.

Hier soll versucht werden, diese Lücke in der deutschen Bestimmungsliteratur zu schließen. Zwar gibt es unstreitig bessere Kenner; da aber keiner der großen Experten die Zeit zur Aufstellung einer Pisidientabelle fand, glaube ich, mich daran wagen zu müssen. Es ist mir gelungen, einige Literatur zu beschaffen; auch glaube ich, mit den Arten in der DDR einige Erfahrung zu haben. Ich hoffe zuversichtlich, daß die Kollegen, die diese Tabelle benutzen werden, mir helfen, sie in Zukunft zu verbessern.

Nicht nur die Hydrobiologen, sondern auch die Malakozoologen und Quartärpaläontologen sind an solch einer Tabelle interessiert. Da gelegentlich auch andere Sphaeriiden von Sammlern mit Pisidien verwechselt werden, sollen hier alle Mitglieder der Familie Sphaeriaceae, die seit dem Pleistozän in Mitteleuropa gelebt haben, behandelt werden. Auch eine amerikanische Art, die in Europa einzuwandern im Begriff ist und

[1]) Herrn Professor Dr. ARNO WETZEL zum 80. Geburtstag gewidmet.

noch nicht aus dem Gebiete der DDR gemeldet wurde, habe ich in die Tabelle aufgenommen, damit Sammler auch auf sie achten können.

Mit den Verbreitungsangaben bin ich summarisch verfahren. Durch Verschmutzung der Gewässer und Senkung des Grundwasserspiegels sind viele Vorkommen erloschen und andere bedroht, so daß eigentlich jede Fundstelle nach wenigen Jahren der Bestätigung bedarf.

Wegen der Kürze der Zeit war es unmöglich, gute Abbildungen in ausreichender Zahl anfertigen zu lassen. Deshalb benutzte ich solche aus der Literatur, was den Vorteil hatte, daß ich auswählen konnte.

Nun möchte ich noch allen danken, die mir behilflich waren, daß diese Arbeit entstehen konnte. Für Literaturangaben, Überlassung eigener Arbeiten, Materialrevision und Ratschläge bin ich Herrn ELLIS, Carshalton; Herrn Prof. Dr. FAVRE, Genf; Herrn KUIPER, Paris; Herrn Prof. Dr. ODHNER, Stockholm; Herrn STELFOX, Newcastle/Irland; Herrn Dr. STEUSLOFF, Gelsenkirchen; Herrn Prof. Dr. URBANSKI, Poznań und Herrn Dr. ZILCH, Frankfurt am Main, seit langem verpflichtet. Mein Chef, Herr Dr. Dr. KAHLKE, stellte mir die Hilfsmittel des Instituts zur Verfügung, und die Kollegen ELKE KNAUFF und WÖLLNER halfen mir bei der Fertigstellung der Abbildungen.

2. Einleitung

Die Muscheln, um die es sich handelt, bilden eine gut untersuchte Gruppe. Immer wieder fanden sich einzelne Bearbeiter, die gerade die Schwierigkeit lockte, und die den Wissensstand vervollkommneten. Dazu gehörten die Deutschen CLESSIN, KOLASIUS, SCHMIERER, STEUSLOFF und TETENS und der Schweizer FAVRE, und gehören noch heute die Engländer STELFOX, ELLIS und DANCE, der Schwede ODHNER, und zur Zeit ist der beste Kenner der Holländer KUIPER.

Mit einer Lupe ist den kleineren Pisidienarten nicht beizukommen; man benötigt 25- bis 30-fache Vergrößerung im auffallenden Licht, am besten einen Citoplast. Damit kann man sämtliche Schloßcharaktere sowie fast alle Oberflächenskulpturen sichtbar machen. Für den Anfänger ist die Bestimmung von fossilen oder etwas verwitterten Schalenklappen, wie sie beim Sieben von Schlammproben oft mit anfallen, leichter als von frischen, bei denen z. B. die Schloßzähne noch durchscheinend sind und deshalb nicht so deutliche Schatten werfen.

Während man die höheren Einheiten ganz oder teilweise nach dem Weichkörper bestimmt, grenzt man die Arten heute rein nach Schalenmerkmalen ab. ODHNER (1929) gibt zwar die Gestalt des Nephridiums als ein wesentliches Artmerkmal an; doch wird sie in der Praxis nicht benutzt. Doch sollen hier bei jeder Art auch die anatomischen Merkmale mit angegeben werden, soweit ich darüber nachkommen kann.

Da Muscheln keinen Kopf haben, kann man beim Betrachten u. U. im Zweifel sein, welches das Vorderende ist. Dies ist prinzipiell das Ende, das bei der Fortbewegung vorangeht; dort streckt die Muschel ihren Fuß hervor, und die empfindliche Fußspitze tastet sich voran, sowohl beim Eingraben in das Substrat als auch beim Kriechen. Die Sphaeriiden haben einen relativ unspezialisierten wurmförmigen Fuß, den sie weit vorstrecken und sich damit ähnlich wie die Spannerraupen fortbewegen können, was man im Aquarium leicht beobachten kann. Am Vorderende des Weichkörpers ist auch der Mund. Am Hinterende, das aber meist nicht aus dem Substrat herausragt, befinden sich die Ein- und Ausströmöffnungen, die nicht in allen Fällen in einen Sipho ausgezogen sind (siehe weiter unten). Die Dorsalseite ist die Oberseite der kriechenden Muschel, der Schloßrand, wo sich das Schloßband oder Ligament befindet, das die beiden Klappen zusammenhält, sowie die Schloßleiste, deren Zähne die Aufgabe haben zu verhindern, daß sich die Schalenklappen bei Bewegung im Substrat gegeneinander verschieben. Rechts und links vom Oberrand stehen die Wirbel, das sind die ältesten Teile der Schale, und zwar immer etwas vor dem Ligament. So kann man auch an der leeren Schale oder Einzelklappe erkennen, was Vorder- und Hinterende ist.

Die Schloßzähne sind so genau aufeinander eingestellt, daß auf eine rechte Klappe die linke keines anderen Individuums derselben Art paßt und umgekehrt.

Für die Artbestimmung sind wesentlich:

A) Äußere Merkmale: Umrißform und Wölbung, Gestalt der Wirbel, Beschaffenheit der Oberfläche; hingegen ist die Farbe nicht spezifisch, sondern veränderlich und umweltbedingt.

B) Innere Merkmale: Die Gestalt der Schloßplatte und der Zähne, Form der Ligamentgrube.

Nicht zur Bestimmung werden herangezogen die Mantellinie und die Ansatzflächen der Schalen-(Adduktor-)Muskeln, die die Klappen geschlossen halten. Der vordere und hintere Schließmuskel sind etwa gleich stark, und die Mantellinie ohne Bucht (integripalliat).

Die Schloßzähne stellen das wichtigste Merkmal dar. Sie bestehen bei allen Sphaeriaceen aus drei Gruppen: In der Mitte der Schloßleiste, unter dem Wirbel, vor der Ligamentgrube, stehen die sog. Kardinalzähne, deren ursprüngliche Aufgabe es ist, das Verschieben der Klappen nach vorn oder hinten zu verhüten, wie man bei *Corbicula* am deutlichsten sehen kann. Bei der Beschreibung werden sie mit „c" und einer arabischen Ziffer bezeichnet; und zwar stehen bei den Sphaeriiden normalerweise in

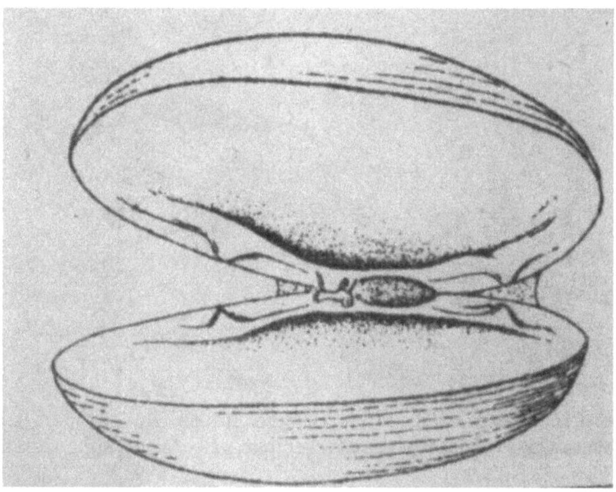

Abb. 1. Einblick in eine halboffene Schale von *Pisidium casertanum,* um die Funktion des Sphaeriiden-Schlosses zu zeigen. Man sieht, wie der rechte Kardinalzahn c3 (unten) von den beiden linken c2 und c4 umgriffen wird. Nach EHRMANN 1933.

der linken Klappe c2 und c4, in der rechten c3, der von den beiden linken umgriffen wird. Vor den Kardinalzähnen stehen die vorderen Seitenzähne „a" (= anteriora) und hinter der Ligamentgrube die hinteren Seitenzähne „p" (= posteriora). Beide Gruppen werden entweder auch mit arabischen oder noch öfter mit römischen Ziffern numeriert, und zwar stehen normalerweise in der linken Klappe nur je ein Seitenzahn aII und pII, die zwischen die Seitenzahnpaare der rechten Klappe aI und aIII sowie pI und pIII eingreifen. Außer bei der Gattung *Corbicula* ist also für die behandelte Gruppe die normale Zahnformel:

	vordere Seitenzähne	Kardinalzähne	hintere Seitenzähne
Linke Klappe	1	2	1
Rechte Klappe	2	1	2

Um die Schloßcharaktere sichtbar zu machen, muß das Tier getötet werden. Dies kann durch Eintauchen in kochendes Wasser oder Eintrocknen geschehen. Um nicht bei mechanischer Entfernung von Weichteilresten die Schloßzähne zu beschädigen, wird manchmal empfohlen, solche durch vorsichtiges Kochen mit verdünnter Kalilauge zu entfernen. Dabei ist achtzugeben, daß man den Moment abpaßt, wenn zwar die Weichteile verschwunden, aber die Schalenoberhaut noch nicht angegriffen ist. Zusammenhängende Klappen müssen zur Betrachtung des Schlosses getrennt werden.

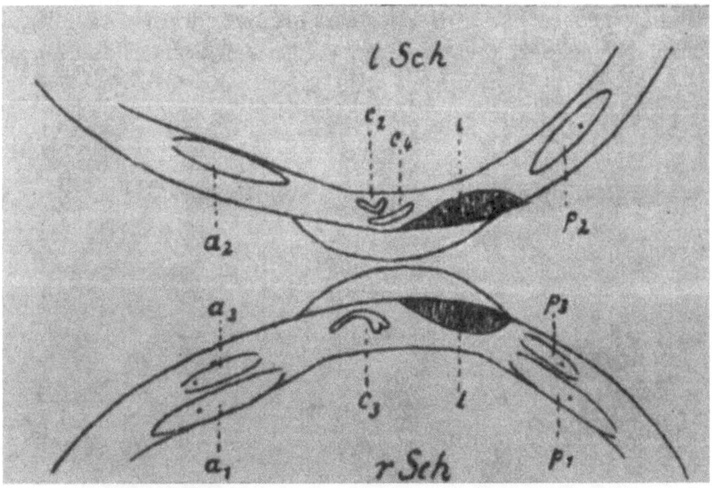

Abb. 2. Schloß von *Pisidium casertanum* als Beispiel für ein Sphaeriiden-Schloß. Klappen getrennt und Schloßleisten in Aufsicht gegenübergestellt. Rechte Klappe unten. Nach EHRMANN 1933.

a = vordere Seitenzähne, c = Kardinalzähne, l = Ligamentgrube, p = hintere Seitenzähne. Die Seitenzähne werden manchmal mit römischen Ziffern numeriert, die Kardinalzähne immer mit arabischen.

3. Systematische Übersicht über die mitteleuropäischen Sphaeriaceae

Klasse Bivalvia LINNAEUS 1767
Ordnung Eulamellibranchiata PERRIER 1897
Unterordnung Schizodonta STEINMANN 1888
Oberfamilie Sphaeriaceae THIELE 1934

Mittelgroße bis kleine Muscheln von runder, ovaler oder gerundet dreieckiger Form. Klappen immer spiegelbildlich gleich, ausgenommen die Schloßcharaktere. Mantelränder im vorderen und hinteren Teil verwachsen, und zwar entlang einem inneren Saume, so daß die äußeren Mantelränder frei sind. Mantellinie einfach, gebogen, ohne Mantelbucht. Mit 2 Siphonen, nur die Gattung *Pisidium* mit nur 1 Sipho. Zwittrig. Schloß mit Kardinalzähnen sowie mit vorderen und hinteren Seitenzähnen. Schaleninneres immer ohne Perlmutterglanz. Jungtiere mit rudimentärer Byssusdrüse, die bei Erwachsenen völlig rückgebildet ist.

Familie Corbiculidae

Gattung *Corbicula* MÜHLFELDT 1811 = *Cyrena* LAMARCK 1818

Innerer Mantelrand und Branchialsipho mit Papillen besetzt. Innere Lamelle der inneren Kieme im größeren vorderen Teil an den Bauchsack angeheftet. Tiere eierlegend.

Schalen dickwandig, gleichseitig, dreieckig-rundlich mit breit hochgezogenem, etwas vorgeneigtem Wirbel, konzentrisch gerillt oder faltenrippig. Schalenoberhaut hellbraun bis schwarz, an den Wirbeln meist abgerieben. Ligament freiliegend, äußerlich gut sichtbar. Schloßleiste breit, jederseits mit 3 kräftigen, vom Wirbel aus divergierenden Kardinalzähnen, die durch tiefe Gruben getrennt sind, 2 vorderen und 2 hinteren Seitenzähnen in der rechten, je 1 vorderer und hinterer Seitenzahn in der linken Klappe, alle lang, lamellenförmig, fein geriffelt bis gesägt. Siphonen sehr kurz, dicht beieinander, Fuß zungenförmig, seitlich zusammengedrückt, Kiemen hinten verwachsen.

Monotypische Art: *Corbicula fluminalis* (O. F. MÜLLER 1774)

Familie Sphaeriidae

Mantelränder und Siphonen ohne Papillen. Fuß sehr lang vorstreckbar, seitlich zusammengedrückt, doch beim Kriechen auf flacher Unterlage und beim Gleiten am Wasserspiegel flach sohlig geformt mit fersenartigem Vorsprung am Hinterende. Die äußeren Kiemen wesentlich kleiner als die inneren, aufsteigende Lamelle der letzteren größtenteils frei, die beiderseitigen inneren Kiemen hinter dem Fuß verwachsen. Mundlappen spitz dreieckig. Sehr bezeichnend sind die hinter und unter dem Herzen gelegenen und mit dem Herzbeutel, wie gewöhnlich, durch eine Öffnung verbundenen Nieren, auf engem Raum zusammengedrängte mehrfach gewundene paarige Schläuche, die laut ODHNER (1929, S. 39—40) die wichtigsten unterscheidenden Charaktere innerhalb der Familie bilden. Bei *Sphaerium* und *Musculium* bildet der innere (pericardiale) Tubus eine nach vorn und unten gerichtete Schlinge, die bei *Pisidium* fehlt; hier steigt der Tubus direkt nach oben und ist nur etwas gebuchtet. Ferner sind bei

Sphaerium und *Musculium* beide Kiemen gut ausgebildet und liegen jederseits als ein inneres und ein äußeres Blatt vor, jedes mit einer inneren und äußeren Lamelle. Bei *Pisidium* schieben sich die Kiemen mehr nach hinten, und die hintere (äußere) Kieme verliert bei den meisten Arten ihre innere oder aufsteigende Lamelle, so daß die äußere allein die ganze Kieme repräsentiert. Die hintere Kieme ist innerhalb der Gattung einer weiteren Reduktion unterworfen und kann sogar völlig zurückgebildet werden. Bei *Sphaerium* und *Musculium* finden sich 2 Siphonen, bei *Pisidium* ist der vordere oder Branchialsipho nur als Foramen ausgebildet und kann sogar fehlen, und der hintere oder Analsipho bildet ein kurzes Rohr, das von dem Foramen etwas entfernt ist. Die Tiere sind zwittrig und vivipar. Gonaden jederseits unter dem Herzen gelegen, im vorderen Teil als Hoden, im hinteren als Ovar entwickelt; von diesen läuft ein Zwittergang nach hinten, die Genitalöffnung liegt unter der Niere, dicht bei deren Ausmündung. Die befruchteten Eier entwickeln sich in der Höhlung der inneren Kiemen, und zwar zu kleinen Gruppen vereinigt, bei *Sphaerium* zu 6—8 in besonderen Epithelsäckchen, die von der Kiemenwand gebildet werden. Die entwickelten Jungen sprengen die Bruttaschen, verweilen aber noch lange, fast bis zur Erreichung der eigenen Geschlechtsreife und einer Größe von etwa $^1/_4$ des Muttertieres, in dessen Kiemenhöhle. Die Tiere sind schon bald nach der Geburt fortpflanzungsfähig; nur enthalten jüngere Individuen eine kleinere Zahl von Embryonen: 2—3 gegen 12—20 bei Erwachsenen.

Schale meist dünnwandig, mit unversehrter Schalenoberhaut, Innenseite nicht irisierend, Muskeleindrücke schwach. Schalenoberfläche konzentrisch fein gestreift oder gerippt, seltener faltenrippig. Eine Eigentümlichkeit, die keine andere Muschelgruppe mit ihr gemein hat, ist die Porosität der Schalen. Schloßleiste schmal, gebogen. In der rechten Klappe ein Kardinalzahn, der meist einen nach innen offenen Winkel bildet und zwischen die Kardinalzähne der linken Klappe eingreift. Die Seitenzähne liegen in der Richtung der Schloßleiste und sind im Umriß flach dreieckig oder bogig. Zahnformel siehe oben.

Gattung *Sphaerium* SCOPOLI 1777 = *Cyclas* BRUGUIÈRE 1792

Mantelränder und Siphonen ohne Papillen. Mit 2 Siphonen, die an der Basis verwachsen sind, der untere oder Branchialsipho länger als der obere. Die Niere zeigt einen geringeren Formwechsel als bei *Pisidium*.

Schale oval, im Umriß länglich oder fast kreisförmig, ziemlich symmetrisch, aber die Hinterseite etwas größer und mehr erhoben als die vordere, Wirbel leicht nach vorn gebogen. Schloßleiste schmal, Kardinalzähne klein, Seitenzähne dünn. Ligament von außen wenig oder nicht sichtbar.

Die Gattung unterscheidet sich von *Pisidium* durch die beträchtlichere Größe, nur die größte *Pisidium*-Art erreicht die Maße eines kleinen *Sphaerium*; durch das Vorhandensein von 2 Siphonen, Stellung des Wirbels etwas vor der Schalenmitte, so daß der hintere Teil größer ist als der vordere, und durch die schwache Schloßleiste mit schwachen Zähnen von relativ geringer Variabilität. Junge Sphaerien sind wesentlich flacher und höher (also mehr kreisförmig) als Pisidien von derselben Länge.

Untergattung *Sphaerium* s. str.
Typus-Art: *Sphaerium* (*Sphaerium*) *corneum* (LINNAEUS 1758)
Untergattung *Sphaeriastrum* BOURGUIGNAT 1854

Typus-Art: *Sphaerium (Sphaeriastrum) rivicola* (LAMARCK 1818)
Untergattung *Cyrenastrum* BOURGUIGNAT 1854
Typus-Art: *Sphaerium (Cyrenastrum) solidum* (NORMAND 1844)

Merkmale siehe Bestimmungstabelle.

Gattung *Musculium* LINK 1807

Mit flachen gerundet trapezförmigen Schalen, schmalem mäßig bis stark erhobenem Wirbel, eingesenktem aber äußerlich sichtbarem Ligament, aber ohne markante Schalenskulptur.

Typus-Art: *Musculium lacustre* (O. F. MÜLLER 1774)
Ferner: *Musculium transversum* (SAY 1829)

Gattung *Pisidium* C. PFEIFFER 1821 = *Pera* LEACH 1852

Weitere Synonyma von *Pisidium* und Untergattungen siehe BOETTGER 1961. In der Einteilung und Benennung von Untergattungen folge ich hier teils BOWDEN & HEPPELL (1968), teils KUIPER (1962d).

Siphonen in Rückbildung begriffen, höchstens noch ein kurzer oberer (Anal-)Sipho vorhanden, Branchialöffnung als Foramen ausgebildet. Bei den Untergattungen *Neopisidium* und *Odhneripisidium* ist die Analöffnung nur noch ein Foramen; die Branchialöffnung fehlt ganz, und das Atemwasser strömt durch den Fußschlitz ein. Infolge der starken Verkürzung des Hinterteiles liegen Kieme, Herz und Nieren stark zusammengedrängt. Perikardialtubus verläuft gerade. Gestalt der Nieren ist variabel, aber auch innerhalb der einzelnen Arten.

Von beiden Kiemen jederseits ist nur die innere voll entwickelt. Ihre Achse läuft hinter dem Wirbel senkrecht herab; die Filamente ziehen daher fast horizontal nach vorn und bilden ein dreieckiges Blatt, dessen Spitze nach unten zeigt und dort zwischen Branchial- und Analöffnung mit dem Mantel verbunden ist. Oberste und längste Filamente an den Bauchsack angeheftet. Die aufsteigende (innere) Lamelle ist in der Regel vorhanden und mit der absteigenden teilweise durch interlamelläre Septen verbunden. Die hinteren so gebildeten Nischen sind die „Bruttaschen“, in denen sich die Embryonen entwickeln. Die äußere Kieme ist reduziert und nach hinten geschlagen; sie besteht fast nur aus der aufsteigenden Lamelle und kann individuell ganz zurückgebildet sein. Bei den Untergattungen *Neopisidium* und *Odhneripisidium* fehlt sie immer. Erbrütung der Jungen in den Kiemen wie bei *Sphaerium*; die Jungen werden durch den sehr dehnbaren Analsipho ins Freie entlassen. (Zur Anatomie siehe Tafeln IX–XIV).

Die meisten Arten sind kleiner als die Sphaerien. Wirbel ist stets mehr oder weniger hinter der Schalenmitte gelegen, also hinterer Teil immer kleiner als der vordere, die Einzelklappe in der Regel unsymmetrisch. Wirbel oft aufgetrieben, zuweilen mit einem Fältchen besetzt. Ligament eingesenkt, von außen wenig oder nicht sichtbar.

Die Gattung unterscheidet sich von *Sphaerium* durch die geringere Größe, das Vorhandensein von höchstens 1 Sipho, Stellung des Wirbels hinter der Schalenmitte, so daß der Vorderteil überwiegt, und durch die größere Variabilität der Schloßcharaktere. Pisidien sind bauchiger und mehr langgestreckt als junge gleichgroße Sphaerien.

Untergattung *Pisidium* s. str. = *Cordula* LEACH 1852, *Fluminina* CLESSIN 1873, *Flumininea* CLESSIN 1874, *Amnicana* FAGOT 1892, *Eupisidium* ODHNER 1921 partim

Relativ große und dickschalige Muscheln mit markanter Oberflächenskulptur, zwei Kiemenpaaren und Analsipho.

Typus-Art: *Pisidium* (*Pisidium*) *amnicum* (O. F. MÜLLER 1774)
Ferner: *Pisidium* (*Pisidium*) *clessini* NEUMAYR 1875

Untergattung *Cymatocyclas* DALL 1903 = *Tropidocyclas* DALL 1903, *Eupisidium* ODHNER 1921 partim, *Galileja* BOETTGER 1961 non COSTA 1840

In die Synonymie dieser Gruppe fallen eine Reihe weiterer Namen, die von früheren Versuchen herrühren, die Gattung zu unterteilen. Die meisten davon sind präokkupiert (BOWDEN & HEPPELL 1968, S. 254ff.).

Kleinere und kleinste Arten mit zwei Kiemenpaaren und Analsipho, meist dünnschalig und nicht immer mit spezifischer Oberflächenskulptur.

Typus-Art: *Pisidium* (*Cymatocyclas*) *henslowanum* (SHEPPARD 1823)
Ferner: *Pisidium* (*Cymatocyclas*) *supinum* A. SCHMIDT 1851
Pisidium (*Cymatocyclas*) *milium* HELD 1836
Pisidium (*Cymatocyclas*) *pseudosphaerium* SCHLESCH 1947
Pisidium (*Cymatocyclas*) *subtruncatum* MALM 1855
Pisidium (*Cymatocyclas*) *nitidum* JENYNS 1832
Pisidium (*Cymatocyclas*) *pulchellum* JENYNS 1832
Pisidium (*Cymatocyclas*) *lilljeborgi* CLESSIN 1886
Pisidium (*Cymatocyclas*) *personatum* MALM 1855
Pisidium (*Cymatocyclas*) *obtusale* (LAMARCK 1818)
Pisidium (*Cymatocyclas*) *casertanum* (POLI 1791)
Pisidium (*Cymatocyclas*) *hibernicum* WESTERLUND 1894

Untergattung *Neopisidium* ODHNER 1921

Kleine Arten mit nur einem Kiemenpaar, ohne Sipho und ohne besonderes Branchialforamen. Ligamentgrube in der Ebene der Schloßleiste. Da einerseits die Arten dieser Gruppe sonst recht verschieden sind und andererseits die Arten der vorgenannten Untergattungen in einem frühen Entwicklungsstadium ebenfalls nur ein Kiemenpaar und noch kein Branchialforamen haben und sich gelegentlich sogar in diesem Zustande schon fortpflanzen, wird jetzt angenommen, daß Neotenie vorliegt, die bei sonst nicht näher verwandten Arten unabhängig aufgetreten ist. Deshalb muß diese Untergattung als ein Provisorium betrachtet werden.

Typus-Art: *Pisidium* (*Neopisidium*) *conventus* CLESSIN 1877
Ferner: *Pisidium* (*Neopisidium*) *moitessierianum* PALADILHE 1866

Untergattung *Odhneripisidium* KUIPER 1962

Aus der Untergattung *Neopisidium* ausgeschieden. Mit nur einem Kiemenpaar und ohne besonderes Branchialforamen. Schloßleiste mit einer Aussparung oder Lücke. Ligamentgrube aus der Ebene der Schloßleiste in die Tiefe gerückt und mehr oder weniger in den Wirbel geklappt. Die Pisidien mit diesen Schloßcharakteren sind höchstwahrscheinlich eine natürliche Gruppe, deren Schwerpunkt in Asien liegt.

Typus-Art: *Pisidium (Odhernipisidium) stewarti* PRESTON 1909
Ferner: *Pisidium (Odhernipisidium) tenuilineatum* STELFOX 1918

Eine dritte *Odhneripisidium*-Art (*P. anandalei* PRASHAD 1923) ist lebend von Indien über Persien bis nach Südeuropa verbreitet.

4. Bestimmungstabelle mit ausführlichen Artbeschreibungen

1a) Schale dick, bis über 20 mm lang, Schloßleiste kräftig. In jeder Klappe 3 Kardinalzähne, Seitenzähne gesägt . . . . *Corbicula fluminalis* (O. F. MÜLLER 1774) (Tafel VI, 1—2)

A. *Tellina fluminalis* O. F. MÜLLER 1774
Cyrena trigonula WOOD 1834
Cyrena consobrina CAILLAUD 1850

B. Schale dreieckig-rundlich, aufgeblasen, Einzelklappe nahezu symmetrisch. Hintere Seite etwas winkliger und größer als die vordere, im allgemeinen etwas länger als hoch, doch manchmal auch höher als lang.

D. Wirbel in der Mitte des Oberrandes, stumpf zugespitzt, hochgezogen, etwas nach vorn geneigt.

E. Dickwandig, konzentrisch faltenrippig, nach anderer Auffassung mit glatten konzentrischen auseinanderstehenden Rillen. In frischem Zustand Oberhaut hellbraun bis schwarz, Innenseite violett getönt.

F. Schloßleiste breit, jederseits mit 3 kräftigen, vom Wirbel nach innen divergierenden Kardinalzähnen, die durch tiefe Gruben getrennt sind, Seitenzähne sehr lang, leisten- oder lamellenförmig, fein quergestreift oder geriffelt, in der rechten Klappe je 2 vorn und hinten, in der linken Klappe je einer. Die Zähne sind so markant, daß jedes Fragment mit Schloßleiste sicher bestimmt werden kann.

G. Ligament freiliegend, äußerlich gut sichtbar. Innenseite der Ligamentgrube ist ebenso fein gestreift wie die Seitenzähne.

H. Maße erwachsener Stücke 20 mm lang, 20 mm hoch und 14 mm dick oder 26×26×21 mm. Ein großes Stück aus dem englischen Pleistozän: 33×37 mm, Dicke nicht angegeben.

K. Die Art kann mit mitteleuropäischen Süßwassermuscheln nicht verwechselt werden. Durch ihre relativ massive Schale erinnert sie vielmehr an marine Muscheln. Am meisten ähnelt sie einer starkgerippten geschwollenen *Mactra*.

M. Lebt in Flüssen.

N. Rezent in Transkaukasien, Südwestasien, Ägypten. In Europa nur fossil in warmzeitlichen Flußablagerungen, seit der Riß-Vereisung hier erloschen. Von verschiedenen Fundstellen in Thüringen und um Berlin bekannt, war jedoch auch bis nach Dänemark, England, Frankreich und Italien verbreitet.

1b) Schale dünner, höchstens 22 mm, meist aber unter 12 mm lang 2

2a) Muschel klein, selten bis 10 mm lang, meist etwa hanfkorngroß, Wirbel stets deutlich, wenn auch oft nur wenig, hinter der Mitte des Schalenoberrandes gelegen, Vorderteil also länger als Hinterteil, der durch die Lage des Ligaments kenntlich ist. Schale meist kurz eiförmig. Wirbel oft leicht nach vorn geneigt, oft aufgetrieben, zuweilen mit einem Fältchen besetzt. Ligament eingesenkt, von außen wenig sichtbar. *Pisidium* 7

2b) Muschel größer, selten unter 8 mm lang, meist 9—14 mm, bei einer Art bis 22 mm. Wirbel kurz vor der Mitte gelegen, Vorderteil also nicht länger als

Hinterteil, manchmal kürzer. Ligament teilweise eingesenkt, seltener fast frei 3

3a) Schale seitlich zusammengedrückt, sehr dünnwandig und im Umriß gerundet trapezförmig. Wirbel kurz kegelstumpfartig erhöht. Klappen gegen den Rand abgeflacht, zuletzt oft etwas konkav, so daß sie ringsum, besonders am Vorder- und Hinterende, einen scharfen Kiel bilden. Ligament eingesenkt. *Musculium* 6

3b) Schale kugelig ellipsoidisch, einem Kirschkern ähnlich. Wirbel breit gerundet, seltener mit etwas abgesetzter Jugendschale. Schalenklappen gegen den Rand leicht konvex, so daß sie bei erwachsenen Schalen wenigstens am Unterrande einen stumpfen Kiel bilden. Jugendschalen hingegen sind sehr flach und scharf gekielt. Ligament teilweise eingesenkt. *Sphaerium* . . . 4

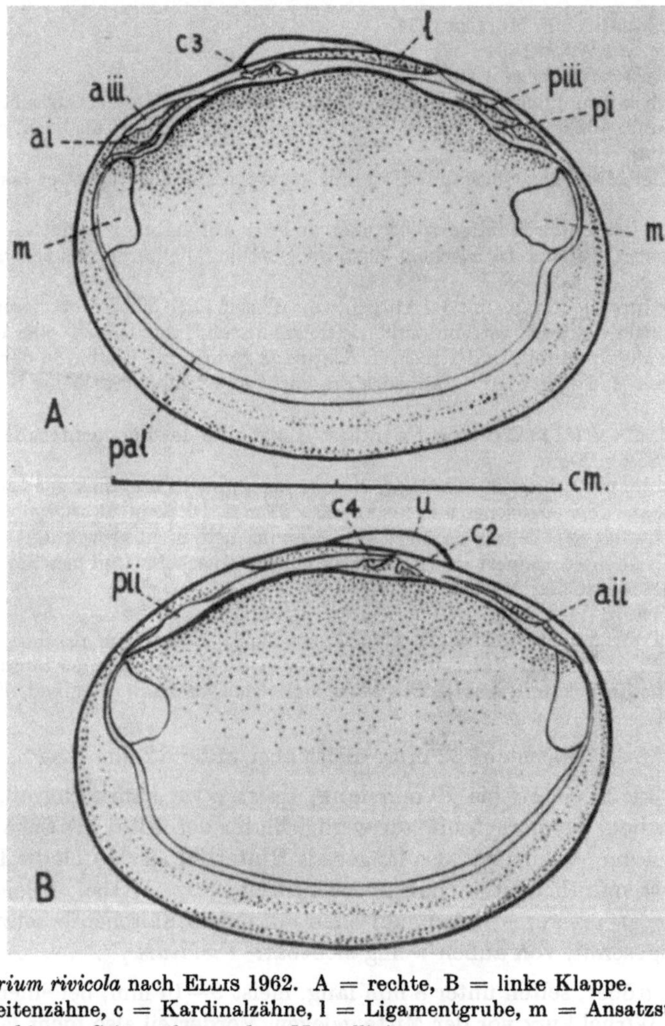

Abb. 3. *Sphaerium rivicola* nach ELLIS 1962. A = rechte, B = linke Klappe.
a = vordere Seitenzähne, c = Kardinalzähne, l = Ligamentgrube, m = Ansatzstellen der Schalenmuskel, p = hintere Seitenzähne, pal = Mantellinie.

4a) Relativ groß, über 18 mm lang, Ligament gewölbt, Schloßleiste ziemlich schmal . . *Sphaerium* (*Sphaeriastrum*) *rivicola* (LAMARCK 1818) (Taf. VIII, 1)

A. *Cyclas rivicola* LAMARCK 1818.

B. Schale relativ groß, etwa von Größenordnung der *Corbicula fluminalis*, erwachsen über 18, oft 20–27 mm lang, breit eiförmig, mäßig bauchig, beinahe symmetrisch. Junge Muscheln sehr flach, bei der Geburt 3,5 mm lang.

C. Der Oberrand bildet mit dem Vorder- und Hinterrand sehr undeutliche Ecken. Vorderrand gerundet, Hinterrand etwas mehr hoch- und breitgezogen. Unterrand gestreckt konvex.

D. Wirbel fast mittelständig, breit gewölbt, wenig hochgezogen, leicht nach vorn geneigt.

E. Festwandig, auf den Wirbeln fast glatt, dann feingestreift, nach außen zunehmend gröber und etwa von der Schalenmitte an konzentrisch gerippt. Schalenoberhaupt glänzend rötlich oder gelblich braun oder olivbraun, Randzone meist hellgelblich.

F. Schloßleiste ziemlich schmal, vorn gebogen, etwas eingebuchtet. Hinterer Teil von c3 dreikantig prismatisch, an der Innenseite mit vertikaler Furche, vorderer eine dünne vorn erhöhte Lamelle, kaum mit dem hinteren verbunden, c2 eine kurze hohe winklig geknickte Lamelle mit Öffnung nach innen, c4 eine einfache gestreckte kurze Lamelle. Seitenzähne dünn und etwas stumpf, die vorderen etwas größer, aIII und pIII sehr klein.

G. Ligament größtenteils freiliegend, gewölbt.

H. Abmessungen etwa 20×16×10,3 mm oder gestreckter: 20×15,3×10,8 bis 22×17×13 mm, größere Stücke selten.

L. Die Art ist relativ formbeständig. *S. r. tetensi* C. R. BOETTGER aus einem durch erwärmte Abwässer verschmutzten Altwasser der Oder ist dünnschaliger und flacher: 18,5×13,3×8,5.

M. Die Art lebt im Schlamm langsam fließender Flüsse und größerer stehender Gewässer; im Erzgebirge geht sie nicht höher als etwa 200 m.

N. Mittel- und osteuropäisch, westlich bis Südengland und Nordfrankreich. In der Literatur werden aus Mitteleuropa viele Vorkommen genannt, von denen ein großer Teil der Vergangenheit angehört, wie etwa Elster und Pleiße oberhalb Leipzigs. Fossil in Flußablagerungen vom Pleistozän ab, namentlich im Tiefland.

4b) Schalen kleiner, meist 7–12 mm lang, Ligament mehr oder weniger eingesenkt 5

5a) Schale festwandig, konzentrisch gerippt, Ligament eingesenkt, aber äußerlich noch deutlich sichtbar. Schloßleiste breit und stark . . . . *Sphaerium* (*Cyrenastrum*) *solidum* (NORMAND 1844) (Tafel VII, 1)

A. *Cyclas solida* NORMAND 1844.

B. Schale rundoval oder etwas dreieckig, sehr bauchig, Vorderteil kurz gerundet, Hinterteil etwas länger.

C. Ober- und Unterrand gut gebogen.

D. Wirbel fast in der Mitte der Schalenlänge, breit aufgeblasen, den Oberrand überragend.

E. Dickwandig und opak, stark und regelmäßig konzentrisch gerippt, auf der Höhe der Wölbung am stärksten, gegen die Ränder abgeflacht. Oberhaut hell hornbraun oder gelblichgrau, glänzend, mit gelbem Rand und braunen Zonen. Jungtiere einfarbig gelb.

F. Schloßleiste breit, kräftig und gebogen, Kardinalzähne klein. c3 gebogen, der Vorderteil schmal, nach vorn ansteigend, Hinterteil stumpf pyramidal, gefurcht, c2 kurz, gerade, parallel mit dem Rand des Schlosses, von dem schwächeren gebogenen c4 nur wenig übergriffen. Vordere und hintere Seitenzähne etwa von gleicher Größe und Gestalt, aI und aII, pI und pII sind derbe stumpfe Lamellen, aIII und pIII klein und zur Verschmelzung mit dem Muschelrand tendierend.

G. Ligament eingesenkt, doch von außen deutlich sichtbar; Ligamentgrube kurz und breit.

H. Abmessungen für hohe Stücke 9,3×8×6,4 bis 12×10×8 mm, für gestreckte 9×6,9×5,2 bis 11×8,4×6,1 mm.

M. Lebt im Sande größerer Flüsse, oft in der Stromrinne.

N. Wird in der Literatur aus allen größeren Flüssen zwischen der Rhône und dem Ural angegeben, im Elbegebiet z. B. in der Havel bei Potsdam und der Saale bei Halle, im Odergebiet bis über

Frankfurt; doch ist es fraglich, wie weit sie die Verschmutzung der Flüsse überstanden hat. In Frankreich war sie schon nach der Jahrhundertwende selten, in Rhein und Elbe nicht häufig. Sicher lebt sie noch in den großen osteuropäischen Flüssen. In England nur im Pleistozän; in Ost- und Mitteleuropa in allen Tieflandsgebieten in Flußablagerungen des Pleistozäns, seltener im Holozän. In Donauablagerungen nicht oberhalb von Passau.

5 b) Schale dünnwandig, fein konzentrisch gestreift, Ligament völlig eingesenkt und kurz, von außen kaum sichtbar. Schloßleiste schwach . . . . *Sphaerium* (*Sphaerium*) *corneum* (LINNAEUS 1758) (Tafel VIII, 2)

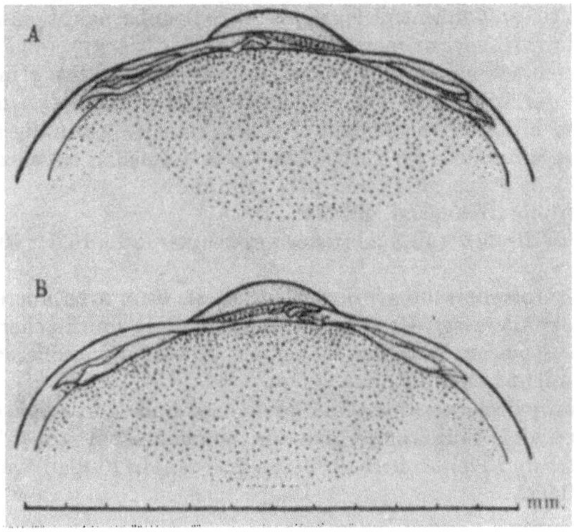

Abb. 4. *Sphaerium corneum* nach ELLIS 1962. A = rechte, B = linke Klappe.

A. *Tellina cornea* LINNAEUS 1758
Cyclas nucleus STUDER 1820
Cyclas flavescens MACGILLIVRAY 1843
Sphaerium scaldianum NORMAND 1854
Cyclas isocardioides NORMAND 1854
Sphaerium pisidioides GRAY 1856

B. Schale länglich oder fast kreisförmig oval, ziemlich symmetrisch, aber der hintere Teil etwas größer als der vordere.

C. Vorderrand oben schräg abfallend, dann kurz gerundet, ein wenig zugespitzt, Hinterrand steilschräg abfallend, unten gerundet mit dem gebogenen Unterrand verbunden.

D. Wirbel breit aufgeblasen, den Oberrand wenig überragend, fast mittelständig, etwas nach vorn geneigt.

E. Meist dünnwandig, mit feinen dichten, aber ziemlich unregelmäßigen konzentrischen Streifen, die durch sehr zarte Radiärlinien gekreuzt werden (letztere mit der Lupe nicht sichtbar). Oberhaut seidenglänzend, gelb, hornfarben, olivgrau oder braun.

F. Schloßleiste schwach entwickelt, c3 bogig-stumpfwinklig, nach hinten zu verdickt und am Ende eingeschnitten, c2 winklig mit kürzerem Hinterschenkel, c4 kurz und gestreckt bogig, die Winkelspitze von c2 etwas übergreifend, aII und pII kräftige stumpf-dreieckige Lamellen, aI und pI nicht so hoch, doch stärker als aIII und pIII.

G. Ligament kurz und schmal, vollkommen eingesenkt, von außen kaum sichtbar.

H. Mittlere Größe etwa 12×9,7×7,5 mm, ein großes Stück mit 14×11×9 mm angegeben, maximale Länge ist 16 mm, kommt aber selten vor.

I. Laut ODHNER (1929, S. 42) ist das Nephridium eine u-förmig zusammengesetzte Schlinge, mit einem Zwischenraum zwischen den Schenkeln, in welchem sich der innere Nephridialgang oder Perikardialtubus hinaufdrängt. Dieser Teil ist entweder langgestreckt oder triangelförmig mit nach hinten gerichteter Basis. Das Nephridium ist so kurz, daß seine Länge diejenige des hinteren Schließmuskels und auch die des Perikards kaum übertrifft, und seine Breite größer als seine halbe Länge.

L. Die Art ist euryök und veränderlich. *S. c. firmum* CLESSIN ist festschaliger und bauchiger mit höherem Wirbel, lebt in Altwässern. *S. c. nucleus* STUDER ist eine kleine, fast kugelige Form aus Sümpfen. *S. c. lacustris* DRAPARNAUD (= *S. c. draparnaldi* CLESSIN) ist eine Kümmerform aus kleinen Gräben, dünnschalig, seitlich stark gedrückt, eckig gerundet — äußere Merkmale der Jugendschale. *S. c. scaldianum* NORMAND wird manchmal als Unterart angesehen: ziemlich festschalig, relativ wenig gewölbt, Wirbelgegend etwas konisch aufragend, Oberrand mit leicht angedeuteten Winkeln an beiden Enden, hellgelb, gelbgrau oder -braun mit hellen Zonen, lebt im Sande größerer Flüsse. In einzelnen Flußgebieten mit leichten Sonderprägungen: *S. c. moenanum* KOBELT im Main, *S. c. mosellanum* C. R. BOETTGER in der Mosel, *S. c. niceri* GEYER im Neckar, *S. c. silesiacum* C. R. BOETTGER in der Oder. Es kommen auch Formen mit abgesetzten Wirbelhäubchen vor: *S. c. mamillanum* WESTERLUND und *S. c. westerlundi* CLESSIN, letztere besonders dünnschalig und fast kugelig, Wirbelhäubchen groß. *S. c. duplicatum* CLESSIN: festschalig, stark bauchig, kräftig gestreift, hinten stärker abgestutzt, Wirbel höher, Häubchen kleiner als bei der vorigen. Die beiden letzteren leben besonders im Alpenvorland.

M. Lebt in Gewässern aller Art, nur nicht in starker Strömung. Viele der oben genannten Formen sind durch Umwelteinflüsse verursacht.

N. Verbreitung paläarktisch, reicht von Südeuropa nach Algier, nördlich bis zu den Shetlandinseln, Nordskandinavien und Nordfinnland, in Asien von Transkaukasien bis zum Baikalsee. Im Erzgebirge bis 400 m Meereshöhe, in den Vogesen bis 800 m, in den Alpen bis 1700 m.

6a) Wirbel stark hervorstehend, Jugendschale in der Regel wie ein Häubchen abgesetzt, Ligament kurz, eingesenkt, äußerlich gerade noch sichtbar . . . . *Musculium lacustre* (O. F. MÜLLER 1774) (Tafel VII, 2—3)

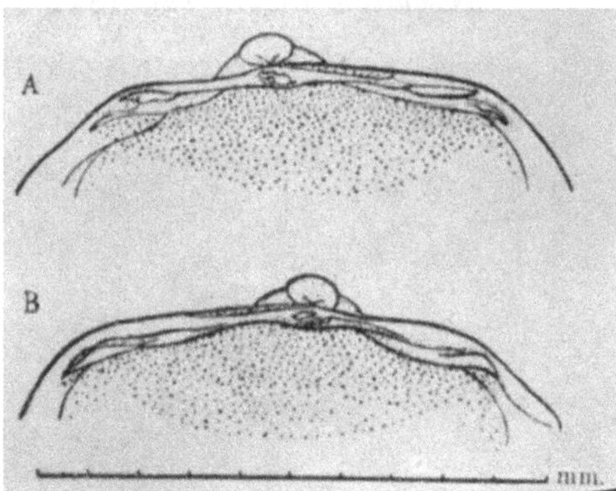

Abb. 5. *Musculium lacustre* nach ELLIS 1962. A = rechte, B = linke Klappe.

A. *Tellina lacustris* O. F. MÜLLER 1774
Cyclas calyculata DRAPARNAUD 1805
Musculium lacustre LINK 1807
Cyclas ryckholti NORMAND 1844
Cyclas terveriana DUPUY 1849
Sphaerium brochonianum BOURGUIGNAT 1854

B. Schale im Umriß gerundet trapezförmig, seitlich stark zusammengedrückt.

C. Oberrand vorn leicht gebogen, hinten fast gerade, mit dem Vorder- und Hinerrand einen stumpfen Winkel bildend. Vorderrand gerundet, Hinterrand abgestutzt, der nur vorn ansteigende Unterrand bildet mit beiden ebenfalls stumpfe Ecken.

D. Wirbel schmal, konisch-kelchförmig, leicht nach vorn geneigt, höher als bei anderen europäischen Sphaeriiden. Die Embryonalschale ist häubchenartig abgesetzt.

E. Sehr dünnwandig, oft durchscheinend, ziemlich hell hornfarben, manchmal mit dunklen Zonen und einem gelblichen Rand, schwach, zart und ziemlich unregelmäßig konzentrisch gestreift, seidenglänzend.

F. Schloßleiste schmal, Kardinalzähne klein, c3 eine gerade oder stumpfwinklige nach rückwärts verdickte Lamelle, c2 klein, kurz winklig, c4 ein dünnes Fältchen, das c2 etwa zur Hälfte übergreift. Seitenzähne in der Regel lange niedrige Leisten.

G. Ligament kurz und sehr schmal, äußerlich nicht sichtbar.

H. Größe zwischen 8,7×7×4,3 und 15×12×7,5 mm.

L. Eine Reihe Sonderformen sind benannt worden. *M. l. brochonianum* BOURGUIGNAT, Größe an der Obergrenze der Variationsbreite, eckiger, seitlich noch flacher, aber unter dem Wirbel etwas bauchiger, Wirbelhäubchen nicht horizontal, sondern gegeneinander geneigt, daß sie sich fast berühren. *M. l. steini* A. SCHMIDT, Umriß mehr eiförmig, Schale bauchiger, Wirbel konisch aus breiter Baisis, hoch, nach vorn und innen geneigt. *M. l. ryckholti* NORMAND, Schale klein, dickwandig, rundlich-dreieckig, Wirbel von der Schalenmitte breit konisch aufsteigend, oben aufgeblasen gerundet, etwas nach vorn und innen geneigt. *M. l. angulatum* CLESSIN hat besonders ausgeprägte Winkel zu beiden Seiten des Oberrandes.

M. Lebt in sumpfigen Gewässern, Gräben, Teichen, Altwässern, Buchten langsam strömender Flüsse, selten in Seen. Meist nicht in artenreichen Gesellschaften, oft allein und in Menge. Gelegentlich auch in eutrophen Gewässern.

N. Verbreitung paläarktisch. In fast ganz Europa, fehlt nur aus dem Südteil der Balkanhalbinsel, im nördlichsten Teil von Schottland, Skandinavien und Finnland. In Nordasien bis zum Amur. Steigt in den deutschen Mittelgebirgen bis etwa 350 m, in den Alpen bis 1400.

6b) Schale länglicher als bei der vorgenannten Art, Wirbel nicht so stark hochgezogen, doch den fast geraden Oberrand noch überragend. Jugendschale nicht häubchenartig abgesetzt, Ligament lang und schmal, äußerlich sichtbar . . . . *Musculium transversum* (SAY 1829) (Tafel VII, 4–5)

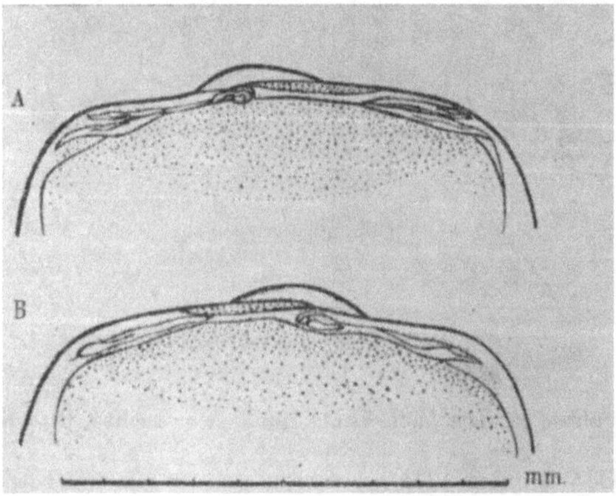

Abb. 6. *Musculium transversum* nach ELLIS 1962. A = rechte, B = linke Klappe.

A. *Cyclas transversa* SAY 1829
? *Cyclas lacustris* TURTON 1931
Sphaerium pallidum GRAY 1856
Cyclas pallida GRAY 1857
Sphaerium ovale JEFFREYS 1862 (non *Cyclas ovalis* FÉRUSSAC 1807)

B. Schale länglich, vorn gerundet, hinten etwas abgestutzt, das Hinterende etwas verbreitert, ziemlich aufgeblasen, regelmäßig konvex.

C. Oberrand ziemlich breitgezogen, beinahe gerade, und beiderseits des Wirbels leicht zusammengedrückt, bildet mit dem Hinterrand einen mehr oder weniger deutlichen Winkel.

D. Wirbel ziemlich schmal, regelmäßig konvex; er steht etwas vor der Mitte des Oberrandes, den er deutlich überragt, jedoch ist er weniger hoch als der von *M. lacustre* und nicht von der übrigen Schale abgesetzt.

E. Ziemlich dünnschalig, schwach konzentrisch gestreift, blaß weißlichgelb.

F. Schloßleiste schwach und schmal, nach hinten gerade, nach vorn leicht abwärtsgebogen. Die Kardinalzähne sind sehr schwach entwickelt; die Seitenzähne lang, dünn und fast gerade.

G. Das lange schmale Ligament ist äußerlich sichtbar.

H. Durchschnittsgröße nach Ellis (1946): 13×9×6 mm oder etwas kleiner.

I. Der Fuß ist sehr groß, die Siphonen lang, fast bis zur Spitze verwachsen, die Spitzen konisch, die obere ist die kleinere.

M. In Flüssen und Kanälen sowie Abwassergräben.

N. Heimat Nordamerika. Von dort schon in der ersten Hälfte des vorigen Jahrhunderts nach England eingeschleppt und in weiterer Ausbreitung begriffen. Obwohl sie vom europäischen Kontinent noch nicht gemeldet worden ist, muß mit ihrer früheren oder späteren Einwanderung gerechnet werden.

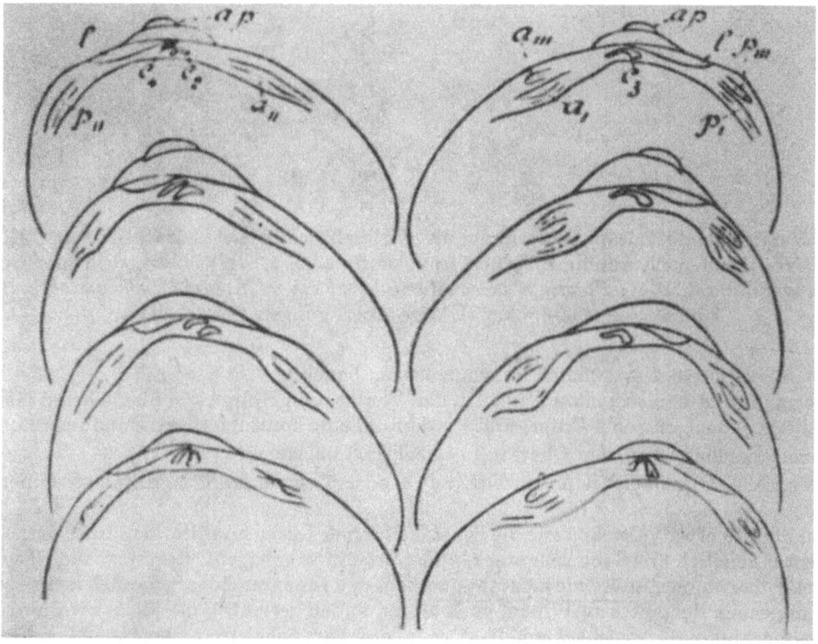

Abb. 7. Vergleichende Zusammenstellung der Pisidien-Schloßleisten nach Favre 1927. Links die linken, rechts die rechten Klappen, auf eine einheitliche Größe gebracht. Von oben nach unten: *Pisidium henslowanum* 14× vergr., *Pisidium supinum*, 16×, *Pisidium moitessierianum*, 25×, *Pisidium amnicum* 6,5×.

a = vordere Seitenzähne, ap = Apikal- oder Umbonalfalte, c = Kardinalzähne, l = Ligamentgrube, p = hintere Seitenzähne.

7a) Ligamentgrube um 90° in den Wirbel geklappt, die Schloßleiste hat an dieser Stelle eine Lücke . . *Pisidium* (*Odhneripisidium*) *stewarti* Preston 1909

A. ? *Pisidium splendens* Sandberger 18..
Pisidium vincentianum Woodward 1913
Pisidium prashadi Odhner 1937

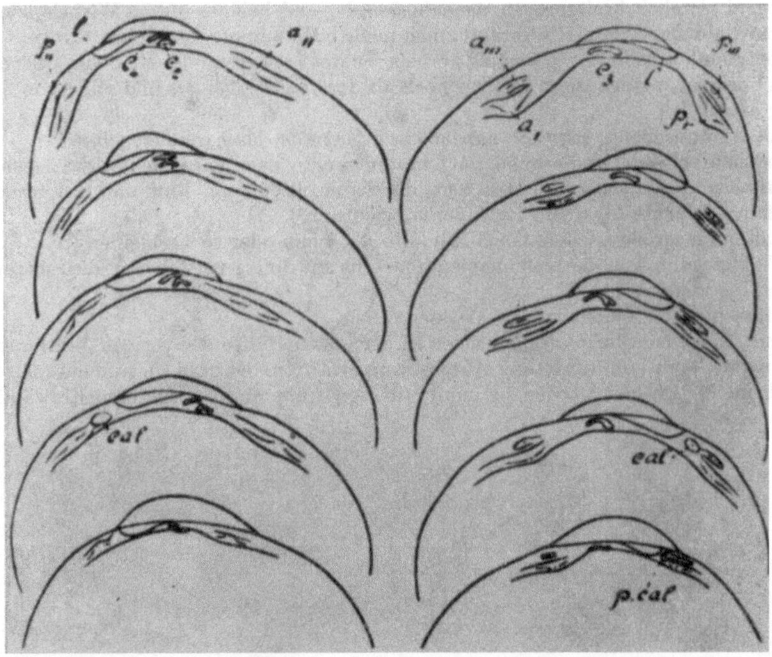

Abb. 8. Vergleichende Zusammenstellung der Pisidien-Schloßleisten nach FAVRE 1927, Fortsetzung. Von oben nach unten: *Pisidium tenuilineatum*, 25×, *Pisidium subtruncatum*, 15×, *Pisidium casertanum*, 10×, *Pisidium personatum*, 14×, cal = Kallus, *Pisidium obtusale*, 14×. p.cal = Pseudokallus. Übrige Abkürzungen siehe Abb. 7.

B. Schale oval-dreieckig, ziemlich unsymmetrisch, bauchig.

C. Oberrand rund-konisch, ohne Winkel in den Vorder- und Hinterrand übergehend, Hinterrand steil abfallend, jedoch mit dem Unter- und Vorderrand eine kontinuierliche Rundung bildend.

D. Wirbel ziemlich spitz, den Oberrand beträchtlich überragend.

E. Festschalig, Oberfläche fein gestreift, mit 4 oder 5 etwas erhobenen Zuwachslinien in Abständen.

F. Schloßleiste etwa $^3/_4$ so lang wie die Schale, mit einer Lücke unmittelbar hinter den Kardinalzähnen, sonst ziemlich breit und sehr stark, außerordentlich gebogen. Kardinalzahn c3 sehr hoch, sichelförmig, das runde Hinterende gefurcht und über den Innenrand der Schloßleiste hinausragend, c2 hoch, dreieckig, der spitzeste Winkel nach hinten außen gerichtet, die Basis kontinuierlich mit der des Seitenzahnes aII, c4 scharf lamellenförmig, dicht am Schalenrand beginnend und rückwärts um c2 herumbiegend bis zur halben Breite der Schloßleiste. Seitenzähne stumpfspitzig, dick, die der rechten Klappe paarweise parallel, jedoch die äußeren beträchtlich kürzer als die inneren.

G. Ligamentgrube kurz, tief in die Schloßleiste eingesenkt und um etwa 90° in den Wirbel umgeklappt. Nur dann kann sie in voller Ausdehnung gesehen werden, wenn man die Schloßleiste dicht über den Unterrand der Klappe hinweg betrachtet. Dies ist das Merkmal, wodurch sich die Art von allen anderen Pisidien Mitteleuropas unterscheidet.

H. Maße zwischen 1,44×1,25×0,76 und 3,45×3,35 × 2,68 mm (nach SCHLESCH 1943).

M. Lebt in kalten stehenden und langsam fließenden Gewässern.

N. Verbreitung noch unvollständig bekannt. Lebt in Gebirgsgewässern Innerasiens und in Sibirien. Angaben aus dem Mittelmeergebiet und Südasien beziehen sich in Wirklichkeit auf *P. anandalei* PRASHAD. In Europa nur fossil in kaltzeitlichen Ablagerungen verschiedenen Alters: Süßenborn b. Weimar (Mindel), „Cyrenenmergel" von Alberstedt, Zeuchfeld/Bornthal, Ilmterrasse von Ehringsdorf (Riss), Ascherslebener See, Salziger See/Kr. Mansfeld, Phöben/Mark, Oberrotweil/Baden, Herne/Westfalen. Fundstellen im übrigen Europa siehe REGTEREN-ALTENA (1957) und KUIPER (1962c).

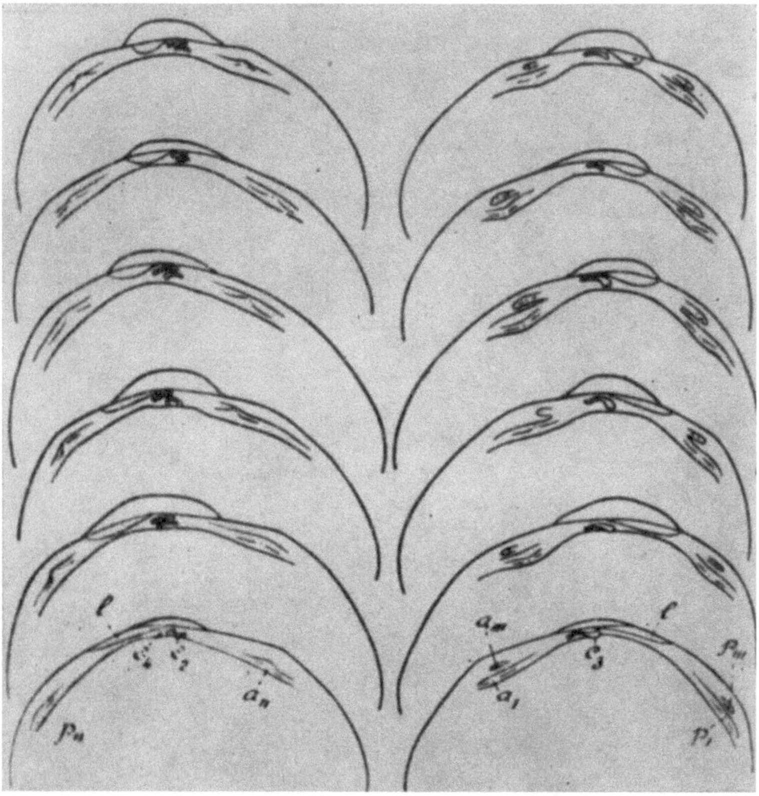

Abb. 9. Vergleichende Zusammenstellung der Pisidien-Schloßleisten nach FAVRE 1927, Schluß. Von oben nach unten: *Pisidium hibernicum*, 17,5×, *Pisidium nitidum*, 14×, *Pisidium pulchellum*, 14×, *Pisidium lilljeborgi*, 13,5×, *Pisidium milium*, 17,5×, *Pisidium conventus*, 20×. Abkürzungen siehe Abb. 7.

7b) Ligamentgrube in der Ebene der Schloßleiste, die nicht unterbrochen ist 8

8a) Schale bis 8 mm lang, meist unter 5 mm Länge 10

8b) Schale groß, meist über 8 mm lang 9

9a) Schale mit konzentrischen kräftigen flachen und dichtstehenden Rippen — nach anderer Auffassung mit tiefen Rillen in geringen Abständen —, Wirbel fast glatt, Vorderende stark vorgezogen, Seitenzähne der rechten Klappe parallel . . . . *Pisidium* (*Pisidium*) . . . *amnicum* (O. F. MÜLLER 1774) (s. a. Abb. 7, Taf. VI, 3—4; VIII, 3; IX, 1)

A. *Tellina amnica* O. F. MÜLLER 1774
Cyclas palustris DRAPARNAUD 1805
Cyclas obliqua LAMARCK 1818
Pisidium obliquum C. PFEIFFER 1821

B. Größte Art der Gattung, Schale ziemlich bauchig, quergestreckt länglichoval bis gerundet dreieckig, sehr unsymmetrisch, Hinterteil etwa halb so lang wie Vorderteil.

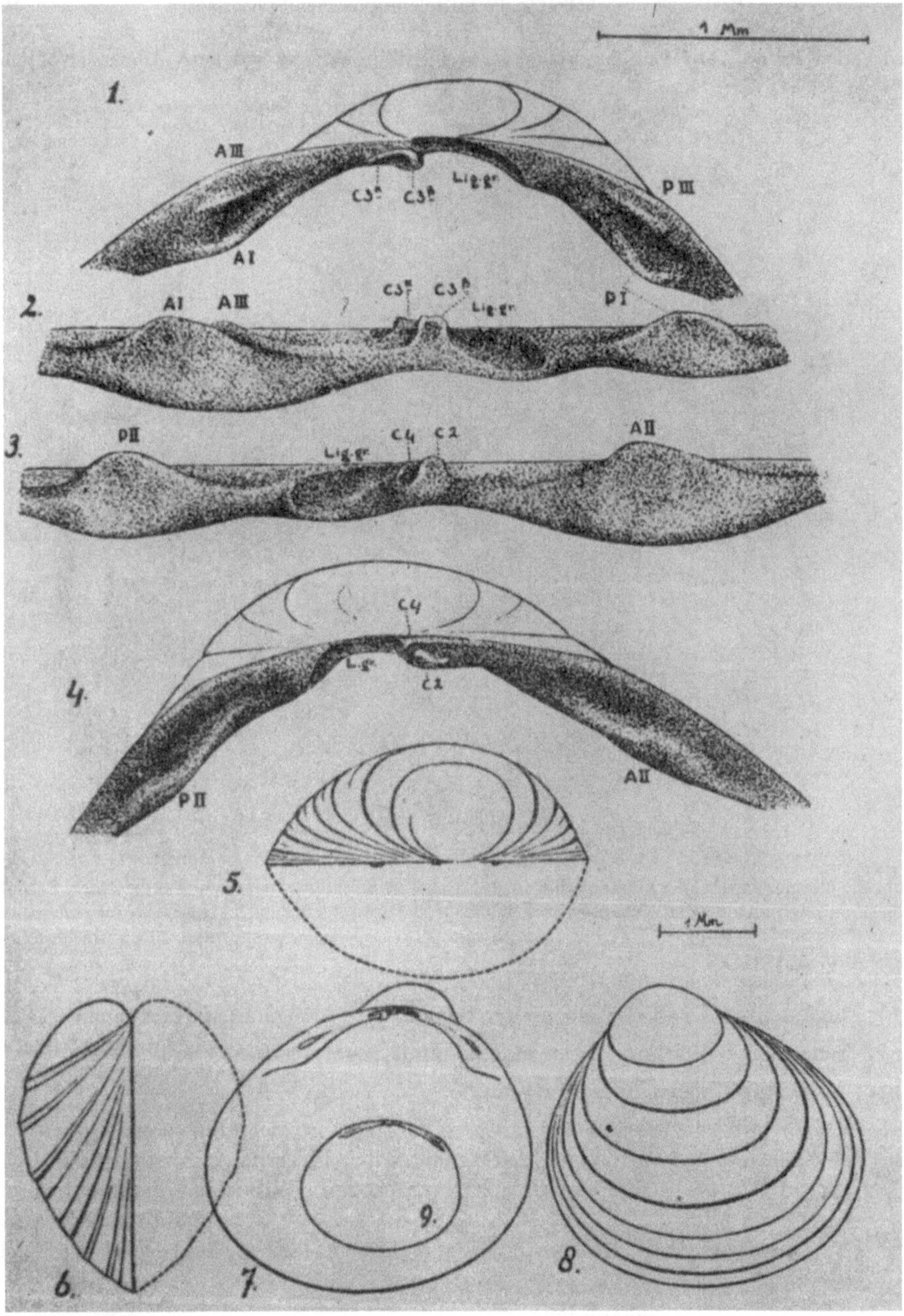

Abb. 10. *Pisidium stewarti* nach einer Zeichnung von KUIPER aus SCHLESCH 1943.
1. Rechte Schloßleiste von oben, 2. von der Seite, 3. Linke Schloßleiste von der Seite, 4. von oben, 5. Rechte Klappe von oben, 6. von vorn, 7. von innen, 8. von außen, 9. Jugendschale von innen.

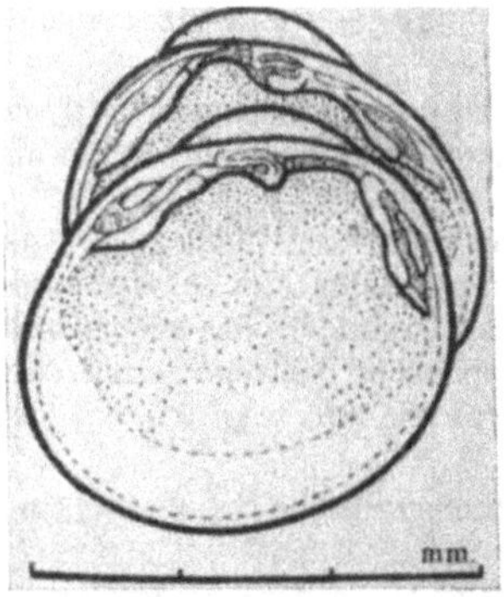

Abb. 11. *Pisidium stewarti* nach ELLIS 1962. Oben linke, unten rechte Klappe, beide von innen.

C. Oberrand ziemlich gebogen, Hinterrand kurz, etwas abgestutzt, mit dem Unterrand eine abgerundete Ecke bildend; Vorderrand lang, vorn unten gut gerundet, oben schwach gekrümmt in den Oberrand übergehend.

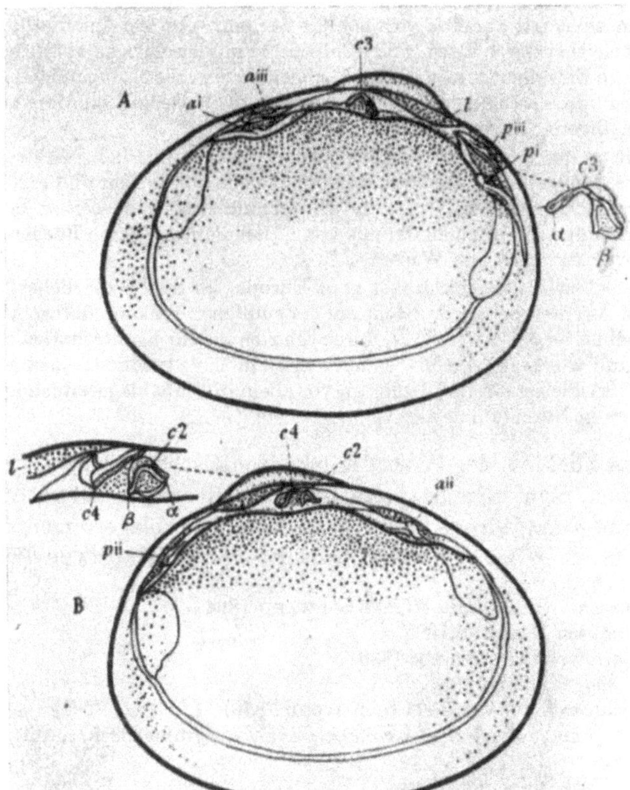

Abb. 12. *Pisidium amnicum* nach ELLIS 1962. A = rechte, B = linke Klappe, daneben die Kardinalzähne stärker vergrößert.

D. Wirbel beinahe beim letzten Drittel der Schale, breit, den Oberrand wenig überragend; Embryonalschale sehr feingestreift oder beinahe glatt.

F. Dickschalig, glänzend, ziemlich weitläufig aber unregelmäßig tief konzentrisch gestreift, was eine starke flache Rippung ergibt. Schalenoberhaut bei Jungen gelb, später gelbgrau bis braun mit heller Randzone.

F. Schloßleiste stark, bei den vorderen Seitenzähnen besonders verbreitert, c2 hoch, spitzwinklig gebogen, der Winkel mit Schalensubstanz ausgefüllt, c3 rechtwinklig geknickt, im Scheitelpunkt des Winkels eingeschnürt, beide Hälften nach den Enden hin verdickt, besonders das eingeschnittene Hinterende, c4 fast gerade, schräg vor c2, auf dessen Winkelspitze weisend. Vordere Seitenzähne aI und aII sind besonders stark, aIII und pIII etwa halb so lang wie aI resp. pI.

G. Ligamentgrube lang und breit.

H. Maße zwischen $8 \times 6{,}1 \times 4{,}1$ mm und $11 \times 8{,}5 \times 6$ mm. Eine cromerzeitliche Schale aus England wird mit $13 \times 10 \times 8$ mm angegeben.

I. Hintere Kieme mit angedeuteter absteigender Lamelle (Tafel IX, 1). Aufsteigende Lamelle der vorderen (= inneren) Kieme fast ganz durch Septen mit der absteigenden verwachsen. Präsiphonalsutur, das zwischen Hinterende des Fußschlitzes und der Branchialöffnung gelegene Stück der verwachsenen Mantelränder, kurz, kaum länger als die Branchialöffnung. Nephridien mit in der Längsrichtung gestrecktem und gespaltenem Dorsallobus, dessen äußere Hälfte breiter ist; beide Hälften dicht aneinanderliegend und die Apikalschlinge des Perikardialtubus deckend.

K. Die Art kann nicht mit anderen verwechselt werden. Von der anderen großen Art, *P. clessini*, unterscheidet sie sich durch Form und Skulptur. Von den übrigen kann sie außer durch ihre Größe auch durch die Einzelheiten von c2 und c3 abgegrenzt werden. Jugendliche Tiere können von *P. casertanum* durch ihre zusammengedrückte, länglich-ovale Gestalt und ihre stärkere, weitläufigere und unregelmäßigere Streifung unterschieden werden.

L. Stärke der Rippung und relative Höhe sind etwas veränderlich. Gestreckte Formen mit höherem Wirbel werden als *P. a. elongatum* Baudon, solche mit starker und regelmäßigerer Skulptur und deutlicherer Ecke zwischen Unter- und Hinterrand als *P. a. striolatum* Baudon bezeichnet.

M. Lebt im feinsandig-schlammigen Grunde von Flüssen und größeren Bächen, auch in der Uferzone von Seen, bevorzugt bewegtes Wasser.

N. Verbreitung paläarktisch. Durch fast ganz Europa, im Süden spärlicher, doch aus Neapel, Sizilien, Algier und Ägypten bekannt. Nicht auf der südlichen Balkanhalbinsel und in Nordschottland, aber in Skandinavien bis etwa 69° N, durch Sibirien bis zur Kamtschatka. Geht in den Alpen bis 1100 m Höhe und wurde im Genfer See noch in 30 m Tiefe gefunden, dort allerdings in Kümmerformen. Fossil im Pleistozän und Holozän, vor allem in Flußablagerungen kühler und kälterer Perioden, besonders in Interstadialen.

9b) Schale einschließlich der Wirbel mit konzentrischen scharfen und weitläufigen Rippen, nicht sehr unsymmetrisch. Seitenzähne der rechten Klappe in Richtung zum Wirbel konvergent. Nur in Ablagerungen des älteren Pleistozäns . . . *Pisidium (Pisidium) clessini* Neumayr 1875 (Tafel VI, 5)

A. *Pisidium amnicum* var. *sulcata* S. P. Woodward 1864
Pisidium antiquum Martens 1864
Pisidium astartoides Sandberger 1880
Pisidium charpyi Locard 1883
Pisidium sulcatum Kennard 1944 (non Wood 1850)

B. Schale relativ kürzer als bei *P. amnicum*, oval, unsymmetrisch, doch weniger schief als *P. amnicum*, bauchig.

D. Wirbel breit, flach, nahe der Mitte.

E. Festschalig, stark und weitläufig scharf konzentrisch gerippt, Rippen schmäler als die Zwischenräume, die fein gestreift sind. Gegen die Wirbel stehen die Rippen weiter auseinander.

F. Kardinalzähne denen von *P. amnicum* ähnlich, die Seitenzähne der rechten Schale sind nach den Wirbeln zu mehr konvergent.

G. Ligamentgrube ziemlich tief, kurz und breiter als bei *P. amnicum*.

H. Maße zwischen $9 \times 7 \times 5$ und $9{,}4 \times 9 \times 6{,}6$ mm.

K. An der derben scharfrippigen Skulptur kann die Art sofort erkannt werden. Ihr ähnelt nur *P. amnicum*, von dem sie sich noch durch die rundere Umrißlinie, den weiter nach der Mitte gerückten Wirbel und die kurze Ligamentgrube unterscheidet.

N. Ausgestorben. Nur in altpleistozänen Ablagerungen von England, Frankreich, Deutschland, Dänemark, Polen, Norditalien, Rumänien, Weißrußland und Sibirien.

10a) Wirbel immer ohne Falten oder Anhänge 14

10b) Auf dem Wirbel ein längs oder schräg gerichtetes Fältchen (Umbonalfalte) 11

11a) Umbonalfalte verläuft parallel zu den Zuwachslinien und steht auch beim erwachsenen Tier seitlich 13

11b) Umbonalfalte steht im spitzen Winkel zu den Zuwachslinien, beim jungen Tier seitlich, bei erwachsenen Muscheln jedoch auf der Außenkante der Oberseite, und zwar so, daß die Falten der beiden Klappen nach vorn divergieren 12

12a) Schale dreieckig, fast so hoch wie lang, dickwandig, mäßig stark gestreift, Umbonalfalte fehlt nur selten und ausnahmsweise . . . . *Pisidium* (*Cymatocyclas*) *supinum* A. Schmidt 1850 (s. a. Abb. 7)

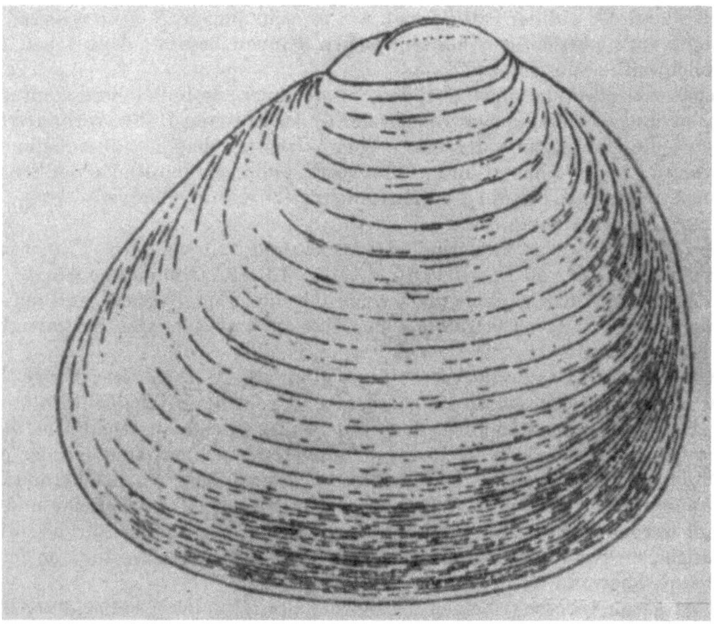

Abb. 13. *Pisidium supinum*, linke Klappe von außen, 24× vergr. Nach Ehrmann 1933.

A. *Pisidium fontinale* Stein 1850
Pisidium conicum Baudon 1857
Pisidium baudoni Clessin 1872

B. Schale aufgeblasen, im Umriß schief dreieckig, fast so hoch wie lang.

C. Oberrand sehr gekrümmt, bildet undeutliche Winkel mit den anliegenden Rändern. Hinterrand kurz, breit gerundet, geht mit Andeutung eines Winkels in den ebenfalls breitgerundeten Unterrand über. Vorderrand vorn unten winklig, in seinem oberen Teil fast geradlinig.

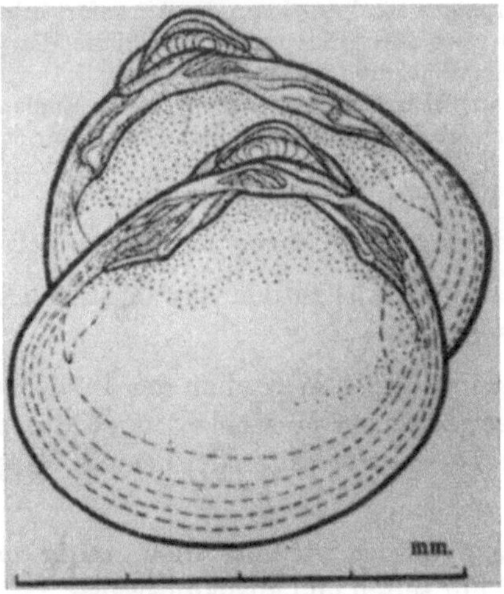

Abb. 14. *Pisidium supinum* nach ELLIS 1962. Oben linke, unten rechte Klappe von innen.

D. Wirbel hochgezogen und spitz, noch überragt von der wohlentwickelten Wirbelfalte. Bei Embryonen ist sie mitten auf der Seite, genau wie bei sehr jungen *P. henslowanum.*

E. Dickwandig, mit weitläufigen konzentrischen Rippen besetzt, dazwischen fein gestreift; Oberhaut gelblichweiß, kaum glänzend.

F. Schloßleiste sehr stark, besonders bei den Seitenzähnen, deshalb innere Kontur sehr krumm. Kardinalzähne c2 und c3 mäßig gebogen, letzterer in der hinteren Hälfte verbreitert, c4 fast oder ganz gerade, fast die ganze Breite der Leiste vom Wirbel an diagonal überquerend, parallel zur Hinterhälfte von c2. Seitenzähne aI und pI sehr stark, bilden an den Enden der Schloßleiste deutliche Vorsprünge, pI und pIII gerade, parallel, nicht nach vorn konvergent.

G. Ligamentgrube lang, mäßig breit.

H. Maße erwachsener Stücke zwischen $3{,}3 \times 2{,}8 \times 2$ und $4{,}5 \times 4 \times 3$ mm. Ein besonders hohes Stück aus der Themse wird von ELLIS (1940) mit $4{,}2 \times 4{,}8 \times 2{,}7$ mm angegeben.

I. Beide Kiemen vorhanden, Sipho einfach röhrenförmig. Einige neuere Autoren stellen die Art als „*ponderosum*-Form“ zu *P. henslowanum.* Ob dabei auch anatomische Kriterien berücksichtigt worden sind, ist unbekannt.

K. Die Art kann von *P. casertanum ponderosum* durch die Wirbelfalten, die weitläufigere stärkere Skulptur und von innen durch die geradere und schmälere Ligamentgrube unterschieden werden; von *P. nitidum crassum* kann sie durch ihre weniger symmetrische Form, die Wirbelfalte, den geringeren Glanz, andersartige Streifung, die größeren Kardinalzähne und den einfachen röhrenförmigen Sipho getrennt werden. Die Jungen der Art können von gleichgroßen erwachsenen *P. moitessierianum* an der Stellung der Wirbelfalte schräg zu den Zuwachslinien und deren andere Gestalt erkannt werden; bei jungen *P. supinum* ist c3 größer, die Ligamentgrube stärker markiert, gerader und länger, die Schale weitläufiger und derber gestreift. Auch die äußeren Seitenzähne sind mehr parallel zum Oberrand als bei *P. moitessierianum.*

L. Die Art ist kaum variabel. Fehlen der Wirbelfalte (*P. s. inappendiculatum* BAUDON) ist so selten, daß GEYER (1927, S. 194) annahm, es handle sich bei faltenlosen Individuen in der Regel um Verwechslung mit *P. c. ponderosum.*

M. Lebt im Schlamm und feinen Sande von Flüssen und Seen, fast ausschließlich in der Ebene.

N. Verbreitung ist holarktisch mit Lücken besonders in Bergländern. Kommt in Frankreich und Teilen von England vor, fehlt aber in Irland, Wales und Schottland. In Westfalen, der Oberrheintiefebene und dem Vierwaldstätter See; in der Tschechoslowakei verbreitet, im Elbegebiet und Schleswig-Holstein; im Gebiet der mittleren Donau (Österreich, Ungarn), in Polen, dem Baltikum und in Skandinavien bis 60° N. In allen größeren Flüssen der UdSSR bis zum Ob. In Nordamerika. Wird fossil in Flußablagerungen gefunden, scheint jedoch im Pleistozän häufiger gewesen zu sein als heute und im Holozän.

12b) Schale schief und spitz eiförmig, immer länger als hoch, ziemlich dünnwandig, dicht und regelmäßig gestreift. Umbonalfalte fehlt gelegentlich (s. var. *inappendiculatum* unter 19b) . . . .
Pisidium (*Cymatocyclas*) *henslowanum* (SHEPPARD 1823) (Abb. 7, Tafel IX, 2)

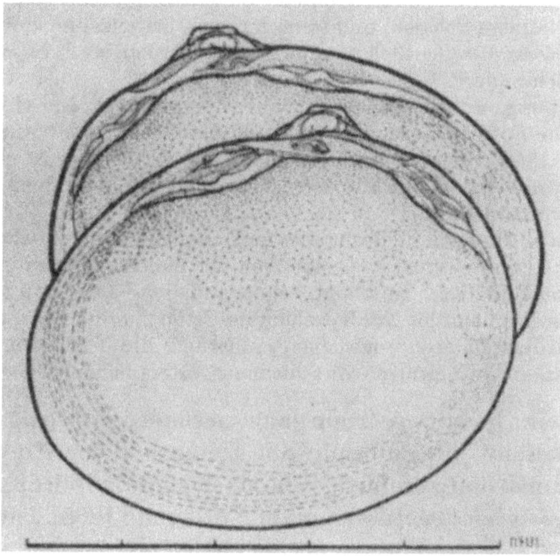

Abb. 15. *Pisidium henslowanum* nach ELLIS 1962. Oben linke, unten rechte Klappe.

A. *Tellina henslowana* SHEPPARD 1823
Cyclas appendiculata (LEACH) TURTON 1831

B. Schale länglich, schief und spitz eiförmig, ziemlich bauchig.

C. Hinterrand oft leicht abgestutzt, unten gerundet in den Unterrand übergehend, mit dem geraden Oberrand einen ziemlich deutlichen Winkel bildend. Vorderrand lang, vorn-unten stark gebogen, aber in einer fast geraden Linie nach dem Oberrand verlaufend, mit dem er einen sehr stumpfen Winkel bildet. Unterrand gleichmäßig gebogen.

D. Wirbel am Ende des zweiten Drittels der Schalenlänge, konisch über den Oberrand hinausragend, in der Regel mit scharfem lamellenartigem Fältchen, das dem Außenrand der Wirbelkuppe schief aufgesetzt ist, diese noch überragt und mit dem der Gegenklappe divergiert.

E. Dünnschalig, dicht aber kräftig, regelmäßig und tief gestreift, seidenglänzend, Oberhaut meist gelblichweiß.

F. Schloßleiste mäßig stark, wenig gebogen. c2 und c3 hoch, ziemlich gekrümmt, Hinterende von c3 verdickt und gefurcht oder eingeschnitten, c4 fast gerade, dünn lamellenförmig, den Scheitel von c2 gerade noch übergreifend. Vordere Seitenzähne ziemlich stark, fast parallel, pI und pIII nach vorn wenig oder nicht konvergent.

G. Ligamentgrube lang, gerade und ziemlich schmal.

H. Maße erwachsener Muscheln zwischen 4,5 × 3,4 × 2,5 und 6,6 × 5,8 × 4,6 mm.

I. Kiemen und Mantelrand wie bei *P. lilljeborgi*: Vordere Kieme mit der aufsteigenden Lamelle an die absteigende mittels interlamellärer Septen von deutlich alternierender Höhe angewachsen, hintere Kieme ohne absteigende Lamelle. Fußschlitz weit nach hinten offen. Präsiphonalsutur kurz, wenig länger als die Branchialöffnung. Dorsallobus des Nephridiums gewöhnlich offen, ringförmig, den Apex der Perikardialschlinge umgebend. Äußerer Teil des Dorsallobus in der Regel gestreckt und von etwa gleicher Breite wie der innere.

K. Das auffälligste äußere Merkmal ist die Wirbelfalte, die bei alten Tieren senkrecht auf jeder Klappenspitze derart steht, daß sie die Zuwachslinien schräg nach vorn außen schneidet. Die Falten werden beim Embryo an der Bauchseite gebildet. Mit anderen Arten, die ebenfalls diese Falte haben, kann sie wegen ihrer Form, ihrer dünneren Schale und des viel schwächeren und geraderen Schlosses nicht verwechselt werden. Individuen ohne Fältchen unterscheiden sich von *P. subtruncatum* und *P. casertanum* durch die tiefere und regelmäßigere Streifung, den spitzeren Wirbel und die längere und schmälere Ligamentgrube; von *P. subtruncatum* außerdem durch den mehr gebogenen c3, der deutlich hinten eingeschnitten ist, die Stellung von c2 und c4, die mehr diagonal als parallel zur Schloßleiste laufen, und dadurch, daß die Seitenzähne weiter vom Wirbel entfernt sind. *P. lilljeborgi* hat relativ kürzere Schalen, und seine hinteren Seitenzähne konvergieren nach vorn, während die von *P. henslowanum* deutlich parallel sind; außerdem ist *P. lilljeborgi* blank, während *P. henslowanum* seidig schimmert.

L. Die Stärke der Rippung und die Bauchigkeit sind etwas variabel. Individuell kann die Wirbelfalte verkümmern; solche Formen werden als *P. h. inappendiculatum* MOQUIN-TANDON 1855 bzw. *P. h. nucleus* DESHAYES 1855 bezeichnet. Die Tendenz, die Wirbelfalte zu unterdrücken, scheint mit Zunahme der relativen Schalenhöhe korreliert zu sein, so daß Individuen vorkommen können, die im Umriß *P. lilljeborgi* ähneln.

M. Lebt vorzugsweise in Flüssen und Seen, aber auch im Schlamm von Altwässern und Gräben.

N. Verbreitung über Gesamteuropa, ausgenommen der äußerste Süden und Norden. Südlich bis Katalonien und zu den Südalpen. In Irland, Schottland, den Färöern, in Norwegen bis Bergen, in Schweden bis Pitea, in Finnland bis Nordkarelien, im Osten bis zum Baikalsee, im Südosten nur von Istrien, Krain und dem Balaton angegeben. Innerhalb des Verbreitungsgebietes auch aus pleistozänen und holozänen Ablagerungen verschiedenen Alters bekannt.

13a) Schale sehr klein, höchstens 2 mm lang, gerundet dreieckig bis fast viereckig, Umbonalfalte kragenförmig am Unterrand der Embryonalschale, einem Wachstumsabsatz ähnlich, stumpf, schmal und niedrig . . . . .
Pisidium (Neopisidium) moitessierianum PALADILHE 1866 (Tafel X, 1; s. a. Abb.7)

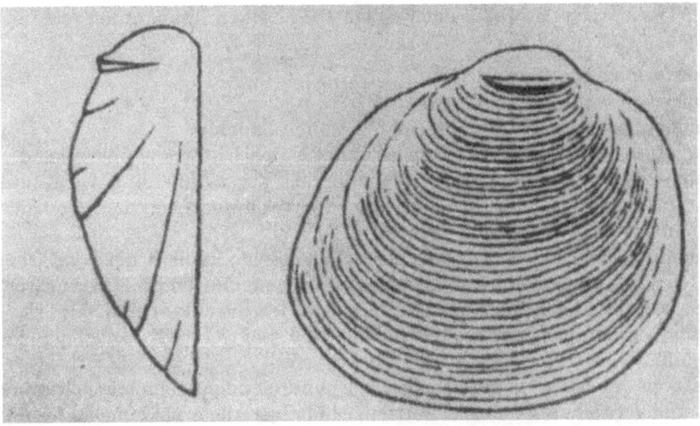

Abb. 16. *Pisidium moitessierianum* nach EHRMANN 1933. Linke Klappe von außen und hinten, um die seitliche Lage der Umbonalfalte zu zeigen. 36× vergr.

A. *Pisidium punctatum* STERKI 1895
Pisidium parvulum JOHANSEN 1898
Pisidium torquatum STELFOX 1918
Pisidium moitessieri GERMAIN 1931

B. Schale gewölbt, fast vier- oder fünfeckig, etwas unsymmetrisch, fast so hoch wie lang.

C. Der Oberrand geht meist mit einer ziemlich deutlichen Ecke in den Vorder- und Hinterrand über. Hinterrand kurz, gerundet, etwas abgestutzt. Unterrand breit gerundet, geht ohne besondere Ecke in den Vorderrand über, der unterhalb der Mitte eine gerundete Spitze bildet.

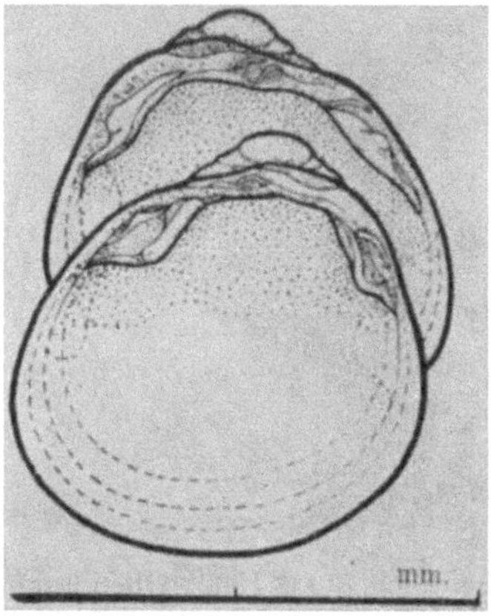

Abb. 17. *Pisidium moitessierianum* nach ELLIS 1962. Oben linke, unten rechte Klappe von innen.

D. Wirbel bei dem 2. Drittel der Länge gelegen, wenig oder mäßig vorstehend. Wirbelfalte seitlich, auch beim erwachsenen Tier, parallel zu den Zuwachslinien laufend, niedrig und stumpf, nach den Seiten vorstehend. Embryonalschale glatt.

E. Festschalig, wenig glänzend, mit sehr feinen, dichten, regelmäßigen Rippenstreifen, nach dem Ventralrand zu stärker und unregelmäßiger.

F. Schloßleiste breit mit stark gebogenem Innenrand. Kardinalzähne hoch, Seitenzähne dick, besonders aI und pI; pIII biegt am Vorderende nach pI um und trifft mit diesem zusammen.

G. Ligamentgrube kurz, nach hinten breit, aber ziemlich undeutlich.

H. Maße erwachsener Schalen zwischen $1{,}5 \times 1{,}35 \times 1$ und $2 \times 2 \times 1$ mm.

I. Hintere Kieme und besondere Branchialöffnung fehlen, Dorsallobus der Niere ungeteilt, vorn nur leicht konkav.

K. Die Art kann am ehesten mit Jungen von *P. supinum* verwechselt werden, unterscheidet sich aber durch ihre mehr viereckige Umrißform, die andere Stellung und Gestalt der Wirbelfalte, den breiteren und niedrigeren Wirbel, die dichtere und feinere Streifung und die Schloßcharaktere: Die Kardinalzähne sind relativ kleiner, die äußeren Seitenzähne sind verhältnismäßig weiter von den Kardinalzähnen entfernt und weniger parallel zum Oberrand.

L. Aus Nordschweden wird eine Sonderform *P. m. tenuistriatum* ODHNER 1929 genannt.

M. Lebt in Flüssen und Seen.

N. Verbreitung noch unvollkommen bekannt. Vereinzelte Fundorte in Frankreich, Holland, England, Dänemark, Holstein. Am Oberrhein, im Neckargebiet, der bayrischen Hochebene, Bodensee, der Schweiz. Geht in den Westalpen nur bis etwa 230 m Meereshöhe. Wurde in Holstein bis zu 20 m, in den Alpen bis 35 m Wassertiefe angetroffen. Ist auch im Pleistozän und Holozän in seinem Verbreitungsgebiet und außerhalb wie Westfalen, Brandenburg, sowie in Weißrußland nachgewiesen. Das fossile Vorkommen in Irland bedarf noch der Bestätigung.

13b) Schale mittelgroß, 3,5 mm und darüber, Wirbelfalte in Länge und Breite wechselnd . . . . *Pisidium* (*Cymatocyclas*) *casertanum plicatum*

Eine aberrante Form des häufigen und euryöken *P. casertanum* (POLI). Artbeschreibung siehe unter Nr. 25a. Die Form ist bisher nur im Gebiet von Brandenburg rezent und subfossil nachgewiesen, immer mit der Normalform gemischt (s. ZEISSLER 1962).

14a) Schale rhomboidisch bzw. schief trapezförmig, glänzend, Unterrand fast gerade, aufgeblasen, aber auf der Höhe der seitlichen Wölbung abgeflacht *Pisidium* (*Cymatocyclas*) *milium* HELD 1836 (Tafel XI, 1; Abb. 9; s. a. Abb. 29)

A. *Pisidium tetragonum* NORMAND 1854
Pisidium arcaeforme MALM 1855

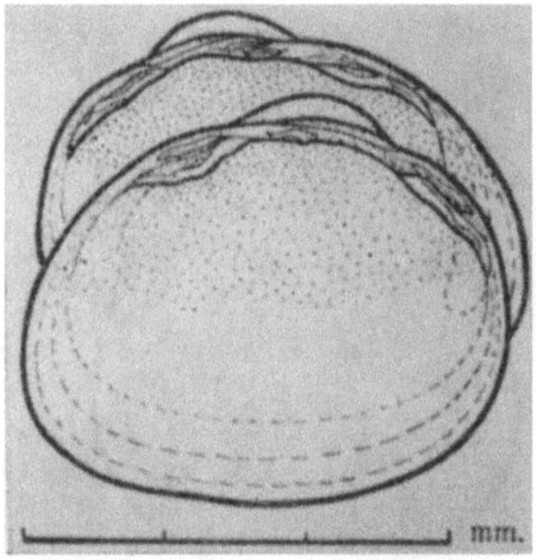

Abb. 18. *Pisidium milium* nach ELLIS 1962. Oben linke, unten rechte Klappe.

Pisidium quadrilateratum MOQUIN-TANDON 1855
Pisidium gassiesianum BAUDON 1857
Pisidium roseum JEFFREYS 1862 (non SCHOLTZ 1843)

B. Schale im Umriß rhomboidisch oder schief trapezförmig, ziemlich stark unsymmetrisch, stark gewölbt, doch auf der Höhe der seitlichen Wölbung abgeflacht. Sie ähnelt in der Form einer winzigen *Arca*.

C. Oberrand wenig gebogen, von zwei Winkeln begrenzt, von denen der hintere noch deutlicher ist als der vordere. Vorderrand oben schräg abgestutzt, unten gut gebogen, Hinterrand abgestutzt, Unterrand wenig gebogen, nahezu parallel mit dem Oberrand.

D. Wirbel dick aufgeblasen, hervorstehend, etwas hinter der Schalenmitte gelegen und nach hinten geneigt. Embryonalschale ist gelegentlich durch einige etwas tiefere Streifen abgegrenzt.

E. Oberfläche sehr blank, etwas weiträumig konzentrisch gestreift, bald derber, bald feiner, durchscheinend gelblichweiß bis rötlich-braun.

F. Schloßleiste schmal, unter den Wirbeln am meisten. Kardinalzähne lang, fast gerade, c2 und c4 parallel, die Seitenzähne sind parallel, ähnlich wie bei *P. nitidum*, doch ist aII entfernter von c2 als bei der anderen Art.

G. Die Ligamentgrube nimmt zwar den größten Teil der Breite des Schlosses ein, ist aber trotzdem schmal und dazu lang.

H. In der Originalbeschreibung werden die Maße $1{,}8 \times 1{,}6 \times 1{,}6$ mm angegeben; bestimmt handelt es sich um ein junges Tier. Die weiteren Maßangaben der Literatur liegen zwischen $3 \times 2{,}45 \times$ $\times 2{,}2$ und $3{,}75 \times 3 \times 2{,}75$ mm.

I. Hintere Kieme gut entwickelt, an dem 6.–9. Filament der vorderen beginnend. Aufsteigende Lamelle der vorderen Kieme ist bis etwa zur halben Höhe an die absteigende angewachsen, und zwar durch Verschmelzen der Filamentschenkel in gleicher Höhe. Fußschlitz kurz, nimmt nur die halbe Strecke zwischen den Schalenmuskeln ein. Das Nephridium ist in die Breite gezogen, mit offener Dorsalschlinge, deren Teile gleich breit und gleich weit ausgezogen sind; der hintere nicht weiter. Sipho schmal röhrenförmig.

K. Die Art wird leicht an ihrer *Arca*-ähnlichen Form erkannt. In seltenen Fällen, wenn der Umriß stärker gerundet ist, erkennt man sie an der sehr schmalen und fast geraden Schloßleiste und den schlanken Kardinalzähnen, die parallel mit ihr laufen. Die lange schmale Ligamentgrube und die langen geraden Kardinalzähne trennen die Art von *P. nitidum*. Die Kardinalzähne sind ähnlich denen von *P. subtruncatum*, aber aII und pII sind nicht so ungleich weit entfernt von c2. Die blanke Außenseite, starke Streifung und lange Ligamentgrube unterscheiden sie von *P. hibernicum*.

L. *P. milium* ist ungefähr die wenigst variable Art der Gattung.

M. Lebt im Schlammgrund von Gewässern aller Art, aber niemals in dichten Beständen.

N. Verbreitung ist holarktisch. In Nord- und Mitteleuropa; weiter südlich seltener werdend. Im Allgäu, den österreichischen Alpen, Ungarn, Rumänien, Bulgarien, in der Sowjetunion bis nach

Transkaukasien und zum Ob und Jenissei. Auch in Nordamerika. Steigt in den Alpen bis 800 m Meereshöhe, kommt fossil in vielen pleistozänen und holozänen Ablagerungen vor.

14b) Schale von anderer Gestalt 15

15a) Schale im Umriß eiförmig oder schief eiförmig 17

15b) Schale im Umriß gerundet dreieckig 16

16a) Sehr klein, höchstens 2 mm lang, dickschalig, sehr regelmäßig gestreift, Schloßleiste dick, Seitenzähne kräftig, aII und pII gleich weit von c2 entfernt (s. a. Abb. 8) . . *Pisidium* (*Odhneripisidium*) *tenuilineatum* STELFOX 1918

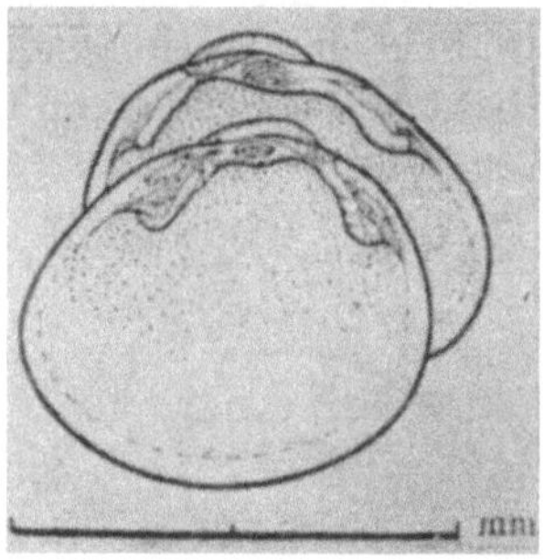

Abb. 19. *Pisidium tenuilineatum* nach ELLIS 1962. Oben linke, unten rechte Klappe.

A. *Pisidium punctatum* HERRINGTON 1954 (non STERKI 1895)

B. Schale klein, aufgeblasen, schief oval bis dreieckig, sehr unsymmetrisch.

C. Oberrand nach beiden Seiten des Wirbels gleichmäßig abfallend. Hinter- und Unterrand gut gebogen, gehen ohne Winkel ineinander über. Der lange Vorderrand ist unten stark gebogen, läuft im Oberteil fast geradlinig zum Oberrand; das gibt der Schale des dreieckige Aussehen.

D. Wirbel beim hinteren Drittel der Schale, ziemlich spitz, mäßig hervortretend, ohne Falte, etwas nach vorn gewendet, Embryonen oval.

E. Dickschalig, sehr fein und äußerst regelmäßig gestreift, Oberhaut gelblichweiß, seidenglänzend, fast matt.

F. Schloßleiste sehr gebogen, schmal unter den Wirbeln, aber an den Enden sehr breit, vor allem in der rechten Klappe wegen der Größe von aI und pI; daher ist ihre innere Kontur sehr krumm. Kardinalzähne wenig gekrümmt, c2 gegen den Wirbel geneigt und oft fast liegend, c3 hinten verdickt. Der Seitenzahn aI ist sehr mächtig; seine Spitze ist nach innen geneigt, aII ist stark und lang, aIII verhältnismäßig klein, die hinteren Zähne sind schwächer, aber pI und pII sind noch gut entwickelt.

G. Die Ligamentgrube ist ziemlich lang, nach hinten verbreitert, nach vorn sehr schmal. An ihrer breitesten Stelle nimmt sie die gesamte Breite der Schloßleiste ein und wird unten durch einen schwachen, etwas gebogenen Grat begrenzt. Zwischen den Kardinalzähnen und der Ligamentgrube ist in beiden Schloßleisten ein kleiner runder Ausschnitt, der an die Lücke der übrigen Odhneripisidien zumindest erinnert.

H. Maße erwachsener Tiere zwischen $1{,}8 \times 1{,}4 \times 1{,}1$ und $2{,}2 \times 1 \times 1{,}3$ mm, FAVRE erwähnt ein großes Tier von 2,5 mm Länge.

I. Tier weißlich, Sipho breit, sehr kurz, Öffnung eng elliptisch, Rand der Röhre gefranst und bei stärkster Ausdehnung etwas umgeschlagen.

K. Die Art ähnelt in verschiedenen Zügen *P. moitessierianum*, ist aber länglicher, unsymmetrischer und hat keine Falte; ihr pIII ist parallel zu pI und biegt sich nicht auf pI zu. Junge und manche Kümmerformen von *P. subtruncatum* haben dieselbe Form wie *P. tenuilineatum* und besonders die der Form *alpina*. Aber diese haben einen matteren Glanz und viel feinere und regelmäßigere Streifen. Auch ist die Schloßleiste von *P. subtruncatum* unter den Wirbeln merklich breiter, und die vorderen Seitenzähne stehen viel näher an den Kardinalzähnen (s. a. *P. s. tenuilineatiforme*, Abb. 22).

L. Die Form *P. t. alpinum* Odhner ist mehr in die Breite gezogen, und ihre Seitenzähne sind etwas weniger kräftig.

M. Lebt in Flüssen und Seen.

N. Verbreitung rein europäisch: Südfrankreich, Teile von England, Niederlande, Nord- und Südwestdeutschland, Schweiz, Österreich, Tschechoslowakei, Jugoslawien, Polen und europäischer Teil der UdSSR. Geht in den Ostalpen bis 500 m Meereshöhe. Wenige fossile Vorkommen im Pleistozän und Holozän bekannt. Die Angabe für das Pleistozän von Ehringsdorf (Zeissler 1958, S. 54, Tab. 26; Jaeckel 1962, S. 225) beruht auf einem Bestimmungsfehler.

16b) Bis 4,5 mm lang, dickwandig, bauchig. Schloßleiste sehr stark, in der Form *P. supinum* ähnlich, doch dicht und regelmäßig gestreift, e3 stärker gebogen, am Hinterende verdickt und oft eingeschnitten oder gespalten . . . . *Pisidium (Cymatocyclas) casertanum ponderosum* Stelfox 1918 (s. a. *P. casertanum*, Nr. 25a, und Abb. 35)

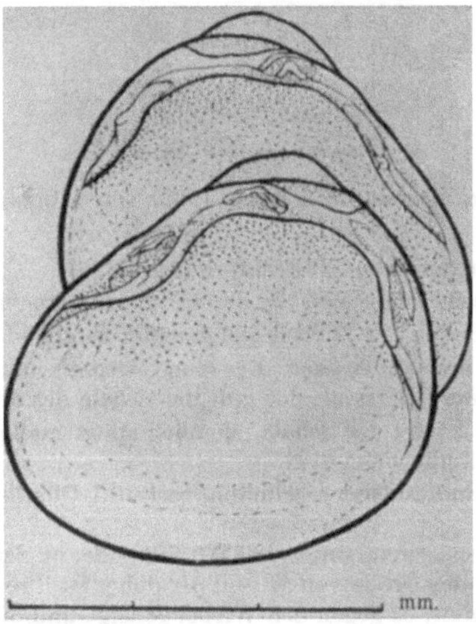

Abb. 20. *Pisidium casertanum ponderosum* nach Ellis 1962. Oben linke, unten rechte Klappe.

B. Schale gerundet dreieckig, bauchig, fast so hoch wie lang, oder manchmal noch höher, sehr unsymmetrisch.

C. Oberrand kurz und stark gebogen, Vorderrand breit gerundet, Unterrand stark gebogen.

D. Wirbel relativ hochgezogen, aber breit und stumpf.

E. Fein und unregelmäßig gestreift wie die Normalform, aber extrem massiv.

F. Schloßleiste kürzer als bei der Normalform, breit und sehr gebogen, bei den vorderen Seitenzähnen besonders verbreitert; Kardinalzähne im Prinzip wie bei der Normalform, aber c2 und c3 noch stärker gebogen.

G. Ligamentgrube kurz und sehr breit, breiter und kürzer als bei typischen Stücken.

H. Größe etwa 4,5×4×3 oder 4,8×4×3 mm.

K. In der Gestalt ähnelt die Form *P. supinum*; doch unterscheidet sie sich deutlich durch ihre breiteren und stumpferen Wirbel ohne Falte, ihre dichtere und unregelmäßigere Streifung und die kürzere und breitere Ligamentgrube.

M. Sie ist vor allem in Seen, aber auch in Flüssen gefunden worden.

N. Verbreitung boreoalpin. Aus England zuerst beschrieben. In den nördlichen Alpen und Vorland, Südschweden, Dänemark, in einigen Seen der norddeutschen Tiefebene. In der Mark auch in großen Flüssen. In den Ostseeländern, der Sowjetunion bis zur Wolga, zum Ural und Ob. Im Ochridasee in Mazedonien. In 100 m Meereshöhe und darüber sehr selten. Fossil in Seeablagerungen des Pleistozäns und Holozäns, auch südlich ihres heutigen Verbreitungsgebietes.

17a) Schale eiförmig 22

17b) Schale schief eiförmig 18

18a) Schale kurz schief eiförmig 20

18b) Schale gestreckt schief eiförmig 19

19a) Hinterende sehr kurz, Wirbel schräg gestellt, regelmäßig gestreift, c2 und c4 parallel und ziemlich gerade, c4 reicht mit beiden Enden über c2 hinaus. Vordere Seitenzähne dicht bei den Kardinalzähnen, Ligamentgrube nach hinten verbreitert . . . .
Pisidium (*Cymatocyclas*) *subtruncatum* Malm 1855 (s. a. Abb. 8 und Tafel VI/2)

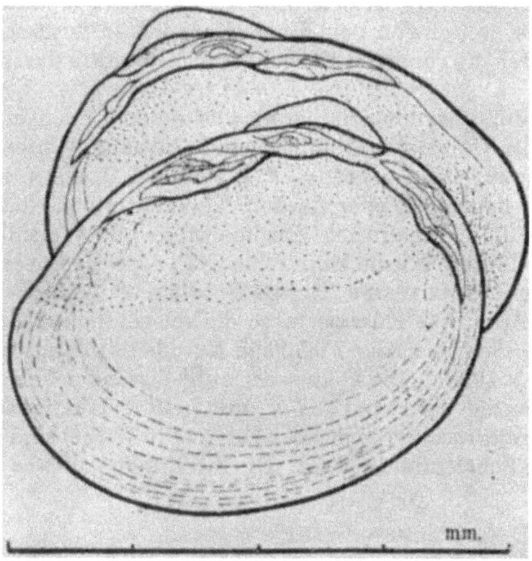

Abb. 21. *Pisidium subtruncatum* nach Ellis 1962. Oben linke, unten rechte Klappe.

B. Schale aufgeblasen, gestreckt schiefoval-dreieckig, sehr unsymmetrisch.

C. Oberrand des lang vorgestreckten Vorderteils schräg herablaufend, vorn mit dem aufsteigenden Unterrand eine gut abgerundete Spitze bildend, die unter der halben Schalenhöhe liegt. Hinterrand kurz, flachbogig bis senkrecht abgestutzt, mit breiter Rundung in den Oberrand übergehend, dieser sanft gebogen oder in der Mitte fast gerade.

D. Wirbel sitzt beim letzten Drittel der Länge, hoch, spitz, sehr deutlich nach hinten gebogen, den Oberrand immer überragend. Embryonen kreisrund.

E. Mäßig dickschalig, Oberfläche fein konzentrisch, nicht ganz regelmäßig gestreift, mattglänzend, nur die Wirbelspitze glatt. Oberhaut weißlich, oft mit dunkler Zone unter der Mitte.

F. Schloßleiste ziemlich stark, etwas gebogen, verhältnismäßig kurz, unter dem Wirbel wenig verschmälert. Vordere Seitenzähne stehen näher bei den Kardinalzähnen als die hinteren. c2 und c4 sind ziemlich lang, meist gerade, doch ist c2 manchmal etwas gebogen und wird von c4 weit übergriffen; c3 ist auch ziemlich lang und gerade oder etwas gebogen. In der rechten Klappe ist aI auffallend stark; die übrigen Seitenzähne sind viel kleiner. In der linken Klappe sind beide

Seitenzähne wohlentwickelt. Der Abstand zwischen den Spitzen von aI und pI ist kleiner als die halbe Schalenlänge.

G. Die Ligamentgrube ist ziemlich lang und breit, jedoch in der Regel schmäler als bei *P. casertanum.*

H. Maße erwachsener Tiere zwischen 2,54 × 2,5 × 1,65 und 4,25 × 3,5 × 3 mm.

I. Die hintere Kieme ist immer kurz, beim 10.—12. Filament der vorderen beginnend, die aufsteigende Lamelle der vorderen ist an allen Filamenten in voller Höhe an die absteigende angewachsen. Mantel gewöhnlich nur bis etwa zur halben Länge des Unterrandes offen und die Präsiphonalsutur etwa gleich der halben Länge des Fußschlitzes. Der Dorsallobus des Nephridiums ist quergestreckt und durch eine winklig gebogene Furche geteilt. Die beiden dicht beieinanderliegenden Teile sind fast gleich groß und bedecken die Apikalschlinge des Perikardialtubus. Sipho röhrenförmig, an der Spitze nicht erweitert.

K. Von *P. casertanum* kann die Art durch ihre schief-unsymmetrische Gestalt, die höheren spitzeren Wirbel, glänzendere Oberhaut, schmälere Ligamentgrube, geringeren Abstand zwischen c2 und aII und die langen, normalerweise fast geraden Kardinalzähne getrennt werden. Die Wirbel von *P. subtruncatum* sind weit nach hinten gerückt und deutlich nach hinten gekrümmt, während die von *P. casertanum* weiter in der Mitte stehen, breiter und flacher und etwas nach vorn gebogen sind. Dort sind auch die Spitzen von pI und aI so weit voneinander entfernt wie die halbe Schalenlänge oder etwas mehr, und c2 und c3 sind immer stark gebogen. Sehr kleine Formen von *P. subtruncatum* können von *P. milium* durch den Umriß unterschieden werden und daß die vorderen Seitenzähne von *P. milium* weiter von den Kardinalzähnen entfernt sind. Von *P. henslowanum* ist die Art verschieden durch die runderen Wirbel ohne Falte sowie durch Einzelheiten der Schloßleiste.

L. Die Art ist schiefer und unsymmetrischer als alle anderen Pisidien. Sie variiert beträchtlich in Größe, Aufgeblasenheit, Oberflächenskulptur und Färbung. Unter optimalen Bedingungen wachsen große hellfarbige Muscheln heran = *P. s. pallidum* CLESSIN, non GASSIES. Es gibt alle Übergänge bis zu kleinen bauchigen oder flachen Kümmerformen, und besonders die letzteren sind oft weniger schief als die Normalform. Kardinalzähne und Weichteile können bei Kümmerformen sehr variieren; die hintere Kieme kann fehlen. *P. s. pileus* CLESSIN ist eine Lokalform mit abgesetztem Wirbelhäubchen. CLESSINS Tiefsee-*Pisidium P. bartholomaeum, P. demissum* und *P. imhofi* gehören zu der Art. Eine Kümmerform, die gelegentlich mit *P. tenuilineatum* verwechselt worden ist, kommt besonders in der Tiefebene Norddeutschlands und Nordpolens vor: *P. s. tenuilineatiforme* FELIKSIAK 1938. „Die kleine sehr aufgeblasene Schale zeichnet sich durch einen breiteren, weniger zugespitzten Vorderteil aus ... und besitzt dank dessen eine regelmäßige ovale Gestalt, welche sie zu *P. tenuilineatum* STELFOX nähert. Die Wirbel sind breit, gerundet und ragen ein wenig über den oberen Schalenrand hervor. Die Streifung ... etwas deutlicher. Innerhalb der

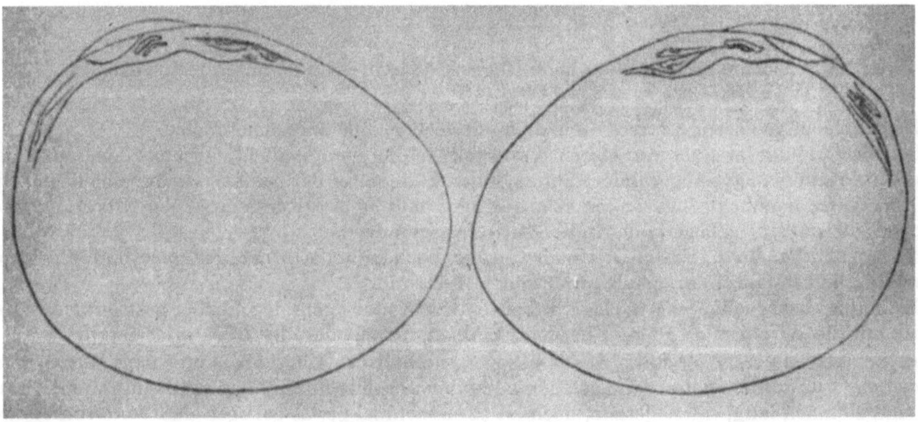

Abb. 22. *Pisidium subtruncatum tenuilineatiforme* nach FELIKSIAK 1938. Links linke, rechts rechte Klappe von innen, 24 × vergr.

Schale befindet sich ein starkes Schloß mit deutlichen Winkeln zwischen dem Zentralteil und den Seitenzähnen. Die Vorderzähne aI und aII sind im Proximalteil vor der Spitze stark verdickt und verleihen der Schale einen ähnlichen Habitus, wie er *P. tenuilineatum* STELFOX eigen ist." (FELIKSIAK 1938). Was der Autor nicht sagt, aber auf seiner Abbildung deutlich zeigt, sind die langen, wenig gebogenen parallelen Kardinalzähne und die Stellung der vorderen Seitenzähne nahe bei diesen, durch die die Form sich deutlich als zu *P. subtruncatum* gehörig zeigt.

M. Die Art ist häufig und lebt in Bächen, Flüssen und Gräben, seltener in Teichen, oft in Seen.

N. Die Verbreitung ist holarktisch. Island, Skandinavien vom 68. Breitengrad nach Süden und fast ganz Europa; nur in Südeuropa spärlicher: In Katalonien, Nordafrika, Südalpen, auf der Balkanhalbinsel weit verbreitet, in der UdSSR bis zum Schwarzen Meer, bis Ostsibirien und Mittelasien, auch in Nordamerika. Steigt in den Westalpen bis 1300, im Erzgebirge nur bis 350 m Meereshöhe. Häufig in pleistozänen und holozänen Ablagerungen verschiedener Art.

19b) Gestalt ähnlich der vorigen, Wirbel schmal, Ligamentgrube schmal, c2 und c3 gebogen, c2 und c4 nicht parallel . . . .
Pisidium (*Cymatocyclas*) *henslowanum inappendiculatum* MOQUIN-TANDON 1855

A. *Pisidium henslowanum nucleus* DESHAYES 1855
Artbeschreibung siehe unter 12b.

20a) Schale mittelgroß, stark glänzend, schwächer oder stärker gestreift, Wirbel glatt, durch 3—5 konzentrische tief eingegrabene Rillen abgegrenzt; Kardinalzähne kurz, Seitenzähne lang und parallel, Ligamentgrube kurz, mäßig breit . . . .
Pisidium (*Cymatocyclas*) *nitidum* JENYNS 1832 (s. a. Abb. 9 und Tafel XII, 1)

A. *Pisidium foreli* CLESSIN 1874
Pisidium pusillum WOODWARD 1913
Pisidium pusillulum WOODWARD 1921

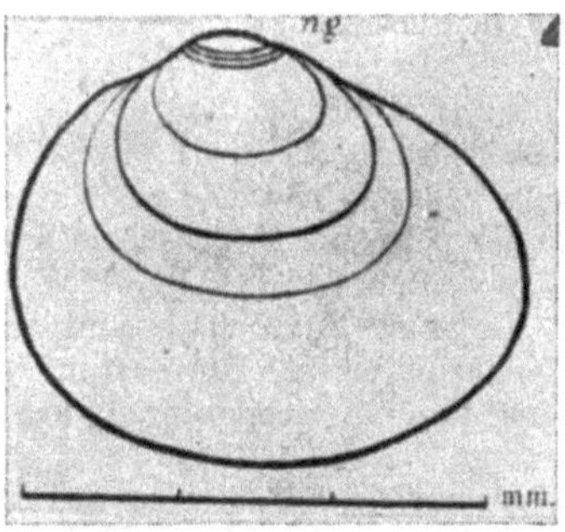

Abb. 23. *Pisidium nitidum*, rechte Klappe von außen, nach ELLIS 1962. ng = Rinnen, die die Embryonalschale abgrenzen.

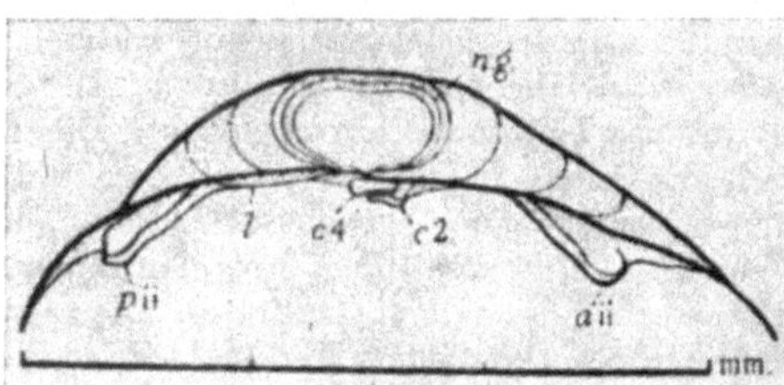

Abb. 24. *Pisidium nitidum*, linke Klappe von schräg oben, nach ELLIS 1962. Die Embryonalschale mit ihrer Umgrenzung (ng) ist in voller Ausdehnung zu sehen.

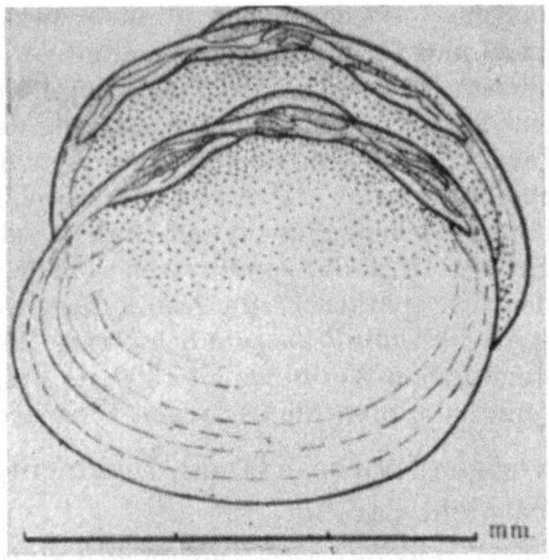

Abb. 25. *Pisidium nitidum* von innen, nach ELLIS 1962. Oben linke, unten rechte Klappe.

B. Schale mäßig gewölbt, etwas unsymmetrisch, ziemlich veränderlich in der Gestalt, meist oval oder fünfeckig.

C. Oberrand in der Mitte gebogen, mit deutlichen Winkeln an den Vorder- und Hinterrand angeschlossen. Vorderrand stark gebogen, geht in den nicht sehr stark gekrümmten Unterrand über, der mit dem etwas abgestutzten Hinterrand oft eine Ecke bildet.

D. Der Wirbel ist breit und flach, kaum nach hinten gebogen. Die Embryonalschale ist glatt und durch 3–5 starke konzentrische Rinnen von der übrigen Schale getrennt.

E. Festschalig, keine Poren erkennbar. Oberfläche stark glänzend, manchmal fast glatt, manchmal stark und unregelmäßig gestreift, Oberhaut gelblich hornfarben bis rötlich.

F. Schloßleiste lang, in der Mitte gebogen, unter den Wirbeln verschmälert. Kardinalzähne sehr kurz, c2 und c4 meist gerade, c3 ein wenig gebogen. Seitenzähne lang, in der rechten Klappe parallel, weit vom Wirbel entfernt; der Abstand zwischen den Spitzen von aI und pI ist größer als die halbe Länge der Schale.

G. Ligamentgrube ziemlich kurz und breit.

H. Maße erwachsener Stücke zwischen 2,6×2,15×1,35 und 4×3,5×2,75 mm.

I. Hintere Kieme gut entwickelt, von wechselnder Länge, am 6. bis 12. Filament der vorderen beginnend, aufsteigende Lamelle der vorderen Kieme bis zu halber Höhe oder höher an der absteigenden befestigt, interlamelläre Septen von gleicher Höhe oder unbedeutend alternierend. Präsiphonalsutur von der halben Länge des Fußschlitzes und länger als beide Siphonalöffnungen zusammen. Der Dorsallobus des Nephridiums quergestreckt und nach außen schmäler, gewöhnlich offen, der vordere-äußere Teil ebenso breit wie der hintere-innere. Sipho trichterförmig, gegen die Spitze erweitert, mit gefaltetem Rand.

K. Die Art ist durch mehrere Merkmale leicht zu erkennen: Die 3–5 starken konzentrischen Rinnen, die die Embryonalschale begrenzen, der Glanz, die lange Schloßleiste, die in der ganzen Wirbelgegend verschmälert ist, die kurzen Kardinalzähne. *P. hibernicum* unterscheidet sich von ihr durch die bauchigere Schale, den höheren spitzeren Wirbel, den geringeren Glanz und vor allem durch das gedrungene Ligament und die kürzere Schloßleiste. Der Abstand zwischen den Spitzen von aI und pI geht hier mehr als 2× in der Schalenlänge auf, und bei *P. nitidum* weniger als 2×; auch sind c2 und c3 bei *P. hibernicum* länger als bei *P. nitidum*. Der Sipho von *P. hibernicum* ist schmal mit einfachem Rand, und das Tier deutlich rosa gefärbt. Die Streifung von *P. hibernicum* ist normalerweise ganz deutlich; die Rillen um die Embryonalschale sind zahlreicher und zarter, und diese ist gestreift und strahlig gesprenkelt; auch hat die Schale Poren, doch diese sind oft schwierig zu sehen. Die Embryonen von *P. nitidum* sind nicht nur glänzender, sondern auch mehr oval; die von *P. hibernicum* haben die Form eines halben Quadrates. Die Ligamentgrube ist halb so lang wie die von *P. milium* derselben Größe. Das gleiche Merkmal trennt *P. nitidum* auch von vorkommenden ähnlich aussehenden Formen von *P. casertanum*, *P. subtruncatum* und *P. lilljeborgi*.

L. Unter *P. n. foreli* CLESSIN versteht man insbesondere die Tiefsee-Kümmerformen z. B. des Bodensees und des Genfer Sees. In fließendem Wasser können die konzentrischen Streifen rippenartig verstärkt werden, so daß die Skulptur *P. pulchellum* nahekommt. Die starkschalige Form *P. nitidum crassum* STELFOX 1918 ist kleiner und stärker gewölbt, höher, oft fast dreieckig, sehr deutlich konzentrisch gestreift, mit mächtiger und stark gebogener Schloßleiste mit massiven Seitenzähnen. Bei ihnen neigen die Kardinalzähne c2 und c3 dazu, sich zu biegen.

M. Die Art kommt in Gewässern sehr verschiedener Art vor, doch bevorzugt sie deutlich bewegtes Wasser der Bäche, Flüsse und Seen.

N. Verbreitung gilt als holarktisch. Von Nordwestafrika bis Grönland, Island, Skandinavien, durch ganz Europa nach Italien, Ungarn, Siebenbürgen, weiter nach Transkaukasien, Sibirien, Mittelasien, Alaska und weitere Teile von Nordamerika. Geht in den Alpen bis 2650 m Meereshöhe, kommt fossil in den verschiedensten Ablagerungen des Pleistozäns und Holozäns vor.

20b) Ganze Schale konzentrisch gestreift oder rippenstreifig, keine besonders vertieften Rillen um den Embryonalteil 21

21a) Oberfläche kräftig und regelmäßig konzentrisch gerippt, irisierend. Schloßleiste stark, Seitenzähne dick, Kardinalzähne lang und gebogen, c3 hinten verdickt und keulenförmig . . . .
Pisidium (Cymatocyclas) pulchellum JENYNS 1832 (s. a. Abb. 9 und Tafel XIII, 1)

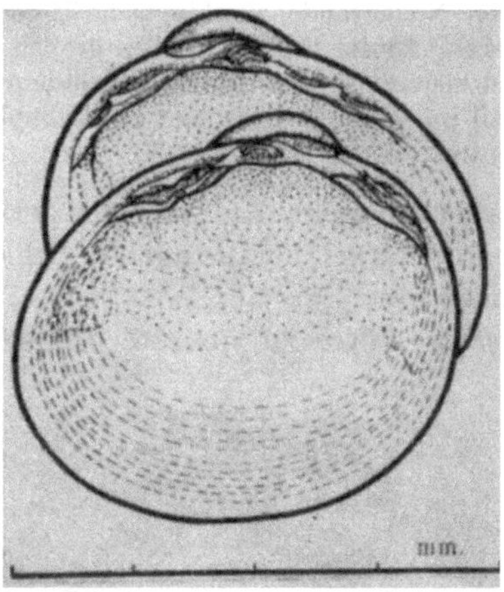

Abb. 26. *Pisidium pulchellum* nach ELLIS 1962. Oben linke, unten rechte Klappe.

B. Schale ziemlich bauchig, unsymmetrisch, schief rundoval oder etwas fünfeckig.

C. Oberrand kurz gebogen, bildet oft einen stumpfen Winkel mit dem gerundeten oder wenig abgestutzten Hinterrand, manchmal auch mit dem Vorderrand, der vorn unten sehr stark gebogen ist. Vorder- und Hinterrand gehen ohne Winkel in den gerundeten Unterrand über.

D. Wirbel bei nahezu $^2/_3$ der Schalenlänge, ziemlich breit, sehr kurz konisch, nach hinten gebogen, den Oberrand mäßig überragend. Die Eymbronen sind viereckig.

E. Schale festwandig, kräftig und regelmäßig konzentrisch gerippt, mit je einer Reihe von Poren zwischen den Rippen, irisierend-glänzend, Oberhaut gelblich- bis rötlichbraun.

F. Schloßleiste kräftig, Kardinalzähne relativ lang, c3 schwach gebogen, hinten kuppig verdickt oder etwas eingeschnitten, c2 ebenfalls schwach gebogen, c4 ihm parallel, weit übergreifend, Seitenzähne kräftig, pI und pIII annähernd parallel, ähnlich denen von *P. nitidum*, aber viel dicker.

G. Ligamentgrube mäßig lang und ziemlich breit, halbmondförmig.

H. Maße erwachsener Stücke zwischen $3{,}5 \times 3{,}15 \times 2{,}1$ und $4 \times 3{,}5 \times 2{,}7$ mm, selten wenig größer.

I. Hintere Kieme immer wohl ausgebildet und hoch, an dem 6. bis 8. Filament der vorderen beginnend. Aufsteigende Lamelle der letzteren bis zur halben Höhe oder oft noch weiter hinauf an der absteigenden festgewachsen. Interlamelläre Septen alle von gleicher Höhe. Präsiphonalsutur ziemlich lang, mindestens wie die Länge der beiden Siphonalöffnungen zusammen, aber kürzer als die halbe Pedalöffnung. Der Dorsallobus des Nephridiums ist quergestreckt und durch eine nach hinten und außen gerichtete Furche geteilt, der vordere-äußere Teil bedeutend breiter als der hintere-innere, beide gewöhnlich dicht beisammen und die Apikalschlinge des Perikardialtubus bedeckend. Sipho röhrenförmig, an der Spitze nicht erweitert.

K. Von durchweg starkgestreiften Stücken von *P. nitidum* kann die Art durch ihre schiefe Gestalt, die stärkere Schloßleiste und die längeren Kardinalzähne unterschieden werden. Sie ist auch schon mit *P. lilljeborgi* verwechselt worden; aber die tiefe halbmondförmige Ligamentgrube ist ganz verschieden von der langen und schmalen von *P. lilljeborgi*, und die irisierende gerippte Skulptur von *P. pulchellum* ist auch mit der stärkstgestreiften *P. lilljeborgi* nicht zu verwechseln; die Seitenzähne sind kürzer und dicker, und die Kardinalzähne, besonders c2, sehr verschieden. Anatomisch ist sie *P. subtruncatum* ähnlich; aber dessen Fußschlitz ist noch kürzer, die hintere Kieme kleiner und die beiden Teile des Dorsallobus ziemlich gleichbreit; aber durch die Verschiedenheit der Schalen können die beiden immer getrennt werden.

L. *P. pulchellum* ist eine der wenigst variablen Arten der Gattung und kann leicht durch die schön regelmäßige und tief eingegrabene Streifung erkannt werden, die stärker und deutlicher als bei allen anderen Arten ist.

M. Lebt in langsam strömenden Flüssen, in Teichen und Seen, besonders im Schilfgürtel, ist aber im allgemeinen selten.

N. Verbreitung vorwiegend nordwest- und nordeuropäisch. Island, Färöer, Shetlands, Irland, Großbritannien, Fennoskandien, Niederlande, Norddeutsche Tiefebene, Teile von Polen, Baltikum. Im Böhmerwald und Südmähren. In der UdSSR in allen großen Flußsystemen des europäischen Teils, weiter in Armenien und bis zum Gebiet des Ob. In Südeuropa fehlend. Nicht über 250 m Meereshöhe festgestellt. Fossil im Verbreitungsgebiet in Flußablagerungen, im Pleistozän auch in Süddeutschland, wo sie heute zu fehlen scheint.

21 b) Oberfläche kräftig, aber unregelmäßig und flach gerippt, beinahe fünfeckig, aufgeblasen, glänzend, Wirbel herausragend, Schloßleiste stark, pI und pIII konvergieren nach vorn . . . .
Pisidium (*Cymatocyclas*) *lilljeborgi* CLESSIN 1886 (s. a. Abb. 9, Tafel XII, 2)

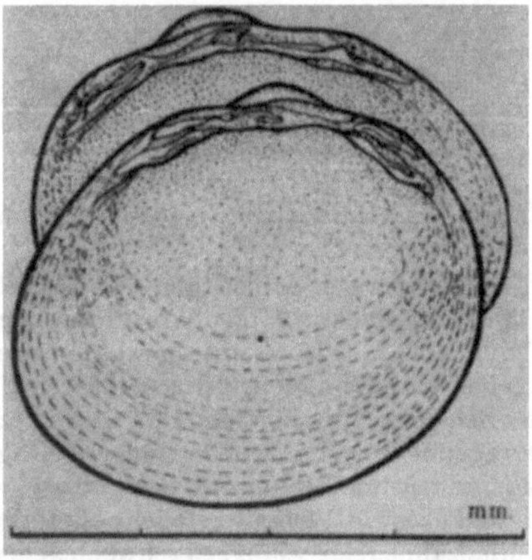

Abb. 27. *Pisidium lilljeborgi* nach ELLIS 1962. Oben linke, unten rechte Klappe.

A. *Pisdium nitidum* var. *splendens* JEFFREYS 1862
Pisidium nitidum var. *lacustris* CLESSIN 1873
Pisidium alpicola CLESSIN 1889
Pisidium loveni CLESSIN 1890
Pisidium arcticum WESTERLUND 1893
Pisidium scutellatum STERKI 1896

B. Schale bauchig, ziemlich unsymmetrisch, Umriß schief rundlich-fünfeckig oder schief rundoval.

C. Oberrand kurz, bildet mit dem Hinterrand einen ziemlich deutlichen Winkel und einen weniger deutlichen mit dem Vorderrand. Dieser vorn unten gut gebogen, oben nur leicht gekrümmt, Hinterrand kurz, abgestutzt, geht ohne Winkel in den Unterrand über.

D. Wirbel ziemlich hoch und mäßig aufgeblasen, etwas nach hinten gebogen.

E. Dickschalig, gewöhnlich stark porös, mit konzentrischen groben, aber verhältnismäßig unscharfen Runzeln; wenn diese sehr deutlich sind, wird man an schwachgerippte *P. pulchellum* erinnert. Schalenoberhaut glänzend, gelblich- oder rötlichbraun oder blasser.

F. Schloßleiste stark, c2 und c3 sehr gekrümmt, c3 hinten verdickt, Seitenzähne stark, pI und pIII konvergieren nach vorn.

G. Ligamentgrube sehr lang und sehr schmal.

H. Maße erwachsener Stücke zwischen $3{,}5 \times 3 \times 2{,}4$ und $4{,}4 \times 4{,}4 \times 3{,}3$ mm.

I. Hintere Kieme ohne absteigende Lamelle. Aufsteigende Lamelle der vorderen mittels interlamellärer Septen von deutlich alternierender Höhe an die absteigende angewachsen. Mantelränder weit nach hinten offen, Präsiphonalsutur kurz, wenig länger als der Branchialschlitz. Dorsallobus des Nephridiums quadratisch, durch eine mehr oder weniger gebogene Furche gespalten; der äußere Teil gewöhnlich größer, beide in der Regel dicht beieinanderliegend und die Apikalschlinge des Perikardialtubus deckend, bisweilen aber weit auseinanderklaffend und den Apex umschließend. Bei dieser Art variieren die Kiemen, der Mantel und die Nephridien mehr als bei anderen; deshalb ist es schwer, aus der Anatomie gute Merkmale zu gewinnen.

K. Die Art wird vor allem an der glänzenden, stark gestreiften Schale mit dem geschulterten Oberrand, den vorstehenden Wirbeln, der langen und schmalen Ligamentgrube und den nach vorn konvergierenden hinteren Seitenzähnen erkannt. Von *P. pulchellum* unterscheidet sie sich durch ihre längere und schmälere Ligamentgrube (mit *P. conventus* zusammen hat sie die längste und schmalste Ligamentgrube aller Pisidien), ihr stärkeres Schloß, vor allem die stärkeren und krümmeren Kardinalzähne, die Konvergenz der hinteren Seitenzähne und durch die groben verwischten konzentrischen Runzeln. *P. casertanum* kann von ihr sofort durch die feinere Streifung und das breitere Ligament abgetrennt werden.

M. Lebt nur in Seen der Gebirge und der diluvialen Vergletscherungsgebiete.

N. Verbreitung nordisch-alpin: Island, Irland, Skandinavien, Finnland, Schottland, Nordengland, Wales, Dänemark. In der mitteleuropäischen Tiefebene im Gebiet der letzten Eiszeit, nach Osten bis zum Ob. In den Alpen und deren Vorland im Bereich der alpinen Vergletscherung. Geht bis 50 m Wassertiefe, in den Alpen bis 65 m, und bis 2300 m Meereshöhe. Kommt fossil in Seeablagerungen des Pleistozäns und Holozäns vor; z. B. in Belgien und der Tschechoslowakei ist sie schon im Pleistozän erloschen.

22 a) Schale gewölbt, Wirbel den Oberrand deutlich mehr oder weniger überragend 24

22 b) Schale flachgedrückt, dünnwandig, Wirbel den Oberrand kaum oder nicht überragend 23

23 a) Klein, meist unter 2,5 mm lang, sehr zart und dünnwandig. Kardinalzähne über die Schloßleiste hinausragend, aIII und pIII sehr klein . . . . . . *Pisidium* (*Neopisidium*) *conventus* CLESSIN 1877 (s. a. Abb. 9, Tafel XIV, 2)

A. *Pisidium urinator* CLESSIN 1876
Pisidium abyssorum (STIMPSON) STERKI 1898
Pisidium clessini SURBECK 1899, non NEUMAYR 1875
Pisidium tornense ODHNER 1908
Pisidium hendersoni STERKI 1923
Weitere Synonyme siehe BOETTGER 1961, S. 244, Anm. f.

B. Schale schwach gewölbt, ziemlich unsymmetrisch, Umriß gerundet fünfeckig bis oval.

C. Oberrand lang, gebogen, von deutlichen stumpfen Winkeln begrenzt. Vorderrand ziemlich lang, und stark gekrümmt mit abgerundeter Spitze, die entweder in halber Höhe oder etwas tiefer steht. Hinterrand gerundet oder etwas abgestutzt, in den halboval gekrümmten Unterrand übergehend.

D. Wirbel kaum erhoben, fast in der Mitte oder wenig hinter der Mitte des Oberrandes gelegen.

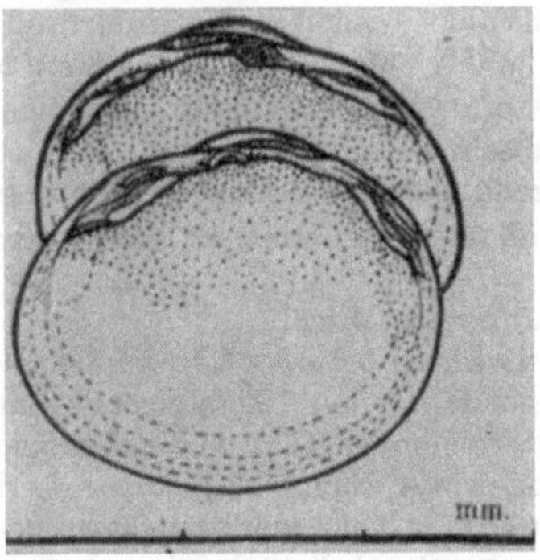

Abb. 28. *Pisidium conventus* nach ELLIS 1962. Oben linke, unten rechte Klappe.

E. Zartschalig, dünn, etwas unregelmäßig fein konzentrisch gestreift, nach dem Wirbel zu am schwächsten. Porös durch parallel zur Oberfläche verlaufende, oft verzweigte feine Kanälchen. Oberhaut mattglänzend hellgelblich.

F. Schloßleiste sehr schmal und sehr lang, die Spitzen von aI und pI sind $^2/_3$ der Schalenlänge oder mehr voneinander entfernt. In der Wirbelgegend noch verschmälert, c3 ziemlich lang, etwas gebogen, hinten oft verstärkt und über den Leistenrand vorspringend, c2 meist kurz, manchmal breit und ebenfalls etwas über den Leisten-Unterrand hinausragend, c4 kurz schräg, das Hinterende von c2 kaum übergreifend. Seitenzähne aI, aII, pI und pII sind lang lamellenförmig und erstrecken sich beiderseitig weit von den Wirbeln hinweg, aIII und pIII sind sehr klein oder fehlen ganz.

G. Ligamentgrube sehr lang und schmal, an beiden Enden zugespitzt.

H. Maße erwachsener Stücke $2{,}5 \times 2{,}2 \times 1{,}2$ mm, oft kleiner, selten bis zu 3,5 mm lang.

I. Hintere Kieme fehlt vollständig, vordere sehr einfach, aus der absteigenden Lamelle und der schwachen Andeutung einer aufsteigenden bestehend. Analsipho sehr kurz, Branchialöffnung fehlt; dafür ist der Fußschlitz nach hinten verlängert.

K. Die Art ist gekennzeichnet durch die dünne Schale mit Kanälchen parallel zur Oberfläche, die schmale Schloßleiste, die länger ist als bei allen anderen Arten, denn der Abstand der Spitzen von aI und pI geht nur $1^1/_2$ mal in der Schalenlänge auf, und durch das lange, schmale, an beiden Enden zugespitzte Ligament. Von *P. nitidum* kann sie durch die weniger glänzende, dichter und feiner gestreifte Schale ohne Rillen um die Embryonalschale unterschieden werden, sowie durch die lange schmale Ligamentgrube und das Hinausragen von c2 und c3 über den Leistenrand. Von Kümmerformen von *P. casertanum* durch die schmälere Schloßleiste, die größere Entfernung der Seitenzähne vom Wirbel, und dadurch, daß die Ligamentgrube auch am Hinterende zugespitzt ist. Von schwachen Stücken von *P. milium* durch die weniger glänzende Oberfläche, die wenig übereinandergreifenden Kardinalzähne der linken Klappe und die kürzeren Seitenzähne, deren Spitzen nicht mehr als die halbe Schalenlänge voneinander entfernt sind sowie die deutlichere Ligamentgrube.

L. Die Schloßleiste kann in Biegung und Breite variieren; nur wenn sie schmal ist, ragen die Kardinalzähne über den Rand. Kümmerformen aus der Tiefe der Seen sind rhomboidisch, verzwergt und mit sehr schmaler Schloßleiste = *P. c. infirmum* PIAGET.

M. Lebt vorzugsweise in Seen, nur im hohen Norden auch im seichten Wasser, meist in Stillwasser, gelegentlich in Flußbuchten. Ist im Norden in einer Wassertiefe von 120 m noch zu finden und in den Alpen (Genfer See) in 300 m Tiefe. Die höchsten Fundstellen sind im Norden der Lough Ness (Schottland) in 1200 m, in den Alpen der Silvaplanasee in 1800 m Meereshöhe.

N. Die Art ist nordisch-alpin. Von Irland über Wales, Schottland, Nordskandinavien bis Nowaja Semlja, vom Schweizer Jura, Oberbayern, Salzkammergut bis in die Südalpen, wahr-

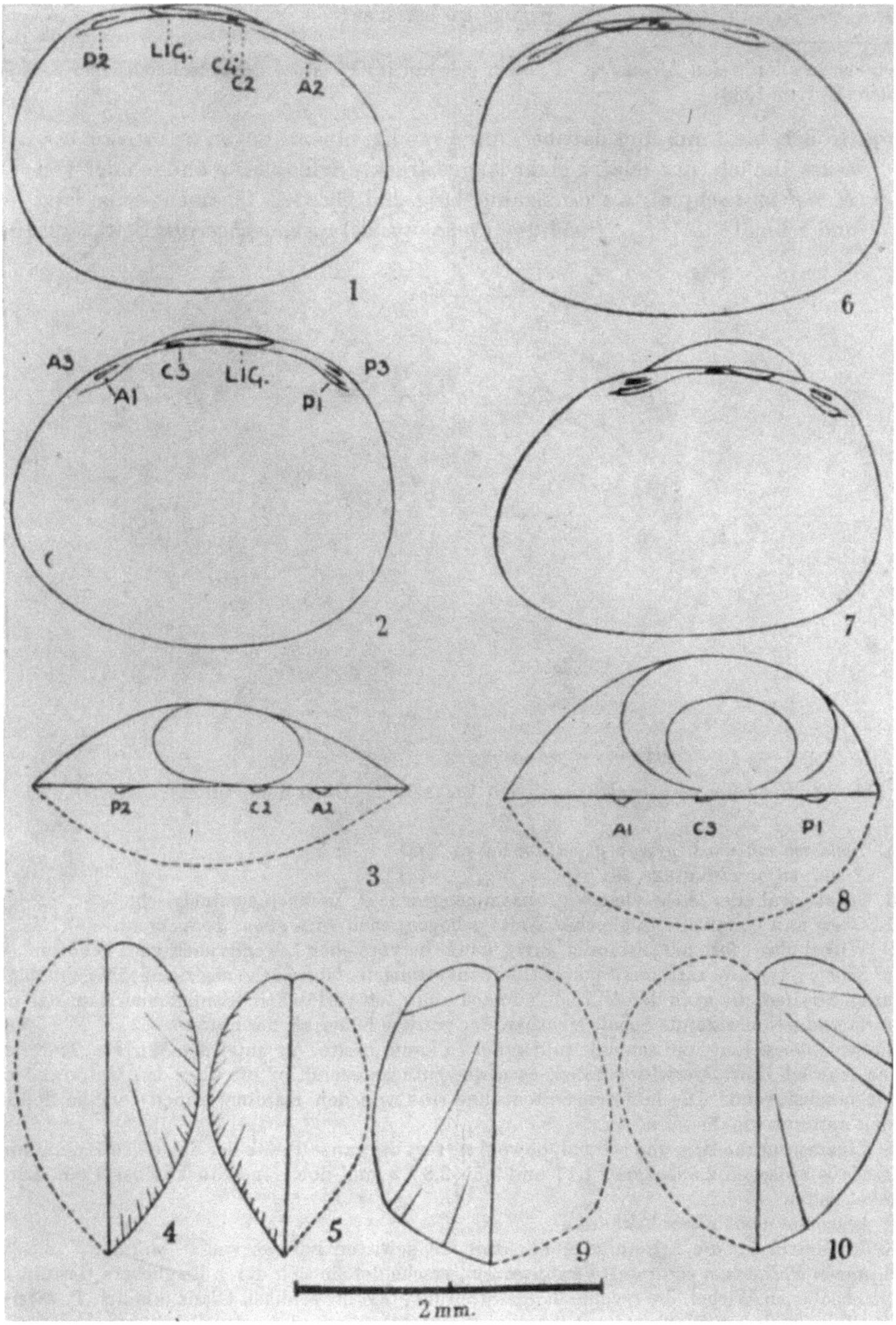

Abb. 29. *Pisidium pseudosphaerium* verglichen mit *P. milium* nach SCHLESCH 1947.
1–5 *P. pseudosphaerium*: 1 linke, 2 rechte Klappe von innen, 3 linke Klappe von oben, 4 und 5 zwei Individuen von vorn.
6–10 *P. milium*: 6 linke, 7 rechte Klappe von innen, 8 rechte Klappe von oben, 9 und 10 zwei Individuen von vorn.
Der Autor zeigt damit, daß entgegen früherer Ansicht es sich um zwei gute Arten handelt, die nur die schwache Schloßleiste gemeinsam haben.

scheinlich in allen tiefen Alpenseen. Fossil bisher nur im Pleistozän des Aschersleбener Sees gefunden (KUIPER 1968).

23b) Größer, bis 3 mm und darüber, dünnwandig, einem jungen *Sphaerium corneum* ähnlich, nur relativ mehr langgestreckt, Schloßleiste ähnlich der von *P. milium*: schmal, Kardinalzähne lang und gerade. Ligamentgrube lang und schmal . . . . *Pisidium* (*Cymatocyclas*) *pseudosphaerium* SCHLESCH 1947

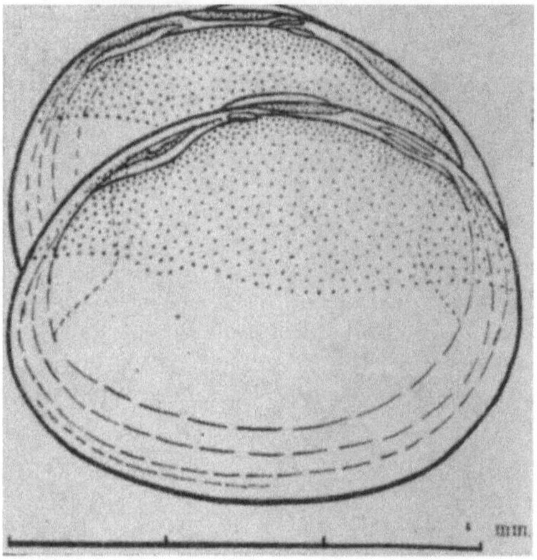

Abb. 30. *Pisidium pseudosphaerium* nach ELLIS 1962. Oben linke, unten rechte Klappe.

A. *Pisidium milium* f. *pseudosphaerium* FAVRE 1927
Pisidium favrei KUIPER 1947.

B. Schale oval oder leicht viereckig, zusammengedrückt, ziemlich symmetrisch.

C. Ober- und Unterrand in gleicher Weise gebogen, nach vorn etwas konvergent.

D. Wirbel glatt, fast mittelständig, breit, kaum hervorstehend, wenig nach vorn gebogen.

E. Schale dünn und zart, nicht porös, Oberhaut strohgelb, Oberfläche mit ziemlich regelmäßigen scharfen Streifen, die nach den Wirbeln zu nach und nach verlöschen. Schließmuskelansätze nierenförmig, durch die dünne Schale sichtbar, der vordere höher als der hintere.

F. Schloßleiste lang und schmal, an den Seiten kaum breiter als unter den Wirbeln, Kardinalzähne schwach, kurz, gerade, parallel, c4 etwas zurückstehend, c2 oft über den Unterrand der Leiste hinausragend. Die hinteren Seitenzähne sind von den Kardinalzähnen beinahe doppelt so weit entfernt wie die vorderen.

G. Ligamentgrube lang und schmal, obwohl sie fast die ganze Breite der Schloßleiste einnimmt.

H. Maße zwischen 2,56 × 2,04 × 1,17 und 3,5 × 2,8 × 2 mm, doch sind Stücke über 3 mm Länge ziemlich selten.

I. Anatomie nicht näher bekannt.

K. Im Umriß hat die Art einige Ähnlichkeit mit gewissen Formen von *P. milium*, *P. nitidum* und jungen *Sphaerium corneum*. Von diesen unterscheidet sie sich durch länglichere Gestalt, die kaum erhobenen Wirbel, die regelmäßigere Streifung, den oft seidigen Glanz (ähnlich *P. hibernicum*), die schmälere Schloßleiste mit längerer Ligamentgrube und die deutlich höher ansetzenden Schalenmuskeln. Von dünnen *P. nitidum* und Kümmerformen von *P. casertanum* kann sie durch die länglichere Gestalt, schwächeres Schloß mit längerer Ligamentgrube getrennt werden. Außerdem hat sie niemals besondere Rillen um den Wirbel wie *P. nitidum* oder Poren wie *P. casertanum*. Junge *Sphaerium corneum* sind relativ höher, also mehr kreisförmig, ihre Streifung rauher, die Schale dicker und die Schloßcharaktere völlig anders.

L. Besondere Formen sind nicht beschrieben worden.

M. Die Art lebt vorzugsweise in Sümpfen, Torfstichen, verlandenden Gewässern, alten Lehmgruben und Moorgräben, immer zwischen der Vegetation.

N. Wegen der ökologischen Ansprüche ist die Verbreitung diskontinuierlich. Lebend bekannt aus England, neuerdings auch aus Irland (KERNEY 1969), Frankreich, ganz Mitteleuropa, Norditalien, Ungarn, ebenfalls neuerdings aus Polen (PIECHOCKI 1969), dem Westen der UdSSR und Finnland. Fossil bisher in Dänemark und Deutschland nur selten nachgewiesen, nicht vor dem letzten Interglazial.

24a) Schale klein, meist unter 3 mm lang, kugelig aufgeblasen, in Extremfällen Doppelschale dicker als breit. Schloßleiste sehr kurz, aIII und pIII sehr kurz, letzterer an der Wirbelseite vor pI vorbei nach innen gebogen und in einen Knoten oder Pseudokallus endend . . . .
Pisidium (*Cymatocyclas*) *obtusale* (LAMARCK 1818) (s. a. Abb. 8 und Tafel XIV, 1)

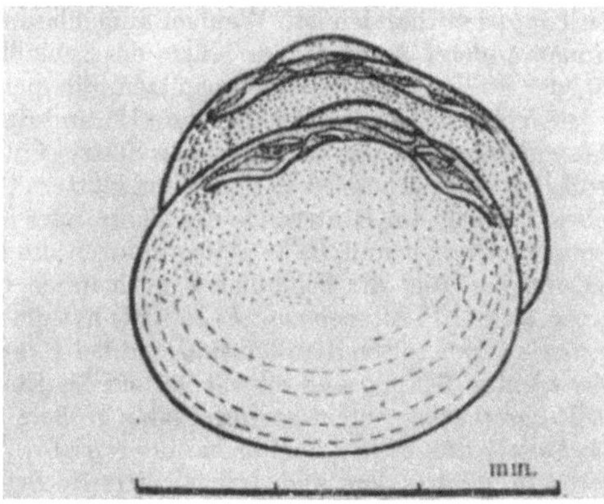

Abb. 31. *Pisidium obtusale* nach ELLIS 1962. Oben linke, unten rechte Klappe. Der Pseudokallus ist nur als Verdickung vorn an pIII ausgebildet.

A. *Cyclas obtusalis* LAMARCK 1818
Pisidium ventricosum PRIME 1851
Pisidium rotundatum PRIME 1852
Pisidium pusillum var. *obtusalis* JEFFREYS 1862
Pisidium scholtzii CLESSIN 1873
? *Pisidium parvulum* CLESSIN 1873
Pisidium obtusalastrum WOODWARD 1921

B. Schale sehr bauchig, etwas unsymmetrisch, im Umriß regelmäßig rundoval; oft sind stark markierte Wachstumsabsätze vorhanden.

C. Oberrand sehr kurz, alle Ränder gehen ohne Ecken ineinander über.

D. Wirbel dick, sehr hoch, etwas hinter der Schalenmitte.

E. Schale dünn, matt-glänzend, sehr porös, mit konzentrischen unregelmäßigen Streifen, Oberhaut wachsgelblich bis hornfarben, aber oft dunkel inkrustiert.

F. Schloßleiste sehr kurz und schmal. Die Spitzen von aI und pI sind $^1/_3$ bis $^3/_7$ der Gesamtlänge voneinander entfernt, c2 und c4 kurz, gerade, parallel, nur wenig übereinandergreifend. Die gerundete Spitze von c2 ist scharf nach außen umgebogen, c3 ist wenig gebogen, sein Hinterende verdickt und manchmal hakig, c2 und c3 stehen oft über den Innenrand der Schloßleiste hinaus. Seitenzähne schwach, aIII rückgebildet und fehlt oft ganz, pIII ist nach vorn in eine nicht scharf abgegrenzte Erhöhung verlängert, den Pseudokallus, der sich oft um das Vorderende von pI herumbiegt und manchmal in der linken Klappe eine leichte Einsattlung der vorderen Verlängerung von pII verursacht.

G. Ligamentgrube ziemlich kurz, obwohl sie den Raum zwischen den Kardinal- und hinteren Seitenzähnen fast ausfüllt, ist fast so breit wie die ganze Schloßleiste.

H. Maße erwachsener Tiere zwischen $2 \times 2{,}5 \times 1{,}5$ und $3{,}75 \times 3{,}5 \times 2{,}5$ mm. Stark aufgeblasene Schalen sind oft dicker als lang, was bei keiner anderen einheimischen Art weiter vorkommt.

I. Die hintere Kieme ist gut entwickelt und beginnt am 5. Filament der vorderen. Aufsteigende Lamelle der vorderen oft bis auf einen schmalen Falz reduziert und gewöhnlich nur in der Umbiegungszone mit der absteigenden verbunden. Die Filamentschenkel verwachsen in gleicher, aber geringer Höhe. Fußschlitz lang, Präsiphonalsutur etwa ebenso lang wie die Intersiphonalsutur. Dorsallobus des Nephridiums breit gerundet und geschlossen; er bedeckt den Perikardialtubus ganz; äußerer Teil breiter und bis vor den inneren ausgezogen. Sipho an der Basis konisch, dann zylindrisch, mit einfachem Rand.

K. Die Art könnte mit *P. personatum* verwechselt werden; aber sie ist bauchiger, ihre Wirbel viel höher und die Streifung gröber. Die Schloßleiste ist schwach und sehr kurz, so daß die Entfernung der Spitzen von aI und pI $2^1/_3$ bis 3 mal in der Gesamtlänge aufgeht, während sie bei *P. personatum* die Hälfte der Gesamtlänge beträgt. Ein gutes Unterscheidungsmerkmal ist auch der Pseudokallus, der von dem Kallus von *P. personatum* darin verschieden ist, daß er pIII fortsetzt und nur in der rechten Klappe vorhanden ist. Weniger aufgeblasene Formen von *P. obtusale* können von runden Individuen anderer Arten an der Kürze der Schloßleiste, an der Art, wie sie am Wirbel verschmälert ist, der Stellung der Seitenzahnspitzen, die meist in der Mitte oder nach dem Wirbel zu stehen, der fast völligen Verkümmerung von aIII und den schmalen geraden, aufrechten Kardinalzähnen, besonders c2 mit der umgebogenen Spitze, unterschieden werden. Aufgeblasene Stücke können von *P. lilljeborgi* außerdem durch ihre glattere Oberfläche und das Fehlen des für *P. lilljeborgi* typischen Winkels am Hinterende des Oberrandes getrennt werden. Die Art unterscheidet sich ferner von *P. nitidum* und *P. hibernicum* durch die kurze Schloßleiste, durch die längere Ligamentgrube und die über die Schloßleiste nach innen ragenden c2 und c3. Bei *P. obtusale* ist c2 immer kürzer als bei *P. hibernicum*. *P. obtusale* hat die poröseste Schale der Gattung, während bei *P. hibernicum* Poren selten deutlich sind und bei *P. nitidum* zu fehlen scheinen. Die äußeren Seitenzähne der rechten Klappe sind schwächer und die Embryonalschale glänzender als bei *P. hibernicum*. Von *P. casertanum* weicht es durch seine größere Bauchigkeit, die glänzendere regelmäßiger gestreifte Schale und in den Schloßcharakteren ab. Von *P. subtruncatum* wird es getrennt durch seine porösere, glänzendere und derber gestreifte Schale, die breiteren Wirbel und die Beschaffenheit des Schlosses.

L. Die Art ist nach Größe, Dicke, Wirbelhöhe und Oberflächenskulptur ziemlich veränderlich. Eine kleine, sehr bauchige Form mit verkürztem Hinterteil und noch runderem Umriß ist *P. o. scholtzii* CLESSIN 1873 = *P. o. lapponicum* CLESSIN 1877, die typisch sowohl für nordische Gewässer als auch für kaltzeitliche Ablagerungen ist. Ferner wird in torfigem Wasser der Pseudokallus kleiner oder verschwindet = *C. o. acidicola* STELFOX 1929; die Schale wird größer und länglicher, die Schloßcharaktere sind nicht so deutlich. Diese Form kann von *P. personatum* und *P. casertanum* durch den Glanz und die stärkere Streifung unterschieden werden.

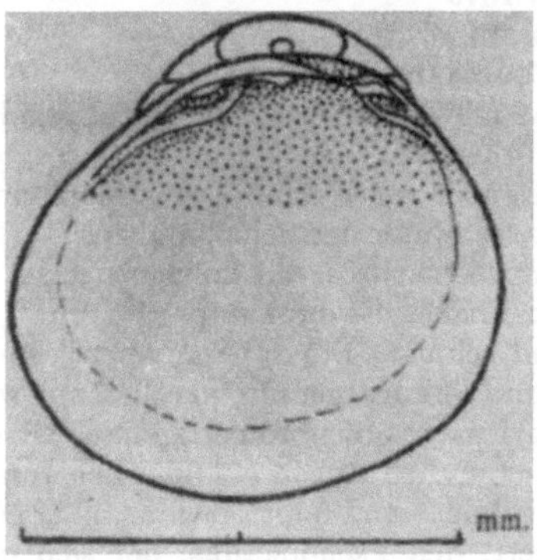

Abb. 32. *Pisidium obtusale lapponicum* nach ELLIS 1962. Rechte Klappe von innen, der Pseudokallus an pIII ist hier etwas undeutlich.

Abb. 33. *Pisidium obtusale lapponicum*, Beispiele zur Variabilität nach FAVRE & JAYET 1938. Diese Kümmerform ist als Anzeiger für kaltzeitliche Ablagerungen für den Fossilien-Bearbeiter wichtig. Die Einschnürungen sind Wachstumsunterbrechungen.

M. Lebt vorwiegend in Kleingewässern: Gräben, Tümpeln, kleinen Weihern, selten in Seen, nicht im fließendem Wasser.

N. Verbreitung holarktisch. Vor allem in nördlichen und mittleren Breiten, nach Süden spärlicher, selten südlich der Alpen. In der UdSSR südlich bis Kaukasus, weiter nach Sibirien, Baikalien, Tibet, Nordamerika. In den Alpen bis 1800 m Meereshöhe. Fossil häufig im Pleistozän und Holozän seines europäischen Verbreitungsgebietes.

24 b) Schale weniger bauchig 25

25 a) Schale mittelgroß und größer, bis etwa 8 mm lang, meist aber kleiner, Oberfläche fein und dicht, stellenweise unregelmäßig gestreift. Wirbel breit, wenig vorstehend, Schloßleiste stark, c2 und c3 gebogen, Ligamentgrube ziemlich lang und breit. Umrißform und Schloßcharaktere relativ variabel . . *Pisidium* (*Cymatocyclas*) *casertanum* (POLI 1791) (s. a. Abb. 8 und Tafel XIII, 2)

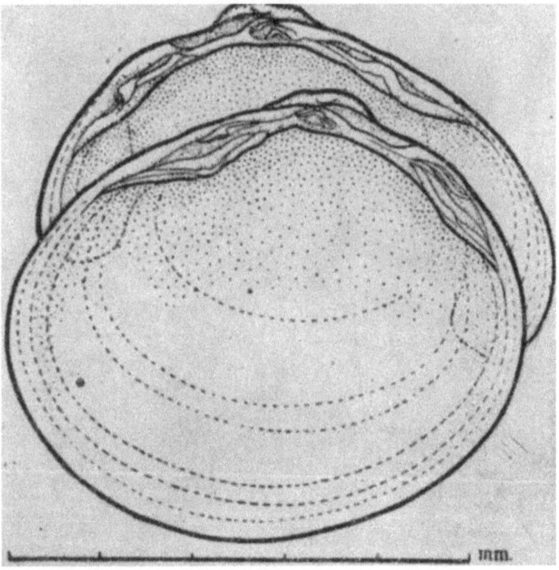

Abb. 34. *Pisidium casertanum* nach ELLIS 1962, ein typisches, ziemlich großes Individuum. Oben linke, unten rechte Klappe.

A. *Cardium casertanum* POLI 1791
Pisidium fontinale C. PFEIFFER 1821
Pisidium cinereum ALDER 1838
Pisidium fossarinum CLESSIN 1873

B. Schale oval oder etwas dreieckig, mäßig bauchig, zwischen den Wirbeln und der Mitte des Unterrandes gewölbt, ziemlich unsymmetrisch.

C. Oberrand kurz, Hinterrand rund oder wenig abgestutzt, Unterrand gleichmäßig gebogen, Vorderrand unten gut gerundet, aber nach dem Oberrande zu nur wenig gekrümmt, so daß die Schalenspitze etwas unterhalb der Mitte liegt.

D. Wirbel etwa bei 3/5 der Schale gelegen, wenig hervorstehend, breit gerundet, im ganzen etwas nach hinten gebogen, die Spitze aber nach vorn geneigt. Embryonen länglich.

E. Schalendicke variabel von dünn-durchscheinend bis ziemlich massiv. Oberfläche fein und dicht, aber etwas unregelmäßig gestreift, Skulptur vielfach durch Wachstumsabsätze verschiedener Art unterbrochen.

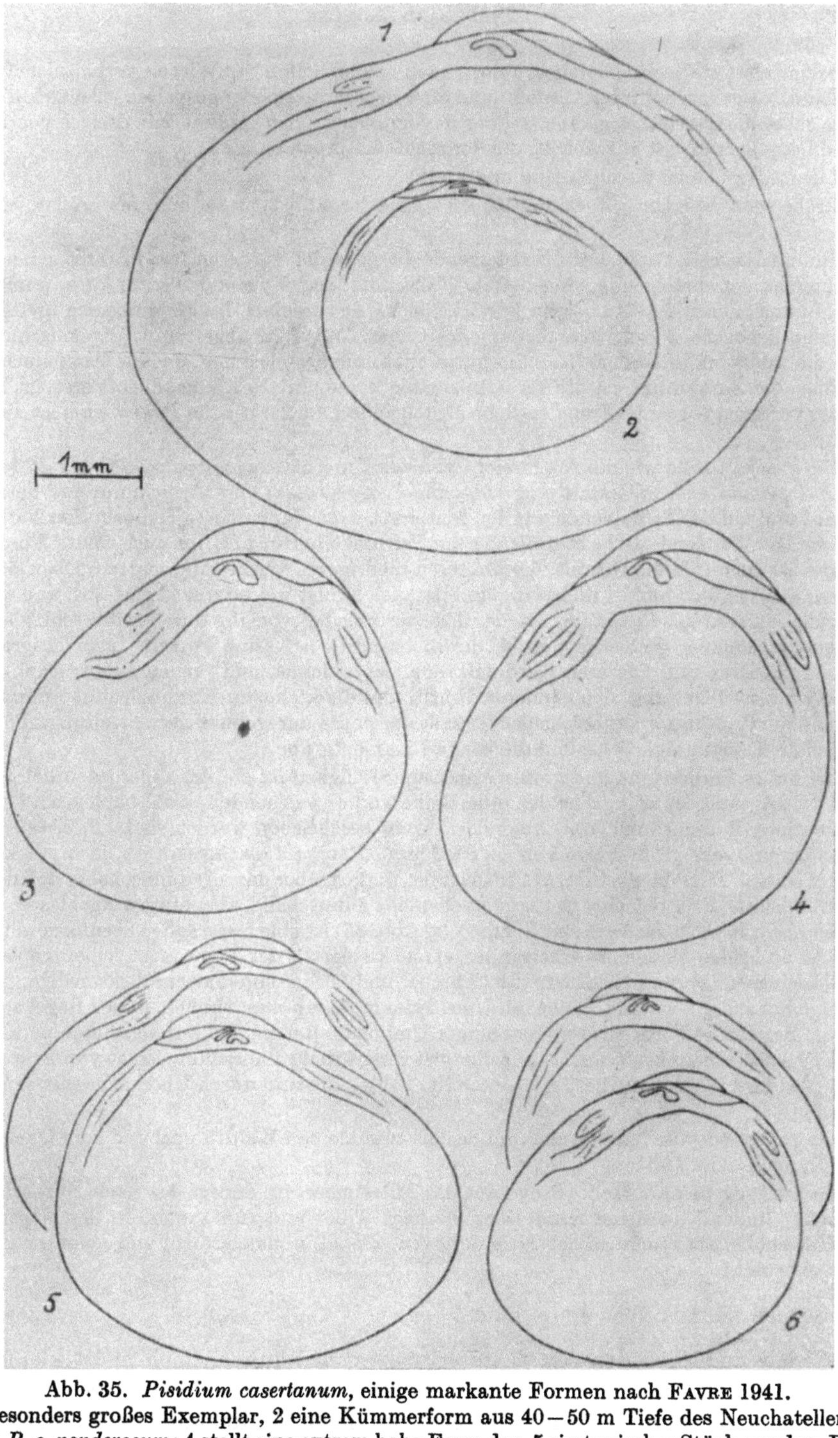

Abb. 35. *Pisidium casertanum*, einige markante Formen nach FAVRE 1941.
1 ein besonders großes Exemplar, 2 eine Kümmerform aus 40–50 m Tiefe des Neuchateller Sees, 3 und 4 *P. c. ponderosum*; 4 stellt eine extrem hohe Form dar, 5 ein typisches Stück aus dem Doubs, 6 *P. c. humeriforme*.

F. Schloßleiste stark, ziemlich gekrümmt, nach beiden Seiten des Wirbels verhältnismäßig lang ausgedehnt. c3 gebogen, hinten verdickt und oft eingeschnitten oder gespalten, c2 eine kurze hohe, winklig gebogene Platte, c4 gerade, schräg davorstehend. Seitenzähne mit dreieckigen Spitzen, aII und besonders aI gut entwickelt, die der rechten Klappe parallel.

G. Ligamentgrube ist ziemlich lang und breit.

H. Größe sehr veränderlich: häufig 3,7×3×2,2 oder 4,3×3,3×2,4 mm, oft größer, bis 8 mm lang.

I. Hintere Kieme ist sehr kurz, aufsteigende Lamelle der vorderen fast in ihrer ganzen Höhe mit Septen an der absteigenden angeheftet. Fußschlitz lang, Präsiphonalsutur kurz, wenig länger als die Branchialöffnung. Analsipho kurz, konisch. Dorsallobus des Nephridiums breitgezogen, durch eine gebogene Furche ein fast quadratischer Außenteil abgetrennt. Apikalschlinge des Perikardialtubus völlig verdeckt. — Ein gutes anatomisches Merkmal, das die Art jedoch mit *P. personatum* gemeinsam hat, ist die verhältnismäßig kurze hintere Kieme, die oft erst am 12. Filament der vorderen beginnt. Eine deutliche absteigende Lamelle wie bei *P. amnicum* ist nicht vorhanden.

K. Die gleiche Größe wie die Art erreicht von der Untergattung *Cymatocyclas* nur *P. henslowanum*. *P. casertanum* ist in Gestalt und Anatomie *P. personatum* sehr ähnlich, nur daß diese nie so groß wird und auf der Schloßleiste vor den hinteren Seitenzähnen einen Kallushöcker hat. Sie ist ferner weniger glänzend als *P. obtusale,* dessen Pseudokallus an pIII ihr auch fehlt. Von *P. subtruncatum* ist sie durch die Gestalt, die breiterén niedrigeren Wirbel und mattere Oberfläche verschieden; auch sind c2 und c4 nicht lang und parallel, aII ist weiter von c2 entfernt, und die Ligamentgrube ist breiter. *P. nitidum* ist deutlich verschieden von ihr durch seine sehr glänzende, stark und regelmäßig gestreifte Schale, die nicht porös ist, seine kürzere Ligamentgrube und durch die kleineren und kürzeren Kardinalzähne. Von kleinen und jungen *P. amnicum* kann sie durch die feinere Streifung, den runderen Umriß und die kleineren Kardinalzähne unterschieden werden. Von *P. supinum* unterscheidet sie sich durch die unregelmäßigere Streifung, die breiten Wirbel ohne oberständige Falte und die breite Ligamentgrube.

L. Bei weiter Verbreitung und großer Anpassungsfähigkeit ist die Art außerordentlich formveränderlich. Die Autoren unterscheiden eine Reihe von abweichenden, wohl ökologisch bedingten Formen, die z. T. ursprünglich als besondere Arten beschrieben worden sind. *P. c. intermedium* GASSIES ist eine sehr große Form von 8×6×3 mm. *P. c. ovatum* CLESSIN ist flach mit kaum erhöhten Wirbeln. *P. c. roseum* SCHOLTZ 1843 ist ihr ähnlich, aber dazu so dünnschalig, daß die Leber rot durchscheint. *P. c. globulare* CLESSIN ist ebenfalls dünnschalig, aber stark aufgeblasen, kugelig, eine Gebirgsform. *P. c. humeriforme* STELFOX (s. Abb. 35) ist eine festschalige Seenform mit stumpfen Ecken an beiden Enden des Oberrandes, etwas kleiner als der Typus, fast schief trapezförmig. *P. c. ponderosum* STELFOX (s. a. Nr. 16b, Abb. 20 und 35) ist eine extrem dickschalige, gerundet dreieckige Form der Seen und Bäche, im Umriß einem *P. supinum* ähnlich, in der Regel aus Kalkgebieten. Sogar eine Form mit seitenständiger Umbonalfalte, die den Zuwachslinien parallel läuft wie bei *P. moitessierianum,* (= *P. c. plicatum*) ist rezent und subfossil im Gebiet von Brandenburg gefunden worden (ZEISSLER 1962, s. a. unter Nr. 13b). Alle sind durch Übergänge mit dem Typus verbunden.

M. Die Art ist euryök: Vom Strom und See bis zum kleinen Waldtümpel und zum Quellrinnsal; die häufigste Art der Gattung.

N. Verbreitung paläarktisch. Rings um das Mittelmeer, in Europa bis nach Nordschottland Lappland, Finnland, in Asien mindestens bis nach Tibet und zum Amur. In den Alpen bis zu 2200 Meereshöhe, aber nicht in der Tiefe der Seen. Fossil in pleistozänen und holozänen Ablagerungen aller Art.

25b) Schale niemals über 4 mm lang 26

26a) Schale äußerlich der von *P. casertanum* sehr ähnlich, doch meist kleiner, höchstens 3,7 mm lang. Auf der Schloßleiste zwischen den hinteren Seitenzähnen und der Ligamentgrube eine rundliche Verdickung, der Kallus, der an der linken Schale zuweilen etwas undeutlich ist . . . .
Pisidium (*Cymatocyclas*) *personatum* MALM 1855 (s. a. Abb. 8 und Tafel X, 2)

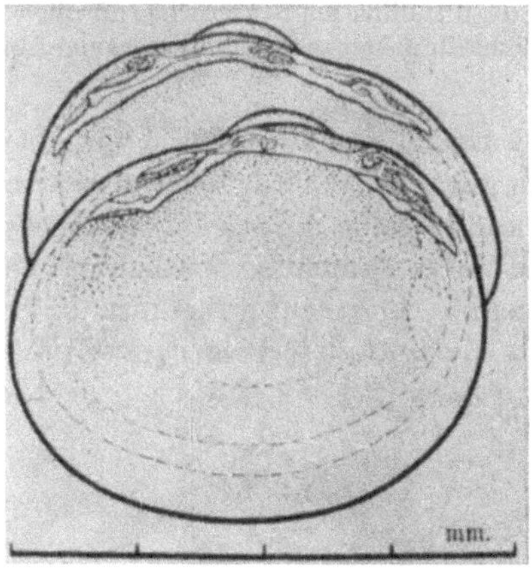

Abb. 36. *Pisidium personatum* nach ELLIS 1962. Oben linke, unten rechte Klappe. In der Zeichnung ist der Kallus deutlicher dargestellt, als er oft in Wirklichkeit zu sehen ist.

A. ? *Cyclas gibba* ALDER 1831
Pisidium pusillum JENYNS 1832
Pisidium gassiesianum DUPUY 1849
Pisidium pusillum CLESSIN 1871
Pisidium bulgaricum ODHNER 1929

Weitere Synonyme siehe bei BOETTGER 1961, S. 243, Anm. c.

B. Schale rundoval linsenförmig, wenig gewölbt, beinahe symmetrisch.

C. Oberrand mit Vorder- und Hinterrand oft schwach winklig verbunden; sonst ist der Umriß ein fast reines Oval.

D. Wirbel breit aufgeblasen, wenig vorstehend, fast mittelständig. Embryonalschale glatt, von eingetieften Linien undeutlich begrenzt.

E. Mäßig dickschalig, sehr porös, fein, aber unregelmäßig konzentrisch gestreift, matt seidig glänzend. Oberhaut hell hornfarben bis rötlichgelb, oft mit Kalk oder Eisenverbindungen inkrustiert.

F. Schloß ähnlich wie das von *P. casertanum*, hat aber vor den Seitenzähnen pII und pIII noch eine rundliche Erhöhung, den Kallus, der in der rechten Klappe deutlicher entwickelt ist als in der linken. c2 ist lang und meist gebogen, c3 leicht gebogen, hinten verdickt und hakenförmig. pIII parallel zu pI, aIII und pIII nahe beim Schalenrand.

G. Ligamentgrube lang und ziemlich breit.

H. Erwachsene Tiere messen meist zwischen 3,1 × 2,6 × 1,5 und 3,7 × 3 × 2,1 mm. Sehr große Stücke bis 4,75 × 4 × 3 mm, aber selten.

I. Die hinteren Kiemen sind sehr klein und schmal, die aufsteigende Lamelle der vorderen halb so breit wie die absteigende. Fußschlitz weit nach hinten verlängert, Präsiphonalsutur kurz, etwa so lang wie der Durchmesser des hinteren Schließmuskels. Sipho kurz und breit konisch.

K. Äußerlich ist die Art *P. casertanum* ähnlich, erreicht aber nie dessen Größe. Von jungen *P. casertanum* unterscheidet sie sich durch den fast mittelständigen Wirbel und vor allem durch den Kallus, den keine andere Art hat. Mit *P. nitidum* hat sie einige Ähnlichkeit in der Gestalt, aber in keinem anderen Merkmal. *P. obtusale* hat zwar auf der Schloßleiste den unscharfen Pseudokallus, unterscheidet sich aber auch durch die höheren Wirbel, den Glanz, die kurze schmale Schloßleiste. *P. hibernicum* hat niemals einen Kallus, ist stärker gestreift und hat einen schmäleren höheren Wirbel sowie eine kürzere gedrungenere Ligamentgrube.

L. M. Die Art lebt sowohl in kleinen und kleinsten Gewässern: Quellen, Quellbächen, Gräben und kleinen Teichen sowie im Grundwasser, als auch in größeren Seen, doch dort nur in Tiefen von etwa 15 m ab, wo sie stark abändert. Die von CLESSIN benannten Tiefsee-Pisidien *P. asperi*, *imbutum*, *luganense*, *moussonianum*, *profundum*, *submersum* und *tritonis* gehören sämtlich zu *P. personatum*.

N. Verbreitung europäisch, dazu südlich bis Nordafrika, nördlich bis Mittelschweden. Geht in den Alpen bis 2000 m Meereshöhe. In pleistozänen und holozänen Ablagerungen des Verbreitungsgebietes häufig.

26b) Schale bis 3 mm groß, Umrißform ähnlich wie vor, aber immer ohne Kallus, dicht und regelmäßig gestreift, Wirbel höher und stumpfkonisch, mit konzentrischen Streifen und radialen Sprenkeln. 3—5 schwache Rillen grenzen ihn ab; jedoch ist das Merkmal nicht so deutlich wie bei *P. nitidum*. Kardinalzähne lang, fast gerade, Ligamentgrube kurz und breit . . . . *Pisidium* (*Cymatocyclas*) *hibernicum* WESTERLUND 1894 (s. a. Abb. 9 und Tafel XIV, 3)

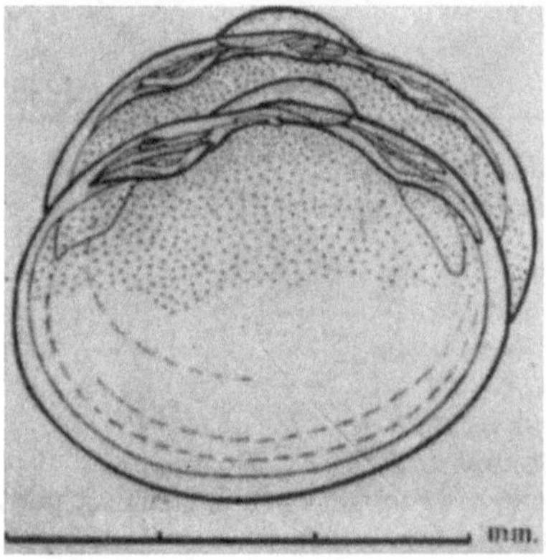

Abb. 37. *Pisidium hibernicum* nach ELLIS 1962. Oben linke, unten rechte Klappe.

A. *Pisidium medianum* STERKI 1899
Pisidium ferrugineum HERRINGTON 1962, non PRIME 1851

B. Schale über der Mitte aufgeblasen, an den Seiten leicht gewölbt, beinahe symmetrisch.

C. Oberrand mit dem Vorderrand und dem leicht abgestutzten Hinterrand undeutliche Winkel bildend; sonst im Umriß gleichmäßig gerundet.

D. Wirbel klein, aber spitz und hochgezogen, etwas hinter der Mitte stehend, von der übrigen Schale durch 3—5 schwache Rillen abgegrenzt. Embryonalschale mit feinen konzentrischen Streifen und strahligen Sprenkeln.

E. Dünnschalig, fein und zart, aber deutlich und etwas unregelmäßig konzentrisch gestreift, seidenglänzend.

F. Schloßleiste kurz, schmal oder mäßig breit, c2 und c4 parallel, lang, gerade oder wenig gebogen, c3 sehr lang, kaum gebogen, manchmal am Hinterende etwas verdickt. Seitenzähne der rechten Klappe parallel, gebogen, mit scharfen Spitzen.

G. Ligamentgrube kurz und breit, gewöhnlich in der Mitte breiter als bei *P. nitidum*.

H. Maße erwachsener Muscheln zwischen 2,6×2,1×1,7 und 3×2,5×2 mm. FAVRE gibt aus der Schweiz sehr große Stücke bis zu 4,5 mm Länge an.

I. Der Weichkörper ist von lachsroter oder rosa Farbe und schimmert oft durch die Schale. Die hintere Kieme ist wohlentwickelt, immer am 6. Filament der vorderen beginnend, deren aufsteigende Lamelle bis zur halben Höhe an der absteigenden angewachsen; die interlamellären Septen sind gleich hoch. Der Mantel ist weit nach hinten offen, der Fußschlitz ist mehr als doppelt so lang wie die Strecke vom Beginn der Präsiphonalsutur bis zum hinteren Schließmuskel. Nephridium in die Breite gezogen mit geschlossener Dorsalschlinge. Die beiden Teile des Lobus können gleich oder ungleich breit sein. Der Sipho schmal, röhrenförmig mit einfachem Rande.

K. Nach der Form könnte *P. hibernicum* mit *P. personatum* und *P. obtusale* verwechselt werden; es hat jedoch niemals einen Kallus oder Pseudokallus auf der Schloßleiste, und sein kurzes breites

Tafeln VI—XIV

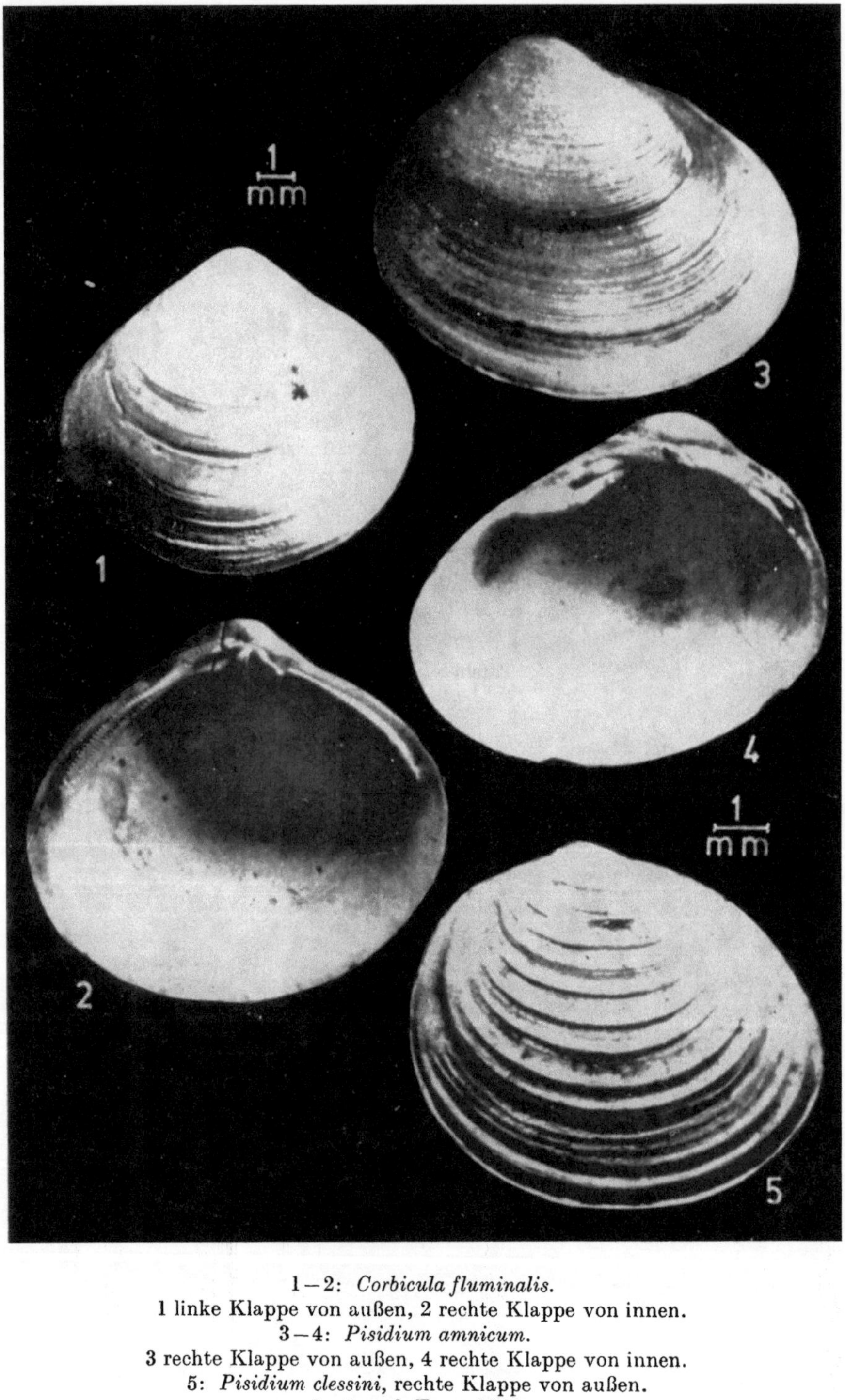

1–2: *Corbicula fluminalis.*
1 linke Klappe von außen, 2 rechte Klappe von innen.
3–4: *Pisidium amnicum.*
3 rechte Klappe von außen, 4 rechte Klappe von innen.
5: *Pisidium clessini*, rechte Klappe von außen.
1–5 nach ELLIS 1962.

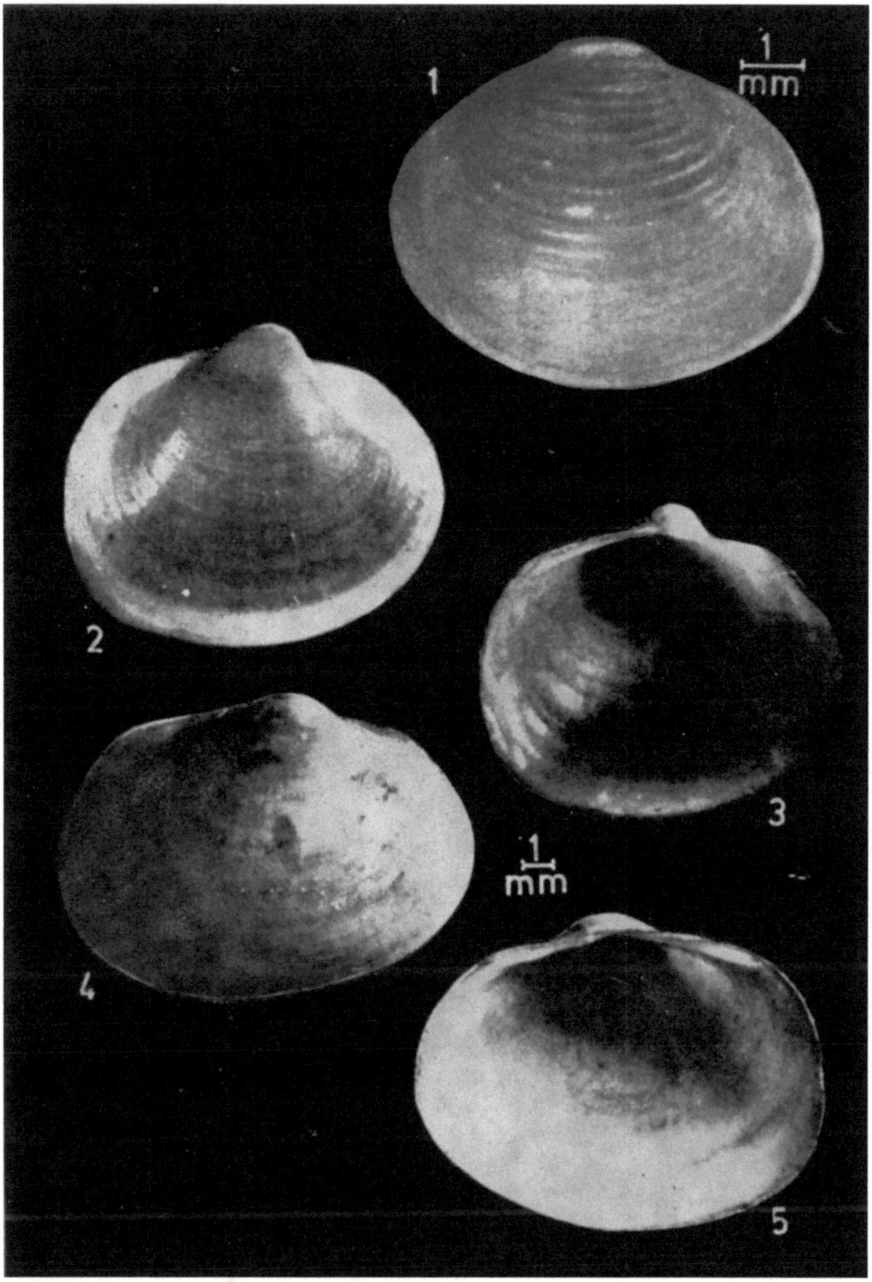

1: *Sphaerium solidum*, linke Klappe von außen.
2–3: *Musculium lacustre*.
2 rechte Klappe von außen, 3 linke Klappe von innen.
4–5: *Musculium transversum*.
4 rechte Klappe von außen, 5 rechte Klappe von innen.
1 nach EHRMANN 1933, 2–5 nach ELLIS 1962.

Tafel VIII

1: *Sphaerium rivicola*, rechte Klappe von außen.
2: *Sphaerium corneum* von links, Fuß und Siphonen gestreckt.
3: *Pisidium amnicum* von rechts, Fuß und Sipho gestreckt.
1 nach Ehrmann 1933, 2 und 3 nach Ellis 1962.

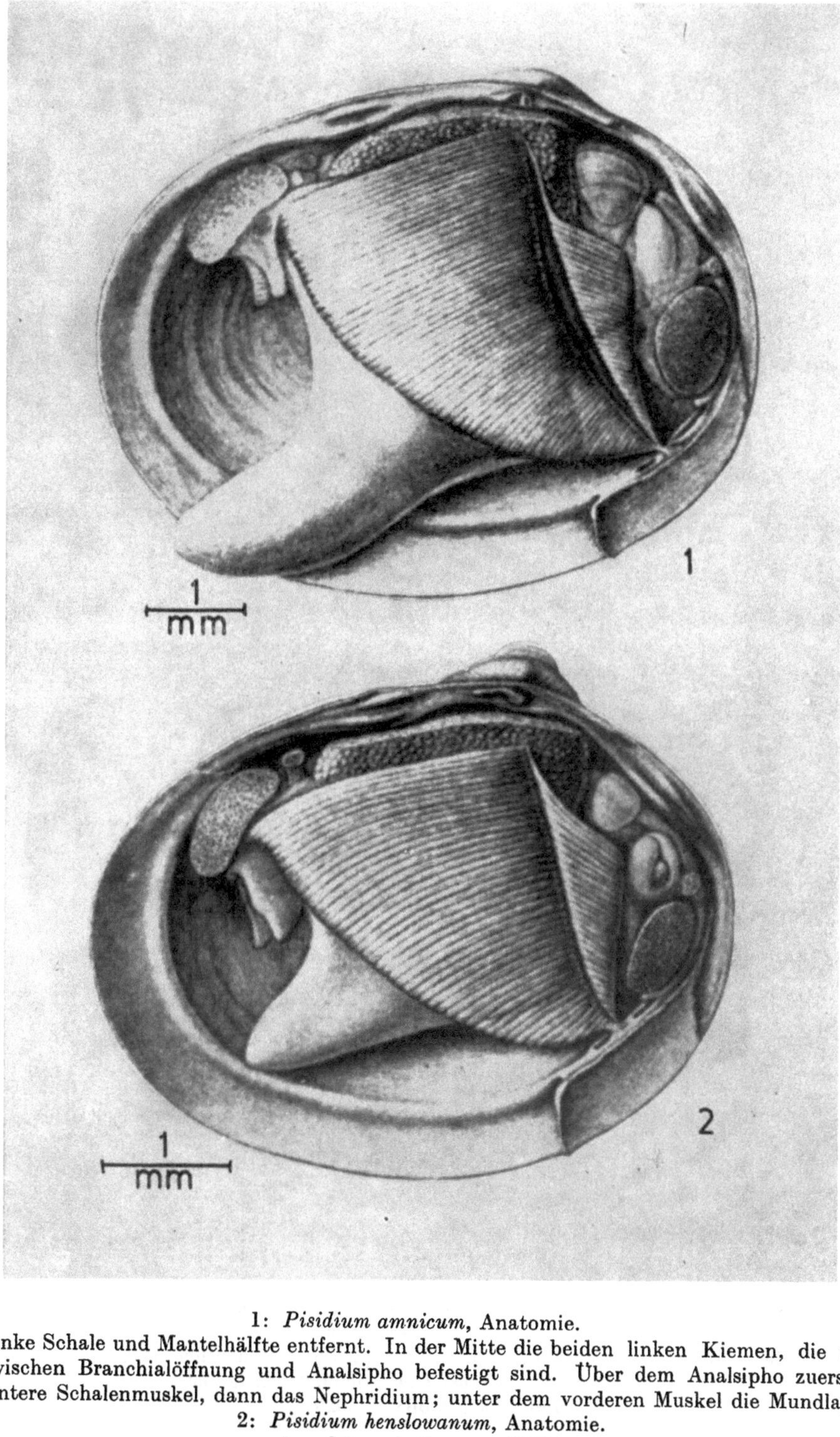

1: *Pisidium amnicum*, Anatomie.

Linke Schale und Mantelhälfte entfernt. In der Mitte die beiden linken Kiemen, die unten zwischen Branchialöffnung und Analsipho befestigt sind. Über dem Analsipho zuerst der hintere Schalenmuskel, dann das Nephridium; unter dem vorderen Muskel die Mundlappen.

2: *Pisidium henslowanum*, Anatomie.

1 und 2 nach Odhner 1929.

Tafel X

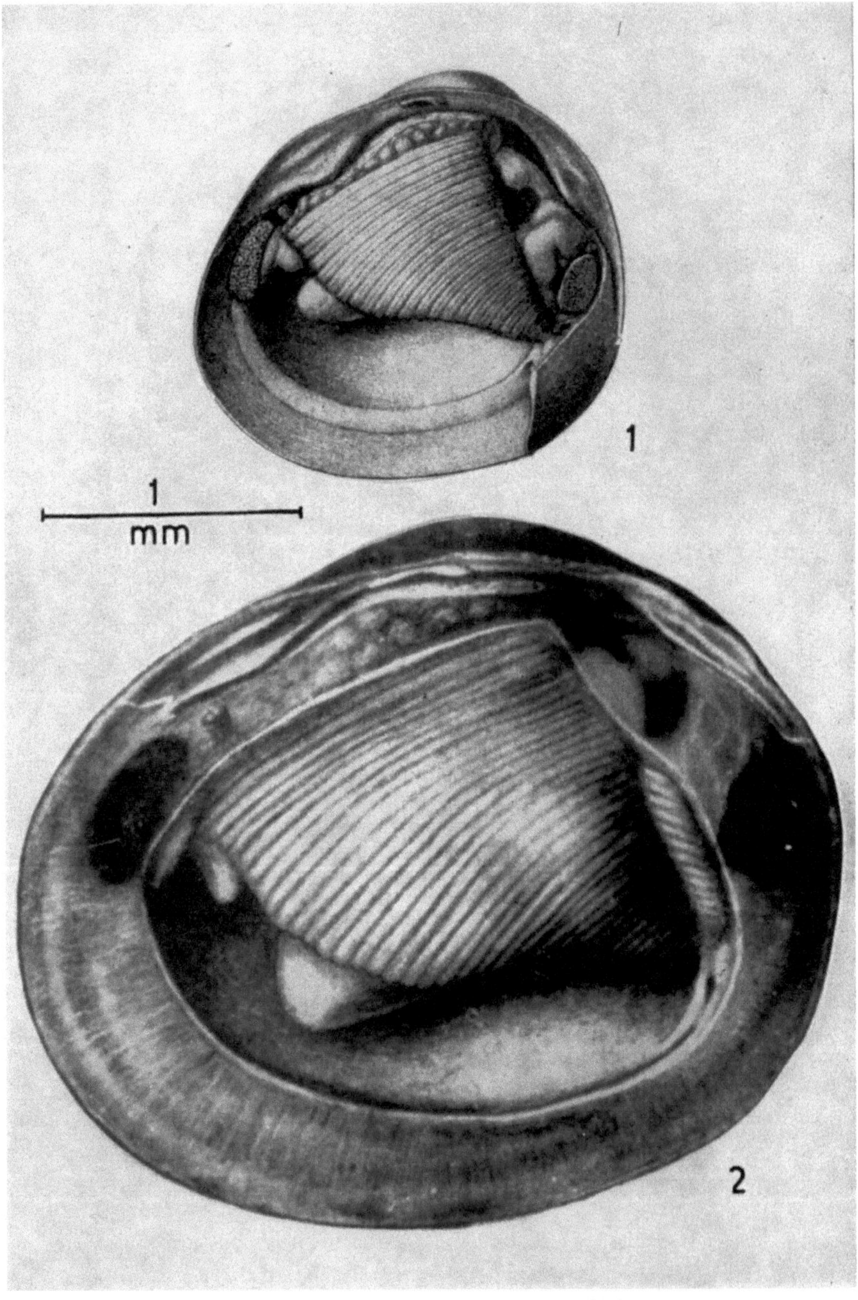

1: *Pisidium moitessierianum*, Anatomie.
2: *Pisidium personatum*, Anatomie.
Hier sind die Öffnung in der Mantelnaht und das Nephridium undeutlich dargestellt; dafür ist zu erkennen, daß das Tier „kiementrächtig" ist.
1 und 2 nach Odhner 1929.

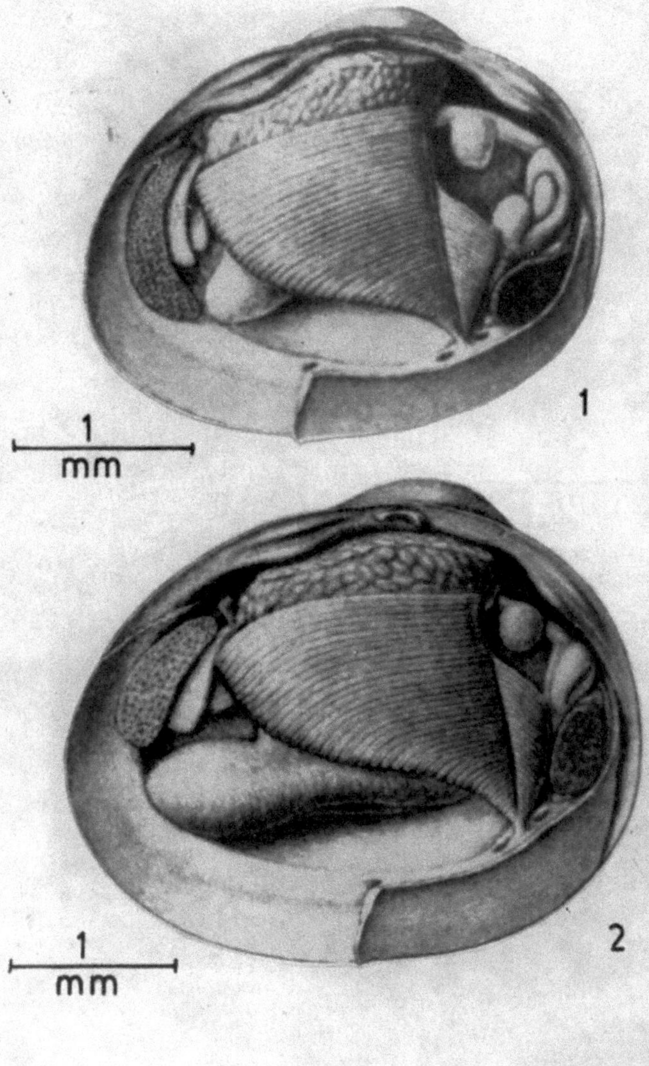

1: *Pisidium milium*, Anatomie.
2: *Pisidium subtruncatum*, Anatomie.
1 und 2 nach Odhner 1929.

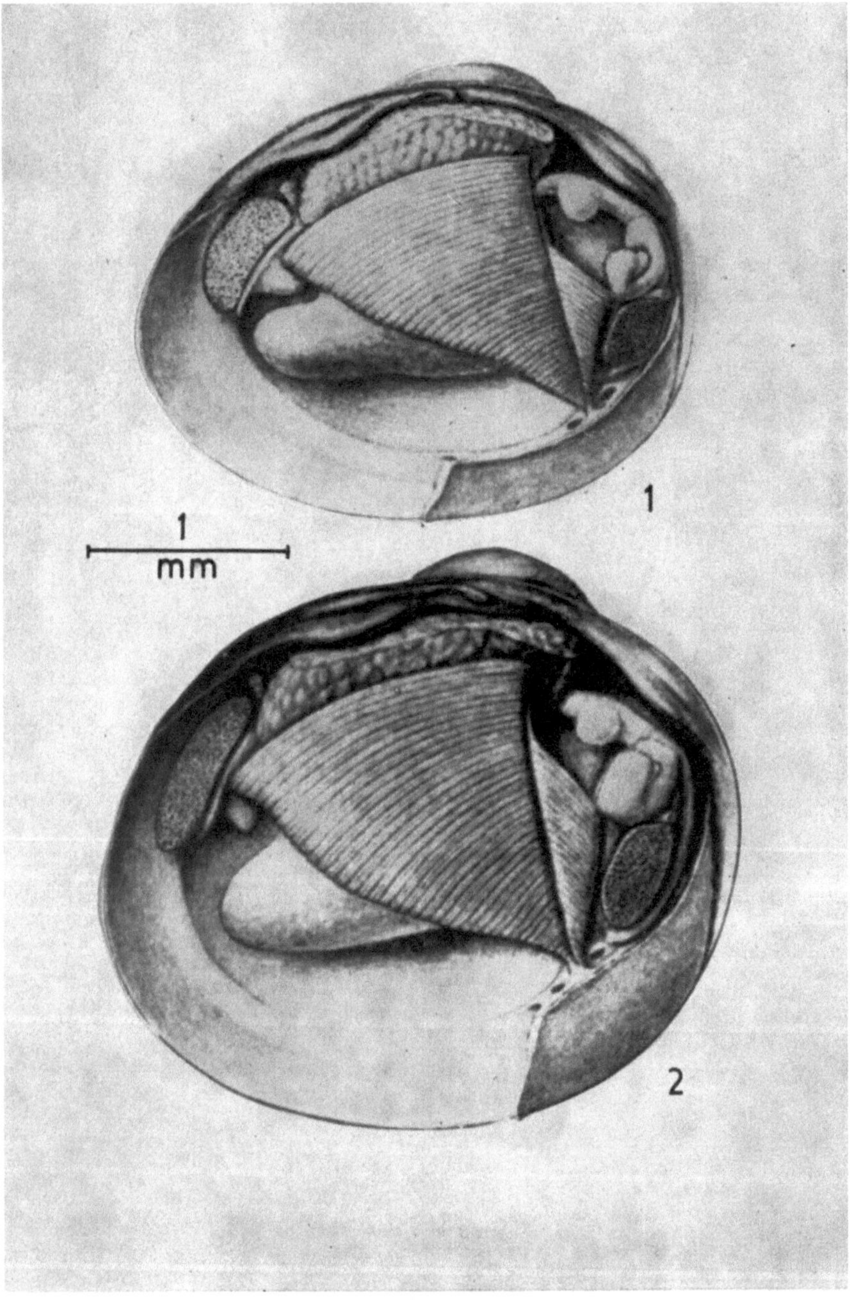

1: *Pisidium nitidum*, Anatomie.
2: *Pisidium lilljeborgi*, Anatomie.
1 und 2 nach ODHNER 1929.

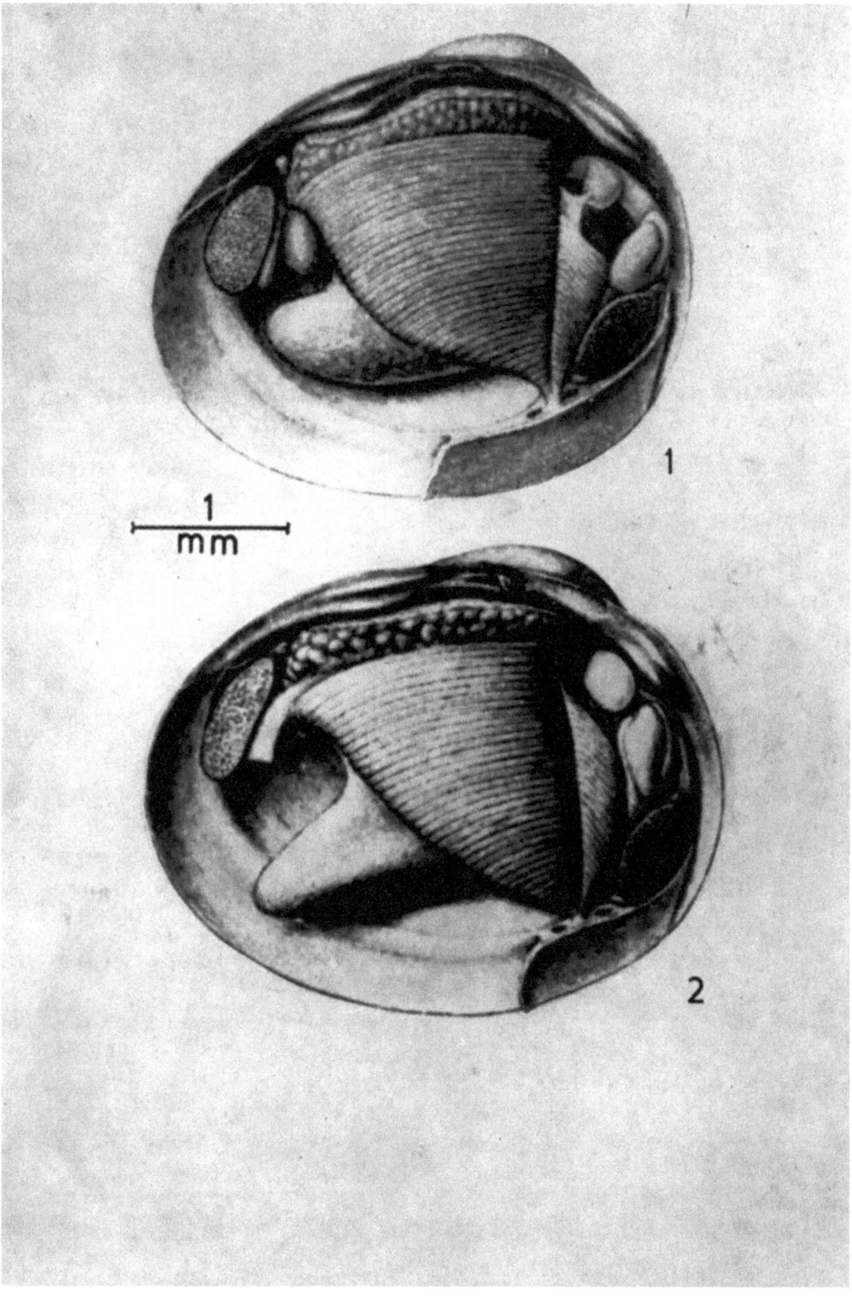

1: *Pisidium pulchellum*, Anatomie.
2: *Pisidium casertanum*, Anatomie.
1 und 2 nach ODHNER 1929.

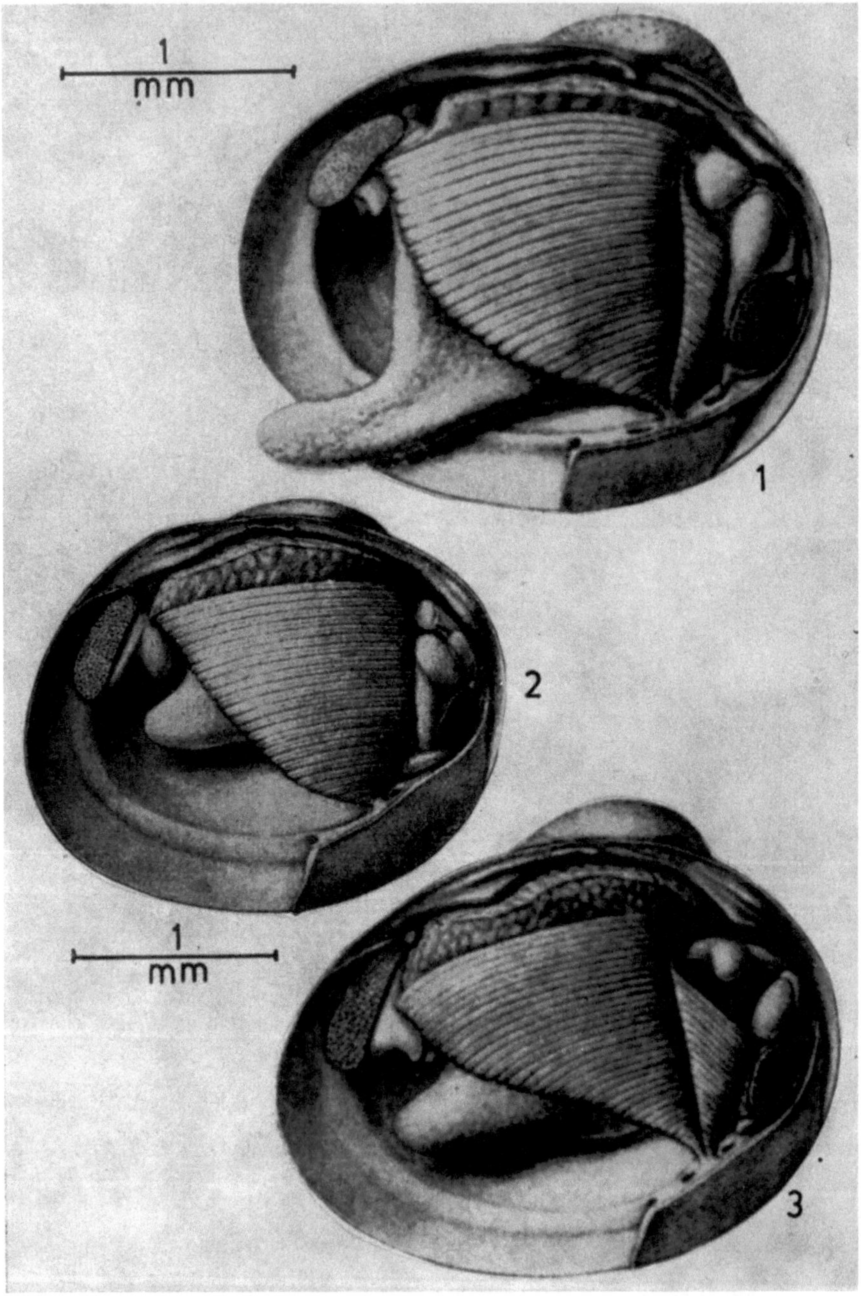

1: *Pisidium obtusale*, Anatomie.
2: *Pisidium conventus*, Anatomie.
3: *Pisidium hibernicum*, Anatomie.
1 bis 3 nach Odhner 1929.

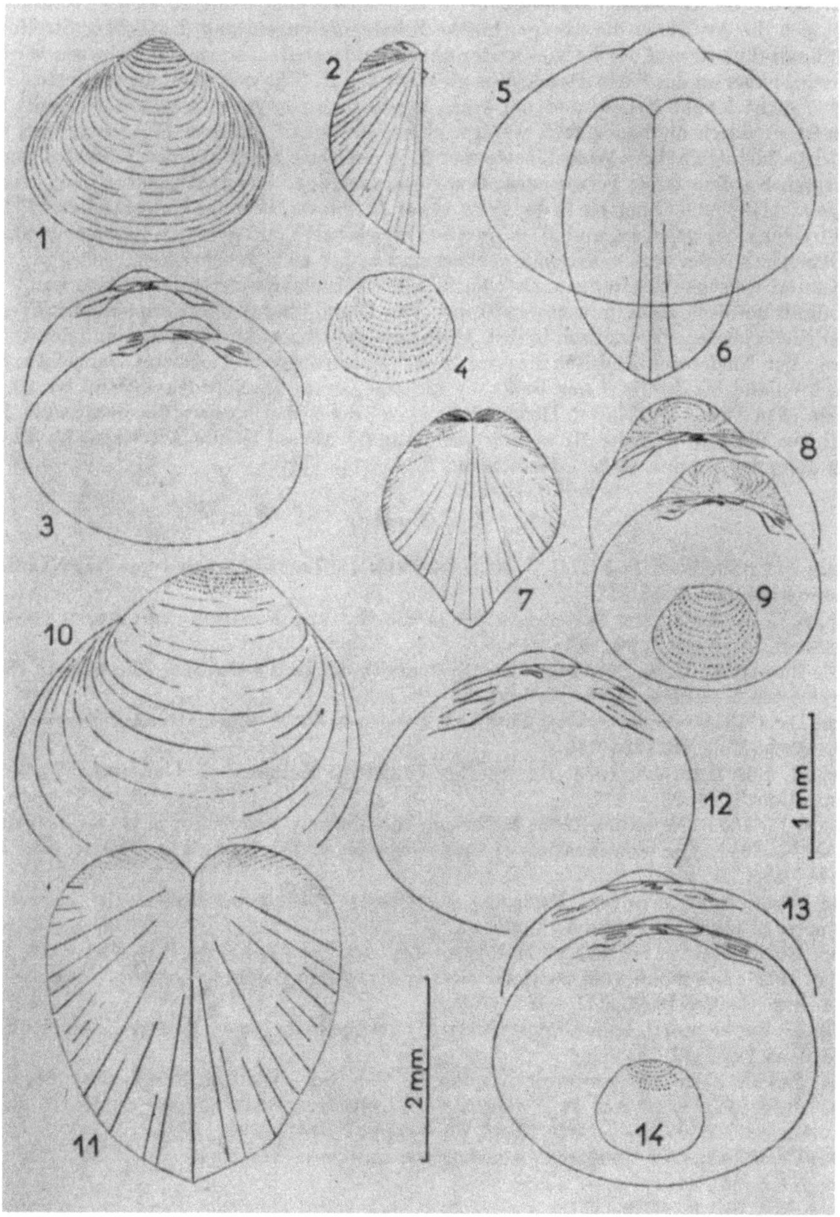

Abb. 38. *Pisidium hibernicum* in verschiedenen Ausprägungen nach KUIPER 1966. 1–6 stellen die Normalform dar, 4, 9 und 14 Junge verschiedener ökologischer Ausprägungen, die einander gleichen.

Ligament ist gedrungener als bei beiden anderen Arten. *P. personatum* ist feiner gestreift als *P. hibernicum* und hat eine längere Schloßleiste; die Entfernung zwischen den Spitzen von aI und pI ist mehr als die Hälfte der Schalenlänge, bei *P. hibernicum* aber weniger. Von *P. obtusale* unterscheidet sich die Art durch die weniger blanke Schale, die engere und deutlichere Streifung und die Kardinalzähne c2 und c4, die viel weiter übereinandergreifen, sowie die kleineren Wirbel, die in der Regel näher an der Mitte sitzen. Von gleichgroßen *P. lilljeborgi* kann die Art durch die zartgestreifte, nicht blanke Schale und die kurze breite Ligamentgrube getrennt werden. Von *P. nitidum* ist sie durch die bauchigere, weniger glänzende Schale, breitere Ligamentgrube, kürzere Schloßleiste, kleinere höhere Wirbel, zarte und doch deutliche Streifung, den schmalen Sipho und die längeren Kardinalzähne verschieden, besonders durch c2, der oft doppelt so lang ist wie bei *P. nitidum*. Manchmal ähnelt sie in der Form etwas *P. milium*; aber der Unterrand von *P. hibernicum* ist immer mehr gebogen, und *P. milium* hat eine längere und geradere Ligamentgrube.

L. Ökologische oder regionale Sonderformen sind bisher nicht beschrieben.

M. Kommt vorzugsweise in Seen, aber auch in Teichen und kleineren Gewässern vor.

N. Gilt als nordisch-alpin im weiteren Sinne. Von Island über Großbritannien nach Frankreich und den Niederlanden. Sporadisch in den Alpen. Im deutschen Alpenvorland und der Tschechoslowakei. Von Niedersachsen durch die norddeutsch-osteuropäische Tiefebene, Dänemark, Skandinavien, Finnland bis Sibirien; aus Baikalien nicht genannt. In Norddeutschland bis 20, in den Alpen bis 75 m Tiefe. Bis 2780 m Meereshöhe, das ist der bisher höchste Pisidienfund in Europa, am Riffelsee/Wallis (briefliche Mitteilung von KUIPER). Fossil ist die Art bisher im Pleistozän seltener gefunden worden als im Altholozän.

5. Literatur

BENTHEM-JUTTING, W. S. S. & J. G. J. KUIPER, 1942: De Lamellibranchia van het Naardermeer. Basteria (Leiden) **7**, 53–71.

BOETTGER, C. R., 1961: Zur Systematik der in die Gattung *Pisidium* C. PFEIFFER gerechneten Muscheln. Arch. Moll. **90**, 227–248.

– 1962: Zusätze zu C. R. BOETTGER: Zur Systematik der in die Gattung *Pisidium* C. PFEIFFER gerechneten Muscheln. Arch. Moll. **91**, 63–66.

– 1964: Die Gültigkeit von *Galileja* COSTA als Subgenus der Muschelgattung *Pisidium* C. PFEIFFER. Arch. Moll. **93**, 139–140.

BOWDEN, J. & D. HEPPELL, 1968: Revised list of British Mollusca. 2. Unionacea – Cardiacea. Journ. Conch. **26**, 237–272.

EHRMANN, P., 1933; Neudruck 1956: Mollusca. In: Tierwelt Mitteleuropas **II** (1). Leipzig.

ELLIS, A. E., 1940: The identification of British Species of *Pisidium*. Proc. Malac. Soc. London **24**, 44–88.

– 1946: Freshwater bivalves (Mollusca) (*Corbicula*, *Sphaerium*, *Dreissena*). Linnean Soc.: Synopses of the Brit. Fauna **4**. London.

– 1962: British freshwater bivalve Molluscs. Linnean Soc.: Synopses Brit. Fauna **13**, London.

FAVRE, J., 1927: Les mollusques post-glaciaires et actuels du Bassin de Genève. Mém. Soc. Phys. Hist. Nat. Genève **40** (1), 171–434.

– 1940: La Fauna malacologique post-glaciaire et actuelle du lac du Bourget. Ann. école Nationale Eaux Forêts **7**, 295–444.

– 1941: Les *Pisidium* du Canton de Neuchâtel. Bull. Soc. Neuchât. Scienc. Nat. **66**, 57–112.

– 1943: Révision des espèces de *Pisidium* de la collection BOURGUIGNAT du Musée d'Histoire naturelle de Genève. Rev. Suisse Zool. **50**, Suppl., 1–64.

– 1948: Contributions à l'histoire malacologique du lac de Burgäschi. Mitt. Naturforsch. Ges. Bern NF **5**, 35–41.

FAVRE, J. & A. JAYET, 1938: Deux gisements postglaciaires anciens à *Pisidium vincentianum* et *Pisidium lapponicum* aux environs de Genève. Eklogae Geol. Helvet. **31**, 395–402.

– – 1950: Un nouveau gisement post-glaciaire ancien à *Pisidium vincentianum* et *Pisidium lapponicum* aux environs de Genève. Journ. Conchyl. **90**, 42–47.

FELIKSIAK, ST., 1938: *Pisidium subtruncatum* MALM v. *tenuilineatiforme* v. n. und einige für Polen neue oder seltene Pisidien (*Pisidium* C. PFEIFFER). Fragm. Faun. Mus. Zool. Polon. (Warszawa) **3** (24), 485–493 (Polnisch mit dtsch. Zus.fass.).

GEYER, D., 1927: Unsere Land- und Süßwassermollusken, 3. Aufl. Stuttgart.

HERRINGTON, H. B., 1962: A Revision of the Sphaeriidae of North America (Mollusca: Pelecypoda). Miscell. Public. Mus. Zool. Univ. Michigan **118**, 5–74.

JAECKEL, S. G. A., 1962: Ergänzungen und Berichtigungen zum rezenten und quartären Vorkommen der mitteleuropäischen Mollusken. In: Tierwelt Mitteleuropas II (1), Ergänzung, 25–294.

JAECKEL, S. H., 1957: Mollusca – Weichtiere. In: Exkursionsfauna von Deutschland **1**, 99–225. Berlin.

– 1961: Mollusca – Weichtiere. Exkursionsfauna von Deutschland **1**, 2. Auflage, 102–229. Berlin.

KERNEY, M. P., 1969: *Pisidium pseudosphaerium* SCHLESCH new to Ireland. Journ. Conch. **27**, 25–26.

KUIPER, J. G. J., 1962a: Systematische Stellung und geographische Verbreitung von *Pisidium tenuilineatum*. Arch. Moll. **91**, 173–181.

– 1962b: Zur Nomenklatur und Verbreitung von *Pisidium pseudosphaerium*. Arch. Moll. **91**, 183–189.

– 1962c: Étude critique de *Pisidium vincentianum*. Inst. Royal Sci. Natur. Belgique, Bull. **38**, 1–19.

– 1962d: Note sur la systématique des Pisidies. Journ. Conchyl. **102**, 53–57.

– 1963: Hauptzüge der Verbreitung des Genus *Pisidium* in Europa. Arch. Moll. **92**, 247–252.

– 1964: Ist *Galileja tenebrosa* ein *Pisidium*? Arch. Moll. **93**, 181–185.

– 1965a: Zur Frage der Identität von *Pisidium parvulum* CLESSIN. Arch. Moll. **94**, 151–155.

– 1965b: The status of *Pisidium hibernicum* WESTERLUND. Journ. Conch. **26**, 42–46.

– 1965c: Familie Pisidiidae. Zoetwatermollusken van Nederland, 1–19, Den Haag.

– 1966a: Bemerkungen zu *Pisidium urinator* CLESSIN. Arch. Moll. **95**, 151–154.

– 1966b: La distribution des espèces vivantes du genre *Pisidium* C. PF. en France. Journ. Conchyl. **105**, 181–215.

– 1966c: Notes sur le *Pisidium rambeitianum* ADAMI et sur la Présence de *Pisidium pseudosphaerium* JUTTING & KUIPER en Italie. Atti Soc. Ital. Sci. Natur. (Milano) **105** (4), 393–397.

– 1968: Die spätpleistozänen Pisidien des ehemaligen Aschersleben er Sees. Arch. Moll. **98**, 23–38.

ODHNER, N. H., 1923: Revision der CLESSINschen Tiefsee-Pisidien. Arch. Moll. **55**, 26–42.

– 1929: Die Molluskenfauna des Takern. Sjön Takerns Fauna och Flora (Stockholm) 8, 1–129.

– 1951: Swedish high mountain Mollusca. Lunds Univ. Arsskrift NF Avd. 2 **46** (2): The mountain Fauna of the Virihaure Area in Swedish Lapland **2**, 26–50.

PIECHOCKI, A., 1969: Weichtiere (Mollusca) des Flusses Grabia und seines Überschwemmungsgebietes (Polnisch mit dtsch. Zus.fass.). Fragm. Faunist. PAN **15** (10), 1–197.

REGIIS, K. & H. ZEISSLER, 1968: Die Pisidien-Vorkommen um Magdeburg. Malak. Abh. Staatl. Mus., Tierkde. Dresden **2** (7), 159–168.

RECTEREN-ALTENA, C. O. VAN, 1957: The excavation at Velsen. 5. Pleistocene mollusca. Verhandl. Kon. Nederl. Geol.-Mijnbouwk. Genootschap, Geol. Ser. **17** (2), 121–128.

SCHLESCH, H., 1943: *Pisidium* (*Neopisidium*) *vincentianum* B. B. WOODW. in altalluvialen Ablagerungen des früheren „Lersö" in Kopenhagen (Dänemark). Arch. Moll. **75**, 121–129.

– 1947: The Pisidia of Tövelde Klint. Proc. Malak. Soc. London **27**, 137–140.

SCHMIERER, TH., 1947: *Pisidium vincentianum* im deutschen Quartär und über die Thanatozönose einiger altalluvialer Wiesenkalke und Seekreiden Norddeutschlands. Arch. Moll. **76**, 51–62.

STELFOX, A., 1918: The *Pisidium* fauna of the Grand Junction Canal in Herts, and Bucks. Journ. Conch. **15**, 289–304.

STEUSLOFF, U., 1953: Wanderungen und Wandlungen der Süßwasser-Mollusken Mitteleuropas während des Pleistozäns. Arch. Hydrobiol. **48**, 210–236.

TETENS, A. & H. ZEISSLER, 1964: Über das Vorkommen der seltenen Pisidienarten im Norddeutsch-Polnischen Raum, sowie im Eder- und Schwalmgebiet von Hessen, nebst ökologischen Angaben und Beobachtungen. Malak. Abh. staatl. Mus. Tierkde. Dresden **1** (5), 89–133.

ZEISSLER, H., 1956: *Pisidium vincentianum* im Ehringsdorfer Pleistozän. Arch. Moll. **85**, 197 bis 198.

– 1958: Vorbericht über die Molluskenfaunen aus den Schichten des Ehringsdorfer Quartärs. Alt-Thüringen **3**, 29–71.

– 1962: Die Mollusken aus der zentralen Torfschicht des Köpenicker Burggrabens. In: J. HERMANN: „Köpenick", Ergebnisse der Archäologischen Stadtkernforschung in Berlin 1, 103 bis 106.

– 1966: Zur Verbreitung von *Pisidium stewarti* PRESTON. Arch. Moll. **95**, 155–156.

6. Arten-Register

Vorbemerkung:

Die Aufstellung enthält alle im Text vorkommenden Gattungs-, Art- und Unterartnamen mitteleuropäischer Sphaeriaceae.

Halbfett kursiv = Heute gültige taxonomische Bezeichnungen,
einfach kursiv = Synonyme, Unterarten usw.

Die Untergattungen sind in der Aufstellung nicht berücksichtigt. Man suche daher die Arten der
Untergattung *Sphaeriastrum* unter *Sphaerium*,
Untergattung *Cyrenastrum* unter *Sphaerium*,
Untergattung *Cymatocyclas* unter *Pisidium*,
Untergattung *Neopisidium* unter *Pisidium*,
Untergattung *Odhneripisidium* unter *Pisidium*.

Arabische Ziffern weisen auf Textseiten hin, auf denen die betreffende Form erwähnt ist; *halbfette Ziffern* auf die Seite, auf der sich die ausführliche Beschreibung findet.

Ziffern, denen ein Stern (*) beigefügt ist, verweisen auf Abbildungen im Text, römische Ziffern auf Abbildungen auf der betreffenden Tafel.

Anschrift der Verfasserin:
Dr. Hildegard Zeissler
DDR — 7022 Leipzig, Michael-Kazmierczak-Straße 3

Limnologica (Berlin)	8	2	1971	505–525

Wasserwirtschaftsdirektion Werra – Gera – Unstrut, Erfurt

HORST ZIEMANN

Die Wirkung des Salzgehaltes auf die Diatomeenflora als Grundlage für eine biologische Analyse und Klassifikation der Binnengewässer[1])[2])

Mit 4 Abbildungen und 3 Tabellen

Inhaltsverzeichnis

1. Einleitung

Die Verbreitung der Diatomeen in den Gewässern wird in hohem Maße vom Chemismus der Gewässer bestimmt (KOLBE 1932, CHOLNOKY 1968). Besondere Aufmerksamkeit hat die stark ausgeprägte Abhängigkeit der Diatomeen vom Salzgehalt gefunden. Im Ergebnis derartiger Befunde wurde für die Diatomeen ein System der Halobien entwickelt (KOLBE 1927; HUSTEDT 1957). Trotz einiger Schwächen (CHOLNOKY 1968) bildet dieses System eine brauchbare Grundlage zur ökologischen Charakterisierung der einzelnen Diatomeenarten sowie für eine davon ausgehende Klassifizierung der Gewässer. Der Einfluß des Salzgehaltes auf die Diatomeenflora war Gegenstand zahlreicher Untersuchungen. Aus den Ergebnissen wurde nach verschiedenen Methoden eine Charakterisierung oder Klassifizierung der Gewässer abgeleitet (z. B. HEIDEN 1902, KOLBE 1927, BROCKMANN 1940, PETERSEN 1943, MÖLDER 1944, ZIEMANN 1967, 1968).

Diese Arbeiten befaßten sich stets mit der Diatomeenflora aus Gewässern mit erhöhtem Salzgehalt. Die Klassifizierungsversuche bezogen sich im wesentlichen auf eine Abgrenzung des Salzwassers vom Süßwasser und auf eine Untergliederung des Salzwasserbereiches. Der Versalzungseinfluß tritt bei einer Überschreitung von etwa 100 mg Cl′/l durch das Auftreten halophiler und halobionter Formen in Erscheinung (PETERSEN 1943, FOGED 1948). Aber auch unterhalb dieser Konzentration, innerhalb

[1]) Herrn Professor Dr. ARNO WETZEL zum 80. Geburtstag gewidmet.

[2]) Vortrag auf dem Internationalen Symposium „Wasserinhaltsstoffe: Ihre Analyse und ihre Wirkung auf Wasserorganismen“, Schloß Reinhardsbrunn, April 1970.

des Süßwassers, werden sehr unterschiedliche Besiedlungsverhältnisse in den Gewässern angetroffen, die besonders in Moorgewässern und in Gebirgsbächen von der Quelle flußabwärts ihren Ausdruck finden. Dabei wird die Wirkung des pH-Wertes, der in den meisten Fällen vom Pufferungssystem, der Alkalinität und dem Kalziumgehalt der Gewässer abhängig ist, zur Erklärung der unterschiedlichen Besiedlungsverhältnisse herangezogen (HUSTEDT 1937/39, BUDDE 1928, 1944, WEHRLE 1927, 1942, BEHRE & WEHRLE 1944, NIESSEN 1956, SCHEELE 1952, 1956, DE GRAAF 1957 u. a.). Derartige Beobachtungen bildeten die Grundlage für die Einstufung der Diatomeen in ein System nach pH-Bereichen (HUSTEDT 1937/39). Da der pH-Wert letzten Endes von der chemischen Beschaffenheit der Gewässer bedingt wird, liegt hier ebenfalls eine mittelbare Abhängigkeit vom Salzgehalt vor, so daß auch eine Untergliederung des sehr vielgestaltigen Süßwasserbereiches in eine alle Binnengewässer umfassende Klassifizierung mit einbezogen werden sollte.

Die Beeinflussung der Organismen in den Gewässern durch den Salzgehalt ist sehr komplexer Natur, so daß die Wirkung der einzelnen Komponenten meist nur schwer zu erkennen ist. Die selektiv wirksamen Faktoren in den Süßgewässern, die als Kalziumbikarbonatgewässer zu charakterisieren sind (RODHE 1949, GESSNER 1959), und in den Salzgewässern, die im Binnenland außerordentlich variable Ionenverhältnisse aufweisen (HEDGPETH 1959, LÖFFLER 1961), sind sehr unterschiedlicher Natur. Eine Einteilung von Biotopen erfolgt im allgemeinen nach bestimmten biotopeigenen Merkmalen. Im vorliegenden Falle müßte der Salzgehalt bzw. der osmotische Druck als Einteilungsprinzip Verwendung finden. Eine derartige allgemeingültige Klassifikation der Binnengewässer ist jedoch infolge der unterschiedlichen biologischen Wirkung der Salzkomponenten, die in den einzelnen Gewässern stark voneinander abweichen, nicht möglich. Auch die Brackwasserklassifizierung kann demzufolge wegen der abweichenden Ionenverhältnisse und der andersartigen Besiedlung nicht auf Binnensalzgewässer übertragen werden (CASPERS 1959, LÖFFLER 1961, BAYLY & WILLIAMS 1966, ZIEMANN 1968). In ihrer Ionenkomposition vom Küstenbrackwasser unterschiedene Salzgewässer werden daher als „athalassohaline" bezeichnet (BOND 1935). Von BAYLY (1967) wurde außerdem der Terminus „athalassic" eingeführt, der geographisch vom Meer getrennte Salzgewässer unabhängig von ihrer Ionenkomposition kennzeichnet[1]). Als Grundlage für eine ökologische Klassifizierung, die alle Binnengewässer umfaßt und auch allgemeingültige Untergliederungen innerhalb der Bereiche des Süßwassers und des Salzwassers zuläßt, kommen daher nur die Besiedlungsverhältnisse in Frage, die sich entsprechend der biologischen Wirkung des Salzgehaltes herausbilden.

Unsere bisherigen Kenntnisse lassen die Diatomeen als geeignetste Organismen für die Erarbeitung eines derartigen „Biozönosesystems" (WETZEL 1951) erscheinen, da einerseits relativ enge Bindungen der Kieselalgenflora an den Salzgehalt vorliegen und zum anderen keine Organismengruppe in gleicher Häufigkeit und Artenzahl in allen Gewässern und weitgehend unabhängig von geographischen Gegebenheiten vorkommt. Durch das Auftreten neuer Arten und durch Veränderung der Abundanzverhältnisse stellt sich die Kieselalgenflora überdies, bedingt durch leichte Verbreitung und hohe

---

*) Zitiert nach BAYLY & WILLIAMS (1966). Die Arbeit von BAYLY: „The general biological classification of aquatic environments with special reference to those of Australia" in „Studies on Australian Inland Waters and their Fauna", Ed. A. H. WEATHERLEY, Australian National University Press, Canberra, konnte leider bisher nicht beschafft und eingesehen werden.

Vermehrungspotenz, schnell auf neue Bedingungen ein. Sie überwindet relativ leicht kurzzeitige Extremlagen in den Gewässern und paßt sich nach kurzer Zeit an veränderte Umweltbedingungen an, so daß diese in den meisten Fällen gut durch die Diatomeen charakterisiert werden. Besonders deutlich wird diese Verhaltensweise unter den sich ständig verändernden Bedingungen in den mit Kaliabwässern belasteten Vorflutern des Werra- und Wippergebietes demonstriert, wo enge korrelative Bindungen der Diatomeenbesiedlung zu den jeweils herrschenden Salzgehalten bestehen (ZIEMANN 1967, 1968).

Eine ökologische Klassifizierung der Binnengewässer nach der biologischen Wirkung des Salzgehaltes eröffnet neue Möglichkeiten zur Beurteilung der Lebensbedingungen in den Binnengewässern und für die Praxis der biologischen Gewässeranalyse. In Ergänzung zu den bisherigen Versuchen zur Klassifizierung der Binnensalzgewässer mit Hilfe der Diatomeenflora (ZIEMANN 1967, 1968) sollen im folgenden einige Aspekte und Grundlagen für eine derartige Einteilung aller Binnengewässer dargestellt werden.

2. Untersuchungsgebiet, Material und Methode

Das Material stammt aus langjährigen chemischen und biologischen Beobachtungen in den Flußgebieten von Werra, Unstrut und Leine. Die Gesamtsalzgehalte der Quellen und Flußläufe des Untersuchungsgebietes reichen von einigen Milligrammen pro Liter bis zu Konzentrationen von über 30 g/l. Die unterschiedlichen Salzgehalte und Ionenkonzentrationen der Gewässer sind teils bedingt durch ihre geologische Herkunft, zum anderen auf die anthropogene Versalzung durch die Abwässer von Kaliwerken zurückzuführen. Hoher Kalzium- und Sulfatgehalt zeichnet die Flüsse und Bäche aus den Muschelkalkgebirgen des Eichsfeldes und aus dem Thüringer Becken aus. Eingeschlossene Gips- und Alkalisalzablagerungen des Zechsteins bilden die Ursache für einen relativ hohen natürlichen Salzgehalt. Demgegenüber sind die Quellen aus dem Porphyr des Thüringer Waldes und aus dem Thüringer Schiefergebirge sowie einige aus Hochmooren abfließende Bäche außerordentlich elektrolytarm und durch einen niedrigen pH-Wert gekennzeichnet. Die durch die Endlaugen der Kaliwerke versalzten Flüsse sind Alkalichloridgewässer mit hohem Magnesium- und Sulfatanteil. Die Auswahl der Probestellen umfaßt daher Gewässer mit den unterschiedlichsten Salzgehalten. Eine Übersicht über die durchschnittlichen chemischen Verhältnisse einiger charakteristischer Stationen während der Untersuchungszeit gibt Tabelle 1[1]).

In den Gewässern wurde die benthische Diatomeenflora untersucht. Die Auswertung der Proben und die Häufigkeitsschätzung nach einer 6-stufigen Skala entspricht der in der biologischen Gewässeruntersuchung üblichen Methodik (BREITIG 1961). Von jeder Probe wurde der Halobienindex (H) (ZIEMANN 1967, 1968) in folgender erweiterter Form bestimmt:

$$H = \frac{\sum h_H - \sum h_x}{\sum h} \times 100$$

Dabei bedeuten $\sum h_H$ die Häufigkeitssumme aller salzanzeigenden Arten, $\sum h_x$ die Häufigkeitssumme aller salzmeidenden Arten und $\sum h$ die Häufigkeitssumme aller

[1]) Für die Überlassung der chemischen Daten, die außer speziellen Analysen in der Mehrzahl Ergebnisse der laufenden Gewässerüberwachung darstellen, bin ich den Laboratorien der Wasserwirtschaftsdirektion Werra–Gera–Unstrut sehr zu Dank verpflichtet.

TABELLE 1

Mittlerer Salzgehalt und relative Ionenkonzentration einiger Gewässer des Untersuchungsgebietes. (Für die versalzten Flußstrecken der Werra und Wipper werden wegen der außerordentlich hohen Salzgehaltsschwankungen keine mittleren Konzentrationen angegeben, da diese nur abstrakte Werte darstellen)

	pH	S ‰	Na·		K·		Mg··		Ca··		Cl′		SO_4''		HCO_3'	
			mg/l	mval %	mg/l	mval %	mg/l	mval %	mg/l	mval %	mg/l	mval %	mg/l	mval %	mg/l	mval %
Gera																
Gebirgsbach	6,7	0,13	5,0	19,0	3,0	7,0	2,5	18,3	13,0	55,7	6,9	17,6	24,0	43,8	26,9	38,6
Aubereich	7,2	0,48	22,1	15,0	6,1	2,5	16,6	21,5	78,3	61,0	33,0	13,2	170	49,6	162,4	37,2
Unstrut																
Quelle	7,3	0,6	6,2	3,6	4,0	1,7	21,7	23,8	108,0	70,9	16,0	5,5	132	33,5	304,0	61,0
unversalzter Mittellauf	7,3	1,4	83,0	17,8	12,5	1,5	57,0	23,3	231,0	57,4	151,0	19,8	557	53,7	355,3	26,7
versalzter Unterlauf	7,3	2,6	282,0	30,7	151	9,8	138,5	29,0	244	30,5	820	56,3	592	29,8	334,0	13,9
Wipper																
versalzter Bereich	7,1	2–27		42,7		18,0		30,3		9,0		86,0		11,5		2,5
Werra																
Bad Salzungen	7,2	0,6	77,0	38,8	12,0	3,6	16,0	15,4	73,0	42,2	138	42,6	113	25,3	181,0	32,1
versalzter Bereich	7,6	2–40		70,0		5,5		20,0		4,5		87,3		11,1		1,6

vorgefundenen Arten. Die einzelnen Indikatorarten entsprechen folgenden ökologischen Gruppen im System der Halobien (HUSTEDT 1957):

Arten des Salzwassers: polyhalobe, mesohalobe und halophile Arten,
Arten des Süßwassers: Oligohalobien außer halophilen Formen,
salzmeidende Arten: halophobe bzw. haloxene Arten.

Die Oligohalobien sind bei der Bildung des Halobienindex nur in der Gesamthäufigkeit ($\sum h$) enthalten. Halobienindices um 0 würden daher typische Süßgewässer (oligohalobe Gewässer), negative Indices salzarme (infrahalobe) Gewässer und positive Indices je nach ihrer Größe mehr oder weniger salzreiche (halobe) Gewässer charakterisieren. Die Einstufung der Arten wurde vorwiegend nach den Arbeiten von HUSTEDT (1957), SIMONSEN (1962), CHOLNOKY (1968) sowie nach ihrem Vorkommen im Untersuchungsgebiet vorgenommen. Eine Unterscheidung zwischen Polyhalobien, Mesohalobien und halophilen Formen ist bei der Bestimmung des Halobienindex nicht erforderlich. Dies entspricht auch recht gut den natürlichen Gegebenheiten, da eine solche differenzierte Einstufung der Diatomeen aus den salzhaltigen Binnengewässern kaum möglich ist. Alle diese Formen sind stark schwankenden Salzgehalten angepaßt, und vor allem die Mesohalobien sind außerordentlich euryplastisch gegenüber dem Salzgehalt. Demgegenüber sind die als Polyhalobien gekennzeichneten Meeresformen relativ stenohalin. In extrem stark salzhaltigen, hyperhalinen Gewässern treten vorwiegend Mesohalobien auf. CHOLNOKY (1968) bezeichnet diese Arten, die an ein außerordentlich weitreichendes Milieuspektrum angepaßt und innerhalb dieses Bereiches dauernden Konzentrationsschwankungen ausgesetzt sind, deshalb als Brackwasserformen. Die Anwendung des Begriffes Brackwasser für Gewässer des Binnenlandes ist allerdings problematisch, da durch diesen ein thalassogen beeinflußter Lebensraum beschrieben wird, während die Besiedlung salinarer Binnengewässer vorwiegend limnischer Herkunft ist (LÖFFLER 1961, BAYLY & WILLIAMS 1966). Dabei ist allerdings zu bemerken, daß diese Unterschiede bei den Diatomeen bei „Brackwasser-Konzentrationen" weniger ausgeprägt sind als bei der Fauna.

Der Halobienindex bietet analog dem Saprobienindex die Möglichkeit, Korrelationen zwischen den Wasserinhaltsstoffen und der Ausbildung der Besiedlungsgemeinschaften darzustellen (v. TÜMPLING 1966, 1968). Man erhält damit quantitative Angaben, die weitgehend unabhängig vom Typ des untersuchten Gewässers sind. Diese statistische Methode der Soziologie besitzt für die Gewässeranalyse damit einen Vorteil gegenüber der Algensoziologie, die ja an bestimmte Artenkombinationen und an zu vergleichende Gewässertypen gebunden ist (BEHRE 1966, SCHMITZ 1966). Demgegenüber werden die Beziehungen der Organismengemeinschaften zur Umwelt mit Hilfe der Indices durch den Vergleich relativer Häufigkeiten von Indikatororganismen dargestellt, die in den einzelnen Gewässertypen durch verschiedene Arten vertreten sein können.

3. Die Beziehungen zwischen der Ausbildung von Diatomeengesellschaften und dem Salzgehalt

In den durch ihren Chemismus unterschiedenen Gewässern wird naturgemäß eine sehr verschiedenartige Diatomeenvegetation beobachtet. Die Quellen und Oberläufe der salzarmen Bäche des Thüringer Waldes sind durch das häufige Auftreten haloxener und acidophiler Arten gekennzeichnet, die in den entsprechenden kalkreichen Gewässern des Eichsfeldes und in den salzhaltigen Quellen des Thüringer Beckens völlig fehlen. In den sauren Quellen und Oberläufen mit pH-Werten unter 5,5 bis 5,8 und Halobienindices unter —30 bis —40 werden die Diatomeengesellschaften durch haloxene Arten beherrscht. Hier sind zu nennen *Eunotia*-Arten, besonders *Eunotia arcus, E. interrupta* var. *inflata, E. veneris, E. lunaris*; *Pinnularia*-Arten, vor allem *P. viridis* var. *sudetica, P. subcapitata* var. *hilseana, P. interrupta* f. *minutissima*; *Tabellaria flocculosa, Diatoma hiemale* var. *mesodon* und *Surirella linearis*. Arten, die auch typisch für kalkreiche Quellen sind, wie *Meridion circulare, Achnanthes lanceolata, A. minutissima, Gomphonema angustatum, Cymbella ventricosa*, treten erst in den Oberläufen auf, nachdem sich die pH-Werte nach Abgasung der Überschuß-Kohlensäure und Zunahme des Kalkgehaltes dem Neutralpunkt angenähert haben. Die Halobienindices sind dann größer als —30. In diesem Bereich sind die genannten Arten meist dominierend. Von den haloxenen Formen treten besonders die *Eunotia*- und *Pinnularia*-Arten sowie *Surirella linearis* stark zurück. *Amphora ovalis* sowie ihre var. *pediculus*, die für kalkreiche Quellen und Oberläufe typisch sind, kommen erst bei stärkerer Kalkzunahme zur Entfaltung. In den Salzquellen wird die Diatomeenflora vollständig durch halobionte Arten beherrscht. Die Diatomeenflora der Friedhofsquelle bei Artern wird zum Beispiel durch folgende Arten gekennzeichnet: *Melosira nummuloides, Synedra affinis* var. *obtusa, Achnanthes brevipes* var. *intermedia, Synedra affinis, Amphora coffaeiformis, Pleurosigma salinarum, Nitzschia frustulum* var. *subsalina*, wovon die drei erstgenannten Formen in Massenentwicklung auftreten.

Die Besiedlungsunterschiede zwischen den einzelnen durch ihren Salzgehalt charakterisierten Quellen werden durch die Halobienindices deutlich widergespiegelt und damit wird auch ein Bild von den Milieubedingungen vermittelt. Obwohl in den relativ artenarmen sauren Quellen das Auftreten von Oligohalobien oft zufälliger Natur ist, zeigen die Indices auch dort Abstufungen, die den unterschiedlichen pH-Werten und Kalziumgehalten recht gut entsprechen (Tab. 2).

Mit dem Anstieg der pH-Werte und der Zunahme des Salzgehaltes im Verlauf eines Flusses von der Quelle zur Mündung ändert sich auch die Diatomeenflora in charak-

TABELLE 2

Halobienindices *H* einiger Quellen im Vergleich zu wirksamen Faktoren des Salzgehaltes

Quellen	pH	Ca^{++} mg/l	Karbonat-härte °d	Cl^- mg/l	SO_4^{--} mg/l	*H*
Silbergraben (Gera)	5,5	3,7	1,1	4,5		—63,6
Kernwasser (Gera)	4,5	2,4	0,8	3,0		—69,7
Schmücker Graben (Gera)	4,0	4,3	0,8	4,0	nn.	—82
Hochmoor „Der See“ (Gera)	3,6	5,7	nn.	1,0	nn.	—74
Werra	5,5	2,9	0,4	6,0	15,6	—68,5
Unstrut	7,3	109	13,9	16,0	132	0
Eselsborn (Leine)	7,4	109	13,2	36,0	477	0
Springmühle (Leine)	7,2	111	14,8	20,0	380	0
Friedhofsquelle bei Artern (Unstrut)	7,4	1230	17,2	13500	3930	+82
Numburg	7,4	858	8,4	6000	2800	+89

teristischer Weise. SCHEELE (1952, 1956) leitete aus der Diatomeenbesiedlung eine Gliederung in einzelne Flußabschnitte — stark saure Quelle, schwach saurer Gebirgsbach, Au, Mittel- und Unterlauf — ab, wobei als wirksame Faktoren die Wasserstoffionenkonzentration und die Alkalinität in den Vordergrund gestellt werden. Es wird darauf hingewiesen, daß diese Gliederung nur für Gewässer mit normaler physiographischer Struktur und normalem Chemismus gilt. Abweichungen von den normalen Bedingungen verändern das Gesamtbild der Kieselalgenbesiedlung. In einem Flußlängsschnitt der Gera und Unstrut unterhalb der Geramündung werden die Halobienindices mit dem Chloridgehalt als Maß für den Salzgehalt verglichen (Abb. 1). Die

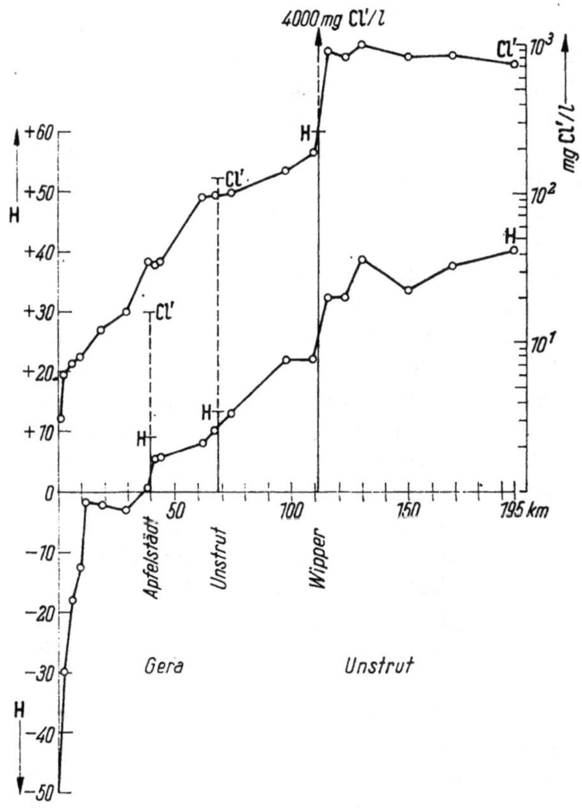

Abb. 1. Flußlängsschnitt der Gera und Unstrut. Halobienindices im Vergleich zu den mittleren Chloridgehalten.

Gera kann als Fluß, der die normalen Bedingungen im Sinne von SCHEELE erfüllt, angesehen werden. Die Unstrut zeigt dagegen stark abweichende Verhältnisse in ihrem Chemismus (Tab. 1), und der Gesamtsalzgehalt beträgt bereits an der Geramündung um 1,5‰. Im Unterlauf wird die Unstrut durch die von der Wipper mitgeführten Kaliabwässer und durch einige andere Salzzuflüsse in der Umgebung von Artern noch stärker mit Salz belastet. Der Salzgehalt erhöht sich auf durchschnittlich 2,6‰, wobei sich die Ionenverhältnisse stark zugunsten der Alkalichloride verändern (Tab. 1). Die zu erwartenden Besiedlungsunterschiede werden im Verlauf des Flusses durch die Halobienindices angezeigt. Dabei ist eine gewisse Parallelität zum Chloridgehalt unverkennbar (Abb. 1). Die Gliederung der Gera in stark saure Quelle, schwach sauren Gebirgsbach und Aubereich (etwa ab km 12) tritt deutlich hervor. Im sauren Quellbereich dominieren haloxene, acidophile Arten. Ihre Zahl und Häufigkeit nehmen unterhalb der Quelle schnell ab. Der Verlust dieser Arten wird durch Oligohalobien ersetzt, was durch den starken Anstieg des Halobienindex zum Ausdruck kommt. Auch innerhalb des Gebirgsbaches bis zur Au ist der weitere Rückgang der haloxenen und der Zuwachs an oligohaloben Arten noch stark ausgeprägt. Diese grundlegenden Veränderungen der Diatomeenvegetation stehen in keinem Verhältnis zu der relativ geringfügigen Zunahme des Chloridgehaltes bzw. der Salzkonzentration. Sie sind Ausdruck des Anstieges des pH-Wertes, der infolge einer Erhöhung des Kalkgehaltes und Abgasung bzw. Bindung der Kohlensäure als Bikarbonat durch den Kalziumgehalt eintritt. Anschließend, im Bereich der Au, steigen die Halobienindices trotz des stark zunehmenden Chloridgehaltes bis zu Konzentrationen um 100 mg Cl'/l nur noch wenig an. Der Sprung im Bereich der Apfelstädt-Mündung ist wohl auf die Eutrophierung zurückzuführen. Die Einleitung häuslicher und industrieller Abwässer bewirkt geringfügige Konzentrationserhöhungen, die einigen Salzformen, wie *Nitzschia apiculata*, *N. hungarica* und *Navicula pygmaea*, erträgliche Lebensbedingungen ermöglichen (Raabe 1951, Hustedt 1957). Haloxene Formen treten nicht mehr in bedeutender Zahl auf. In der Unstrut, wo Chloridgehalte zwischen 100 und 200 mg/l beobachtet werden, wirkt sich der Salzgehalt wieder deutlicher auf die Struktur der Diatomeengesellschaften in Form einer Zunahme von halobionten Arten aus. Schließlich steigt der Halobienindex nach Einmündung der stark versalzten Wipper noch einmal um mehr als 10 Indexeinheiten an. In der unteren Unstrut stellt sich dann die Diatomeenbesiedlung im Rahmen der natürlichen Variabilität auf einen im Verlauf des Flusses im wesentlichen gleichbleibenden mittleren Salzgehalt ein. Im Konzentrationsbereich von mehr als 100 mg Cl'/l macht sich offenbar eindeutig der Einfluß des Salzgehaltes auf die Diatomeenflora bemerkbar, durch den ein verstärktes Auftreten salzanzeigender Arten gefördert wird (Petersen 1943, Foged 1948, Ziemann 1967).

Der Flußlängsschnitt zeigt, daß Korrelationen zwischen den Halobienindices und dem Salzgehalt bestehen. Die Ausbi dung der verschiedenartigen Diatomeengesellschaften wird offenbar in hohem Maße vom Salzgehalt mitbestimmt. Dabei lassen sich deutlich Bereiche mit unterschiedlicher Salzwirkung unterscheiden. Bei extrem niedrigen Elektrolytgehalten verändern sich die Halobienindices sehr stark mit dem Salzgehalt. Mäßig hohe Chloridgehalte zwischen etwa 20 und 100 mg/l verursachen keine wesentlichen Verschiebungen der Anteile von unterschiedlichen Indikatororganismen innerhalb der Diatomeengesellschaften. Der weitere Anstieg des Salzgehaltes hat dann ein verstärktes Auftreten von Halophyten und damit eine weitere Erhöhung der Halobienindices zur Folge. Der Anstieg der Halobienindices im Konzentrationsbereich der Unstrut (bis etwa 1200 mg Cl'/l) beruht nur auf einer Zunahme der Häufigkeit halophiler und halobionter Arten. Die überwiegende Anzahl der oligohaloben Süßwasserformen wird nicht in ihrer Entwicklung beeinträchtigt. Erst bei einer Erhöhung des Chloridgehaltes auf mehr als 1000 bis 1500 mg/l ist mit einer weiteren Zunahme der Artenzahl und Häufigkeit der Halophyten auch eine langsam voranschreitende Verminderung der oligohaloben Formen festzustellen, wodurch Halobienindices von mehr als 30 bis 40 möglich werden. Dieser Prozeß verläuft kontinuierlich in Form eines Dosis–Wirkungs-Effektes zwischen dem Salzgehalt und der Zusammensetzung der Diatomeengesellschaften. Bei einem stärkeren Anstieg der Salzgehalte werden demzufolge die Diatomeengesellschaften immer mehr von halobionten Arten beherrscht, wie es an der Wippermündung zum Ausdruck kommt (Abb. 1, Ziemann 1967, 1968).

4. Die ökologisch wirksamen Faktoren des Salzgehaltes

Eine Übersicht über die Beziehungen der Halobienindices zu Faktoren des Salzgehaltes innerhalb des im Untersuchungsgebiet vorgefundenen Salzspektrums vermitteln die Abbildungen 2 und 3. Es ist sowohl beim Kalzium als auch beim Chlorid ein korrelativer Zusammenhang zu den Halobienindices zu erkennen, der jedoch bei beiden Faktoren sehr unterschiedlich ist. Während die negativen Halobienindices in Abhängigkeit vom Kalziumgehalt zwischen 0 und 50 mg $Ca^{··}$/l allmählich zum Nullpunkt ansteigen, ist beim Chloridgehalt zwischen etwa 3 und 5 mg/l ein fast senk-

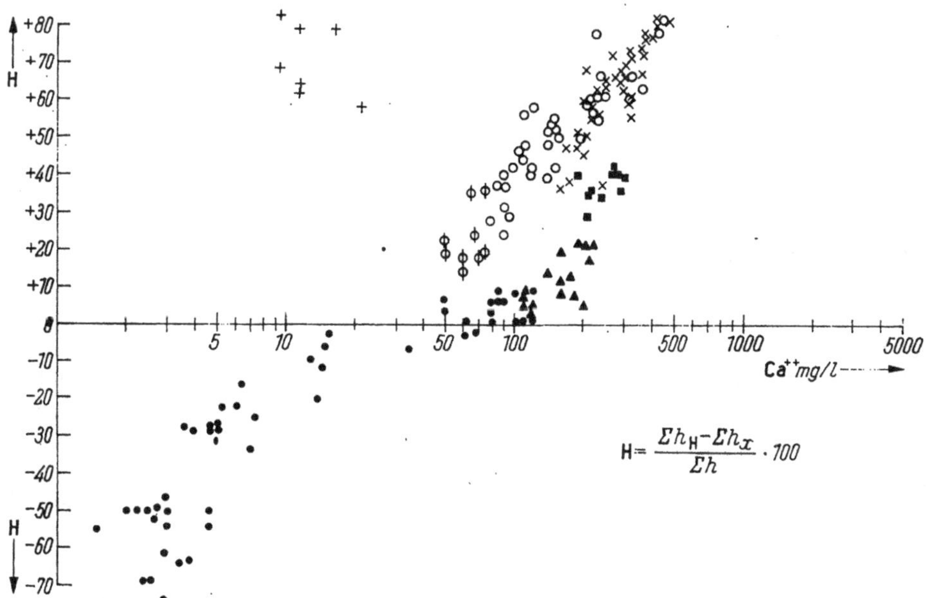

Abb. 2. Die Beziehungen zwischen den Halobienindices und dem Kalziumgehalt.

		$\frac{Na^{·} + K^{·}}{Ca^{··}}$, mg/l
●●●	Gera, Werra, Oberläufe	0,32
▲▲▲	Wipper, Unstrut, unversalzte Flußstrecken	0,36
■■■	Unstrut, versalzte Flußstrecken	1,77
ØØØ	Werra bei Bad Salzungen	1,22
○○○	Werra, versalzte Flußstrecken	18,20
×××	Wipper, versalzte Flußstrecken	14,60
+++	Szelider See	69,80

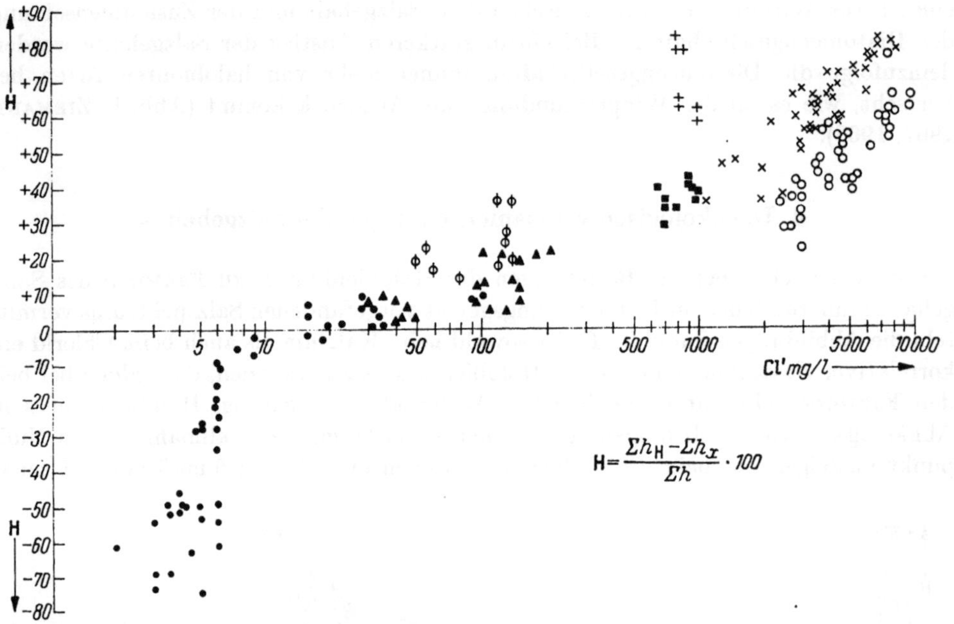

Abb. 3. Die Beziehungen zwischen den Halobienindices und dem Chloridgehalt (vgl. Abb. 2).

rechter Aufstieg festzustellen. Die Annahme, daß in diesem Bereich der Kalziumgehalt in Verbindung mit der Wasserstoffionenkonzentration den entscheidenden Einfluß auf die Ausbildung der Diatomeengesellschaften ausübt, findet durch dieses Bild seine Bestätigung. Auch BACKHAUS (1968) beobachtete in Breg und Brigach, daß bereits halbe oder zehntel Härtegrade oder pH-Stufen die Verbreitung der Algen entscheidend beeinflussen können.

Bei höheren Salzgehalten kehrt sich das Bild um. Innerhalb des Kalziumspektrums steigen die Halobienindices steil an. Bei gleichem Kalziumgehalt treten sehr unterschiedliche Halobienindices auf, zum Beispiel bei 100 mg $Ca^{\cdot\cdot}$/l Indices in der Größenordnung zwischen 0 und 60. Demgegenüber ist in Abhängigkeit vom Chloridgehalt eine wesentlich allmählichere Erhöhung der Halobienindices zu beobachten. Die Werte zeigen, allerdings nur innerhalb jeweils eines Gewässers, eine geringere Streuung als beim Kalzium, was auf eine abgestufte „Wirkung" des „Chlorides" hinweist. Es ist jedoch nicht zu übersehen, daß zwischen den einzelnen Gewässern erhebliche Differenzen in der Größenordnung der Korrelationen zwischen den Halobienindices und den Faktoren des Salzgehaltes bestehen. Diese Beziehungen sind offenbar weitgehend gewässerspezifisch und in erster Linie auf die sehr verschiedenartigen relativen Ionenkonzentrationen der einzelnen Gewässer zurückzuführen. Die Verbreitung der Organismen in den Gewässern ist sehr stark von der Wirkungsweise unterschiedlicher Ionenkonzentrationen abhängig. Dabei spielt die physiologische Wirkung einzelner Ionen und der Grad der Ausgeglichenheit der Ionenverhältnisse im System der Ionen-Antagonismen eine entscheidende Rolle (NEUMANN 1962).

Die Häufigkeitsverhältnisse von Salz- und Süßwasserarten scheinen im Übergangsbereich vom Süßwasser zum Salzwasser und bei mäßig hohen Salzgehalten im Salzwasser sehr wesentlich vom Verhältnis der Alkaliionen zu den Kalziumionen bestimmt zu werden. Bei niedrigem Kalziumgehalt bzw. stark zugunsten der Alkalisalze verschobenem Verhältnis $\frac{Na + K}{Ca}$ treten zum Beispiel im Szelider See (Ungarn), wo dieses Verhältnis 69,8 beträgt, bereits bei einem Chloridgehalt um 900 mg/l und einer Salinität von 3 bis 4‰ unverhältnismäßig hohe Halobienindices um +60 bis +80 auf (Analysenwerte aus DONASCZY & al. 1959). In der Unstrut werden bei gleichem Chloridgehalt und einer Salinität um 2,6‰ nur Halobienindices um +35 bis +40 beobachtet. Das Verhältnis $\frac{Na + K}{Ca}$ beträgt in der Unstrut 1,77. Halobienindices, wie sie für den Szelider See bestimmt wurden, werden in der Werra $\left(\frac{Na + K}{Ca} = 18{,}2\right)$ erst bei Salzgehalten um 15‰ erreicht (Abb. 2 und 3). Der Szelider See ist ein Natriumkarbonatgewässer. Das Na_2CO_3 übt offenbar eine relativ stark toxische Wirkung auf Süßwasserdiatomeen aus (CHOLNOKY 1968). Derartige spezifische Ionenwirkungen können durch die Anwesenheit größerer Mengen von Ca-Ionen kompensiert werden (NEUMANN 1962, PATRICK 1962). Im Szelider See ist das Kalzium zweifellos in zu geringer Menge vorhanden, um als Antagonist zum Natriumkarbonat wirksam in Erscheinung treten zu können. Auch die Halobienindices in der Werra bei Bad Salzungen und in der oberen Wipper und Unstrut scheinen vom Alkali–Kalzium-Verhältnis bestimmt zu werden. Während man in der Werra bei Bad Salzungen bei einem Verhältnis $\frac{Na + K}{Ca} = 1{,}22$ und einem Chloridgehalt von 120 mg/l Halobienindices um +26 findet, werden in der oberen Wipper und in der Unstrut bei etwa gleichem Chloridgehalt und einem Alkali–Kalzium-Verhältnis von 0,32 Halobienindices um +11,5 beobachtet. Der Gesamtsalzgehalt beträgt in der Werra nur 0,6‰, in der Unstrut dagegen etwa 1,4‰. Bei sehr hohen Salzgehalten kann die Kompensationswirkung des Kalziums durch spezifische Ionenwirkungen anderer gelöster Salze überschritten werden. Dieser Fall scheint für die Wipper zuzutreffen; denn dort werden im Vergleich zur Werra bei gleichen Salzgehalten (in beiden Flüssen entspricht der Gesamtsalzgehalt etwa dem Doppelten der Cl′-Konzentration) wesentlich höhere Halobienindices beobachtet. Der relative Anteil an Kalziumionen ist in der Wipper sogar höher als in der Werra (Tab. 1). Die Anionenverhältnisse sind in beiden Flüssen sehr ähnlich. Die stärkere Salzwirkung in der Wipper kann lediglich auf den sehr hohen relativen Kaliumanteil zurückgeführt werden, der dort das Dreifache gegenüber der Werra beträgt (Tab. 1, Abb. 2, 3). Der hohe Kaliumgehalt schädigt insbesondere oligohalobe Arten. Aber auch einige halobionte Arten, wie *Bacillaria paradoxa*, *Amphiprora paludosa* und *Melosira nummuloides*, scheinen gegenüber den hohen Kaliumgehalten empfindlich zu sein (ZIEMANN 1967). Ähnliche Beobachtungen sind auch aus Untersuchungen an zoologischen Objekten bekannt (NEUMANN 1962, SCHMITZ & al. 1967).

Die Abbildungen 1 bis 3 weisen eindeutig auf Korrelationen zwischen dem Salzgehalt und den Besiedlungsgemeinschaften hin. Diese Beziehungen unterliegen innerhalb des Salzspektrums bedeutenden Veränderungen. Zwischen den einzelnen Konzentrationsbereichen ändern sich sowohl die wirksamen Faktoren des Salzgehaltes als auch die Intensität der Salzwirkung. Außerdem ist der Wirkungseffekt des Salzgehaltes innerhalb bestimmter Konzentrationsbereiche unterschiedlich, was auf verschiedenartige Ionenverhältnisse der gelösten Salze zurückzuführen ist. Die Frage, auf welche Faktoren des Salzgehaltes die Diatomeengesellschaften reagieren und welche Auswirkungen auf die Arten eintreten, spielt bei einer Klassifizierung, die Wirkungsbereiche kennzeichnen soll, eine wichtige Rolle.

Die halophoben bzw. haloxenen Arten, die im allgemeinen auch niedrige pH-Werte bevorzugen, scheinen vor allem höhere Kalziumgehalte zu meiden. Eine Auswirkung des osmotischen Druckes dürfte bei der geringen Zunahme der Molarität im Süßwasser noch keine Rolle spielen. Dagegen sind die Kalziumionen für die Oligohalobien offenbar als Regulator des Stoffaustausches und Stabilisatoren der Zellmembran von wesentlicher physiologischer Bedeutung. Bei Unterschreitung eines bestimmten Kalziumgehaltes, in den untersuchten Gewässern etwa 5 bis 10 mg $Ca^{\cdot\cdot}$/l, reichen offenbar die Kalziumionen nicht mehr aus, um die Innenkonzentration der Zellen gegen das Konzentrationsgefälle zum umgebenden Milieu aufrecht zu erhalten (GESSNER 1959). Dabei werden die Bedingungen durch die niedrigen pH-Werte, die die Nährstoffaufnahmefähigkeit beeinträchtigen, zusätzlich erschwert (CHOLNOKY 1968). Die Zusammensetzung der Diatomeengesellschaften wird bei niedrigen Salzgehalten im wesentlichen von dem Faktorenkomplex Kalzium–Bikarbonat-Wasserstoffionenkonzentration bestimmt. Die Wirkung des pH und der Ionen vereinigen sich zu einer Resultierenden (BEHRE & WEHRLE 1944). Daneben wirken natürlich alle übrigen Standortbedingungen modifizierend auf die Artenkombination und die Häufigkeitsverhältnisse ein. Ein Einfluß von dieser Seite, der die Aussage des Halobienindex grundlegend verfälscht hätte, konnte jedoch bisher nicht nachgewiesen werden. Im Einzelfall kann die entscheidende Rolle des einen oder anderen Faktors hervortreten. In Gewässern mit gleichem pH-Wert, aber unterschiedlichem Kalziumgehalt, oder auch unter umgekehrten Bedingungen werden meist andere Algenarten beobachtet, wobei die Verschiedenheiten durch die variierende Komponente verursacht werden (PATRICK 1948, BACKHAUS 1968). In normalen Süßgewässern sind die pH-Werte im wesentlichen vom Bikarbonat-Pufferungssystem abhängig. Ausnahmen bilden schwach gepufferte Hochmoorgewässer, wo der pH-Wert durch Kationenaustauschvorgänge an Torfmoosen und dabei freiwerdende Mineralsäuren stark herabgesetzt wird (GESSNER 1959), und mineralogen-acidotypische Gewässer, wo das Bikarbonat keine Rolle spielt. Die mineralogen-acidotypischen Gewässer sind als Gewässer mit abweichendem Chemismus anzusehen (HUSTEDT 1937/39); sie finden in der vorliegenden Untersuchung keine Berücksichtigung.

Optimale Lebensbedingungen für die typischen Süßwasserformen existieren offenbar bei Überschreitung von Kalziumgehalten zwischen 20 und 30 mg/l und einer Karbonathärte >3 °d. Diese in den Thüringer Fließgewässern beobachtete Größenordnung stimmt mit den Angaben von PEARSALL (1930) überein, der als Minimum für eine hohe Produktivität der Diatomeenflora in stehenden Gewässern eine Kalziumkarbonathärte von 3 °d fand. In Gewässern mit leicht erhöhtem Salzgehalt (100 bis 1000 mg Cl'/l) spielt die geringe Erhöhung des osmotischen Druckes noch keine wesentliche Rolle für die Oligohalobien, die sich noch gut entfalten können. Daneben treten jedoch gehäuft halobionte Arten auf, deren Häufigkeit in diesem Konzentrationsbereich weniger durch den Gesamtsalzgehalt als durch das Alkali–Kalzium-Verhältnis bestimmt wird. Die Voraussetzung für das Vorkommen von halobionten Arten bildet neben einer Mindestkonzentration eine Dominanz von Alkaliionen im Gewässer (Abb. 2, 3; ZIEMANN 1967). Die Anionen sind dabei zunächst von geringerer Bedeutung. Der hohe Gehalt an Sulfationen (300 bis 500 mg/l) in den Oberläufen der Wipper und Unstrut kann daher durch das Vorherrschen von Kalziumionen und den relativen Mangel an Alkaliionen noch keine merkbar stimulierende Wirkung auf die Entwicklung von halobionten Formen ausüben. Demgegenüber treten in der Werra bei Bad Salzungen bei einem viel geringeren Gesamtsalzgehalt, aber einem höheren relativen Alkalianteil, bereits zahlreiche Halophyten in zum Teil beachtlicher Häufigkeit auf. Der Chloridgehalt ist demnach verhältnismäßig bedeutungslos für die halobionten Formen. Das Chlorid ist lediglich eine meist gut brauchbare Maßzahl für den Salzgehalt. Da die Alkaliionen bevorzugt in Verbindung mit Chloridionen vorkommen, wird eine Chloridabhängigkeit lediglich vorgetäuscht (vgl. ARNOLD 1955). Auch in den Natriumkarbonatgewässern dürfte das Natrium verantwortlich für das Auftreten von halobionten Diatomeen sein, woraus sich auch die relative Gleichartigkeit in der Besiedlung von NaCl- und Na_2CO_3-Gewässern erklärt.

Bei höheren Salzgehalten (>2 bis $3^0/_{00}$) tritt die osmotische Wirkung des Milieus allmählich in den Vordergrund, woran auch naturgemäß die Anionen ihren Anteil haben. Damit findet die Beobachtung, daß erst bei 2 bis $3^0/_{00}$ Salzgehalt neben der zunehmenden Häufigkeit der halobionten eine Abnahme und Schädigung der oligohaloben Arten eintritt, eine Erklärung. Neben der osmotischen Wirkung ist aber auch in diesem Bereich die Wirksamkeit verschiedener Ionenkombinationen bzw. einzelner Ionen, zum Beispiel des Kaliums, noch deutlich spürbar (NEUMANN 1962, ZIEMANN 1967, 1968). Bei hohen Salzgehalten tritt auch die Wirkung verschiedenartiger Anionen hervor. So fand SCHMITZ (1959) Unterschiede in der Wirkung von Chlorid- und Sulfationen bei *Thalassiosira fluviatilis*. In den Natriumkarbonatgewässern dürfte die starke Salzwirkung ebenfalls nicht nur auf das ungünstige Alkali–Kalzium-Verhältnis, sondern auch auf eine im Vergleich zum NaCl stärkere Giftwirkung des Na_2CO_3 auf die Diatomeen zurückzuführen sein (CHOLNOKY 1968).

5. Vorschlag für eine Klassifikation der Binnengewässer auf Grund der biologischen Wirkung des Salzgehaltes

Die Halobienindices als Ausdruck der Zusammensetzung der Diatomeengesellschaften in den Gewässern stehen überall in einer bestimmten Beziehung zum Salzgehalt. Diese Korrelationen sind jedoch infolge der unterschiedlichen Formen der Versalzung in fast jedem Gewässer anders. Der Gesamtsalzgehalt scheidet also als Grundlage für eine Klassifikation der Binnengewässer aus. Eine biologisch begründete Klassifikation erscheint dagegen möglich, wenn man davon ausgeht, daß die biologische Wirkung des Salzgehaltes ihren Ausdruck in den Halobienindices findet. Dabei ist für Gewässer mit einander entsprechender Salzwirkung, welche durchaus verschiedene Ursachen haben kann, nicht das Vorkommen gleicher Arten, sondern das Häufigkeitsverhältnis der einzelnen Indikatorarten zueinander innerhalb einer Biozönose von Bedeutung. Eine Abgrenzung von Bereichen bestimmter biologischer Auswirkung des Salzgehaltes mit Hilfe von einzelnen Indikatorarten stößt infolge der individuell bzw. von Art zu Art unterschiedlichen Salztoleranz auf unüberwindliche Schwierigkeiten; demgegenüber spiegeln die Halobienindices das Verhalten von Assoziationen wider. Die Gemeinschaften reagieren als Einheiten auf die Milieueinflüsse (MCINTIRE 1968) und in dieser Betrachtung sind Rückschlüsse von den vorgefundenen Organismengesellschaften auf die Umwelt statthaft.

Die typischen Binnengewässer sind Süßgewässer, in denen das Kalziumhydrogenkarbonat als wesentlichster Faktor die Verbreitung der Diatomeen bestimmt. Ausgesprochen elektrolytarme sowie salzreiche Gewässer stellen für das Binnenland extreme Gewässertypen dar. In den salzarmen, nur sehr schwach gepufferten Gewässern wird die Wirkung des Kalziumhydrogenkarbonates oftmals durch die niedrigen pH-Werte überdeckt. Die Salzgewässer sind durch die Wirkung von Alkalisalzen ausgezeichnet; wobei die osmotischen Bedingungen, deren Wirkungsweise durch bestimmte Ionenkombinationen modifiziert wird, in den Vordergrund treten. Die Art der in den einzelnen Bereichen vorherrschenden Faktoren des Salzgehaltes und ihre Wirkung auf die Diatomeenflora ermöglicht zunächst eine grundlegende Einteilung der Binnengewässer in drei Gewässertypen: extrem salzarme (infrahalobe) Gewässer, typische Süßgewässer mit Standardionenkombination und Salzgewässer (Abb. 4).

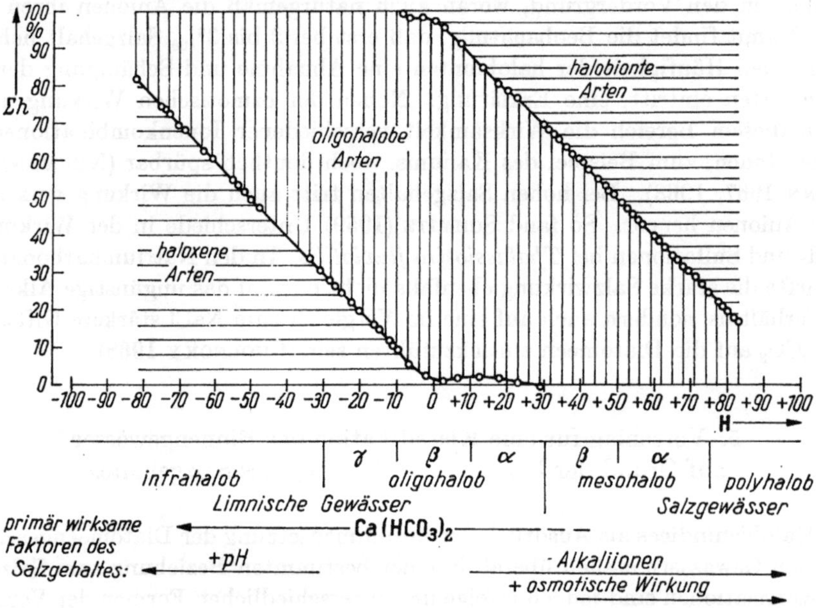

Abb. 4. Die prozentuale Häufigkeitsverteilung haloxener, oligohalober und halobionter Arten im Wirkungsspektrum des Salzgehaltes der Binnengewässer. Im Vergleich dazu werden die in den einzelnen Lebensbereichen primär wirksamen Faktoren des Salzgehaltes dargestellt.

Alle drei Gewässerarten des Binnenlandes werden durch charakteristische Diatomeengesellschaften besiedelt, die allmählich, entsprechend den ökologischen Bedingungen, ineinander übergehen. Durch die Halobienindices wird der Grad der jeweiligen Salzwirkung auf die Diatomeengemeinschaften dargestellt. Die Indices weichen je nach dem Häufigkeitsanteil von haloxenen und halobionten Arten an der Gesamthäufigkeit in positiver oder negativer Richtung vom Nullbereich des Halobienindex im typischen Süßwasser ab (Abb. 4).

Die Bestimmung der Halobienindices stellt somit die Wirkung der im Wasser gelösten Salze in gut abgestufter Form dar, wobei nur die biologische Wirkung des Salzgehaltes, jedoch keine Salzkonzentrationen beschrieben werden. Die vorkommenden Arten und ihre Mannigfaltigkeit lassen jedoch bestimmte Rückschlüsse auf die Art der wirksamen Faktoren des Salzgehaltes zu. Die Halobienindices von -100 bis $+100$ stellen eine kontinuierliche Reihe dar, in der die Endpunkte und der Nullpunkt die Typen der drei Binnengewässerarten — extrem elektrolytarm, typisches Süßwasser und Salzwasser — klar definieren. Auf Abbildung 4 ist dabei zu beachten, daß die durch die Halobienindices gekennzeichneten Bereiche sehr unterschiedliche Salzkonzentrationen zur Grundlage haben. Durch die Halobienindices von -100 bis etwa $+30$ werden Salinitäten zwischen annähernd 0 und 2 bis $3^0/_{00}$ beschrieben, während die Indices von $+30$ bis $+100$ alle übrigen Konzentrationen bis zu nahezu gesättigten Salzlösungen umfassen. Die Abgrenzung der einzelnen Lebensbereiche gegeneinander sowie ihre weitere Untergliederung kommt durch die Halobienindices nicht klar zum Ausdruck, sondern muß auf Grund bestimmter augenfälliger Veränderungen des Artbestandes und der Häufigkeiten innerhalb der Besiedlungsgemeinschaften vorgenommen werden, die auf die Wirkung des Salzgehaltes zurückzuführen sind. Frühere Untersuchungen an Binnensalzgewässern zeigen, daß die Abgrenzung von Klassen im Bereich des Salzwassers durch charakteristische Umschichtungen innerhalb der Diatomeenassoziationen und klar erkennbare Wirkungen des Salzgehaltes auf die Organismen in bestimmten Grenzbereichen möglich ist (ZIEMANN 1967, 1968).

TABELLE 3

Die Klassifikation der Binnengewässer nach der biologischen Wirkung des Salzgehaltes

<table>
<tr><th></th><th>Klasse</th><th>Unterklasse</th><th>Halobien-
index</th><th colspan="2">Charakteristik der Gewässer</th></tr>
<tr><td rowspan="4">Limnische Gewässer</td><td>infrahalob</td><td></td><td><−30</td><td colspan="2">Extrem salzarme, meist saure Gewässer, Mangel an $Ca(HCO_3)_2$
pH entscheidend wirksamer Verbreitungsfaktor; Quellen in Urgesteinsgebieten, dystrophe und acidotrophe Gewässer</td></tr>
<tr><td rowspan="3">oligohalob</td><td>γ-oligohalob</td><td>−30
bis
−10</td><td>Ca-arme, weiche Gewässer, z. B. Oberläufe von Gebirgsbächen</td><td rowspan="2">Süßgewässer im eigentlichen Sinne, Ca-Bikarbonatgewässer</td></tr>
<tr><td>β-oligohalob</td><td>−10
bis
+10</td><td>Typisches Süßwasser mit optimalem Ca-Gehalt</td></tr>
<tr><td>α-oligohalob</td><td>+10
bis
+30</td><td colspan="2">Süßwasser mit erhöhtem Salzgehalt, Alkali/Ca-Verhältnis größer als in typischen Süßgewässern</td></tr>
<tr><td rowspan="3">Salzgewässer</td><td rowspan="2">mesohalob</td><td>β-mesohalob</td><td>+30
bis
+50</td><td colspan="2" rowspan="3">Salzgewässer aller Art. Lebensbedingungen werden im wesentlichen durch erhöhten Alkalisalzgehalt bestimmt. Größe der biologischen Wirksamkeit des Salzes ist in den einzelnen Klassen bzw. Unterklassen von der Höhe der Molarität (osmotischer Druck) und der relativen Ionenkonzentration abhängig.</td></tr>
<tr><td>α-mesohalob</td><td>+50
bis
+75</td></tr>
<tr><td>polyhalob</td><td></td><td>>+75</td></tr>
</table>

In Ergänzung zu den bisherigen Befunden wird nach den Ergebnissen der biologischen Analyse der Gewässer im Untersuchungsgebiet die auf Tabelle 3 dargestellte Klassifikation vorgeschlagen. Die Benennung der einzelnen Klassen entspricht im wesentlichen der von Hustedt (1957) für das System der Halobien verwendeten Terminologie. Damit kommt die Beziehung der Klassen zu den einzelnen ökologischen Gruppen des Systems klar zum Ausdruck. Als Folge davon weicht die Terminologie von der für die Brackwasserklassifizierung üblichen Bezeichnungsweise ab. Beide Systeme unterscheiden sich auch in anderer Hinsicht grundsätzlich voneinander. Die Brackwasserklassifikation gilt nur für thalassogene Gewässer, während die hier vorgeschlagene Einteilung sich nur auf Binnengewässer bezieht. Außerdem liegen beiden Systemen verschiedene Einteilungsprinzipien zugrunde. Im Brackwasser werden Biotope, die durch bestimmte biologisch wirksame Salzgehaltsbereiche umrissen sind, abgegrenzt. Die Klassifizierung der Binnengewässer ist demgegenüber als Biozönosesystem aufzufassen, dessen Untergliederung sich allein auf die unterschiedlichen Besiedlungsgemeinschaften stützt.

Die einzelnen durch bestimmte Halobienindices definierten Klassen werden in folgender Weise durch die Diatomeenflora gekennzeichnet, wobei die Grenzen zwischen den einzelnen Stufen naturgemäß als Plus–Minus-Bereiche aufzufassen sind:

A. Limnische Gewässer

1. Infrahalob, H: <-30:

Haloxene bzw. halophobe Arten dominieren; oligohalobe Arten sind nur in geringer Zahl und Häufigkeit vertreten. Die Gesamtartenzahl ist infolge der extremen Bedingungen und der im allgemeinen bestehenden Nährstoffarmut meist niedrig.

Hochmoorgewässer und saure Quellen sowie Quellabflüsse von Gebirgsbächen.

2. Oligohalob, H: -30 bis $+30$

a) γ-oligohalob, H: -30 bis -10:

In den Diatomeengesellschaften dominieren oligohalobe Arten; haloxene Formen sind noch häufig. Im Grenzbereich zur infrahaloben Zone findet man noch einzelne haloxene Arten unter den Dominanten, ihre Zahl nimmt aber zur β-oligohaloben Stufe hin rasch ab. Dieser Bereich stellt eine Übergangszone vom typischen Süßwasser zur infrahaloben Stufe dar (vgl. Kapitel 3).

Schwach saure Gebirgsbäche, auch oligotrophe Seen.

b) β-oligohalob, H: -10 bis $+10$:

Rein oligohalobe Kieselalgengesellschaften; vereinzelte haloxene und halobionte Arten treten sporadisch oder an den Grenzbereichen auf.

Fließgewässer vom Aubereich abwärts; alle typischen Binnengewässer mit Standard-Ionenkombination.

c) α-oligohalob, H: $+10$ bis $+30$:

Oligohalobien dominieren, halophile Formen mitunter in Massenentwicklung, einzelne halobionte Arten treten gehäuft auf, haloxene Formen fehlen völlig. Die Entwicklung der Oligohalobien wird nicht vom Salzgehalt beeinträchtigt. Übergangsbereich vom typischen Süßwasser zum Salzwasser.

Binnengewässer mit leicht erhöhtem Salzgehalt. Die Ionenverhältnisse weichen von der Standard-Ionenkombination des Süßwassers ab, meist durch erhöhten Anteil an Alkalichlorid- oder -sulfationen.

B. Salzgewässer (vgl. ZIEMANN 1968)

1. Mesohalob, *H*: +30 bis +75

a) β-mesohalob, *H*: +30 bis +50:

Die Diatomeenassoziationen setzen sich aus einer Mischung von oligohaloben und halobionten Arten zusammen, wobei die oligohalobe Komponente noch überwiegt. Als Massenformen treten euryhaline Oligohalobien und halobionte Arten in gleichem Maße auf. Die Entwicklung zahlreicher Süßwasserformen wird bereits beeinträchtigt, vor allem im Grenzbereich zur α-mesohaloben Stufe.

Durch natürliche Bedingungen oder anthropogenen Einfluß mäßig stark versalzte Binnengewässer aller Art.

b) α-mesohalob, *H*: +50 bis +75:

Halobionte Arten dominieren sowohl in der Artenzahl als auch in der Häufigkeit. Die Salztoleranz der meisten Oligohalobien wird in diesem Bereich überschritten, so daß nur noch eine begrenzte Zahl von Arten in meist geringer Häufigkeit auftritt.

Stark versalzte Binnengewässer aller Art.

2. Polyhalob, *H*: >+75:

Massenentwicklung einiger halobionter Arten; vereinzelte Oligohalobien bzw. Ubiquisten sind noch vorhanden. Einzelne Ubiquisten können auch in größerer Häufigkeit auftreten. Infolge der extremen Bedingungen außerordentlich instabile Verhältnisse. Bereich eines Artenminimums.

Extrem stark versalzte (hyperhaline) Binnengewässer.

*

Die Klassen des Systems werden als Bereiche der biologischen Wirkung des Salzgehaltes allein durch die Besiedlungsgemeinschaften gekennzeichnet. Bei Kenntnis der quantitativen Beziehungen zwischen den Halobienindices und dem Salzgehalt können die Grenzbereiche auch durch bestimmte Faktoren des Salzgehaltes oder durch die Salinität fixiert werden. Diese Grenzen sind in den meisten Fällen jedoch gewässerspezifisch (ZIEMANN 1967, 1968). Auch im Untersuchungsgebiet lassen sich den Grenzen zwischen den einzelnen Klassen bzw. Unterklassen bestimmte chemische Werte zuordnen, wie folgende Beispiele zeigen:

	pH	Karbonat-härte °d	$Ca^{\cdot\cdot}$ mg/l
infrahalob/γ-oligohalob	~5,5	~0,6	~5
γ-oligohalob/β-oligohalob	6,5 bis 6,8	1,5	12 bis 15

Die Grenze von der β-oligohaloben zur α-oligohaloben Stufe ist nicht eindeutig zu fixieren. Als Regel kann ein Mindestchloridgehalt von 100 mg/l als Alkalichlorid angesehen werden (PETERSEN 1943, FOGED 1948). Das Alkali/Kalzium-Verhältnis ist hier ebenso von Bedeutung wie beim Übergang von der α-oligohaloben zur β-mesohaloben Stufe. In den kalkreichen Gewässern des Untersuchungsgebietes ist diese Grenze bei etwa 1000 mg Cl′/l und einem Gesamtsalzgehalt von 2 bis 3‰ zu ziehen, was etwa der Auffassung von Williams (1964) entspricht, der als Trennungslinie zwischen Süßwasser und Salzwasser einen Salzgehalt von 3‰ angibt (Bayly & Williams 1966). Bei höheren Salzgehalten sind die Grenzen zwischen den einzelnen Wirkungsbereichen des Salzgehaltes sehr variabel, wie folgendes Beispiel zeigt:

	Wipper		Werra	
	Cl′, mg/l	S ‰	Cl′, mg/l	S ‰
β-mesohalob/α-mesohalob	~3000	~ 6	~ 6000	~12
α-mesohalob/polyhalob	~6000	~12	~10000	~20

Inwieweit die vorliegende auf der Grundlage der Diatomeengesellschaften aufgestellte Klassifikation der Binnengewässer physiologische Grenzen von allgemeiner Bedeutung beschreibt, müssen zukünftige Untersuchungen erweisen. Es ist bekannt, daß die Verbreitung der meisten im Wasser lebenden Organismen entscheidend durch die jeweils herrschenden osmotischen Bedingungen und durch Ionenwirkungen reguliert wird. Dabei wirken sich die Faktoren des Salzgehaltes auf die überwiegende Mehrzahl der Organismen in bestimmten Lebensbereichen in gleichem Sinne aus. Wesentliche Unterschiede bestehen zwischen den einzelnen Arten hinsichtlich ihrer ökologischen Valenz bzw. ihrer Salztoleranz. Die Verbreitung der Organismen erstreckt sich über das gesamte Salzspektrum, wobei sich die Verbreitungsgrenzen der Arten in allen Bereichen überschneiden. Betrachtet man die Organismengemeinschaften als Ganzes, so dürften sich trotz vieler Überschneidungen einzelner Arten in bestimmten Bereichen — ähnlich wie bei den Diatomeen — dennoch charakteristische Umschichtungen in den Gemeinschaften ergeben, die ja auch bei allen bisherigen Klassifizierungen des Brackwassers vorausgesetzt werden.

Für die hier vorgeschlagene Klassifikation spricht, daß die von Scheele (1952) vorgenommene Einteilung der Fließgewässer vor allem in den oberen Bereichen — stark saure Quelle, schwach saurer Gebirgsbach, Aubereich — durch bestimmte als Klassengrenzen gedeutete Halobienindices gekennzeichnet werden. Die Grenze von der infrahaloben zur γ-oligohaloben Stufe, die in sauren Bächen des Thüringer Waldes bis zum Mittellauf der Salmonidenregion (Illies 1952) reichen kann, ist offenbar auch bedeutungsvoll für eine Reihe von Wasserinsekten. So werden in benachbarten Bergbächen mit gleichen Licht-, Temperatur-, Gefälle- und Sauerstoffverhältnissen bestimmte Ephemeropteren (Ecdyonuriden) und Plecopteren (*Isoperla*- und *Chloroperla*-Arten) in Abhängigkeit vom pH-Wert erst nach der Überschreitung von Halobienindices um −35 bis −30 beobachtet. In bezug auf die pH-Bereiche und ihre Bedeutung für die Organismen weist auch de Graaf (1957) darauf hin, daß andere Mikroorganismen in gleicher Weise wie Diatomeen vom pH-Wert abhängig sind und in die entsprechenden pH-Gruppen eingeordnet werden können. Die allgemeine Bedeutung der durch die Halobienindices gekennzeichneten Salzwirkung innerhalb des Salzwasserbereiches wird u. a. durch die im folgenden genannten Feststellungen wahrscheinlich gemacht (vgl. Ziemann 1967, 1968).

Der Übergang vom Süßwasser zum Salzwasser ist durch einen Halobienindex um +30 gut charakterisiert und entspricht der Definition von den Hartog (1960) für diese Schwelle: verstärktes Auftreten von Salzwasserformen, beginnendes Zurückweichen von Süßwasserformen. HOF (1907) stellte bei der Überschreitung von 1000 mg Cl'/l erste Schädigungen von Insektenlarven und Krebsen fest. Bei derartigen Konzentrationen werden im Untersuchungsgebiet Halobienindices um +30 beobachtet. Diese Feststellung bestätigt offenbar die vorgenommene Grenzziehung zwischen Süßwasser und Salzwasser im Sinne von DEN HARTOG.

Die Verbreitungsgrenze der meisten Süßwasserfische, in der Werra bei 6000 mg Cl'/l (SCHMITZ 1956) und in der Wipper bei 3000 mg Cl'/l (ZIEMANN 1967), fällt mit der Grenze zwischen β-mesohalober und α-mesohalober Stufe zusammen. Auch eine Beeinflussung der Saprobiengesellschaften, deren Mannigfaltigkeit durch die Schädigung zahlreicher Indikatorarten stark reduziert ist, sowie eine hemmende Wirkung des Salzgehaltes auf die Selbstreinigungsvorgänge ist innerhalb der α-mesohaloben Zone unverkennbar (ZIEMANN 1969).

Die Bestimmung des Halobienindex der Gewässer stellt ein Verfahren der biologischen Gewässeranalyse dar, mit dessen Hilfe die komplexe biologische Wirkung der im Wasser gelösten Salze auf die Diatomeengesellschaften bestimmt wird. Die Ergebnisse ermöglichen eine Einordnung und Beurteilung der Gewässer auf Grund naturgegebener Bedingungen. Nach den bisherigen Beobachtungen scheinen die Klassen dieser Einteilung der Binnengewässer allgemein biologische Bedeutung zu haben und natürliche Grenzen innerhalb des Salzspektrums zu fixieren. Die Halobienindices sind auch von praktischer Bedeutung, denn sie geben einen guten Überblick über die Milieuverhältnisse, wobei auch vorübergehende Versalzungseinflüsse registriert werden (KOLBE 1927), die für viele Nutzungen der Gewässer unter Umständen von erheblicher Wichtigkeit sind. Für die biologische Gewässeranalyse kann daher die Bestimmung der Halobienindices als eine wertvolle Ergänzung angesehen werden. Die Untersuchungen zeigen, daß auch mit relativ einfachen Auswertungsverfahren biologischer Untersuchungsbefunde neben praktischen Ergebnissen für die Beurteilung der Gewässerbeschaffenheit wesentliche ökologische Zusammenhänge aufgedeckt werden können. Die statistische Auswertung des Materials bildet anscheinend — wie auch bei der Bestimmung der Saprobität der Gewässer — unter der Voraussetzung einer Bearbeitung von Biozönosen und nicht einzelner Arten eine gute, vielleicht auch die einzige Möglichkeit zu einer befriedigenden und allgemein gültigen ökologischen Klassifizierung der Gewässer.

6. Zusammenfassung

Aus thüringischen Gewässern mit sehr unterschiedlichen Salzgehalten und relativen Ionenkonzentrationen wurde die benthische Diatomeenflora untersucht.

Die Häufigkeitsverhältnisse der einzelnen Indikatorarten für verschiedene Salzgehalte innerhalb der Diatomeengesellschaften werden durch einen Halobienindex charakterisiert. Im Halobienindex findet die von der biologischen Wirkung des Salzgehaltes abhängige Zusammensetzung der Diatomeengesellschaft eines Standortes ihren Ausdruck. Die Bestimmung der Halobienindices bildet die Grundlage für eine biologische Analyse der Gewässer hinsichtlich ihres Salzgehaltes. Zwischen den Halobienindices und den im Wasser gelösten Salzen bestehen korrelative Beziehungen. Infolge der unterschiedlichen Ionenverhältnisse in den einzelnen Gewässern sind diese Korrelationen im allgemeinen gewässerspezifisch.

Die Verbreitung der Diatomeen wird im Süßwasser vorwiegend vom Kalziumhydrogenkarbonat bestimmt, während im Salzwasser die osmotischen Bedingungen, die durch spezifische Ionenwirkungen ergänzt werden, entscheidend sind.

Auf Grund verschiedenartiger Wirkung der einzelnen Faktoren des Salzgehaltes auf die Organismen ist eine ökologische Klassifizierung der Gewässer nach Konzentrationsbereichen nicht möglich. Es wird deshalb eine rein biologische Klassifikation vorgeschlagen, die die Wirkung des Salzgehaltes auf die Diatomeenflora zur Grundlage hat.

Die einzelnen Klassen werden durch Halobienindices gekennzeichnet und stellen Bereiche mit bestimmter biologischer Wirkung des Salzgehaltes dar. Die Klassengrenzen des Systems sind physiologisch wirksame Schwellen, an denen sich charakteristische Veränderungen innerhalb der Diatomeengesellschaften vollziehen.

7. Literatur

ARNOLD, A., 1955: Die Bedeutung der Chlorionen für die Pflanze. Bot. Studien (Jena), 1–148.

BACKHAUS, D., 1968: Ökologische Untersuchungen an den Aufwuchsalgen der oberen Donau und ihrer Quellflüsse. III. Die Algenverteilung und ihre Beziehungen zur Mileuofferte. Arch. Hydrobiol./Suppl. **34**, 130–149.

BAYLY, I. A. E. & W. D. WILLIAMS, 1966: Chemical and biological studies on some saline lakes of South-East Australia. Austr. J. Mar. Freshwat. Res. **17**, 177–228.

BEHRE, K., 1966: Zur Algensoziologie des Süßwassers unter besonderer Berücksichtigung der Litoralalgen. Arch. Hydrobiol. **62**, 125–164.

BEHRE, K. & E. WEHRLE, 1944: Welche Faktoren entscheiden über die Zusammensetzung von Algengesellschaften? Arch. Hydrobiol. **39**, 1–23.

BOND, R. M., 1935: Investigations of some Hispaniolan lakes (Dr. R. M. BONDS Expedition). II. Hydrology and hydrobiology. Arch. Hydrobiol. **28**, 137–161.

BREITIG, G., 1961: Vorschlag einer Einheitsmethodik zur biologischen Untersuchung von Fließgewässern. Mitt. Inst. Wasserwirtschaft Berlin, H. 12, 99–118.

BROCKMANN, C., 1940: Diatomeen als Leitfossilien in Küstenablagerungen. Westküste II (2/3), Kiel.

BUDDE, H., 1928: Die Algenflora des Sauerländischen Gebirgsbaches. Arch. Hydrobiol. **19**, 433–520.

— 1944: Die benthische Algenflora, die Entwicklungsgeschichte der Gewässer und Seentypen im Naturschutzgebiet „Heiliges Meer“. Arch. Hydrobiol. **39**, 189–293.

CASPERS, H., 1959: Vorschläge einer Brackwassernomenklatur („The Venice System“). Int. Revue ges. Hydrobiol. **44**, 313–315.

CHOLNOKY, B. J., 1963: Ökologie der Diatomeen in Binnengewässern. Lehre (J. Cramer).

DONASZY, E., 1959: Das Leben des Szelider Sees. Budapest.

FOGED, H., 1948: Diatoms in Water Courses in Funen. VI. Conclusions and general Remarks. Dansk bot. Ark. **12**, 1–110.

GESSNER, F., 1959: Hydrobotanik II. Berlin.

DE GRAAF, FR., 1957: The microflora and fauna of a quaking bog in the nature reserve „Het Hol“ near Kartenhoef in the Netherlands. Hydrobiologia (Den Haag) **9**, 210–317.

DEN HARTOG, C., 1960: Comments on the Venice System for the classification of brackish waters. Int. Revue ges. Hydrobiol. **45**, 481–485.

HEDGPETH, J. W., 1959: Some preliminary considerations of the inland mineral waters. Arch. Oceanogr. Limnol. **11**/Suppl., 111–114.

HEIDEN, H., 1902: Die Diatomeen aus den postglacialen Ablagerungen des Warnemünder Hafenbaues. Mitt. Großh. Mecklenb. Geol. Landesanst. **14**, 7–33.

HOFER, 1907: Gutachten des Reichsgesundheitsrates über den Einfluß der Ableitung von Abwässern aus Chlorkaliumfabriken auf die Schunter, Oker und Aller. Arb. Kaiserl. Gesundheitsamt **25**, 388.

HUSTEDT, F., 1938/39: Systematische und ökologische Untersuchungen über die Diatomeenflora von Java, Bali und Sumatra. Arch. Hydrobiol./Suppl. **15**, 638–790, Suppl. **16**, 1–155, 274–394.

— 1943: Die Diatomeenflora einiger Hochgebirgsseen der Landschaft Davos in den Schweizer Alpen. Int. Revue ges. Hydrobiol. **43**, 225–280.

— 1957: Die Diatomeenflora des Flußsystems der Weser im Gebiet der Hansestadt Bremen. Abh. Naturw. Ver. Bremen **34**, 181–440.

ILLIES, J., 1952: Die Mölle. Faunistisch-ökologische Untersuchungen in einem Forellenbach im Lipper Bergland. Arch. Hydrobiol. **46**, 424–612.

KOLBE, R. W., 1927: Zur Ökologie, Morphologie und Systematik der Brackwasserdiatomeen. Die Kieselalgen des Sperenberger Salzgebietes. Pflanzenforschung **7**, 1–146.
– 1932: Grundlinien einer allgemeinen Ökologie der Diatomeen. Ergebn. Biol. **8**. Berlin.
LÖFFLER, H., 1961: Beiträge zur Kenntnis der iranischen Binnengewässer. – II. Regional-limnologische Studie mit besonderer Berücksichtigung der Crustaceenfauna. Int. Revue ges. Hydrobiol. **46**, 309–406.
MCINTIRE, C. D., 1968: Physiological-ecological studies of benthic algae in laboratory streams. J. Water Poll. Control Fed. **40**, 1940–1952.
MÖLDER, K., 1943: Studien über die Ökologie und Geologie der Bodendiatomeen in der Pojo-Bucht. Bull. Comm. Geol. de Finnlande Nr. 127, 1–204.
NEUMANN, D., 1962: Die Analyse limitierender Ionenwirkungen bei Meeres- und Süßwassertieren mit Hilfe ökologischer, physiologischer und züchterischer Methoden. Kieler Meeresforsch. **18** (3), (Sonderheft), 38–54.
NIESSEN, H., 1956: Ökologische Untersuchungen über die Diatomeen und Desmidiaceen des Murnauer Moores. Arch. Hydrobiol. **51**, 281–375.
PATRICK, R., 1948: Factors effecting the distribution of diatoms. Bot. Rev. **14**, 473–524.
– 1962: Effects of river physical and chemical characteristics on aquatic life. J. Americ. Water Waste Assoc. (1962), 544–550.
PEARSALL, W. H. A., 1930: Phytoplankton in the English Lakes. I. The proportions in the waters of some dissolved substances of biological importance. Journ. Ecol. **18**, 306–320.
PETERSEN, J. B., 1943: Some halobion spectra (diatoms). Kgl. Danske Vidensk. Selsk. Biol. Medd. **17** (9), 3–95.
RAABE, H., 1951: Die Diatomeenflora der ostholsteinischen Fließgewässer. Arch. Hydrobiol. **44**, 521–638.
RODHE, W., 1949: The ionic composition of lake waters. Verh. intern. Ver. Limnol. **10**, 377–386.
SCHEELE, M., 1952: Systematisch-ökologische Untersuchungen über die Diatomeenflora der Fulda. Arch. Hydrobiol. **46**, 305–423.
– 1956: Verbreitung und Ökologie der Kieselalgen der Werra mit besonderer Berücksichtigung der Halophyten. Arch. Hydrobiol. **51**, 425–456.
SCHMITZ, W., 1956: Salzgehaltsschwankungen in der Werra und ihre fischereilichen Auswirkungen. Vom Wasser **23**, 113–136.
– 1959: Zur Frage der Klassifikation der binnenländischen Brackwässer. Arch. Oceanogr. Limnol. 11/Suppl., 179–225.
– 1966: Die Soziologie aquatischer Mikrophyten. Biosoziologie (Den Haag), 120–139.
SCHMITZ, W., W. BESCH & I. KNEISL, 1967: Die Salzgehaltstoleranz von *Gammarus pulex pulex* (L.), *Gammarus tigrinus* SEXTON und *Asellus aquaticus* (L.) in Abhängigkeit von der relativen Konzentration der Kationen Na, Mg, K und Ca. Int. Revue ges. Hydrobiol. **52**, 589–616.
SIMONSEN, R., 1962: Untersuchungen zur Systematik und Ökologie der Bodendiatomeen der westlichen Ostsee. Int. Revue ges. Hydrobiol./Systemat. Beih. **1**, 1–144.
VON TÜMPLING, W., 1966: Über die statistische Sicherheit soziologischer Methoden in der biologischen Gewässeranalyse. Limnologica (Berlin) **4**, 235–244.
– 1968: Suggested classification of water quality based on biological characteristics. Fourth Internat. Conference on Water Pollution Research Prag 1968, Sektion I, Paper 16, Pergamon Press Ltd.
WEHRLE, E., 1927: Studien über Wasserstoffionenkonzentrationsverhältnisse und Besiedlung an Algenstandorten in der Umgebung von Freiburg im Breisgau. Z. Bot. **19**, 209–287.
– 1942: Algen in Gebirgsbächen am Südostrande des Schwarzwaldes. Beitr. naturkundl. Forsch. Oberrheingebiet **7**, 127–286.
WETZEL, A., 1951: Ein Fluß nach 20 Jahren. Gesundheits-Ingenieur **72**, 234–235, 261–264.
ZIEMANN, H., 1967: Die Wirkung der Kaliabwässer auf die Flora und Fauna der Gewässer unter besonderer Berücksichtigung der Werra und Wipper. Fortschr. Wasserchemie **7**, 50–80.
– 1968: On the ecological classification of inland saline waters. Water Research **2**, 449–457.
– 1970: Zur Gültigkeit des Saprobiensystems in versalzten Binnengewässern. Limnologica (Berlin) **7** (2), 279–293.

Anschrift des Verfassers:
Dr. HORST ZIEMANN
DDR – 50 Erfurt, Schillerstraße 46

Limnologica (Berlin)	8	2	1971	527–548

Tagungsberichte

Sektion Ökologie und Arbeitsgruppe Hydrobiologie der Biologischen Gesellschaft in der DDR

Konstituierung und Veranstaltungen vom 30. September bis 2. Oktober 1969 in Rostock

Während der 4. Generalversammlung und wissenschaftlichen Vortragstagung der Biologischen Gesellschaft in der Deutschen Demokratischen Republik, Anfang Oktober 1967 in Karl-Marx-Stadt, diskutierten einige besonders interessierte Mitglieder, die z. T. dem Präsidium der Gesellschaft angehörten, die Notwendigkeit einer neben den bereits bestehenden sieben Sektionen zu begründenden Sektion Ökologie. Als Ergebnis dieser Gespräche wurde dem Präsidium der Gesellschaft ein entsprechender Antrag vorgelegt, der auf einer Präsidiumssitzung im Sommer 1968 von Prof. Dr. H. J. MÜLLER, Jena, mündlich erläutert und verteidigt wurde. Das Präsidium hatte damals bereits beschlossen, die Plenarvorträge der kommenden 5. Generalversammlung in Rostock unter das Generalthema „Aspekte und Probleme der Ökologie" zu stellen.

Bei der Beratung des Präsidiums über den Antrag waren neben der grundsätzlichen Auffassung, der (terrestrischen) Ökologie eine angemessene Vertretung innerhalb der Gesellschaft schaffen zu sollen, zwei Gesichtspunkte entscheidend: (1) die Anzahl der Sektionen der Gesellschaft möglichst nicht zu vermehren und (2) keine organisatorische Trennung zwischen terrestrischer Ökologie und aquatischer Ökologie zu schaffen. Es wurde daher beschlossen, die bisherige Sektion Hydrobiologie zur neuen Sektion Ökologie zu erweitern, in der die Hydrobiologie als Arbeitsgruppe weiterbesteht. Doz. Dr. habil. TH. SCHRÄDER, Jena, Mitglied des Präsidiums und Vorsitzender der bisherigen Sektion Hydrobiologie, übernahm im Auftrage des Präsidiums den kommissarischen Vorsitz der neuen Sektion bis zur Wahl der Sektionsleitung auf einer ersten Mitgliederversammlung im Rahmen der 5. Generalversammlung der Gesellschaft in Rostock. Aufgrund der ihm vom Präsidium erteilten Vollmacht berief er in die kommissarische Leitung der neuen Sektion Ökologie neben den Mitgliedern der Leitung der bisherigen Sektion Hydrobiologie [vgl. Limnologica (Berlin) **6** (1), 203] fünf Vertreter der terrestrischen Ökologie:

- Dr. habil. W. DUNGER, Staatliches Museum für Naturkunde — Forschungsstelle —, Görlitz,
- Prof. Dr. R. HUNDT, Institut für Methodik des math.-nat. Unterrichts der Martin-Luther-Universität, Halle (Saale),
- Prof. Dr. H. J. MÜLLER, Lehrstuhl für Spezielle Zoologie und Entomologie der Friedrich-Schiller-Universität, Jena,
- Prof. Dr. W. MÜLLER-STOLL, Institut für Kulturpflanzenforschung der Deutschen Akademie der Wissenschaften, Abteilung Ökologische Pflanzenphysiologie, Potsdam,
- Prof. Dr. H. SCHILDMACHER, Biologische Forschungsanstalt, Kloster auf Hiddensee.

Innerhalb der kommissarischen Leitung der Sektion Ökologie übernahmen Herr Prof. Dr. H. J. MÜLLER, Jena, die Aufgaben des Stellvertreters des Vorsitzenden und Herr Dr. W. v. TÜMPLING, Erfurt, die Aufgaben des Sekretärs.

Mitgliederversammlung

Die erste Mitgliederversammlung der neuen Sektion Ökologie, an der etwa 70 Mitglieder der Gesellschaft teilnahmen, fand am 30. September 1969 im großen Hörsaal der medizinisch-theoretischen Institute der Universität Rostock statt; sie war gleichzeitig Mitgliederversammlung der Arbeitsgruppe Hydrobiologie. Einleitend gab der komm. Vorsitzende einen kurzen Rechenschaftsbericht über die Arbeit von Sektion und Arbeitsgruppe seit der letzten Mitgliederversammlung der Sektion Hydrobiologie vor zwei Jahren in Karl-Marx-Stadt. Anschließend berichtete der Sekretär über den Stand der Vorbereitungen zum Internationalen Symposion „Wasserinhaltsstoffe: Ihre Analyse und ihre Wirkung auf Wasserorganismen", das im April 1970 von der Arbeitsgruppe Hydrobiologie gemeinsam mit dem Fachverband Wasserchemie der Chemischen Gesellschaft in der DDR auf Schloß Reinhardsbrunn in Thüringen veranstaltet werden wird. Nach der Entlastung der komm. Sektionsleitung durch die Mitgliederversammlung unterbreitete Herr Professor H. J. MÜLLER den Vorschlag der komm. Sektionsleitung für Gliederung und Leitung der Sektion für die Wahlperiode 1969/1971. Nach dieser Konzeption soll als selbständige Untergliederung der Sektion Ökologie zunächst nur die Arbeitsgruppe Hydrobiologie bestehen, die mit z. Z. 99 Interessenten aus dem Kreise der Mitglieder der Biologischen Gesellschaft und als ältester Teil der jetzigen Sektion Ökologie die Gewähr dafür bietet, auch in Zukunft erfolgreiche Arbeit zu leisten. Die Bildung weiterer Arbeitsgruppen soll zunächst der Zukunft überlassen bleiben. Sie kann nur nach einer entsprechenden Arbeit der gesamten Sektion nach Themenkreisen unter ökologischen Gesichtspunkten erfolgen; eine Aufgliederung nach Botanikern, Zoologen, Faunisten oder Physiologen soll als dem Wesen der Ökologie nicht entsprechend vermieden werden.

Bei der großen Anzahl von bisher bereits 201 an einer Mitarbeit in der Sektion Ökologie interessierten Mitgliedern der Gesellschaft wurde eine relativ große Anzahl von Kandidaten für die Sektionsleitung vorgeschlagen. Es handelte sich um drei Gruppen: (1) die Mitglieder der Leitung der Arbeitsgruppe Hydrobiologie, mit der Maßgabe, daß an die Stelle von Herrn Prof. Dr. D. SCHEER, der nicht anwesend war und gesundheitlich an der weiteren Mitarbeit gehindert ist, Herr Dr. D. BARTHELMES, ebenfalls Institut für Binnenfischerei in Berlin-Friedrichshagen, tritt; (2) die ebenfalls fünf in die kommissarische Sektionsleitung kooptierten Vertreter der terrestrischen Ökologie; (3) sieben weitere Vertreter ökologischer Arbeitsrichtungen, die seitens der komm. Sektionsleitung oder aus der Mitgliederversammlung vorgeschlagen wurden.

Durch en-bloc-Abstimmung wurden einstimmig in die Leitung der Sektion Ökologie für die Wahlperiode 1969/1971 gewählt (mit + die Mitglieder der Leitung der Arbeitsgruppe Hydrobiologie):

+ Prof. Dr. E. A. ARNDT, Rostock
+ Dr. D. BARTHELMES, Berlin-Friedrichshagen
Dr. habil. W. DUNGER, Görlitz
Prof. Dr. R. HUNDT, Halle (Saale)
Prof. Dr. L. KÄMPFE, Greifswald
Prof. Dr. H. J. MÜLLER, Jena

Prof. Dr. W. MÜLLER-STOLL, Potsdam
Dr. W. RAWALD, Eberswalde
Prof. Dr. U. SEDLAG, Eberswalde
Prof. Dr. H. SCHILDMACHER, Kloster (Hiddensee)
+ Doz. Dr. habil. W. SCHNESE, Rostock
+ Doz. Dr. habil. TH. SCHRÄDER, Jena
Dr. G. STÖCKER, Halle (Saale)
+ Dr. W. v. TÜMPLING, Erfurt
+ Prof. Dr. habil. D. UHLMANN, Dresden
Prof. Dr. K. UNGER, Quedlinburg
Dr. H. WEISE, Dresden

Unmittelbar nach ihrer Wahl trat die neue Sektionsleitung zu ihrer Konstituierung zusammen und beschloß folgende Aufgabenteilung in der Sektionsleitung:

Vorsitzender:	Prof. Dr. H. J. MÜLLER
Stellvertreter des Vorsitzenden und Vorsitzender der Arbeitsgruppe Hydrobiologie	Doz. Dr. habil. TH. SCHRÄDER
Sekretär der Sektionsleitung	Dr. W. v. TÜMPLING

Mit der Bekanntgabe dieses Ergebnisses der Konstituierung der Sektionsleitung wurde die erste Mitgliederversammlung der Sektion geschlossen.

Vortragsveranstaltungen

Für die Vortragsveranstaltungen der sieben im Rahmen der Generalversammlung der Gesellschaft in Rostock tagenden Sektionen standen nur der Vormittag des 30. September und der 1. Oktober 1969 zur Verfügung. Mit der Sektion Spezielle Botanik und der Arbeitsgruppe Bodenzoologie der Sektion Spezielle Zoologie war je eine gemeinsame Veranstaltung vereinbart worden; ferner war eine besondere Vortragstagung der Arbeitsgruppe Hydrobiologie vorgesehen. Die übrigen Veranstaltungen der Sektion Ökologie gruppierten sich in den Themenkreisen Wasserhaushalt in Biozönosen, Photoperiodizität, Interspezifische Beziehungen, Allgemeine Themen und statistische Methoden sowie Ökologische Aspekte des Parasitismus und des Pflanzenschutzes. Wegen der großen Anzahl der angemeldeten Vorträge mußten die Vortragsveranstaltungen größtenteils parallel durchgeführt werden. Die Anzahl der Zuhörer wechselte daher stark, zumal die Möglichkeit bestand, besonders interessierende Vorträge der anderen gleichzeitig tagenden Sektionen der Gesellschaft zu besuchen, die, einer Empfehlung des Präsidiums der Gesellschaft folgend, die Thematik ihrer Veranstaltungen teilweise ebenfalls auf ökologische Fragestellungen ausgerichtet hatten, wie etwa die Sektion Physiologie und Biochemie der Pflanzen ihre Vormittagstagung am 30. September auf das Generalthema „Ökologie der Stoffproduktion".

Der wesentliche Inhalt der Vorträge auf den Veranstaltungen der Sektion Ökologie ist, soweit sie bis zur Tagung vorlagen, im folgenden nach den Autoreferaten der Autoren wiedergegeben.

Gemeinsame Veranstaltung mit der Sektion Spezielle Botanik

Tagungsleitung: Prof. Dr. A. SCAMONI, Eberswalde

LÜTZKE, RUDOLF (Institut für Forstwissenschaft der Deutschen Akademie der Landwirtschaftswissenschaften, Eberswalde): Untersuchungen zum Energieumsatz und Wasserverbrauch eines Kiefernbestandes im Vergleich zu einer Wiese.

Die Anwendung hydrologischer Verfahren zur Ermittlung des Gesamt-Wasserverbrauchs der Waldbestände bereitet beträchtliche methodische Schwierigkeiten. Auch Transpirationsmessungen an Einzelzweigen liefern wegen der Unsicherheiten bei der Extrapolation der Resultate auf ganze Bestände und längere Zeiträume ungenügend repräsentative Ergebnisse für quantitative Fragestellungen. Außerdem werden dabei die Bodenevaporation und die Interzeption nicht miterfaßt, die im Walde zusammen etwa 40 bis 50% der Gesamtverdunstung ausmachen.

Die Wärmehaushalts-Methode (SVERDRUP-Verfahren) ist wegen des sehr geringen Lufttemperatur- und Dampfdruckgefälles oberhalb der Baumkronen für Verdunstungsbestimmungen in Waldbeständen nur dann anwendbar, wenn äußerst genaue Meßfühler und Registrierapparaturen zur Verfügung stehen. Die Methode hat u. a. den besonderen Vorteil, gleichzeitig wesentliche Einblicke in den Stoff- und Energieumsatz der Pflanzenbestände zu geben. Dabei werden die Einzelglieder des Energieumsatzes ermittelt und in der Wärmehaushaltsgleichung

$$S - B - L - V = 0$$

(im Energiemaß pro Flächen- und Zeiteinheit) bilanziert [S = Strahlungsbilanz, B = Energiegewinn von Boden und Biomasse bei der Erwärmung, L = Energiegewinn der Atmosphäre, V = Energiebedarf für die Evapotranspiration, der leicht in Verdunstungswerte in mm Wasserhöhe umgerechnet werden kann; methodische Einzelheiten z. B. bei LÜTZKE, R., Arch. Forstwesen **15** (1966), 995–1015].

Nach durchgehenden Wärmehaushalts-Registrierungen im Sommerhalbjahr 1967 in einem 28-jährigen Kiefernbestand auf grundwasserfernem Sand und nach lysimetrischen Messungen auf einer standörtlich vergleichbaren Wiese, die zeitweilig durch analoge Wärmehaushalts-Messungen wie im Walde ergänzt wurden, ergab sich folgende Halbjahresbilanz in kcal/cm² · Halbjahr (V_{mm} = Verdunstung in mm):

Wald					Wiese	
S	B	L	V	V_{mm}	S	V_{mm}
41,86	0,56	14,16	27,14	460,7	33,67	384,9

Die Strahlungsbilanz des Waldes war um 8190 cal/cm² größer als die der Wiese. Der Unterschied entspricht dem absoluten Strahlungsgewinn der Wiese im Durchschnitt von $1^1/_2$ Monaten des Sommerhalbjahres. Der zusätzliche Energiegewinn wurde vom Walde zu 54,6% für eine erhöhte Verdunstung und zu etwa 45% für eine verstärkte Wärmeabgabe an die freie Atmosphäre verbraucht. Die Wiese verdunstete somit 75,8 mm = 16,5% weniger als der Wald.

Auf die Ursachen für den bei vergleichbaren Bedingungen höheren Wasserverbrauch der Wälder gegenüber niedrigen Vegetationsdecken wird im einzelnen kurz eingegangen. Der Tagesgang des Energieumsatzes und die jahreszeitlichen und witterungsbedingten Unterschiede werden erläutert. Neuere Ergebnisse zur Rolle des Waldes als Wasserverbraucher in der Landschaft werden diskutiert und Möglichkeiten aufgezeigt, wie angesichts der angespannten wasserwirtschaftlichen Situation die landeskulturell-hydrologischen Leistungen der Wälder erhöht werden können.

HELMECKE, KLAUS (Sektion Biowissenschaften, Fachbereich Botanik, der Martin-Luther-Universität Halle-Wittenberg): **Beiträge zur Kenntnis des Mikroklimas in Xerothermrasen-Gesellschaften des Kyffhäusers.**

Die ökologischen Untersuchungen erfolgten im Gipsgebiet des Südrandes des Kyffhäusers (Ochsenburg). An den Südhängen ist folgende Vegetationsgliederung zu erkennen: Auf dem Plateau xerothermer Eichenmischwald, der in Runsen weit am Hang herabreichen kann, fragmentarisch ausgebildete xerotherme Gebüsche und Säume, Xerothermrasen und am Hangfuß Eichenmischwald. Von den Xerothermrasen wurden das Fumano-Seslerietum (W. SCHUBERT 1963) und das Teucrio-Festucetum (E. G. MAHN 1959) näher untersucht. Beide Gesellschaften kommen dicht benachbart vor, lassen sich aber meistens deutlich voneinander abgrenzen. Neben Messungen der Strahlung und der Bodentemperaturen an je einer Meßstelle in der entsprechenden Gesellschaft wurden einige ökologische Faktoren hinsichtlich des Verhaltens in der Fläche untersucht. Wir erfaßten dabei die Verbreitung der Pflanzengesellschaften, die Profiltiefe, den Wassergehalt, die Bodentemperatur in verschiedener Tiefe und den Karbonatgehalt. Die Untersuchungen zeigen gut die Widerspiegelung der ökologischen Faktoren durch die Pflanzengesellschaften. Es ergibt sich eine sehr gute Übereinstimmung zwischen der Verteilung der Pflanzengesellschaften und dem Verlauf der Isothermen, Isohydren und anderen Faktoren im Boden.

MAHN, ERNST-GERHARDT (Sektion Biowissenschaften, Fachbereich Botanik, der Martin-Luther-Universität Halle-Wittenberg): Edaphische Koinzidenzen bei Segetalarten.

Auf Grund der Komplexität des Beziehungsgefüges Pflanze–Standort ist die Bedeutung der einzelnen Faktoren bzw. ihrer kritischen Schwellenwerte für das Vorkommen von Pflanzensippen unter den gegebenen Konkurrenzbedingungen kausal nur schwer zu erfassen. Ansätze zu einer kausalen Betrachtung lassen sich durch die Herausarbeitung von Koinzidenzen zwischen bestimmten Faktoren und dem Auftreten einzelner Arten gewinnen.

Am Beispiel einer Reihe von Segetalarten wird deren Verhalten gegenüber einigen Bodenfaktoren analysiert. Die zwischen bestimmten Stufenwerten der untersuchten Faktoren und dem Auftreten der betreffenden Arten herausgearbeiteten Koinzidenzen ermöglichen es, quantitative Aussagen über die ökologische Amplitude bzw. den Verbreitungsschwerpunkt der betrachteten Arten abzugeben. Von praktischer Bedeutung ist dabei die Möglichkeit, die in den Indikatoreigenschaften ihres Standorts genauer charakterisierten Arten bei meliorativen Vorhaben zu einer umfassenden Analyse des Standortmosaiks heranzuziehen.

JÄGER, E. (Halle/Saale): Methoden der ökologischen Interpretation von Pflanzenarealen.

Referat nicht eingegangen.

Wasserhaushalt in Biozönosen

Tagungsleitung: Prof. Dr. R. HUNDT, Halle (Saale)

SCHLÜTER, HEINZ (Geographisches Institut der Deutschen Akademie der Wissenschaften, Leipzig): Synökologische Untersuchungen zu Fragen des Wasserhaushaltes eines hochmontanen Quellgebietes im Thüringer Wald.

Synökologische Untersuchungen in einem hydrometeorologischen Repräsentations- und Experimentiergebiet des Meteorologischen Dienstes der DDR verfolgten das Ziel, nach der Vegetation ausgeschiedene und kartierte Bodenfeuchte-Stufen quantitativ abzusichern. — Das Untersuchungsgebiet liegt großenteils in der hochmontanen Fichtenstufe des mittleren Thüringer Waldes im Bereich seiner höchsten Erhebungen mit 983 und 978 m über NN. Es umfaßt die Quell- und Einzugsgebiete zweier Wildbäche bis zu ihrem Zusammenfluß in 721 m über NN. Als Folge einer Windbruch-Katastrophe wird die überwiegende Fläche von lückigen Fichtenkulturen eingenommen.

Es wurden Messungen zum Grundwasserstand, zur Bodenfeuchte und zur Bodendurchlässigkeit unter repräsentativen Gesellschaften der verschiedenen Bodenfeuchte-Stufen durchgeführt. Die Grundwasserstands-Messungen wurden als Ganglinien und als Dauerlinien ausgewertet. Nach den Höchstständen, der Schwankungstiefe, der Steilheit der Dauerlinien und der Lage des Zentralwertes bestehen enge Korrelationen zu den Bodenfeuchte-Stufen und ihren „Charaktergesellschaften“.

Isoplethen der Bodenfeuchte zeigen in Tiefe, Dichte und Verlauf Zusammenhänge mit der Bodenfeuchte-Abstufung. Stichproben relativer Bodenfeuchte-Werte, bezogen auf die maximale Wasserkapazität aus Tiefen zwischen 20 und 40 cm, lassen eine kontinuierliche Zunahme von trockenen zu feuchten Standorten erkennen.

Zahlreiche vergleichende Sickerversuche in verschiedenen Profiltiefen erbrachten generell eine signifikante Abnahme der Bodendurchlässigkeit mit zunehmender Bodenfeuchte von Stufe zu Stufe sowie sehr markante Unterschiede zwischen den Bodenhorizonten. Damit konnte die überragende Bedeutung von Verdichtungshorizonten in ihren Auswirkungen auf den Wurzel- und Speicherraum, die Bodenfeuchte und ihre Koinzidenz zur Vegetationsgliederung nachgewiesen werden.

Das Mikroklima wird in sehr starkem Maße von der Vegetation selbst bestimmt. Die größten Differenzierungen treten zwischen den Fichtenwäldern bzw. -forsten und den offenen Schlaggesellschaften auf, unter denen die *Deschampsia flexuosa*-reichen Ausbildungen die höchsten Werte im Hinblick auf die Luft- und Bodentemperatur sowie die Evaporation erreichen; Hochmoor und *Calluna*-Schläge stehen ihnen kaum nach.

Es konnte nachgewiesen werden, daß die Bodenfeuchte im Untersuchungsgebiet der entscheidende Faktor für die Vegetations-Differenzierung und -Gliederung darstellt. Mit der Bodenfeuchte-Kartierung an Hand der Pflanzengesellschaften im Maßstab 1:10000 wurde eine wesentliche Grundlage für weitere hydrologische Untersuchungen, insbesondere für die Auswahl von Meßstellen und die Übertragung von Meßergebnissen auf die Fläche, zur Verfügung gestellt.

Zwicker, Ruth (Sektion Tierproduktion und Veterinärmedizin, Laboratorium Wasserhaushalt, der Karl-Marx-Universität Leipzig): **Forschung und Fortschritte auf dem Gebiet des Wasserhaushaltes und der Transpiration.**

In Weiterführung der Untersuchung des Tagesganges der Transpiration unter Freilandbedingungen war es nunmehr das Ziel, das Verhalten unterschiedlich ernährter Pflanzen unter klimatisch kontrollierten Umweltfaktoren zu studieren. Ein solches Vorgehen ist für einen biologischen Test wie die Anwelkmethode insofern von Bedeutung, als dann jederzeit physiologisch gleichwertige Pflanzen bereitstehen und reproduzierbare Befunde gewährleistet sind.

Die Regelung von Temperatur und Luftfeuchte erfolgt mit Hilfe einer Klimatruhe KT II vom VEB Maschinen- und Apparatebau Schkeuditz, wobei die Luftfeuchte im Bereich 55% konstant gehalten wird. Als Lichtquelle dienen Leuchtstofflampen „TL 55" vom Philips Laboratorium (Tageslicht mit relativ hohem Anteil an „Blaulicht") sowie Lumineszenzlampen „J" vom VEB Berliner Glühlampenwerk („Rotlicht"). Im Hinblick auf die Pflanzenentwicklung erweist sich bei Hafer eine Lichtperiode von 16 Stunden (5 bis 21 Uhr) als günstig. Die Lichtintensität beträgt 6000 lx, wobei Tagestemperaturen im Bereich von 20 bis 23 °C nicht überschritten werden dürfen, wenn qualitative Lichtunterschiede in der Transpiration erfaßt werden sollen. Gute Wasserbilanz der Pflanzen ist gewährleistet, wenn im Rhythmus eines 16-Stunden-Tages die Wasserzufuhr jeweils nach 8-stündiger Lichtperiode, und zwar um 8 Uhr und um 16 Uhr erfolgt (Dunkelperiode 21 bis 5 Uhr bei Nachttemperaturen von 15 bis 17 °C).

Sobald sich bei Hafer der Blütenstand zu differenzieren beginnt (4-Blatt-Pflanzen), wird die Transpiration unterschiedlich ernährter Haferpflanzen durch „Rot"- bzw. „Blau"-Licht verschieden beeinflußt, wobei das „Blaulicht" zu Regulationen führt, wie sie an Schönwettertagen im Freien am Mittag auftreten, während „Rotlicht" vor allem das nachmittägliche Verhalten kennzeichnet. „Blaulicht" erweist sich als wachstums- und ertragsbestimmender Faktor. Unter klimatisch kontrollierten Bedingungen ist es daher zur Frühdiagnose geeignet.

Müller, Herbert (Institut für Forstwissenschaften der Deutschen Akademie der Landwirtschaftswissenschaften, Eberswalde): **Standortsökologische Transpirations-Untersuchungen an wichtigen Waldbodenpflanzen.**

Im Verlauf von sechs Vegetationsperioden wurden an drei forstlich bedeutsamen Waldbodenpflanzen, dem Sandrohr (*Calamagrostis epigeios*), der Drahtschmiele (*Deschampsia flexuosa*) und der Heidelbeere (*Vaccinium myrtillus*), experimentell-ökologische Transpirations- und Wasserhaushalts-Untersuchungen auf verschiedenen Waldstandorten des nordostdeutschen Pleistozäns durchgeführt. Im einzelnen wurden in Form sehr zahlreicher, über die gesamte Wuchsperiode verteilter Tagesgänge der transpirationsbedingte Wasserverbrauch der Versuchspflanzen, insbesondere ihre spezifische Transpiration und ihre Bestandes-Wasserabgabe, mittels der speziell für unsere Versuche leicht abgeänderten Methode der kurzfristigen Wägung (Momentanmethode nach Huber und Stocker) sowie mittels einer selbstentwickelten Gefäß-Wägemethode ermittelt. Verbunden mit der gleichzeitigen Erfassung verschiedener transpiratorischer Bezugsgrößen fand vor allem der Einfluß der wichtigsten meteorologischen Faktoren auf die Intensität und den Verlauf der spezifischen Transpiration und des Bestandes-Wasserverbrauchs der untersuchten Pflanzen Berücksichtigung. Weitere ökologische, standortklimatische und edaphische Untersuchungen, besonders des Bodenwasserhaushaltes der Untersuchungsstandorte, dienten zur Ergänzung der transpirationsökologischen Versuche. Aufgrund der Versuchsmethodik war es möglich, nicht nur einen Einblick in die spezifischen Transpirationsverhältnisse der untersuchten Pflanzen über längere Zeiträume, sondern auch in ihren standörtlichen Wasserhaushalt zu erhalten. Hierbei sind insbesondere die Ergebnisse über den bisher zumeist nur grob schätzbaren Wasserverbrauch ganzer Pflanzenbestände von Bedeutung.

Niemann, Eberhard (Zweigstelle Jena des Instituts für Landesforschung und Naturschutz der Deutschen Akademie der Landwirtschaftswissenschaften, Halle/Saale): **Die Hydraturmessung als physiologisch-ökologische Methode im Rahmen geobotanischer Wasserhaushalts-Untersuchungen.**

Neben standortkundlichen Feldmethoden und ökologischen Labormethoden ist für die Ökologie die Weiterentwicklung einer Gruppe physiologisch-ökologischer Feldmethoden besonders dringlich, weil erst durch sie die Bindeglieder zwischen der Dynamik der Geländefaktoren und den synstrukturellen Erscheinungen näher bestimmt werden können.

Die Hydratur (nach WALTER 1931) sagt als Wasserzustand ökologisch mehr aus als der absolute oder relative Wassergehalt des Gewebes. Sie kann kryoskopisch (Standardmethode), gravimetrisch (nach ARCICHOWSKI oder nach SCHARDAKOW) oder refraktometrisch bestimmt werden.

An einer Abfolge von nach dem Wasserhaushalt abgestuften, ökologisch nahe verwandten Pflanzenstandorten wurden nach erfolgter pflanzensoziologischer Aufnahme und Kartierung in definierten Vegetationseinheiten synchron mit regelmäßigen Bodenfeuchte-, Grundwasser- und Niederschlagsmessungen über mehrere Vegetationsperioden Zellsaftkonzentrations-Messungen nach der Refraktometer-Methode an Pflanzenarten durchgeführt, die an allen Prüfstandorten vorkommen. Das Probenentnahme-Verfahren wurde der speziellen Aufgabenstellung angepaßt und nach den Kriterien Meßnetzaufbau, Anzahl der Einzelproben je Mischprobe sowie Wiederholungszahl je Taxon und Standort zu optimieren versucht. Hauptfehlerquellen sind bei sorgfältiger Entnahmetechnik Kondenswasser-Effekt und Fixierungsdauer.

Bei der Parallelisierung des Verlaufs von Zell-Saugkraft-Werten mit physikalischen Größen des Standort-Wasserhaushalts ergaben sich neben streckenhaften Übereinstimmungen artspezifische Differenzen, die z. T. ihrerseits durch den jeweiligen Jahres-Witterungsablauf (Vorlebenskomplex, Wirkungsspeicherung!) variiert wurden. Die bei entsprechenden standortbezogenen Vergleichen in Erscheinung tretenden Abweichungen sind besonders im Hinblick auf den Komplex „Wechselfeuchtigkeit“ und auf die physiologisch wirksame Standortfeuchte interessant. Daraus folgt, daß man bei entsprechendem Meßnetzaufbau und gleichzeitiger Berücksichtigung verschiedener methodischer Bedingungen, biometrischer Gesichtspunkte und Vergleichbarkeits-Anforderungen Einblicke einerseits in das spezifische Reaktionsvermögen einzelner Taxa gegenüber der Dynamik des örtlichen Wasserhaushalts und andererseits in die physiologisch-ökologische Wertigkeit der Vergleichsstandorte erhalten kann. Die Refraktometermethode zur Hydraturbestimmung erscheint demnach bei geeigneter methodischer Weiterentwicklung durchaus geeignet als physiologisch-ökologisches Verfahren im Rahmen geobotanischer Wasserhaushalts-Untersuchungen.

SALZER, J. (Institut für Obstbau, Dresden-Pillnitz): Beziehungen zwischen Abhärtung und Temperatur-Resistenz.

Referat nicht eingegangen.

Ökologische Aspekte des Parasitismus und des Pflanzenschutzes

Tagungsleitung: Dr. habil. K. ODENING, Berlin und Prof. Dr. L. KÄMPFE, Greifswald

KÄMPFE, LOTHAR (Sektion Biologie, Fachgebiet Spezielle und angewandte Zoologie der Ernst-Moritz-Arndt-Universität Greifswald): Physiologisch-ökologische Grundlagen für die Bekämpfung von Phytonematoden.

Der Entwicklungstrend in der Bekämpfung von pflanzenparasitären Nematoden führt offensichtlich von breit wirkenden Boden-Entseuchungsmitteln immer stärker zum spezifisch wirksamen Nematizid mit systemischer Wirkung. Dabei werden auch bisher unkonventionelle Möglichkeiten diskutiert, die entsprechende Grundlagen auf physiologisch-ökologischem Gebiet zu ihrer Weiterverfolgung erfordern.

Eingriffsmöglichkeiten ergeben sich erstens in die freilebende Phase der Nematoden. Dieser Weg steht den herkömmlichen Bekämpfungsverfahren am nächsten, wirft aber dennoch Fragen der Permeation der Körperoberflächen, der aktiven Stoffaufnahme während der freilebenden Phase und der Energievorräte im Tier auf. Die Rolle des hydrostatischen Skeletts und Eingriffe in den ungestörten Häutungsablauf bei den Nematoden sind ebenso zu beachten wie die Vertiefung der sinnesphysiologischen Grundlagen bei der Wirtsfindung und der Aktivierung der Wanderstadien.

Die zweite wesentliche Eingriffsmöglichkeit besteht in die parasitäre Phase der Nematoden. Hier sind neue Erkenntnisse über physiologisch-ökologische Veränderungen im Tier beim Übergang zum Parasitismus besonders aufschlußreich und entwicklungsfähig, wie sie von BIRD erarbeitet worden sind. Weiter werden die stofflichen Wechselwirkungen zwischen Wirt und Parasit beleuchtet, die im Normalfall zum Aufbau der Riesenzellensysteme führen und über Eingriffe in derartige prozeßsteuernde Faktoren in der Pflanze zu einem Zusammenbruch des sonst ausgewogenen Wirt–Parasit-Verhältnisses führen können. Die Verschiebung der Geschlechter-Relation beim Parasiten ist vielfach sichtbarer Ausdruck einer solchen Störung. In der letzten Zeit ist das Begattungsverhalten einschließlich seiner ökologischen Grundlagen interessant geworden, und zwar für mögliche Eingriffe in das Reproduktionsvermögen und weiter im Zusammenhang mit Kreuzungen verschiedener Arten und Biotypen in der Natur.

Als dritter Punkt wird auf die Notwendigkeit gesicherter ökologischer Grundlagen für die Prüfung potentieller Nematizide eingegangen, wobei die Wahl geeigneter Versuchsobjekte und Bezugsgrößen, die Erfassung der systematischen Wirkung und die Frage der Erholung und des Wiederaufbaus der Populationen bei unterschwelligen Eingriffen angerissen wird.

KERSTAN, UWE (Sektion Biologie, Fachgebiet Spezielle und angewandte Zoologie der Ernst-Moritz-Arndt-Universität Greifswald): Der Minimal-Lebensraum und seine Bedeutung für die Entwicklung phytoparasitärer Nematoden.

Ausgehend von der HAECKELschen Definition der Ökologie erfolgt bei endogen lebenden Parasiten eine zunehmende Einengung des Begriffes „Umwelt“ auf die ökologisch-physiologischen Wechselbeziehungen zwischen Parasit und Wirt. Die intensivierte Untersuchung dieser Beziehungen bei den pflanzenparasitären Nematoden *Heterodera schachtii* und *H. rostochiensis* — wesentliche Schädlinge der Zuckerrüben bzw. Kartoffeln — ist Ausdruck der Suche nach geeigneten Bekämpfungsmöglichkeiten. Für die Praxis sind deshalb die Auffindung und der gelenkte Einsatz besonders solcher Faktoren von Interesse, die durch die Einflußnahme auf die Entwicklung und Reproduktion der Schädlinge die Population vernichten helfen. Solche Möglichkeiten bieten sich von seiten der als Wirt dienenden Kulturpflanze mit der Resistenzzucht oder der exogenen Induktion einer temporären Resistenz an, von seiten des Schadnematoden durch den Einsatz chemischer Präparate zur Störung der Wirtsfindung, durch die Erprobung von Sterilantien und Antimetaboliten und die Einflußnahme auf die Richtung der sexuellen Determination. Entsprechend verschiedenen Literaturangaben schien es möglich, das sexuell noch undifferenzierte Larvenmaterial zu „vermännlichen“. Das aber würde bei den rein amphimiktischen Arten von Schadnematoden einen rapiden Populationsabbau verursachen.

Die Überprüfung dieser Angaben durch eine veränderte Methodik führte aber zu dem Ergebnis, daß Variationen des Geschlechterverhältnisses zugunsten der Männchen aus dem frühzeitigen Absterben weiblicher Larven unter ungünstigen Entwicklungsbedingungen resultieren. Die Ursache dieses selektiven Absterbens sind die unterschiedlichen Ansprüche bei der Geschlechter an den Minimal-Lebensraum in der Wirtspflanze; denn das Weibchen des Rübennematoden *H. schachtii* benötigt für die ungestörte Entwicklung bis zum adulten Tier ein mindestens 60mal größeres Wurzelvolumen als das weniger voluminöse Männchen. Während das Weibchen mittels körpereigener Enzyme die Ausbildung eines größeren syncytialen Riesenzellsystems in der Wurzel der Wirtspflanze induziert, beschränkt sich das vom Männchen beeinflußte Pflanzengewebe auf eine kleine Zone einer bis mehrerer Zellen.

Minimal-Lebensraum (an anfälligen Wirtspflanzen)

	Heterodera schachtii		*Heterodera rostochiensis* (Rasse B)	
Weibchen	0,0037 mm^3	Riesenzellensystem	0,0018 mm^3	Riesenzellensystem
	0,070 mm^3	Wurzel	0,025	Wurzel
Männchen	0,0011 mm^3	Wurzel		

Das selektive Absterben der Weibchen beginnt im wesentlichen bei Mangelbedingungen, die bereits auch die Wirtspflanze schädigen. Als entscheidende Faktoren erwiesen sich dabei die Zunahme der Nahrungskonkurrenz bei erhöhter Dichte des Befalles (außerdem auch andere wurzelparasitäre Nematoden, Pilze u. a.) und die Wurzeldicke. Beide Faktoren beeinflussen das Volumen des pro Tier zur Verfügung stehenden Lebensraumes, wobei wegen der unterschiedlichen Nahrungsansprüche eine Schädigung der Weibchen viel früher als die der Männchen eintritt. Da selbst an resistenten Pflanzen größere Anteile Männchen von *H. rostochiensis* adult werden können, beruht das Absterben der weiblichen Larven offensichtlich auf der Unfähigkeit, in den Wurzeln das benötigte größere Riesenzellensystem aufzubauen. Andererseits lassen die Unterschiede in der Größe des Minimal-Lebensraumes an anfälligen Pflanzen für *H. rostochiensis* einen schnelleren Populationsaufbau als für *H. schachtii* zu. Dieser Populationsaufbau erfolgt aber nicht unbegrenzt, sondern spielt sich durch den Antagonismus „benötigter Minimal-Lebensraum — Nahrungskonkurrenz" — schließlich, meßbar an der Menge der Dauerzysten, auf eine bestimmte Höhe ein.

Schmidt, Reinhard (Sektion Biologie, Fachgebiet Spezielle und angewandte Zoologie, der Ernst-Moritz-Arndt-Universität Greifswald): Unterschiede im Befall mit Parasiten bei der Landschnecke *Clausilia bidentata* (Strom 1765) aus verschiedenen Biotopen.

Von 1959 bis 1968 wurden etwa 39000 *Clausilia bidentata* untersucht. Die Schnecken wurden zum größten Teil in unterschiedlichen Biotopen auf den Inseln Hiddensee und Rügen gesammelt; Stichproben wurden auch aus der Umgebung von Stralsund und Greifswald sowie aus dem Eichsfeld und von der Landeskrone bei Görlitz untersucht.

An Parasiten wurden drei Arten Protozoen, sechs Trematoden in ihren Larvenstadien und ein Cestode festgestellt; Nematoden wurden nicht berücksichtigt. Das Auftreten von Protozoen schwankte bei den einzelnen Herkünften in Artenzahl und Menge beträchtlich; jedoch waren ein Befall zu 70 bis 80% mit einer Art in manchem Biotop sowie ein Auftreten aller drei Arten in einer Schnecke keine Seltenheit. Von Trematoden traten Larvenstadien der Familie Dicrocoeliidae (vermutlich *Corrigia vitta, Dicrocoelioides petiolatum,* langschwänzige Cercarien und Metacercariencysten, deren Artzugehörigkeit bisher experimentell nicht ermittelt werden konnte), der Familie Leucochloridiidae (*Urogonimus macrostomus*) und der Familie Brachylaemidae (Metacercarien der Gattung *Brachylaemus*) auf. Manche Arten waren weit verbreitet, andere auf nur einen Biotop beschränkt. Die Befallsstärke lag bei den meisten Arten unter 1%, schwankte jedoch in den verschiedenen Jahren innerhalb eines Biotops, aber auch in benachbarten Biotopen stark. Larvenstadien von *Corrigia vitta* traten mit durchschnittlich 1,6% (1,03 bis 6,7%) am stärksten auf. Bei dieser Art konnten experimentell Isopoden als zweite Zwischenwirte ermittelt und eine weite Verbreitung der adulten Würmer in der Bauchspeicheldrüse von Waldmäusen, vereinzelt auch von Erdmäusen, festgestellt werden. Die Metacercarien der Gattung *Brachylaemus* sind wahrscheinlich aus Cercarien hervorgegangen, die von anderen Landschnecken-Arten [besonders *Helicigona* (*Arianta*) *arbustorum*] ausgeschieden wurden. Nur einmal trat gleichzeitiger Befall mit *Corrigia-* und *Urogonimus*-Larvenstadien in einer Schnecke auf. Eine Kombination von Sporocysten und Cercarien der verschiedenen Arten mit Brachylaemiden-Metacercarien war nicht selten. Bandwurmcysten traten nur in einem Biotop auf.

Es wird versucht, Abhängigkeiten des unterschiedlichen Parasiten-Auftretens bei *Clausilia,* besonders mit Trematodenlarven, vom Auftreten invadierter Endwirte im selben Gebiet, vom Auftreten erster Zwischenwirte bei den Metacercarien, und von den klimatischen Bedingungen aufzudecken. Durch das feuchte atlantische Klima auf Hiddensee und Rügen sind vermutlich eine längere Lebensfähigkeit ausgeschiedener Trematodeneier und damit größere Infektionsmöglichkeiten für den ersten Zwischenwirt gegeben. Außerdem vermögen Cercarien auf Grund dieser Bedingungen wesentlich länger im Freien zu überleben als in trockeneren Gebieten und so ebenfalls die Infektionsmöglichkeiten für den zweiten Zwischenwirt zu erhöhen.

Braasch, Helen (Staatlicher Pflanzenquarantänedienst, Quarantänelaboratorium Potsdam): Der integrierte Pflanzenschutz als ökologisches Problem.

In den Ländern mit hochentwickeltem Pflanzenschutz faßt die Erkenntnis, daß der Pflanzenschutz der Zukunft nur ein integrierter Pflanzenschutz sein kann, immer festeren Fuß. Inwieweit aber sind wir heute in der Lage, auch nur annähernd einen integrierten Pflanzenschutz zu verwirklichen? Ein wichtiges Hindernis für seine Durchsetzung stellt der noch nicht vollzogene, aber notwendige Wandel im Denken der Praktiker dar. Von ökonomischer Seite würde außerdem ein abrupter Verzicht auf chemische Bekämpfungsmaßnahmen für die Ernährung der Menschheit eine schwierige Situation schaffen. Eine schrittweise Einführung der integrierten Bekämpfung entspricht aber auch dem noch lückenhaften Erkenntnisstand hinsichtlich der ökologischen Probleme, welche die biologisch-wissenschaftliche Basis dieses Pflanzenschutzsystems darstellen.

Unter harmonischer Einbeziehung der biologischen und chemischen Bekämpfung sowie anderer Methoden wie Kulturpraktiken, Sterilisationstechniken, Anwendung von Juvenilhormonen, Attraktants und Repellents sowie einer zweckentsprechenden Pflanzenquarantäne muß sich der integrierte Pflanzenschutz von grundlegenden ökologischen Prinzipien leiten lassen. Sein Anliegen ist nicht die Ausrottung des Schädlings um jeden Preis, sondern die Erhaltung und regulatorische Verbesserung der biozönotischen Beziehungen im Agro-Ökosystem. Hierfür muß die Auswirkung jeglicher Maßnahme auf den Schädling, die Nützlinge und die sogenannten indifferenten Arten der Biozönose untersucht werden.

Hinsichtlich der unerwünschten Nebeneffekte von Insektizid-Behandlungen sind die Probleme der Biozönoseschäden durch Giftwirkung, der Insektizidresistenz, der toxischen Rückstände auf Nahrungsmitteln und im Boden sowie der physiologischen Wirkungen bereits gut durch Fakten belegt. Weniger Berücksichtigung fanden bisher die sinnesphysiologischen Auswirkungen (Attraktanz, Repellenz) von Pflanzenschutzmitteln auf das biozönotische Geschehen. Die Ergebnisse von Experimenten mit Bekämpfungspräparaten und den in diesen enthaltenen Wirkstoffen zeigen, daß auch diesem Problem beträchtliche Bedeutung beizumessen ist.

Die Frage der Verbesserung der selbstregulatorischen Eigenschaften unserer Agro-Ökosysteme muß unter zwei Gesichtspunkten betrachtet werden: (1) Wie können wir die Struktur des Agro-Ökosystems so gestalten, daß die Verhältnisse in ihm einem biologischen Gleichgewicht möglichst nahekommen? (2) Wie sind Massenvermehrungen von Schädlingen im Keime zu ersticken oder zu unterbrechen, ohne Biozönoseschäden zu verursachen? Die unter diese beiden Möglichkeiten fallenden Maßnahmen werden diskutiert.

Um zu einer Annäherung an das System des integrierten Pflanzenschutzes zu gelangen, ist eine Intensivierung der Forschungsarbeiten über die Biologie der einzelnen Arten unserer Agro-Ökosysteme, ihre synökologischen Beziehungen und die Auswirkungen jeglicher Maßnahmen auf alle Mitglieder der Lebensgemeinschaft erforderlich.

Oehme, Günter (Sektion Biologie/Chemie des Pädagogischen Instituts Halle/Saale): Zur ökologischen Bedeutung persistenter Biozide und ihrer Anreicherung in Organen und Eiern des Seeadlers, *Haliaeetus albicilla* (L.).

Die gegenwärtig weltweite Verbreitung von Rückständen persistenter Biozide, insbesondere des DDT, in verschiedensten Ökosystemen und Lebewesen, einschließlich des Menschen, wird anhand internationaler Forschungsergebnisse herausgestellt. Auf Grund ihrer Persistenz und kumulativer Eigenschaften ist eine „biologische Verstärkung" dieser Stoffe in den lebenden Organismen in verschiedenem Ausmaß zu verzeichnen, wobei der Anreicherung über Nahrungsketten besondere Bedeutung zukommt. Die höchsten Rückstands-Konzentrationen weisen alle Endglieder der Kette auf, vor allem räuberisch lebende Arten wie eine Reihe von Greifvögeln und fischfressende Vogelarten. Die toxikologische und ökologische Bedeutung angereicherter Rückstände von DDT und anderen persistenten Bioziden durch letale und subletale toxische Wirkungen auf freilebende Wirbeltier-Populationen wird diskutiert. Ökologisch langfristige Auswirkungen sind nach den gegenwärtigen Erkenntnissen vor allem in der Gefährdung der am Ende der Nahrungsketten stehenden Arten durch Störung des normalen Fortpflanzungsgeschehens zu sehen und stellen ein ungewolltes Nebenergebnis der „normalen" vorschriftsmäßigen Anwendung von DDT und anderer persistenter Biozide in der freien Landschaft dar. Zahlreiche Fragen stehen in diesem komplizierten Geschehen noch offen. Fehlinterpretationen und Verkennung der weitgreifenden Bedeutung der persistenten Biozide als neuer Umweltkomponente liegen neben fehlender Kenntnis der bereits vorliegenden Forschungsergebnisse sowohl darin, als auch vielfach im Mangel an ökologischem Verständnis begründet. Eine Klärung der aufgeworfenen komplizierten und ernsten Probleme ist nicht allein durch labormäßige toxikologische und biochemische Forschung möglich, sondern erfordert gleichzeitig exakte populations-ökologische Untersuchungen unter natürlichen Bedingungen. Die wissenschaftliche Problematik der gesamten Umwelt-Toxikologie schließt somit als Grenzgebiet eine Reihe biologischer Disziplinen ein.

In Gemeinschaftsarbeit mit dem Institut für Ernährung der DAW, Bereich Fremdstoffe, in Rehbrücke, konnten von 1966 bis Juni 1969 Organe von 12 tot aufgefundenen Seeadlern und einige Eier der Art dünnschicht-chromatographisch auf insektizide Chlorkohlenwasserstoffe untersucht werden, wobei sich in den meisten Fällen hohe Rückstände von DDT, hauptsächlich in Form des DDE, fanden. Lindan wurde in zwei Adlern gefunden. Der Gesamt-DDT-Gehalt (einschließlich der Metabolite DDD und DDE) betrug in der Leber im Mittel 68,3 und im Maximum 248 ppm, im Fett im Mittel 483,6 ppm mit einem Schwankungsbereich zwischen 90 und 1605 ppm. Drei

Eier enthielten im Mittel 39,8 ppm bei einem Maximum 67,8 ppm = 7,87 mg DDE. Nach einem Vergleich der Höhe der Rückstände mit Untersuchungsergebnissen an verschiedenen Greifvogelarten aus Großbritannien, Skandinavien und den USA ergibt sich, daß der Seeadler-Bestand der DDR international mit zu den am stärksten kontaminierten Greifvogel-Populationen gehört. Die vorliegenden Untersuchungen deuten sehr stark auf eine Gefährdung der deutschen Population durch subletale Auswirkungen von DDT auf das Reproduktionsvermögen hin. Die von medizinisch-ernährungshygienischer Seite zum Ausdruck gebrachte Forderung nach Ersatz des DDT durch nicht persistente Insektizide muß auch im Zusammenhang mit der bedrohlichen Anhäufung dieses Stoffes in den Organen und Eiern des unter besonderem gesetzlichen Schutz stehenden Seeadlers ausgesprochen werden. Weitere Untersuchungen zur Klärung der Situation des heimischen Seeadler-Bestandes sind dringend erforderlich und sollten Unterstützung finden. Gleichzeitig stellt diese am Ende der Nahrungskette stehende Art einen wertvollen biologischen Indikator für Untersuchungen zur Kontrolle der Höhe der Kontamination in Gewässer-Ökosystemen mit persistenten Bioziden und dern Auswirkungen dar.

Photoperiodizität

Tagungsleitung: Prof. Dr. H. J. Müller, Jena

Junges, Walter (Institut für Pflanzenzüchtung der Deutschen Akademie der Landwirtschaftswissenschaften, Groß-Lüsewitz): Die geographische Verteilung der photoperiodischen Reaktionstypen und ihr Ursprung.

Die photoperiodische Adaptation hängt nicht primär von der geographischen Breite, sondern von klimatischen Faktoren ab, die im natürlichen Verbreitungsgebiet die Vegetationsperiode zeitweise einschränken. Der die Richtung der photoperiodischen Reaktion vorrangig bestimmende Faktor ist die jahreszeitliche Niederschlags-Verteilung: Kurztagpflanzen kommen vorwiegend in wintertrockenen (und/oder winterkalten) Klimaten vor; Langtagpflanzen sind in sommertrockenen Klimaten beheimatet.

Da sowohl die extremsten wintertrockenen als auch die extremsten sommertrockenen Klimate in mittleren geographischen Breiten vorkommen, sind auch die am strengsten adaptierten Kurztagpflanzen und Langtagpflanzen in mittleren geographischen Breiten beheimatet. Da ferner die sommertrockenen Klimate vorwiegend an den Westseiten der Kontinente und die wintertrockenen Klimate an den Ostseiten der Kontinente liegen, konzentrieren sich die Langtagpflanzen im Westen und die Kurztagpflanzen im Osten der Kontinente.

Am Beispiel der Wildkartoffel-Spezies ist nachzuweisen, daß die Strenge der photoperiodischen Adaptation außer von der Dauer der Trockenzeit auch von der Höhenlage des Verbreitungsgebietes abhängt: Spezies aus größeren Meereshöhen sind strenger photoperiodisch adaptiert als Spezies aus geringeren Meereshöhen, wobei die primäre photoperiodische Reaktion die Knollenbildung betrifft. — An Hand von Diagrammen wird verfolgt, wie sich unsere Anschauungen vom Zusammenhang zwischen geographisch-klimatischer Heimat und photoperiodischer Adaptation im Verlaufe unserer experimentellen und statistischen Untersuchungen gewandelt haben.

Bährmann, Rudolf (Sektion Biologie/Ökologie der Friedrich-Schiller-Universität Jena): Der Einfluß der Photoperiode auf die Eiablage-Tätigkeit einiger mitteleuropäischer *Aleyrodes*-Arten (Homoptera, Aleyrodina).

Für die Untersuchungen standen drei Arten zur Verfügung: *Aleyrodes asari*, *A. rubi* und *A. proletella*.

Zu *Aleyrodes asari*: Bietet man dieser Art während der gesamten Entwicklungszeit Langtagbedingungen (18 h Licht/6 h Dunkelheit), beginnen die Imagines bereits 1 bis 3 Tage nach dem Schlupf mit der Eiablage. Die Fähigkeit, Eier abzulegen, bleibt dauernd erhalten. Vollzieht sich jedoch die Entwicklung vom Ei bis zum Schlupf der Imagines unter Kurztagbedingungen (8/16 oder 12/12), beginnen die Weibchen nach dem Schlupf nicht sofort mit der Eiablage. Werden sie nur bei Kurztag gehalten, erfolgt in der Regel überhaupt keine Eiablage. Sie setzt erst dann ein, wenn 18 h Licht pro Tag geboten werden. Kurztag während der Embryonal- und Larvalentwicklung induziert also Dormanz, die durch Langtag während der Imaginalphase beendet wird; und zwar wird die Dormanz frühestens 13 bis 19 Tage nach Eintritt der Langtagbedingungen aufgeho-

Entwicklung bei	Kurztag		Langtag	
Imagines im	Kurztag	Langtag	Kurztag	Langtag
	keine Eiablage	Eiablage 13–19 Tage nach Schlupf	Eiablage sofort nach Schlupf	

ben, und die weiblichen Tiere beginnen mit der Eiablage. Später veränderte photoperiodische Bedingungen üben keinen weiteren Einfluß mehr auf die Eiablagetätigkeit aus. Es ergeben sich somit folgende grundsätzlichen Möglichkeiten der photoperiodischen Wirkung:
Die Beobachtungen an Freiland-Populationen bestätigen die Ergebnisse der Laborversuche.

Zu *Aleyrodes rubi*: Die Eiablagetätigkeit dieser Art läßt eine ähnliche Abhängigkeit von unterschiedlichen photoperiodischen Bedingungen erkennen wie die von *A. asari*. Beginn und Ausmaß der Eiablage werden aber zusätzlich noch von der Art der Wirtspflanze beeinflußt.

Zu *Aleyrodes proletella*: Die Eiablage setzt zwischen dem 1. und 5. Tag nach dem Schlupf der Imagines ein. Die während der Entwicklung herrschenden photoperiodischen Bedingungen bleiben ohne Einfluß auf den Anfang der Eiablagetätigkeit. Auch während der Imaginalzeit übt die Photoperiode keinen Einfluß auf die Eiablage aus.

Die bei *Aleyrodes asari* und *A. rubi* beobachtete Dormanz muß als Oligopause im Sinne von Müller (1965) gedeutet werden.

Reinhardt, Rolf (VEB Fettchemie, Karl-Marx-Stadt): Modifizierung der photoperiodisch bedingten Saisonformen von *Araschnia levana* L. durch Temperaturveränderungen.

Die Bildung von Saisonformen des Landkärtchenfalters ist ein photoperiodisch gesteuerter Vorgang, wie bereits H. J. Müller nachgewiesen hat. Erhalten die Raupen während ihrer Entwicklung bei normaler Zimmertemperatur weniger als 15 h Licht pro Tag, so entstehen Diapause-Puppen und daraus *levana*-Falter. Bei Langtag (über 17 h Licht) erscheint aus den Subitan-Puppen die Sommerform *prorsa*. Durch Veränderung der Temperatur während verschiedener Entwicklungsstadien (aber bei gleichbleibenden Photoperioden!) wurde die Wirkung des Faktors Temperatur auf die Flügelfärbung der beiden Formen untersucht. Der Anteil des rot pigmentierten Teils der Flügeloberseite — der sog. Rotwert — wurde bestimmt und diente als Grundlage für die Klassifizierung von aus Experimenten erhaltenen Faltern. So ergaben sich z. B. für die „Normfalter" folgende Rotwerte: *prorsa*-♂♂ = 6, *prorsa*-♀♀ = 11; *levana*-♂♂ = 75, *levana*-♀♀ = 110. Mit steigender Länge der Puppenruhe steigt der Rotwert der Falter an, d. h. die sich durch photoperiodischen Einfluß latent entwickelnde Frühjahrsform *levana* weist die höchsten Rotwerte auf; *prorsa*-Falter mit hohen Rotwerten entstehen, wenn pessimale Temperaturen auf die jungen Subitan-Puppen einwirken. Für *levana* liegt in der Postdiapause-Periode eine sensible Phase der Zeichnungsbildung. Hohe Temperaturen in dieser Zeit (und damit schnelle Beendigung der Puppenruhe nach abgeschlossener Diapause) lassen Falter mit sehr niedrigen Rotwerten enstehen, wobei allerdings normale *prorsa*-Werte nie erreicht werden. Bei superoptimaler Raupen-Anzuchttemperatur (28 °C) entwickeln sich auch bei Kurztag die Tiere subitan zu *prorsa*. Verändert man aber noch während der Puppenruhe die Temperatur, so entstehen zu etwa einem Drittel Diapause-Puppen. Daraus geht nochmals klar hervor, daß der primäre Steuerungsfaktor der Saisonformen von *Araschnia levana* unter unseren klimatischen und geographischen Verhältnissen die Tageslänge ist, die Temperatur aber modifizierenden bzw. nur scheinbar determinierenden Charakter besitzt.

Interspezifische Beziehungen

Tagungsleitung: Prof. Dr. H. Schildmacher, Kloster auf Hiddensee

Emmrich, Rainer (Vogelwarte Hiddensee, angeschlossen an die Sektion Biologie der Ernst-Moritz-Arndt-Universität Greifswald): Über ernährungsökologische Beziehungen einiger Singvogel-Arten zu Arthropoden.

Das Referat enthält Ausführungen zu einigen allgemeingültigen Aspekten der Nahrungsauswahl und der Charakterisierung des Beutespektrums von Nestlings- und Altvogel-Nahrung insektenfressender Singvögel an Hand von aus jüngerer Zeit vorliegenden angewandt-ornithologischen

Untersuchungen zur Ernährungsbiologie und -ökologie von Singvögeln sowie an Hand eigener Untersuchungen über das Nahrungsspektrum von Dorngrasmücken eines Gebüsch-Biotopes der Insel Hiddensee.

Zur Kennzeichnung der Ernährungsbiologie einer Singvogelart muß zwischen den qualitativ unterschiedlichen Beutespektren der Nestlingsnahrung einerseits und der Nahrung der Altvögel (außerhalb bzw. innerhalb der Periode der Nestlingsfütterung) andererseits unterschieden werden. Zur Ernährung der Nestlinge wird im allgemeinen von der gesamten Arthropodenfauna eines Brutbiotopes qualitativ nur ein kleiner Teil frequent akzeptiert. Unter der Voraussetzung der Koinzidenz dieser Formen mit Nistzeit und Bereich der Nahrungssuche des futtersuchenden Vogels sowie ihrer fangtechnischen Erreichbarkeit läßt sich feststellen, daß (mit Ausnahme von Nahrungsspezialisten) alle bisher untersuchten Vogelarten als Nestlingsnahrung bevorzugt die großen bis sehr großen Formen des Angebots nutzen. Der absolute Größenbereich der selektierten Beuteformen hängt im allgemeinen von der Körpergröße der einzelnen Vogelart ab. In welchem Maße daneben noch andere, kleinere Beuteformen zur Deckung des Nahrungsbedarfes genutzt werden müssen, entscheidet die jeweilige spezielle Angebotslage an Beuteobjekten in ausreichender Größe und qualitativer Vielfalt. Zur Fütterung an die Nestlinge gut geeignete Beuteformen können gleichzeitig von verschiedenen Vogelarten genutzt werden, deren Nestlingsnahrung sich auf diese Weise stärker ähnelt als die Nahrung der Altvögel selbst.

Innerhalb dieses Rahmens akzeptabler Beuteobjekte können vom nahrungssuchenden Vogel Schwankungen in der Erreichbarkeit einzelner Formen, welche sich — etwa durch ihren Entwicklungszyklus bedingt — in Änderungen der Angebotlage bemerkbar machen, schnell erkannt und berücksichtigt werden. Sie äußern sich durch oft bedeutende Veränderungen und Wechsel der Anteile einzelner Beuteformen, zeitlich kurzfristig infolge Verschiebung des saisonal bedingten Angebots, oder langfristig durch stark schwankende Jahresanteile. Beuteformen oder -gruppen mit guter Eignung als Nestlingsnahrung spiegeln sich in ihren Angebotsschwankungen im Beutespektrum des Vogels entsprechend wider. Da das Nahrungsspektrum eines adulten Singvogels ähnliche Voraussetzungen nicht zu erfüllen braucht, ist dieses Spektrum qualitativ ungleich vielseitiger und damit variabler. Das Angebot wird vor allem in Hinsicht auf die kleineren, in dieser Größenordnung in einer Zoozönose ungleich zahlreicheren Beuteformen, besser genutzt.

Lehmann, Wolfram (Institut für Phytopathologie der Deutschen Akademie der Landwirtschaftswissenschaften, Aschersleben): **Einige Beziehungen zwischen Zikaden und ihren Wirtspflanzen in bezug auf die Übertragung von Viren.**

Entsprechend dem zur Nahrungsaufnahme bevorzugten Gewebe unterscheidet man bei den Zikaden Phloem-, Xylem- und Mesophyll- oder Parenchymsauger. Ob die Zikade jeweils dieses Gewebe mit ihren Stechborsten erreichen kann, hängt weitgehend von der Pflanzenart ab. Zwischen bevorzugten Wirtspflanzen und ausgesprochenen Nicht-Wirtspflanzen stehen — soweit es sich um oligophage und polyphage Zikadenarten handelt — Pflanzenarten mit allen Abstufungen hinsichtlich ihrer Wirtseignung. Durch Ermittlung der Lebensdauer von *Euscelis plebejus* Fall. an verschiedenen Pflanzenarten und mathematisch-statistische Verrechnung der gewonnenen Werte ließ sich eine Rangordnung der geprüften Arten entsprechend der Überlebens-Wahrscheinlichkeit der Zikade aufstellen.

Die Übertragung pflanzenpathogener Viren durch Zikaden ist mit der Nahrungsaufnahme bzw. mit der Speichelausscheidung gekoppelt. Es wird untersucht, in welchem Umfang der Eignungsgrad der Pflanze für die Ernährung der Zikadenart den Übertragungserfolg pflanzenpathogener Viren bestimmt. Verschiedene Faktoren, die auf Virusaufnahme und -abgabe Einfluß nehmen (Akquisitions-Saugzeit, Virusart, Unterschiede zwischen Aufnahme und Abgabe eines Virus bei derselben Wirtspflanze mit dem gleichen Vektor), werden besprochen. Es wird festgestellt, daß das Verhältnis der Zikade zu ihrer Wirtspflanze im Hinblick auf die Übertragung pflanzenpathogener Viren von großer Bedeutung ist, daß aber auf Grund vielfältiger Einflüsse eine einfache, gesetzmäßige Abhängigkeit der Übertragungs-Effektivität von der Wirtseignung der Pflanze nicht zu erwarten ist.

Templin, Eugen (Staatlicher Forstwirtschaftsbetrieb Finsterwalde, Doberlug-Kirchhain): **Über die Anpassung der Bionomie von holz- und rindenbrütenden Insekten an die veränderten Bewirtschaftungsformen der Wälder.**

Die Beseitigung der Kriegsfolgen, insbesondere die Hebung der Holzvorräte und die Einführung rentabler Verfahren der Rohholzerzeugung und -bereitstellung prägen die Bewirtschaftungsform unserer Waldbestände. Der jetzige Zustand zeichnet sich durch folgende Merkmale aus: (1) Großflächige Monokulturen, besonders Kiefer und Fichte, (2) Niedriger Schlußgrad, (3) Steigender Anteil von kränkelnden und toten Bäumen in den Beständen, bedingt durch Senkung der Vornutzungshiebe zugunsten der Endnutzungen.

Aufgrund dieser Situation entwickelten sich in den letzten Jahrzehnten einige Insektenarten zu Großverderbern der Kiefer, die noch vor dem Krieg als gering schädlich bzw. als indifferent galten. *Phaenops cyanea* F. (Coleoptera, Buprestidae) befällt in ihrer Vitalität geschwächte, aber noch lebensfähige Bäume und tötet sie vorzeitig ab. Als Folge ihres Brutfraßes erhöhte sich z. B. die jährliche Letalität der Kiefern im Bereich des Staatlichen Forstwirtschaftsbetriebes Finsterwalde im Verhältnis von 1,00 (1966) zu 4,44 (1969). In der Zeit von 1959 bis 1961 wurden in Sachsen und Thüringen auf einer Waldfläche von 50000 ha rund eine halbe Million vom Blauen Kiefernprachtkäfer abgetötet.

Criocephalus rusticus L. und *Asemum striatum* L. (Coleoptera, Cerambycidae) werden in der Forstschutz-Literatur als gering schädlich bezeichnet, da sie in der Regel nur die untersten Stammteile im Bereich des Wurzelhalses befallen. Es konnte nachgewiesen werden, daß diese Bockkäfer in Sukzession mit *Phaenops cyanea* F. bereits im zweiten Kalenderjahr der Prachtkäfer-Oszillation ihre Eier oftmals im gesamten Stammbereich ablegen. Die Junglarven minieren bis zum nachfolgenden Jahr in der nährstoffreichen Bastschicht zwischen den Brutgängen des Prachtkäfers, bevor sie sich in den Xylemteil einbohren; ihre Entwicklung wird dadurch wesentlich verkürzt. Eine Erhebung in den Staatlichen Forstwirtschaftsbetrieben der Lausitz ergab, daß bis 90% aller toten Kiefern von *Criocephalus rusticus* L. und (in geringerem Maße) von *Asemum striatum* L. befallen sind. In rund 60% der Fälle erstreckte sich der Brutfraß bis zu mehreren Metern Stammhöhe. Da das Splint- und Kernholz von Larvengängen durchzogen wird, müssen beide Arten als die z. Zt. wichtigsten holzzerstörenden Insekten unserer Kiefernbestände eingeschätzt werden.

Bodenökologie

(Gemeinsame Veranstaltung mit der Arbeitsgruppe Bodenzoologie der Sektion Spezielle Zoologie)

Tagungsleitung: Prof. Dr. H. J. Müller, Jena und Dr. habil. W. Dunger, Görlitz

Dunger, Wolfram (Staatliches Museum für Naturkunde, Forschungsstelle, Görlitz): Zur Sukzession von Bodentier-Gemeinschaften unter halbexperimentellen Bedingungen.

Das Aufführen von Kippen und Halden durch den Braunkohlen-Bergbau schafft günstige halbexperimentelle Bedingungen für eine großräumige Beobachtung von Sukzessionsabläufen. Diese unterscheiden sich z. B. von solchen auf natürlichen vulkanischen Inselbildungen biotisch durch ein höheres Immigrations-Potential, physiographisch durch eine heterogenere Substrat-Zusammensetzung bei anfangs starker Verwitterungs-Disposition. Im Gegensatz zu Beobachtungen an der Wiederbesiedlung künstlich sterilisierter Bodenflächen, in denen Teilpopulationen oder wenigstens biogene Struktureigenschaften und damit entwickelte Teile der ökologischen Nischen erhalten bleiben, erlauben sie das Studium einer echten Primär-Sukzession.

Mit Ausnahme einiger Gruppen der Boden-Makrofauna mit großem Aktionsradius verläuft die Sukzession der einzelnen Arten wenig repräsentativ, weil die Vielgestaltigkeit der Mikrohabitate, unterstützt durch den für das Bodensystem typischen Mangel an Austausch, eng verzahnte, miteinander nur begrenzt korrelierte Mikro-Sukzessionen zuläßt. Die bodenfaunistische Gesamtentwicklung ist hier daher vorteilhafter auf der soziologisch-statistischen Basis zu beobachten. Das Studium der Bodentier-Gemeinschaften bezieht sich konkret auf die Betrachtung von Synusien, die als Strato-Taxozönosen aufgefaßt und als Ausdruck des im Stratum gegebenen biozönotischen Konnexes verwendet werden. Die Ausscheidung von Synusien ist nur auf der soziologischen Basis möglich. Quantifizierte Populations-Charakteristika (Affinitäts-Beziehungen, ökologische Konvergenz) können als sekundäre Qualifikatoren zur Ergänzung herangezogen werden.

Derartige Untersuchungen an Sukzessionen von Collembolen-Synusien auf Kippen und Halden in getrennten Regionen (Oberlausitz, Niederlausitz, Nordwestsachsen) ergaben: (1) Die Sukzession läßt die Ausscheidung von aufeinanderfolgenden Synusien der Bodenfauna zu. (2) Je nach standörtlicher Entwicklungs-Geschwindigkeit lösen sich die Synusien anfangs in 1 bis 5 Jahren (in Extremfällen aber nach mehr als 20 Jahren) ab. In späteren Sukzessionsschritten nimmt die Dauer der Perioden zu, die Schärfe der Begrenzung der Synusien ab. (3) Die Sukzession erfolgt in den untersuchten Strata (Bodenoberfläche, Inneres des Oberbodens) unabhängig. Insbesondere bei Anwesenheit von Hemmfaktoren (kultivierungsfeindlichen Substanzen) wechseln epedaphische Synusien rascher als euedaphische (asynchrone Sukzession). (4) In getrennten Untersuchungsgebieten zeigen parallelisierbare Synusien regionale Prägungen („Entwicklungsreihen").

Die Sukzession der Bodenfauna spiegelt die standörtliche Entwicklung des Bodens wider und gewinnt aktiven Einfluß hierauf. Untersuchungen dieses Vorganges verfolgen das Ziel, künftige Entwicklungsstadien und die mögliche edaphische Klimax-Variante vorauszusagen bzw. zu beeinflussen.

Karg, Wolfgang (Biologische Zentralanstalt der Deutschen Akademie der Landwirtschaftswissenschaften, Kleinmachnow): **Über ökologische Untersuchungen an Raubmilben und die Nutzungsmöglichkeiten ihrer Ergebnisse.**

Die Untersuchungen betreffen Raubmilben der Cohors Gamasina Leach (Acarina, Parasitiformes). Die Gruppe besiedelt sowohl epigäische Teile der Ökosysteme als auch edaphische Teile. In Mitteleuropa wurden bisher etwa 600 Arten festgestellt. Den größten Artenreichtum beherbergen die oberen Bodenschichten. Das Vorkommen der Arten wird vor allem durch die Bodenverhältnisse bestimmt. Die edaphischen Raubmilben sind als Testtiere und Indikatoren geeignet.

Die Individuendichte beträgt im Boden 50 bis 700 Tiere pro 1000 cm^3 Substrat. Die Artenzahl schwankt zwischen 10 und 50 pro Bestand. Als Beispiel für epigäische Ökosysteme werden Apfel-Anlagen genannt. Sie weisen einen Besatz von 60 bis 600 Tieren pro 100 Blätter auf, mit Artenzahlen von 2 bis 5 pro Anlage.

Die ökologischen Untersuchungen umfassen sowohl Freiland-Ermittlungen als auch Labor-Experimente. Sie zeigen, daß manche Gruppen von Raubmilben auf bestimmte Beutetiere spezialisiert sind. Es gibt Nematoden-Vertilger oder Spinnmilben-Feinde. Andere ernähren sich von Collembolen, Moder- und Wurzelmilben oder Dipteren-Larven. Als natürliche Begrenzungsfaktoren gegenüber Schädlingen gewinnen die Raubmilben besondere Bedeutung im Rahmen des integrierten Pflanzenschutzes. Bei bodenbiologischen Arbeiten wurden Anhaltspunkte über fördernde Faktoren gewonnen.

Die Wirkung verschiedener Biozide wurde geprüft. Durch die meisten bisher verwendeten Insektizide werden die Raubmilben stark dezimiert, so daß es zu Störungen in den Ökosystemen kommt. Die Spinnmilben-Plagen auf Obstgehölzen z. B. sind vor allem auf die ungünstige Breitenwirkung der Insektizide zurückzuführen. Es wird über z. Z. laufende populationsdynamische Ermittlungen in Apfelanlagen berichtet. Sie beweisen, daß sich Schädlingsbesatz und Abundanz der Raubmilben reziprok verhalten. Infolge einer kurzen Entwicklungszeit sind die Raubmilben in der Lage, die Spinnmilben unter der Schadensschwelle zu halten. Die Untersuchungen verfolgen das Ziel, ein integriertes Maßnahmesystem des Pflanzenschutzes zu entwickeln, das die Raubmilben als natürliche Begrenzungsfaktoren schont. Das Ökosystem der Apfelanlagen kann als Modellbeispiel dienen.

Beyer, Reingard (Institut für tropische Landwirtschaft und Veterinärmedizin, Leipzig): **Reaktionen von Spinnen- und Laufkäfer-Arten auf den Kulturpflanzenbestand und klimatische Faktoren.**

Auf einer landwirtschaftlichen Nutzfläche am Stadtrand von Leipzig wurden in den Jahren 1964 bis 1968 Beobachtungen an der Fauna der Bodenoberfläche durchgeführt. Ziel der Untersuchungen war es, Veränderungen des Artenspektrums am gleichen Standort unter wechselnden Kulturen und unterschiedlichen Witterungs-Einflüssen im Verlaufe mehrerer Jahre zu erfassen.

Den Ausgangspunkt bildete 1964 eine 6-jährige Kulturwiese. Im folgenden Jahr wurde sie in drei Felder geteilt, die verschiedene Kulturen trugen, so daß ständig der Vergleich z. B. von Hackfrucht- zu Grünfutter-Bestand möglich war. Geprüft wurde die Oberflächenfauna folgender drei Kulturen (Teilstücke): (1) Klee–Gras-Gemisch, Raps, Grasgemisch, (2) Markstammkohl, Zuckerrüben, *Phacelia*, Weizen, (3) Markstammkohl, Zuckerrüben, Mais, Kohlrabi. In 63 Bodenfallen wurden innerhalb von fünf Jahren u. a. 46068 Carabiden in 72 Arten sowie 40409 adulte Araneen und Opilioniden in 84 Arten gefangen.

Die Auswertung ergab in diesen Gruppen auf kleiner Fläche eine Abhängigkeit der Aktivitäts-Dichte oder des Auftretens vieler Arten überhaupt vom jeweiligen Kultupflanzenbestand. Die Werte der Aktivitäts-Dominanz zeigen die gleiche Tendenz, woraus eine unterschiedliche Zusammensetzung der Tiergesellschaften in den einzelnen Kulturen resultiert.

Aktivitätsschwankungen vieler Arten ergaben sich nicht nur in Abhängigkeit von der Jahreszeit, sondern z. T. auch in entscheidenden Verschiebungen von Jahr zu Jahr als Folge des Witterungsverlaufs.

Langjährige Beobachtungen der Bodenfauna im weiteren Sinne am gleichen Standort unter verschiedenen Kulturmaßnahmen aus vorwiegend ökologischer Sicht dürften in der gegenwärtigen Situation für unsere Agrar-Landschaft ein dringendes Anliegen sein, um später auch auf diesem Gebiet eine pedozoologische Standort-Beurteilung zu ermöglichen.

Palissa, A. (Sektion Biologie der Humboldt-Universität, Berlin): **Über einige Untersuchungen zur Frage der abiotischen Umweltfaktoren.**

Referat nicht eingegangen.

Allgemeine Themen und statistische Methoden

Tagungsleitung: Prof. Dr. habil. D. Uhlmann, Dresden

Grimm, Hans (Bereich Anthropologie des Museums für Naturkunde an der Humboldt-Universität, Berlin): **Ökologie des Menschen als Bestandteil der Anthropologie.**

Nachweis, daß analog der Entwicklung der einzelnen Forschungsgebiete in der Biologie auch in der Humanbiologie eine ökologische Betrachtungsweise existiert. Beispiele aus der Paläanthropologie, der Epidemiologie usw. Hinweis auf die Schwierigkeit der Abgrenzung gegenüber benachbarten Betrachtungsweisen wie Bioklimatologie, Anthropogeographie, medizinische Geographie, ökonomische Geographie, die jeweils eine besonders sorgfältige Unterscheidung zwischen Ursachen von Zusammenhängen und Wechselwirkungen (biologische Faktoren) und deren Bedingungen (sozio-ökonomische Faktoren) verlangt. Betonung der Besonderheit, daß im Vergleich mit anderen Organismen die von ihm selbst ausgelösten Umweltveränderungen (z. T. im Sinne planmäßiger Umweltgestaltung) ein ungewöhnliches Ausmaß erreichen. Notwendigkeit, die von diesen Umweltveränderungen ausgehenden Rückwirkungen auf die Menschen zu erkennen und prognostisch zu berücksichtigen.

Stöcker, G. (Institut für Landesforschung und Naturschutz der Deutschen Akademie der Landwirtschaftswissenschaften, Halle/Saale): **Erfassung und Beurteilung ökologischer Zusammenhänge mit Hilfe der linearen Mehrfachregression.**

Referat nicht eingegangen.

Mothes, Georg (Forschungsstelle für Limnologie der Deutschen Akademie der Wissenschaften, Jena) und Rudolf Blume (Anatomisches Institut der Martin-Luther-Universtiät, Halle-Wittenberg): **Die Bedeutung und Anwendungsmöglichkeiten zweier statistischer Methoden bei der zönotischen Gliederung des Limnobenthals.**

Die Untersuchung eines oligotrophen norddeutschen Sees erfolgte vor allem unter zwei Aspekten: (1) Erforschung und limnologische Gliederung des Sees im weitgehend unbeeinflußten Zustand, (2) Beobachtung etwaiger Veränderungen des Gewässers infolge Änderung des thermischen Regimes durch Kühlwasser eines Kraftwerks. Unter diesen Gesichtspunkten stand auch die Auswertung von 207 quantitativen Bodenproben aus den Jahren 1960 bis 1967 mit Hilfe des Digitalrechners ZRA 1.

Zur Anwendung kam als nichtparametrisches Verfahren die Konkordanz-Analyse nach Kendall. Nach Zusammenfassung des gesamten Artenbestandes (über 400 Arten) in 22 Gruppen bewährt sich dieses Verfahren vor allem bei der Trennung von Zönosen mit unterschiedlichem Aufbau wie z. B. Profundal und Litoral oder innerhalb des Litorals mit höherer Vegetation bedeckte und unbedeckte Flächen. Die Eingabe des Zahlenmaterials geschah einerseits in der gesamten Individuenzahl der einzelnen Gruppen und andererseits in ihren Quotienten aus gesamter Individuenzahl und Anzahl der zugehörigen taxonomischen Einheiten. Die ökologische Problematik des Verfahrens liegt in der sinkenden Empfindlichkeit bei steigender Zahl der zu vergleichenden Gruppen, der Auswahl der Gruppen und der notwendigen breiten systematischen Basis für derartige allgemeine Schlußfolgerungen.

Als parametrisches Verfahren liefert der t-Test überall dort gute Ergebnisse, wo direkte quantitative Vergleiche allgemeine Schlußfolgerungen erfordern wie z. B. die Veränderung des Sees im Untersuchungszeitraum am Beispiel der Individuendichten von Profundalorganismen oder die Abtrennung des Sublitorals als einer verarmten Litoralbiozönose. Die Eingabe des Materials erfolgte in den festgestellten Häufigkeiten der Einzelproben. Die mathematische Problematik liegt in der Einhaltung der Symmetrieforderung des eingegebenen Materials, was jeweils von Fall zu Fall entschieden werden muß. Diesem Verteilungsproblem müssen jedoch weitere Untersuchungen gewidmet werden.

Neben der erhaltenen Gliederung des Sees weisen die mathematischen Analysen auch auf die unterschiedliche Brauchbarkeit von Organismengruppen für die Typisierung von Seen hin.

NOACK, DIETER (Institut für Mikrobiologie und Experimentelle Therapie der Deutschen Akademie der Wissenschaften, Jena): Bistabilitäten in Mikroorganismen-Populationen.

In lysogenen Bakterien ist das genetische Material eines Bakteriophagen als Prophage inkorporiert, dessen genetische Information infolge eines besonderen Repressionsmechanismus nicht abgelesen werden kann. Dieser Repressionsmechanismus wird spontan mit einer Rate von 10^{-2} bis 10^{-5} pro Generation durchbrochen (Induktion), was die Vermehrung der Prophagen und die Produktion neuer kompletter Phagenteilchen ermöglicht, die nach Lyse der Umhüllung der Wirtszelle in das umgebende Medium freigesetzt werden. Diese freien Bakteriophagen können sich an der Zellwand anderer lysogener Zellen der Population anheften, ihr genetisches Material injizieren und damit die spontane Rate der Durchbrechung der Repression (Induktion) entweder erniedrigen oder erhöhen, was von dem Zahlenverhältnis freier Phagen zu lysogenen Zellen in der Population abhängt. Dieser Effekt hat eine bemerkenswerte Verhaltensweise lysogener Bakterienpopulationen zur Folge. Es läßt sich sowohl theoretisch als auch experimentell zeigen, daß dieses Zahlenverhältnis von lysogenen Bakterienzellen zu freien Bakteriophagen nicht nur einen, sondern zwei verschiedene Werte bei gleichen Umweltbedingungen annehmen kann. Durch eine kurzzeitige Störung der Population mit einem Reiz von außen kann das eingestellte Zahlenverhältnis in das jeweils andere mögliche überführt werden. Über eine Verallgemeinerung dieses Effektes wird versucht, seine Bedeutung und sein Prinzip für weite Bereiche der Biologie zu beleuchten. Es werden Bedingungen angegeben, unter denen biologische Systeme mehr als nur einen stationären Zustand aufweisen können.

Arbeitsgruppe Hydrobiologie

Tagungsleitung: Doz. Dr. habil. TH. SCHRÄDER, Jena

RICHTER, WILFRIED (Wasserwirtschaftsdirektion Spree–Oder–Neiße, Cottbus): Die Schichtung der Flora und Vegetation im Stauraum der Talsperre Spremberg in Abhängigkeit von der Überflutung.

Zwischen 1966 und 1969 wurden an der Talsperre Spremberg als Grundlage ingenieurbiologischer Maßnahmen zur Ufersicherung geobotanische Untersuchungen durchgeführt. Die Talsperre liegt etwa 10 km SSE von Cottbus im Durchbruchstal der Spree durch den Niederlausitzer Höhenrücken, einer Bildung im Zuge der warthekaltzeitlichen Eisrandlage. Bei Normalstau liegt die Länge bei 6,5 km, die Wasserfläche bei 6,8 km^2, während bei Höchststau bei einer maximalen Länge von 8 km eine Fläche von etwa 9,3 km^2 überflutet wird. Die größte Breite beläuft sich dann auf 2,5 km. Die Staulamelle von 2,15 m über dem mittleren Beckenwasserspiegel dient als Hochwasserschutzraum.

Im gesamten Stauraum stehen primär nährstoffarme Schmelzwassersande an. Sie tragen durch ihr geringes Wasserhaltevermögen, verbunden mit den hydrometeorologisch bedingten und durch die Bewirtschaftung des Speichers verstärkten Spiegelschwankungen, entscheidend zur Schichtung der Pflanzenwelt bei. Da die Talsperre in Hinsicht auf Nährstoffhaushalt, Temperaturverhalten,

Lichtklima usw. einem eutrophen, nur ausnahmsweise temperaturgeschichteten Flachlandsee gleicht, lag der Untersuchungsschwerpunkt, bezogen auf den mittleren Beckenwasserspiegel, zwischen etwa +2 m und −2 m.

Obwohl nach fünfjährigem Staubetrieb die Stabilisierung und Bestandsbildung in der Gefäßpflanzen-Flora bei weitem noch nicht abgeschlossen ist, konnten bereits 1968 für 303 Arten und 36 Gesellschaften (Assoziationen und kleinere Einheiten) die Einschichtungsverhältnisse geklärt werden. Folgende wesentliche, durch die Lage zum Stauspiegel, die Höhe des kapillaren Saugsaumes und die nach oben abnehmende Überflutung bedingten ökologischen Artengruppen wurden ausgegliedert (Abstand in m zum Normalstau):

1.	Laichkraut–Wasserstern-Rasen	−2 bis −0,3 m
2.	Einf. Igelkolben–Pfeilkraut-Röhricht	−1 bis −0,3 m
3.	Nadelsimsen-Rasen	0,4 bis −0,1 m
4.	Schlammling-Gesellschaft	0,2 bis 0,4 m
5.	Wasserpfeffer-Gesellschaft	0,2 bis 0,4 m
6.	Rohrkolben-Röhricht	−0,2 bis 0,5 m
7.	Schlankseggen-Ried	0,2 bis 0,5 m
8.	Straußgras-Flut- und Kriechrasen	0,1 bis 0,5 m
9.	Flatterbinsen-Gesellschaft	0,5 bis 0,7 m
10.	Trockene Hundsstraußgras-Flur	0,8 bis 1,2 m
11.	Arme Silbergras-Flur	1,3 bis 1,6 m
12.	Typische Silbergras-Flur	1,6 bis 2,0 m
13.	Kahlschlag-Gesellschaften, Besenheide-Gesellschaft	1,7 bis 2,0 m

Die Vergesellschaftungen werden soziologisch und floristisch näher charakterisiert und ihre Einschichtung wird beschrieben. Zum Schluß folgen Hinweise auf kurzlebige und teils staubedingte Artengruppen. Der Mosaik-Charakter auf manchen Flächen wird begründet.

Höhne, Erhard (Sektion Wasserwesen, Bereich Hydrobiologie, der Technischen Universität Dresden — Hydrobiologisches Laboratorium Neunzehnhain): Über die Einschichtung von Trübstoffen in zwei Trinkwassertalsperren des Erzgebirges.

Für Trinkwassertalsperren sind Trübstoffe in zweierlei Hinsicht unerwünscht: (1) Die Aufbereitung von trübstoffhaltigem Rohwasser führt zu einer erhöhten Belastung der Filteranlagen, (2) Mit den Trübstoffen werden gleichzeitig Nährstoffe eingetragen, die zu einer Steigerung der in Trinkwassertalsperren unerwünschten Phytoplankton-Produktion führen. Neben der eingetragenen Trübstoffmenge ist daher die vertikale und horizontale Zonierung der Trübstoffe und die Dynamik des Einschichtungs-Prozesses von Bedeutung. Die Einschichtungs-Tiefe hat einen wesentlichen Einfluß auf die Ausnutzbarkeit der mitgeführten Nährstoffe. Es besteht ein Zusammenhang zwischen Trübstoffmenge (Nährstoffmenge), Einschichtungshorizont, Stabilität der thermischen Schichtung und Strahlungsverteilung einerseits und der Phytoplankton-Produktion andererseits.

An Beispielen von den Trinkwassertalsperren Saidenbach und Neunzehnhain wird die Einschichtung von Trübstoffen während der Zirkulation und der Stagnation bei unterschiedlichen meteorologischen Bedingungen untersucht. Weiterhin wird die Wirkung der Unterwasser-Vorbecken auf die Einschichtung der Trübstoffe im Pelagial des Hauptbeckens besprochen. Mit Hilfe von Trübungsmessungen konnten in der Winter- und Sommerstagnation Kurzschlußströmungen festgestellt werden. Die Vertikalverteilung der Trübstoffe ist bei Eisbedeckung, also unter Ausschluß der Windwirkung, auf eine Lamelle von nur 1 bis 2 m Höhe unmittelbar unter dem Eis begrenzt. Das Bachwasser gelangt also unter diesen Bedingungen nahezu unverdünnt bis zur Staumauer. Ähnlich sind die Einschichtungs-Verhältnisse während der Sommerstagnation; allerdings ist die Trübstoff-Lamelle dann auf Grund der windbedingten Turbulenz oft stärker. Die Einschichtung des Bachwassers in größere Tiefe und damit häufig in die Höhe des Entnahmeschachtes kann bei Kurzschluß-Strömungen in der Zeit der Sommerstagnation für die Trinkwasser-Aufbereitung schwerwiegende Konsequenzen haben.

Die Befunde der vertikalen und horizontalen Trübungs-Verteilung in den Trinkwassertalsperren Saidenbach und Neunzehnhain werden durch Echolot-Aufnahmen ergänzt.

Saalbreiter, Rolf (Hygiene-Institut, Karl-Marx-Stadt): Über die Einschichtung von Bakterien in zwei Trinkwassertalsperren des Erzgebirges.

Aus den Einzugsgebieten der Trinkwassertalsperren, besonders den besiedelten und landwirtschaftlich intensiv genutzten, werden von den Zuflüssen ständig Trübstoffe, Bakterien und andere Stoffe in die Stauseen eingeschwemmt. Durch die Sedimentation und das Absterben von Bakterien bei genügend langer Aufenthaltszeit in den Vorbecken und der Hauptsperre tritt eine weitgehende Eliminierung der talsperrenfremden Bakterien ein. In der Saidenbach-Talsperre beträgt sie im Jahresdurchschnitt über 90%. Die größte Bakterienfracht in den Zuflüssen ist im Frühjahr während der Schneeschmelze und in den Sommermonaten, die im Erzgebirge die größten Niederschlagsmengen bringen, nachweisbar. Die Trübstoffe und Bakterien passieren mit den Hochwasserstößen größtenteils die Vorbecken und Unterwasserbecken. Im gesamten Stausee oder in Teilen von ihm können dann starke Keimzahlerhöhungen festgestellt werden. Während dieser Perioden besteht die Gefahr hydraulischer Kurzschlußströmungen; d. h., stark verunreinigtes Bachwasser kann auf kürzestem Wege in die Trinkwasser-Entnahme oder deren Nähe gelangen.

Die bei Hochwasser von den Bächen mitgeführten Trübstoffe und Bakterien ermöglichen, durch Trübungsmessungen und durch bakteriologische Untersuchungen den Weg des Bachwassers im Stausee zu verfolgen. Das ist besonders dann ohne größere Schwierigkeiten möglich, wenn die Einschichtung des Bachwassers nicht durch äußere Einflüsse, insbesondere windbedingte Strömungen und Durchmischungen, gestört wird. Am deutlichsten ist dies während der Stagnationsperioden feststellbar, wenn sich das Bachwasser unmittelbar unter der Eisschicht oder im Sommer entsprechend seiner Dichte überwiegend im metalimnischen Bereich einschichtet.

Es wird über erste Ergebnisse bakteriologischer Untersuchungen in Verbindung mit Trübungsmessungen an den Talsperren Saidenbach und Neunzehnhain berichtet.

Klapper, Helmut und Gudrun Rudolf (Wasserwirtschaftsdirektion Mittlere Elbe–Sude-Elde, Magdeburg): Zur Rolle der Bakterien und Sedimente im Stoffhaushalt von Seen.

Es werden die Untersuchungsergebnisse von drei Seen unterschiedlichen Typs ausgewertet: (1) Drewitzer See: 32 m tief, geschichtet, oligotropher bis eutropher Übergangssee, (2) Binnen-Müritz: 31 m tief, geschichtet, eutroph, abwasserbelastet, (3) Außen-Müritz: 30 m tief, ungeschichtet, eutroph.

Bakteriologische Verhältnisse durch Keimzahl charakterisiert, Parallelität zur Plankton-Entwicklung im Pelagial. Mikrobielle Aktivität im Benthal durch Sedimentzehrung und TTC-Test untersucht. Stärkere Abhängigkeit zur Art des Sediments als zum Seetypus, da die Produktion im oligotrophen See in größerer Schichtdicke erfolgt. Die Interstitiallösungen der Sedimente stellen das große Reservoir dar, das die Nährstoffe je nach den hydrographischen Bedingungen, der Tiefe, des Reliefs, der Schichtung usw. in unterschiedlicher Intensität in den Stoffkreislauf zurückliefert.

Barthelmes, Detlev (Institut für Binnenfischerei, Berlin-Friedrichshagen): Das Ökosystem Karpfenteich und seine wirtschaftliche Nutzung.

In der landwirtschaftlichen Tierproduktion vollzieht sich unter dem Druck steigender Anforderungen eine zunehmende Lösung der Nutztiere aus ihrer natürlichen Umwelt. Eine Nutzung großer, geschlossener Ökosysteme gibt es kaum mehr. In der Binnenfischerei ist das jedoch noch der Fall. Eine Analyse ihrer Methoden und Ergebnisse zeigt, daß es auf dem Sektor Karpfenteichwirtschaft gelungen ist, ein komplexes Ökosystem durch sinnvolle Maßnahmen, die insbesondere die volle Ausschöpfung der wirtschaftlich positiven Regulationspotenzen des Systems anstreben, in sehr effektiver Weise für die Produktion von hochwertigem tierischem Eiweiß zu nutzen. In den drei Zuchtjahren, in denen in unseren Breiten der Karpfen produziert werden muß, liegen die Verhältnisse jedoch etwas unterschiedlich.

In den Teichen des ersten Zuchtjahres (Brutstreckteiche) ist die Greifbarkeit der Nährtiere nicht optimal. Die Daphnien, die die wesentlichste Nährtierfraktion des Freiwassers bilden, sind zu gut, die Chironomidenlarven, die die wesentlichste Nährtierfraktion des Teichbodens bilden, zu schlecht für die kleinen Fische zugänglich. Die Folge ist einerseits der frühzeitige Zusammenbruch der Daphnien-Population infolge überstarken Fischfraßes, andererseits jedoch die ungenügende Lichtung der Bodentier-Bestände, die hier die Produktion drosselt. Die Fischproduktion je Fläche ist deshalb im ersten Zuchtjahr prinzipiell unbefriedigend, was jedoch bei dem geringen Anteil der Brutstreckteich-Fläche an der Gesamtteichfläche nicht sehr ins Gewicht fällt.

In den Teichen des zweiten Zuchtjahres (Streckteiche) wird der Fraßdruck des Fischbestandes bei den gegenwärtigen Wirtschaftszielen leicht zu hoch, so daß die Nährtierproduktion infolge Überforderung unteroptimal bleibt. Die Daphnien werden meist Anfang Juli durch Fischfraß ausgelöscht, und die Bodentiermasse schmilzt auf einen kaum mehr angreifbaren „eisernen Bestand" zusammen.

In den Teichen des dritten Zuchtjahres (Abwachsteiche), die den größten Anteil an der Gesamt-Teichfläche einnehmen und damit für das Wirtschaftsergebnis entscheidende Bedeutung haben, sind Fraßdruck des Fischbestandes und Produktionspotenzen der Nährtiere weitgehend optimal aufeinander abgestimmt. U. a. bleiben die Daphnien in der Regel die ganze Bespannungsperiode über erhalten und haben große Bedeutung für den Fischzuwachs, der höhere Werte erreicht als im ersten und zweiten Zuchtjahr, obwohl die Verwertung der Nahrung bei den großen Fischen wegen ihres höheren Erhaltungsbedarfes ungünstiger ist als bei kleineren.

Tagungsleitung: Dr. W. v. Tümpling, Erfurt

Schulz, Sigurd (Institut für Meereskunde der Deutschen Akademie der Wissenschaften, Rostock-Warnemünde): Der Lebensraum Ostsee – Ökologische Probleme in einem geschichteten Brackwassermeer.

Die Ostsee ist ein Binnenmeer mit brackigem Milieu. Dabei nimmt der Salzgehalt nicht nur von Westen nach Osten ab, sondern auch in der Vertikalen gibt es deutliche Unterschiede. Eine Salzgehalts-Sprungschicht trennt zwei Wasserkörper, oben leichteres Mischwasser mit geringem Salzgehalt und unten dichteres, durch Mischung ausgesüßtes Nordseewasser. Diese Schichtung ist für den gesamten Energie- und Stoffkreislauf der Ostsee bestimmend, denn sie bleibt auch im Winter erhalten. Die temperaturbedingte Vertikalkonvektion erfaßt nur den Wasserkörper oberhalb der Halokline. Eine Erneuerung des unteren Wasserkörpers kann nur durch einen Nachschub von frischem Nordseewasser erfolgen. Das geschicht in ausreichendem Maße nur nach Starkwind-Wetterlagen aus westlichen Richtungen. So altert das Tiefenwasser und verliert durch Zehrungsprozesse den Sauerstoff. Damit gerät ein lebenswichtiger Faktor ins Minimum und besonders das Benthos, aber auch die Planktontiere und das Nekton werden davon betroffen. Verstärkt wird diese Erscheinung durch nachweisliche Eutrophierung über das Flußwasser, die zu einer Erhöhung der Produktivität führt. Meßwerte aus den Jahren 1900 bis heute aus den tiefen Becken der Ostsee zeigen deutlich eine Abnahme des Sauerstoffgehalts, eine Zunahme der Phosphat-Konzentration, des Salzgehalts und zunehmendes Auftreten von Schwefelwasserstoff. Doch nicht nur in den tiefen Mulden, sondern auch aus relativ flachen Buchten der westlichen Ostsee liegen Ergebnisse vor, die zu berechtigter Sorge Anlaß geben. Die unkontrollierte Einleitung von Abwässern in ein Seegebiet mit extremer Dichteschichtung muß über die allgemeine Eutrophierung zu ernsten Schädigungen der im Biotop lebenden höheren Organismen führen.

Gosselck, F. (Sektion Biologie der Universität Rostock): Untersuchungen am Benthos des patagonischen Schelfs.

Referat nicht eingegangen.

von Oertzen, Jörg-Andreas (Sektion Biologie, Fachbereich Meeres- und Fischereibiologie, der Universität Rostock): Temperatur- und Salinitätsresistenz-Untersuchungen an Bivalviern der Deutschen Beltsee.

Zur physiologisch-ökologischen Charakterisierung von marinen Evertebraten hat sich neben Messungen der Stoffwechselintensität die Bestimmung von Hitze- und Salinitäts-Resistenz als vorteilhaft erwiesen. Die Untersuchungen wurden an Charakterarten zweier wichtiger Lebensgemeinschaften der Ostsee, der Sand- und der Schlick-Biozönose, durchgeführt. Die untersuchten Arten: *Macoma calcarea, Astarte borealis, Astarte elliptica* und *Cyprina islandica* (Schlickbiotop); *Macoma baltica, Cerastoderma glaucum* (= *Cardium lamarcki*) sowie z. T. *Mya arenaria* (Sandbiotop) gehören gleichzeitig, tiergeographisch gesehen, zwei verschiedenen Gruppen an. Die erstere gehört zu den arktischen Relikten in der Ostsee (arktisch zirkumpolar bzw. arktisch boreal verbreitet); die zweite Gruppe stellt die borealen Formen dar.

Die Hitzeresistenz der arktischen Formen liegt deutlich unter der der borealen Formen. Sie nimmt in folgender Reihenfolge ab: *Macoma baltica – Cerastoderma glaucum – Mya arenaria – Cyprina islandica – Astarte borealis – Astarte elliptica – Macoma calcarea.* Die Testmethoden werden kurz geschildert.

Bei der Salinitätsresistenz zeigen sich ganz ähnliche Beziehungen. Die borealen Formen haben einen bedeutend breiteren Resistenzbereich als die arktischen Vertreter.

Die Hitze- und Salinitäts-Resistenz der untersuchten Arten der unterschiedlichen Biozönosen scheint also in direkter Beziehung zu den abiotischen Faktoren der jeweiligen Biotope zu stehen.

Tagungsleitung: Dr. G. Breitig, Berlin-Schöneweide

Braune, Wolfram (Sektion Biologie, Fachgebiet Pflanzenphysiologie, der Friedrich-Schiller-Universität Jena): Algenteste zur Produktivitäts-Bestimmung in Flußwasserproben unter axenischen Bedingungen.

Besonders bei langfristigen Algentestverfahren mit isolierten insterilen Wasserproben ist mit einer Beeinflussung des Testergebnisses durch gleichzeitig wirkende Bakterien zu rechnen. Da Art und Ausmaß der bakteriellen Stoffwechselaktivität von sehr vielen, im Rahmen solcher Biomassenteste nicht überschaubaren Faktoren abhängen, wird die Aussage zumindest unsicher. Zuverlässige Auskünfte sind besonders dann nicht zu erwarten, wenn aus dem Ergebnis auf quantitative Verhältnisse bestimmter Wasserinhaltsstoffe und ihre biologische Wirksamkeit im Biotop geschlossen werden soll.

Die 10- bis 20-tägigen Zuwachsraten von *Scenedesmus obliquus* zeigten in parallelen Ansätzen bakterienfreier und insteriler Flußwasserproben deutliche Unterschiede. Das Ergebnis variierte mit den Sterilisations-Bedingungen.

Ronneberger, Diethelm (Forschungsstelle für Limnologie der Deutschen Akademie der Wissenschaften, Jena): Versuch einer Gliederung ober- und unterirdischer aquatischer Lückensysteme.

Bei der Bearbeitung der Grundwasserfauna in thüringischen Flußgebieten ergaben sich mannigfaltige Beziehungen zwischen den unter- und oberirdischen Biotopen. Besonders bei verschiedenen Crustaceen-Gattungen drängen sich Gemeinsamkeiten der ökologischen Ansprüche auf. Am ausgeprägtesten sind diese Beziehungen, wenn man den ökologischen Faktor „Lücke" — hier als „Lacunon" bezeichnet — zu einem Vergleich heranzieht.

Bei der Betrachtung der aquatischen Lückensysteme — dem „Hydrolacunon" — kann man vom Baumaterial her zwei Bereiche klar trennen. Einmal sind es pflanzliche Lückensysteme — man kann sie als „Pytohydrolacunon" bezeichnen — und zum anderen können mineralische Bestandteile dominierend am Aufbau eines „Petrohydrolacunon" beteiligt sein. Diese beiden großen Bereiche kann man je nach den strukturellen Eigenheiten weiter unterteilen.

Im Aufwuchs-Lückensystem, dem „Periphytohydrolacunon" des Phytohydrolacunon, bildet ein Teil der Bewohner selbst diesen Biotop. Es ist ein ausgesprochener Mikro-Biotop von großer Veränderlichkeit; Besiedler sind vor allem Algen, Protozoen und Rotatorien. Im „Bryophytohydrolacunon" des Phytohydrolacunon wird das Lückensystem von Moosen geliefert, deren absterbende Teile als Nahrung dienen können. Hier treten viele Besiedler auf, die z. T. auch in den anderen Lückensystemen vorkommen können, vor allem Harpacticoidea (*Moraria, Parastenocaris*) und Rotatoria (*Elosa, Brycella, Wierzejskiella*).

Innerhalb des Petrohydrolacunon stellt das „Epipetrohydrolacunon" einen Übergang vom Fließwasser zum Grundwasser dar und wird in der Hauptsache von Jugendstadien der Bodenfauna besiedelt. Im „Stygohydrolacunon" (= Eustygon nach Husmann), dem Bereich des Grundwasser-Interstitials, finden wir eine reichhaltige eigenständige Fauna. Daneben können in einzelnen ökologischen Bereichen dieses Biotops auch oberirdisch weitverbreitete Arten (lacunobionte Arten) auftreten. Viele Gattungen oder Arten der Copepoden kommen fast ausschließlich in Lükkenbiotopen oberirdischer oder subterraner Art vor. Enge Beziehungen bestehen auch zwischen dem „Terrolacunon", dem Lückensystem des Erdbodens, und dem Petrohydrolacunon durch ihre Besiedlung mit gemeinsamen Nematoden-Arten.

Der vorgelegte Versuch einer Gliederung und Terminologie der Lückenbiotope und die Darlegung der Beziehungen untereinander ist noch ausbaubedürftig, besonders im Hinblick auf andere ökologische Faktoren und hinsichtlich einer weiteren Unterteilung des Terrolacunon. Hinsichtlich einer weiteren Gliederung des Grundwasserbiotops (Stygon oder Stygohydrolacunon) sei auf die Arbeiten von Husmann (1966, 1967) hingewiesen.

KÜHLMANN, DIETRICH H. H. (Zoologisches Museum des Museums für Naturkunde an der Humboldt-Universität Berlin): Zur Bewertung von Kleingewässern als funktionelle ökologische Einheiten und sich daraus ergebende Konsequenzen hinsichtlich der ökologischen Terminologie.

Das Ansprechen ökologischer Einheiten als Biotope + Biozönosen einerseits oder als Habitate + Synusien andererseits ist oft heikel und schwierig. Als entscheidende Kriterien dürfen Sauerstoff-, Kohlenstoff- und Stickstoffsysteme und Nahrungsnetze gelten, deren Verhalten am Beispiel kleiner Gewässer während längerer Zeit geprüft wurde. Unter Verwendung der Modelle materieller Systeme betrachtet, zeigt ein in einem Auwald gelegener Waldtümpel trotz wiederholten Austrocknens geschlossene Kreisläufe. Ein von einem Graben durchflossenes, ständig bespanntes und in einer Wiese gelegenes Kleingewässer sowie am Meeresufer gelegene Brandungslachen gestalten sich als offene Systeme. Somit ist die ökologische Einheit „Waldtümpel" als Biotop mit einer Biozönose anzusprechen; das von einem Graben durchflossene Kleingewässer und die Brandungslachen hingegen sind als Habitate, die darin lebenden Organismen-Gesellschaften als Synusien zu bezeichnen.

Abgeleitet von den Untersuchungsergebnissen werden drei funktionelle ökologische Einheiten als Grundeinheiten definiert und als

Holökosystem = Biotop + Biozönose,
Meröksystem = Habitat + Synusie und
Parökosystem = Paratop + Parazönose

benannt, während unter dem bisher für die Holökosysteme verwendeten Begriff „Ökosystem" = Ökotop + Ökozönose) alle funktionellen ökologischen Einheiten vereint werden.

Diskussionsabend

Die unterschiedliche Terminologie vor allem hinsichtlich der terrestrischen Biotope und die unterschiedliche Wertigkeit der von den einzelnen Autoren verwendeten Begriffe sind immer wieder als unbefriedigend empfunden worden. Unter Leitung ihres Vorsitzenden, Prof. Dr. H. J. MÜLLER, veranstaltete daher die Sektion Ökologie für interessierte Teilnehmer am Abend des 1. Oktober 1969 im Interhotel Warnow in Rostock eine erste Aussprache über den Plan zur Aufstellung eines Biotop-Schlüssels. Die Anregungen dieses Diskussionsabends werden in weiteren Aussprachen vertieft werden.

Exkursion

Zum Abschluß der Generalversammlung und wissenschaftlichen Vortragstagung der Biologischen Gesellschaft in der DDR war den Teilnehmern wahlweise eine von fünf Exkursionen am 2. Oktober 1969 angeboten worden.

Die Arbeitsgruppe Hydrobiologie der Sektion Ökologie war für eine Bodden-Exkursion verantwortlich, die unter der wissenschaftlichen Leitung von Herrn Dr. W. SCHNESE, Sektion Biologie der Universität Rostock, stand und durch die Darßer Boddenkette führte.

TH. SCHRÄDER und W. v. TÜMPLING

Limnologica (Berlin)	8	2	1971	549–561

Rezensionen

Neue Bücher

E. J. FITTKAU, J. ILLIES, H. KLINGE, G. H. SCHWABE & H. SIOLI (Herausg.): Biogeography and Ecology in South America. Vol. 2 (Monographiae Biologicae 19). The Hague: Dr. W. Junk N.V. Publishers 1969. XI + 497 S., 63 Abb., 7 Fot., 9 Tab., 18 Kart., 37 Taf., Lw. Hfl. 75,– ($ 20,80).

Rasch ist auf den ersten Band der Biogeographie und Ökologie in Südamerika der zweite gefolgt, in gleich vorbildlicher Ausstattung und in gleicher wissenschaftlicher Qualität. Der beim Lesen des ersten Bandes vorherrschende Eindruck, daß die Herausgeber und Autoren uns mit diesem Werk ein Standardwerk der Biologie und Ökologie in die Hand gegeben haben [vgl. die Besprechung in Limnologica 7 (2), 493 (1970)], bestätigt sich erneut. Die 16 Artikel umfassen zwar nicht alle, aber doch wesentliche Aspekte der Flora und Fauna des südamerikanischen Kontinents, und es ist nur zu begrüßen, daß die Herausgeber den Autoren viel Spielraum zur Diskussion ihrer eigenen Probleme gewährt haben. Wenn man etwas bedauern kann, dann die Tatsache, daß es nicht gelungen ist, der genetischen Pflanzengeographie entsprechend Geltung zu verschaffen, ein Mangel, den die für sich genommen durchaus wertvollen Beiträge von GROLLE und BUXBAUM nicht beheben können, der aber den Herausgebern am wenigsten anzulasten ist.

Der vorliegende Band umfaßt folgende Einzelarbeiten:

Jedem Artikel sind deutsche, spanische und englische Zusammenfassungen sowie ein Literaturverzeichnis beigegeben. Gattungs- und Sachregister erleichtern das Eindringen in den umfangreichen Stoff.

Es wäre ungerecht, angesichts des ausgezeichneten Gesamteindrucks des Werkes den einen oder anderen Artikel besonders hervorzuheben. Mit ihnen muß sich der interessierte Spezialist ohnehin auseinandersetzen. Sie alle erfüllen den Zweck, den Stand unserer Kenntnisse zu fixieren und zukünftiges Tun zu befördern. So besehen sind die beiden Südamerika-Bücher aktive Beiträge zur Beschleunigung der Entwicklung eines im „Aufbruch“ befindlichen Kontinents. CASPER

ARNO WETZEL: Technische Hydrobiologie. Trink-, Brauch-, Abwasser. Leipzig: Akademische Verlagsgesellschaft Geest & Portig K.-G. 1969. 407 S., 97 Abb. mit zahlreichen Fig., 52 Tab., Lw. M 46,–.

Der Altmeister der Trink-, Brauch- und Abwasserbiologie in der Deutschen Demokratischen Republik, dem eine Anzahl seiner Schüler die Originalarbeiten des vorliegenden Heftes der „Limnologica“ zu seinem 80. Geburtstag widmete, gibt in seinem Lehrbuch eine ausgewogene Übersicht über die „Technische Hydrobiologie“, die immer sein besonderes Anliegen war, auch wenn er, ohne es erstrebt zu haben, längere Jahre hindurch auch die Pflichten eines Ordinarius für Spezielle Zoologie und des Direktors des Zoologischen Instituts der Karl-Marx-Universität Leipzig hat wahrnehmen müssen.

Wetzel gliedert sein Lehrbuch in sechs Kapitel: (1) Das Wasser als Nutzstoff des Menschen (S. 9–33). Hier finden sich Ausführungen über Kulturgeschichtliches, Begriff, Gliederung und Aufgaben der Nutzwasserbiologie, Quantität, Qualität, Bestand und Bedarf an Nutzwasser. (2) Hydrographische und hydrobiologische Grundlagen der Trink-, Brauch- und Abwasserbiologie (34–74). Darstellungen des Wasserkreislaufs, des unterirdischen Wassers und der Typen der Oberflächengewässer. (3) Die biologische Wasseranalyse (75–162). Dieses erste Schwerpunktkapitel des Buches beschäftigt sich in der Hauptsache mit dem Saprobiensystem; es enthält u. a. auf 43 Seiten, illustriert durch eine große Anzahl ausgezeichneter Figuren, eine Aufstellung und Charakterisierung einer Auswahl markanter und häufiger Vertreter der Organismen der verschiedenen Saprobiestufen organisch verunreinigter Gewässer, diskutiert die Darstellung der Untersuchungsergebnisse und beschäftigt sich auch mit der biologischen Indikation einzelner anderer Inhaltsstoffe des Wassers. (4) Die Biologie des Trinkwassers (163–260). Die Abschnitte dieses zweiten Hauptkapitels behandeln u. a. die Trinkwasser-Entnahme aus Grundwasser und Quellen (mit Darstellung der hier auftretenden Organismen), Aufbereitung des Trinkwassers und Organismen in Aufbereitungsanlagen, Trinkwasser aus Oberflächengewässern und Organismen in den verschiedenen Abschnitten solcher Anlagen, Grundwasseranreicherung durch Versickerung, Trinkwasser aus Talsperren, Seen und Teichen einschließlich der baulichen Voraussetzungen und der biologischen Probleme. (5) Die Biologie des Brauchwassers (261–273). Gewerbliche und industrielle Anfordernugen an die Zusammensetzung des Wassers; spezielle Behandlung der Fragen des Badewassers. (6) Die Biologie des Abwassers (274–365). Dieses dem Umfang nach dritte Schwerpunktkapitel beschäftigt sich hauptsächlich mit Technik und Biologie des Abwassers und seiner Behandlung. Neben den „klassischen“ Aspekten sind auch alle aktuellen Probleme angesprochen, etwa Auswirkung synthetischer Waschmittel im Abwasser und Vorfluter, radioaktive Substanzen und die „dritte Reinigungsstufe“. Ein umfangreiches Literaturverzeichnis (366–385) und ein Sachverzeichnis (386–407) beschließen den Band.

Der Autor selbst bemerkt in seinem Vorwort, daß er die Gesichtspunkte der Biologie, meist in enger Verbindung mit denen der Hygiene, in den Vordergrund stellte, jedoch versuchte, sie immer in ihrer Verflechtung mit den technischen Möglichkeiten und den aktuellen volkswirtschaftlichen Möglichkeiten zu sehen und daß beim Umfang des vorliegenden Stoffes die Auswahl nicht leicht war. So hat auch das vorliegende Lehrbuch eine – dem Rezensenten übrigens recht sympathische – persönliche Note und es ist durchaus verständlich, daß der Autor sein besonderes Interessengebiet, die Biologie der Trinkwasser-Talsperren, und die auf diesem Sektor vorliegenden Arbeiten insbesondere seiner zahlreichen Schüler stärker herausstellt. So ist das vorliegende Buch sowohl eine verläßliche Übersicht über den heutigen Stand der Trink-, Brauch- und Abwasserbiologie, als auch gleichzeitig ein Ergebnisbericht der wissenschaftlichen Arbeit der „Leipziger Schule“ während der Wirksamkeit ihres verdienstvollen Begründers und langjährigen Leiters.

Kleine Schönheitsfehler, wie die nicht restlos konsequente Benutzung von Kapitälchen für Autorennamen bzw. von *Kursiv*schrift für Gattungs- und Artnamen (die Angabe „spec.“ anstelle eines konkreten Artnamens erscheint mehrfach fälschlich in Kursivschrift) können dem Wert des Lehrbuches keinen Abbruch tun; es ist uneingeschränkt zu empfehlen. Schräder

M. R. Droop & E. J. Ferguson Wood (Edit.): Advances in Microbiology of the Sea. Vol. 1. London & New York: Academic Press 1968. XII + 239 S., 42 Tab., 16 Tab., Lw. s. 60 ($ 10,–).

Das Interesse an der Mikrobiologie des Meeres ist in den letzten Jahren sprunghaft angestiegen. Es ist daher sehr zu begrüßen, daß sich der in Fachkreisen bestens bekannte und geschätzte Verlag zur Herausgabe einer weiteren Serie von Fortschrittsberichten entschlossen hat, die diesem Trend entspricht. Informationen und Anregungen zu vermitteln ist das erklärte Ziel der Herausgeber, die damit einen weiten Leserkreis ansprechen werden. Der vorliegende erste Band enthält acht Beiträge.

In einem einführenden Artikel „Perspectives in Marine Microbiology“ charakterisiert E. J. FERUGSON WOOD die gegenwärtig Situation: „At the moment the marine microbiologist is busy finding the questions, we hope the right questions, and the answers must come later“. Nach einer kurzen Übersicht über frühere Untersuchungen werden Fragen der Taxonomie, der Probenentnahme, Physiologie und Ökologie des Planktons und seiner Verbreitung berührt. Sicher entspricht dieser Beitrag nicht allen Erwartungen, zumal die Stoff- und Literaturauswahl recht einseitig den Arbeitskreis des Autors betont. — Wachstum und Reproduktion des Phytoplanktons stellen zweifellos ein Schlüsselproblem der marinen Mikrobiologie dar. In ihrer vorzüglichen, abgerundeten Darstellung „Kinetics of Marine Phytoplankton“ gehen R. W. EPPLEY & J. D. H. SRTICKLAND über eine Übersicht zu methodischen Fragen hinaus und demonstrieren, in welchem Maße Laborexperimente bereits für das Verständnis der Phänomene am natürlichen Standort nutzbar gemacht werden können. — Erst unter Anwendung neuer biochemischer Methoden sind die vielfach beobachteten Hemmeffekte von Stoffwechselprodukten gegenüber marinen Organismen unserem Verständnis zugänglich geworden. Aus der systematischen Übersicht von J. MCNEILL SIEBURTH „The Influence of Algal Antibiosis on the Ecology of Marine Microorganisms“ kann abgeleitet werden, daß mit dieser Thematik nicht nur ökologische Fragestellungen sensu stricto berührt sind, sondern etwa auch pharmazeutisch interessierende Reaktionen erwartet werden können. — Die Beziehung zu einem bestimmten Ionenmilieu stellt ein entscheidendes Charakteristikum der marinen Bakterien dar. Als kompetenter Autor faßt R. A. MACLEOD im vierten Beitrag „On the Role of Inorganic Ions in the Physiology of Marine Bacteria“ diese Ansprüche und ihre physiologischen Hintergründe zusammen. — Die Fortschritte in der Taxonomie mariner Bakterien unter Einbeziehung der numerischen Taxonomie, genetischer Untersuchungen sowie der Elektronenmikroskopie behandeln W. HODGKISS & J. M. SHEWAN in ihrer Arbeit „Problems and Modern Principles in the Taxonomy of Marine Bacteria“. — Obgleich Hefen häufig aus dem Meerwasser isoliert worden sind, ist ihre Rolle in marinen Biotopen noch unklar. Die geschlossene Darstellung von N. VAN UDEN & J. W. FELL „Marine Yeasts“ enthält vermutlich alles, was sich gegenwärtig hierzu sagen läßt. — Unter dem weit gefaßten Titel „Nutrient Regeneration in Lakes and Ocean“ behandelt R. E. JOHANNES einige Aspekte des Phosphor- und Stickstoff-Kreislaufs, wobei besonders die nichtbakteriellen Reaktionen hervorgehoben werden. Auch bei dieser Beschränkung dürften die Ausführungen sicher nicht dem Gegenstand adäquat sein. — Die Beschreibung von Struktur und Funktion von Ökosystemen unter dem Gesichtspunkt der Thermodynamik liegt noch weit außerhalb unserer heutigen Möglichkeiten. In dem den Band abschließenden Beitrag „Probing the Ecosystem“ weist J. S. BUNT jedoch auf einen wesentlichen Mangel unserer derzeitigen Ökologie hin: ihre mangelnde Generalisierbarkeit, ihre Verhaftung an einzelne Phänomene. Dieser interessanten Darstellung hätte man mehr Raum gewünscht.

Es ist den Herausgebern zu wünschen, daß sie weiterhin so zuständige Autoren für diese Reihe gewinnen mögen, deren Niveau und Aktualität hervorzuheben ist. BABENZIEN

THEODOR BECK: **Mikrobiologie des Bodens.** München–Basel–Wien: Bayrischer Landwirtschaftsverlag 1968. 452 S., 70 Abb. im Text, 34 Abb. auf Taf., davon 6 farbig, Kunststoffbd. DM 120,—.

Der Boden ist gleichzeitig Standort und Substrat für eine mannigfaltige Gemeinschaft von Lebewesen. Nahezu alle hier ablaufenden Vorgänge sind an die Tätigkeit von Mikroorganismen gebunden. Die Kenntnis der Wechselwirkungen zwischen den physikalischen und chemischen Eigenschaften des Bodens und den Leistungen der Mikroflora besitzt daher eine eminent praktische Bedeutung. Aus einer statischen Betrachtungsweise, die sich durch den Versuch einer qualitativen und quantitativen Erfassung der Mikroorganismen mit Ableitung von Indikatoreigenschaften der Mikroflora kennzeichnen läßt, ist heute die Frage in den Vordergrund gerückt, welche physiologischen Leistungen die Mikroorganismen unter gegebenen Milieubedingungen zu entfalten vermögen. Dieser Fortschritt wurde nicht zuletzt ermöglicht durch die Anwendung neuer biochemischer und mikrobiologischer Arbeitsverfahren. Diesem Problemkreis ist daher, nach einer kurzen Darstellung der Geschichte der Boden-Mikrobiologie, der erste Abschnitt des vorliegenden Buches gewidmet. In detaillierter Form werden die Möglichkeiten der Zählung und Isolierung der Mikrobengruppen dargestellt. Nach diesen, in der Regel schon „klassischen“ Methoden wird auf neuere Aktivitäts-Bestimmungen eingegangen. Behandelt werden insbesondere die Messung der Kohlendioxid-Produktion, der Nachweis von Enzym-Aktivitäten sowie die von Quastel & Scholefield entwickelte Perfusionstechnik. Es folgt eine Darstellung von Vorkommen und Häufigkeit der im Boden lebenden Organismengruppen und ihrer in diesem Zusammenhang zweckmäßigen systematischen Gliederung. Berücksichtigt werden neben den Bakterien die Actinomyceten, Pilze, Algen und Protozoen. Den Schwerpunkt des Buches bildet das anschließende Kapitel zur Ökologie der Bodenorganismen. Nach einer Beschreibung der chemischen und physikalischen Eigenschaften des Bodens als Siedlungsraum werden die Beziehungen zwischen den Standort-Eigenschaften und der Mikroflora behandelt. Unter den Veränderungen des Bodenlebens durch Kulturmaßnahmen sind besonders aktuell die Folgen der Schädlingsbekämpfung, insbesondere die Wirkung von Pflanzenschutzmitteln auf das natürliche biozönotische Gleichgewicht. Es folgt eine Besprechung der Rolle der Mikroorganismen in der Wurzelzone (Rhizosphären-Effekt), auf die eine erhöhte Verfügbarkeit der Nährstoffe zurückgeführt wird. Im abschließenden Kapitel werden die Stoffkreisläufe wichtiger Elemente (Kohlenstoff, Stickstoff, Schwefel), die ausgeprägt mikrobiell gesteuert werden, behandelt.

Die Vielfalt der Aspekte, denen die Boden-Mikrobiologie gegenübersteht, erschwert zweifellos die dem Gegenstand allein angemessene synoptische Gesamtschau. Erst hieraus aber ergibt sich das Verständnis für die Dynamik des Bodenlebens und seiner praktischen Bezüge. Es ist daher eine besondere Leistung des Autors, unter Berücksichtigung einer enormen Fülle von Einzelergebnissen (etwa 2000 Literaturzitate, vorwiegend aus den Jahren 1945 bis 1966) zu der erforderlichen komplexen Darstellung der Probleme gelangt zu sein. Unterstützt durch zahlreiche informative Tabellen und Abbildungen, wobei die hervorragende Reproduktion der Tafelbilder hervorzuheben ist, ist ein Standardwerk entstanden, zu dem Autor und Verlag zu beglückwünschen sind.

Babenzien

Karl Höll: Wasser. Untersuchung, Beurteilung, Aufbereitung — Chemie, Bakteriologie, Biologie, 4. Auflage. Berlin 30: Walter de Gruyter & Co. 1968. XV + 393 S., 24 Abb. mit 129 Fig., Plastikbd. DM 44,—.

Wenn das vorliegende Buch, das „aus der Praxis heraus für die Praxis geschrieben" wurde, nach der ersten Ausgabe 1943 innerhalb von zehn Jahren drei, jeweils überarbeitete und erweiterte Neuauflagen erleben konnte, so spricht das bereits eindeutig für seine Brauchbarkeit und Beliebtheit. Der wesentliche Unterschied der vorliegenden vierten Auflage gegenüber der dritten von 1960 besteht darin, daß dem von Karl Höll selbst bearbeiteten 1. Teil „Chemie des Wassers" (S. 1—280) jetzt ein zweiter Teil „Bakteriologie des Trinkwassers" von Helmut Peter (S. 281—346) und ein dritter „Biologie des Wassers" von Dietrich Lüdemann (S. 347—386) angefügt wurden. Das den Band beschließende Sachregister (S. 387—393) erfaßt alle drei Teile des Buches.

Der Schwerpunkt der Darstellung liegt bei den Fragen der Untersuchung, Beurteilung und Aufbereitung des Trinkwassers, während dem Brauch- und Abwasser nur kurz gehaltene Abschnitte gewidmet sind. Die Kapitel des etwa $^3/_4$ des Bandes einnehmenden chemischen Teils behandeln nach wie vor: Trinkwasseruntersuchung — Allgemeines über die chemische Wasseruntersuchung — Kleine Trinkwasseranalyse — Beurteilung des Trinkwassers — Große Trinkwasseranalyse von Leitungswasser (Chemische Untersuchung von Trink- und Brauchwasser bei zentraler Wasserversorgung) — Beurteilung des Trink- und Brauchwassers für die zentrale Wasserversorgung — Untersuchung und Beurteilung von Schwimmbadwasser, Wasser für Bauzwecke, Oberflächenwasser (Vorflut) und Abwasser — Mineralwasser und Heilwasser — Reagenzien für Trinkwasseruntersuchung — Begleitschein für Wasserproben — Literaturverzeichnis. In den überarbeiteten Text — u. a. wurde die chemische Nomenklatur auf den neuesten Stand gebracht — hat Höll aktuelle Fragen neu eingefügt bzw. eingehender behandelt, wie etwa die Durchführung des Pumpversuchs vor der Anlage eines Brunnens, das Verhalten von Wasser in Behältern, die Grundwasser-Verunreinigung durch versickerndes Mineralöl, die Dekontaminierung von radioaktiv verseuchtem Wasser, die Probleme kanzerogener Stoffe im Wasser, die Erfahrungen mit der Phosphatimpfung bei der Aufbereitung von aggressivem und hartem Wasser sowie die Komplexbindung von Eisen und Mangan mit Spezialphosphaten.

Die in die vorliegende vierte Auflage neu aufgenommenen Beiträge „Bakteriologie des Trinkwassers" (Peter) und „Biologie des Wassers" (Lüdemann) sind eine ebenso notwendige wie begrüßenswerte Ergänzung des chemischen Hauptteils. In beiden Teilen wird darauf hingewiesen, daß die knappe zusammenfassende Darstellung dieser hygienischen und biologischen Probleme und Methoden natürlich einen Nur-Chemiker nicht befähigen kann, selbst solche Untersuchungen vorzunehmen; Rezensent sieht die Bedeutung der Aufnahme dieser Beiträge in ein Buch über die Chemie des Trinkwassers darin, daß damit dem Nur-Chemiker die Notwendigkeit der Mitwirkung von fachlich ausgebildeten Hygienikern und Biologen nahegebracht und ein Einblick in deren Problematik und Arbeitsmethoden gegeben wird.

Leider ist das Buch nicht frei von „Schönheitsfehlern", Druckfehlern und, vor allem im zweiten und dritten Teil, von sprachlichen Schnitzern, die bei der Korrektur hätten ausgemerzt werden können. So schreibt z. B. Höll „p_H", Lüdemann dagegen „pH". Unschön sind auch überflüssige und falsche Kommata oder Punkte wie bei „loc., cit." oder „Aqua. dest.". Im deutschen Fachschrifttum ist es üblich, Autorennamen in Kapitälchen zu setzen, Gattungs- und Artnamen von Organismen dagegen *kursiv*. Außer im Vorwort werden Autoren-, Gattungs-, Art- und deutsche Bezeichnungen der Organismen wahllos in Normalschrift oder kursiv wiedergegeben. Auf Seite 312 liest man zunächst „Aerobakter", nur zwei Zeilen darunter jedoch „Aerobacter". Auf Seite 311 heißt es „Fäkalien", auf Seite 312 „Faecalien" und auf Seite 322 „faekalspezifischer"; hier fehlt nur noch die vierte Variante „Fäcalien". In der Abbildungslegende auf Seite 366 sind zu beanstanden: „*botrytis*" statt „*bothrytis*", „*leibleinii*" statt „*leibleini*", „*coerulus*" statt „*coeruleus*" und „*Charchesium*" statt „*Carchesium*". Diese Beispiele ließen sich vermehren. Rezensent weiß aus langer eigener Erfahrung, wie schwer und oft hoffnungslos der Kampf gegen den Druckfehlerteufel und um eine einheitliche Schreibweise von Begriffen im wissenschaftlichen Schrifttum ist, und daß die meisten Autoren beim Lesen einer Korrektur immer wieder durch die Überprüfung des sachlichen Inhalts ihres Textes von einer Überprüfung auch der äußeren Form abgelenkt werden. Aus dieser seiner Erfahrung ist er vielleicht besonders auch auf die äußere Form „spezialisiert". Er glaubt, daß auch diese ausreichend berücksichtigt werden sollte, selbst wenn es sich um eine Publikation „nur" für die Praxis handelt. Schräder

Walter Zimmermann: Geschichte der Pflanzen. Eine Übersicht. 2. Aufl. Stuttgart: Georg Thieme Verlag 1969. XIV + 177 S., 62 Abb., 3 Tab., flex. Taschenb. DM 7,80.

Zimmermanns Einführung in den stammesgeschichtlichen Wandel des pflanzlichen Lebens hat, vor 20 Jahren zum ersten Male erschienen, so manchen Studenten der Botanik und Biologie auf seinem Weg durch das Studium begleitet. Die neue Auflage, die der Verlag in der bewährten Reihe seiner Taschenbücher vorlegt, ist nicht nur in ihrer Gestalt verändert, sondern auch auf Grund neuer Erkenntnisse wesentlich vermehrt und vertieft worden, was äußerlich in den zahlreichen neuen, instruktiven Abbildungen zum Ausdruck kommt. Unverändert hingegen geblieben ist das Ziel der Darstellung, „möglichst naturgetreu zu schildern, . . . ‚wie es in Wirklichkeit gewesen ist'". In der Reihenfolge der Organisationsstufen, die sich zeitlich und räumlich in ihrem Herrschaftsbereich abgelöst haben, erblickt Zimmermann den Beweis für den phylogenetischen Wandlungsprozeß. Den insgesamt zehn Stufen des pflanzlichen Lebens — Anukleobionten, Flagellaten, einfache Zellverbandsformen, Tange, Ur-Landpflanzen, „Trans"-Kormophyten, heterospore Farngewächse, Gymnospermen (Nacktsamer) mit Spermienbefruchtung und mit Pollenschlauchbefruchtung sowie Angiospermen (Bedecktsamer) — wird die Vorstufe der Urzeugung — mit fünf Probiontenstufen — „vorgeschaltet". Der Zeitpunkt der Urzeugung wird 7—8 Milliarden Jahre zurückdatiert und festgestellt, daß sie nicht mit einem Schlage erfolgte, sondern im Verlauf einer langen Zeitspanne über mehrere Probiontenstufen abgelaufen ist.

Wie immer zeichnet sich die Zimmermannsche Darstellung — über deren wissenschaftliche Tragfähigkeit hier nicht zu rechten ist — durch Klarheit des Aufbaus und der Diktion, durch strenge Sachlichkeit und Logik sowie durch Aussagekraft der Abbildungen aus. Es ist zu begrüßen, daß der Autor die überkommenen Vorstellungen von den beiden „Reichen" der Pflanzen und der Tiere zugunsten einer natürlicheren Gliederung in die Reihe der Anukleobionten und der Nukleobionten — unter Vorschaltung eines „Reiches" der Probionten — fallen läßt, dabei mit Recht betonend, daß „die tiefste Kluft innerhalb der Organismenwelt" . . . die „zwischen den kernlosen Organismen und den kernhaltigen" ist (S. 16).

Die Brauchbarkeit des Bändchens wird durch Definitionen und Erläuterungen von Begriffen — hier ist mir aufgefallen, daß der Begriff „Endemismen" (S. 150) besser durch „Endemiten" ersetzt werden sollte; statt „Plaktenchym" (S. 153) muß es natürlich „Plektenchym" heißen —, durch eine Übersicht über das System der wichtigsten im Buch behandelten Gruppen, durch ausführliche Literatur-, Autoren- und Sachverzeichnisse erhöht.

Die „Geschichte der Pflanzen“ ergänzt glücklich die Reihe der botanischen Taschenbücher des Verlages und kann mit einer weiten Verbreitung rechnen. CASPER

KATHERINE ESAU: Pflanzenanatomie. Deutsche Übersetzung von BERTHILDE ESCHRICH und WALTER ESCHRICH. Stuttgart: Gustav Fischer Verlag 1969. XVI + 594 S., 186 Abb., 96 Taf., Lw. DM 78,—.

Die Pflanzenanatomie spielt heute nicht mehr die Rolle wie zu Zeiten DE BARYS, STRASBURGERS, SOLEREDERS oder HABERLANDTS. Mikroanatomie und Molekularbiologie beherrschen die Szene, und der Unterricht an den Hochschulen verzichtet immer mehr auf die Wiedergabe von anatomischen Tatsachen und reduziert die anatomischen Praktika radikal. Trotzdem, und darin muß man der Autorin und dem Verlag unbedingt folgen, kann es sich der Biologe einfach nicht leisten, auf die Betrachtung des Organismus unter ganzheitlichen Aspekten zu verzichten, wenn er dem Verständnis der organischen Welt näherkommen will. Die molekulare Sphäre genügt dazu nicht. Ein Informationswerk vom Range der vorliegenden Pflanzenanatomie gehört zur unabdingbaren Grundlage wissenschaftlichen Studiums und wissenschaftlicher Arbeit.

Das amerikanische Standardwerk erschien in 2. Auflage im Jahre 1965. Sie ist die Grundlage einer im wesentlichen unveränderten deutschen Fassung, der man ein hohes Maß an Sorgfalt und Sachkunde bescheinigen muß. Den fähigen Übersetzern und dem Verlag ist es gelungen, eine „originalgetreue“ Ausgabe zu besorgen. Nennenswerte Ergänzungen betreffen vor allem die Literaturangaben, die etwa auf den gegenwärtigen Stand gebracht sind, sowie die auf Anraten von H. MERXMÜLLER vorgenommene Eingliederung der weniger bekannten Pflanzen in das System und die von D. VON DENFFER betreute Terminologie und Schreibweise. Der Band ist in 20 Kapitel gegliedert, die den Pflanzenkörper als Ganzes, den Protoplasten, die Zellwand, die Meristeme und ihre Differenzierung, die Apikalmeristeme, das Cambium, die Epidermis, das Parenchym, das Collenchym, das Sclerenchym, das Xylem, das Phloem, die Sekretionseinrichtungen, das Periderm, den Stamm, das Blatt, die Wurzel, die Blüte, die Frucht und den Samen zum Gegenstand haben. Jedem Kapitel ist ein Literaturverzeichnis angefügt; ein Verzeichnis wichtiger Lehr- und Handbücher sowie Autoren- und Sachregister runden die profunde Darstellung ab. Die einzelnen Kapitel enthalten nicht nur deskriptive Elemente, sondern versuchen, echte Eindrücke in der Entwicklung des Pflanzenkörpers und seiner Bestandteile zu vermitteln, gehen auf chemische und physiologische Daten ein und ziehen kausale Gesichtspunkte heran, wenn es sich um die Erklärung der Differenzierungsphänomene oder der Beziehungen der Organe zueinander handelt. Angesichts der weitverbreiteten Abbildungen von der Hand KATHERINE ESAUS ist es eigentlich überflüssig zu betonen, daß der Abbildungsteil allen Ansprüchen gerecht wird. Der Tafelteil bringt zusätzlich über 300 ausgezeichnete, meist mikrophotographische Wiedergaben, darunter auch elektronenoptische Abbildungen. Die Gesamtausstattung durch den Verlag ist vorzüglich.

Die „Pflanzenanatomie“ ist ein hervorragendes Lehrbuch und ein informationsreiches Nachschlagewerk. Es gehört in die Bibliothek eines jeden Botanikers, der sich die Einsicht in den Eigenwert der biologischen Gesetzesebene noch bewahrt hat. CASPER

Tagungen — Symposien

Limnologische Berichte der X. Jubiläumstagung der Arbeitsgemeinschaft Donauforschung. Bulgarische Akademie der Wissenschaften, Zoologisches Institut mit Museum und Societas Internationalis Limnologiae, Arbeitsgemeinschaft Donauforschung; Redaktionskollegium A. VALKANOV, B. RUSSEV & W. NAIDENOW. Sofia: Verlag der Bulgarischen Akademie der Wissenschaften 1968. 546 S., 148 Abb. und 86 Tab. im Text und auf 6 Beil., Lw. Lew. 5,90.

Auf dem XIII. Kongreß der Internationalen Vereinigung für Limnologie 1956 in Helsinki gab REINHARD LIEPOLT (Wien) die Anregung zur Wiederbegründung einer „Internationalen Arbeitsgemeinschaft Donauforschung“, nachdem durch die Kriegs- und Nachkriegsereignisse die 1935 ebenfalls von Wien aus durch die Initiative von A. CZERNY begründete „Internationale Kommission für die wissenschaftliche Erforschung der Donau“ ihre Tätigkeit eingestellt hatte. Noch im Herbst 1956 wurde dann die neue „Arbeitsgemeinschaft Donauforschung“ der Internationalen Vereinigung für Limnologie begründet, der sich im Laufe der nächsten Jahre alle Anrainerstaaten der Donau anschlossen. Dieser Einrichtung ist es zu verdanken, daß die limnologische Erforschung des größten Stromes Mitteleuropas, der acht Staatsgebiete durchfließt, einen wesentlichen Aufschwung nahm. Erinnert sei an die Supplementbände „Donauforschung" des Archivs für Hydrobiologie (Stuttgart) sowie an die in den „Limnologica" rezensierten Monographien, die von LIEPOLT herausgegebene „Limnologie der Donau" [vgl. „Limnologica" 4 (1), 194 (1966); 5 (3), 463 (1967); 6 (2), 425 (1968)] und die in rumänischer Sprache erschienenen „Limnologia Sectorului Romănesc al Dunării" [„Limnologica" 6 (2), 426 (1968)] und „Monografia Stufului din Delta Dunării" [„Limnologica" 5 (2), 273 (1967)].

Die X. Tagung der Arbeitsgemeinschaft fand vom 10. bis 20. Oktober 1966 in Sofia statt; an ihr nahmen 108 Fachkollegen aus 13 europäischen Ländern teil. Autoren aus sieben Staaten lieferten 68 Beiträge, von denen 47 (+ 4 im vorliegenden Band nicht gedruckte) auf dem Kongreß vorgetragen, weitere 21 dem Kongreß eingereicht worden waren. Entsprechend dem Tagungsort dominierten Beiträge aus den Anrainerstaaten der unteren Donau, Bulgarien (Bulg.), Rumänien (Rum.)und Sowjetunion (UdSSR). Die Autoren der im Band gedruckten Beiträge stammen (in Klammern die Anzahl der auf dem Kongreß selbst nicht vorgetragenen Referate) aus Bulgarien = 23 (+2), Rumänien = 10 (+14), der Sowjetunion = 7 (+5), der DBR = 3, Ungarn = 2, der DDR und Österreich = je 1.

Die Tagung beschloß, die Publikation der Beiträge in deutscher oder russischer Sprache vorzunehmen, wobei jeweils eine Zusammenfassung in der anderen Sprache angefügt werden sollte. In der folgenden Aufstellung aller im vorliegenden Bande enthaltenen Titel werden zitiert: die Beiträge in deutscher Sprache mit dem deutschen Titel (ohne Zusatz), die Beiträge in russischer Sprache mit deutscher Zusammenfassung mit dem Titel der deutschen Zusammenfassung (mit dem Zusatz „Russisch") und die Beiträge in russischer Sprache ohne deutsche Zusammenfassung mit dem russischen Titel (unter Transkription der kyrillischen Buchstaben).

K. S. Wladimirowa & Z. E. Danilowa (UdSSR): Die Algenflora der Donau, der Buchten des Kilijadeltas und an der Donau liegenden Wasserbecken in den Grenzen der UdSSR (Russisch) (141–168)
D. Backhaus (DBR): Die Zonierung der Aufwuchsalgen in der obersten Donau und ihrer Quellflüsse (169–174)
I. C. Niculescu (Rum.): Methoden der Bestimmung der Wasserzirkulation in den Biozönosen der harten Flora des Donaudeltas (175–180)
I. L. Koreljakowa (UdSSR): Der Pflanzenwuchs der Donauwasserbecken als Futterbasis der phytophagen Fischarten (Russisch) (181–189)
V. Ionescu-Teculescu (Rum.): Characeen aus dem Donaudelta (191–197)
L. Rudescu (Rum.): Die optimalen hydrobiologischen Bedingungen für gemeinsame Schilfrohr- und Fischkultur im Donaudelta (199–206)
M. Andrei (Rum.): Über das Wurzelstocksystem von *Nuphar luteum* (L.) Sm. und *Nymphaea alba* L. (207–209)
N. Botnarjuk & coll. (Rum.): Primäre Produktion der Wasserbecken aus der Žižila-Gruppe unter den Bedingungen einer Isolation durch Dämme (Russisch) (211–215)
E. Popescu & St. Drăgăsanu (Rum.): Die Verbesserung der biologischen Ertragsfähigkeit in einem Wasser-Ökosystem als Folge der durch hydromeliorative Arbeiten bewirkten Veränderungen der biotischen und abiotischen Faktoren (217–225)
M. Şerbănescu (Rum.): Algologische Forschungen in den in Maliuc Donau-Delta und Calica Razelm angelegten Fischzuchtbecken. II. (227–231)
W. Naidenow (Bulg.): Über die Hydrofauna der bulgarischen Donauinselsümpfe (233–246)
M. N. Dzjuban-Dechtjar (UdSSR): Rhizopoda kilijskogo rukawa delty dunaja (247–249)
V. Mack-Firă (Rum.): Rhabdocoeliden aus dem Überschwemmungsgebiet der Donau (251–258)
A. V. Grossu (Rum.): Vorkommen, Frequenz und Verteilung der *Theodoxus*-Arten (Gastropoda Prosobranchiata) in der unteren Donau (259–268)
Cl. Tudorancea (Rum.): Elemente der Dynamik der Populationen von *Unio pictorum* und *Unio tumidus* im Jijila-Flachsee (Überschwemmungsgebiet der Donau) (269–275)
I. I. Dedju & W. W. Polischtuk (UdSSR): Fauna der höheren Krebsartigen im sowjetischen Donauabschnitt und ihre Rolle bei der Bildung der Bodenfauna des Pruth (277–283)
A. Murgoci (Rum.): Beiträge zur Kenntnis der Hydropsychenlarven (Trichoptera) der unteren Donau (285–293)
B. K. Russev (Bulg.): Ökologische Untersuchungen über die Ephemeropterenlarven der Donau vor dem bulgarischen Ufer (295–303)
Gh. A. Vasiliu (Rum.): Qualitative Untersuchungen über das Phytoplankton im Donaudelta (St. Georgarm) (305–313)
W. Naidenow (Bulg.): Der Einfluß des Hochwassers im Jahre 1965 auf das Zooplankton im bulgarischen Donauabschnitt (315–325)
Gh. Brezeanu & coll. (Rum.): Betrachtungen über die qualitativen und quantitativen Schwankungen des Zooplanktons im Donauarm St. Georg (327–331)
W. L. Grimalskii (UdSSR): Planktondynamik des Flusses Pruth (Russisch) (333–337)
W. M. Schalar (UdSSR): Zusammensetzung und Verteilung des Phytoplanktons im Pruth (Russisch) (339–350)
A. I. Naberejni (UdSSR): Bestand, Anzahl und Bioproduktion des Zooplanktons im Flusse Pruth (Russisch) (351–358)
V. J. Petrova (Bulg.): Der Einfluß der Donau auf das Blühen des Phytoplanktons im Schwarzen Meer (359–363)
I. Dimov (Bulg.): Der Einfluß der Donau auf die Entwicklung und Verteilung des Zooplanktons vor der Westküste des Schwarzen Meeres (365–367)
V. Popescu-Marinescu & V. Zinevici (Rum.): Beitrag zum Studium der planktonischen Biozönosen im Röhricht mit beständigem Wasserstand (in der Zone Sulina, im Donaudelta) (369 bis 377)
V. V. Gurvitch & M. N. Dzjuban (UdSSR): Vergleichende Charakteristik des Mikro- und Mesobenthos der Mündungsgebiete des Dnjeprs und der Donau (Russisch) (379–386)
V. Enăceanu (Rum.): Das Nahrungsangebot der Donau im rumänischen Sektor (387–392)
Fr. Wawrik (Österreich): Die Erlauf (Erlaf), ein Donauzufluß aus den Kalkvoralpen (393–396)

Wie schon aus den vorstehend unverändert wiedergegebenen Titeln hervorgeht, ist das im vorliegenden Band dominierende Deutsch vielfach etwas „holprig" und nicht fehlerfrei. Die Beiträge sind aber doch gut lesbar und es ist den Herausgebern und dem Verlag zu danken, daß der Tagungsbericht, dessen Beiträge vor allem den untersten Lauf und das Delta der Donau betreffen und ganz überwiegend von bulgarischen, rumänischen und sowjetischen Autoren stammen, in einer international verständlichen Kongreßsprache publiziert wurde. SCHRÄDER

International Helgoland Symposium. Cultivation of marine organisms and its imporatnce for marine biology [Helgoländer wissenschaftliche Meeresuntersuchungen (Herausg.: Biologische Anstalt Helgoland, O. KINNE & H.-P. BULNHEIM) Band **20**, No. 1–4]. Hamburg 1970. X + 721 S., 319 Abb., 131 Tab., brosch. DM 70,–.

Ein Weg von mehreren zum Verständnis des Lebens im Meere ist die Zucht mariner Organismen in abgegrenzten Meeresgebieten, in Teichen oder in Aquarien und die Durchführung von Experimenten unter kontrollierten Umweltbedingungen hinsichtlich der qualitativen und quantitativen Aspekte der organismischen Leistung. Eine solche Kultivierung von Organismen berührt sowohl die Grundlagenforschung als auch die angewandte Forschung und umfaßt ebenso ökologische wie ökonomische Aspekte. Tatsache ist nun, daß weniger als 2% aller bekannten Meeresorganismen heute über ihren gesamten Lebenszyklus hinweg unter kontrollierten Bedingungen gezüchtet werden können. Es wurde daher ein ebenso wichtiges wie aktuelles Problem angesprochen, wenn das im September 1969 im Rahmen der seit 1963 durchgeführten Veranstaltungen durchgeführte „Internationale Helgoländer Symposium" unter den Generaltitel „Die Kultivierung mariner Organismen und ihre Bedeutung für die Meeresbiologie" gestellt wurde. Die internationale Zustimmung zu dieser Thematik kam eindrucksvoll durch die Tatsache zum Ausdruck, daß 258 Teilnehmer aus 27 Staaten am Symposium teilnahmen und daß 64 Vorträge gehalten wurden, von denen 60 im vorliegenden Band gedruckt vorgelegt werden.

Die Fülle des vorgelegten Stoffes machte Parallelveranstaltungen notwendig. Neben der Vortragstagung selbst fanden zwei „Informal sessions" statt, deren spezielle Themen „Cultivation of plankton populations" und „Fish farming, including farming of other organisms of economic importance" waren. Die Durchführung solcher „Informal sessions" neben den Vortragstagungen ist begrüßenswert. Dadurch wird Gelegenheit geboten, ausführlicher und gründlicher, als es in den Diskussionen nach Vorträgen möglich ist, Spezialfragen zu Ende zu diskutieren. Die Verbindung offizieller Vorträge mit einer ausführlichen Diskussion spezieller Probleme eröffnet einen Weg zur Erreichung eines Maximums an Informationsaustausch.

Was die Anzahl der Teilnehmer am Symposium angeht, seien anhand des am Schluß des Bandes abgedruckten Teilnehmerverzeichnisses (S. 711–721) diejenigen Staaten aufgeführt, aus denen mehr als 10 Fachkollegen teilnahmen: DBR 102, UK 27, USA 25, Frankreich 17, Schweden 16, Niederlande 14, Norwegen 13 und Italien 11.

Die Ausführungen auf den „Informal sessions" sollen in einem späteren Band der „Helgoländer wissenschaftlichen Meeresuntersuchungen" in gekürzter Form veröffentlicht werden. Neben der Eingangs- und Schlußansprache von Otto Kinne enthält der vorliegende Band die folgenden 60 Vortragstitel, durchweg in englischer Sprache, wobei den Beiträgen jeweils eine Kurzfassung in einer anderen Kongreßsprache (in der Regel in Deutsch) vorangestellt ist:

Micro-organisms

Trüper, H. G. (Göttingen, DBR): Culture and isolation of phototrophic sulfur bacteria from the marine environment (6–16)

Krumbein, W. E. (Helgoland, DBR): On the behaviour of pure cultures of marine microorganisms in sterilized and re-inoculated sediments (17–28)

Gaertner, A. (Bremerhaven, DBR): Einiges zur Kultur mariner niederer Pilze (29–38)

Plants

Kornmann, P. (Helgoland, DBR): Advances in marine phycology on the basis of cultivation (39–61)

Smith, R. M. & W. E. Jones (Menai Bridge, UK): The culture of benthic marine algae in the laboratory and the field (62–69)

Jones, W. E. & E. S. Dent (Menai Bridge, UK): Culture of marine algae using a re-circulating sea water system (70–78)

Lüning, K. (Helgoland, DBR): Cultivation of *Laminaria hyperborea* in situ and in continuous darkness under laboratory conditions (79–88)

Simonetti, G. & coll. (Trieste, Italien): The seaweed *Gracilaria confervoides*, an important object for autecologic and cultivation research in the northern Adriatic Sea (89–96)

Werner, D. (Marburg, DBR): Productivity studies on diatom cultures (97–103)

Guillard, R. R. L. (Woods Hole, USA) & S. Myklestad (Trondheim, Norwegen): Osmotic and ionic requirements of the marine centric diatom *Cyclotella nana* (104–110)

Skulberg, O. M. (Blindern, Norwegen): The importance of algal cultures for the assessment of the eutrophication of the Oslofjord (111–125)

Nygren, S. (Göteborg, Schweden): Effect of salinity on the growth of *Dasya pedicellata* (126–129)

Caram, B. (Paris, Frankreich) & S. Nygren (Göteborg, Schweden): A propos de la reproduction comparée en France et en Suède d'une Phéophycée-Phéosporée: le *Striaria attenuata* (130–135)

Lee, J. J. & coll. (New York, USA): The cultivation and physiological ecology of members of salt marsh epiphytic communities (136–156)

Lower Invertebrates

Crustacea

Mollusca

FUJIYA, M. (Maruishi, Japan): Oyster farming in Japan (464–479)

FIGUERAS, A. (Vigo, Spanien): Flat oyster cultivation in Galicia (480–485)

GRUFFYDD, LL. D. & A. R. BEAUMONT (Menai Bridge, UK): Determination of the optimum concentration of eggs and spermatozoa for the production of normal larvae in *Pecten maximus* (Mollusca, Lamellibranchia) (486–497)

GOLIKOV, A. N. & O. A. SCARLATO (Leningrad, UdSSR): Abundance, dynamics and production properties of populations of edible bivalves *Mizuhopecten yessoensis* and *Spisula sachalinensis* related to the problem of organization of controllable submarine farms at the Western shores of the Sea of Japan (498–513)

WALNE, P. R. (Conway, UK): Present problems in the culture of the larvae of *Ostrea edulis* (514–525)

BAYNE, B. L. & R. J. THOMPSON (Leicester, UK): Some physiological consequences of keeping *Mytilus edulis* in the laboratory (526–552)

CALABRESE, A. & H. C. DAVIS (Milford, USA): Tolerances and requirements of embryos and larvae of bivalve molluscs (553–564)

MAPSTONE, G. M. (Reading, UK): Feeding activities of veligers of *Nassarius reticulatus* and *Crepidula fornicata* and the use of artificial foods in maintaining cultures of these larvae (565–575)

PILKINGTON, M. C. & V. FRETTER (Reading, UK): Some factors affecting the growth of prosobranch veligers (576–593)

Pisces

HARADA, T. (Shirahama, Japan): The present status of marine fish cultivation research in Japan (594–601)

COWEY, C. B. & coll. (Aberdeen, UK): The growth of 0-group plaice on artificial diets containing different levels of protein (602–609)

VALLET, F. & coll. (Marseille, Frankreich): Preliminary experiments on the artificial feeding of Mugilidae (610–619)

FONDS, M. ('t Horntje, Niederland): Remarks on the rearing of gobies (*Pomatoschistus minutus* and *P. lozanoi*) for experimental purposes (620–628)

General Aspects

DROOP, M. R. (Oban, UK): Vitamin B_{12} and marine ecology. V. Continuous culture as an approach to nutritional kinetics (629–636)

GOLDIZEN, V. C. (Wickliffe, USA): Management of closed-system marine aquariums (637–641)

BLAXTER, J. H. S. (Aberdeen, UK): Sensory deprivation and sensory input in rearing experiments (642–654)

BERNHARD, M. & A. ZATTERA (Fiascherino, Italien): The importance of avoiding chemical contamination for a successful cultivation of marine organisms (655–675)

SVOBODA, A. (Wien, Österreich): Simulation of oscillating water movement in the laboratory for cultivation of shallow water sedentary organisms (676–684)

JATZKE, P. (Helgoland, BRD): The trichterkreisel, an in situ device for cultivating marine animals in tidal currents (685–690)

DAVIS, W. P. (Boca Raton, USA): Closed systems and the rearing of fish larvae (691–696)

KALBER, F. A. (Boca Raton, USA): Osmoregulation in decapod larvae as a consideration in culture techniques (697–706)

Ein großer Teil der Arbeiten des vorliegenden Bandes bietet auch dem Biologen, der sich mit Süßwasserorganismen beschäftigt, manche wertvolle Anregung. SCHRÄDER

A. J. COLE (Edit.): Numerical Taxonomy. Proceedings of the colloquium in numerical taxonomy held in the University of St. Andrews, September 1968. London & New York: Academic Press 1969. XV + 324 S., 46 Abb., 22 Tab., 7 Taf., Lw. s 60,– ($ 9,00).

Der vorliegende Sammelband enthält 18 Vorträge, die anläßlich eines Symposiums über numerische Taxonomie, das in Schottland an der Universität von St. Andrews im September 1968 stattfand, gehalten wurden. Die Beiträge betreffen sowohl die Theorie als auch die Methoden der numerischen Taxonomie und erstrecken sich über die Biologie hinaus auf das Gebiet von Management und Organisation. Der Band umfaßt folgende Beiträge:

Entsprechend dem Charakter des Symposiums werden die Teilnehmerliste, die Diskussionsbeiträge sowie eine Art Begrüßungsadresse von R. R. SOKAL, einem der Väter der numerischen Taxonomie, wiedergegeben. Ein Verzeichnis der benutzten Computerprogramme ist im Anhang zu finden, außerdem ein Autoren- und Sachverzeichnis. Die Ausstattung ist vorzüglich.

CASPER

Periodica

International Review of Cytology. Edit.: G. H. BOURNE & J. F. DANIELLI. Vol. 26. New York & London: Academic Press 1969. XVIII + 350 S., 83 Abb., 12 Tab., Lw. 18,50 $.

„International Review of Cytology" ist aus dem biologischen Schrifttum der Gegenwart nicht mehr wegzudenken: Der vorliegende Band erweist diese Behauptung zur Genüge. Während G. N. LING ein neues Modell der lebenden Zelle in Form einer Zusammenfassung der Theorie – der Association-Induction Hypothesis – und der jüngsten experimentellen Beweise für sie vorstellt, bemüht sich L. WEISS in seinem Artikel „The Cell Periphery" „the interactions between living cells in cancer and morphogenesis" einschließlich der „biophysical analysis of cellular contact and recognitive phenomena" (S. 63) aufzuhellen. Über die physikochemischen Eigenschaften, die Replikation und die genetische Funktion der mitochondrialen DNS referieren P. BORST & A. M. KROON. K. KECK setzt sich mit dem Metabolismus mikrochirurgisch „entkernter" Zellen auseinander. Die stereologischen Prinzipien der submikroskopischen Morphometrie sind der Gegenstand der Abhandlung von E. R. WEIBEL. Den Beschluß bildet der Beitrag von D. W. A. ROBERTS „Some Possible Roles for Isozymic Substitutions during Cold Hardening in Plants". – Alle Beiträge bewegen sich auf einem hohen Niveau. Die Ausstattung ist vorzüglich. CASPER

LIMNOLOGICA

BAND 8 · 1971

DEUTSCHE AKADEMIE DER WISSENSCHAFTEN ZU BERLIN
FORSCHUNGSSTELLE FÜR LIMNOLOGIE

LIMNOLOGICA

HERAUSGEGEBEN VON THEODOR SCHRÄDER
UNTER MITWIRKUNG VON GOTTFRIED BREITIG,
S. JOST CASPER, ALFRED RIETH
UND DIETRICH UHLMANN

BAND 8

AKADEMIE-VERLAG · BERLIN
1971

Band 8

Mit 14 Tafeln, 173 Abbildungen und 63 Tabellen

Heft 1, Juli 1971, Seite 1–250

Heft 2, Oktober 1971, Seite 251–561

Die LIMNOLOGICA erscheinen in zwangloser Folge in einzeln berechneten Heften wechselnden Umfangs. Etwa 30 Druckbogen (480 Seiten) bilden einen Band.
Die LIMNOLOGICA veröffentlichen Originalarbeiten aus allen Gebieten der wissenschaftlichen Erforschung der Binnengewässer aller Art und der benachbarten Lebensräume, mit Vorrang die Forschungsergebnisse der Forschungsstelle für Limnologie, Jena, der Deutschen Akademie der Wissenschaften zu Berlin. Neben den Originalarbeiten erscheinen Übersichten der Fachliteratur osteuropäischer Staaten, Tagungsberichte und Rezensionen.

Anschriften des Herausgebers und seiner Mitarbeiter:

Dr. habil. THEODOR SCHRÄDER, Direktor i. R. der Forschungsstelle für Limnologie der Deutschen Akademie der Wissenschaften zu Berlin,
DDR-5211 Ilmwerk Dörnfeld, Post Arnstadt

Dr. GOTTFRIED BREITIG, Leiter des Fachgebiets Gewässerchemie und -biologie im Institut für Wasserwirtschaft,
DDR-119 Berlin-Schöneweide, Schnellerstraße 140

Dr. habil. S. JOST CASPER, Stellvertreter des Direktors der Forschungsstelle für Limnologie der Deutschen Akademie der Wissenschaften zu Berlin,
DDR-69 Jena, Beuthenbergstraße 11

Prof. Dr. ALFRED RIETH, Zentralinstitut für Genetik und Kulturpflanzenforschung der Deutschen Akademie der Wissenschaften zu Berlin,
DDR-4325 Gatersleben

Prof. Dr. habil. DIETRICH UHLMANN, Sektion Wasserwesen, Bereich Hydrobiologie der Technischen Universität Dresden,
DDR-8020 Dresden, Zellescher Weg 40

Erschienen im Akademie-Verlag GmbH, DDR-108 Berlin, Leipziger Straße 3/4

Lizenznummer: 202 · 100/577/71
Gesamtherstellung: VEB Druckerei „Thomas Müntzer", DDR-582 Bad Langensalza
Bestellnummer: 2111/8/1–2 · ES 18 E 4/18 G 1, 2, 3
EDV-Nummer: 761 491 5
Printed in German Democratic Republic

INHALTSVERZEICHNIS

Originalarbeiten

Literaturübersichten

Tagungsberichte

Widmungen

Rezensionen

Neue Bücher

Forschungsberichte

Tagungen — Symposien

Periodica

Verzeichnis

der in Band 8 der LIMNOLOGICA neu beschriebenen Formen

Ergänzende Beschreibungen

INSECTA PLECOPTERA

Die LIMNOLOGICA erscheinen in zwangloser Folge in einzeln berechneten Heften wechselnden Umfangs. Etwa 30 Druckbogen (480 Seiten) bilden einen Band.

Die LIMNOLOGICA veröffentlichen Originalarbeiten aus allen Gebieten der wissenschaftlichen Erforschung der Binnengewässer aller Art und der benachbarten Lebensräume, mit Vorrang die Forschungsergebnisse der Forschungsstelle für Limnologie, Jena, der Deutschen Akademie der Wissenschaften zu Berlin. Neben den Originalarbeiten erscheinen Übersichten der Fachliteratur osteuropäischer Staaten, Tagungsberichte und Rezensionen.

Anschriften des Herausgebers und seiner Mitarbeiter:

Dr. habil. THEODOR SCHRÄDER, Direktor i. R. der Forschungsstelle für Limnologie der Deutschen Akademie der Wissenschaften zu Berlin, DDR-5211 Ilmwerk Dörnfeld, Post Arnstadt

Dr. GOTTFRIED BREITIG, Leiter des Fachgebiets Gewässerchemie und -biologie im Institut für Wasserwirtschaft, DDR-119 Berlin-Schöneweide, Schnellerstraße 140

Dr. habil. S. JOST CASPER, Stellvertreter des Direktors der Forschungsstelle für Limnologie der Deutschen Akademie der Wissenschaften zu Berlin, DDR-69 Jena, Beuthenbergstraße 11

Prof. Dr. ALFRED RIETH, Zentralinstitut für Genetik und Kulturpflanzenforschung der Deutschen Akademie der Wissenschaften zu Berlin, DDR-4325 Gatersleben

Prof. Dr. habil. DIETRICH UHLMANN, Sektion Wasserwesen, Bereich Hydrobiologie, der Technischen Universität Dresden, DDR-8020 Dresden, Zellescher Weg 40

BEZUGSMÖGLICHKEITEN:

Sämtliche Veröffentlichungen unseres Verlages sind durch jede Buchhandlung im In- und Ausland zu beziehen. Falls keine Bezugsmöglichkeit vorhanden ist, wende man sich
in der Deutschen Demokratischen Republik an den Akademie-Verlag GmbH, 108 Berlin, Leipziger Straße 3 – 4,
in der Deutschen Bundesrepublik und Westberlin an KUNST UND WISSEN, Erich Bieber, 7 Stuttgart 1, Wilhelmstraße 4 – 6,
in Österreich an den GLOBUS-Buchvertrieb, Wien I, Salzgries 16,
bei Wohnsitz im nichtsozialistischen Ausland an den Deutschen Buch-Export und -Import GmbH, 701 Leipzig, Leninstraße 16.
Im sozialistischen Ausland können Bestellungen über die Buchhandlungen für fremdsprachige Literatur bzw. den zuständigen Postzeitungsvertrieb erfolgen.

Die LIMNOLOGICA sind auch im Austausch gegen entsprechende Zeitschriften und Schriftenreihen erhältlich. Die interessierten Institutionen wenden sich an den Direktor der Forschungsstelle für Limnologie der Deutschen Akademie der Wissenschaften zu Berlin, DDR-69 Jena, Beuthenbergstraße 11.

Auf Wunsch sendet der Akademie-Verlag Interessenten bei Bekanntgabe der Anschrift und Fachgebiete unverbindlich Informationen über lieferbare und kommende Veröffentlichungen und gibt auch Bezugsquellen im In- und Ausland bekannt.

Erschienen im Akademie-Verlag GmbH, 108 Berlin, Leipziger Straße 3 – 4

Lizenznummer: 202 · 100/577/71
Kartengenehmigung: Nr. 805/70
Gesamtherstellung: VEB Druckerei „Thomas Müntzer", 582 Bad Langensalza
Bestellnummer: 2111/8/2 · ES 18 E 4/18 G 1, 2, 3
EDV-Nr.: 761 491 5
67,–
Printed in German Democratic Republic

Bei Fragen zur Produktsicherheit wenden Sie sich bitte an:
If you have any questions regarding product safety,
please contact:

Walter de Gruyter GmbH
Genthiner Straße 13
10785 Berlin
productsafety@degruyterbrill.com